普通高等教育数学与物理类基础课程系列教材

大学物理

（第2版）

主　编　陈颖聪
副主编　王彩霞

北京理工大学出版社
BEIJING INSTITUTE OF TECHNOLOGY PRESS

内容简介

本书在第1版的基础上，参照教育部高等学校大学物理课程教学指导委员会编制的《理工科类大学物理课程教学基本要求》（2023年版）增写修改完成。本书以物理学基本概念、定律、方法为中心，在保持物理知识体系完整的同时，注重大学物理课程对培养学生科学文化素质的作用。本书系统完整，阐述清晰，突出主线，难度适中，具有较强的时代性和较宽的适用面。本书按90～110学时设计，共5篇14章，包括经典力学、热学、波动与光学、电磁学、近代物理学基础等内容。本书可作为高等院校理工科各专业大学物理课程的教材，也可供相关人员参考。

图书在版编目（CIP）数据

大学物理 / 陈颖聪主编. --2版. --北京：北京理工大学出版社，2024.8（2025.1重印）.

ISBN 978-7-5763-4433-2

Ⅰ. O4

中国国家版本馆CIP数据核字第2024P1U282号

责任编辑：江 立 **文案编辑**：李 硕

责任校对：刘亚男 **责任印制**：李志强

出版发行 / 北京理工大学出版社有限责任公司

社 址 / 北京市丰台区四合庄路6号

邮 编 / 100070

电 话 / （010）68914026（教材售后服务热线）

（010）63726648（课件资源服务热线）

网 址 / http://www.bitpress.com.cn

版 印 次 / 2025年1月第2版第2次印刷

印 刷 / 三河市天利华印刷装订有限公司

开 本 / 787 mm×1092 mm 1/16

印 张 / 24

字 数 / 564千字

定 价 / 58.00元

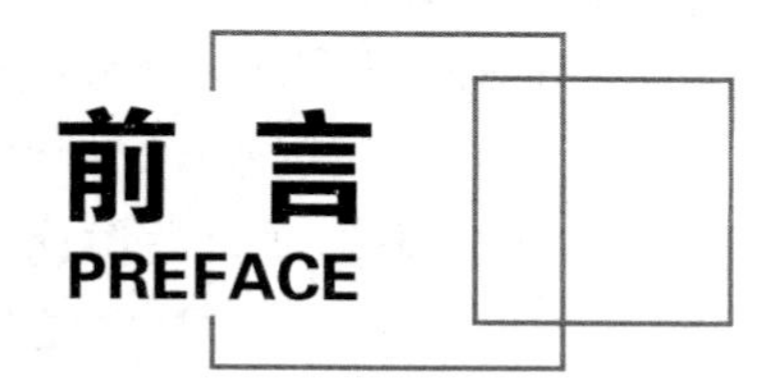

物理学是整个自然科学和工程技术科学的基础，大学物理是高等院校理工科各专业的重要基础课程，它所阐述的物理学基本知识、基本思想、基本规律和基本方法不仅是学生学习后续专业课的基础，而且是全面培养和提高学生科学素质、科学思维方法的重要内容。

党的二十大报告指出，我国“基础研究和原始创新不断加强，一些关键核心技术实现突破，战略性新兴产业发展壮大”，同时也明确表示，“加快建设制造强国、质量强国、航天强国、交通强国、网络强国、数字中国”。这些对未来人才的学习能力、创造能力提出了更高的要求，也对大学物理教材建设提出了新的要求，教材不仅要有扎实的理论知识，还要在内容上紧跟时代的步伐，在形式上借助互联网优势，更加突出新时代科技创新的特征。

在本书第1版出版的八年时间里，高等教育经历了巨大的发展和创新，特别是近年来为应对新科技革命的挑战，提出了面向未来发展的“新工科建设”，以服务国家科技发展战略、满足产业创新需求；在国家发展的大背景下，强调以立德树人为目标。为适应新时代科技创新的特征和对高素质人才培养的要求，教育部高等学校大学物理课程教学指导委员会编制了《理工科类大学物理课程教学基本要求》（2023年版），在总学时基本不变的情况下，优化经典物理学内容，加强近代和现代物理学内容的教学力度，在很多方面有了新的要求。本书根据《理工科类大学物理课程教学基本要求》（2023年版）进行了增写修改，同时收集了第1版使用中的问题和建议进行了修订完善。

本书保持了第1版的主要内容和特色，在保证物理学理论体系的科学性、完整性、系统性的前提下，以“加强基础，提高能力，削枝强干，突出主线”为原则，注重阐述物理学的基本知识、基本概念、基本原理和定律，突出物理学知识的主要结构、框架，适度控制篇幅及内容的深度，以适应不同地区、学校和专业大学物理课程的需要，为普通高等院校理工科院系提供一套符合当前教育需求和便于实际教学操作的教材。

本书主要有下列5个特点。

（1）系统完整、阐述清晰、语言简练、深入浅出。在论述和演证上力求简明易读，尽量避免或简化复杂的数学推导，突出物理本质，以求较宽的适应面。

（2）第0章为物理学导论，论述了物理学的性质、任务及与科学技术的关系，以期让学生对物理学的全貌有一个概括了解和整体认识，并介绍了国际计量局的新单位制（2019年）系统及矢量运算的基本知识。

（3）体现了“优化经典，加强近代”的目标。根据《理工科类大学物理课程教学基本要求》（2023年版）对量子物理基础进行了改写，缩略了早期量子论内容，增写了氢原子的量子理论、电子的自旋、原子的壳层结构、全同粒子、泡利不相容原理等内容，使量子力学呈现出较为完整的体系。

（4）突出“以德育人”的主旨。立足于我国科技的高速发展和中国文化的源远流长，在每一章的最后以二维码的形式增加了“学习与拓展”专题，包括“物理与科技发展”“物理与中国文化”“物理与工程技术”“物理与军事技术”四个方面的内容；在每篇之后附有科学与人文结合的专题“物理与人文”。这不仅能使学科内容得到补充和拓展，更能使学生了解物理与科技进步、悠久文化、社会发展的关系，培养学生的科学精神、爱国情怀，发挥大学物理课程的育人功能。

（5）优化思考题、习题。在书中增加了“概念检查题”，可及时对所学概念进行思考回顾，加深对知识的理解。对书中的思考题以二维码形式给出了解答，在每一章起始以二维码形式给出了本章内容的思维导图，以多种形式引导学生深入思考讨论，理解理论内容。

考虑到不同院校、不同专业大学物理课程学时的差异，可根据具体情况对内容进行重组或取舍，本书是按90~110学时设计的。为便于学期教学，本书含上、下册内容，共计5篇14章，上册包括第一篇：经典力学（第1~3章）、第二篇：热学（第4~5章）、第三篇：波动与光学（第6~8章）；下册包括第四篇：电磁学（第9~12章）、第五篇：近代物理学基础（第13~14章）。

虽然编者有多年的教学研究和教学实践经验，且在编写中经过反复检查和核对，但疏漏之处在所难免，恳请读者批评指正。

编　者

2024年3月

目录
CONTENTS

上册

第一篇　经典力学

第二篇　热　学

第三篇　波动与光学

下 册

第四篇 电磁学

第五篇 近代物理学基础

上　　册

第 0 章 物理学导论

本章将对物理学的形成、物质与运动、物理量和物理方法作概略叙述，并介绍单位制和量纲、矢量运算的基本知识．以期对物理学的概貌有一了解和整体认识，同时掌握学习大学物理课程的一些必需知识.

§0.1 物理学的地位与意义

0.1.1 什么是物理学

物理学是研究物质结构和相互作用，以及物质运动规律的科学，它是关于自然界最基本形态的科学．物理学的发展过程，就是人类对整个客观物质世界的认识过程.

一切客观存在都是物质和物质的运动，物理学所研究的物质可分为“实物”和“场”两类，物体是由原子、分子构成的，原子是由原子核和电子构成的，而原子核又是由更小的粒子(质子和中子)构成的，它们都属于实物．实物之间的相互作用是通过场来实现的，实物之间存在多种相互作用场，场作为物质的存在形式具有质量、动量和能量．此外，物理学家还推测宇宙中存在暗物质或非重子类的物质．运动是物质的固有属性，物质的运动形式又是多种多样的，物理学研究物质的组成，物质之间的相互作用，以及由此确定的最基本最普遍的运动形式．因而物理学规律具有极大的普遍性，是当代科学技术的重大支柱．正如第 23 届国际纯粹与应用物理联合会代表大会决议中指出的那样，物理学发展着未来技术进步所需的基本知识，它是一项激动人心的智力探险活动，鼓励人们努力扩展和深化对大自然的理解.

0.1.2 物理学的地位

物理学是一门基础科学，涉及的范围极为广泛：从基本粒子到整个宇宙、从低速到高速、从简单系统到复杂系统、从有序到无序、从状态到过程……．物理学建立的概念、研究问题的方法及研究过程中发展成熟的物理思想极大地升华了人类对自然界的认识，在其他科学研究和工程技术领域也具有典型性和代表性．显然，物理学已成为一些自然科学的基础，是总论性的基础科学，这种基础性主要体现在：

(1)其他自然科学，如天文学、化学、生物学等，都包含着物理过程和物理现象；

(2)物理学创造的科学语言和基本概念已成为其他自然科学的最基本构件；

(3)任何自然科学的理论都不能和物理学的定律相抵触.

物理学的进展还极大地影响了社会科学的发展，改变着整个人类的哲学思想和行为方式.

0.1.3 物理学与科学技术

物理学较为成熟的重大理论有五种，自然界发生的形形色色的物理现象都可以归结到这五大理论所涉及的物理领域.(1)经典力学：研究宏观物体的低速运动；(2)热力学与经典统计物理学：研究热、功、温度和大量微观粒子的统计规律；(3)电磁学：包括电学、磁学和电磁场理论；(4)狭义相对论：研究物质高速运动的理论；(5)量子力学：描述微观粒子的运动规律.这些重大理论对科学技术的发展和进步起到了极大的促进作用.

经典力学和热力与经典统计物理学的建立，使人类社会实现了工业机械化；电磁学的建立，使人类社会实现了工业电气化；而狭义相对论和量子力学的建立，更使人类社会进入了核能时代和工业自动化时代.实际上，物理学这五大理论共同支撑着当今高技术的发展，物理学是高新技术至关重要的先导和基础.同时，高新技术的发展也为物理学提供了先进的手段，使物理学提出了层出不穷的研究课题.

今天，物理学正向三个方面深入发展，一是向微观世界的深层，二是向广阔无垠的宇宙，三是向其他学科，从而形成了众多的分支学科.例如，物理学与生命科学、生物工程技术，物理学与信息科学技术，物理学与材料科学技术，物理学与能源技术，等.物理学是进入科学技术的任何一个领域首先要推开的一扇大门，现代科技人员不仅要具备扎实的物理基础知识，还要具备现代物理科学观念和思维方法.这也是物理学被列为高等院校理工科专业重点基础课程的原因.

§0.2 物理学方法

0.2.1 物理学是一门实验科学

物理学是一门理论和实验高度结合的科学.物理学中很多重大的发现、重要理论的建立和发展都体现了实验与理论的辩证关系.实验是理论的基础，理论的正确与否要接受实验的检验，同时理论对实验又有重要的指导作用.理论在技术上的应用还促使实验仪器和方法不断改进，实验精度不断提高.在现代物理学中，由于研究范围远离人类日常生活，通过物理学家主观猜测、演绎推理来提出假说的方法逐渐取代了牛顿时代的经验观察和逻辑归纳方法.这些在假说基础上建立的理论体系必须具有可检验性.多数情况下，物理学的研究方式是按照实验事实→理论模型→实验检验，以及理论预言→实验检验→修正理论这种模式反复进行的.

一切理论最终要经受实验事实的反复检验才能确立.这要求实验行为可以重复，实验结果可以再现，即科学实验的结果不能因时、因地、因人而异.随着研究的深入和复杂程度的提高，近代物理学的发展也越来越依赖于实验设备的先进程度、高新技术手段和创新思想方法的应用.除直接的物理实验之外，物理学原理、方法和技术在各种工程技术中的广泛应用，也是物理学以实验为基础的一个重要体现.总之，理论与实验的结合推动着物理学向前发展.

0.2.2　物理思想、物理模型

物理学集中了几乎所有重要的科学研究的思想和方法．物理思想主要指物理概念、原理和理论形成过程中的思维方式，物理学描绘了一幅物质世界的完美图像，揭示出物质运动形态的相互联系和相互转化，体现了物质世界的和谐性、统一性．物理学的许多方面都体现了经过深刻思辨和逐步深化、逐步完善的思想认识过程，对物理思想的学习，不仅对掌握物理学的基本内容是必要的，而且对培养科学的世界观和思维方式具有重要意义.

物理模型是为了便于研究而建立的高度抽象的、反映事物本质特征的理想物体，物理模型方法在理论物理、实验物理和计算物理中都有广泛应用．自然现象是错综复杂的，在构造物理模型时，物理学采用科学抽象和简化的方法，突出主要矛盾，忽略次要因素，从而抓住对象的物理本质，以寻求其中的规律，并由此发现同类型问题的共同规律．物理模型包括理想客体和理想过程，如质点、刚体、导体、理想气体、绝对黑体等都是理想客体，简谐振动、准静态过程等都是理想过程．运用建立模型的方法，进而获知客体的性质和规律，如克劳修斯提出理想气体模型，推导出气体压强公式；安培提出分子电流模型，对物质磁性本质做出了解释．“建模”是人类为探索未知世界而发明的最有效的认知策略，物理模型在物理理论的建立和发展过程中，起着十分重要的作用．物理学就是通过不断修正旧的模型、建立新的模型来逐渐逼近真实世界的．学习物理学家在研究过程中“建模”的思路和方法，有助于增进对科学思想和方法的认识和理解.

0.2.3　物理学是一门定量科学

物理学成功地运用数学方法，成为一门严密的定量科学．所谓数学方法，是指用数学语言进行演绎、推算的方法．物理概念、规律采用数学语言得到简练、准确的表达，物理模型借助于数学形式进行描述．数学为物理学提供了有效的逻辑推理和定量计算方法，成为物理学必不可少的工具．同时，物理学和数学又是相互促进、共同发展的，在物理学史上，很多物理学家同时又是数学大师，如牛顿、高斯、狄拉克等；物理学一方面不断地对数学提出新课题，促进数学的发展，另一方面又依靠数学成果发展自身；微积分用于力学，概率论用于统计物理，群论用于量子力学、粒子物理，黎曼几何学用于广义相对论，都是数学用于物理学取得巨大成功的范例.

§0.3　单位制和量纲

物理学是严谨的、定量的自然科学，建立在严格的计量基础上，计量必然涉及单位与量纲问题．1985 年，我国颁布实行以国际单位制(SI)为基础的法定计量单位.

物理量的种类众多，但不全是相互独立的，因此在量度物理量时，不必给所有物理量规定单位．人们从众多物理量中挑选出几个作为基本量的物理量，并规定相应的标准——单位和测量方法．其他物理量就可以由基本量推导而得，称为导出量．建立在这样一套基本量之上的单位体系称为单位制.

对基本量的选择不是唯一的，应选择尽量少的物理量并用最简单的表述对其进行定义．在国际单位制中，选择了七个基本量，并规定了它们的基本单位．随着科技的高速发展，计量的精度要求越来越高，对基本量单位的定义在长期稳定性和全球通用性方面的要求也越来越突出．2019 年，国际单位制发生重大变革，根据 2018 年第二十六届国际计量大会通过的决议，从 2019 年 5 月 20 日起，国际单位制的七个基本量全部改为由常数定义．这是国际单位制体系第一次全部建立在稳定的基本物理常数之上．

表 0.1 列出了国际单位制七个基本量基本单位的最新规定．

表 0.1　国际单位制七个基本量基本单位的最新规定

物理量名称	单位名称		符号	定义
	中文	英文		
时间	秒	second	s	当铯频率 $\Delta\nu_{Cs}$，即铯-133 原子基态的超精细能级跃迁频率以单位 Hz 即 s^{-1} 表示时，将其固定数值取为 9 192 631 770 来定义 s
长度	米	meter	m	当真空中的光速 c 以单位 $m \cdot s^{-1}$ 表示时，将其固定数值取为 299 792 458 来定义 m，其中 s 用 $\Delta\nu_{Cs}$ 定义
质量	千克	kilogram	kg	当普朗克常量 h 以单位 $J \cdot s$ 即 $kg \cdot m^2 \cdot s^{-1}$ 表示时，将其固定数值取为 $6.626\ 070\ 15\times10^{-34}$ 来定义 kg，其中 m 和 s 用 c 和 $\Delta\nu_{Cs}$ 定义
电流	安[培]	ampere	A	当基本电荷 e 以单位 C 即 $A \cdot s$ 表示时，将其固定数值取为 $1.602\ 176\ 634\times10^{-19}$ 来定义 A，其中 s 用 $\Delta\nu_{Cs}$ 定义
热力学温度	开[尔文]	kelvin	K	当玻尔兹曼常量 k 以单位 $J \cdot K^{-1}$ 即 $kg \cdot m^2 \cdot s^{-2} \cdot K^{-1}$ 表示时，将其固定数值取为 $1.380\ 649\times10^{-23}$ 来定义 K，其中 kg、m、s 用 h、c、$\Delta\nu_{Cs}$ 定义
物质的量	摩[尔]	mole	mol	1 mol 精确包含 $6.022\ 140\ 76\times10^{23}$ 个基本单位，该数称为阿伏伽德罗数，为以单位 mol^{-1} 表示的阿伏伽德罗常量 N_A 的固定数值．一个系统的物质的量，是该系统包含的特定基本粒子数量的量度．基本粒子可以是原子、分子、离子、电子及其他任意粒子或粒子的特定组合
发光强度	坎[德拉]	candela	cd	当频率为 540×10^{12} Hz 的单色辐射的发光效率以单位 $lm \cdot W^{-1}$ 即 $cd \cdot sr \cdot W^{-1}$ 或 $cd \cdot sr \cdot kg^{-1} \cdot m^{-2} \cdot s^3$ 表示时，将其固定数值取为 683 来定义 cd，其中 kg、m、s 用 h、c、$\Delta\nu_{Cs}$ 定义

当单位制中的基本量选定之后，导出量的量度单位也可以用基本量表示出来，这种表示式就称为该导出量的量纲式，任意一个物理量 Q 的量纲式记为 dim Q，基本量的量纲符号如表 0.2 所示．

表 0.2　基本量的量纲符号

基本量	长度	质量	时间	电流	热力学温度	物质的量	发光强度
单位符号	m	kg	s	A	K	mol	cd
量纲符号	L	M	T	I	Θ	N	J

力学中只有三个基本量，即长度、质量、时间，力学量的量纲式为 $\dim Q = \mathrm{L}^{\alpha}\mathrm{M}^{\beta}\mathrm{T}^{\gamma}$. 例如，速度 v 的量纲式为

$$\dim v = \frac{\dim s}{\dim t} = \mathrm{LT}^{-1}$$

不难得出动量 p 和功 A 的量纲式为

$$\dim p = \mathrm{LMT}^{-1}$$

$$\dim A = \mathrm{L}^{2}\mathrm{MT}^{-2}$$

首先，量纲可用于不同单位制之间的换算，各个量纲符号可以像代数量一样处理，进行合并或相消．其次，也是更常见和更重要的，量纲可用于量纲分析，所谓量纲分析，就是通过比较物理方程两边各项的量纲来检验方程的正确性，对于任何合理的物理方程，所有各项的量纲必定是相同的.

§0.4　矢量简介

0.4.1　矢量和标量

在物理学中经常会遇到两类物理量，一类物理量，如时间、质量、能量、温度等，只有大小和正负，而没有方向，这类物理量称为标量．另一类物理量，如位移、速度、力、动量等，既有大小又有方向，而且合成时遵从平行四边形运算法则，这类物理量称为矢量.

矢量通常用黑体字母 $\boldsymbol{A}$ 或带有箭头的字母 $\vec{A}$ 来表示，作图时，常用有向线段表示（见图 0.1），线段的长度按一定比例表示矢量的大小，箭头的方向指向矢量的方向.

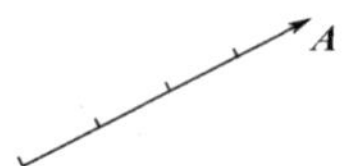

图 0.1　矢量的图示

矢量的大小叫作矢量的模，矢量 $\boldsymbol{A}$ 的模常用 $|\boldsymbol{A}|$ 或 A 表示．如果矢量 $\boldsymbol{e}_A$ 的模等于 1，且 $\boldsymbol{e}_A$ 的方向与矢量 $\boldsymbol{A}$ 相同，则称 $\boldsymbol{e}_A$ 为矢量 $\boldsymbol{A}$ 方向上的单位矢量．引进单位矢量后，矢量 $\boldsymbol{A}$ 可表示为

$$\boldsymbol{A} = |\boldsymbol{A}|\boldsymbol{e}_A$$

如把矢量在空间平移，矢量的大小和方向都不会改变，矢量的这一性质称为矢量的平移不变性，它是矢量的一个重要性质.

0.4.2　矢量的加减法

1. 矢量相加

利用平行四边形求合矢量的方法叫作矢量相加的平行四边形法则．如图 0.2 所示，设有两矢量 $\boldsymbol{A}$ 和 $\boldsymbol{B}$，它们相加时，可将两矢量的起点平移至同一点，以这两个矢量为邻边作平行四边形，从两矢量的起点出发作平行四边形的对角线，此对角线即为$\boldsymbol{A}$和$\boldsymbol{B}$两矢量的和．用矢量式表示为

$$\boldsymbol{C}=\boldsymbol{A}+\boldsymbol{B}$$

其中$\boldsymbol{C}$称为合矢量，而$\boldsymbol{A}$和$\boldsymbol{B}$则称为矢量$\boldsymbol{C}$的分矢量.

因为平行四边形的对边平行且相等，故两矢量合成的平行四边形法则可简化为三角形法则，如图0.3所示，将矢量$\boldsymbol{A}$和$\boldsymbol{B}$首尾相接，从$\boldsymbol{A}$的起点到$\boldsymbol{B}$的末端的矢量就是合矢量$\boldsymbol{C}$.

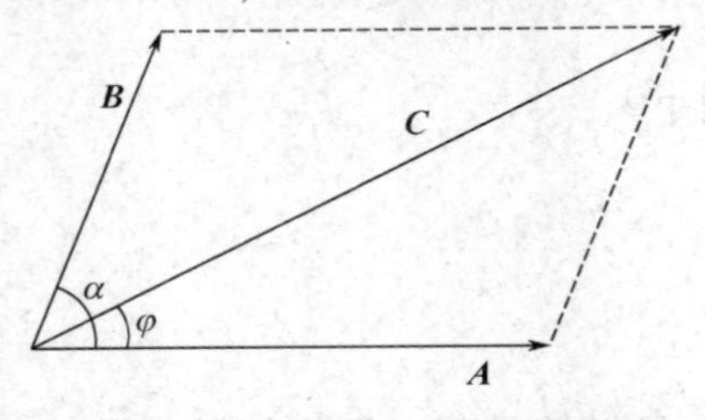

图0.2　两矢量合成的平行四边形法则

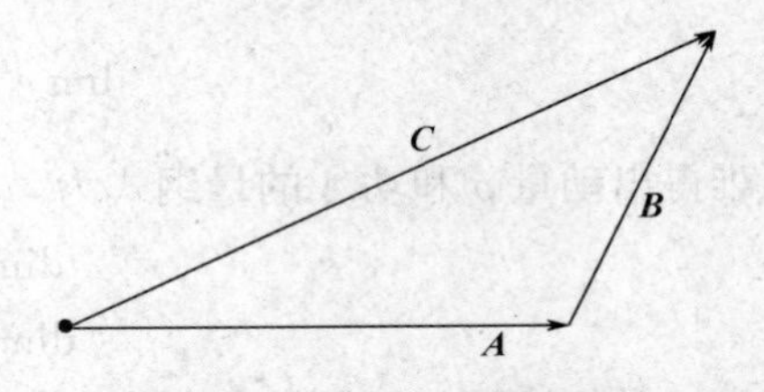

图0.3　两矢量合成的三角形法则

对于两个以上的矢量的相加，如求$\boldsymbol{A}$、$\boldsymbol{B}$、$\boldsymbol{C}$、$\boldsymbol{D}$的合矢量$\boldsymbol{R}$，则可根据三角形法则，先求出其中两个矢量的合矢量，然后将该矢量与第三个矢量相加，求得三个矢量的合矢量……，以此类推，即把所有相加的矢量首尾相连，然后由第一个矢量的起点到最后一个矢量的末端作一矢量，这个矢量就是它们的合矢量$\boldsymbol{R}$（见图0.4）．这种求合矢量的方法称为矢量合成的多边形法则.

合矢量的大小和方向可通过计算求得．如图0.5所示，合矢量$\boldsymbol{C}$的大小和方向分别为

$$C=\sqrt{A^2+B^2+2AB\cos\alpha} \tag{0.1}$$

$$\varphi=\arctan\frac{B\sin\alpha}{A+B\cos\alpha} \tag{0.2}$$

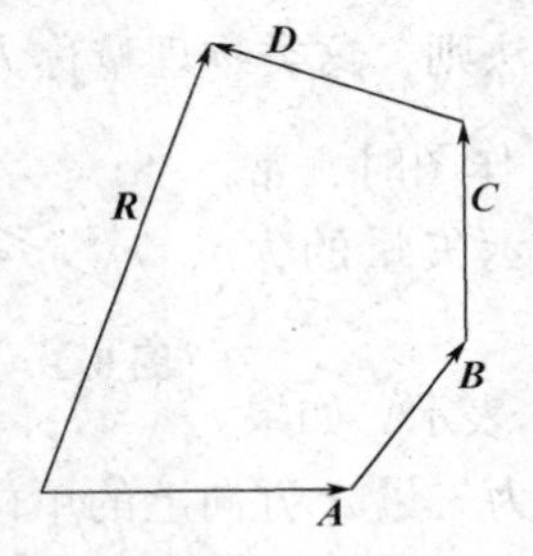

图0.4　矢量合成的多边形法则

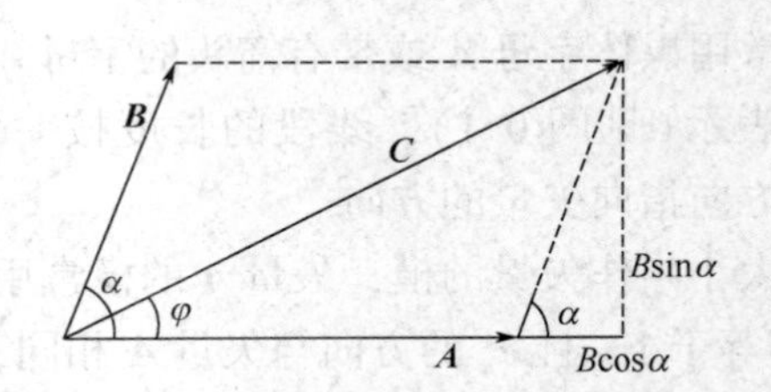

图0.5　两矢量合成的计算

2. 矢量相减

两矢量$\boldsymbol{A}$与$\boldsymbol{B}$之差也是一矢量，用$\boldsymbol{A}-\boldsymbol{B}$表示．矢量$\boldsymbol{A}$与$\boldsymbol{B}$之差可写成矢量$\boldsymbol{A}$与矢量$-\boldsymbol{B}$之和，即

$$\boldsymbol{A}-\boldsymbol{B}=\boldsymbol{A}+(-\boldsymbol{B})$$

如同两矢量相加一样，两矢量相减也可以采用平行四边形法则，如图0.6(a)所示．从图0.6(b)中也可以看出，如两矢量$\boldsymbol{A}$和$\boldsymbol{B}$从同一点画起，则自$\boldsymbol{B}$末端向$\boldsymbol{A}$末端作一矢量，就是$\boldsymbol{A}$与$\boldsymbol{B}$之差$\boldsymbol{A}-\boldsymbol{B}$.

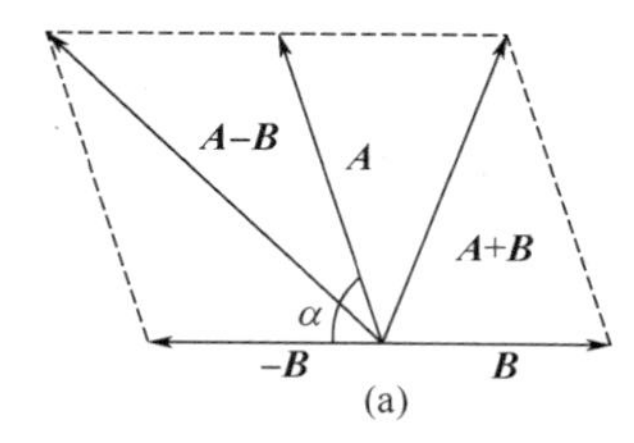

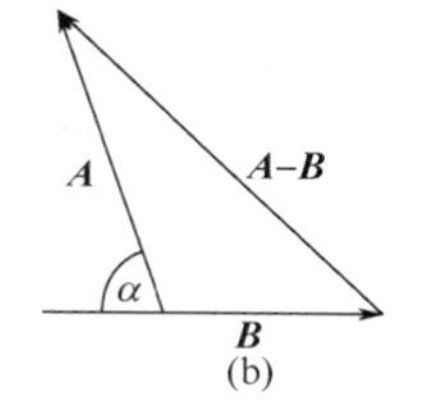

图 0.6　两矢量相减

求矢量差的大小和方向，仍可用式(0.1)、式(0.2)进行计算，但必须注意，这时角 α 是 $\boldsymbol{A}$ 与 $-\boldsymbol{B}$ 之间小于 π 的夹角.

0.4.3　矢量的正交分解与合成

一个矢量可分解为几个分矢量，最常用的矢量分解是把一个已知矢量分解在两个或三个相互垂直的指定方向上，这种分解称为正交分解．如图 0.7 所示，取平面直角坐标系 Oxy，矢量 $\boldsymbol{A}$ 在 x 轴和 y 轴上的分矢量 $\boldsymbol{A}_x$、$\boldsymbol{A}_y$ 都是一定的，即

$$\boldsymbol{A}=\boldsymbol{A}_x+\boldsymbol{A}_y \tag{0.3}$$

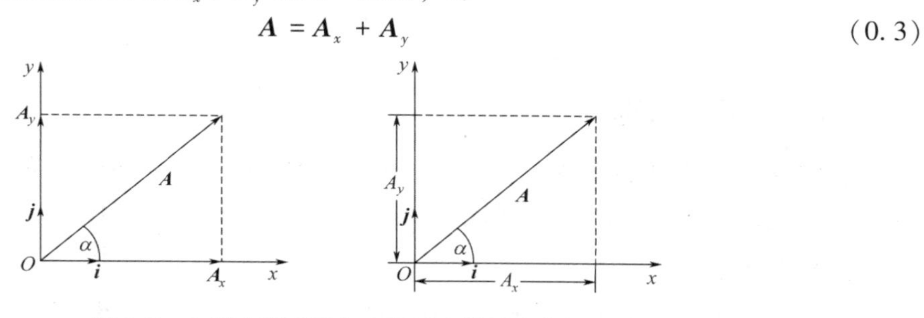

图 0.7　矢量在平面直角坐标系中的正交分解

设沿 x、y 轴正方向的单位矢量分别为 $\boldsymbol{i}$、$\boldsymbol{j}$，则 $\boldsymbol{A}_x=A_x\boldsymbol{i}$，$\boldsymbol{A}_y=A_y\boldsymbol{j}$，其中

$$A_x=A\cos\alpha \qquad A_y=A\sin\alpha$$

于是式(0.3)可写成

$$\boldsymbol{A}=A\cos\alpha\boldsymbol{i}+A\sin\alpha\boldsymbol{j} \tag{0.4}$$

显然矢量 $\boldsymbol{A}$ 的模为

$$A=\sqrt{A_x^2+A_y^2}$$

矢量 $\boldsymbol{A}$ 与 x 轴的夹角 α 为

$$\alpha=\arctan\frac{A_y}{A_x}$$

运用矢量在直角坐标轴上的分量表示法，可以使矢量的加减运算简化．设平面直角坐标系内有矢量 $\boldsymbol{A}$ 和 $\boldsymbol{B}$，它们与 x 轴的夹角分别为 α 和 β，如图 0.8 所示，则矢量 $\boldsymbol{A}$、$\boldsymbol{B}$ 在两坐标轴上的分量可表示为

$$\begin{cases}A_x=A\cos\alpha\\A_y=A\sin\alpha\end{cases} \text{及} \begin{cases}B_x=B\cos\beta\\B_y=B\sin\beta\end{cases}$$

由图 0.8 可知，合矢量 $\boldsymbol{C}$ 在两坐标轴上的分量 $\boldsymbol{C}_x$ 和 $\boldsymbol{C}_y$ 与矢量 $\boldsymbol{A}$、$\boldsymbol{B}$ 的分量之间的关系为

$$\begin{cases}C_x=A_x+B_x\\C_y=A_y+B_y\end{cases}$$

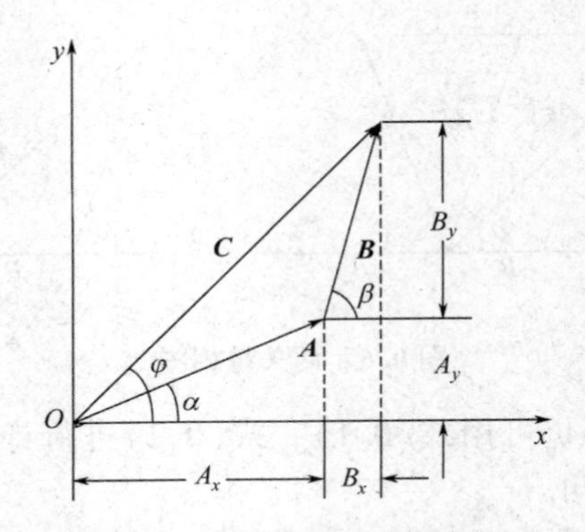

图 0.8　两矢量合成的解析法

矢量的大小和方向由下式确定：

$$\begin{cases} C = \sqrt{C_x^2 + C_y^2} \\ \varphi = \arctan \dfrac{C_y}{C_x} \end{cases}$$

0.4.4　矢量的乘法

矢量具有大小和方向．因此，两矢量相乘也不像标量相乘那样简单．下面介绍两矢量相乘的两种方法，一种叫标积，一种叫矢积．

1. 矢量的标积

两矢量 $\boldsymbol{A}$、$\boldsymbol{B}$ 的标积是一个标量，其值等于两矢量的模 A、B 与它们之间夹角 α 的余弦的乘积，写作

$$\boldsymbol{A} \cdot \boldsymbol{B} = AB\cos\alpha \tag{0.5}$$

如图 0.9 所示，$\boldsymbol{A} \cdot \boldsymbol{B}$ 相当于 $\boldsymbol{A}$ 的大小与 $\boldsymbol{B}$ 沿 $\boldsymbol{A}$ 方向分量大小的乘积(或相当于 $\boldsymbol{B}$ 的大小与 $\boldsymbol{A}$ 沿 $\boldsymbol{B}$ 方向分量大小的乘积)．

2. 矢量的矢积

两矢量的矢积仍为一矢量．如图 0.10 所示，用 $\boldsymbol{C}$ 表示矢量 $\boldsymbol{A}$ 和 $\boldsymbol{B}$ 的矢积，写作

$$\boldsymbol{A} \times \boldsymbol{B} = \boldsymbol{C} \tag{0.6}$$

矢量 $\boldsymbol{C}$ 的模为

$$C = AB\sin\alpha \tag{0.7}$$

其中 A、B 分别为矢量 $\boldsymbol{A}$、$\boldsymbol{B}$ 的模，α 为 $\boldsymbol{A}$、$\boldsymbol{B}$ 之间小于 π 的夹角．

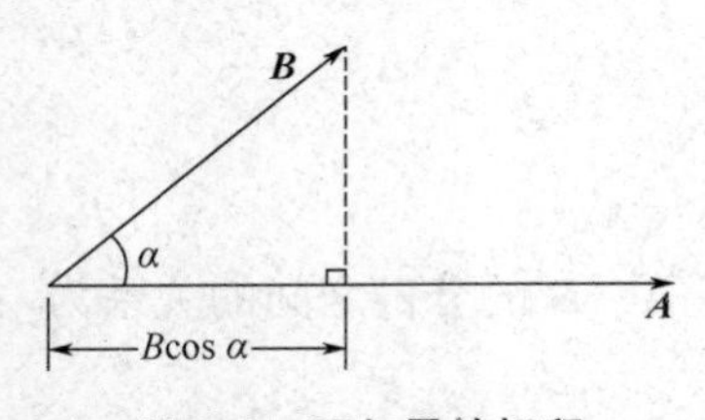

图 0.9　两矢量的标积

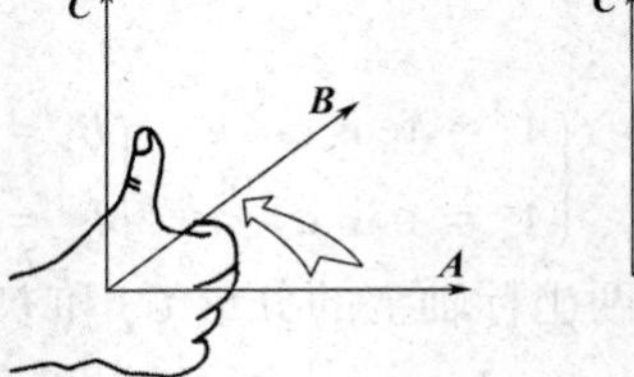

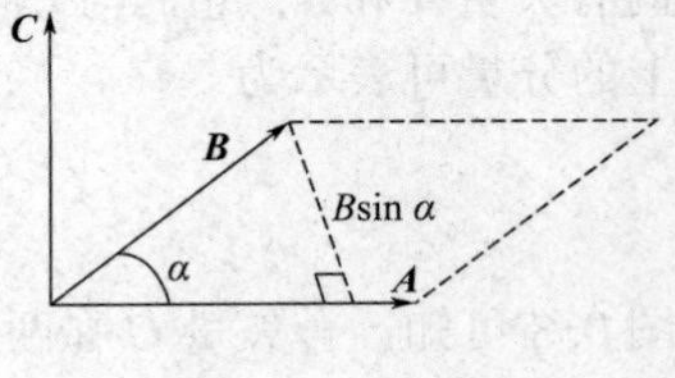

图 0.10　两矢量的矢积

矢量 $\boldsymbol{C}$ 的方向垂直于 $\boldsymbol{A}$ 和 $\boldsymbol{B}$ 所组成的平面，其指向可用右手螺旋法则确定(见图 0.10)，当右手四指从 $\boldsymbol{A}$ 经小于 π 的角转向 $\boldsymbol{B}$ 时，右手拇指的指向(即右螺旋前进的方向)就是 $\boldsymbol{C}$ 的方向. 如果以 $\boldsymbol{A}$ 和 $\boldsymbol{B}$ 组成平行四边形的邻边，则 $\boldsymbol{C}$ 是这样一个矢量：它垂直于平行四边形所在的平面，其指向代表着此平面的正法线方向；而它的大小则等于平行四边形的面积.

第一篇　经典力学

世界万物处于永恒的运动中，而运动的形式又多种多样，其中物体之间，或同一物体各部分之间相对位置的变化是最简单、最普遍的一种，这种运动形式称为机械运动. 研究物体机械运动规律的学科称为力学.

物理学的建立就是从力学开始的. 以牛顿运动定律为基础的力学理论称为牛顿力学或经典力学，虽然在三百年的发展中曾数度更新，但就实质内容而言，它已完成于牛顿的诸理论中. 经典力学是物理学中成熟的分支学科，决定着许多技术的发展进程，从普通的机器到天体运动，从海流、大气到火箭、卫星的轨道控制，都需要用经典力学理论精确计算. 此外，经典力学向邻近学科的渗透，又产生了许多新兴学科，如生物力学、地球力学、流体力学、爆炸力学、宇宙气体动力学等. 经典力学至今仍保持着充沛的活力而处于基础理论的地位.

近一百年来，力学向微观和高速领域扩展，产生了量子力学和相对论力学，促进了近代物理学的发展；不仅如此，力学的基础研究不断深化和丰富着人类对基本自然规律的认识，不断为其他学科的发展提供认知工具. 经典力学的确是一门古老而又年轻、仍在生机勃勃地发展的学科.

经典力学研究的是在弱引力场中宏观物体的低速运动，本篇包括质点运动学、质点动力学、刚体力学共三章内容.

第1章 质点运动学

经典力学可以分为运动学和动力学．运动学讨论如何描述物体的运动；动力学则讨论物体运动和运动变化的原因．本章研究质点的机械运动状态随时间变化的规律，为此引出描述运动的物理量，如位置矢量、位移、速度和加速度等，并阐明直线运动、抛体运动和圆周运动的基本规律．

思维导图

§1.1 质点运动的描述

自然界中所有的物体都在不停地运动，绝对静止的物体是不存在的．例如，在地面上静止的物体都随地球一起以 $3.0\times10^4\ \mathrm{m}\cdot\mathrm{s}^{-1}$ 的速度绕太阳运动，而太阳又以 $2.5\times10^5\ \mathrm{m}\cdot\mathrm{s}^{-1}$ 的速度在银河系中运动．运动是物质的固有属性，即运动具有绝对性．但是，对运动的描述却是相对的，如在作匀速直线运动的车厢中，一个物体自由下落，以车厢为参考，物体作直线运动；以地面为参考，物体作抛物线运动．可见，若选择不同的参考物，对同一物体运动的描述是不相同的．因此，为了描述物体的运动，必须先选定其他物体或物体系作为参考物，然后研究这个运动物体是如何相对参考物运动的，被选作参考的物体称为参考系．

参考系选定之后，为了定量地描述一个物体相对此参考系的位置，需要在参考系上建立固定的坐标系．最常用的坐标系是笛卡儿直角坐标系，此外，根据需要，还可以选用其他坐标系，如球坐标系或柱坐标系等．

任何物体都有一定的大小、形状和内部结构．一般来说，物体运动时，内部各点的运动情况常常是不相同的，因此要精确描述一般物体的运动并不是一件简单的事．为使问题简化，可以采用抽象的方法，如果物体的大小和形状在所研究的问题中不起作用，或所起的作用可以忽略不计，则可以近似地把此物体看作一个没有大小和形状的理想物体，称为质点．质点是实际物体的一种理想模型，它具有质量，同时它已被抽象为一个几何点．

理想模型的引入在物理学中是一种常见的、重要的科学分析方法，在以后的学习中还将引入一系列理想模型，如刚体、理想气体、点电荷等．把物体抽象为质点的方法具有很大的实际意义和理论价值．例如，在天文学中把庞大的天体抽象为质点的方法已获得极大的成功；再如，把整个物体看成由无数个质点所组成的质点系，从分析研究这些最简单的质点入手，就可能把握整个物体的运动，因此，研究质点运动是研究物体运动的基础．把物体抽象为质点时需要注意：(1)一个物体能否视为质点，要视所研究的问题而定．例如，研究地球绕太阳公转时，可以把地球当作质点；但研究地球自转时，地球上各点的运动情况大不相

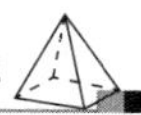

同，就不能把地球当作质点处理了．(2)注意区别质点与小物体．物体再小(原子核的线度约为 10^{-15} m)也有大小、形状，而质点为一几何点，它没有大小，在空间占有确切的位置.

对于一个质点的运动，应当从以下几个方面来描述.

1.1.1　描述质点在空间中的位置——位置矢量

质点的位置可以用一个矢量确定．在选定的参考系上建立直角坐标系，空间任一质点 P 的位置可以用从原点 O 到 P 点的矢量 $\boldsymbol{r}$ 来表示， 如图 1.1 所示，$\boldsymbol{r}$ 的端点就是质点的位置，$\boldsymbol{r}$ 的大小和方向完全确定了质点相对参考系的位置，$\boldsymbol{r}$ 称为位置矢量，简称位矢.

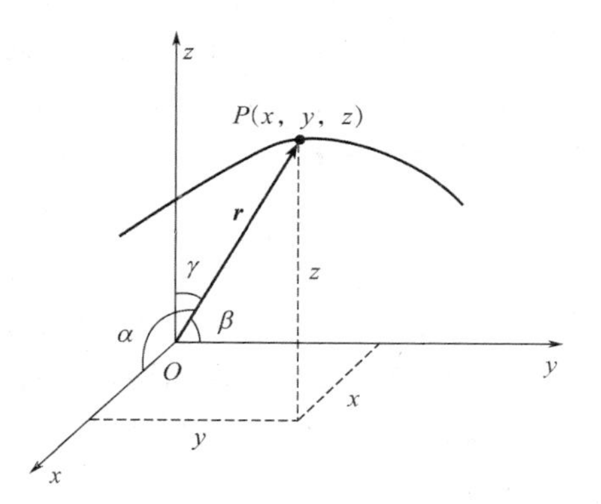

图 1.1　质点的位置矢量

P 点的直角坐标 (x, y, z) 为位矢 $\boldsymbol{r}$ 沿 x 轴、y 轴和 z 轴的投影，用 $\boldsymbol{i}$、$\boldsymbol{j}$、$\boldsymbol{k}$ 分别表示沿 x、y、z 三个坐标轴正方向的单位矢量，则位矢可表示为

$$\boldsymbol{r} = x\boldsymbol{i} + y\boldsymbol{j} + z\boldsymbol{k} \tag{1.1}$$

位矢的大小为

$$|\boldsymbol{r}| = \sqrt{x^2 + y^2 + z^2}$$

用 α、β、γ 分别表示 $\boldsymbol{r}$ 与 x、y、z 三个坐标轴的夹角，则位矢的方向余弦可由下式确定：

$$\cos\alpha = \frac{x}{|\boldsymbol{r}|},\ \cos\beta = \frac{y}{|\boldsymbol{r}|},\ \cos\gamma = \frac{z}{|\boldsymbol{r}|}$$

所谓运动，实际上就是位置随时间的变化，即位矢 $\boldsymbol{r}$ 为时间 t 的函数：

$$\begin{aligned}\boldsymbol{r} &= \boldsymbol{r}(t)\\ &= x(t)\boldsymbol{i} + y(t)\boldsymbol{j} + z(t)\boldsymbol{k}\end{aligned} \tag{1.2}$$

在直角坐标系中的分量式为

$$\begin{cases} x = x(t) \\ y = y(t) \\ z = z(t) \end{cases} \tag{1.3}$$

上式从数学上确定了在选定的参考系中质点相对坐标系的位置与时间的关系，称为质点的运动方程.

知道了质点的运动方程，就能确定任意时刻质点的位置，从而确定质点的运动．从质点的运动方程中消去时间 t，即可得质点的轨迹方程．例如，选用直角坐标系，质点从原点 O 以沿 x 轴的速度 v_0 开始作平抛运动，其运动方程为

$$\begin{cases} x = v_0 t \\ y = -\dfrac{1}{2}gt^2 \end{cases}$$

从上两式中消去 t，可得到质点的轨迹方程为

$$y = -\frac{1}{2}g\frac{x^2}{v_0^2}$$

这是一条抛物线.

可见，确定质点的运动方程是研究质点运动的一个重要环节.

1.1.2 描述质点位置变化的大小和方向——位移

质点运动时，位置将随时间变化，如图 1.2 所示．质点沿任意曲线运动，在 t 时刻位于 A 点，位矢为 $\boldsymbol{r}_1$，$t+\Delta t$ 时刻运动到 B 点，位矢为 $\boldsymbol{r}_2$，在 Δt 时间内，质点位置的变化可用从 A 点到 B 点的有向线段 $\Delta\boldsymbol{r}$ 来表示，即为质点的位移．$\Delta\boldsymbol{r}$ 可表示为

$$\begin{aligned}\Delta\boldsymbol{r}&=\boldsymbol{r}_2-\boldsymbol{r}_1\\&=(x_2-x_1)\boldsymbol{i}+(y_2-y_1)\boldsymbol{j}+(z_2-z_1)\boldsymbol{k}\end{aligned}$$

$$\Delta\boldsymbol{r}=\Delta x\boldsymbol{i}+\Delta y\boldsymbol{j}+\Delta z\boldsymbol{k} \tag{1.4}$$

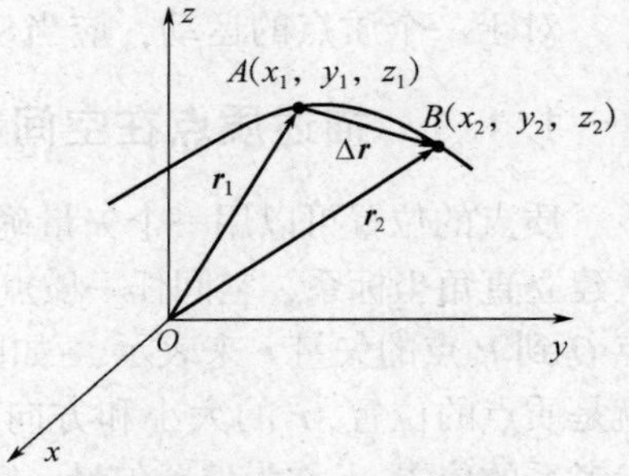

图 1.2　质点的位移

位移是位矢的增量，是由始位置指向末位置的矢量．

应该注意：(1)位移和路程是两个不同的概念．位移是矢量，它表示质点位置变化的净效果，如图 1.2 所示，它的大小 $|\Delta\boldsymbol{r}|$ 即割线 AB 的长度．而路程为标量，它是质点所经历的实际路径的长度，为曲线 $\overset{\frown}{AB}$ 的长度．

(2) $|\Delta\boldsymbol{r}|$ 不等于 Δr. 其中 $\Delta r=|\boldsymbol{r}_2|-|\boldsymbol{r}_1|$，它反映了 Δt 时间内质点相对原点的径向长度的变化．

1.1.3 描述质点位置变化的快慢和方向——速度

如图 1.2 所示，质点在 t 到 $t+\Delta t$ 时间内的位移为 $\Delta\boldsymbol{r}$，$\Delta\boldsymbol{r}$ 与 Δt 的比值称为 Δt 时间内质点的平均速度，用 $\overline{\boldsymbol{v}}$ 表示，即

$$\overline{\boldsymbol{v}}=\frac{\Delta\boldsymbol{r}}{\Delta t} \tag{1.5}$$

平均速度是矢量，其方向与位移 $\Delta\boldsymbol{r}$ 的方向相同．

平均速度只是质点位置在 Δt 时间内的平均变化率，是质点位置随时间变化的一种粗略描述．为精确地描述质点的运动状态，可将 Δt 无限减小而趋近于零，当 Δt 趋近于零时，平均速度的极限就可以精确地描述 t 时刻质点运动的快慢与方向，这就是瞬时速度，简称速度，用 $\boldsymbol{v}$ 表示，即

$$\boldsymbol{v}=\lim_{\Delta t\to 0}\frac{\Delta\boldsymbol{r}}{\Delta t}=\frac{\mathrm{d}\boldsymbol{r}}{\mathrm{d}t} \tag{1.6}$$

即瞬时速度等于位矢对时间的一阶导数．

速度的方向，就是 Δt 趋近于零时 $\Delta\boldsymbol{r}$ 的极限方向．如图 1.3 所示，当 Δt 逐渐减小时，B 点向 A 点趋近，平均速度的方向，亦即 $\Delta\boldsymbol{r}$ 的方向逐渐趋近于 A 点的切线方向，当 $\Delta t\to 0$ 时，$\dfrac{\Delta\boldsymbol{r}}{\Delta t}$ 的极限方向即为速度方向，沿质点所在处轨迹的切向并指向质点前进的方向．

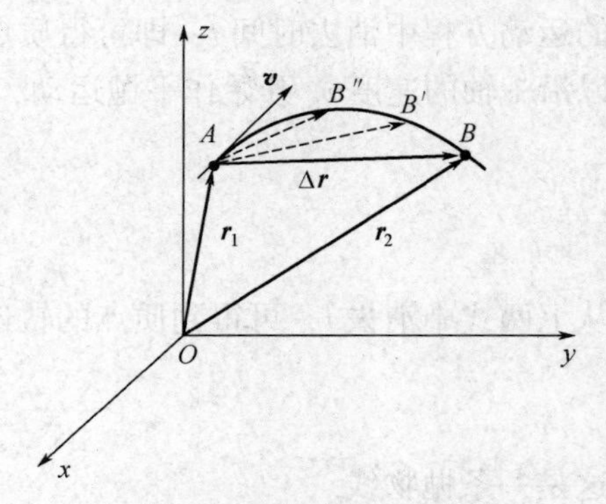

图 1.3　瞬时速度的方向

速度的大小称为速率，用 v 表示，即

$$v=|\boldsymbol{v}|=\left|\frac{\mathrm{d}\boldsymbol{r}}{\mathrm{d}t}\right|$$

根据位移的大小 $|\Delta \boldsymbol{r}|$ 与 Δr 的区别可知，一般地，

$$\left|\frac{\mathrm{d}\boldsymbol{r}}{\mathrm{d}t}\right| \neq \frac{\mathrm{d}r}{\mathrm{d}t}$$

将式(1.2)代入式(1.6)，得速度的分量式为

$$\boldsymbol{v} = \frac{\mathrm{d}x}{\mathrm{d}t}\boldsymbol{i} + \frac{\mathrm{d}y}{\mathrm{d}t}\boldsymbol{j} + \frac{\mathrm{d}z}{\mathrm{d}t}\boldsymbol{k} = \boldsymbol{v}_x + \boldsymbol{v}_y + \boldsymbol{v}_z \tag{1.7}$$

上式表明，质点的速度 $\boldsymbol{v}$ 是沿三个坐标轴方向的分速度的矢量和．速度沿三个坐标轴方向的分量 v_x、v_y、v_z 分别为

$$v_x = \frac{\mathrm{d}x}{\mathrm{d}t},\ v_y = \frac{\mathrm{d}y}{\mathrm{d}t},\ v_z = \frac{\mathrm{d}z}{\mathrm{d}t} \tag{1.8}$$

所以速率 v 为

$$v = \sqrt{v_x^2 + v_y^2 + v_z^2}$$

1.1.4　描述质点运动速度变化的快慢和方向——加速度

为了描述质点运动速度的变化，引入加速度的概念，加速度的定义方法与速度类似，先定义平均量，再用极限方法定义瞬时量.

如图1.4所示，质点的运动轨迹为一曲线，在 t 时刻，质点位于 A 点，速度为 $\boldsymbol{v}_1$；在 $t+\Delta t$ 时刻，质点位于 B 点，速度为 $\boldsymbol{v}_2$. 在 t 到 $t+\Delta t$ 时间内，质点的速度增量为 $\Delta\boldsymbol{v} = \boldsymbol{v}_2 - \boldsymbol{v}_1$，$\Delta\boldsymbol{v}$ 与 Δt 的比值称为 Δt 时间内质点的平均加速度，用 $\bar{\boldsymbol{a}}$ 表示，即

$$\bar{\boldsymbol{a}} = \frac{\Delta\boldsymbol{v}}{\Delta t} \tag{1.9}$$

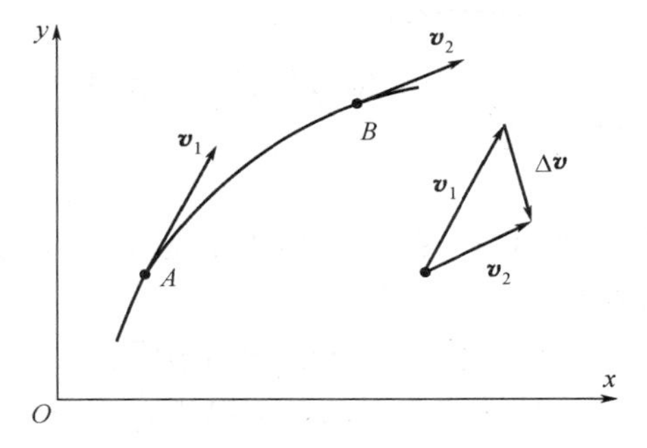

图1.4　曲线运动的加速度

平均加速度是矢量，其方向与速度增量 $\Delta\boldsymbol{v}$ 的方向相同，它表示质点速度在 Δt 时间内的平均变化率.

为精确地描述质点速度的变化情况，引入瞬时加速度的概念．将时间 Δt 减小，当 $\Delta t \to 0$ 时，平均加速度的极限就是瞬时加速度，简称加速度，用 $\boldsymbol{a}$ 表示，即

$$\boldsymbol{a} = \lim_{\Delta t\to 0}\frac{\Delta\boldsymbol{v}}{\Delta t} = \frac{\mathrm{d}\boldsymbol{v}}{\mathrm{d}t} \tag{1.10}$$

由式(1.6)，加速度可表示为

$$\boldsymbol{a} = \frac{\mathrm{d}^2\boldsymbol{r}}{\mathrm{d}t^2} \tag{1.11}$$

即加速度等于速度对时间的一阶导数，或位矢对时间的二阶导数.

将式(1.7)代入式(1.10)，得加速度的分量式为

$$\boldsymbol{a} = \frac{\mathrm{d}v_x}{\mathrm{d}t}\boldsymbol{i} + \frac{\mathrm{d}v_y}{\mathrm{d}t}\boldsymbol{j} + \frac{\mathrm{d}v_z}{\mathrm{d}t}\boldsymbol{k} = \boldsymbol{a}_x + \boldsymbol{a}_y + \boldsymbol{a}_z \tag{1.12}$$

上式表明，质点的加速度 $\boldsymbol{a}$ 是沿三个坐标轴方向的分加速度的矢量和．加速度沿三个坐标轴方向的分量 a_x、a_y、a_z 分别为

$$
\begin{cases}
a_x = \dfrac{\mathrm{d}v_x}{\mathrm{d}t} = \dfrac{\mathrm{d}^2 x}{\mathrm{d}t^2} \\
a_y = \dfrac{\mathrm{d}v_y}{\mathrm{d}t} = \dfrac{\mathrm{d}^2 y}{\mathrm{d}t^2} \\
a_z = \dfrac{\mathrm{d}v_z}{\mathrm{d}t} = \dfrac{\mathrm{d}^2 z}{\mathrm{d}t^2}
\end{cases} \tag{1.13}
$$

分量和加速度大小的关系为

$$a = \sqrt{a_x^2 + a_y^2 + a_z^2}$$

加速度是矢量，其方向就是 $\Delta t \to 0$ 时平均加速度的极限方向，即 $\Delta \boldsymbol{v}$ 的极限方向．质点作曲线运动时，加速度的方向总是指向轨迹曲线的凹侧，与同一时刻速度的方向一般是不同的．加速度的大小为 $|\boldsymbol{a}| = \left|\dfrac{\mathrm{d}\boldsymbol{v}}{\mathrm{d}t}\right|$，一般情况下，$|\boldsymbol{a}| \neq \dfrac{\mathrm{d}v}{\mathrm{d}t}$.

概念检查 1

如果一个物体的位置在发生变化，能否肯定它有一个非零的速度？能否肯定它有一个非零的加速度？

例 1.1 已知一质点的运动方程为：$\boldsymbol{r} = a\cos 2\pi t\boldsymbol{i} + b\sin 2\pi t\boldsymbol{j}$(SI)，式中 a、b 均为正常数.

(1)求质点的速度和加速度；

(2)证明质点的运动轨迹为一椭圆；

(3)求质点在 0~0.25 s 内的平均速度.

解 (1)质点的速度为 $\boldsymbol{v} = \dfrac{\mathrm{d}\boldsymbol{r}}{\mathrm{d}t} = -2\pi a\sin 2\pi t\boldsymbol{i} + 2\pi b\cos 2\pi t\boldsymbol{j}$

质点的加速度为

$$\boldsymbol{a} = \frac{\mathrm{d}\boldsymbol{v}}{\mathrm{d}t} = -4\pi^2 a\cos 2\pi t\boldsymbol{i} - 4\pi^2 b\sin 2\pi t\boldsymbol{j} = -4\pi^2(a\cos 2\pi t\boldsymbol{i} + b\sin 2\pi t\boldsymbol{j}) = -4\pi^2\boldsymbol{r}$$

(2)由质点运动方程的矢量式，可知位矢直角坐标系中的分量式为

$$\begin{cases} x = a\cos 2\pi t \\ y = b\sin 2\pi t \end{cases}$$

由此得

$$\frac{x}{a} = \cos 2\pi t, \quad \frac{y}{b} = \sin 2\pi t$$

上两式两边平方然后相加得

$$\frac{x^2}{a^2} + \frac{y^2}{b^2} = 1$$

这就是质点的轨迹方程，可知其运动轨迹为一椭圆.

(3)质点的平均速度为 $\bar{\boldsymbol{v}} = \dfrac{\Delta \boldsymbol{r}}{\Delta t} = \dfrac{\boldsymbol{r}_2 - \boldsymbol{r}_1}{t_2 - t_1}$

其中

$$\Delta t=(0.25-0)\text{s}=0.25\ \text{s}$$

$$\boldsymbol{r}_1=a\cos 0\boldsymbol{i}+b\sin 0\boldsymbol{j}=a\boldsymbol{i}$$

$$\boldsymbol{r}_2=a\cos\frac{\pi}{2}\boldsymbol{i}+b\sin\frac{\pi}{2}\boldsymbol{j}=b\boldsymbol{j}$$

$$\Delta\boldsymbol{r}=-a\boldsymbol{i}+b\boldsymbol{j}$$

质点的平均速度为

$$\bar{\boldsymbol{v}}=\frac{\Delta\boldsymbol{r}}{\Delta t}=\frac{-a\boldsymbol{i}+b\boldsymbol{j}}{0.25}=-4a\boldsymbol{i}+4b\boldsymbol{j}$$

其大小为

$$\bar{v}=\sqrt{(\bar{v}_x)^2+(\bar{v}_y)^2}=\sqrt{(-4a)^2+(4b)^2}=4\sqrt{a^2+b^2}$$

方向为

$$\tan\theta=\frac{\bar{v}_y}{\bar{v}_x}=-\frac{b}{a}\ (\text{见图 1.5})$$

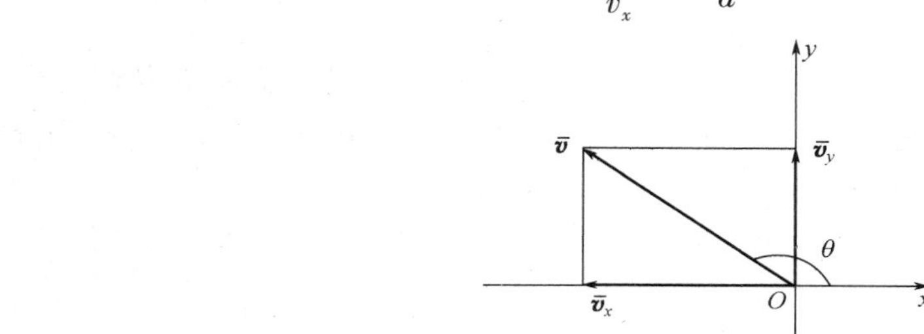

图 1.5　例 1.1 图

本例说明已知质点的运动方程，如何用微分法求质点的速度和加速度.

例 1.2　设质点沿 x 轴作匀变速直线运动，加速度为 a，初速度为 v_0，初位置为 x_0，试用积分法求出质点的速度和运动方程.

解　因为质点作直线运动，即 $a=\frac{\mathrm{d}v}{\mathrm{d}t}$，故

$$\mathrm{d}v=a\mathrm{d}t$$

对上式两边积分得

$$\int_{v_0}^{v}\mathrm{d}v=\int_0^t a\mathrm{d}t$$

即得

$$v=v_0+at$$

由速度定义 $v=\frac{\mathrm{d}x}{\mathrm{d}t}$，有

$$\mathrm{d}x=v\mathrm{d}t=(v_0+at)\mathrm{d}t$$

对上式两边积分得

$$\int_{x_0}^{x}\mathrm{d}x=\int_0^t(v_0+at)\mathrm{d}t$$

$$x=x_0+v_0t+\frac{1}{2}at^2$$

以上结果就是中学学过的匀变速直线运动的基本公式.

本例说明已知加速度和初始条件，如何用积分法求质点的速度和运动方程.

§1.2 平面曲线运动

1.2.1 抛体运动

在地球表面附近，重力加速度可看成常量，在忽略空气阻力的情况下，物体的运动轨迹被限制在抛出速度和重力加速度所确定的平面内．早在17世纪，意大利物理学家伽利略在研究平抛运动时就提出了两个相互独立运动的合成原理，这也是力学中分析复杂运动时常用的一种基本方法．例如，抛体运动可看作水平方向和竖直方向两种直线运动合成的结果；再如，利用振动合成演示仪，可将两个直线运动叠加，得到圆运动、椭圆运动等．即一个平面曲线运动可视为几个较为简单的直线运动的合成.

描述抛体运动时，选择平面直角坐标系最为方便．一物体在地球表面附近以初速度 $\boldsymbol{v}_0$ 沿与水平面上 x 轴正方向成 θ 角抛出，建立如图1.6所示的平面直角坐标 Oxy，将运动分解为 x 轴方向的匀速直线运动和 y 轴方向的匀变速直线运动.

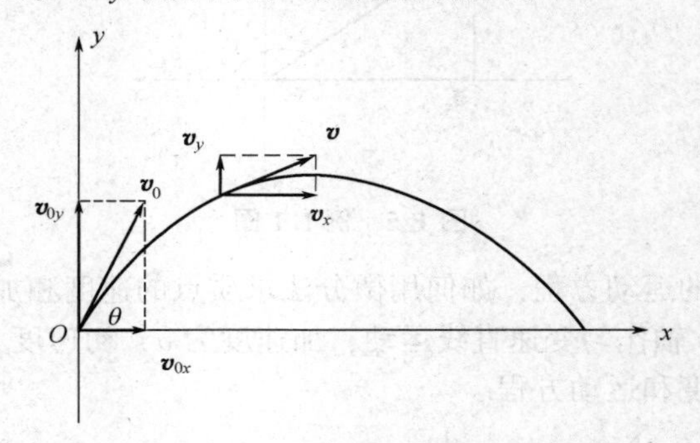

图1.6　抛体运动

取 $t=0$ 时，物体位于原点，$\boldsymbol{v}_0$ 沿 x 轴和 y 轴上的分量为

$$v_{0x}=v_0\cos\theta,\ v_{0y}=v_0\sin\theta$$

物体在空中任一时刻的速度为

$$\begin{cases}v_x=v_0\cos\theta\\ v_y=v_0\sin\theta-gt\end{cases}\tag{1.14}$$

由上式可得物体在空中任一时刻的位置为

$$\begin{cases}x=v_0\cos\theta\cdot t\\ y=v_0\sin\theta\cdot t-\dfrac{1}{2}gt^2\end{cases}\tag{1.15}$$

由以上方程可求得抛体运动的最大高度、射程等．消去方程(1.15)中的 t，可得

$$y=x\tan\theta-\frac{gx^2}{2v_0^2\cos^2\theta}$$

上式是斜抛运动的轨迹方程，它表明在略去空气阻力的情况下，物体在空间经历的路径为一抛物线.

1.2.2　圆周运动

在一般圆周运动中，质点速度的大小和方向都在改变，即存在着加速度．为使加速度的物理意义更为清晰，在圆周运动的研究中常采用自然坐标系．如图1.7所示，质点作平面曲线运动时，在轨迹上任一点可建立如下坐标系：以运动质点为坐标原点，一坐标轴沿轨迹在该点的切线指向质点前进的方向，该方向的单位矢量为$\boldsymbol{e}_t$，另一坐标轴沿该点轨迹的法线指向轨迹曲率中心的方向，相应单位矢量为$\boldsymbol{e}_n$，这种将轨迹的切线和法线作为坐标轴的坐标系就是自然坐标系.

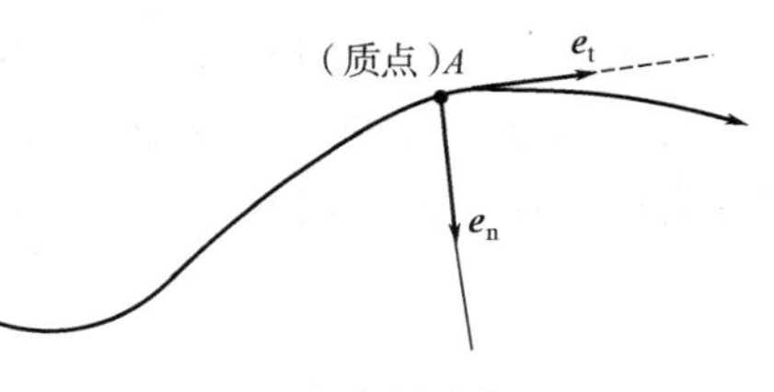

图1.7　自然坐标系

下面分别考查速度的方向变化和大小变化所对应的加速度.

1. 匀速率圆周运动

设质点作半径为R、速率为v的匀速率圆周运动，如图1.8所示，在t时刻，质点位于A点，速度为$\boldsymbol{v}_A$；在$t+\Delta t$时刻，质点运动到B点，速度为$\boldsymbol{v}_B$. 在Δt时间内，速度的增量为

$$\Delta \boldsymbol{v} = \boldsymbol{v}_B - \boldsymbol{v}_A$$

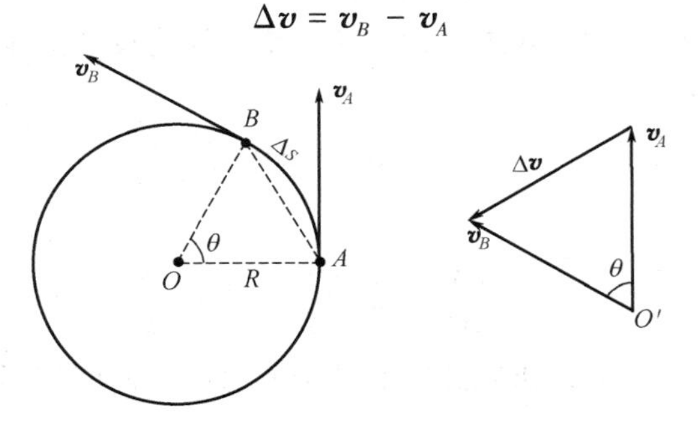

图1.8　匀速率圆周运动

由加速度的定义，质点的加速度为

$$\boldsymbol{a} = \lim_{\Delta t \to 0} \frac{\boldsymbol{v}_B - \boldsymbol{v}_A}{\Delta t} = \lim_{\Delta t \to 0} \frac{\Delta \boldsymbol{v}}{\Delta t}$$

其大小为

$$a = |\boldsymbol{a}| = \lim_{\Delta t \to 0} \frac{|\Delta \boldsymbol{v}|}{\Delta t} \tag{1.16}$$

由图1.8可知，$\triangle OAB$与$\boldsymbol{v}_A$、$\boldsymbol{v}_B$和$\Delta \boldsymbol{v}$组成的速度三角形相似，故

$$\frac{|\Delta \boldsymbol{v}|}{|AB|} = \frac{v}{R}$$

$$a = \frac{v}{R} \lim_{\Delta t \to 0} \frac{|AB|}{\Delta t}$$

当$\Delta t \to 0$时，B点逐渐向A点靠近，位移的大小$|AB|$趋近于曲线路程Δs，所以

$$a = \frac{v}{R} \lim_{\Delta t \to 0} \frac{\Delta s}{\Delta t} = \frac{v}{R} \cdot v = \frac{v^2}{R} \tag{1.17}$$

质点作匀速率圆周运动时，瞬时加速度的大小是一个常数，等于 $\frac{v^2}{R}$.

下面考查加速度的方向．由定义知，加速度 $\boldsymbol{a}$ 的方向就是速度增量 $\Delta\boldsymbol{v}$ 在 $\Delta t \to 0$ 时的极限方向，当 $\Delta t \to 0$ 时，质点在 A 点的加速度方向垂直于 A 点的速度方向，沿法向指向圆心，故称为向心加速度，用 $\boldsymbol{a}_n$ 表示，即

$$\boldsymbol{a}_n = \frac{v^2}{R}\boldsymbol{e}_n \tag{1.18}$$

法向加速度在速度方向上没有分量，不改变速度的大小，只改变速度的方向.

2. 变速率圆周运动

在变速率圆周运动中，速度的大小和方向都在变化．如图 1.9 所示，在 t 时刻，质点位于 A 点，速度为 $\boldsymbol{v}_A$；在 $t+\Delta t$ 时刻，质点运动到 B 点，速度为 $\boldsymbol{v}_B$. 在 Δt 时间内，速度的增量为 $\Delta\boldsymbol{v} = \boldsymbol{v}_B - \boldsymbol{v}_A$. 显然，$\Delta\boldsymbol{v}$ 是由速度的大小和方向两方面因素同时变化所引起的总效果，即将速度增量视为反映速度方向变化的 $\Delta\boldsymbol{v}_n$ 和反映速度大小变化的 $\Delta\boldsymbol{v}_t$ 的矢量和：

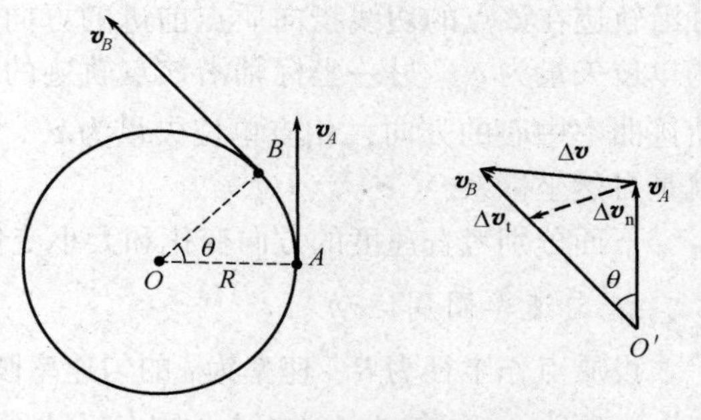

图 1.9　变速率圆周运动

$$\Delta\boldsymbol{v} = \Delta\boldsymbol{v}_n + \Delta\boldsymbol{v}_t$$

加速度为

$$\boldsymbol{a} = \lim_{\Delta t\to 0}\frac{\Delta\boldsymbol{v}}{\Delta t} = \lim_{\Delta t\to 0}\frac{\Delta\boldsymbol{v}_n}{\Delta t} + \lim_{\Delta t\to 0}\frac{\Delta\boldsymbol{v}_t}{\Delta t} \tag{1.19}$$

上式第二个等号右边的第一项和匀速率圆周运动中的法向加速度相同，由前述证明知

$$a_n = \lim_{\Delta t\to 0}\frac{|\Delta\boldsymbol{v}_n|}{\Delta t} = \frac{v^2}{R}$$

它反映变速率圆周运动速度在方向上的变化，称为法向加速度.

式(1.19)第二个等号右边的第二项反映的是速度大小的变化，如图 1.9 所示，当 $\Delta t \to 0$ 时，$\boldsymbol{v}_B$ 与 $\boldsymbol{v}_A$ 的夹角趋近于零，即 $\Delta\boldsymbol{v}_t$ 的方向趋近于 $\boldsymbol{v}_A$ 的方向，也就是沿圆周的切线方向，所以第二项称为切向加速度，用 $\boldsymbol{a}_t$ 表示，其大小为

$$a_t = \lim_{\Delta t\to 0}\frac{|\Delta\boldsymbol{v}_t|}{\Delta t} = \lim_{\Delta t\to 0}\frac{\Delta v}{\Delta t} = \frac{\mathrm{d}v}{\mathrm{d}t} \tag{1.20}$$

由此可见，变速率圆周运动的加速度可分解为相互正交的法向加速度 $\boldsymbol{a}_n$ 和切向加速度 $\boldsymbol{a}_t$，法向加速度的方向指向圆心，切向加速度 $a_t > 0$ 时，方向与速度 $\boldsymbol{v}$ 同向，$a_t < 0$ 时，方向与 $\boldsymbol{v}$ 反向．如图 1.10 所示，总加速度 $\boldsymbol{a}$ 为

$$\boldsymbol{a} = \boldsymbol{a}_n + \boldsymbol{a}_t = \frac{v^2}{R}\boldsymbol{e}_n + \frac{\mathrm{d}v}{\mathrm{d}t}\boldsymbol{e}_t \tag{1.21}$$

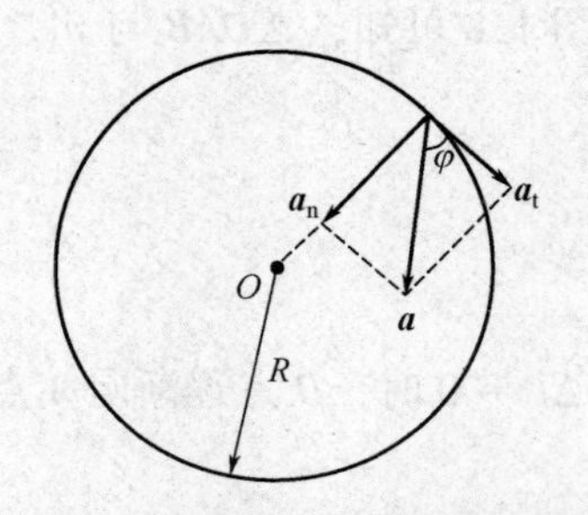

图 1.10　变速率圆周运动的加速度

总加速度的大小和方向表示如下：

$$\begin{cases} a = \sqrt{a_n^2 + a_t^2} \\ \tan \varphi = \dfrac{a_n}{a_t} \end{cases}$$

1.2.3　一般平面曲线运动

如图 1.11 所示，质点沿轨迹 LN 作一般平面曲线运动，不难证明，质点在任一位置 A 点的加速度 $\boldsymbol{a}$ 也可分解为两个分量：法向加速度 $\boldsymbol{a}_n$ 和切向加速度 $\boldsymbol{a}_t$，且有

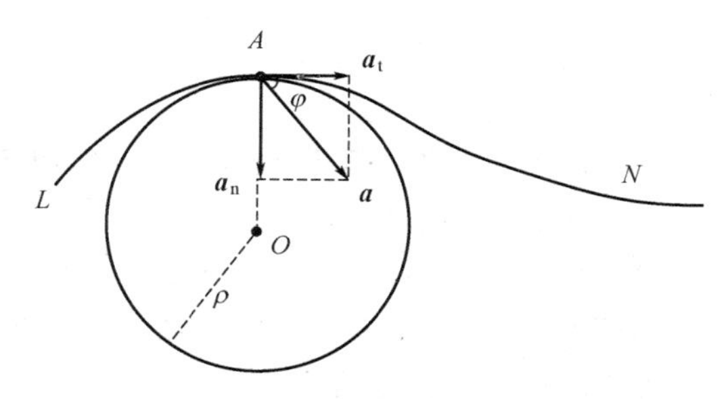

图 1.11　一般平面曲线运动的加速度

$$\boldsymbol{a}_n = \frac{v^2}{\rho}\boldsymbol{e}_n$$

$$\boldsymbol{a}_t = \frac{\mathrm{d}v}{\mathrm{d}t}\boldsymbol{e}_t$$

$$\boldsymbol{a} = \boldsymbol{a}_n + \boldsymbol{a}_t = \frac{v^2}{\rho}\boldsymbol{e}_n + \frac{\mathrm{d}v}{\mathrm{d}t}\boldsymbol{e}_t$$

式中，$\boldsymbol{e}_n$ 和 $\boldsymbol{e}_t$ 仍为沿轨迹曲线上 A 点法线方向和切线方向的单位矢量；ρ 为轨迹曲线在 A 点的曲率半径.

与圆周运动不同，一般平面曲线上不同点处的曲率半径和曲率中心是不同的，质点在任一点处法向加速度的大小与质点在该处的速率平方成正比，与该处的曲率半径成反比，方向沿该处曲率圆的半径指向曲率中心.

一般平面曲线运动加速度的大小和方向可表示为

$$\begin{cases} a = \sqrt{a_n^2 + a_t^2} = \sqrt{\left(\dfrac{v^2}{\rho}\right)^2 + \left(\dfrac{\mathrm{d}v}{\mathrm{d}t}\right)^2} \\ \tan \varphi = \dfrac{a_n}{a_t} \end{cases}$$

一般平面曲线运动中的法向加速度和圆周运动中的法向加速度相似，只反映速度方向的变化；切向加速度则和直线运动中的加速度相似，只反映速度大小的变化．质点作圆周运动时，曲率半径不变，曲率中心为圆心，可见圆周运动是一般平面曲线运动的一种特殊情况.

概念检查 2

匀加速运动是否一定是直线运动？

例 1.3　求斜抛运动轨迹顶点处的曲率半径.

解　在自然坐标系中讨论.

如图 1.12 所示，当质点在抛物线顶点时，质点只有水平方向的速度，即

$$v = v_0 \cos \theta$$

此时切向加速度为零，法向加速度为

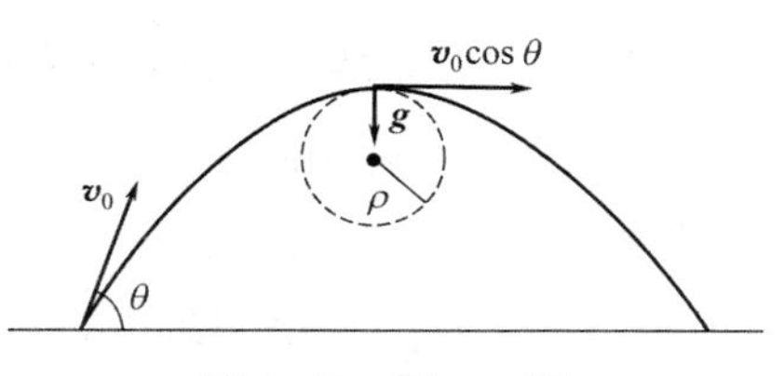

图 1.12　例 1.3 图

$$\boldsymbol{a}_{\mathrm{n}} = \boldsymbol{g}$$

由 $a_{\mathrm{n}} = \dfrac{v^2}{\rho}$ 得曲率半径为

$$\rho = \frac{v^2}{a_{\mathrm{n}}} = \frac{(v_0 \cos\theta)^2}{g}$$

概念检查3

作斜抛运动的物体在轨迹上哪一点处的法向加速度最大？

例 1.4 一质点以 $v = A + Bt$ 的速率从 $t = 0$ 开始由 P 点绕圆心作半径为 R 的圆周运动，其中 A、B 均为常量，求质点沿圆周运动一周时的速度和加速度.

解 由题意知质点的速率为

$$v = A + Bt$$

$t = 0$ 时，$v_0 = A$. 质点的切向加速度为

$$a_{\mathrm{t}} = \frac{\mathrm{d}v}{\mathrm{d}t} = B$$

说明质点作匀加速圆周运动.

当质点从初始位置出发运动一周后回到原处，由匀加速运动的速度公式得

$$v^2 = v_0^2 + 2a_{\mathrm{t}}s = A^2 + 2B \cdot 2\pi R = A^2 + 4\pi BR$$

即速度的大小 $v = \sqrt{A^2 + 4\pi BR}$，方向沿切线指向前进方向．此时，质点的法向加速度为

$$a_{\mathrm{n}} = \frac{v^2}{R} = \frac{A^2 + 4\pi BR}{R}$$

如图 1.13 所示，质点的加速度为

$$\boldsymbol{a} = B\boldsymbol{e}_{\mathrm{t}} + \frac{A^2 + 4\pi BR}{R}\boldsymbol{e}_{\mathrm{n}}$$

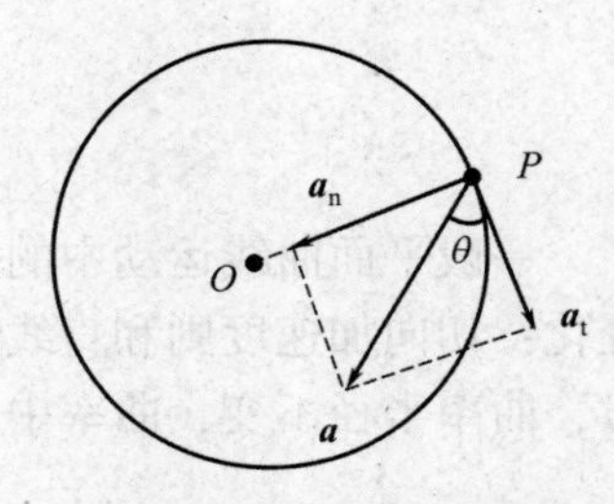

图 1.13 例 1.4 图

加速度的大小为

$$a = \sqrt{a_{\mathrm{t}}^2 + a_{\mathrm{n}}^2} = \sqrt{B^2 + \left(\frac{A^2 + 4\pi BR}{R}\right)^2}$$

方向为

$$\tan\theta = \frac{a_{\mathrm{n}}}{a_{\mathrm{t}}} = \frac{A^2 + 4\pi BR}{BR} \quad (\theta\text{ 为加速度与切线方向的夹角})$$

1.2.4 圆周运动的角量描述

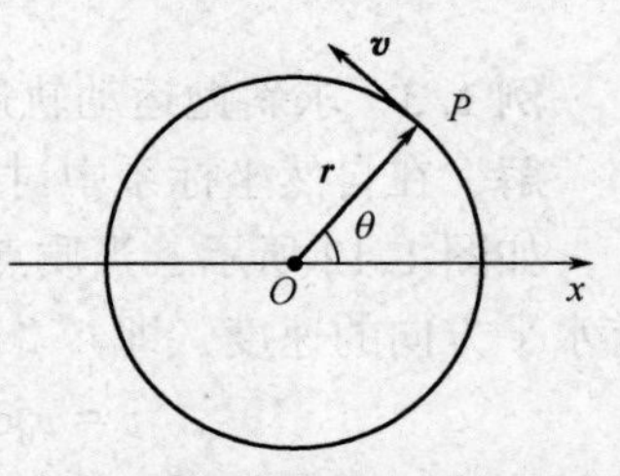

图 1.14 圆周运动的角量描述

质点的圆周运动也常用角量来描述.

如图 1.14 所示，取圆心 O 为坐标原点，x 轴如图所示．质点的位矢 $\boldsymbol{r}$ 与 x 轴的夹角为 θ，由于质点沿圆周运动，用 θ 就可以确定质点的位置，故 θ 称为质点的角坐标，随着质点的运动，θ 角随时间改变，即

$$\theta = \theta(t)$$

角坐标的时间变化率定义为角速度，即

$$\omega = \frac{\mathrm{d}\theta}{\mathrm{d}t} \tag{1.22}$$

国际单位制中，角速度的单位是弧度每秒($\mathrm{rad \cdot s^{-1}}$).

一般来说，角速度 ω 也是时间的函数，角速度的时间变化率定义为角加速度 α，即

$$\alpha = \frac{\mathrm{d}\omega}{\mathrm{d}t} = \frac{\mathrm{d}^2\theta}{\mathrm{d}t^2} \tag{1.23}$$

弧长和圆心角的关系为

$$s = r\theta$$

上式两边求导得

$$\frac{\mathrm{d}s}{\mathrm{d}t} = r\frac{\mathrm{d}\theta}{\mathrm{d}t}$$

即线速度与角速度的关系为

$$v = r\omega$$

上式两边求导得

$$\frac{\mathrm{d}v}{\mathrm{d}t} = r\frac{\mathrm{d}\omega}{\mathrm{d}t}$$

即切向加速度与角加速度的关系为

$$a_{\mathrm{t}} = r\alpha$$

而法向加速度为

$$a_{\mathrm{n}} = \frac{v^2}{r} = r\omega^2$$

§1.3　相对运动

前面讨论了在特定参考系中速度的合成，研究力学问题时常需在不同的参考系中描述同一物体的运动，对于不同的参考系，同一物体的位移、速度、加速度都可能不同. 因此，在实际问题的研究中，需要把运动在一个参考系中的描述变换到另一个参考系中去，这就需要研究两个参考系之间运动的变换关系.

运动学的物理量都是由空间和时间导出的，要解决运动的相对性问题，就应明确不同参考系之间时间和空间的关系，下面从伽利略坐标变换入手，介绍速度变换和加速度变换.

设有两个参考系，一个为 S 系(即 Oxy 坐标系)，另一个为 S'系(即 $O'x'y'$坐标系)，S'系沿 x 轴以恒定的速度 $\boldsymbol{u}$ 相对 S 系运动. 开始时(即 $t=0$)两个坐标系重合，一质点在 S 系中位于 P 点，在 S'系中位于 P'点，$t=0$ 时，P 和 P'共点(见图 1.15).

在 Δt 时间内，S'系沿 x 轴相对 S 系运动的同时，质点运动到 Q 点. S'系沿 x 轴相对 S 系的位移为 $\Delta\boldsymbol{D} = \boldsymbol{u}\Delta t$. 在同样的时间里，在 S 系中观测，质点从 P 点运动到 Q 点，其位移为 $\Delta\boldsymbol{r}$；而在 S'系中观测，质点从 P'点运动到 Q 点，其位移为 $\Delta\boldsymbol{r}'$. 显然，$\Delta\boldsymbol{r}$ 和 $\Delta\boldsymbol{r}'$ 是不相等的，即同一物体在同一时间内的位移，相对 S 和 S'这两个参考系来说，是不相等的. 这两个

位移与 S' 系相对 S 系的位移 $\Delta\boldsymbol{D}$ 的关系为

$$\Delta\boldsymbol{r} = \Delta\boldsymbol{r}' + \Delta\boldsymbol{D} \tag{1.24}$$

或

$$\Delta\boldsymbol{r} = \Delta\boldsymbol{r}' + \boldsymbol{u}\Delta t \tag{1.25}$$

其逆变换为

$$\Delta\boldsymbol{r}' = \Delta\boldsymbol{r} - \boldsymbol{u}\Delta t$$

它的直角坐标分量式为

$$\begin{cases} x' = x - ut \\ y' = y \\ z' = z \\ t' = t \end{cases} \tag{1.26}$$

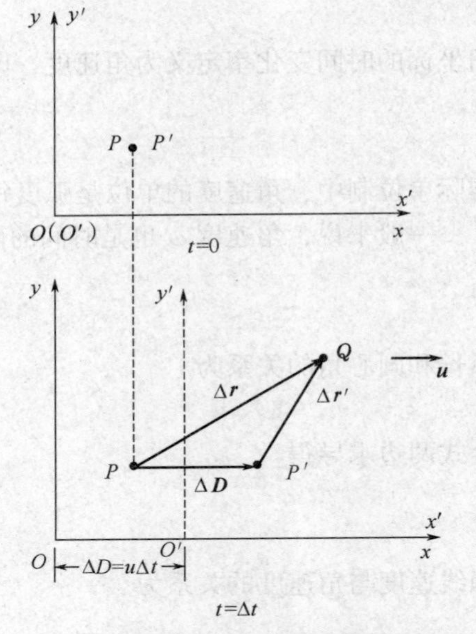

图 1.15　质点在两个坐标系中的位移

经验告诉我们，同一运动所经历的时间在两个不同的参考系中是相同的，即 $t=t'$. 上述时空变换关系称为伽利略坐标变换(简称伽利略变换).

用时间 Δt 除式(1.25)，有

$$\frac{\Delta\boldsymbol{r}}{\Delta t} = \frac{\Delta\boldsymbol{r}'}{\Delta t} + \boldsymbol{u}$$

取 $\Delta t \to 0$ 时的极限值，可得相应速度之间的关系为

$$\boldsymbol{v} = \boldsymbol{v}' + \boldsymbol{u} \tag{1.27}$$

式中，$\boldsymbol{u}$ 为 S' 系相对 S 系的速度；$\boldsymbol{v}'$ 为质点相对 S' 系的速度；$\boldsymbol{v}$ 为质点相对 S 系的速度. 上式的物理意义是：质点相对 S 系的速度等于它相对 S' 系的速度与 S' 系相对 S 系速度的矢量和.

将式(1.27)对时间求导，可得加速度变换式为

$$\frac{\mathrm{d}\boldsymbol{v}}{\mathrm{d}t} = \frac{\mathrm{d}\boldsymbol{v}'}{\mathrm{d}t} + \frac{\mathrm{d}\boldsymbol{u}}{\mathrm{d}t}$$

即

$$\boldsymbol{a} = \boldsymbol{a}' + \boldsymbol{a}_0 \tag{1.28}$$

这就是同一质点相对两个相对作平动的参考系的加速度之间的关系. 式中，$\boldsymbol{a}_0$ 为 S' 系相对 S 系的加速度；$\boldsymbol{a}'$ 为质点相对 S' 系的加速度；$\boldsymbol{a}$ 为质点相对 S 系的加速度.

如果两个参考系相对作匀速直线运动，即 $\boldsymbol{u}$ 为常量，则

$$\boldsymbol{a}_0 = \frac{\mathrm{d}\boldsymbol{u}}{\mathrm{d}t} = \boldsymbol{0}$$

于是有

$$\boldsymbol{a} = \boldsymbol{a}'$$

这就是说，在相对作匀速直线运动的参考系中观测同一质点的运动时，所测得的加速度相等.

伽利略变换建立在经典力学时空观的基础上，即建立在长度测量的绝对性和时间测量的绝对性的基础上. 在式(1.25)中，$\Delta\boldsymbol{r}$ 和 $\Delta\boldsymbol{D}$ 是 S 系中的观察者测量的，而 $\Delta\boldsymbol{r}'$ 是 S' 系中的观察者测量的，它们是相对不同参考系测得的位移，位移的矢量合成应是相对同一参考系的位移，式(1.25)要成立，就要求 $\Delta\boldsymbol{r}'$ 这段位移无论是由 S 系还是 S' 系中的观察者测量，其结果完全一样，即同一段长度的测量结果与参考系的相对运动无关，这一论断叫作长度测量的绝对性. 由式(1.25)得到式(1.27)，要涉及时间的测量，$\boldsymbol{v}$、$\boldsymbol{u}$ 和 $\boldsymbol{v}'$ 分别是 S 系和 S' 系中的观

察者根据自己测得的时间计算出来的，式(1.27)要成立，就要求对于同一段时间，无论是由 S 系还是 S' 系中的观察者测量，其结果完全一样，即同一段时间的测量结果与参考系的相对运动无关，这一论断叫作时间测量的绝对性.

上述关于时间和空间测量的绝对性构成了经典力学的绝对时空观，这种观点是和大量日常经验相符的．随着人类研究领域的扩展和深入，当涉及的速度非常大，大到和光在真空中的速度相近时，人们发现时间和长度的测量并不是绝对的，而是相对的．关于时间和长度的概念及更为普遍的变换关系将在狭义相对论一章中详细讲述.

例 1.5 一人相对河流以 4.0 km·h^{-1} 的速度划船前进，河水平行于河岸流动，流速为 3.5 km·h^{-1}. 问：(1)此人要从出发点垂直于河岸横渡此河，应如何掌握划行方向？(2)如河面宽 2.0 km，此人需多长时间才能到达对岸？(3)若此人顺流划行了 2.0 h，需多长时间才能划回出发点？

解 取固定的河岸为 S 系，流动的河水为 S' 系，S' 系沿 x 轴以恒定的速度 $\boldsymbol{u}$ 相对 S 系运动.

(1)如图 1.16 所示，要使船垂直于河岸驶达对岸，则船相对河岸的速度 $\boldsymbol{v}$ 必与河岸垂直．由速度变换式，作速度合成图，其中 $\boldsymbol{v}'$ 为船相对河水的速度，由图知

$$\sin\theta = \frac{u}{v'} = \frac{3.5}{4.0} = 0.875$$

$$\theta = 61^\circ$$

即人划船时，必须使船身与河岸垂直线间的夹角成 61°，逆流划行.

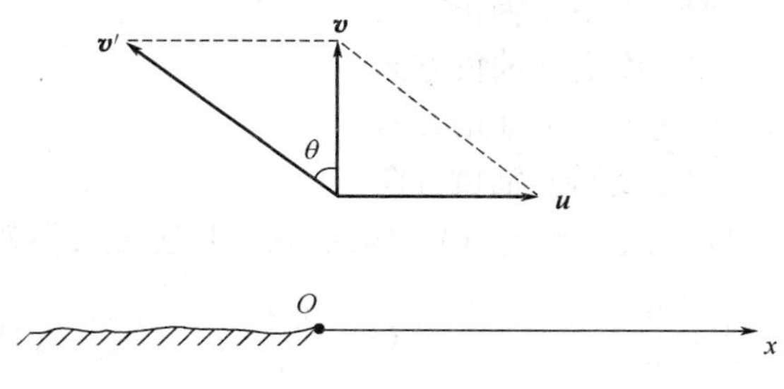

图 1.16 例 1.5 图

(2)由速度合成图，可求出船速为

$$v = v'\cos 61^\circ$$

此时横渡河面需要的时间为

$$t = \frac{l}{v} = \frac{2.0}{4.0 \times \cos 61^\circ}\ \text{h} = 1.03\ \text{h}$$

(3)顺流划行时，船的绝对速度大小为

$$v = v' + u = 7.5\ \text{km} \cdot \text{h}^{-1}$$

经过 2.0 h，船在离出发点下游方向的 15 km 处．要划回出发点，必须逆流而行，这时船的绝对速度大小为

$$v = v' - u = 0.5\ \text{km} \cdot \text{h}^{-1}$$

以这样的速度匀速划行，必须再经过 30 h 才能划过 15 km 回到出发点.

概念检查答案

1. 能肯定速度不为零；不能肯定加速度不为零.
2. 不一定，如抛体运动.
3. 在抛物线顶点处最大.

思考题

1.1　回答下列问题：

思考题解答

(1)位移和路程有何区别？在什么情况下二者的量值相等？在什么情况下二者的量值不相等？

(2)平均速度和平均速率有何区别？在什么情况下二者的量值相等？

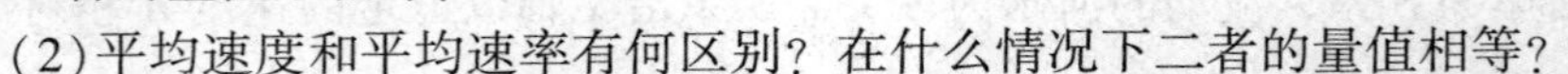

(3)瞬时速度和平均速度的关系和区别是什么？瞬时速率和平均速率的关系和区别又是什么？

1.2　任意平面曲线运动的加速度方向总指向曲线凹进去的那一侧，为什么？

1.3　质点沿圆周运动，且速率随时间均匀增大，问：$\boldsymbol{a}_n$、$\boldsymbol{a}_t$、$\boldsymbol{a}$ 三者的大小是否都随时间改变？总加速度与速度之间的夹角如何随时间改变？

习题

1.1　某质点作直线运动的运动方程为 $x=-t-2t^3+8$(SI)，则该质点作(　　).

(A)匀加速直线运动，加速度沿 x 轴正方向

(B)匀加速直线运动，加速度沿 x 轴负方向

(C)变加速直线运动，加速度沿 x 轴正方向

(D)变加速直线运动，加速度沿 x 轴负方向

1.2　运动质点某瞬时位于位矢 $\boldsymbol{r}(x, y)$ 的端点处，其速度大小为(　　).

(A) $\dfrac{\mathrm{d}r}{\mathrm{d}t}$　　(B) $\dfrac{\mathrm{d}\boldsymbol{r}}{\mathrm{d}t}$　　(C) $\dfrac{\mathrm{d}|\boldsymbol{r}|}{\mathrm{d}t}$　　(D) $\sqrt{\left(\dfrac{\mathrm{d}x}{\mathrm{d}t}\right)^2+\left(\dfrac{\mathrm{d}y}{\mathrm{d}t}\right)^2}$

1.3　下列说法正确的是(　　).

(A)质点作圆周运动时，其加速度指向圆心

(B)质点作匀速率圆周运动时，其加速度为恒量

(C)只有法向加速度的运动一定是圆周运动

(D)只有切向加速度的运动一定是直线运动

1.4　质点作半径为 R 的变速率圆周运动，v 表示任一时刻质点的速率，其加速度大小为(　　).

(A) $\dfrac{\mathrm{d}v}{\mathrm{d}t}$　　(B) $\dfrac{v^2}{R}$　　(C) $\dfrac{\mathrm{d}v}{\mathrm{d}t}+\dfrac{v^2}{R}$　　(D) $\sqrt{\left(\dfrac{\mathrm{d}v}{\mathrm{d}t}\right)^2+\left(\dfrac{v^2}{R}\right)^2}$

1.5　描述质点位置和运动状态的物理量是__________和__________，二者关系的数学表示式为__________.

1.6 已知质点的运动方程为 $\boldsymbol{r} = t\boldsymbol{i} + (t^3 + 3)\boldsymbol{j}$(SI)，则其速度随时间 t 变化的函数关系为____________，$t = 2$ s 时质点的加速度为____________.

1.7 质点沿 x 轴运动，其加速度随时间变化的关系为 $a = 3 + 2t$(SI)，初始时质点的速度 $v_0 = 5\ \mathrm{m \cdot s^{-1}}$，则 $t = 3$ s 时质点的速度为____________.

1.8 质点作半径为 R 的圆周运动，运动方程为 $\theta = 3 + 2t^2$(SI)，则 t 时刻质点的法向加速度 a_n = ____________，角加速度 β = ____________.

1.9 质点作半径为 R 的圆周运动，其路程 s 随时间变化的规律为 $s = v_0 t + \frac{1}{2}bt^2$，其中 v_0 和 b 都是正常量，则 t 时刻质点的速度的大小为____________，加速度的大小为____________.

1.10 若运动质点的 $a_t \neq 0$，$a_n \neq 0$，则质点作____________运动；若运动质点的 $a_t = 0$，$a_n \neq 0$，则质点作____________运动.

1.11 质点的运动方程为 $x = -10t + 30t^2$，$y = 15t - 20t^2$(SI). 试求：(1)质点的初速度的大小和方向；(2)质点的加速度的大小和方向.

1.12 如习题 1.12 图所示，在离水面高度为 h 的岸边，有人用绳子拉船，收绳的速度恒为 $\boldsymbol{v}_0$，求船在离岸边的距离为 s 时的速度和加速度.

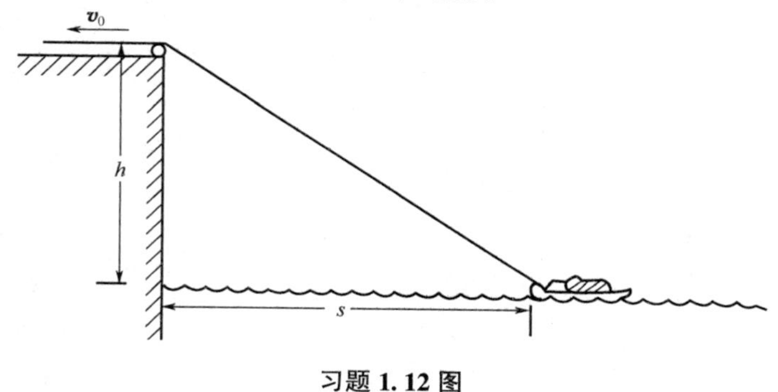

习题 1.12 图

1.13 某物体从空中由静止下落，其加速度 $a = A - Bv$(SI)（A、B 为常量），取竖直向下为 y 轴正方向，设 $t = 0$ 时，$y_0 = 0$，$v_0 = 0$. 试求：(1)物体下落的速度；(2)物体的运动方程.

1.14 一质点沿半径 $R = 1$ m 的圆周运动 . $t = 0$ 时，质点位于 A 点，如习题 1.14 图所示 . 然后质点沿顺时针方向运动，运动方程为 $s = \pi t^2 + \pi t$(SI). 试求：(1)质点绕行一周所经历的路程、位移、平均速度和平均速率；(2)质点在第 1 s 末的速度和加速度的大小.

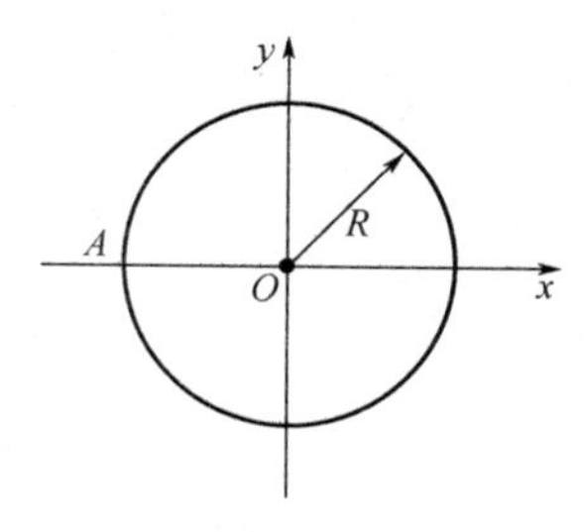

习题 1.14 图

1.15 质点在水平面内沿半径 $R = 2$ m 的圆周运动，角速度 ω 与时间 t 的函数关系为 $\omega =$

kt^2(SI)（k 为常数）．已知 $t=2$ s时，质点的速度为32 m·s^{-1}．试求：$t=1$ s时，质点的速度和加速度的大小．

1.16　一无风的下雨天，一列火车以 $v_1=20.0$ m·s^{-1} 的速度匀速前进，在车内的旅客看见玻璃窗外的雨滴和竖直方向成75°角下降．求雨滴下落的速度 v_2．（设下降的雨滴作匀速运动）

学习与拓展

第2章 质点动力学

上一章介绍了质点运动学的内容，解决了如何描述质点机械运动的问题，但没有涉及质点运动状态发生变化的原因．质点动力学研究物体间的相互作用及其对运动状态变化的影响，牛顿关于运动的三个定律是整个动力学的基础．

思维导图

本章的核心是牛顿运动定律．首先要学习牛顿运动定律、力的概念，以及运用牛顿运动定律分析解决问题的方法．然而在实际问题中，力不仅作用于质点，更普遍的是作用于质点系，此外力的作用往往还要持续一段时间，或者持续一段距离，这就引入了冲量、动量、功与能等物理量，进而涉及动量定理、功能原理，以及动量守恒定律和机械能守恒定律．牛顿运动定律加上动量定理、功能原理、动量守恒定律和机械能守恒定律就构成了质点动力学的基本框架．

§2.1 牛顿运动定律及其应用

2.1.1 牛顿运动定律

英国科学家牛顿(Newton)在伽利略等人对力学研究的基础上，进行了深入的分析和研究，总结出三条运动定律，于1686年在他的著作《自然哲学的数学原理》一书中发表，这三条定律统称为牛顿运动定律．

1. 牛顿第一定律

牛顿第一定律的文字叙述如下：任何物体都要保持其静止或匀速直线运动状态，直到外力迫使它改变运动状态为止．

牛顿第一定律提出了两个力学基本概念，一个是物体的惯性，一个是力．牛顿第一定律指出，任何物体都具有保持其运动状态不变的性质，这个性质叫作惯性，所以牛顿第一定律也称为惯性定律．牛顿第一定律还表明，正是由于物体具有惯性，所以要使物体的运动状态发生变化，一定要有其他物体对它作用，这种作用称为力．牛顿第一定律把力与物体的运动状态正确地联系起来，它表明力不是维持物体运动的原因，而是使物体运动状态发生变化的原因．

2. 牛顿第二定律

物体在运动时具有速度，物体的质量与运动速度的乘积称作物体的动量，用 $\boldsymbol{p}$ 表示，即

$$\boldsymbol{p} = m\boldsymbol{v}$$

牛顿第二定律的文字叙述如下：动量为 $\boldsymbol{p}$ 的物体，其动量随时间的变化率等于作用于物体的合外力，即

$$\boldsymbol{F} = \frac{\mathrm{d}\boldsymbol{p}}{\mathrm{d}t} = \frac{\mathrm{d}(m\boldsymbol{v})}{\mathrm{d}t} \tag{2.1a}$$

当物体在低速情况下运动时，即物体的运动速度远小于光速时，物体的质量可视为不依赖于速度的常量，上式可写为

$$\boldsymbol{F} = m\frac{\mathrm{d}\boldsymbol{v}}{\mathrm{d}t} \tag{2.1b}$$

或

$$\boldsymbol{F} = m\boldsymbol{a} \tag{2.1c}$$

即物体所受的力等于其质量和加速度的乘积．这是我们熟知的牛顿第二定律的加速度形式，在经典力学中它和式(2.1a)完全等效．但需要指出的是，动量形式即式(2.1a)是牛顿第二定律的普遍形式．这一方面是因为在物理学中动量的概念比速度、加速度更为普遍和重要；另一方面，现代实验证明，当物体速度达到接近光速时，其质量已明显和速度相关，此时式(2.1c)不再适用，但是式(2.1a)被实验证明仍然是成立的.

牛顿第二定律揭示了力、质量、加速度这三个物理量之间的定量关系，把力和运动之间的关系从牛顿第一定律所阐述的定性关系提高到定量关系的科学高度，为力学的定量研究奠定了基础.

3. 牛顿第三定律

牛顿第三定律的文字叙述如下：两物体之间的作用力 $\boldsymbol{F}$ 和反作用力 $\boldsymbol{F}'$，沿同一直线，大小相等，方向相反，分别作用在两个物体上，即

$$\boldsymbol{F} = -\boldsymbol{F}'$$

牛顿第三定律指出了力的相互作用性．作用力与反作用力总是同时存在同时消失的，它们是同种性质的力，它们之间有主动和被动之分，而无作用上的先后之别.

概念检查 1

汽车在弯曲公路上行驶，作用于汽车的合力方向是指向公路外侧还是内侧？

2.1.2 常见的几种力

要应用牛顿运动定律解决问题，必须要能正确分析物体的受力情况．在日常生活和工程技术中经常遇到的力有万有引力、弹性力、摩擦力等．下面简单介绍这些力的知识.

1. 万有引力

任何两个物体之间都存在相互吸引力，按照万有引力定律，质量分别为 m_1 和 m_2 的两个质点，相距为 r 时，它们之间的万有引力大小为

$$F = G\frac{m_1 m_2}{r^2} \tag{2.2}$$

式中，$G=6.67\times10^{-11}\ \mathrm{N\cdot m^2\cdot kg^{-2}}$，称为万有引力常量．由于万有引力常量的数量级很小，所以一般物体间的万有引力极其微弱，但对于都是天体(或者其中一个是天体)的两个物体，万有引力却是支配它们运动的主导因素．

地球对其表面附近物体的万有引力近似等于物体的重力，根据牛顿第二定律得

$$P=G\frac{mM}{R^2}=mg$$

式中，m、M 分别为物体、地球的质量；R 为地球半径．因此，重力加速度 $g=\dfrac{GM}{R^2}$.

2. 弹性力

当两个物体相互接触发生形变时，物体内部会产生一种企图恢复原来形状的力，称为弹性力．弹性力产生的先决条件是弹性形变，弹性力的大小取决于形变的程度．弹性力的表现形式有很多种，常见的弹性力有：弹簧被拉伸或压缩时产生的弹簧弹性力，绳索被拉紧时产生的张力，重物放在支承面上产生的正压力(作用于支承面)和支持力(作用于物体上)等.

3. 摩擦力

两个相互接触的物体沿接触面相对滑动，或者有相对滑动的趋势时，在接触面之间会产生一对阻止相对运动的力，叫作摩擦力．相互接触的两个物体在外力作用下，有相对滑动的趋势但尚未产生相对滑动时的摩擦力叫静摩擦力．相对滑动的趋势是指，假如没有静摩擦力，物体将发生相对滑动，正是静摩擦力的存在，阻止了物体相对滑动的出现．静摩擦力沿接触面作用并与相对滑动趋势的方向相反．静摩擦力的大小视外力的大小而定，介于零和最大静摩擦力 f_s 之间，实验证明，最大静摩擦力正比于正压力 N，即

$$f_s=\mu_s N$$

式中，μ_s 为静摩擦因数，它与接触面的材料和表面状况有关.

当外力超过最大静摩擦力时，物体间产生相对滑动，这时的摩擦力叫作滑动摩擦力．实验证明，滑动摩擦力 f_k 也与正压力 N 成正比，即

$$f_k=\mu_k N$$

式中，μ_k 为滑动摩擦因数，μ_k 略小于 μ_s，它不仅与接触面的材料和表面状况有关，还与两接触物体的相对速度有关．在相对速度不是很大时，μ_k 近似为常数，在一般计算中，可近似认为 μ_k 和 μ_s 相等.

以上介绍了几种常见力的特征，在日常生活和工程技术中，遇到的力还有很多种，但就其本质而言，它们可归结为四种基本力——万有引力、电磁力、强相互作用、弱相互作用．各种力都是这四种基本力中的一种或几种的综合表现.

万有引力在前面已经介绍．电磁力是电场力和磁场力的统称，静止电荷之间存在电场力，运动电荷间除电场力外还存在磁场力，按照相对论理论，磁场力实际上是电场力的一种表现，即磁场力和电场力具有同一本源，因此统称为电磁力．由于分子和原子都是由电荷组成的系统，因此它们之间的作用力就是电磁力．中性分子或原子虽然正负电荷数量相等，但它们之间也有相互作用力，这是因为它们内部的正负电荷有一定的分布，对外部电荷的作用并没有完全抵消，所以仍显示有电磁力作用．前面介绍过的相互接触的物体之间的弹性力、摩擦力，以及气体压力、浮力、黏结力等都是原子或分子之间作用力的宏观表现，从根本上来说都是电磁力．强相互作用和弱相互作用都是微观粒子间的相互作用力，它们的作用范围

(力程)很小，属于短程力．强相互作用是存在于质子、中子、介子等强子之间的将原子核内的质子、中子紧紧束缚在一起的作用力．弱相互作用仅在粒子间的某些反应中(如β衰变)才显示出它的重要性.

表2.1给出了四种基本力的比较.

表2.1　四种基本力的比较

基本力的种类	举例	力程	相对强度
万有引力	恒星结合在一起形成银河系	无限远	10^{-38}
电磁力	电子与原子核结合形成原子	无限远	10^{-2}
强相互作用	各质子及中子结合形成原子核	10^{-15} m	1
弱相互作用	放射性原子核的β衰变	10^{-17} m	10^{-6}

注：力的相对强度是在力的范围内由基本粒子之间力的数值来计算的，在相对强度的标度上取强相互作用为1.

2.1.3　牛顿运动定律应用举例

牛顿运动定律定量地反映了物体所受的合外力、质量和运动之间的关系．应用牛顿运动定律解决的动力学问题一般可分为两类：一类是已知力求运动；另一类是已知运动求力．在实际问题中常常两者兼有.

式(2.1c)是牛顿第二定律的矢量式，实际应用时常用到分量式．由力的叠加原理，当几个外力同时作用于物体时，合外力所产生的加速度等于每个外力所产生的加速度的矢量和．式(2.1c)在直角坐标系 x、y、z 轴上的分量式为

$$\begin{cases} F_x = ma_x = m\dfrac{\mathrm{d}^2x}{\mathrm{d}t^2} \\ F_y = ma_y = m\dfrac{\mathrm{d}^2y}{\mathrm{d}t^2} \\ F_z = ma_z = m\dfrac{\mathrm{d}^2z}{\mathrm{d}t^2} \end{cases} \tag{2.3}$$

式中，F_x、F_y、F_z 分别表示作用于物体上所有外力在 x、y、z 轴上的分量之和；a_x、a_y、a_z 分别表示物体加速度 $\boldsymbol{a}$ 在 x、y、z 轴上的分量.

当质点作平面曲线运动时，可选择自然坐标系，如图2.1所示，$\boldsymbol{e}_\mathrm{n}$ 为法向单位矢量，$\boldsymbol{e}_\mathrm{t}$ 为切向单位矢量，质点在 P 点的加速度在自然坐标系的两个相互垂直方向上的分量为 $\boldsymbol{a}_\mathrm{n}$ 和 $\boldsymbol{a}_\mathrm{t}$，牛顿第二定律可写成

$$\begin{cases} \boldsymbol{F}_\mathrm{n} = m\boldsymbol{a}_\mathrm{n} = m\dfrac{v^2}{\rho}\boldsymbol{e}_\mathrm{n} \\ \boldsymbol{F}_t = m\boldsymbol{a}_\mathrm{t} = m\dfrac{\mathrm{d}v}{\mathrm{d}t}\boldsymbol{e}_\mathrm{t} \end{cases} \tag{2.4}$$

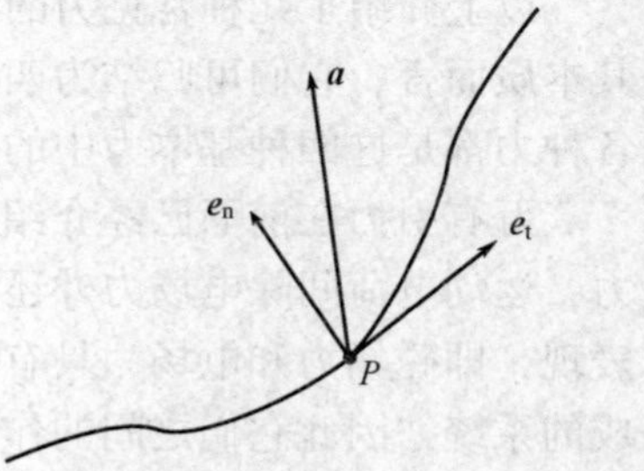

图2.1　加速度在自然坐标系中的分解

式中，$\boldsymbol{F}_\mathrm{n}$ 和 $\boldsymbol{F}_\mathrm{t}$ 分别表示合外力的法向分量和切向分量；ρ 表示质点所在处曲线的曲率半径.

应用牛顿第二定律求解力学问题时，一般按下列步骤进行：

(1)根据问题的需要和计算方便，选取研究对象；

(2)把研究对象从与之相联系的其他物体中“隔离”出来进行受力分析，画出受力图；

(3)分析研究对象的运动状态，涉及几个物体时，需找出它们运动之间的联系；

(4)选择适当的坐标系，由牛顿第二定律列出方程并求解.

注意，求解时最好先用符号得出结果，再代入数据进行运算，这样既简单明了，又可避免数字的重复运算和运算误差.

下面通过几则典型例题介绍质点动力学问题的一般解法.

例 2.1 设电梯中有一质量可以忽略的滑轮，在滑轮两侧用轻绳悬挂着质量分别为 m_1 和 m_2 的物体，且 $m_1>m_2$. 设滑轮与轻绳间的摩擦及轮轴的摩擦忽略不计. 当电梯(1)匀速上升，(2)以加速度 a 匀加速上升时，求绳中的张力和 m_1 相对电梯的加速度 a_r.

解 (1)取地面为参考系，把 m_1 和 m_2 隔离开来，分别画出它们的受力图，如图 2.2 所示. 因忽略轻绳质量和滑轮质量，故滑轮两侧绳中张力相等.

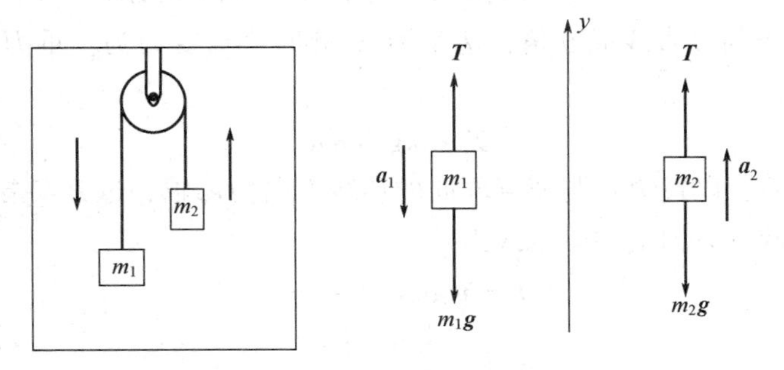

图 2.2 例 2.1 图

当电梯匀速上升时，物体相对地面的加速度等于它相对电梯的加速度 a_r，取 y 轴的正方向向上，由牛顿第二定律得

$$T - m_1 g = - m_1 a_1 \tag{1}$$

$$T - m_2 g = m_2 a_2 \tag{2}$$

其中 $a_1=a_2$. 解得

$$a_1 = \frac{m_1 - m_2}{m_1 + m_2} g$$

$$T = \frac{2m_1 m_2}{m_1 + m_2} g$$

(2)当电梯以加速度 a 上升时，m_1 相对地面的加速度 $a_1 = a - a_r$，m_2 相对地面的加速度 $a_2 = a + a_r$，由牛顿第二定律得

$$T - m_1 g = m_1(a - a_r) \tag{3}$$

$$T - m_2 g = m_2(a + a_r) \tag{4}$$

由此解得

$$a_r = \frac{m_1 - m_2}{m_1 + m_2}(a + g)$$

$$T = \frac{2m_1 m_2}{m_1 + m_2}(a + g)$$

如在结果中用 $-a$ 代替 a，可得电梯以加速度 a 下降时的结果，即

$$a_r = \frac{m_1 - m_2}{m_1 + m_2}(g - a)$$

$$T = \frac{2m_1m_2}{m_1 + m_2}(g - a)$$

由此可看出，当 $a = g$ 时，a_r 与 T 都等于0，亦即滑轮、物体都成为自由落体，两个物体之间没有相对加速度.

例 2.2 如图2.3所示，长为 l 的轻绳，一端系着质量为 m 的小球，另一端系于定点 O，开始时小球处于最低位置．若使小球获得如图所示的初速度 $\boldsymbol{v}_0$，小球将在竖直平面内作圆周运动．求小球在任意位置时的速率及绳的张力.

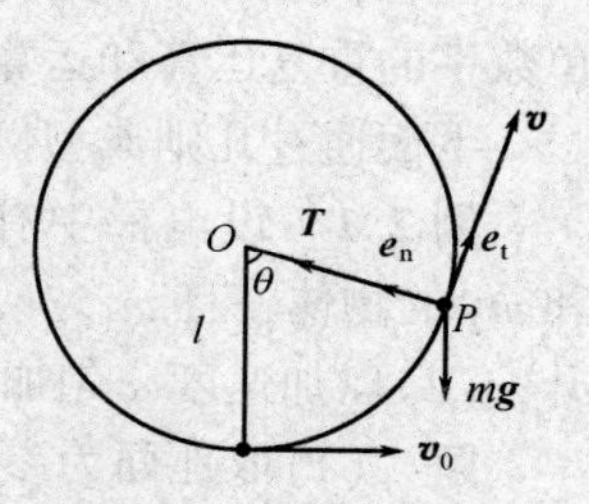

图2.3 例2.2图

解 由题意，$t=0$ 时，小球位于最低点，速率为 v_0. 在 t 时刻，小球位于 P 点，轻绳与竖直线成 θ 角，速率为 v. 此时小球受力为：重力 $m\boldsymbol{g}$、绳的拉力 $\boldsymbol{T}$. 由牛顿第二定律得

$$\boldsymbol{T} + m\boldsymbol{g} = m\boldsymbol{a} \tag{1}$$

选择自然坐标系，以过 P 点与速度同向的切线方向为 $\boldsymbol{e}_t$ 轴，过 P 点指向圆心的法线方向为 $\boldsymbol{e}_n$ 轴．式(1)在两轴方向上的分量式为

$$T - mg\cos\theta = ma_n$$

$$-mg\sin\theta = ma_t$$

将 $a_n = v^2/l$，$a_t = \mathrm{d}v/\mathrm{d}t$ 代入上两式，得

$$T - mg\cos\theta = m\frac{v^2}{l} \tag{2}$$

$$-mg\sin\theta = m\frac{\mathrm{d}v}{\mathrm{d}t} \tag{3}$$

式(3)中

$$\frac{\mathrm{d}v}{\mathrm{d}t} = \frac{\mathrm{d}v}{\mathrm{d}\theta}\cdot\frac{\mathrm{d}\theta}{\mathrm{d}t}$$

由角速度定义式 $\omega = \frac{\mathrm{d}\theta}{\mathrm{d}t}$，以及角速度 ω 与线速率 v 之间的关系 $v = l\omega$，上式可写成

$$\frac{\mathrm{d}v}{\mathrm{d}t} = \frac{v}{l}\cdot\frac{\mathrm{d}v}{\mathrm{d}\theta}$$

代入式(3)可得

$$v\mathrm{d}v = -gl\sin\theta\mathrm{d}\theta$$

将上式两边积分并代入初始条件，得

$$\int_{v_0}^{v} v\mathrm{d}v = \int_0^{\theta} -gl\sin\theta\mathrm{d}\theta$$

则

$$v = \sqrt{v_0^2 + 2gl(\cos\theta - 1)} \tag{4}$$

代入式(2)得

$$T = m\left(\frac{v_0^2}{l} - 2g + 3g\cos\theta\right) \tag{5}$$

由式(4)可以看出，小球的速率与位置有关．在 $0 \sim \pi$ 之间，速率随角 θ 的增大而减小；而在 $\pi \sim 2\pi$ 之间，速率随角 θ 的增大而增大．小球作变速率圆周运动.

由式(5)可以看出，在小球从最低点向上升的过程中，绳对小球的张力随角 θ 的增大而减小，在到达最高点时，张力最小；而后在小球下降的过程中，张力又逐渐增大，在到达最低点时，张力最大.

例 2.3　已知小球的质量为 m，水对小球的浮力为 B，水对小球运动的黏滞力为 $R = Kv$，其中 K 是与水的黏滞性、小球的半径有关的常数，计算小球在水中竖直沉降的速度.

解　如图 2.4 所示，对小球进行受力分析：重力 G 竖直向下，浮力 B 竖直向上，黏滞力 R 竖直向上.

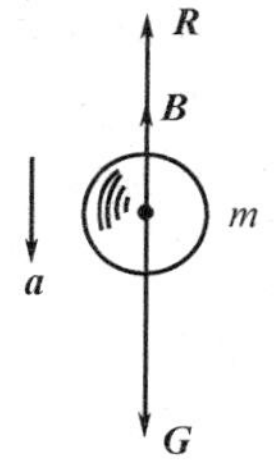

图 2.4　例 2.3 图

取竖直向下为正方向，由牛顿第二定律得

$$G - B - R = ma$$

即

$$mg - B - Kv = ma$$

$$a = \frac{dv}{dt} = \frac{mg - B - Kv}{m} \tag{1}$$

设 $t=0$ 时，小球的初速度为零，此时加速度有最大值 $\left(g - \frac{B}{m}\right)$.

当小球速度 v 逐渐增大时，其加速度逐渐减小．当 v 增加到足够大时，a 趋近于零，此时 v 趋近于一个极限速度，称为收尾速度，用 v_T 表示，则

$$a = \frac{dv}{dt} = 0,\ v_T = \frac{mg - B}{K}$$

于是式(1)化为

$$\frac{dv}{dt} = \frac{K(v_T - v)}{m}$$

$$\frac{dv}{v_T - v} = \frac{K}{m}dt$$

将上式两边积分并代入初始条件，得

$$\int_0^v \frac{dv}{v_T - v} = \int_0^t \frac{K}{m}dt$$

则

$$v = v_T(1 - e^{-\frac{K}{m}t}) \tag{2}$$

上式为小球的沉降速度 v 随 t 变化的函数关系.

由式(2)可知，当 $t \to \infty$ 时，$v = v_T$；而当 $t = \frac{m}{K}$ 时，

$$v = v_T\left(1 - \frac{1}{e}\right) = 0.632v_T$$

所以，当 $t \gg \frac{m}{K}$ 时，就可以认为 $v \approx v_T$，小球即以收尾速度匀速下降.

§2.2　非惯性系中的力学问题

2.2.1　惯性参考系

运动是绝对的，而对运动的描述是相对的．涉及运动的描述，可以根据研究问题的方便任意选择参考系，对于不同的参考系，同一物体的运动形式可以不同．但是，如果问题涉及运动和力的关系，即要应用牛顿运动定律时，参考系的选择是否也是任意的呢？用下面的例子来说明这个问题.

在静止车厢的光滑桌面上放置一小球，当车厢以加速度 $\boldsymbol{a}_0$ 开始向前运动时，该小球相对桌面以加速度 $-\boldsymbol{a}_0$ 反向运动．在地面上的观察者看来，小球在水平方向不受力，将保持静止状态，符合牛顿运动定律．而对静止于车厢中的观察者来说，小球在水平方向不受力作用，但却具有加速度 $-\boldsymbol{a}_0$，这显然与牛顿运动定律不符，两种结论显然是矛盾的．由此可见，牛顿运动定律并非对任意参考系都适用，牛顿运动定律适用的参考系，称为惯性参考系，简称惯性系；反之，就叫作非惯性系.

确定一个参考系是不是惯性系，只能依靠观察和实验．如果在所选择的参考系中应用牛顿运动定律，所得的结果在要求的精确度范围内与实验相符合，就可认为该参考系是惯性系．天文学的研究结果表明：以银河系的中心为坐标原点，固定于银河系的参考系是很好的惯性系．以太阳中心为坐标原点的太阳参考系也是一个较好的惯性系．实验还表明，相对惯性系作匀速直线运动的参考系也都是惯性系，而相对惯性系作变速运动的参考系为非惯性系.

一般讨论问题时常采用坐标原点在地球中心的地心系或固定于地球表面的地面系，生活实践和实验表明，地球可视为惯性系，但考虑到地球的自转和公转，地球并不是一个严格的惯性系．但是，在研究地球表面物体的运动时，由于地球对太阳的向心加速度和地面上物体对地心的向心加速度都较小，所以，仍可近似认为地球是惯性系．前面讨论的加速运动的车厢或旋转的圆盘，由于它们相对地面参考系有明显的加速度，所以是非惯性系，不能直接应用牛顿运动定律.

2.2.2　非惯性系中的力学问题

尽管牛顿运动定律不适用于非惯性系，但在很多情况下需要在非惯性系中分析和处理力学问题，而且希望形式简洁、物理图像清晰的牛顿第二定律也能在非惯性系中用于定量的计算．解决这个问题的方法是引入一个假想的力，叫作惯性力，用 $\boldsymbol{F}_{惯}$ 表示.

设非惯性系 S' 相对惯性系 S 以加速度 $\boldsymbol{a}_0$ 运动，运动物体相对 S 系和 S' 系的加速度分别为 $\boldsymbol{a}$ 和 $\boldsymbol{a}'$，则在 S' 系中物体除了受合外力 $\boldsymbol{F}$，还受惯性力 $\boldsymbol{F}_{惯}$，其大小等于物体的质量 m 与非惯性系加速度 a_0 的乘积，方向与 $\boldsymbol{a}_0$ 的方向相反，即

$$\boldsymbol{F}_{惯} = -m\boldsymbol{a}_0 \tag{2.5}$$

这样在非惯性系 S' 中，牛顿第二定律的形式为

$$F + F_{惯} = ma' \tag{2.6}$$

注意，惯性力是假想力，或者说是虚拟力．它与真实力的最大区别在于它不是因物体之间的相互作用产生的，它没有施力者，也不存在反作用力．引入惯性力可以让我们在非惯性系中应用牛顿运动定律解决问题.

在本节开始的例子中，相对地面加速运动的车厢参考系是非惯性系，根据上述分析，车厢桌面上的小球受到一个与车厢加速度 $\boldsymbol{a}_0$ 方向相反的惯性力 $\boldsymbol{F}_{惯}=-m\boldsymbol{a}_0$，这个惯性力使小球获得加速度 $-\boldsymbol{a}_0$. 当车厢加速前进时，车内乘客感受到一个向后的作用力，而车厢减速时感受到一个向前的作用力，都是惯性力的表现.

对于以匀角速度 ω 旋转的水平转盘，由于具有向心加速度 $r\omega^2$，因此其是一个非惯性系．一质量为 m 的物体相对转盘静止，在转盘参考系中，物体受摩擦力作用，但其加速度为零，这显然不符合牛顿运动定律．如果应用牛顿第二定律，就必须假设还有一个力作用在物体上，这就是惯性力 $\boldsymbol{F}_\mathrm{i}$，它和摩擦力的合力应为零，即

$$\boldsymbol{F} + \boldsymbol{F}_\mathrm{i} = \boldsymbol{0}$$

式中，$\boldsymbol{F}$ 为物体受到的转盘平面的摩擦力，它是物体作圆周运动的向心力，其大小为 $F = mr^2\omega$. 故惯性力为

$$F_\mathrm{i} = -mr\omega^2$$

$\boldsymbol{F}_\mathrm{i}$ 的方向沿半径向外，称为惯性离心力，如图 2.5 所示．可见，转动参考系是非惯性系，为在其中应用牛顿运动定律，必须引入一个虚拟力——惯性离心力．惯性离心力效应是在科研、医药和化工领域中广泛应用的离心萃取技术的物理原理.

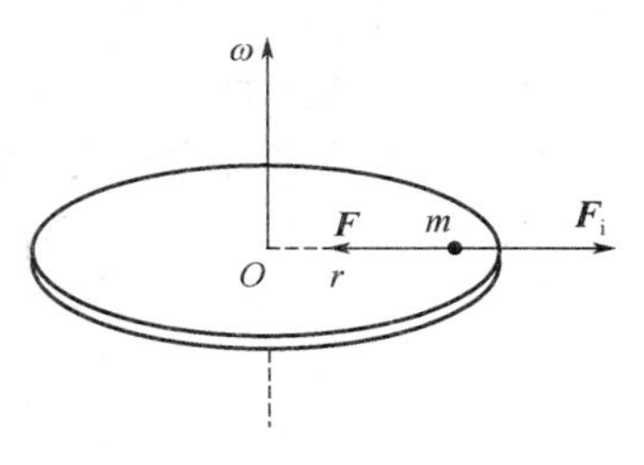

图 2.5 惯性离心力

概念检查 2

某参考系中有一静止物体，能否认为此物体所受的合外力一定为零?

§2.3 功与能

应用牛顿运动定律，原则上可以求出任何物体的运动规律．但是，由于数学运算的原因，很多问题的求解过程非常困难，如果运用有关的运动定理来处理这些问题，常常能使问题的解决变得十分简便，这些运动定理为动力学问题的解决提供了一套行之有效的辅助方法．从本节开始，将在牛顿运动定律的基础上，得出一些具有普遍意义的运动定理.

自然界存在着多种运动形式，任何一种运动形式都可以直接或间接地转化为其他运动形式，在深入研究运动形式相互转化的过程中，建立了功与能的概念．本节将介绍功的概念和它的计算方法，并研究与机械运动有关的能量——动能和势能.

2.3.1 功

众所周知，在力 $\boldsymbol{F}$ 的持续作用下，物体移动了一段位移 $\Delta\boldsymbol{r}$，则力对物体做的功为力在位移方向上的分量与位移大小的乘积，用数学式表示为

$$A = F\cos\theta \cdot |\Delta\boldsymbol{r}| = \boldsymbol{F} \cdot \Delta\boldsymbol{r} \tag{2.7}$$

上述定义只适用于恒力对直线运动物体所做的功，对于变力或物体沿曲线运动的情况，不能直接运用，下面用微积分的思想，给出功的普适定义.

一质点在变力 $\boldsymbol{F}$ 作用下沿图 2.6 所示的曲线路径由 A 运动到 B，在曲线路径上的不同点，力的大小、方向，以及力与位移的夹角都可能不同，为计算 $\boldsymbol{F}$ 做的功，可将路径分成很多足够小的线段，每一小段可近似为一直线段，如图 2.6 中的 $\mathrm{d}\boldsymbol{r}$，这些小段称为位移元．在每一位移元上，力 $\boldsymbol{F}$ 的变化极其微小，可近似为恒力，其做功称为元功，以 $\mathrm{d}A$ 表示，根据式(2.7)，有

$$\mathrm{d}A = \boldsymbol{F} \cdot \mathrm{d}\boldsymbol{r} \tag{2.8}$$

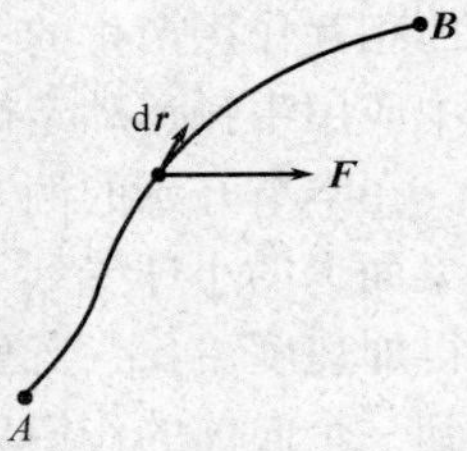

图 2.6　功的定义

整个过程中变力 $\boldsymbol{F}$ 所做的功等于力在每一段位移元上所做元功的代数和，即

$$A = \int \mathrm{d}A = \int_A^B \boldsymbol{F} \cdot \mathrm{d}\boldsymbol{r} = \int_A^B F\cos\theta \mathrm{d}r \tag{2.9}$$

上式为变力做功的表达式.

当质点同时受到若干个力 $\boldsymbol{F}_1$，$\boldsymbol{F}_2$，…，$\boldsymbol{F}_n$ 的作用时，由力的叠加原理，合力 $\boldsymbol{F}$ 对质点所做的功等于每个分力所做功的代数和．即

$$\begin{aligned} A &= \int_A^B \boldsymbol{F} \cdot \mathrm{d}\boldsymbol{r} = \int_A^B (\boldsymbol{F}_1 + \boldsymbol{F}_2 + \cdots + \boldsymbol{F}_n) \cdot \mathrm{d}\boldsymbol{r} \\ &= \int_A^B \boldsymbol{F}_1 \cdot \mathrm{d}\boldsymbol{r} + \int_A^B \boldsymbol{F}_2 \cdot \mathrm{d}\boldsymbol{r} + \cdots + \int_A^B \boldsymbol{F}_n \cdot \mathrm{d}\boldsymbol{r} \end{aligned}$$

$$A = A_1 + A_2 + \cdots + A_n$$

国际单位制中，力的单位是 N，位移的单位是 m，功的单位是焦耳，用 J 表示，1 J=1 N · m.

在生产实践中，重要的是知道功对时间的变化率．力在单位时间内所做的功定义为功率，用 P 表示，则有

$$P = \frac{\mathrm{d}A}{\mathrm{d}t}$$

由式(2.8)，可得

$$P = \frac{\mathrm{d}A}{\mathrm{d}t} = \frac{\boldsymbol{F} \cdot \mathrm{d}\boldsymbol{r}}{\mathrm{d}t} = \boldsymbol{F} \cdot \boldsymbol{v} \tag{2.10}$$

即力对质点的瞬时功率等于作用力与质点在该时刻速度的标积，据此可以理解功率一定的汽车在爬坡时减慢运行速度的原因.

国际单位制中，功率的单位为瓦特，用 W 表示.

例 2.4　(万有引力做功)质量为 m 的物体，自远离地球表面的 A 点由静止开始朝着地心方向自由落体到 B 点，求万有引力对物体做的功.

解　取物体为研究对象，物体只受地球对它的万有引力作用，万有引力是位置的函数，在物体下落过程中其大小发生变化.

取地心为坐标原点，由地心向上为 $\boldsymbol{r}$ 的正方向，如图 2.7 所示．在任意位置 $\boldsymbol{r}$ 处，万有引力的大小为 $G\dfrac{mM}{r^2}$（其中 M 为地球质量），方向指向地心．在 $\boldsymbol{r} \rightarrow \boldsymbol{r} + \mathrm{d}\boldsymbol{r}$ 这一位移元内，万有引力所做的元功为

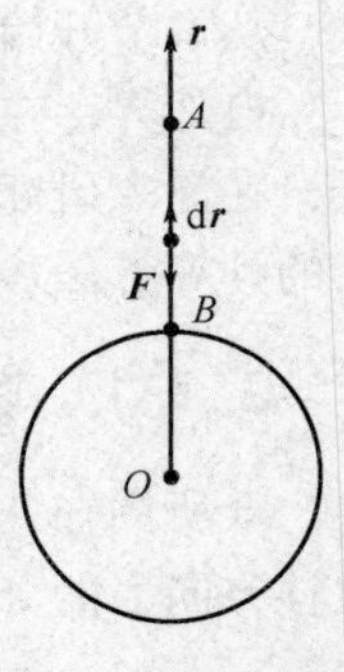

图 2.7　例 2.4 图

$$dA = \boldsymbol{F} \cdot d\boldsymbol{r} = F|d\boldsymbol{r}|\cos\theta$$
$$= F|d\boldsymbol{r}|\cos\pi = -F dr$$
$$dA = -G\frac{mM}{r^2}dr$$

物体从 A 点运动到 B 点，万有引力做的功为

$$A = \int dA = \int_{r_A}^{r_B} -G\frac{mM}{r^2}dr$$
$$= GmM\left(\frac{1}{r_B} - \frac{1}{r_A}\right) \tag{2.11}$$

因为 $r_A > r_B$，所以 $A>0$，物体下落时，万有引力做正功．不难证明，如质点的路径为曲线，同样可得上述结果．由结果可知，万有引力对物体做的功只与物体的始末位置有关.

例 2.5　一水平放置的弹簧，弹性系数为 k，一端固定，另一端系一物体(见图 2.8)，求物体从 A 移动到 B 的过程中，弹性力做的功.

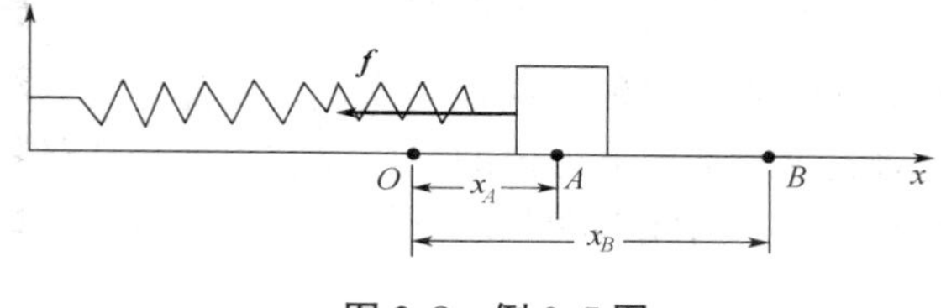

图 2.8　例 2.5 图

解　以物体平衡位置为原点 O，取 x 轴如图 2.8 所示，物体在任意位置 $\boldsymbol{x}$ 时，弹性力可以表示为

$$\boldsymbol{f} = -k\boldsymbol{x}$$

在沿 x 轴方向的位移元 $d\boldsymbol{x}$ 上，弹性力做的元功为

$$dA = \boldsymbol{f} \cdot d\boldsymbol{x} = f dx\cos\pi = -kx \cdot dx$$

物体从 A 移动到 B 的过程中，弹性力做的功为

$$A = \int_{x_A}^{x_B} -kx dx = \frac{1}{2}kx_A^2 - \frac{1}{2}kx_B^2$$
$$= -\left(\frac{1}{2}kx_B^2 - \frac{1}{2}kx_A^2\right) \tag{2.12}$$

值得注意的是，这一弹性力做的功只与物体的始末位置有关，而与弹簧伸长的中间过程无关.

2.3.2　动能　质点的动能定理

上面讨论了力对物体做功的定义及其数学表述，力对物体做功，物体的运动状态就会发生变化，它们之间存在什么关系呢?

如图 2.9 所示，质量为 m 的物体在合外力 $\boldsymbol{F}$ 的作用下，沿曲线自 A 点运动到 B 点，速度由 $\boldsymbol{v}_1$ 变化为 $\boldsymbol{v}_2$，在曲线上任一点，力 $\boldsymbol{F}$ 在位移元 $d\boldsymbol{r}$ 上做的元功为

$$dA = \boldsymbol{F} \cdot d\boldsymbol{r} = F\cos\theta dr$$

由牛顿第二定律及切向加速度的定义得

$$F\cos\theta = ma_t = m\frac{\mathrm{d}v}{\mathrm{d}t}$$

所以

$$\mathrm{d}A = F\cos\theta\mathrm{d}r = m\frac{\mathrm{d}v}{\mathrm{d}t}\mathrm{d}r = mv\mathrm{d}v$$

质点由 A 点运动到 B 点，合外力做的总功为

$$A = \int \mathrm{d}A = \int_{v_1}^{v_2} mv\mathrm{d}v$$

积分得

$$A = \frac{1}{2}mv_2^2 - \frac{1}{2}mv_1^2 \qquad (2.13)$$

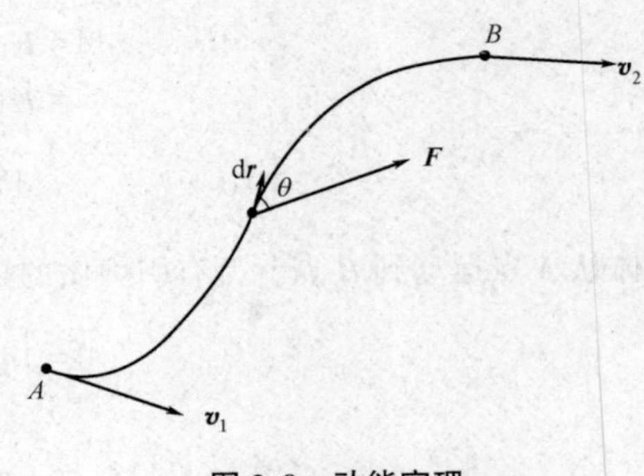

图 2.9　动能定理

可见，合外力对质点做功的结果，使得 $\frac{1}{2}mv^2$ 这个量发生了变化，这个量是由各时刻质点的运动状态决定的，具有能量量纲，把 $\frac{1}{2}mv^2$ 称为质点的动能，用 E_k 表示．式(2.13)表明合外力对质点所做的功等于质点动能的增量，这就是质点的动能定理.

动能定理是在牛顿运动定律的基础上得出的，所以它只适用于惯性系．在不同的惯性系中，质点的位移和速度是不同的，因此，功和动能依赖于惯性系的选取.

2.3.3　保守力与非保守力　势能

下面从重力、弹性力及摩擦力等力做功的特点出发，引出保守力和非保守力的概念，然后介绍重力势能和弹性势能.

1. 保守力

由前面对功的计算，发现万有引力、弹性力做功只与物体的始末位置有关，与所经历的路径无关，这类力称为保守力．重力做功也具有这样的特点.

质量为 m 的物体在重力作用下沿图 2.10 所示的曲线由 A 点运动到 B 点，在轨迹上任一点，重力在位移元 d$\boldsymbol{r}$ 上所做的元功为

$$\mathrm{d}A = \boldsymbol{F}\cdot\mathrm{d}\boldsymbol{r} = mg|\mathrm{d}\boldsymbol{r}|\cos\alpha = mg|\mathrm{d}\boldsymbol{r}|\cos\left(\frac{\pi}{2}+\theta\right)$$

所以

$$\mathrm{d}A = -mg|\mathrm{d}\boldsymbol{r}|\sin\theta = -mg\mathrm{d}y$$

物体由 A 点运动到 B 点，重力做的总功为

$$A_{AB} = -mg\int_{y_A}^{y_B}\mathrm{d}y = -(mgy_B - mgy_A) \qquad (2.14)$$

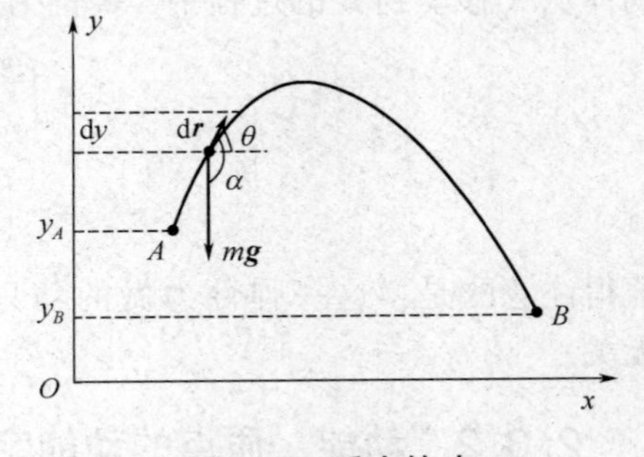

图 2.10　重力的功

可见，重力做功也只与物体的始末位置有关，与所经历的路径无关，重力也是保守力.

还有一类力做功多少与物体运动所经过的路径有关，这类力称为非保守力．例如，常见的摩擦力做功就与路径有关，路径越长，摩擦力做的功也越大，摩擦力是非保守力.

由于保守力做功与路径无关，这必然可得出保守力沿任意闭合路径一周所做的功为零的结论．用数学式表示为

$$\oint_L \boldsymbol{F} \cdot \mathrm{d}\boldsymbol{r} = 0 \tag{2.15}$$

上式为反映保守力做功特点的数学表示式，这一结论也可看作保守力的另一种定义，保守力的这两种定义是完全等价的.

2. 势能

从前面关于万有引力、重力、弹性力做功的讨论中，知道这些保守力做功只与物体的始末位置有关，为此，可以引入势能的概念. 与物体位置有关的能量称作物体的势能，用符号 E_p 表示.

势能概念的引入是以物体处于保守场这一事实为依据的，由于保守力做功只取决于始末位置，所以才存在仅由位置决定的势能函数. 对于非保守力，不存在势能的概念. 另外，势能的量值只具有相对的意义，只有选定了势能零点，才能确定某一点的势能值，我们规定，物体在某点所具有的势能等于将物体从该点移至势能零点，保守力所做的功. 势能零点可根据问题需要任意选择，但作为两个位置的势能差，其值是一定的，与势能零点的选择无关.

力学中常见的势能有引力势能、重力势能、弹性势能，由对应的三种力做功的讨论可知，三种势能的表达式分别为

引力势能　$E_\mathrm{p} = -\dfrac{GmM}{r}$　（势能零点为 $r = \infty$ 处）

重力势能　$E_\mathrm{p} = mgy$　（势能零点为 $y = 0$ 处）

弹性势能　$E_\mathrm{p} = \dfrac{1}{2}kx^2$　（势能零点为 $x = 0$ 处）

式(2.11)、式(2.12)、式(2.14)可统一写成

$$A = -(E_{\mathrm{p}2} - E_{\mathrm{p}1}) = -\Delta E_\mathrm{p} \tag{2.16}$$

上式表明，保守力做的功等于相应势能增量的负值. 在国际单位制中，势能和功具有相同的单位和量纲，单位为 J.

§2.4　机械能守恒定律

2.4.1　质点系的动能定理

在许多实际问题中，需要研究由若干彼此相互作用的质点所构成的系统. 系统所受的力分为外力和内力，其中，系统内各质点间的相互作用力称为内力，系统外其他物体对系统内任意质点的作用力称为外力. 下面把质点的动能定理推广到质点系.

设质点系由 n 个质点组成，其中任意第 i 个质点的质量为 m_i，在某一过程中其初态速率为 v_{i1}，末态速率为 v_{i2}，用 A_i 表示作用于该质点的所有力做功的总和，由质点的动能定理，有

$$A_i = \frac{1}{2}m_i v_{i2}^2 - \frac{1}{2}m_i v_{i1}^2$$

式中，A_i 表示作用于该质点的所有力所做的功，包括来自质点系外的力和来自质点系内的力. 故上式可写成

$$A_{i外}+A_{i内}=\frac{1}{2}m_i v_{i2}^2-\frac{1}{2}m_i v_{i1}^2$$

对于质点系的每一个质点，都可写出这样的方程，把所有方程相加，得到的方程为

$$\sum A_{i外}+\sum A_{i内}=\sum \frac{1}{2}m_i v_{i2}^2-\sum \frac{1}{2}m_i v_{i1}^2$$

式中，$\sum \frac{1}{2}m_i v_i^2$ 为系统内所有质点的动能之和，称为质点系的总动能，用 E_k 表示. 方程左边两项是外力对质点系所做的总功，以及系统内力对质点系所做的总功，方程右边为质点系末态总动能与初态总动能之差，即

$$A_{外}+A_{内}=E_{k2}-E_{k1} \tag{2.17}$$

上式表明，质点系动能的增量等于作用于质点系的外力和内力对质点系所做的总功. 这就是质点系的动能定理.

2.4.2 功能原理与机械能守恒定律

内力中既有保守力，也有非保守力，因此内力做的功 $A_{内}$ 可以分为保守内力做的功 $A_{保内}$ 和非保守内力做的功 $A_{非保内}$ 两部分，故式(2.17)可写成

$$A_{外}+A_{保内}+A_{非保内}=E_{k2}-E_{k1}$$

由式(2.16)，保守力做的功等于相应势能增量的负值，所以

$$A_{保内}=-(E_{p2}-E_{p1})$$

则

$$A_{外}+A_{非保内}=(E_{k2}+E_{p2})-(E_{k1}+E_{p1})$$

系统的动能和势能之和叫作系统的机械能，用 E 表示，即 $E=E_k+E_p$，若用 E_1、E_2 分别表示系统初态和末态的机械能，则

$$A_{外}+A_{非保内}=E_2-E_1 \tag{2.18}$$

上式表明，外力和非保守内力做功的总和等于系统机械能的增量. 这一结论就是质点系的功能原理.

功能原理全面概括和体现了力学中的功能关系，它涵盖了力学中所有类型力的功及所有类型的能量，质点和质点系的动能定理只是它的特殊情形. 功能原理是普遍的功与能的关系. 由于动能定理的基础是牛顿运动定律，故功能原理也只适用于惯性系.

在物理学中常讨论的一种重要情况是：在质点系运动的过程中，只有保守内力做功，也就是外力做的功和非保守内力做的功都是零或可以忽略不计，即 $A_{外}+A_{非保内}=0$，由式(2.18)可知

$$E_2=E_1$$

或

$$E=E_k+E_p=恒量 \tag{2.19}$$

这就是说，如果外力和非保守内力都不做功，则系统内各质点的动能和势能可以相互转化，但系统的机械能保持不变，这就是机械能守恒定律.

在机械运动范围内，所涉及的能量只有动能和势能. 由于物质运动形式的多样性，还将遇到其他形式的能量，如热能、电能、原子能等. 如果系统内有非保守力做功，则系统的机械能必将发生变化. 但是，在机械能增加或减少的同时，必然有等值的其他形式能量在减少和增加. 考虑到诸如此类的现象，人们从大量的事实中总结出了更为普遍的能量守恒定律，

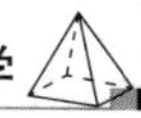

即：对于一个不受外界作用的孤立系统，能量可以由一种形式转化为另一种形式，但系统的总能量保持不变.

例 2.6 如图 2.11 所示，一雪橇从高度为 50 m 的山顶上的 A 点沿冰道由静止下滑，山顶到山下的坡道长 500 m，雪橇滑至山下 B 点后，又沿水平冰道继续滑行，滑行若干米后停止于 C 处．若雪橇与冰道的摩擦因数为 0.05，求雪橇沿水平冰道滑行的路程．设点 B 处可视为连续弯曲的滑道，并略去空气阻力.

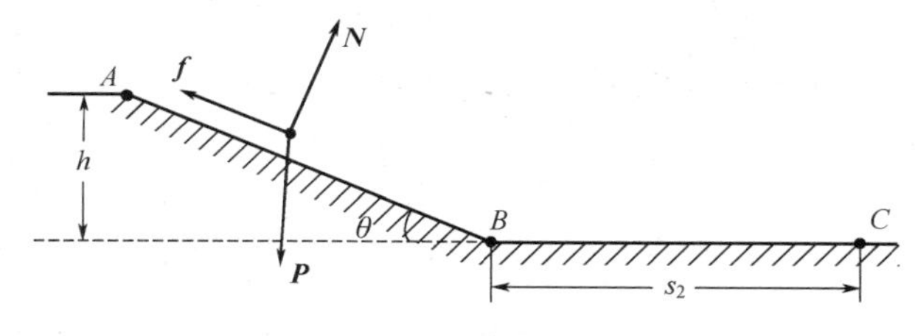

图 2.11 例 2.6 图

解 把雪橇、冰道和地球作为一个系统，作用于雪橇上的力为：重力 $\boldsymbol{P}$、支持力 $\boldsymbol{N}$、摩擦力 $\boldsymbol{f}$，其中重力是保守力，只有非保守内力——摩擦力做功．由功能原理，雪橇在滑行过程中，摩擦力做的功为

$$A_f = A_1 + A_2 = (E_{p2} + E_{k2}) - (E_{p1} + E_{k1})$$

式中，A_1 和 A_2 分别为雪橇沿倾斜和水平冰道滑行时，摩擦力所做的功；E_{p1} 和 E_{k1} 为雪橇在山顶 A 点时的势能和动能；E_{p2} 和 E_{k2} 为雪橇静止在水平滑道 C 点时的势能和动能．取水平滑道处的势能为零，由题意知，$E_{p1}=mgh$，$E_{k1}=0$，$E_{p2}=0$，$E_{k2}=0$，则

$$A_1 + A_2 = -mgh$$

由功的定义得

$$A_1 = \int_A^B \boldsymbol{f} \cdot \mathrm{d}\boldsymbol{r} = -\int_A^B \mu mg\cos\theta \mathrm{d}r$$

因斜坡坡度很小，$\cos\theta \approx 1$，故

$$A_1 = -\mu mgs_1$$

而

$$A_2 = \int_B^C \boldsymbol{f} \cdot \mathrm{d}\boldsymbol{r} = -\mu mgs_2$$

所以

$$-\mu mgs_1 - \mu mgs_2 = -mgh$$

$$s_2 = \frac{h}{\mu} - s_1$$

代入数据求得

$$s_2 = 500 \text{ m}$$

本题也可以用牛顿第二定律求解，但运算要复杂得多.

例 2.7 求物体从地面出发逃脱地球引力所需要的最小速度．取地球半径为 $R = 6.4 \times 10^6$ m，不计空气等其他阻力.

解 以地球和物体组成的系统为研究对象，物体从地面出发飞离时，因忽略其他阻力，只有保守内力做功，所以这一系统的机械能守恒．设距地球无限远处为引力势能零点，则物

体在地面所具有的势能为

$$E_{\mathrm{p}} = -G\frac{mM}{R}$$

以地面为参考系，设物体离开地面时的速度为 v，远离地球时的速度用 v_∞ 表示，由机械能守恒定律得

$$\frac{1}{2}mv^2 + \left(-G\frac{mM}{R}\right) = \frac{1}{2}mv_\infty^2 + 0$$

当远离地球时的速度 $v_\infty = 0$ 时，对应最小逃逸速度 v_{e}，即

$$v_{\mathrm{e}} = \sqrt{\frac{2GM}{R}}$$

由于地球表面引力

$$G\frac{mM}{R^2} = mg$$

所以

$$\begin{aligned} v_{\mathrm{e}} &= \sqrt{2gR} = \sqrt{2 \times 9.8 \times 6.4 \times 10^6}\ \mathrm{m \cdot s^{-1}} \\ &= 1.12 \times 10^4\ \mathrm{m \cdot s^{-1}} = 11.2\ \mathrm{km \cdot s^{-1}} \end{aligned}$$

以上计算出的最小逃逸速度又叫作第二宇宙速度．第一宇宙速度是物体可以环绕地球运行所需的最小速度，可以用牛顿第二定律求得，其值为 $7.9\ \mathrm{km \cdot s^{-1}}$．第三宇宙速度则是使物体脱离太阳系所需的最小发射速度(计算过程较为复杂)，其数值为 $16.7\ \mathrm{km \cdot s^{-1}}$．

§2.5　动量定理与动量守恒定律

动量是描述物体运动的一个重要物理量，本节将在冲量和动量概念的基础上，讨论质点和质点系的动量定理及动量守恒定律.

2.5.1　冲量　质点的动量定理

力作用在质点上，可使质点的动量或速度发生变化．在很多实际情况中，需考虑力对时间积累的效果.

由式(2.1a)牛顿第二定律的微分形式，$\boldsymbol{F}$ 为质点受到的合外力，该式可写成

$$\boldsymbol{F}\mathrm{d}t = \mathrm{d}\boldsymbol{p} = \mathrm{d}(m\boldsymbol{v})$$

式中，$\boldsymbol{F}\mathrm{d}t$ 表示力在 $\mathrm{d}t$ 时间内的积累量，叫作在 $\mathrm{d}t$ 时间内合外力的冲量.

将上式从 t_1 到 t_2 这段有限时间内进行积分，并考虑到在低速运动的范围内，质点的质量可视为不变的，故

$$\int_{t_1}^{t_2}\boldsymbol{F}\mathrm{d}t = \boldsymbol{p}_2 - \boldsymbol{p}_1 = m\boldsymbol{v}_2 - m\boldsymbol{v}_1 \tag{2.20a}$$

上式左侧积分表示在 t_1 到 t_2 这段时间内合外力的冲量，用 $\boldsymbol{I}$ 表示．式(2.20a)的物理意义是：在给定时间内，外力作用在质点上的冲量，等于质点在此时间内动量的增量，这就是质点的动量定理.

冲量 $\boldsymbol{I}$ 是矢量，一般来说，冲量的方向并不与动量的方向相同，而是与动量增量的方向

相同.

式(2.20a)是质点动量定理的矢量式，在直角坐标系中的分量式为

$$\begin{cases} I_x = \int_{t_1}^{t_2} F_x \mathrm{d}t = mv_{2x} - mv_{1x} \\ I_y = \int_{t_1}^{t_2} F_y \mathrm{d}t = mv_{2y} - mv_{1y} \\ I_z = \int_{t_1}^{t_2} F_z \mathrm{d}t = mv_{2z} - mv_{1z} \end{cases} \tag{2.20b}$$

显然，质点所受外力在某一方向上分量的冲量只能改变该方向上的动量．分量式是代数方程，应用这些分量式时，必须注意式中各量的正负号.

概念检查 3

质量相同的两个小球从同一高度自由下落与地面相碰，一个反弹起来，一个黏于地面，哪一个对地面的冲量大?

例 2.8 一质量 $m=140$ g 的垒球以 $v=40\ \mathrm{m\cdot s^{-1}}$ 的速率沿水平方向飞向击球手，被击后它以相同速率以 $\theta=60°$ 的仰角飞出，设垒球和棒的接触时间为 $\Delta t=1.2$ ms，求垒球受棒的平均打击力.

解 动量定理常用于解决碰撞、打击类问题，这类问题的特点是物体间作用时间很短，而作用力变化十分剧烈，这种力称为冲力．因冲力是变力，且随时间变化的关系又十分复杂，用牛顿运动定律无法直接求解，但应用动量定理，可以由动量变化来确定冲量的大小，如能测得冲力的作用时间，就可对冲力的平均值进行估算.

用动量定理的分量式求解．取图 2.12 所示的坐标系，在 x 轴方向上有

$$\overline{F}_x \cdot \Delta t = mv_{2x} - mv_{1x}$$

垒球受棒的平均打击力的 x 轴方向的分量为

$$\overline{F}_x = \frac{mv_{2x} - mv_{1x}}{\Delta t} = \frac{mv\cos\theta - m(-v)}{\Delta t}$$

$$= \frac{0.14 \times 40 \times (\cos 60° + 1)}{1.2 \times 10^{-3}}\ \mathrm{N} = 7.0 \times 10^3\ \mathrm{N}$$

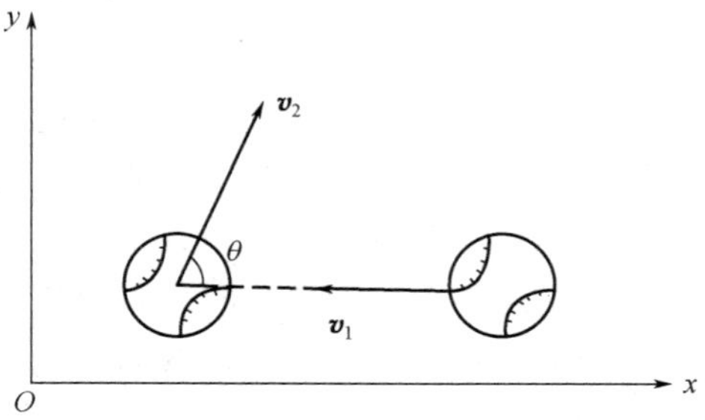

图 2.12 例 2.8 图

此平均打击力的 y 轴方向的分量为

$$\overline{F}_y = \frac{mv_{2y} - mv_{1y}}{\Delta t} = \frac{mv\sin\theta}{\Delta t}$$

$$= \frac{0.14 \times 40 \times \sin 60°}{1.2 \times 10^{-3}}\ \mathrm{N} = 4.0 \times 10^3\ \mathrm{N}$$

故平均打击力的大小为

$$\overline{F} = \sqrt{\overline{F}_x^2 + \overline{F}_y^2} = 8.1 \times 10^3\ \mathrm{N}$$

用 α 表示此力与水平方向的夹角，则

$$\tan\alpha = \frac{\overline{F}_y}{\overline{F}_x} = 0.57$$

由此得

$$\alpha = 30°$$

注意，平均打击力约为垒球自身重力的5 900倍.

2.5.2 质点系的动量定理

先讨论由两个质点组成的系统，以m_1、m_2分别表示两质点的质量，$\boldsymbol{F}_1$、$\boldsymbol{F}_2$表示两质点受到的外力，$\boldsymbol{f}_1$、$\boldsymbol{f}_2$表示两质点之间相互作用的内力. 由质点的动量定理，在t_1到t_2时间内，两质点所受的冲量等于其动量的增量，即

$$\int_{t_1}^{t_2}(\boldsymbol{F}_1 + \boldsymbol{f}_1)\mathrm{d}t = m_1\boldsymbol{v}_1 - m_1\boldsymbol{v}_{10}$$

$$\int_{t_1}^{t_2}(\boldsymbol{F}_2 + \boldsymbol{f}_2)\mathrm{d}t = m_2\boldsymbol{v}_2 - m_2\boldsymbol{v}_{20}$$

将上两式相加，得

$$\int_{t_1}^{t_2}(\boldsymbol{F}_1 + \boldsymbol{F}_2)\mathrm{d}t + \int_{t_1}^{t_2}(\boldsymbol{f}_1 + \boldsymbol{f}_2)\mathrm{d}t = (m_1\boldsymbol{v}_1 + m_2\boldsymbol{v}_2) - (m_1\boldsymbol{v}_{10} + m_2\boldsymbol{v}_{20})$$

由牛顿第三定律知$\boldsymbol{f}_1 = -\boldsymbol{f}_2$，所以系统内两质点间内力之和$\boldsymbol{f}_1 + \boldsymbol{f}_2 = \boldsymbol{0}$，上式为

$$\int_{t_1}^{t_2}(\boldsymbol{F}_1 + \boldsymbol{F}_2)\mathrm{d}t = (m_1\boldsymbol{v}_1 + m_2\boldsymbol{v}_2) - (m_1\boldsymbol{v}_{10} + m_2\boldsymbol{v}_{20})$$

将这一结果推广到多个质点组成的系统，则有

$$\int_{t_1}^{t_2}\left(\sum \boldsymbol{F}_i\right)\mathrm{d}t = \sum m_i\boldsymbol{v}_i - \sum m_i\boldsymbol{v}_{i0} \tag{2.21a}$$

或

$$\boldsymbol{I} = \boldsymbol{p} - \boldsymbol{p}_0 \tag{2.21b}$$

这就是说，作用于系统的合外力冲量等于系统动量的增量，这就是质点系的动量定理.

需要强调的是，作用于系统的合外力是作用于系统内每一质点的外力的矢量和，只有外力才对系统的动量有贡献，而系统的内力是不会改变整个系统的总动量的，因为系统的内力总是成对出现的，且大小相同、方向相反，作用时间也相同，它们的冲量相消为零，因而对系统总动量无贡献. 这和质点系的动能定理不同，内力的作用一般会改变系统的总动能，因为作用力与反作用力作用在不同的两质点上，而两质点的位移一般并不相同，所以作用力与反作用力做的功一般并不相等，更不一定相抵消. 因此，成对内力对系统动能的贡献一般不为零.

2.5.3 动量守恒定律

由质点系的动量定理可知，当系统所受合外力为零，即$\sum \boldsymbol{F}_i = \boldsymbol{0}$时，系统的总动量保持不变，则有

$$\boldsymbol{p} = \sum m_i\boldsymbol{v}_i = \text{恒矢量} \tag{2.22a}$$

这就是动量守恒定律. 表述为：当系统所受合外力为零时，系统的总动量将保持不变.

动量守恒定律在直角坐标系中的分量式为

$$\begin{cases}\sum F_x = 0,\ p_x = \sum m_i v_{ix} = \text{常量} \\ \sum F_y = 0,\ p_y = \sum m_i v_{iy} = \text{常量} \\ \sum F_z = 0,\ p_z = \sum m_i v_{iz} = \text{常量}\end{cases} \tag{2.22b}$$

这就是说，当系统所受合外力在某一方向上的分量为零时，系统在该方向上动量的分量守恒.

应用动量守恒定律时必须充分注意守恒的条件，这个条件就是系统所受的合外力必须为零. 在有的问题中，系统所受的合外力并不为零，但与系统的内力相比较，远小于系统的内力. 例如，在碰撞、打击、爆炸类问题中，外力对系统动量变化的影响很小，可以忽略不计，可近似认为系统的动量是守恒的.

以上在牛顿运动定律的基础上导出了动量守恒定律，应指出的是，更普遍的动量守恒定律并不依靠牛顿运动定律. 动量守恒定律比牛顿运动定律更加基本，更加普遍，近代科学实验和理论都表明，在自然界中，大到天体间的相互作用，小到质子、中子、电子等微观粒子间的相互作用，动量守恒定律均能适用，它与能量守恒定律一样，是自然界中最普遍、最基本的定律之一.

概念检查 4

为什么动量守恒定律的条件是合外力为零而不是合外力的冲量为零?

例 2.9 一长 $l=4$ m、质量 $M=150$ kg 的船，静止于湖面上. 今有一质量 $m=50$ kg 的人从船头走到船尾，如图 2.13 所示，求人和船相对湖岸移动的距离. 设水的阻力不计.

解 取人和船组成的系统为研究对象，由于水的阻力不计，系统在水平方向上无外力作用，故水平方向上动量守恒.

以 V 和 v 分别表示任意时刻船和人相对湖岸的速度，建立 x 轴如图 2.13 所示，由动量守恒定律得

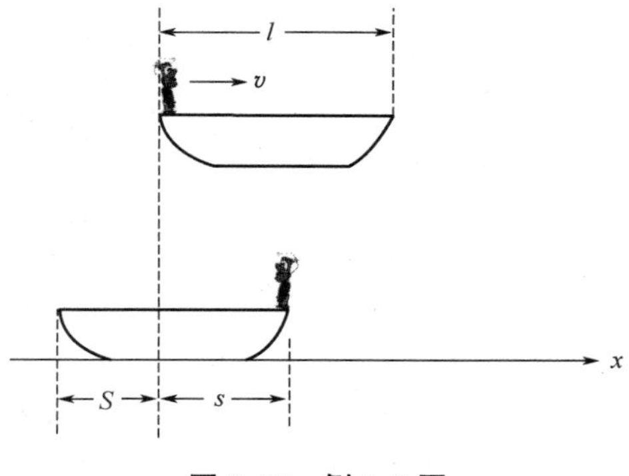

图 2.13 例 2.9 图

$$mv - MV = 0$$

即

$$mv = MV$$

上式在任何时刻都成立. 设 $t=0$ 时人位于船头，t 时刻到达船尾，上式两边乘以 $\mathrm{d}t$ 后积分，有

$$m\int_0^t v\mathrm{d}t = M\int_0^t V\mathrm{d}t$$

用 S 和 s 分别表示船和人相对湖岸移动的距离，则有

$$S = \int_0^t V\mathrm{d}t, \qquad s = \int_0^t v\mathrm{d}t$$

于是有

$$ms = MS$$

又

$$S + s = l$$

所以

$$S = \frac{m}{M + m}l = \frac{50}{150 + 50} \times 4 \text{ m} = 1 \text{ m}$$

$$s = l - S = 3 \text{ m}$$

例 2.10 设有一静止的原子核，衰变辐射出一个电子和一个中微子后成为一个新的原子核．已知电子和中微子的运动方向相互垂直，且电子的动量大小为 1.2×10^{-22} kg · m · s^{-1}，中微子的动量大小为 6.4×10^{-23} kg · m · s^{-1}．求新原子核的动量．

解 以 $\boldsymbol{p}_e$、$\boldsymbol{p}_v$ 和 $\boldsymbol{p}_N$ 分别表示电子、中微子和新原子核的动量，且 $\boldsymbol{p}_e$ 和 $\boldsymbol{p}_v$ 相互垂直，如图 2.14 所示．在原子核衰变的短暂时间内，粒子间的内力远大于外界作用于该粒子系统的外力，故粒子系统在衰变前后的动量是守恒的．考虑到原子核在衰变前是静止的，所以衰变后电子、中微子和新原子核的动量之和应为零，即

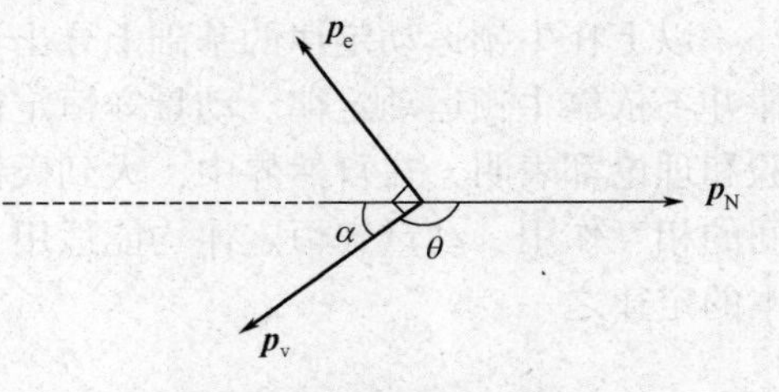

图 2.14　例 2.10 图

$$\boldsymbol{p}_e + \boldsymbol{p}_v + \boldsymbol{p}_N = \boldsymbol{0}$$

由于 $\boldsymbol{p}_e$ 和 $\boldsymbol{p}_v$ 相互垂直，故

$$p_N = \sqrt{p_e^2 + p_v^2}$$

代入数据得

$$p_N = 1.36 \times 10^{-22} \text{ kg} \cdot \text{m} \cdot \text{s}^{-1}$$

图中的 α 角为

$$\alpha = \arctan\frac{p_e}{p_v} = 61.9°$$

§2.6　碰　撞

碰撞，一般是指两个物体在运动过程中相互靠近或发生接触时，在相对较短的时间内发生强烈相互作用的过程．“碰撞”的含义比较广泛，除了球的撞击、打桩、锻铁等，分子、原子、原子核等微观粒子的相互作用过程也都是碰撞过程，甚至人从车上跳下、子弹打入墙壁等现象，在一定条件下也可看作碰撞过程．由于碰撞时物体之间相互作用的内力较之其他物体对它们作用的外力要大得多，因此可将其他物体作用的外力忽略不计，这一系统应遵从动量守恒定律.

碰撞过程可分为完全弹性碰撞、完全非弹性碰撞和非弹性碰撞三种．下面以两物体碰撞为例进行讨论.

设想两个球的质量分别为 m_1 和 m_2，沿一条直线分别以 $\boldsymbol{v}_{10}$ 和 $\boldsymbol{v}_{20}$ 的速度运动，发生对心碰撞之后二者的速度方向还沿着碰前运动的直线方向，用 $\boldsymbol{v}_1$ 和 $\boldsymbol{v}_2$ 表示两球碰撞之后的速度，如图 2.15 所示.

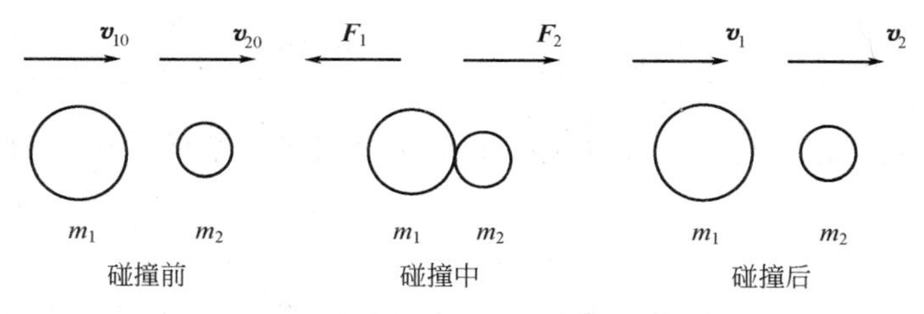

图 2.15 两球对心碰撞

若碰撞前后两球的动能之和没有损失，这种碰撞就是完全弹性碰撞．由动量守恒定律得

$$m_1v_{10}+m_2v_{20}=m_1v_1+m_2v_2$$

由于是完全弹性碰撞，总动能保持不变，即

$$\frac{1}{2}m_1v_{10}^2+\frac{1}{2}m_2v_{20}^2=\frac{1}{2}m_1v_1^2+\frac{1}{2}m_2v_2^2$$

两式联立可解得

$$\begin{cases} v_1=\dfrac{(m_1-m_2)v_{10}+2m_2v_{20}}{m_1+m_2} \\ v_2=\dfrac{(m_2-m_1)v_{20}+2m_1v_{10}}{m_1+m_2} \end{cases} \tag{2.23}$$

分析以下两种特例.

(1)若 $m_1=m_2$，可得

$$v_1=v_{20},\ v_2=v_{10}$$

即两质量相同的物体碰撞后互相交换速度.

(2)若 $m_2\gg m_1$，且 $v_{20}=0$，可得

$$v_1\approx -v_{10},\ v_2\approx 0$$

即碰撞后，质量大的物体几乎不动，而质量很小的物体以原来的速率反弹回来．乒乓球碰铅球，网球碰墙壁，气体分子与容器壁的垂直碰撞，反应堆中中子与重核的完全弹性对心碰撞都是这样的例子.

若两个物体碰撞之后不再分开，这样的碰撞就是完全非弹性碰撞．设它们合二为一后以速度 $\boldsymbol{v}$ 运动，由动量守恒定律得

$$m_1v_{10}+m_2v_{20}=(m_1+m_2)v$$

可求得

$$v=\frac{m_1v_{10}+m_2v_{20}}{m_1+m_2}$$

损失的动能为

$$\Delta E=\frac{1}{2}m_1v_{10}^2+\frac{1}{2}m_2v_{20}^2-\frac{1}{2}(m_1+m_2)v^2$$

一般情况下，两物体相碰发生的形变不能完全恢复，存在能量损失，机械能不守恒．牛顿从实验结果中总结出一个碰撞定律：碰撞后两物体的分离速度（v_2-v_1），与碰撞前两物体的接近速度（$v_{10}-v_{20}$）成正比，比值由两物体的材料性质决定，即

$$e=\frac{v_2-v_1}{v_{10}-v_{20}} \tag{2.24}$$

通常称 e 为恢复系数．如果 $e=0$，则 $v_1=v_2=\dfrac{m_1v_{10}+m_2v_{20}}{m_1+m_2}$，这就是完全非弹性碰撞的情况；如果 $e=1$，不难证明，这就是完全弹性碰撞的情况；对于一般的非弹性碰撞，$0<e<1$，e 值可通过实验测定．

§2.7 质心 质心运动定律

2.7.1 质心

研究多个质点组成的系统的运动时，质心是十分有用的概念．例如，将一由刚性轻杆相连的两个质点组成的简单系统斜向抛出，如图 2.16 所示，该系统在空间的运动是很复杂的，每个质点的轨迹都不是抛物线，但两质点连线中的某点 C 却仍然作抛物线运动．C 点的运动规律就像两质点的质量都集中在 C 点，全部外力也作用于 C 点一样．这个特殊的点就是质点系的质心．

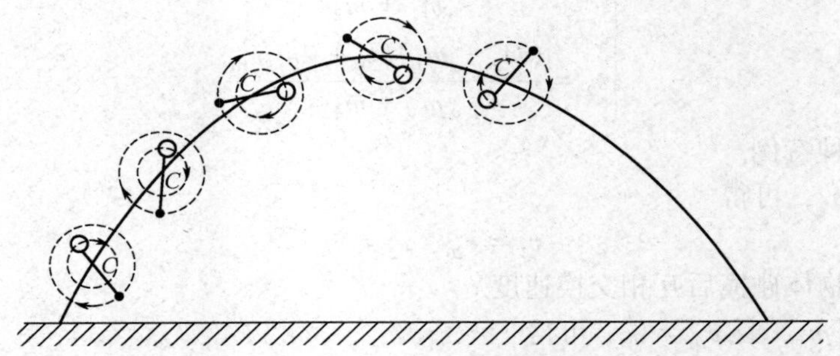

图 2.16 质心的运动轨迹

在图 2.17 所示的直角坐标系中，由 n 个质点组成的质点系，如果用 m_i 和 $\boldsymbol{r}_i$ 表示质点系中第 i 个质点的质量与位矢，则质点系质心的位矢 $\boldsymbol{r}_C$ 由下式确定：

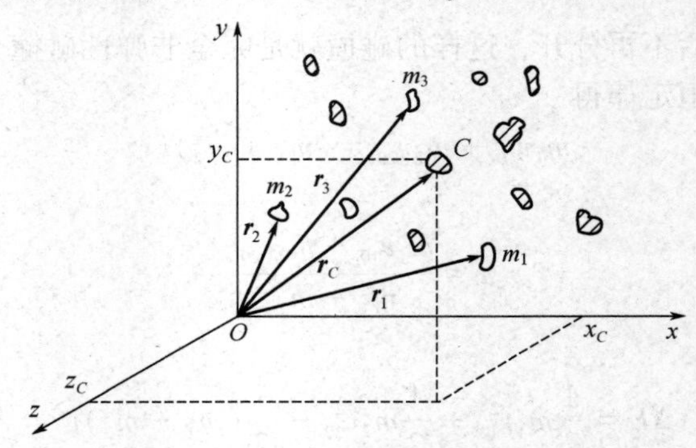

图 2.17 质心位置的确定

$$\boldsymbol{r}_C=\frac{\sum m_i\boldsymbol{r}_i}{\sum m_i} \tag{2.25a}$$

式中，$\sum m_i$ 为质点系各质点的质量总和．

质心位置的三个直角坐标为

$$\begin{cases} x_C = \dfrac{\sum m_i x_i}{\sum m_i} \\ y_C = \dfrac{\sum m_i y_i}{\sum m_i} \\ z_C = \dfrac{\sum m_i z_i}{\sum m_i} \end{cases} \tag{2.25b}$$

对于质量连续分布的物体，可把它分成许多质量元 dm，此时式(2.25b)中的 $\sum m_i x_i$ 可用积分 $\int x\mathrm{d}m$ 来替代，则质心的坐标为

$$\begin{cases} x_C = \dfrac{\int x\mathrm{d}m}{M} \\ y_C = \dfrac{\int y\mathrm{d}m}{M} \\ z_C = \dfrac{\int z\mathrm{d}m}{M} \end{cases} \tag{2.25c}$$

式中，M 为物体的总质量.

2.7.2 质心运动定理

将式(2.25a)中的 $\boldsymbol{r}_C$ 对时间 t 求导，可得质心运动的速度为

$$\boldsymbol{v}_C = \frac{\mathrm{d}\boldsymbol{r}_C}{\mathrm{d}t} = \frac{\sum m_i \dfrac{\mathrm{d}\boldsymbol{r}_i}{\mathrm{d}t}}{\sum m_i} = \frac{\sum m_i v_i}{M}$$

由此可得

$$M\boldsymbol{v}_C = \sum m_i \boldsymbol{v}_i$$

上式右边为质点系的总动量，故

$$\boldsymbol{p} = M\boldsymbol{v}_C \tag{2.26}$$

即质点系的总动量等于它的总质量与它质心速度的乘积．这一总动量的时间变化率为

$$\frac{\mathrm{d}\boldsymbol{p}}{\mathrm{d}t} = M\frac{\mathrm{d}\boldsymbol{v}_C}{\mathrm{d}t} = M\boldsymbol{a}_C$$

式中，$\boldsymbol{a}_C$ 为质心运动的加速度．因为系统内各质点间相互作用的内力的矢量和为零，所以作用在系统上的合力就等于合外力．由式(2.26)可得质点系的质心的运动和该质点系所受合外力的关系为

$$\boldsymbol{F} = \frac{\mathrm{d}\boldsymbol{p}}{\mathrm{d}t} = M\boldsymbol{a}_C \tag{2.27}$$

上式表明，作用于系统的合外力等于系统的总质量与系统质心加速度的乘积，这就是质心运动定理．它与牛顿第二定律在形式上完全相同，相当于系统的质量集中于质心，在合外力作用下，质心以加速度 $\boldsymbol{a}_C$ 运动．

例 2.11 设有一质量为 $2m$ 的弹丸，从地面斜抛出去，它飞行到最高点时爆炸成质量相等的两个碎片，其中一碎片竖直自由下落，另一碎片水平抛出，它们同时落地．问第二个碎片落地点在何处？（不计空气阻力）

解 把弹丸作为一个系统，爆炸前和爆炸后弹丸质心的运动轨迹在同一抛物线上，这就是说，爆炸之后两碎片质心的运动轨迹仍沿爆炸前弹丸的抛物线运动轨迹，取第一个碎片的落地点为坐标原点 O，水平向右为 x 轴正方向．爆炸后两碎片的质量均为 m，落地点距原点的距离分别为 x_1 和 x_2，落地时它们的质心距原点的距离为 x_C．由式(2.25b)可得

$$x_C = \frac{m_1x_1 + m_2x_2}{m_1 + m_2}$$

由于 $m_1 = m_2 = m$，故

$$x_2 = 2x_C$$

即第二个碎片的落地点与第一个碎片落地点的水平距离等于碎片质心的落地点与第一个碎片落地点的水平距离的两倍．这个问题虽然可由质点运动学方法求解，但要烦琐得多．由此可见，利用质心运动定理求解多粒子体系的物理问题时，会带来很大的方便．

概念检查答案

1. 内侧.
2. 不能，要看此参考系是否为惯性系.
3. 反弹起来的大.
4. 合外力的冲量为零只能得出始末两态的动量相等，不能说明整个过程中动量恒定．

思考题

思考题解答

2.1 有人说，牛顿第一定律只是牛顿第二定律在合外力等于零情况下的一个特例，因而它是多余的．你的看法如何？

2.2 一人站在电梯中的磅秤上，在什么情况下，他的视重为零？在什么情况下，他的视重大于他在地面上的体重？

2.3 为什么重力势能有正负，弹性势能只有正值，而引力势能只有负值？

习题

2.1 下列说法正确的是(　　)．

(1)保守力做正功时，系统内相应的势能增加；

(2)质点经一闭合路径时，保守力对质点做的功为零；

(3)作用力和反作用力大小相等、方向相反，所以两者所做功的代数和为零.

(A)(1)、(2)正确　　(B)(2)、(3)正确

(C)只有(2)正确　　(D)只有(3)正确

2.2　质量为 0.5 kg 的质点在 Oxy 坐标平面内运动，运动方程为：$x=5t$，$y=0.5t^2$(SI). 从 $t=2$ s 到 $t=4$ s 这段时间内，外力对质点做的功为(　　).

(A)1.5 J　　(B)3 J　　(C)4.5 J　　(D)−1.5 J

2.3　质量为 20 g 的子弹沿 x 轴正向方以 500 $\mathrm{m\cdot s^{-1}}$ 的速度射入一木块后，与木块一起以 50 $\mathrm{m\cdot s^{-1}}$ 的速度仍沿 x 轴正方向前进，此过程中木块所受冲量为(　　).

(A)9 N·s　　(B)−9 N·s　　(C)10 N·s　　(D)−10 N·s

2.4　关于机械能守恒和动量守恒的条件，下述说法正确的是(　　).

(A)不受外力作用的系统，其动量和机械能必守恒

(B)所受合外力为零且内力都是保守力的系统，机械能必守恒

(C)不受外力且内力是保守力的系统，其动量和机械能必守恒

(D)若外力对系统做的功为零，系统的动量和机械能必守恒

2.5　质量 0.1 kg 的质点，运动方程为 $x=4.5t^2-4t$ (SI)，在第 1 s 末该质点所受合外力的大小为____________.

2.6　如习题 2.6 图所示，光滑的水平桌面上放置一固定的半径为 R 的圆环带，一物体贴着环带内侧运动，物体与环带间的摩擦因数为 μ. 设物体某一时刻在 A 点时的速率为 v_0，求此后 t 时刻物体的速率及从 A 点开始所经过的路程.

习题 2.6 图

2.7　质量 $m=2$ kg 物体沿 x 轴作直线运动，所受合外力为 $F=10+6x^2$(SI)，若物体在 $x=0$ 处时的速率 $v_0=0$，试求该物体运动到 $x=4$ m 处时速度的大小.

2.8　一人从 10 m 深的井中提水，开始时桶中装有 10 kg 的水，由于桶漏水，每提升 1 m 要漏去 0.2 kg 的水，求水桶被匀速提升到井口的过程中，人所做的功.

2.9　用铁锤把钉子敲入墙面木板，设木板对钉子的阻力与钉子进入木板的深度成正比. 若第一次敲击时，能把钉子钉入木板 1 cm，第二次敲击时，保持第一次敲击钉子的速度，第二次能将钉子钉入多深?

2.10　一辆装煤车以 3 $\mathrm{m\cdot s^{-1}}$ 的速率从煤斗下面通过，煤粉通过煤斗以每秒 5 t 的速率竖直注入车厢. 如果车厢的速率保持不变，轨道摩擦忽略不计，求装煤车牵引力的大小.

2.11　如习题 2.11 图所示，一质量为 m 的小球，从内壁为半球形的容器边缘 A 点滑下，容器的质量为 M、半径为 R，内壁光滑，并放置在光滑水平桌面上，开始时，小球和容器都处于静止状态，当小球沿内壁滑到容器底部 B 点时，受到向上的支持力为多大?

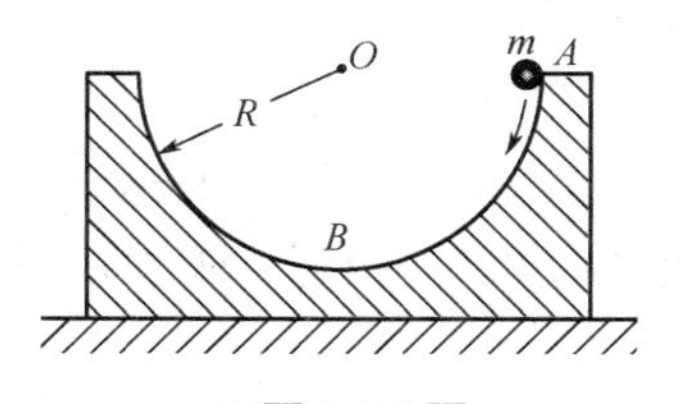

习题 2.11 图

学习与拓展

第3章 刚体力学

前两章讨论了质点的运动规律，其中忽略了物体的大小和形状，把它视为具有一定质量的几何点．这样可以突出主要矛盾，简化问题的处理．但是，在实际动力学问题中，大都是质点系问题，不能用一个质点的运动来代替质点系的运动，因为质点的运动只能代表物体的平动，而作为质点系的物体是有形状和大小的，它可以作平动、转动，甚至更复杂的运动，这时必须考虑其形状和大小．本章介绍一种特殊的质点系——刚体的基本运动规律．主要内容有：刚体定轴转动的描述，转动惯量、力矩、转动动能和角动量等概念，以及转动定律、转动动能定理和角动量守恒定律．

思维导图

§3.1 刚体的运动

一般固体在外力作用下，其形状和大小会发生变化，但如果在外力作用下，物体的形状和大小保持不变，即物体内任意两点之间的距离不因外力而改变，这种理想化了的物体就叫作刚体．刚体的运动分为平动和转动两种，而转动又可分为定轴转动和非定轴转动．如果刚体内任意两点间的连线在运动过程中始终保持平行，则刚体的这种运动称为平动，如图3.1所示．刚体的平动可看作质点的运动，描述质点运动的各个物理量和质点力学的规律都适用于刚体的平动．

刚体内各点都绕同一直线作圆周运动，这种运动称为转动，这条直线叫转轴．如果转轴的位置或方向随时间变化(如旋转陀螺)，则称为非定轴转动．如果转轴的位置或方向是固定不动的，这种转轴为固定转轴，此时刚体的转动称为定轴转动．本章主要研究刚体的定轴转动．

一般的刚体运动可看成平动和转动的合成运动，所以了解刚体平动和转动的规律是研究刚体复杂运动的基础．

同质点力学一样，刚体的定轴转动同样可分为运动学和动力学，本节先介绍刚体定轴转动的运动学描述．

刚体绕定轴转动时，如图3.2所示，刚体内任一点 P 将在通过 P 点且与转轴垂直的平面内作圆周运动，该平面称为转动平面，圆心 O 是转轴与该平面的交点．因此，刚体的定轴转动实质上就是刚体内各个点在垂直于转轴的平面内的圆周运动．

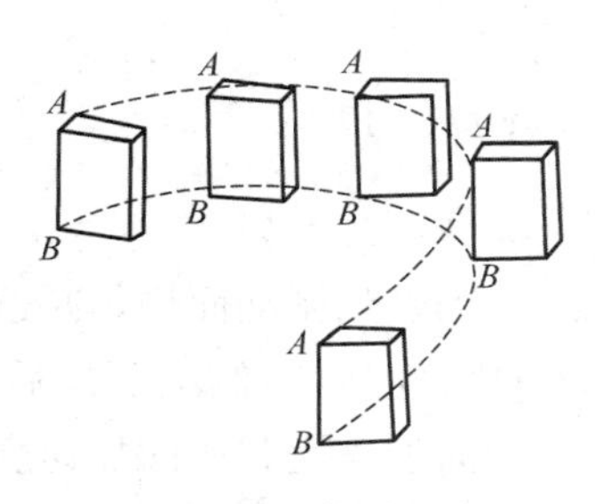

图 3.1　刚体的平动

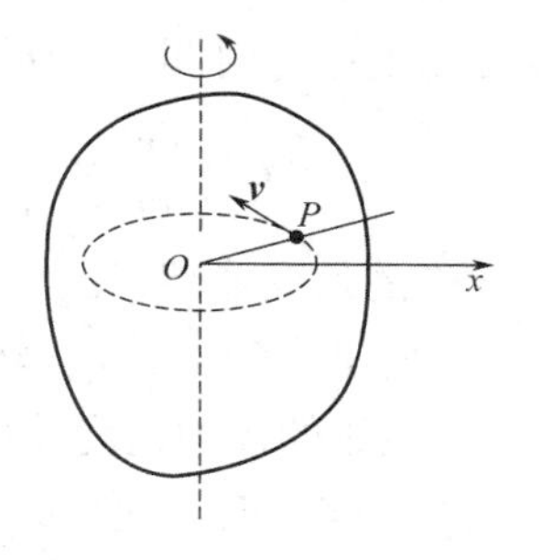

图 3.2　刚体的定轴转动

显然，刚体绕定轴转动时，在相同的一段时间内，刚体上转动半径不同的各点，其位移、速度、加速度一般各不相同，但各点的半径扫过的角度却是相同的，而且角速度和角加速度也是相同的，因此用角量来描述刚体的定轴转动是较为方便的．第 1 章讨论过的角位移、角速度和角加速度等概念，以及有关公式(见 1.2.4 节)，角量和质点的位移、速度、加速度等线量的关系，对刚体的定轴转动都适用.

刚体的角速度为

$$\omega = \frac{\mathrm{d}\theta}{\mathrm{d}t} \tag{3.1}$$

角速度 ω 可以定义为矢量，用 $\boldsymbol{\omega}$ 表示．它的方向规定为沿转轴的方向，指向与刚体转动方向之间的关系按右手螺旋法则确定，如图 3.3 所示.

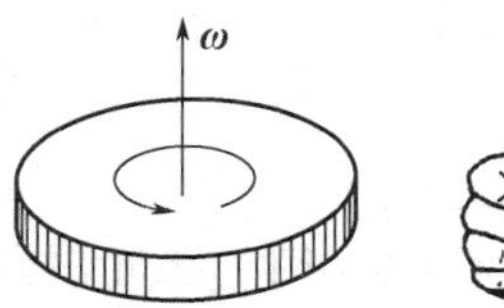

图 3.3　角速度矢量

刚体的角加速度为

$$\alpha = \frac{\mathrm{d}\omega}{\mathrm{d}t} = \frac{\mathrm{d}^2\theta}{\mathrm{d}t^2} \tag{3.2}$$

离转轴距离为 r 的质点的线速度和刚体的角速度的关系为

$$v = r\omega$$

加速度与刚体的角加速度和角速度的关系为

$$a_{\mathrm{t}} = r\alpha, \quad a_{\mathrm{n}} = r\omega^2$$

当刚体绕定轴转动时，如果在任意相等的 Δt 时间内，角速度的增量都相等，这种变速转动就是匀变速转动．匀变速转动的角加速度 α 为一恒量．用 ω_0 表示刚体在 $t=0$ 时刻的角速度，用 ω 表示刚体在 t 时刻的角速度，θ 表示刚体从 0 到 t 时刻这段时间内的角位移，仿照匀变速直线运动公式的推导，由 $\omega = \frac{\mathrm{d}\theta}{\mathrm{d}t}$ 和 $\alpha = \frac{\mathrm{d}\omega}{\mathrm{d}t}$ 可得匀变速转动的相应公式为

$$\omega = \omega_0 + \alpha t \tag{3.3}$$

$$\theta = \omega_0 t + \frac{1}{2}\alpha t^2 \tag{3.4}$$

$$\omega^2 - \omega_0^2 = 2\alpha\theta \tag{3.5}$$

例 3.1　一飞轮转过的角度和时间的关系为 $\theta = at + bt^3 - ct^4$，式中 a、b、c 都是常量．求它的角加速度.

解　将 $\theta = at + bt^3 - ct^4$ 对时间 t 求导，即得飞轮角速度的表达式为

$$\omega = \frac{\mathrm{d}\theta}{\mathrm{d}t} = \frac{\mathrm{d}}{\mathrm{d}t}(at + bt^3 - ct^4) = a + 3bt^2 - 4ct^3$$

角加速度是角速度对时间 t 的导数，因此得

$$\alpha=\frac{\mathrm{d}\omega}{\mathrm{d}t}=\frac{\mathrm{d}}{\mathrm{d}t}(a+3bt^2-4ct^3)=6bt-12ct^2$$

由此可见，飞轮作的是变速转动.

例 3.2 一飞轮半径为0.2 m，转速为150 r · min^{-1}，因受到制动而均匀减速，经30 s停止转动．求：(1)飞轮的角加速度及此时间内飞轮所转的圈数；(2)制动开始后 $t=6$ s时飞轮的角速度；(3) $t=6$ s时飞轮边缘上一点的线速度、切向加速度和法向加速度.

解 (1)由题意知 $\omega_0=\frac{2\pi\times150}{60}$ rad · s^{-1} $=5\pi$ rad · s^{-1}；$t=30$ s时，$\omega=0$.

因飞轮作匀减速运动，故角加速度为

$$\alpha=\frac{\omega-\omega_0}{t}=\frac{0-5\pi}{30}\ \mathrm{rad\cdot s^{-2}}=-\frac{\pi}{6}\ \mathrm{rad\cdot s^{-2}}$$

式中，“-”号表示 α 的方向与 ω_0 的方向相反．而飞轮在30 s内转过的角度为

$$\theta=\frac{\omega^2-\omega_0^2}{2\alpha}=\frac{-(5\pi)^2}{2\times\left(-\frac{\pi}{6}\right)}=75\pi$$

飞轮转的圈数为

$$n=\frac{75\pi}{2\pi}=37.5$$

(2)在 $t=6$ s时，飞轮的角速度为

$$\omega=\omega_0+\alpha t=\left(5\pi-\frac{\pi}{6}\times6\right)\mathrm{rad\cdot s^{-1}}=4\pi\ \mathrm{rad\cdot s^{-1}}$$

(3)在 $t=6$ s时，飞轮边缘上一点的线速度为

$$v=r\omega=0.2\times4\pi\ \mathrm{m\cdot s^{-1}}=2.5\ \mathrm{m\cdot s^{-1}}$$

切向加速度和法向加速度为

$$a_{\mathrm{t}}=r\alpha=0.2\times\left(-\frac{\pi}{6}\right)\mathrm{m\cdot s^{-2}}=-0.105\ \mathrm{m\cdot s^{-2}}$$

$$a_{\mathrm{n}}=r\omega^2=0.2\times(4\pi)^2\ \mathrm{m\cdot s^{-2}}=31.6\ \mathrm{m\cdot s^{-2}}$$

§3.2 转动定律

上一节讨论了刚体的运动学问题，从本节开始，将讨论刚体定轴转动的动力学问题，定量描述刚体绕定轴转动时遵从的动力学规律．本节所讨论的转动定律从形式和物理意义上都与牛顿第二定律十分相似，它是刚体转动动力学的基本方程.

3.2.1 力矩

为了改变刚体的运动状态，必须对刚体施加力的作用，经验告诉我们，外力对刚体转动的作用效果，不仅与作用力的大小有关，而且与作用力的方向和力的作用点的位置有关．例

如，开关门窗时(见图 3.4)，当力 $\boldsymbol{F}$ 的作用线通过转轴或平行于转轴时，就无法使门窗转动.

力的大小、方向和力的作用点相对转轴的位置，是决定转动效果的几个重要因素．将这几个因素一并考虑，引入力矩这一概念.

如图 3.5(a)所示，若作用于刚体的力 $\boldsymbol{F}$ 在转动平面内，力的作用点相对转轴的位矢为 $\boldsymbol{r}$，力臂为 d，定义：力的大小与力臂的乘积为力对转轴的力矩，用 M 表示，即

$$M = F \cdot d = Fr\sin\theta \tag{3.6}$$

若作用于刚体的力 $\boldsymbol{F}$ 不在转动平面内，如图 3.5(b)所示，可将力分解为垂直于转轴的分量 $\boldsymbol{F}_{\perp}$ 和平行于转轴的分量 $\boldsymbol{F}_{/\!/}$，平行于转轴的分力 $\boldsymbol{F}_{/\!/}$ 不能改变刚体的转动状态，对转轴不产生力矩．垂直于转轴的分力 $\boldsymbol{F}_{\perp}$ 位于转动平面内，它产生的力矩与式(3.6)相同．因此，只需考虑垂直于转轴的作用力.

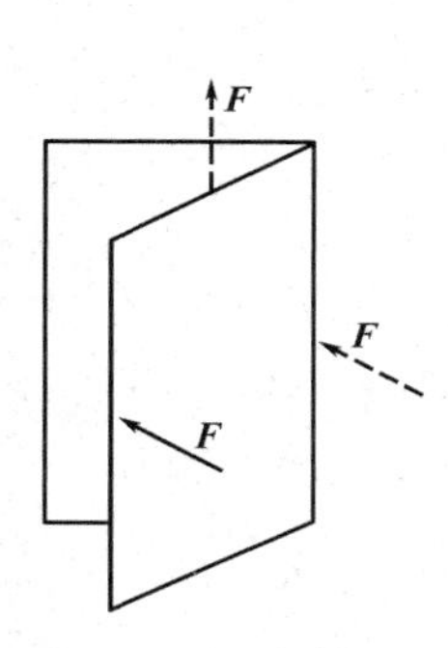

图 3.4 力的作用点对转动效果的影响

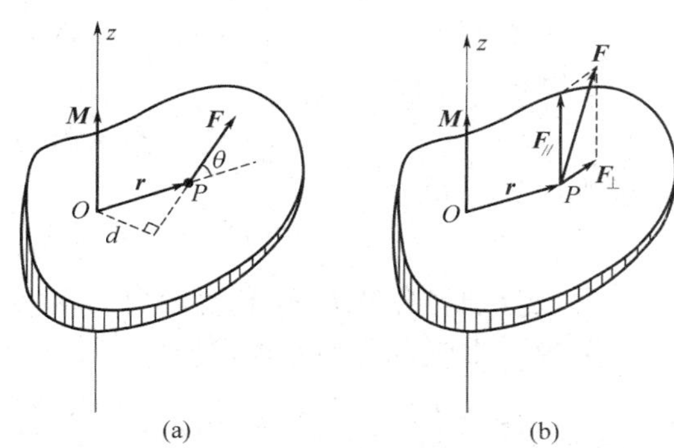

图 3.5 力对轴的力矩
(a)力在转动平面内；(b)力不在转动平面内

应当指出，力矩不仅有大小，而且有方向．力矩是矢量．由矢量的矢积定义，力矩矢量 $\boldsymbol{M}$ 可用位矢 $\boldsymbol{r}$ 和力 $\boldsymbol{F}$ 的矢积表示，即

$$\boldsymbol{M} = \boldsymbol{r} \times \boldsymbol{F} \tag{3.7}$$

$\boldsymbol{M}$ 的方向垂直于 $\boldsymbol{r}$ 和 $\boldsymbol{F}$ 所构成的平面，由图 3.6 所示的右手螺旋法则确定，把右手拇指伸直，其余四指由位矢 $\boldsymbol{r}$ 通过小于 180° 的角弯向力 $\boldsymbol{F}$，拇指所指的方向就是力矩的方向.

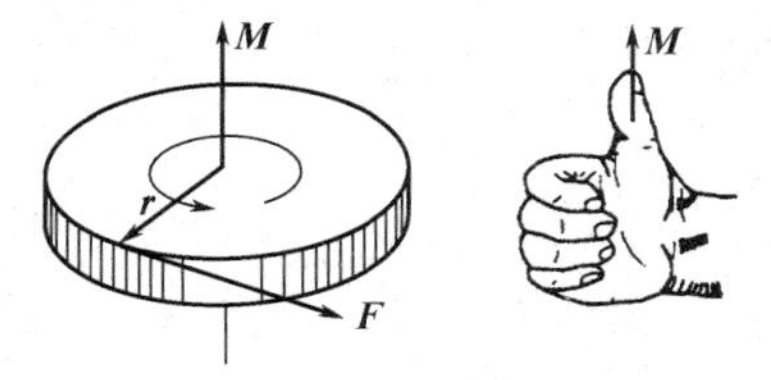

图 3.6 力矩的方向

概念检查 1

能否这样计算合外力矩：先求出刚体受到的合外力，再求合外力对转轴的力矩?

3.2.2 转动定律

在研究质点运动时，我们知道，在外力作用下，质点会获得加速度．绕定轴转动的刚体，在外力矩作用下，角速度会发生变化，即获得角加速度．下面从牛顿第二定律出发推导出刚体角加速度和外力矩之间的关系．

如图 3.7 所示的刚体，其转轴 Oz 固定于惯性系中，刚体可看作由许多质点组成，在刚体中任取一质点 i，其质量为 Δm_i，旋转半径为 r_i，该质点除受到合外力 $\boldsymbol{F}_i$ 的作用外，还受到刚体内其他质点作用的合内力 $\boldsymbol{f}_i$. 为简单起见，设合外力 $\boldsymbol{F}_i$ 与合内力 $\boldsymbol{f}_i$ 均位于质点所在的转动平面内．质点 i 的加速度为 $\boldsymbol{a}_i$. 由于法向力的作用线通过转轴，不产生力矩，因此对转动状态的改变不起作用，改变刚体转动状态的只有切向力，由牛顿第二定律，质点在切线方向的动力学方程为

$$F_{it} + f_{it} = \Delta m_i a_{it}$$

又 $a_{it} = r_i\alpha$，所以

$$F_{it} + f_{it} = \Delta m_i r_i \alpha$$

将上式两边同乘以 r_i，得

$$F_{it} r_i + f_{it} r_i = \Delta m_i r_i^2 \alpha$$

上式左边两项分别为合外力 $\boldsymbol{F}_i$ 和合内力 $\boldsymbol{f}_i$ 对转轴的力矩．对刚体内每一个质点都可以写出这样一个方程，将所有这些方程相加，由于各质点的角加速度 α 相同，故有

$$\sum F_{it} r_i + \sum f_{it} r_i = \sum (\Delta m_i r_i^2)\alpha$$

式中，$\sum F_{it} r_i$ 为刚体内所有质点所受到的外力对转轴的力矩之和，即为合外力矩，用 M 表示；$\sum f_{it} r_i$ 是刚体内所有质点所受内力对转轴的力矩之和，可以证明，所有内力矩的总和为零．考虑一对内力矩，如图 3.8 所示，任意两质点 i 和 j 之间的相互作用力分别为 $\boldsymbol{f}_{ij}$ 和 $\boldsymbol{f}_{ji}$，$\boldsymbol{f}_{ij}$ 和 $\boldsymbol{f}_{ji}$ 大小相等、方向相反，处于同一条直线上，对 Oz 轴的力臂同为 d，所以两者力矩之和为零．由于内力总是成对出现的，故刚体内所有内力矩的总和为零，即

$$\sum f_{it} r_i = 0$$

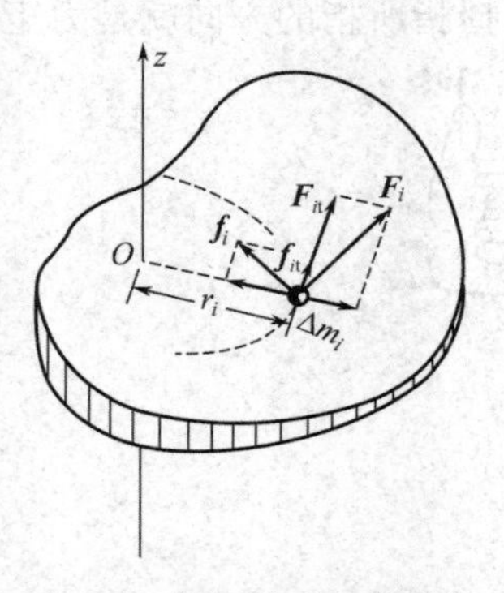

图 3.7 推导转动定律用图

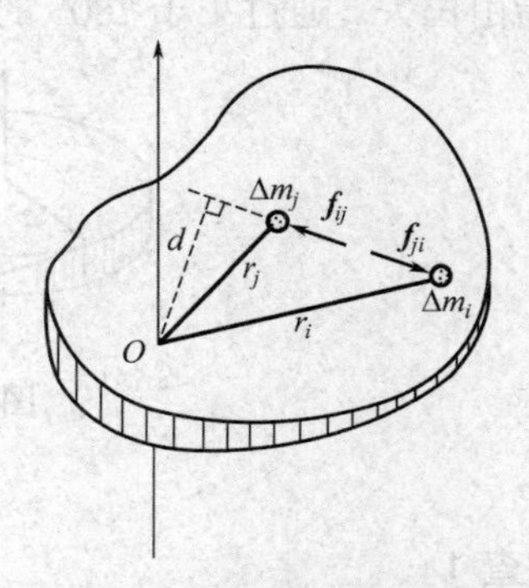

图 3.8 刚体内一对内力的力矩之和为零

于是有

$$M = \sum (\Delta m_i r_i^2)\alpha$$

式中，$\sum \Delta m_i r_i^2$ 是由刚体本身质量分布和转轴位置所决定的物理量，对于绕定轴转动的一定质量的刚体，它为一恒量，称之为转动惯量，用 J 表示，即

$$J = \sum \Delta m_i r_i^2 \tag{3.8}$$

这样，有

$$M = J\alpha \tag{3.9}$$

上式表明，绕定轴转动的刚体，其角加速度与它受到的合外力矩成正比，与刚体的转动惯量成反比．这一结论就是刚体的转动定律．如同牛顿第二定律是解决质点运动问题的基本定律一样，转动定律是解决刚体定轴转动问题的基本方程.

3.2.3　转动惯量

把转动定律与牛顿第二定律比较，即将 $M = J\alpha$ 与 $F = ma$ 比较，二者的表达式很相似，合外力矩 M 与合外力 F 对应，角加速度 α 与加速度 a 对应，转动惯量 J 与质量 m 对应．由此可见，转动惯量是刚体转动时惯性大小的量度，即以相同的力矩作用于两个绕定轴转动的不同刚体上，转动惯量大的刚体获得的角加速度小，其角速度改变得慢，也就是保持原有转动状态的惯性大；反之，转动惯量小的刚体获得的角加速度大，其角速度改变得快，保持原有转动状态的惯性就小．转动惯量的定义式为

$$J = \sum \Delta m_i r_i^2$$

亦即刚体的转动惯量等于刚体内各质点的质量与其到转轴距离平方的乘积之和．对于质量离散分布的转动系统，可直接用定义式来计算转动惯量．对于质量连续分布的刚体，转动惯量式中的求和应以积分来代替，即

$$J = \int r^2 \mathrm{d}m \tag{3.10}$$

式中，$\mathrm{d}m$ 为质元的质量；r 为质元到转轴的距离．在国际单位制中，转动惯量的单位是 $\mathrm{kg \cdot m^2}$.

计算转动惯量时，可根据刚体质量分布的不同，引入相应的质量密度，建立质元质量 $\mathrm{d}m$ 的具体表达式，然后进行积分运算．下面通过具体的例子来说明.

例 3.3　刚体质量为线分布(细杆状刚体)的转动惯量．求质量为 m、长为 L 的均匀细杆的转动惯量．(1)转轴通过杆的中心并与杆垂直；(2)转轴通过杆的一端并与杆垂直.

解　引入质量线密度 λ，即单位长度的质量，$\lambda = m/L$.

(1)如图 3.9(a)所示，取杆中心为坐标原点 O，建立 Ox 轴．在细杆上任意位置 x 处，取一长度为 $\mathrm{d}x$ 的线元，其质量 $\mathrm{d}m = \lambda \mathrm{d}x$，该质元相对转轴的转动惯量为

$$\mathrm{d}J = x^2 \mathrm{d}m = x^2 \lambda \mathrm{d}x$$

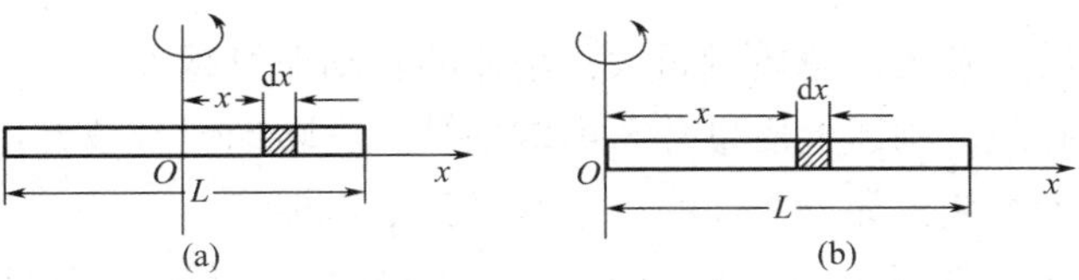

图 3.9　例 3.3 图

由于转轴通过杆中心，所以转动惯量为

$$J=\int_{-\frac{L}{2}}^{\frac{L}{2}} x^2\lambda\,\mathrm{d}x=\frac{L^3}{12}\lambda=\frac{1}{12}mL^2$$

(2)对于通过杆端点的轴，如图 3.9(b)所示，则

$$\mathrm{d}J=x^2\mathrm{d}m=x^2\lambda\,\mathrm{d}x$$

$$J=\int_0^L x^2\lambda\,\mathrm{d}x=\frac{L^3}{3}\lambda=\frac{1}{3}mL^2$$

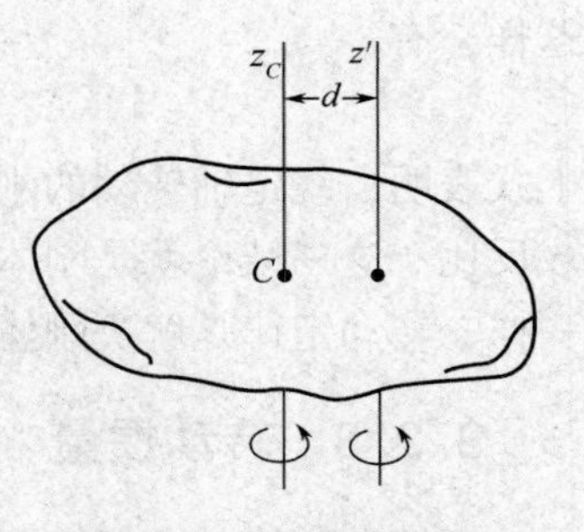

图 3.10　平行轴定理

例 3.3 的结果表明，同一刚体对不同转轴的转动惯量不同．可以证明，通过质心轴的转动惯量最小．可以导出一个对不同转轴的转动惯量之间的一般关系：用 m 表示刚体的质量，用 J_C 表示刚体对通过其质心 C 的轴 z_C 的转动惯量，如果另一个轴 z' 相对质心轴 z_C 平行且相距为 d，如图 3.10 所示，可以证明，刚体对 z'轴的转动惯量为

$$J=J_C+md^2 \tag{3.11}$$

上述关系叫作转动惯量的平行轴定理．平行轴定理不仅有助于计算转动惯量，而且对研究刚体的滚动也很有帮助．

例 3.4　刚体质量为面分布(薄板状刚体)的转动惯量．一均匀薄圆盘质量为 m、半径为 R，求其对通过盘中心并与盘面垂直的轴的转动惯量．

解　引入质量面密度 σ，即单位面积的质量，$\sigma=m/\pi R^2$．

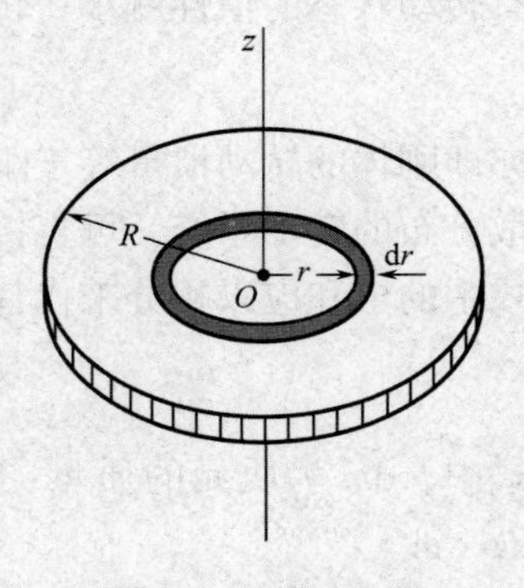

图 3.11　例 3.4 图

薄圆盘可以看作许多同心圆环的集合，如图 3.11 所示，在圆盘上任取一半径为 r、宽度为 dr 的窄圆环，圆环的面积为 $2\pi r\mathrm{d}r$，圆环的质量为 $\mathrm{d}m=\sigma\cdot 2\pi r\mathrm{d}r$. 此窄圆环上各点到转轴的距离都为 r，该圆环对通过盘心且垂直于盘面的轴的转动惯量为

$$\mathrm{d}J=r^2\mathrm{d}m=2\pi\sigma r^3\mathrm{d}r$$

整个圆盘对该轴的转动惯量为

$$J=\int_0^R 2\pi\sigma r^3\mathrm{d}r=2\pi\frac{m}{\pi R^2}\cdot\frac{1}{4}R^4=\frac{1}{2}mR^2$$

实际应用中，经常会遇到由几部分不同形状和大小的物体构成的一个整体，根据转动惯量的定义，其转动惯量应等于各部分物体对同一转轴的转动惯量之和.

由转动惯量的定义及上述有关转动惯量的计算结果可以看出，刚体的转动惯量与下列三个因素有关：

(1)与刚体的总质量有关，总质量越大，刚体的转动惯量越大；

(2)与质量分布有关，刚体上质量分布离转轴越远，转动惯量越大；

(3)与转轴的位置有关，如例 3.3 的结果及平行轴定理.

综上所述，对于几何形状对称、质量连续且均匀分布的刚体，可以用积分的方法算出转动惯量．对于任意刚体的转动惯量，通常是用实验的方法测定的．表 3.1 列出了一些常见刚

体的转动惯量.

表 3.1　一些常见刚体的转动惯量

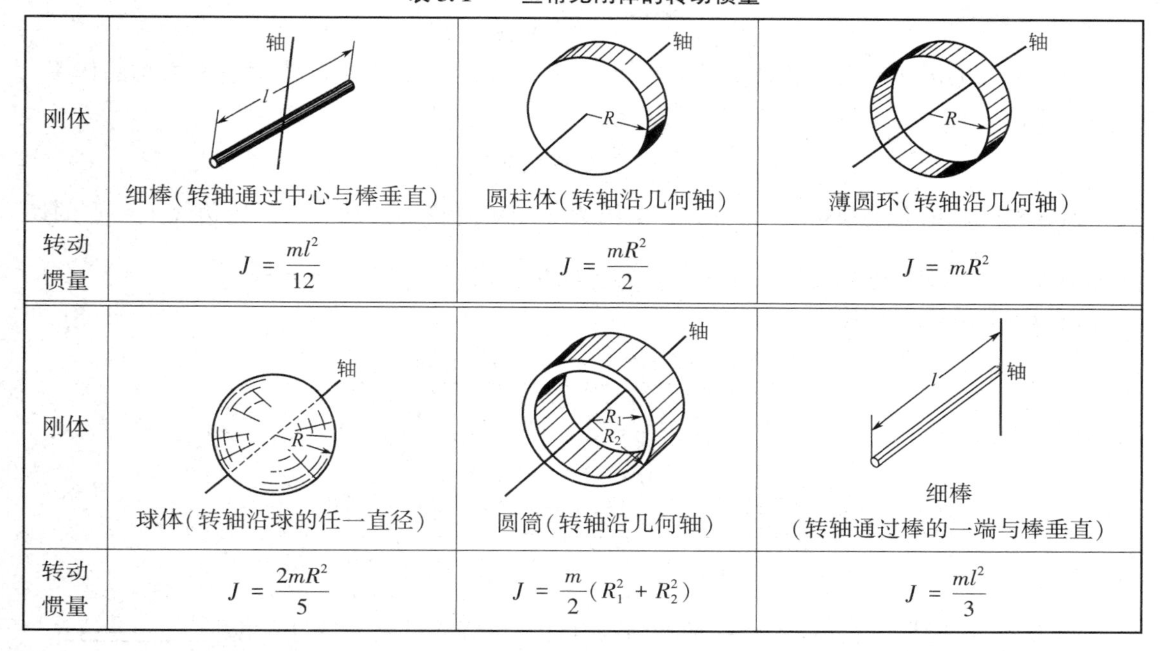

刚体	细棒(转轴通过中心与棒垂直)	圆柱体(转轴沿几何轴)	薄圆环(转轴沿几何轴)
转动惯量	$J=\frac{ml^2}{12}$	$J=\frac{mR^2}{2}$	$J=mR^2$
刚体	球体(转轴沿球的任一直径)	圆筒(转轴沿几何轴)	细棒(转轴通过棒的一端与棒垂直)
转动惯量	$J=\frac{2mR^2}{5}$	$J=\frac{m}{2}(R_1^2+R_2^2)$	$J=\frac{ml^2}{3}$

概念检查 2

质量相同的两刚体的平动惯量相同，它们对质心轴的转动惯量相同吗?

3.2.4　转动定律的应用举例

转动定律定量地反映了物体所受的合外力矩、转动惯量和转动角加速度之间的关系，它在转动中的地位与牛顿第二定律相当，应用转动定律解决的定轴转动问题一般也可分为两类：一类是已知力矩求转动；另一类是已知转动求力矩．在实际问题中常常两者兼有.

应用转动定律求解问题的方法和步骤也与牛顿第二定律的应用类似，下面举例来说明转动定律的应用.

例 3.5　如图 3.12 所示，一轻绳跨过一轴承光滑的定滑轮，滑轮视为圆盘，绳的两端分别悬有质量为 m_1 和 m_2 的物体，且 $m_1<m_2$. 设滑轮的质量为 M，半径为 R，绳与滑轮之间无相对滑动，求物体的加速度和绳中的张力.

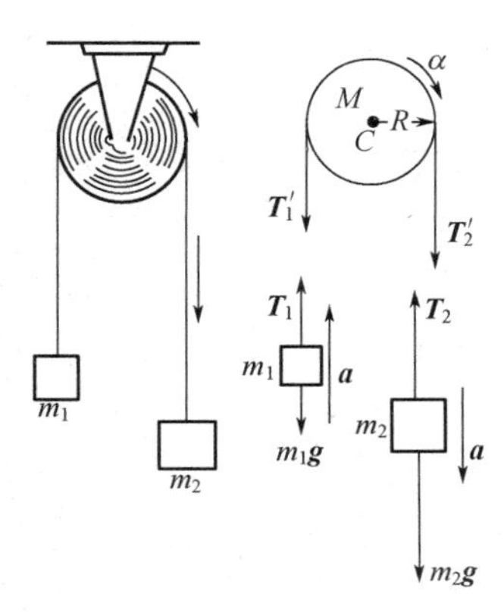

图 3.12　例 3.5 图

解　质点动力学中，涉及有关滑轮的问题时，为简单起见，都假设滑轮的质量忽略不计．但是，在计及滑轮的质量时，就必须考虑滑轮的转动．本例中，两物体作平动，它们的加速度 a 取决于每个物体所受的合力．而滑轮作转动，其角加速度 α 取决于作用于其上的合外力矩.

首先将三个物体隔离出来，进行图 3.12 所示的受力分析，其中张力 T_1 和 T_2 的大小不能假定相等，但 $T_1=T_1'$，$T_2=T_2'$.

对作平动的两物体应用牛顿第二定律，有

$$T_1 - m_1 g = m_1 a$$
$$m_2 g - T_2 = m_2 a$$

对于转动的滑轮，由于转轴通过滑轮中心，所以仅有张力 T'_1 和 T'_2 对它有力矩的作用．由转动定律，有

$$T'_2 R - T'_1 R = J\alpha$$

其中滑轮对转轴的转动惯量 $J = \frac{1}{2}MR^2$. 又因为绳相对滑轮无滑动，在滑轮边缘上一点的切向加速度与绳和物体的加速度大小相等，与滑轮角加速度的关系为 $a = R\alpha$.

由以上各式即可解出

$$a = \frac{(m_2 - m_1)g}{m_1 + m_2 + \frac{M}{2}},\ \alpha = \frac{(m_2 - m_1)g}{\left(m_1 + m_2 + \frac{M}{2}\right)R}$$

$$T_1 = \frac{m_1\left(2m_2 + \frac{M}{2}\right)g}{m_1 + m_2 + \frac{M}{2}},\ T_2 = \frac{m_2\left(2m_1 + \frac{M}{2}\right)g}{m_1 + m_2 + \frac{M}{2}}$$

例 3.6　一根长为 l、质量为 m 的均匀细直杆，可绕通过其一端且与杆垂直的光滑水平轴转动，如图 3.13 所示，将杆由水平位置静止释放，求它的下摆角为 θ 时的角加速度和角速度.

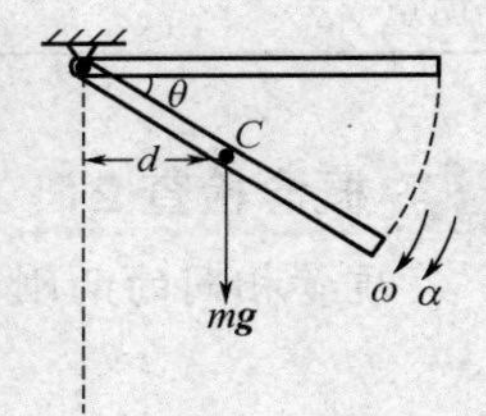

图 3.13　例 3.6 图

解　本例杆的下摆运动为刚体的定轴转动，可用转动定律求解．对杆进行受力分析，只有重力对杆有力矩作用．而重力对杆的合力矩同全部重力集中作用于质心所产生的力矩一样，所以重力矩为

$$M = mg \cdot \frac{1}{2}l\cos\theta$$

由转动定律 $M = J\alpha$，得

$$\alpha = \frac{M}{J} = \frac{\frac{1}{2}mgl\cos\theta}{\frac{1}{3}ml^2} = \frac{3g\cos\theta}{2l}$$

又因为

$$\alpha = \frac{\mathrm{d}\omega}{\mathrm{d}t} = \frac{\mathrm{d}\omega}{\mathrm{d}\theta} \cdot \frac{\mathrm{d}\theta}{\mathrm{d}t} = \omega\frac{\mathrm{d}\omega}{\mathrm{d}\theta}$$

所以有

$$\omega\frac{\mathrm{d}\omega}{\mathrm{d}\theta} = \frac{3g\cos\theta}{2l}$$

即

$$\omega\mathrm{d}\omega = \frac{3g\cos\theta}{2l}\mathrm{d}\theta$$

两边积分得

$$\int_0^{\omega}\omega \mathrm{d}\omega = \int_0^{\theta}\frac{3g\cos\theta}{2l}\mathrm{d}\theta$$

可得

$$\omega = \sqrt{\frac{3g\sin\theta}{l}}$$

§3.3 转动中的功与能

刚体受到外力矩作用并绕轴转动时，力矩对刚体做功，做功的结果是使刚体的角速度发生变化，因而其动能也发生相应变化．本节讨论转动中的功能关系．

3.3.1 力矩做功

刚体绕定轴转动时，外力对刚体所做的功可用力矩来表示．如图 3.14 所示，$\boldsymbol{F}$ 是作用在刚体上 P 点的外力，当刚体绕 Oz 轴发生 $\mathrm{d}\theta$ 的角位移时，P 点的位移为 $\mathrm{d}\boldsymbol{r}$，力 $\boldsymbol{F}$ 所做的元功为

$$\mathrm{d}A = F\cos\beta\,|\mathrm{d}\boldsymbol{r}| = F\cos\beta\cdot r\mathrm{d}\theta$$

由于 $F\cos\beta$ 是力 $\boldsymbol{F}$ 沿 $\mathrm{d}\boldsymbol{r}$ 方向的分量，所以 $F\cos\beta\cdot r$ 就是力对转轴的力矩 M，则有

$$\mathrm{d}A = M\mathrm{d}\theta \tag{3.12}$$

即外力对转动刚体所做的元功等于相应的力矩和角位移的乘积.

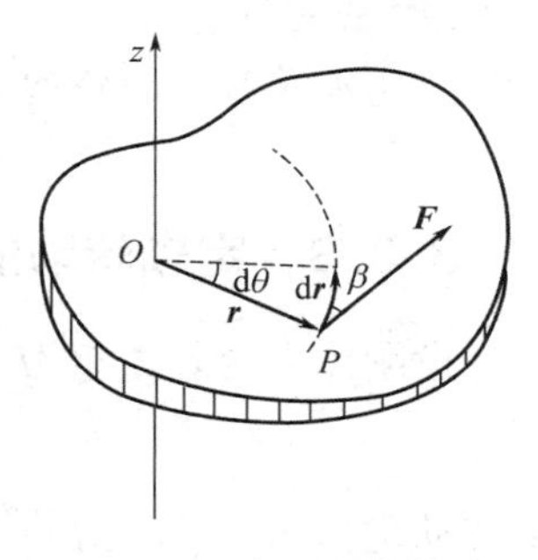

图 3.14 力矩所做的功

刚体在力矩作用下，从角坐标 θ_1 转到 θ_2 时，外力做的功为

$$A = \int_{\theta_1}^{\theta_2} M\mathrm{d}\theta \tag{3.13}$$

以上两式中的功常称为力矩做的功，显然力矩做的功就是把力做的功用描述转动的相关物理量表示出来．如果刚体受到几个力的作用，则上两式中的外力矩应为合外力矩.

3.3.2 刚体的转动动能和重力势能

刚体绕定轴转动时，其上每个质点都绕轴作圆周运动，都具有一定的动能，所有质点的动能之和就是刚体的转动动能．设刚体中第 i 个质点的质量为 Δm_i，到转轴的距离为 r_i，速度为 $\boldsymbol{v}_i$，则该质点的动能为 $\frac{1}{2}\Delta m_i v_i^2$，又 $v_i = r_i\omega$，即整个刚体的动能为

$$E_{\mathrm{k}} = \sum\frac{1}{2}\Delta m_i v_i^2 = \frac{1}{2}\left(\sum\Delta m_i r_i^2\right)\omega^2$$

式中，$\sum\Delta m_i r_i^2$ 正是刚体对转轴的转动惯量 J. 因此，定轴转动刚体的动能可写为

$$E_{\mathrm{k}} = \frac{1}{2}J\omega^2 \tag{3.14}$$

式(3.14)的动能就是刚体的转动动能，可以看出，转动动能与质点的动能在形式上相互对应，转动惯量与质量对应，角速度与速度对应.

如果刚体受到保守力的作用，也可引入势能的概念．例如，在重力场中的刚体就具有一定的重力势能，对于一个不太大的质量为 m 的刚体，它的重力势能应是组成刚体的各个质点的重力势能之和，即

$$E_{\mathrm{p}}=\sum\Delta m_i g h_i=g\sum\Delta m_i h_i$$

根据质心的定义，此刚体质心的高度为

$$h_C=\frac{\sum\Delta m_i h_i}{m}$$

所以上式可写为

$$E_{\mathrm{p}}=mgh_C \tag{3.15}$$

该结果表明，一个不太大的刚体的重力势能与它的质量集中在质心时所具有的重力势能一样.

概念检查3

对于定轴转动刚体的总动能，计算了转动动能，是否还要加上各质元的平动动能？

3.3.3 定轴转动的动能定理

设刚体在合外力矩 M 的作用下，绕定轴转过角位移 $\mathrm{d}\theta$，合外力矩对刚体所做的元功为

$$\mathrm{d}A=M\mathrm{d}\theta$$

由转动定律 $M=J\alpha=J\dfrac{\mathrm{d}\omega}{\mathrm{d}t}$，上式可写为

$$\mathrm{d}A=J\frac{\mathrm{d}\omega}{\mathrm{d}t}\mathrm{d}\theta=J\omega\mathrm{d}\omega$$

若刚体的角速度由 t_1 时刻的 ω_1 变化到 t_2 时刻的 ω_2，则此过程中合外力矩对刚体做的总功为

$$A=\int\mathrm{d}A=\int_{\omega_1}^{\omega_2}J\omega\mathrm{d}\omega$$

即

$$A=\frac{1}{2}J\omega_2^2-\frac{1}{2}J\omega_1^2 \tag{3.16}$$

上式表明，合外力矩对刚体所做的功等于刚体转动动能的增量，这就是刚体定轴转动的动能定理.

对于包括刚体的系统，如果在运动过程中，只有保守内力做功，则该系统的机械能守恒．从形式上看，其和质点系的机械能守恒定律完全相同，但对包括刚体的系统来说，既要考虑质点的动能、重力势能、弹性势能，还要考虑刚体的平动动能、重力势能及转动动能.

例3.7 某冲床利用飞轮的转动动能，通过曲柄连杆机构的传动，带动冲头在铁板上冲孔．已知飞轮为均匀圆盘，其半径 $r=0.4\ \mathrm{m}$，质量 $m=600\ \mathrm{kg}$，正常转速 $n_1=240\ \mathrm{r\cdot min^{-1}}$，冲一次孔转速降低20%．求冲一次孔冲头做的功．

解 以 ω_1、ω_2 分别表示冲孔前、后飞轮的角速度，则

$$\omega_1 = \frac{2\pi n_1}{60} = 8\pi \text{ rad} \cdot \text{s}^{-1}$$

$$\omega_2 = (1 - 0.2)\omega_1 = 0.8\omega_1$$

由式(3.16)，可得冲一次孔铁板阻力对冲头做的功为

$$A = \frac{1}{2}J\omega_2^2 - \frac{1}{2}J\omega_1^2 = \frac{1}{2}J\omega_1^2(0.8^2 - 1)$$

因 $J = \frac{1}{2}mr^2$，代入数据可得

$$A = -5.45 \times 10^3 \text{ J}$$

这是冲一次孔铁板阻力对冲头做的功，它的大小也就是冲一次孔冲头克服此阻力做的功.

例 3.8 如图 3.15 所示，一半径为 R、质量为 M 的圆盘滑轮可绕通过盘心的水平轴转动，滑轮上绕有轻绳，绳的一端悬挂质量为 m 的物体．当物体从静止下降距离 h 时，物体的速度是多少？

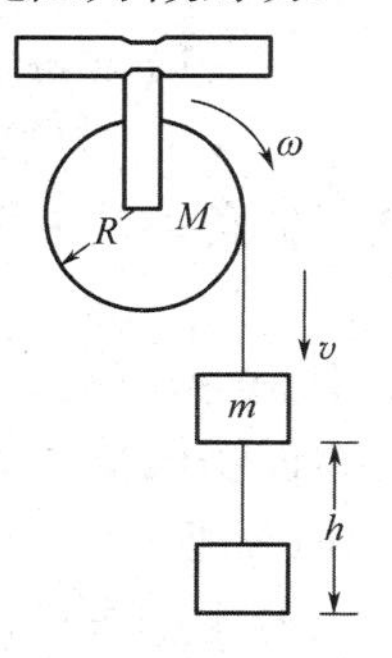

图 3.15　例 3.8 图

解 以滑轮、物体和地球组成的系统为研究对象．由于只有保守内力做功，因此系统的机械能守恒.

设物体开始下降时为初态，下降距离 h 时为末态，并设末态时系统的重力势能为零．初态时，系统的动能为零，重力势能为 mgh；末态时，系统的动能包括滑轮的转动动能和物体的平动动能．由机械能守恒定律，得

$$mgh = \frac{1}{2}J\omega^2 + \frac{1}{2}mv^2$$

滑轮的转动惯量 $J = \frac{1}{2}MR^2$，物体下落速度与滑轮的角速度之间的关系为 $v = R\omega$，由此可解出

$$v = 2\sqrt{\frac{mgh}{M + 2m}}$$

§3.4　角动量　角动量守恒定律

在第 2 章中，研究了力对改变质点运动状态所起的作用，从力对空间的积累效应出发，引出动能定理，从而得出机械能守恒定律；从力对时间的积累效应出发，引出动量定理，从而得出动量守恒定律．对于刚体的定轴转动，可采用同样的研究方法，上一节讨论了力矩对空间的积累效应，得出刚体转动的动能定理；本节讨论力矩对时间的积累效应，得出角动量定理和角动量守恒定律.

在研究质点的平动时，可用质点的动量来描述质点的运动状态．当研究刚体的转动问题，如研究圆盘形匀质飞轮绕通过其中心且垂直于飞轮平面的定轴转动时，可以发现，虽然飞轮在转动，但按质点系动量的定义，其总动量为零．这说明仅用动量来描述物体的机械运动是不够的，为此需要引入另一个物理量——角动量，并讨论角动量所遵从的规律.

3.4.1 质点的角动量和角动量守恒定律

设质量为 m 的质点某一时刻的运动速度为 $\boldsymbol{v}$，该时刻质点相对原点 O 的位矢为 $\boldsymbol{r}$，如图3.16(a)所示，则质点的动量为 $\boldsymbol{p}=m\boldsymbol{v}$.

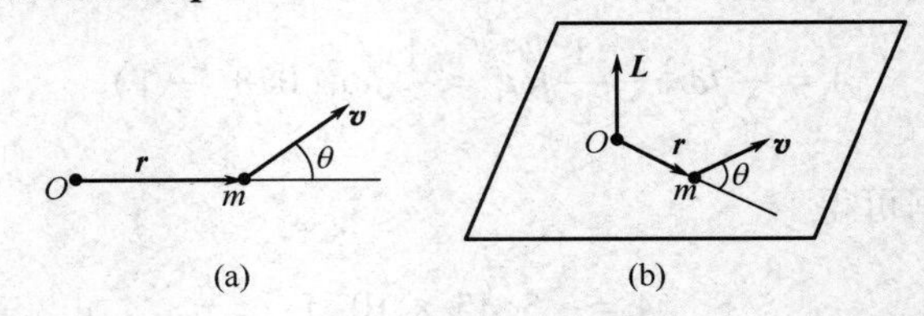

图 3.16 质点的角动量

定义质点 m 相对原点 O 的角动量为

$$\boldsymbol{L}=\boldsymbol{r}\times\boldsymbol{p}=\boldsymbol{r}\times m\boldsymbol{v} \tag{3.17}$$

质点的角动量 $\boldsymbol{L}$ 是一个矢量，其大小为

$$L=rmv\sin\theta \tag{3.18}$$

式中，θ 为位矢 $\boldsymbol{r}$ 与 $\boldsymbol{v}$(或 $\boldsymbol{p}$) 之间的夹角 . $\boldsymbol{L}$ 的方向由右手螺旋法则确定：把右手拇指伸直，其余四指由位矢 $\boldsymbol{r}$ 通过小于 180°的角弯向 $\boldsymbol{v}$(或 $\boldsymbol{p}$)，拇指所指的方向就是 $\boldsymbol{L}$ 的方向，如图3.16(b)所示.

若质点作半径为 r 的圆周运动，如图 3.17 所示，某一时刻质点位于 A 点，速度为 $\boldsymbol{v}$，如以圆心 O 为参考点，那么 $\boldsymbol{r}$ 与 $\boldsymbol{v}$(或 $\boldsymbol{p}$) 总是相互垂直的 . 质点对圆心 O 的角动量 $\boldsymbol{L}$ 的大小为

$$L=rmv=mr^2\omega \tag{3.19}$$

$\boldsymbol{L}$ 的方向平行于 Oz 轴，且与 $\boldsymbol{\omega}$ 的方向相同.

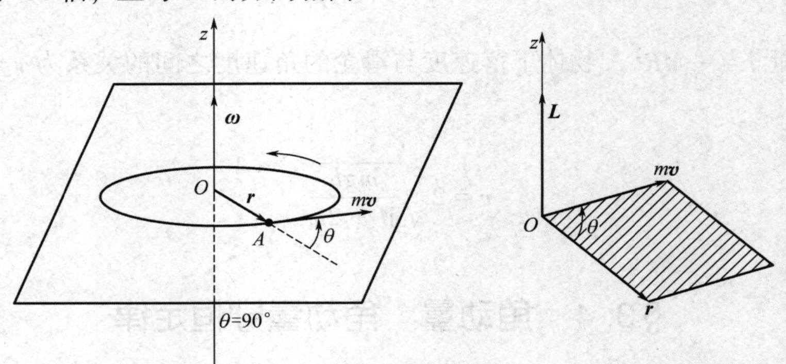

图 3.17 质点作圆周运动的角动量

应当指出，质点的角动量 $\boldsymbol{L}$ 与位矢 $\boldsymbol{r}$ 和动量 $\boldsymbol{p}$ 有关，也就是与参考点 O 的选择有关，因此在表述质点的角动量时，必须指明是对哪一点的角动量 . 在涉及质点的转动问题中，多以转动中心为参考点来表述角动量，所以角动量是描述转动状态的物理量 . 例如，在微观粒子的运动中，不仅有电子绕原子核运动的轨道角动量，还有粒子自旋的角动量等.

国际单位制中，角动量的单位是 $\mathrm{kg\cdot m^2\cdot s^{-1}}$.

根据质点的角动量 $\boldsymbol{L}=\boldsymbol{r}\times m\boldsymbol{v}$，两边对时间求导，得

$$\frac{\mathrm{d}\boldsymbol{L}}{\mathrm{d}t}=\boldsymbol{r}\times\frac{\mathrm{d}}{\mathrm{d}t}(m\boldsymbol{v})+\frac{\mathrm{d}\boldsymbol{r}}{\mathrm{d}t}\times m\boldsymbol{v}$$

因 $\frac{\mathrm{d}\boldsymbol{r}}{\mathrm{d}t}=\boldsymbol{v}$，$\boldsymbol{F}=\frac{\mathrm{d}}{\mathrm{d}t}(m\boldsymbol{v})$，所以上式可写成

$$\frac{\mathrm{d}\boldsymbol{L}}{\mathrm{d}t}=\boldsymbol{r}\times\boldsymbol{F}+\boldsymbol{v}\times m\boldsymbol{v}$$

由矢积的定义，$\boldsymbol{v}\times m\boldsymbol{v}=\boldsymbol{0}$，而 $\boldsymbol{r}\times\boldsymbol{F}=\boldsymbol{M}$，所以

$$\boldsymbol{M}=\frac{\mathrm{d}\boldsymbol{L}}{\mathrm{d}t} \tag{3.20}$$

上式表明，质点所受的合外力矩等于质点角动量对时间的变化率，这就是质点角动量定理的一种形式，其中合外力矩和角动量都是相对同一参考点而言的．式(3.20)与牛顿第二定律 $\boldsymbol{F}=\frac{\mathrm{d}\boldsymbol{p}}{\mathrm{d}t}$ 在形式上是相似的，只是用 $\boldsymbol{M}$ 代替了 $\boldsymbol{F}$，用 $\boldsymbol{L}$ 代替了 $\boldsymbol{p}$.

由式(3.20)，如果质点所受的合外力矩为零，即 $\boldsymbol{M}=\boldsymbol{0}$，则有

$$\boldsymbol{L}=\boldsymbol{r}\times m\boldsymbol{v}=\text{恒矢量} \tag{3.21}$$

这就是说，相对某一参考点，如果质点所受的合外力矩为零，则质点的角动量保持不变，这就是质点的角动量守恒定律.

应当注意，质点角动量守恒的条件是合外力矩 $\boldsymbol{M}=\boldsymbol{0}$，这可能有两种情况：一种是合外力 $\boldsymbol{F}=\boldsymbol{0}$；另一种是合外力 $\boldsymbol{F}$ 虽不为零，但力的作用线通过参考点(这样的力称为有心力，参考点为力心)，致使合力矩为零．质点作匀速率圆周运动就是这样的例子，作用于质点的合力是指向圆心的向心力，故其力矩为零，此时，质点对圆心的角动量是守恒的．不仅如此，只要作用于质点的力是有心力，其对力心的力矩总为零，所以在有心力作用下，质点对力心的角动量都是守恒的．行星绕太阳的运动、卫星绕地球的运动、电子绕原子核的运动等都是在有心力作用下的运动，故角动量都是守恒的.

例 3.9 设一颗人造地球卫星沿椭圆轨道绕地球运动，地心为该椭圆的一个焦点．已知地球半径 $R=6\ 378\ \mathrm{km}$，卫星的近地点到地面的距离 $l_1=439\ \mathrm{km}$，卫星的远地点到地面的距离 $l_2=2\ 384\ \mathrm{km}$(见图 3.18)．若卫星在近地点的速率为 $v_1=8.1\ \mathrm{km\cdot s^{-1}}$，求它在远地点的速率 v_2.

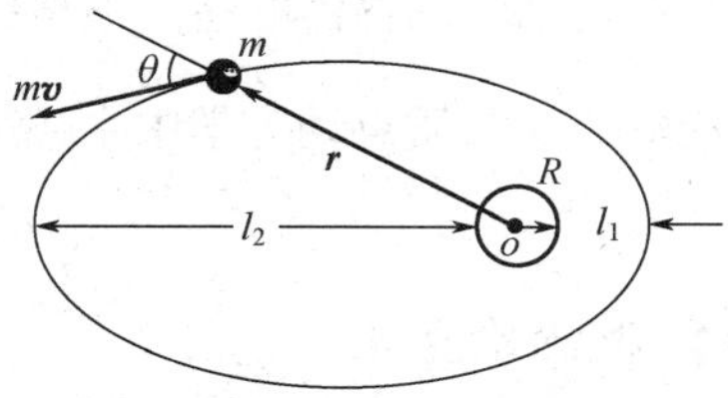

图 3.18 例 3.9 图

解 卫星在绕地球运动的过程中，所受的力主要是地球的万有引力，其他力可略去不计．因此，卫星在运动过程中对地心的角动量守恒，即

$$L=mvr\sin\theta=\text{常量}$$

在近地点和远地点，$\theta=\frac{\pi}{2}$，所以

$$mv_1(R+l_1)=mv_2(R+l_2)$$

由此得

$$v_2=\frac{R+l_1}{R+l_2}v_1=\frac{6\ 378+439}{6\ 378+2\ 384}\times 8.1\ \mathrm{km\cdot s^{-1}}=6.3\ \mathrm{km\cdot s^{-1}}$$

3.4.2 刚体的角动量和角动量守恒定律

前面介绍了质点的角动量概念，下面把这一概念扩展到刚体绕定轴转动的情形.

如图 3.19 所示，刚体绕 Oz 轴以角速度 ω 转动，刚体上每一质点都以相同的角速度 ω 绕 Oz 轴作圆周运动．设刚体中第 i 个质点的质量为 Δm_i，到 Oz 轴的距离为 r_i，则该质点的角动量为 $\Delta m_i r_i^2\omega$，刚体对 Oz 轴的角动量为刚体内所有质点对 Oz 轴的角动量之和：

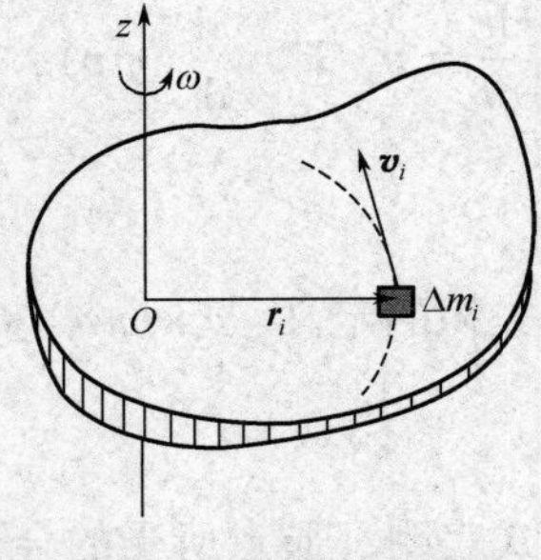

图 3.19　刚体的角动量

$$L = \sum \Delta m_i r_i^2\omega = \left(\sum \Delta m_i r_i^2\right)\omega$$

式中，$\sum \Delta m_i r_i^2$ 为刚体对 Oz 轴的转动惯量 J. 于是刚体对 Oz 轴的角动量为

$$L = J\omega$$

其矢量式为

$$\boldsymbol{L} = J\boldsymbol{\omega} \tag{3.22}$$

即刚体对转轴的角动量等于其转动惯量与角速度的乘积.

根据转动定律，刚体所受的合外力矩与角加速度的关系为

$$\boldsymbol{M} = J\boldsymbol{\alpha} = J\frac{\mathrm{d}\boldsymbol{\omega}}{\mathrm{d}t}$$

由刚体角动量表示式(3.22)，转动定律可表示为

$$\boldsymbol{M} = \frac{\mathrm{d}}{\mathrm{d}t}(J\boldsymbol{\omega}) = \frac{\mathrm{d}\boldsymbol{L}}{\mathrm{d}t} \tag{3.23}$$

上式表明，刚体绕定轴转动时，作用于刚体的合外力矩等于刚体绕此定轴的角动量对时间的变化率．这也是刚体角动量定理的一种形式.

与转动定律式(3.9)相比，式(3.23)是转动定律的另一种表达方式，其适用范围更加广泛．在定轴转动物体的转动惯量因内力作用而发生变化时，式(3.9)已不适用，但式(3.23)仍然成立．这与质点动力学中牛顿第二定律的表达式 $\boldsymbol{F} = \frac{\mathrm{d}\boldsymbol{p}}{\mathrm{d}t}$ 较之 $\boldsymbol{F} = m\boldsymbol{a}$ 更普遍的意义是一样的.

概念检查 4

时钟的指针是长方形薄片，分针细长，时针短粗，但质量相同，试比较两者角动量的大小.

在很多问题中都会遇到有关绕定轴转动物体的角动量随时间变化的问题，可应用绕定轴转动的角动量定理来解决．设一转动惯量为 J 的刚体绕定轴转动，在合外力矩 M 作用下，在 $\Delta t = t_2 - t_1$ 时间内，其角速度由 ω_1 变为 ω_2，由于刚体绕定轴转动，其角速度、角动量、力矩的方向均在转轴所在直线上，可用正、负表示它们的方向，故去掉了矢量符号．由式(3.23)积分得

$$\int_{t_1}^{t_2} M\mathrm{d}t = \int_{L_1}^{L_2}\mathrm{d}L = L_2 - L_1 = J\omega_2 - J\omega_1 \tag{3.24}$$

式中，$\int_{t_1}^{t_2} M\mathrm{d}t$ 是外力矩与作用时间的乘积，叫作力矩对定轴的冲量矩，又叫角冲量．上式表明，刚体绕定轴转动时，作用于刚体上的合外力矩的冲量矩等于刚体角动量的增量，这一结

论叫作角动量定理．它与质点的角动量定理在形式上完全一样．

由式(3.24)可知，当合外力矩 M 为零时，可得

$$J\omega = 恒量 \tag{3.25}$$

这就是说，如果物体所受的合外力矩为零，或不受外力矩的作用，物体的角动量保持不变，这一结论就是角动量守恒定律．

必须指出，上面在导出角动量守恒定律的过程中虽然受到刚体、定轴等条件的限制，但它的适用范围非常广泛．

(1)角动量守恒定律不仅适用于刚体，可以证明，该定律对非刚体同样适用．对于转动惯量可以变化的非刚体，当合外力矩 $M=0$ 时，可得

$$J_1\omega_1 = J_2\omega_2$$

即当转动惯量变化时，其旋转角速度也随之变化，以使二者的乘积 $J\omega$ 保持不变．当 J 减小时，ω 增大；当 J 增大时，ω 减小．利用改变转动惯量来达到改变旋转角速度的例子很多，如花样滑冰运动员在做旋转动作时，往往先把两臂张开旋转，然后迅速收拢两臂靠近身体，使自己对身体中心轴的转动惯量迅速减小，从而使旋转速度增大．

(2)角动量守恒定律也适用于多个物体组成的系统，只要其对某点或某轴的合外力矩为零，系统对该点或该轴的角动量就守恒．

(3)角动量守恒定律对天体的运动及微观粒子的运动同样适用．

角动量守恒定律、动量守恒定律与能量守恒定律都是自然界的普遍规律．虽然它们都是在不同的理想化条件下，在经典的牛顿运动定律的基础上导出的，但适用范围远远超出了原有条件的限制．它们不仅适用于经典力学所研究的宏观、低速(远小于光速)领域，而且适用于经典力学失效的微观、高速(接近光速)领域．这三条守恒定律是比牛顿运动定律更基本、更普遍的物理定律．

例 3.10　工程上，两飞轮常采用摩擦离合器使它们以相同的转速一起转动，如图 3.20 所示，A 和 B 两飞轮的轴杆在同一中心线上，A 轮对转轴的转动惯量为 $J_A = 10\ \text{kg}\cdot\text{m}^2$，B 轮对转轴的转动惯量为 $J_B = 20\ \text{kg}\cdot\text{m}^2$．开始时 A 轮的转速为 $600\ \text{r}\cdot\text{min}^{-1}$，B 轮静止，C 为摩擦离合器．求两轮离合后的转速；在离合过程中，两轮的机械能有何变化？

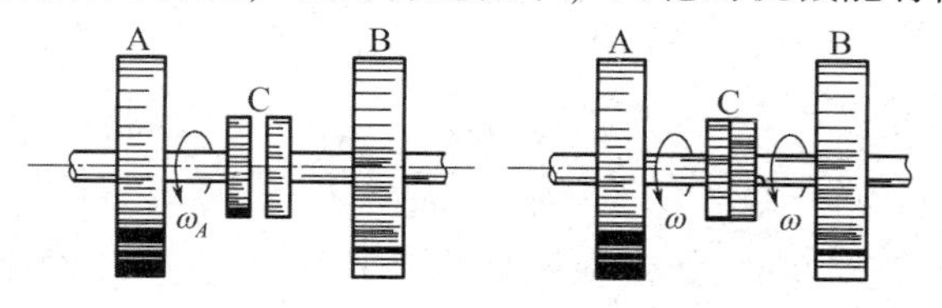

图 3.20　例 3.10 图

解　把飞轮 A、B 和离合器 C 作为一个系统来考虑，在离合过程中，系统受到轴的正压力和离合器间的切向摩擦力，前者对转轴的力矩为零，后者为系统的内力矩．因此，系统受到的合外力矩为零，系统的角动量守恒，则有

$$J_A\omega_A + J_B\omega_B = (J_A + J_B)\omega$$

ω 为两轮离合后共同转动的角速度，于是

$$\omega = \frac{J_A\omega_A + J_B\omega_B}{J_A + J_B}$$

把各数据代入，得

$$\omega = 20.9\ \mathrm{rad \cdot s^{-1}}$$

或共同转速为

$$n = 200\ \mathrm{r \cdot min^{-1}}$$

在离合过程中，摩擦力矩做功，所以机械能不守恒，部分机械能转化为热能，损失的机械能为

$$\Delta E = \frac{1}{2}J_A\omega_A^2 + \frac{1}{2}J_B\omega_B^2 - \frac{1}{2}(J_A + J_B)\omega^2 = 1.32 \times 10^4\ \mathrm{J}$$

例 3.11 长为 l、质量为 M 的匀质细杆，一端悬挂，其可绕通过 O 点垂直于纸面的轴转动．杆由水平位置静止落下，在竖直位置处与质量为 m 的物体 A 发生完全非弹性碰撞，如图 3.21 所示．若 A 以碰撞后获得的速度沿摩擦因数为 μ 的水平面滑动，则 A 能滑出多远的距离？

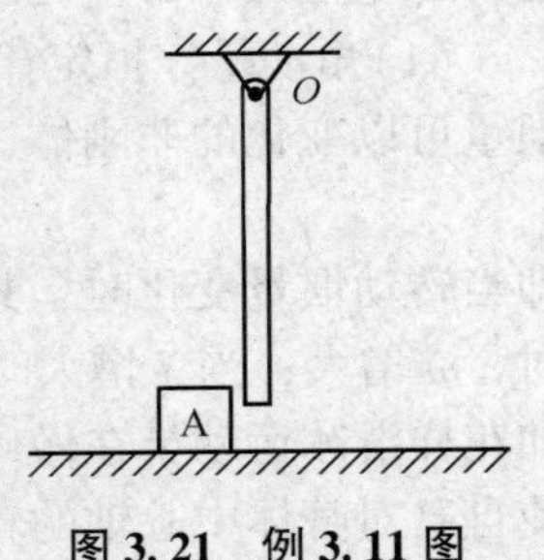

图 3.21 例 3.11 图

解 该问题可分为三个阶段分析求解．杆自水平位置落到竖直位置，与 A 碰撞前为第一阶段；杆与 A 的碰撞过程为第二阶段；A 沿水平面滑动的过程为第三阶段．

第一阶段取杆为研究对象．杆受重力及悬挂轴的作用力．设杆与 A 碰前的角速度为 ω，由机械能守恒定律，得

$$Mg\frac{l}{2} = \frac{1}{2}J\omega^2$$

杆对转轴 O 的转动惯量为 $J = \frac{1}{3}Ml^2$，所以

$$\omega = \sqrt{\frac{3g}{l}}$$

第二阶段取杆和 A 组成的系统为研究对象．碰撞过程中，系统相对转轴 O 受到的外力矩为零，故系统的角动量守恒．设碰撞后杆的角速度为 ω'，则

$$J\omega = J\omega' + ml^2\omega'$$

代入 J，可解得

$$\omega' = \frac{M}{M + 3m}\sqrt{\frac{3g}{l}}$$

第三阶段取 A 为研究对象．设 A 在摩擦力作用下可滑过 S 的距离，由质点的动能定理，得

$$-\mu mg\mathrm{S} = 0 - \frac{1}{2}m\,(l\omega')^2$$

$$\mathrm{S} = \frac{3lM^2}{2\mu\,(M + 3m)^2}$$

概念检查答案

1. 不能.
2. 不一定相同；若两刚体的形状不同，质量分布不同，则它们的转动惯量也不同.

3. 不必．对于定轴转动的刚体，各质元的平动动能之和是转动动能．

4. 分针的角动量较大．

思考题

思考题解答

3.1 两个大小相同、质量相同的轮子，一个轮子的质量均匀分布，另一个轮子的质量主要集中在轮子边缘，两轮绕通过轮心且垂直于轮面的轴转动．问：

(1)如果作用在它们上面的外力矩相同，哪个轮子转动的角加速度较大？

(2)如果它们的角加速度相同，哪个轮子受到的外力矩大？

(3)如果它们的角动量相等，哪个轮子转得快？

3.2 作匀速率圆周运动的质点，对于圆周上的某一定点，它的角动量是否守恒？对于通过圆心并与圆平面垂直的轴上的任一点，它的角动量是否守恒？对于哪一个定点，它的角动量守恒？

3.3 航天员悬浮在飞船舱内时，不触碰舱壁，如用右脚顺时针划圈，身体就会向左转；如两臂平举在竖直面内向后划圈，身体就会向前转．这是什么原因？

习题

3.1 关于刚体对轴的转动惯量，下列说法正确的是(　　)．

(A)仅与刚体的质量有关

(B)与刚体的质量和形状有关

(C)取决于刚体的质量和质量相对轴的分布

(D)取决于刚体的质量及轴的位置

3.2 几个力同时作用在一个有固定转轴的刚体上，如果这几个力的矢量和为零，则此刚体(　　)．

(A)必不会转动　　(B)转速必不变

(C)转速必改变　　(D)转速可能变，也可能不变

3.3 半径均为 R 的匀质圆盘和圆环，质量都为 m，绕通过圆心且垂直于圆平面的轴转动，在相同力矩的作用下，获得的角加速度分别是 α_1、α_2，则(　　)．

(A) $\alpha_1=\alpha_2$　　(B) $\alpha_1>\alpha_2$

(C) $\alpha_1<\alpha_2$　　(D)无法确定

3.4 质点作匀速率圆周运动时，(　　)．

(A)它的动量不变，对圆心的角动量也不变

(B)它的动量不变，对圆心的角动量不断变化

(C)它的动量不断改变，对圆心的角动量不变

(D)它的动量不断改变，对圆心的角动量也不断改变

3.5 人造地球卫星绕地球作椭圆运动(地球在椭圆的一个焦点上)，则卫星的(　　)．

(A)动量守恒，角动量不守恒　　(B)动量守恒，角动量守恒

(C)动量不守恒，角动量不守恒　　　　(D)动量不守恒，角动量守恒

3.6　如习题3.6图所示，一转盘绕固定水平轴O匀速转动，沿同一水平直线从相反方向射入两颗质量相同、速率相等的子弹，并留于盘中，则子弹射入后的瞬时转盘的角速度(　　).

(A)增大　　　(B)减小　　　(C)不变　　　(D)无法确定

3.7　一飞轮作匀减速运动，在5 s内角速度由$40\pi\ \mathrm{rad\cdot s^{-1}}$减至$10\pi\ \mathrm{rad\cdot s^{-1}}$，则角加速度为____________ $\mathrm{rad\cdot s^{-2}}$，该飞轮在这5 s内总共转过了____________圈.

3.8　如习题3.8图所示，P、Q、R、S是附于刚性轻质细杆上的四个质点，质量分别为$4m$、$3m$、$2m$和m，其中$|PQ|=|QR|=|RS|=l$，则这四个质点组成的系统对OO'轴的转动惯量为____________.

习题3.6图　　　　　　　　习题3.8图

3.9　长为L、质量为m的匀质细杆，以角速度ω绕通过杆端且垂直于杆的轴转动，细杆相对转轴的转动动能为____________，角动量大小为____________.

3.10　飞轮以角速度ω_0绕光滑固定轴旋转，飞轮对转轴的转动惯量为J_0，另一对转轴的转动惯量为$2J_0$的静止飞轮突然和上述转动的飞轮啮合在一起，它们绕同一转轴转动，则啮合后整个系统的角速度为____________.

3.11　电风扇关闭电源后扇叶以初角速度ω_0绕轴转动，空气的阻力矩与角速度成正比，比例系数为k. 若扇叶对转轴的转动惯量为J，求：(1)经多长时间扇叶的角速度减少为初角速度的一半？(2)在此期间扇叶共转过多少圈？

3.12　质量分别为m_1、m_2的两物体A、B悬挂在如习题3.12图所示的组合轮两端．设两轮的半径分别为R和r，两轮对转轴的转动惯量分别为J_1和J_2，轮与轴承间、绳与轮间的摩擦力均不计，绳的质量也不计．求两物体的加速度和绳的张力.

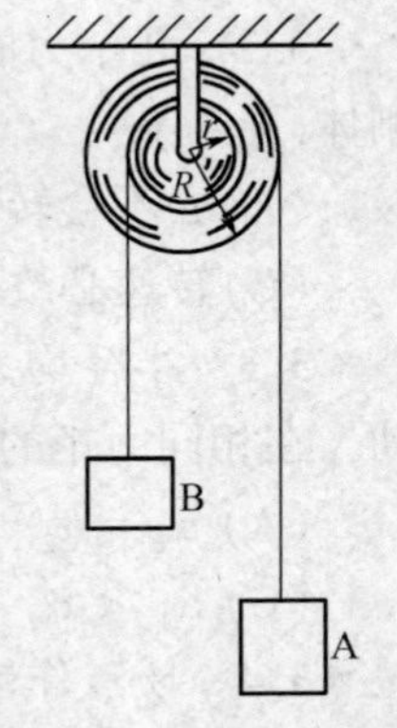

习题3.12图

3.13　一半径为R、质量为m的匀质圆盘，平放在一水平板上以角速度ω绕其中心轴转动，圆盘与板表面的摩擦因数为μ. (1)求圆盘所受的摩擦力矩；(2)经过多少时间后，圆盘才停止转动？

3.14　质量为0.50 kg、长为0.4 m的均匀细棒，可绕垂直于棒的一端的水平轴转动．如将此棒放在水平位置，然后任其落下，求：(1)当棒转过60°时的角加速度和角速度；(2)棒下落到竖直位置时的动能；(3)棒下落到竖直位置时的角速度.

3.15　如习题3.15图所示，质量为m、长为l的细棒，可绕通过棒中心且与棒垂直的竖直光滑轴O在水平面内自由转动，棒对轴O的转动惯量$J=ml^2/12$. 开始时棒静止，现有一质量也为m的子弹，在水平面内以速率v_0垂直射入棒端．(1)若子弹嵌于棒中，求棒的角速度；(2)若子弹沿射入方向穿出，且穿出时速率减半，再求棒的角速度.

3.16 如习题3.16图所示，质量为m_1、长为L的均匀细棒可绕垂直于棒的一端的水平轴无摩擦地转动，它原来静止在平衡位置上，现有一质量为m_2的弹性小球飞来与棒下端垂直发生完全弹性碰撞，使棒转至最大角度$\theta=30°$处，求小球的初速率v_0.

3.17 如习题3.17图所示，一质量为m的小球系于轻绳的一端，以角速度ω_0在光滑水平面内作半径为r_0的圆周运动．若绳的另一端穿过中心小孔后受一竖直向下的拉力，使小球作圆周运动的半径减小到$r_0/2$，试求：(1)小球此时的速率；(2)拉力在此过程中做的功.

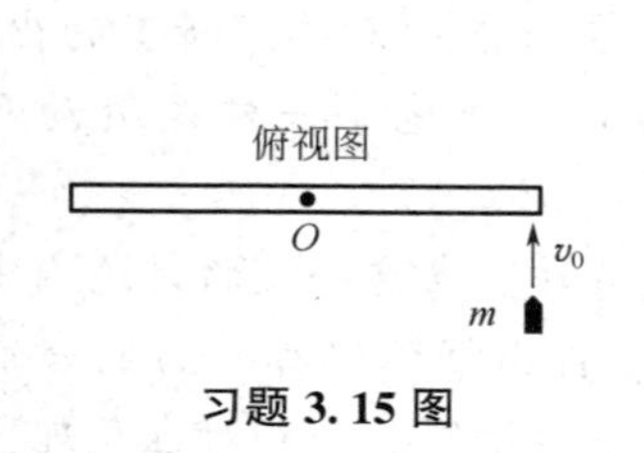

习题3.15图

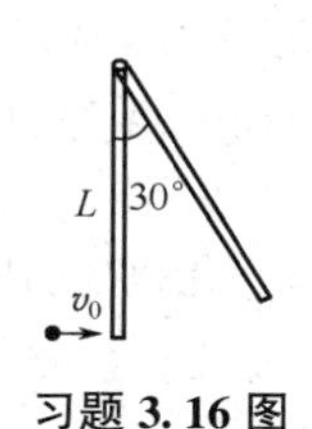

习题3.16图

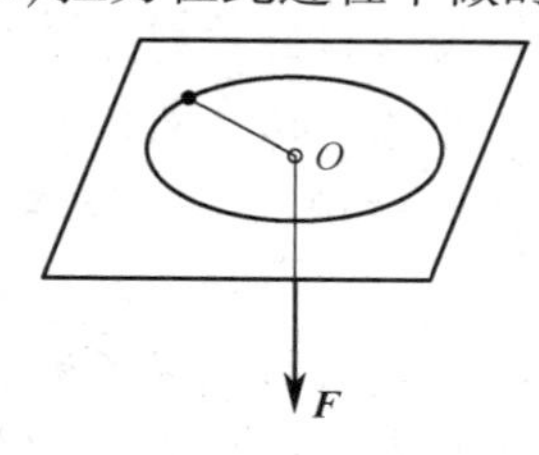

习题3.17图

学习与拓展

物理与人文

伽利略的新物理学

伽利略·伽利莱(Galileo Galilei，1564—1642)，意大利数学家、天文学家、物理学家、哲学家，是第一位在科学实验的基础上融会贯通了数学、天文学、物理学三门科学的科学巨人。他与牛顿一先一后“联手打造”了近代科学，在人类思想解放和文明发展的历程中做出了划时代的贡献。

16世纪，由哥白尼点燃的科学革命烽火燃遍了整个欧洲，一个近代自然科学全面奠基的时期开始了。从伽利略于1586年发表他的第一篇成名作《液体静力秤》起，至牛顿1687年发现万有引力定律止的一个世纪，自然科学以神奇的速度迅猛发展，最突出的是以力学为中心的实验科学的兴起。而在近代科学的开创者行列里，伽利略最为醒目，正是他的工作将近代物理学乃至近代科学引上了历史的舞台。

古希腊在物理学方面有两大学派，一派以哲学家亚里士多德为代表，另一派则以自然科学家阿基米德为代表。两人皆是古希腊著名的学者，但由于两人的观点和方法不同，故其科学结论各异，且形成了鲜明的对立。亚里士多德学派的观点主要是凭主观思考和纯推理方法得出结论。而阿基米德学派的观点基本是依靠科学实践方法得出结论。从11世纪起，在基督教会的扶持下，亚里士多德的著作得到了经院哲学家的重视，奉之为经典。而伽利略循着阿基米德的足迹，进行观察、实验，把具体的事物化为抽象的数学关系，从中推导出对事物简单、概括的数学描述。

1632年，伽利略在佛罗伦萨出版了他的名著《关于托勒密和哥白尼的两大世界体系的对话》(以下简称《对话》)。书中采用对话的方式阐述了他对亚里士多德-托勒密学说和哥白尼学说的见解，批判了亚里士多德-托勒密的地心说和宗教唯心主义的世界观。该著作集中了伽利略的研究成果，是近代科学史上的三部最伟大的杰作之一(另两部是哥白尼的《天体运行论》和牛顿的《自然哲学的数学原理》)。

《对话》一书采用的形式是3个人在4天中的对话，像一出4幕戏剧。其中萨维亚蒂代表的就是伽利略，阐述伽利略的观点，沙格雷多是一个接受新事物能力强的年轻人，辛普利西是一个亚里士多德学派哲学家。采用对话形式撰写这部著作的原因：一是这种形式一直很流行(如柏拉图的《对话》和后来的《十日谈》)，易被读者接受；二是伽利略认为这种形式较为活泼，不受数学定律的严格约束，易于表达；三是在当时的形势下，伽利略希望谨慎行事，不过多地直接表态，采用对话形式可以给自己留下必要时进行辩护的余地，因为可以认为这些观点不是自己的，而是这些虚构人物的。

第一天对话的主题是批驳亚里士多德学派关于“天地不变”和“天地之间有根本区别”的经院哲学观点，认为天体和地球一样都是运动变化的。伽利略在对话中列举了新星的出现、彗星的生长和陨灭、太阳黑子的产生和消失等事实，证明了天体和地球一样是运动和变化的。

第二天的对话反驳了地球不动的观点，证明了地球在绕轴自转。在这一天的讨论内容里伽利略集中展示了他在力学领域的研究成果，包括惯性定律、自由落体定律、力的合成定律、单摆、相对性原理等，是这部巨著的核心。下面，摘取其中讨论惯性、相对性原理、落体运动等内容的精彩片断。

萨维亚蒂：……我们接下来讨论另一个命题，即认为地球就其整体而言可能是固定的，完全不动的，……辛普利西和亚里士多德一样，决心站在地球不动说一面，他应当把他采取这种看法的理由讲出来，而我则从相反的方面来回答并举出论据。

辛普利西：……每一片飘飘荡荡落下的秋叶，都是地球静止不动的论据，如果地球真的向东方高速转动，落叶就会全部散落在树的西边；还有，向西射击的大炮会不会比向东射击的炮火射得更远？鸟儿会不会在半空中迷失了方向？……

萨维亚蒂：让我们这样来考虑问题，就是任何可以归之于地球本身的运动，必然是我们觉察不到的，就好像不存在一样；因为作为地球上的居民，我们也同样运动着．这种运动必然普遍地显示在一切物体上面．因此要考察地球的运动，真正的方法就是观察和考虑那些和地球分离的天体的运动迹象……

以上伽利略用生动的语言论证了惯性运动，反驳了地球不动的观点。接下来，伽利略第一次表述了惯性系和相对性原理的思想。

萨维亚蒂：……你和一些朋友在一条大船甲板下的主舱里，让你们带几只苍蝇、蝴蝶和其他小飞虫。舱内大水碗中有几条鱼。舱顶挂一水瓶，水一滴一滴地滴到下面的一个罐里。船静止不动时，你会发现，小虫都以相等的速度向舱内各个方向飞行，鱼向各个方向随便游动，水滴滴进下面的罐子中。你把任何东西扔给你的朋友时，只要距离相等，向各个方向扔所用的力相同，你双脚齐跳，向各个方向跳过的距离一样远。在仔细观察这些事情后，现在船以任一速度前进，只要运动是匀速的，你将发现，所有上述现象丝毫没有变化，你也无法由其中任何一个现象来确定，船是在运动还是停着不动。即使船运动得相当快，在跳跃时，你将和以前一样，在甲板上跳过相同的距离，你跳向船尾也不会比跳向船头来得远……，水滴将像先前一样，滴进下面的罐子，一滴也不会滴向船尾……，鱼在水中游向碗前部所用的力，不比游向碗后部来得大……，最后蝴蝶和苍蝇将继续随便地到处飞行，它们也绝不会向船尾集中……，如果点香冒烟，则将看到烟像一朵云一样向上升起，不向任何一边移动。所有这些一致的现象，其原因在于船的运动是船上一切事物所共有的。

以上这段描述集中反映了伽利略的相对性原理思想。他生动地叙述了大船内的一些力学

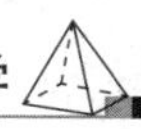

现象，并且指出船以任何速度匀速前进时这些现象都一样地进行，从而无法根据它们来判断所在的参考系的运动。他又进一步以作匀速直线运动的船舱中物体运动规律不变的著名论述，提出惯性系的概念，在惯性系中，所有力学实验的结果完全一样。这一原理被爱因斯坦称为伽利略相对性原理，是狭义相对论的先导，后来被爱因斯坦发展为相对性原理而成了狭义相对论的基本假设之一。

再来看落体运动的讨论。

萨维亚蒂：……总之，这等于说，物体从静止开始所经过的距离同所经过的时间的平方成正比……

沙格雷多：这个论断有没有数学证明呢？

萨维亚蒂：纯粹由数学证明得到，而且不仅证明了这一点，还证明了抛物体的许多其他属性……

……

萨维亚蒂：这根本没有关系，因为一磅重的铁球和十磅重、一百磅重或一千磅重的铁球，都以同样的时间从一百码的高度落到地面。

辛普利西：啊，这我不信，亚里士多德也不信，他在书里说过，落体的速度是和它的质量成正比的。

萨维亚蒂：……最好设想一个三角形来表达我的意思，由于重物天然坠落时的加速是时时刻刻地在增加着……

这部分伽利略反驳了亚里士多德关于落体的速度依赖于其质量的观点，他讨论了匀速运动和加速运动，讨论了自由落体运动的规律。

《对话》总结了伽利略长期科研实践中的各种科学发现，清晰、全面而且有说服力地阐述了对哥白尼学说的支持和对亚里士多德自然哲学的反对，形成了对哥白尼体系的强有力证明，宣告了托勒密地心说理论的破产，从根本上动摇了教会的最高权威。这部著作一经出版便引起轩然大波，遭到了罗马教会的反对，伽利略因此受到了长期的监禁。据传伽利略在1633年7月被押解到锡耶纳的监狱时，这位已69岁的老者从囚车上慢慢跨下地来，颤巍巍地弯下腰以手指触地，喃喃地说：“Eppur si Muove(唔，它还在动)。”

而伽利略验证一切物体以相同的规律下落已成为物理学的经典实验之一，1971年，当“阿波罗15号”宇航员斯科特踏上月球表面，他在电视镜头面前重复了这个实验，一根羽毛和一柄锤子同时落下，随后斯科特激动地说，如果没有伽利略的发现，他就不可能到达他正站着的那个地方。

除了具体的研究成果，伽利略还在研究方法上为近代物理学的发展开辟了道路，伽利略对物理规律的论证非常严格，他创立了对物理现象进行实验研究并把实验的方法与数学方法、逻辑论证相结合的科学研究方法，给后人留下了极为宝贵的精神财富。爱因斯坦说：“纯粹的逻辑思维不能使我们得到有关经验世界的任何知识，所有真实的知识都是从经验开始，又归结于经验……正是由于伽利略看清了这一点，特别是因为他将此引入科学界，他成了近代物理学之父——实际上，也是整个近代科学之父。”

第二篇　热学

热学是研究物质热运动的规律及其应用的学科，它涉及热运动对物质宏观性质和物态转变的影响，以及热运动与物质其他运动形式之间相互转化等范围的问题．热学理论不仅应用于物理学的各个领域，而且广泛应用于化学、气象学、天体物理学、近代电子学等自然科学领域，是具有普遍意义的基础理论．

按照研究的方法不同，热学形成了它的微观理论和宏观理论．研究物质热运动的微观理论是统计物理，它从物质的微观结构出发，以分子所遵循的力学规律为基础，用统计方法找出宏观量和微观量之间的关系，从而揭示热现象的微观本质．研究物质热运动的宏观理论是热力学．它不考虑分子的微观运动，而是以实验事实为基础，总结出自然界有关热现象的一些基本规律，从宏观上来研究热运动的过程及过程进行的方向．

由此可见，统计物理和热力学所研究的对象虽然相同，但两者采用的方法不同．统计物理的理论经热力学的研究而得到验证；而热力学所研究的物质的宏观性质，经统计物理的分析，才能了解其本质．因此两者不可偏废，它们相互补充，使我们对物质热运动的规律及其应用能够更深入地了解和掌握．

本篇以最简单的热力学系统——气体为研究对象，阐述气体动理论和热力学的基本概念和基本方法，其中气体动理论是统计物理中最基本、最简单的内容．本篇共有两章，第4章介绍气体动理论，第5章介绍热力学基础．

第 4 章 气体动理论

本章从气体分子热运动出发，运用统计的方法来研究大量气体分子热运动的规律，并对理想气体的热学性质给予微观说明．主要内容有：气体动理论的基本概念，理想气体温度和压强的微观解释，能量均分定理和理想气体的内能，麦克斯韦速率分布律，分子的平均自由程、平均碰撞频率等．

思维导图

§4.1 理想气体及其状态描述

在热学中，把所研究的物体或物体系称为热力学系统，简称系统，对热力学系统能够产生相互作用的其他物体则称为外界．例如，研究发动机气缸中的气体变化时，气体就是系统，而气缸壁、活塞，以及发动机的其他部分等就是外界．

要研究一个系统的性质及其变化规律，首先要对系统的状态加以描述．对系统的状态从整体上加以描述的方法称为宏观描述，所用的表征系统状态的物理量称为宏观量，如体积、压强、温度、浓度等．宏观量可以直接用仪器测量，而且一般能被人的感官所察觉．由于任何宏观物体都是由大量分子、原子等微观粒子所组成的，因此可以通过对微观粒子状态的说明来对系统的状态加以描述，这种方法称为微观描述．描述微观粒子运动状态的物理量叫微观量，如分子的质量、速度、位置等，微观量不能被人的感官直接察觉，一般也不能直接测量．

4.1.1 平衡态 状态参量

对一封闭系统而言，在经过相当长的时间后，达到一个确定的状态，此时系统的宏观性质将不随时间变化，系统所处的这种状态称为平衡状态，简称平衡态．实际上，系统不可能完全不受外界的影响，也不可能与外界完全不发生能量交换，因此，平衡态只是在一定条件下，从实际情况中抽象出来的理想情况．并且，系统处于热学中的平衡态时，虽然其宏观性质不随时间而变，但从微观上看，组成系统的分子、原子仍在不停地作热运动．因此，这是一种所谓的“热动平衡”．

处于平衡态的热力学系统，其宏观性质稳定不变．因此，可以选择一些物理量来描述系统的宏观状态．这些描述状态的变量，叫作状态参量．对于一定质量的气体，其宏观状态的特征可用体积 V、压强 p、温度 T 三个宏观量来描述．

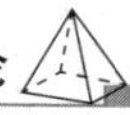

气体的体积，指分子作无规则热运动所能达到的空间，对于处于容器中的气体，容器的容积就是气体的体积，体积用符号 V 表示．在国际单位制中，体积的单位是 m^3，也可用较小的单位，如升(L)，$1\ L=10^{-3}\ m^3$，更小的还有 cm^3 等.

气体的压强是指气体作用于容器壁单位面积上的垂直作用力，它是大量气体分子对器壁碰撞产生的宏观效果．压强的符号用 p 表示．在国际单位制中，压强的单位是帕斯卡(Pa)，$1\ Pa=1\ N\cdot m^{-2}$. 此外在实际中，常用的压强单位还有 mmHg，1 mmHg=133.3 Pa.

温度的本质与物质分子的运动密切相关，温度不同反映物质内部分子运动的剧烈程度不同．在宏观上，简单地说，用温度表示物体的冷热程度，并规定较热的物体有较高的温度．温度的分度方法即温标，在国际单位制中，热力学温标为基本温标，其温度称为热力学温度，它是国际单位制中的一个基本物理量，用 T 表示，单位是开尔文(K)．另一个常用温标是摄氏温标，其温度称为摄氏温度，用 t 表示，单位是℃．摄氏温度与热力学温度的关系是

$$T = 273.15 + t$$

4.1.2　理想气体的状态方程

实验事实表明，表征气体平衡态的三个参量 p、V、T 之间不是相互独立的，存在着一定的关系，把这种关系式称为理想气体的状态方程．对于一般气体，在压强不太大(与大气压比较)和温度不太低(与室温比较)的实验范围内，遵守玻意耳-马略特定律、盖-吕萨克定律和查理定律．可以设想这样一种气体，它能在任何情况下绝对遵守上述三条实验定律，这种气体称为理想气体．实际上理想气体是不存在的，它只是气体在某种条件下共性的抽象概念，是一种理想的模型．对于氮、氧、氢、氦等较难液化的气体，在常温下可近似地用理想气体的模型来概括实际气体的性质．理想气体的状态方程，可从三条实验定律中导出，当质量为 M、摩尔质量为 M_{mol} 的理想气体处于平衡态时，它的状态方程为

$$pV = \frac{M}{M_{mol}}RT \tag{4.1}$$

式中，R 为普适气体常量．在国际单位制中，$R = 8.31\ J\cdot mol^{-1}\cdot K^{-1}$.

例 4.1　容器内装有质量为 0.10 kg 的氧气，压强为 10×10^5 Pa，温度为 47 ℃．因为容器漏气，经过若干时间后，压强降到原来的 5/8，温度降到 27 ℃．问容器的容积有多大？漏去了多少氧气？(将氧气看作理想气体)

解　(1)根据理想气体的状态方程 $pV = \frac{M}{M_{mol}}RT$，求得容器的容积 V 为

$$V=\frac{MRT}{M_{mol}p}=\frac{0.10\times8.31\times(273.15+47)}{0.032\times10\times10^5}\ m^3 = 8.31\times10^{-3}\ m^3$$

(2)设漏气若干时间之后，压强减小到 p'，温度降到 T'．如果用 M' 表示容器中剩余的氧气的质量，由状态方程求得

$$M'=\frac{M_{mol}p'V}{RT'}=\frac{0.032\times\frac{5}{8}\times10\times10^5\times8.31\times10^{-3}}{8.31\times(273.15+27)}\ kg = 6.67\times10^{-2}\ kg$$

所以漏去的氧气的质量为

$$\Delta M = M - M' = (0.10 - 6.67 \times 10^{-2})\text{kg} = 3.33 \times 10^{-2}\ \text{kg}$$

§4.2　理想气体的压强和温度

4.2.1　分子热运动的统计规律

气体动理论是从物质的微观结构出发来阐述宏观热现象的实质的，根据大量实验事实，对物质的微观结构模型概括如下.

(1)宏观物体是由大量分子(或原子)组成的，分子线度约为 10^{-10} m 数量级，质量也很小. 实验表明，组成物质的分子之间存在一定的间隙. 很多现代仪器可以观察或测量分子或原子的大小和它们的排布，如电子显微镜、扫描隧道显微镜、原子力显微镜等.

(2)分子在不停地作无规则运动，剧烈程度与物体的温度有关.

(3)分子之间存在相互作用力，既有引力，也有斥力，称为分子力. 分子只有相互接近到一定距离(约 10^{-9} m)时引力才会出现，而斥力出现的距离还要小. 图 4.1 所示为分子力与分子间距离 r 的关系. 当 $r < r_0$(约 10^{-10} m)时，分子力表现为斥力；当 $r = r_0$ 时，分子力为零；当 $r > r_0$ 时，则表现为引力. 分子力为短程力，当 $r > 10^{-9}$ m 时，分子力可以忽略.

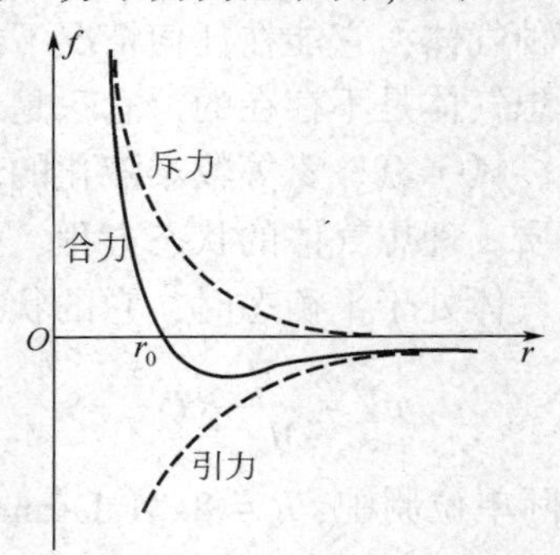

图 4.1　分子力与分子间距离的关系

由于热学的研究对象是大量分子组成的热力学系统，分子又在不停地运动，频繁地发生碰撞，因此分子的位置、速度都具有一定的偶然性，即分子热运动具有无序性. 从微观上看，虽然每个分子的运动都遵循牛顿运动定律，但由于分子热运动的无序性，无法用经典力学的方法跟踪每个分子并找出其运动规律. 那么，是否就无法对分子热运动的规律进行研究了呢?

实际上，对于平衡态的气体，不管单个分子的运动状态具有怎样的偶然性，但大量分子的整体却具有一定的规律，这种大量偶然事件的整体在一定条件下所表现出的规律称为统计规律. 气体动理论就是用统计的方法研究这种规律. 可以对大量分子的微观量(如分子速率、分子动能等)取统计平均，建立描述系统整体性质的宏观量与微观统计平均值之间的关系，从而揭示气体宏观现象的微观本质. 本章要讨论的压强、温度、内能、能量均分定理、麦克斯韦速率分布律等都是对大量分子进行统计研究的结果.

4.2.2　理想气体的微观模型

从宏观角度来看，当压强不太大、温度不太低，即气体比较稀薄时，实际气体可视为理想气体．从微观角度来看，理想气体与物质分子结构的一定微观模型相对应．理想气体的微观模型应具有以下特征.

(1)分子本身的线度与分子之间的平均距离相比可以忽略不计，分子可视为质点.

(2)分子之间只有在比较接近时才有相互作用，所以，理想气体分子在其运动的绝大部分时间内是不受其他分子作用的．可以认为除碰撞的瞬间外，分子之间及分子与容器器壁之间都无相互作用.

(3)分子之间及分子与容器器壁之间的碰撞是完全弹性的，即气体分子的动能不因碰撞而损失.

这样，从气体动理论的观点来看，理想气体可视为由大量的、体积可以忽略不计的、彼此间相互作用可不予考虑的弹性小球所组成．显然这是一个理想的模型，它只是实际气体在压强较小时的近似模型.

4.2.3　理想气体压强公式的推导

现在从上述模型出发来阐明理想气体压强的实质，并采用求统计平均值的方法导出理想气体的压强公式．容器中气体在宏观上施于器壁的压强，是大量气体分子对器壁不断碰撞的结果．无规则运动的气体分子不断地与器壁相碰，就某一分子来说，它对器壁的碰撞是断续的，而且它每次给器壁多大的冲量，碰在什么地方都是偶然的．但是，对大量分子整体来说，每一时刻都有许多分子和器壁相碰，所以在宏观上就表现出一个恒定的、持续的压力．这和雨点打在雨伞上的情形相似，稀疏的雨点打在雨伞上，我们感到雨伞上各处受力是不均匀的，而且是断续的，但大量密集的雨点打在伞上，就使我们感受到一个均匀的、持续向下的压力.

为了计算方便，选一个边长分别为 l_1、l_2、l_3 的长方形容器，并设容器中有 N 个同类气体分子，每个分子的质量为 m，忽略重力影响.

在平衡态下，器壁各处的压强完全相同，故只需计算容器某一个面的压强，现在计算器壁 A_1 面所受到的压强，为此建立直角坐标系，如图 4.2 所示.

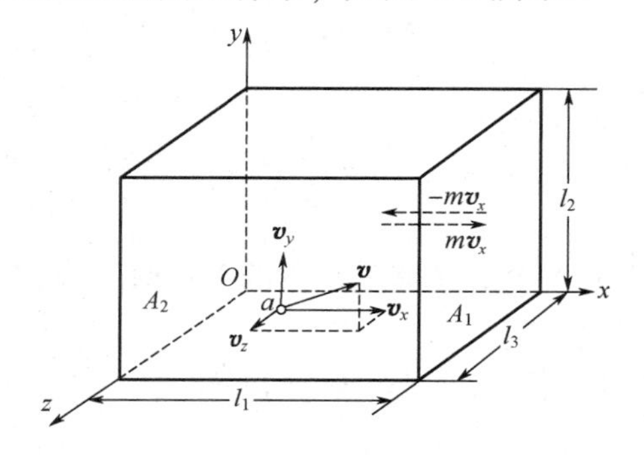

图 4.2　推导压强公式用图

先讨论一个分子 a 对器壁的碰撞．如图 4.2 所示，设 a 的速度是 $\boldsymbol{v}$，在 x、y、z 三个方向的速度分量分别为 v_x、v_y、v_z．当分子 a 撞击 A_1 面时，它将受到 A_1 面沿 $-x$ 方向的作用力．因为碰撞是弹性的，所以就 x 方向的运动来看，分子 a 以速度 v_x 撞击 A_1 面，然后以速度 $-v_x$ 弹回．这样，每与 A_1 面碰撞一次，分子动量的改变为 $(-mv_x-mv_x)=-2mv_x$. 由动量定理，这一动量的改变等于 A_1 面作用在分子 a 上的冲量．根据牛顿第三定律，这时分子 a 对 A_1 面也必有一个同样大小的反作用冲量 $2mv_x$.

分子 a 从 A_1 面弹回，飞向 A_2 面后，再回到 A_1 面．在与 A_1 面作连续两次碰撞之间，由于分子 a 在 x 方向的速度分量 v_x 的大小不变，而在 x 方向所经历的路程是 $2l_1$，因此所需要的时间为 $\dfrac{2l_1}{v_x}$. 在单位时间内，分子 a 就要与 A_1 面作不连续的碰撞共 $\dfrac{v_x}{2l_1}$ 次．因为每碰撞一次，分子 a 作用在 A_1 面上的冲量是 $2mv_x$，所以，在单位时间内，分子 a 作用在 A_1 面上的冲量总值为 $2mv_x\dfrac{v_x}{2l_1}$，亦即为该分子作用在 A_1 面上的力.

A_1 面所受到的平均力的大小应等于单位时间内所有分子与 A_1 面碰撞时所作用的冲量总和，即

$$\overline{F}=\sum_{i=1}^{N}\left(2mv_{ix}\frac{v_{ix}}{2l_1}\right)=\sum_{i=1}^{N}\frac{mv_{ix}^2}{l_1}=\frac{m}{l_1}\sum_{i=1}^{N}v_{ix}^2$$

式中，v_{ix} 是第 i 个分子在 x 方向的速度分量．由压强定义得

$$p=\frac{\overline{F}}{l_2l_3}=\frac{m}{l_1l_2l_3}\sum_{i=1}^{N}v_{ix}^2=\frac{m}{l_1l_2l_3}(v_{1x}^2+v_{2x}^2+\cdots+v_{Nx}^2)$$
$$=\frac{Nm}{l_1l_2l_3}\left(\frac{v_{1x}^2+v_{2x}^2+\cdots+v_{Nx}^2}{N}\right)$$

式中，括号内的量是容器内 N 个分子沿 x 方向速度分量平方的平均值，可写作 $\overline{v_x^2}$. 又因气体的体积为 $l_1l_2l_3$，单位体积内的分子数(称为分子数密度) $n=\dfrac{N}{l_1l_2l_3}$，所以上式可写作

$$p=nm\overline{v_x^2}$$

在平衡态下，气体分子的空间分布处处均匀，在任何时刻分子沿各个方向运动的概率均等，所以对大量分子来说，分子速度在各个方向分量的各种平均值也相等．因此，有

$$\overline{v_x^2}=\overline{v_y^2}=\overline{v_z^2}$$

又因 $\overline{v_x^2}+\overline{v_y^2}+\overline{v_z^2}=\overline{v^2}$，故

$$\overline{v_x^2}=\frac{1}{3}\overline{v^2} \tag{4.2}$$

式中，$\overline{v^2}=\dfrac{v_1^2+v_2^2+\cdots+v_N^2}{N}$ 为 N 个分子速度平方的平均值.

引入分子的平均平动动能 $\overline{\varepsilon}_{\mathrm{k}}=\dfrac{1}{2}m\overline{v^2}$，压强 p 为

$$p=\frac{2}{3}n\left(\frac{1}{2}m\overline{v^2}\right)=\frac{2}{3}n\overline{\varepsilon}_{\mathrm{k}} \tag{4.3}$$

上式表明，气体作用于器壁的压强正比于分子数密度 n 和分子的平均平动动能 $\overline{\varepsilon}_{\mathrm{k}}$. 分子数密度越大，压强越大；分子的平均平动动能越大，压强也越大．该公式把宏观量压强 p 和

微观量分子的平均平动动能 $\bar{\varepsilon}_k$ 联系起来，从而揭示了压强的微观本质和统计意义．式(4.3)称为理想气体的压强公式，该式是气体动理论的基本公式之一．概括来说，气体的压强是由大量分子对器壁的碰撞而产生的，它反映了大量分子对器壁碰撞而产生的平均效果．单个分子对器壁的碰撞是断续的，施于器壁的冲量是不定的，只有分子数足够大时，器壁所获得的冲量才有确定的统计平均值．因此，气体的压强所描述的是大量分子的集体行为，对单个分子或少数几个分子而言，压强是没有意义的.

概念检查1

容器内储有氦气和氧气各 1 mol，若两种气体对器壁产生的压强分别为 p_1 和 p_2，比较两者大小．

4.2.4 理想气体的温度公式

根据理想气体的压强公式和状态方程，可以导出理想气体的温度与分子的平均平动动能之间的关系，从而说明温度这一宏观量的微观本质.

设每个分子的质量是 m，则气体的摩尔质量 M_{mol} 与 m 之间应有 $M_{mol}=N_A m$（N_A 为阿伏伽德罗常量），设气体质量为 M 时对应的分子数为 N，所以 M 与 m 之间也有关系 $M=Nm$. 把这两个关系式代入理想气体的状态方程 $pV=\frac{M}{M_{mol}}RT$，消去 m 得

$$p=\frac{N}{V}\frac{R}{N_A}T$$

式中，$\frac{N}{V}=n$；R 与 N_A 都是常量，两者的比值常用 k 表示，k 叫作玻尔兹曼常量，其值为

$$k=\frac{R}{N_A}=\frac{8.31}{6.022\times10^{23}}\ \mathrm{J\cdot K^{-1}}=1.38\times10^{-23}\ \mathrm{J\cdot K^{-1}}$$

因此，理想气体的状态方程可写为

$$p=nkT$$

将上式和理想气体的压强公式(4.3)比较，得

$$\bar{\varepsilon}_k=\frac{1}{2}m\overline{v^2}=\frac{3}{2}kT \tag{4.4}$$

这就是平衡态下理想气体的温度公式，是宏观量 T 与微观量 $\bar{\varepsilon}_k$ 的关系式，它说明分子的平均平动动能仅与温度成正比．该公式揭示了气体温度的统计意义，即气体的温度是分子平均平动动能的量度．由此可见，温度是大量气体分子热运动的集体表现，具有统计意义，对于单个分子或少数几个分子，说它的温度是多少，是没有意义的.

如果两种气体分别处于平衡态，且这两种气体的温度也相等，那么由式(4.4)可以看出，这两种气体分子的平均平动动能也相等．换句话说，如果分别处于各自平衡态的两种气体，其分子的平均平动动能相等，那么这两种气体的温度也必相等．这时，若使这两种气体相接触，两种气体间将没有宏观的能量传递，它们各自处于热平衡态．因此，也可以说温度是表征气体处于热平衡态的物理量.

概念检查2

将盛有气体的容器放到高速行驶的列车上，由于容器中的气体分子叠加了车速，是否比容器静止于地面时的气体温度高？

例4.2 一容器内的气体，压强为1.33 Pa，温度为300 K. 问在1 m^3 中有多少气体分子？这些分子总的平均平动动能是多少？

解 根据公式 $p=nkT$，得

$$n=\frac{p}{kT}$$

将已知的 $p=1.33$ Pa，$k=1.38\times10^{-23}$ J·K^{-1}，$T=300$ K代入上式，得

$$n=\frac{1.33}{1.38\times10^{-23}\times300}\ \mathrm{m}^{-3}=3.21\times10^{20}\ \mathrm{m}^{-3}$$

因为每一个分子的平均平动动能 $\bar{\varepsilon}_k=\frac{3}{2}kT$，所以，1 m^3 中的分子总的平均平动动能为

$$E_\mathrm{k}=\frac{3}{2}kT\cdot n=\frac{3}{2}kT\cdot\frac{p}{kT}=\frac{3}{2}p=\frac{3}{2}\times1.33\ \mathrm{J}=2\ \mathrm{J}$$

§4.3 能量均分定理 理想气体的内能

本节讨论分子热运动的能量所遵从的规律，并在此基础上进一步介绍理想气体的内能.

4.3.1 分子的自由度

前面讨论大量分子的热运动时，只考虑了分子的平动．但是，除了单原子分子，一般分子都具有较复杂的结构，不能简单地看成质点．因此，分子的运动不仅有平动，还有转动和分子内原子间的振动，而分子热运动的能量应该把这些形式的能量都包含在内．为了研究这一类问题，首先需要引入自由度的概念.

自由度的概念来自力学．在力学中，确定一个物体的空间位置所需要的独立坐标数称为该物体的自由度．显然，自由度与物体的机械运动形式相关．机械运动的基本形式包括平动、转动和振动，因此自由度也分为平动自由度、转动自由度和振动自由度三类．气体分子可以是单原子的、双原子的、三原子的或多原子的，由于运动形式的差别，它们的自由度也不同.

单原子分子（如He、Ne）由于原子很小，仍可作为质点来处理，其运动形式只有平动．确定一个质点在空间的位置，需要3个独立坐标，如图4.3(a)所示，因此单原子分子有3个自由度.

在双原子分子中，若原子间的距离保持不变，称为刚性双原子分子，分子可看作由2个保持一定距离的质点组成，其运动形式包括平动和转动，如图4.3(b)所示．由于质心的位置需要用3个独立坐标决定，连线的方位需要用2个独立坐标决定，所以双原子分子共有5个自由度，包括3个平动自由度与2个转动自由度.

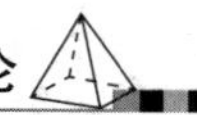

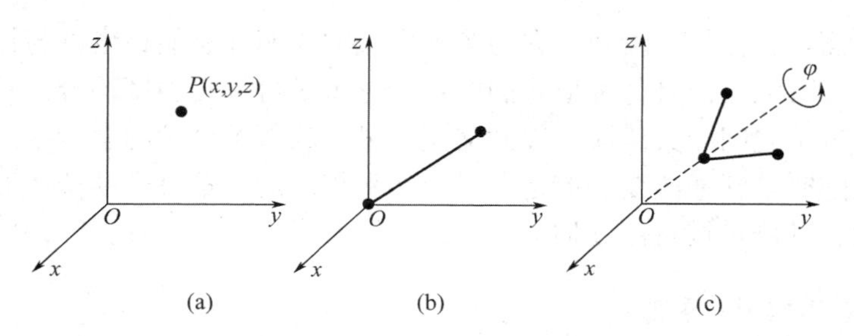

图 4.3　分子的自由度

(a)单原子分子；(b)刚性双原子分子；(c)刚性多原子分子

在有 3 个及 3 个以上原子的多原子分子中，若原子之间的相对位置保持不变，称为刚性多原子分子，其运动形式包括平动和转动，如图 4.3(c)所示．除需要 3 个坐标确定质心的位置，2 个角坐标确定转轴的方位外，还需要 1 个角坐标说明分子绕转轴的转动，所以刚性多原子分子有 3 个平动自由度与 3 个转动自由度，共有 6 个自由度.

事实上，双原子或多原子气体分子一般不是完全刚性的，原子间的距离在原子间的相互作用下发生变化，分子内部要出现振动．因此，除平动自由度和转动自由度外，还有振动自由度．但在常温下，可以不考虑分子内部的振动而把分子看作刚性分子.

4.3.2　能量均分定理

由理想气体的温度公式可知，分子的平均平动动能为

$$\bar{\varepsilon}_{\mathrm{k}} = \frac{1}{2}m\overline{v^2} = \frac{3}{2}kT$$

考虑到大量分子作杂乱无章的运动时各个方向运动机会均等的统计假设，因而有

$$\overline{v_x^2} = \overline{v_y^2} = \overline{v_z^2} = \frac{1}{3}\overline{v^2}$$

这就是说

$$\frac{1}{2}m\overline{v_x^2} = \frac{1}{2}m\overline{v_y^2} = \frac{1}{2}m\overline{v_z^2} = \frac{1}{3}\left(\frac{1}{2}m\overline{v^2}\right) = \frac{1}{2}kT \tag{4.5}$$

上式表明，对于有 3 个平动自由度的气体分子，它的平均平动动能 $\frac{3}{2}kT$ 均匀地分配在每一个平动自由度上，每一个自由度上具有大小相同的平均平动动能，都是 $\frac{1}{2}kT$.

这个结论可推广到转动和振动能量的分配上，考虑到分子热运动的无规则性，可以推论，任何一种运动都不比其他运动占有特别的优越性而应当机会均等．从经典统计理论的基本原理出发可得到：在温度为 T 的平衡态下，理想气体分子无论作何种运动，物质分子的每一个自由度都具有相同的平均动能，其大小都等于 $\frac{1}{2}kT$. 这样的能量分配原则称为能量按自由度均分定理，简称能量均分定理．根据这个定理，如果分子共有 i 个自由度，则分子具有的总平均动能为 $\frac{i}{2}kT$.

能量均分定理是关于分子热运动动能的统计规律，是对大量分子统计平均的结果．对单

个分子或少数分子而言，在任一瞬间，它的各种形式的动能和总能量也许与根据能量均分定理给出的平均值相差很大，而且每种形式的能量，也不见得按自由度均分．这是因为大量分子的无规则运动，分子之间频繁碰撞，彼此交换能量，故每个分子的总能量及相应于各个自由度的动能，都在随时不断地改变．但是，对处在平衡态的大量分子的整体而言，各个时刻的平均值是不变的，其能量按自由度均匀分配.

4.3.3 理想气体的内能

气体分子除上述动能(平动动能、转动动能、振动动能)外，分子和分子之间还存在一定的相互作用力，因而具有一定的势能．气体分子的动能及分子之间相互作用的势能的总和构成了气体内部的总能量，称为气体的内能.

对于理想气体，分子间的相互作用可略去不计，且对于刚性分子，可不考虑原子间的振动，因此其内能只是所有分子的平动动能和转动动能之和．若某种理想气体分子的自由度为 i，则每个分子的总平均动能为 $\frac{i}{2}kT$，1 mol 理想气体的内能 E 为

$$E = N_{\mathrm{A}}\frac{i}{2}kT = \frac{i}{2}RT \tag{4.6}$$

质量为 M(摩尔质量为 M_{mol})的理想气体的内能是

$$E = \frac{M}{M_{\mathrm{mol}}}\frac{i}{2}RT \tag{4.7}$$

可以看出，一定量理想气体的内能只取决于分子的自由度数和温度．对于给定气体，自由度数是确定的，所以其内能仅是温度的单值函数，这是理想气体的一个重要性质.

由式(4.7)，对于一定量的理想气体，当温度变化时，内能也发生变化，其改变量为

$$\Delta E = \frac{M}{M_{\mathrm{mol}}}\frac{i}{2}R\Delta T \tag{4.8}$$

由上式可知，一定量理想气体在不同的变化过程中，只要温度的变化量相同，内能的变化量就相同，与过程进行的方式无关．这在热力学系统状态变化过程中将要用到.

概念检查3

一恒温容器内气体发生缓慢漏气，气体分子的平均动能和气体的总内能怎样变化?

例 4.3 温度为 300 K 时，一个氦气分子和一个氢气分子的平均动能及 1 kg 氦气和 1 kg 氢气的内能是多少?

解 氦气是单原子分子，其自由度 $i=3$，只有平动动能，一个氦气分子的平均动能为

$$\bar{\varepsilon} = \frac{3}{2}kT = 1.5\times 1.38\times 10^{-23}\times 300\ \mathrm{J} = 6.21\times 10^{-21}\ \mathrm{J}$$

氢气是双原子分子，其自由度 $i=5$，包括 3 个平动自由度和 2 个转动自由度，一个氢气分子的平均动能为

$$\bar{\varepsilon} = \frac{5}{2}kT = 2.5\times 1.38\times 10^{-23}\times 300\ \mathrm{J} = 1.04\times 10^{-20}\ \mathrm{J}$$

根据理想气体的内能公式，1 kg 氦气的内能为

$$E=\frac{M}{M_{\mathrm{mol}}}\frac{3}{2}RT=\frac{1}{4\times10^{-3}}\times1.5\times8.31\times300\ \mathrm{J}=9.35\times10^{5}\ \mathrm{J}$$

1 kg 氢气的内能为

$$E=\frac{M}{M_{\mathrm{mol}}}\frac{5}{2}RT=\frac{1}{2\times10^{-3}}\times2.5\times8.31\times300\ \mathrm{J}=3.12\times10^{6}\ \mathrm{J}$$

由上述结果可以看出，一个分子的平均动能虽然很小，但由于系统内的气体分子数非常庞大，一定量理想气体的内能可以达到很大的值.

§4.4　麦克斯韦速率分布律

根据气体动理论，处于热运动中的分子各自以不同的速度作杂乱无章的运动，并且由于频繁地碰撞，每个分子速度的大小、方向都在不断变化．总体来说，气体分子热运动的图像是：(1)在每一时刻，各个分子运动的方向和速率的大小各不相同；(2)对每个分子来说，由于碰撞，其运动方向和速率大小随时在改变.

因此，对处于平衡态的气体中的某个分子来说，它将与哪个分子碰撞，它的速度大小、方向将如何变化，是不可预知的．但是，对大量分子整体而言，它们的速度分布却表现出一定的统计规律．这是对大量分子整体适用的统计规律，正是因为有这种统计规律的存在，才使得在一定的宏观条件下，整个气体表现出具有一定的压强、温度等性质.

4.4.1　速率分布的描述

研究气体分子速率的分布，需采用统计的方法．但是，由于气体的分子数 N 非常大，要想逐个查清每个分子的速率，然后统计具有不同速率的分子各有多少个，这在实际上是不可能的，也是不必要的．在此，可采用按速率区间分组的方法，将分子的速率划分为若干区间，表 4.1 所示为空气分子速率在 273 K 时的分布情况．将速率属于各区间内的分子数 ΔN 占总分子数的百分比（$\Delta N/N$）(即相对分子数)统计出来，记录在表中，即得速率分布．从表中可以看出，低速或高速运动的分子数量较少，如速率在 100 $\mathrm{m\cdot s^{-1}}$以下的分子数只占总数的 1.4%，800 $\mathrm{m\cdot s^{-1}}$以上的分子数只占总数的 2.9%，而占总数 21.4%的分子运动速率都在 300~400 $\mathrm{m\cdot s^{-1}}$之间，比这个速率大或小的分子数都依次递减．在大量分子的热运动中，对于处于任何温度下的任何一种气体，其分子按速率分布的情况大体都是如此．这就是分子速率分布的规律.

表 4.1　空气分子速率在 273 K 时的分布情况

速率间隔 $\Delta v/(\mathrm{m\cdot s^{-1}})$	分子数的百分比（$\Delta N/N$）/%
100 以下	1.4
100~200	8.1
200~300	16.5
300~400	21.4
400~500	20.6

续表

速率间隔 $\Delta v/(\mathrm{m \cdot s^{-1}})$	分子数的百分比 $(\Delta N/N)/\%$
500～600	15.1
600～700	9.2
700～800	4.8
800 以上	2.9

以一水平轴代表速率 v，将它等分为许多小段，每一小段代表 $\Delta v = 100\ \mathrm{m \cdot s^{-1}}$ 的速率区间．在每一速率区间上方的长方形的面积代表在该速率区间内的分子数的百分比．图 4.4(a) 给出空气分子在 273 K 时的速率分布统计．显然，速率区间取得越小，所得的统计结果越精细，如图 4.4(b) 所示．

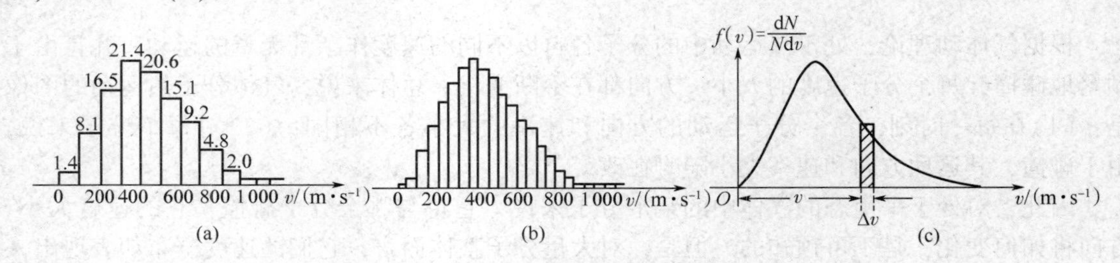

图 4.4　气体分子速率分布实验规律

(a) $\Delta v = 100\ \mathrm{m \cdot s^{-1}}$；(b) $\Delta v = 50\ \mathrm{m \cdot s^{-1}}$；(c) $\Delta v \to 0$

当速率区间 $\Delta v \to 0$ 时，图中所有长方形顶端的折线就变成一条光滑的曲线，如图 4.4(c) 所示．用这条曲线可以精确地表示气体分子的速率分布情况，称为速率分布曲线．

4.4.2　速率分布函数

图 4.4(c) 中速率分布曲线的横坐标是分子的速率 v，纵坐标的物理意义是什么？图中阴影线所标出的小长方形的面积表示在速率区间 $(v, v+\Delta v)$ 内分子数的百分比 $\dfrac{\Delta N}{N}$，而长方形的底边为 Δv，所以长方形的高为 $\dfrac{\Delta N}{N\Delta v}$，其意义为：在速率区间 $(v, v+\Delta v)$ 内，平均每单位速率区间内的分子数占总分子数的百分比．在统计规律中，某一单位速率区间内分子数占总分子数的百分比，就是一个分子处于该单位速率区间内的“概率”．

当 $\Delta v \to 0$ 时，阴影线所标出的小长方形的高即为曲线的纵坐标，显然它是速率 v 的函数，可以用 $f(v)$ 来表示，即

$$f(v) = \lim_{\Delta v \to 0} \frac{\Delta N}{N\Delta v} = \frac{\mathrm{d}N}{N\mathrm{d}v}$$

$f(v)$ 称为速率分布函数，其物理意义是：速率在 v 附近的单位速率区间内的分子数占总分子数的百分比．

速率分布曲线下的面积表示分子速率分布在零到无穷大整个速率范围内的分子数占总分子数的百分比，显然这个百分比等于 100%，亦即 1，则有

$$\int_0^{\infty} f(v)\,\mathrm{d}v = 1 \tag{4.9}$$

这是速率分布函数 $f(v)$ 所必须满足的归一化条件.

4.4.3 麦克斯韦速率分布律

理想气体处于平衡态时的速率分布函数可以用统计理论进行研究. 1859 年，麦克斯韦把统计方法引入分子动理论，首先从理论上导出了气体分子的速率分布律. 在平衡态下，当分子间的相互作用可以忽略时，分子速率分布函数 $f(v)$ 可表示为

$$f(v)=\frac{\mathrm{d}N}{N\mathrm{d}v}=4\pi\left(\frac{m}{2\pi kT}\right)^{3/2}\mathrm{e}^{-\frac{mv^2}{2kT}}v^2 \tag{4.10a}$$

式中，T 为气体的热力学温度；m 为分子的质量；k 为玻尔兹曼常量. 上式称为麦克斯韦速率分布函数.

由麦克斯韦速率分布函数式(4.10a)，可以得出在任一速率区间 $(v,\ v+\mathrm{d}v)$ 内的分子数百分比为

$$\frac{\mathrm{d}N}{N}=f(v)\,\mathrm{d}v=4\pi\left(\frac{m}{2\pi kT}\right)^{3/2}\mathrm{e}^{-\frac{mv^2}{2kT}}v^2\mathrm{d}v \tag{4.10b}$$

这个规律称为麦克斯韦速率分布律.

根据麦克斯韦速率分布函数画出的 $f(v)$ 与 v 的关系曲线，称为麦克斯韦速率分布曲线(简称速率分布曲线). 这条曲线基本与实验给出的速率分布曲线图 4.4(c)相符合.

由式(4.10a)可知，气体分子的速率分布与温度有关. 对于确定的某种气体，速率分布曲线的形状随温度而变. 图 4.5 给出两种不同温度下的速率分布曲线. 不难看出，温度升高时，速率分布曲线的最高点向速率增大的方向迁移，这是因为温度越高，分子的运动越剧烈，速率大的分子数就相对增多. 并且，由于气体分子的总数不变，曲线下的总面积，由归一化条件可知恒等于 1，所以，随着温度的升高，曲线变得较为平坦.

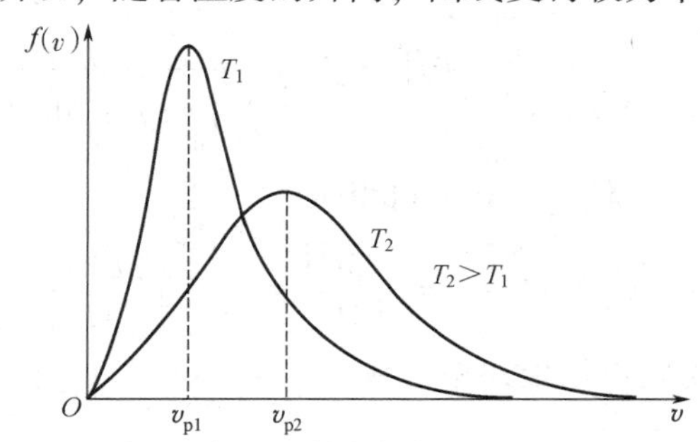

图 4.5 两种不同温度下的速率分布曲线

4.4.4 三种统计速率

利用麦克斯韦速率分布函数，可以求出很多与分子热运动有关的物理量的统计平均值. 作为例子，这里讨论三种具有代表性的分子速率的统计值.

1. 最概然速率 v_{p}

与速率分布函数 $f(v)$ 的极大值对应的速率称为最概然速率，用 v_{p} 表示. 其物理意义是：速率在 v_{p} 附近的单位速率区间内的分子数占总分子数的比率最大. 根据求极值的方法，v_{p} 可由下式求出：

$$\left.\frac{\mathrm{d}f(v)}{\mathrm{d}v}\right|_{v=v_p}=0$$

由此得

$$v_p=\sqrt{\frac{2kT}{m}}=\sqrt{\frac{2RT}{M_{\mathrm{mol}}}}\approx 1.41\sqrt{\frac{RT}{M_{\mathrm{mol}}}} \tag{4.11}$$

2. 平均速率 $\bar{v}$

大量分子速率的算术平均值称为气体分子的平均速率，用 $\bar{v}$ 表示．由式(4.10b)可知，分布在任一速率区间 $(v, v+\mathrm{d}v)$ 内的分子数为 $\mathrm{d}N=Nf(v)\mathrm{d}v$，可以近似认为该速率区间内分子的速率都等于 v，$\mathrm{d}N$ 个分子速率的总和是 $v\mathrm{d}N=vNf(v)\mathrm{d}v$. 对所有可能的速率区间求和，可得到全部气体分子速率的总和，再除以总分子数 N，即可得到分子的平均速率．考虑到分子速率是在 $0\sim\infty$ 之间连续分布的，用积分代替求和，可得平均速率为

$$\bar{v}=\frac{\int_0^\infty vNf(v)\mathrm{d}v}{N}=\int_0^\infty vf(v)\mathrm{d}v$$

将麦克斯韦速率分布函数 $f(v)$ 代入上式并进行积分，可得

$$\bar{v}=\sqrt{\frac{8kT}{\pi m}}=\sqrt{\frac{8RT}{\pi M_{\mathrm{mol}}}}\approx 1.6\sqrt{\frac{RT}{M_{\mathrm{mol}}}} \tag{4.12}$$

应该注意，讨论的是平均速率，而非平均速度．平衡态时，大量分子作无规则热运动，分子在各个方向上运动的概率相等，故平均速度应为零.

3. 方均根速率 $\sqrt{\overline{v^2}}$

大量分子速率平方的算术平均值的平方根称为方均根速率，方均根速率为

$$\sqrt{\overline{v^2}}=\sqrt{\frac{\int_0^\infty v^2Nf(v)\mathrm{d}v}{N}}=\sqrt{\int_0^\infty v^2f(v)\mathrm{d}v}$$

将麦克斯韦速率分布函数 $f(v)$ 代入上式，可得

$$\sqrt{\overline{v^2}}=\sqrt{\frac{3kT}{m}}=\sqrt{\frac{3RT}{M_{\mathrm{mol}}}}\approx 1.73\sqrt{\frac{RT}{M_{\mathrm{mol}}}} \tag{4.13}$$

这个结果和由温度公式推得的方均根速率一致.

气体分子的上述三种速率 v_p、$\bar{v}$ 和 $\sqrt{\overline{v^2}}$ 都与 $\sqrt{T}$ 成正比，与 $\sqrt{m}$ 成反比，即温度越高，三者都越大；而分子质量越大，三者都越小．在室温下，它们的数量级一般为每秒几百米．这三种速率对于不同的问题有着各自的应用，例如，在讨论速率分布时，要了解哪个速率的分子所占的百分比最高，就需用到最概然速率；在计算分子的平均平动动能时，要用到方均根速率；在讨论分子的碰撞时，要用到平均速率.

概念检查 4

由方均根速率分析：为什么高空中氢比氧更容易逃离大气层？这也是大气中氢含量极少的原因．

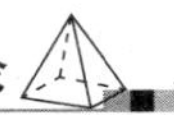

例 4.4 求 $T=273$ K 时氧气分子的方均根速率.

解 将氧气的摩尔质量 $M_{mol}=0.032\ \mathrm{kg\cdot mol^{-1}}$，$R=8.31\ \mathrm{J\cdot mol^{-1}\cdot K^{-1}}$，$T=273$ K 代入式(4.13)，得

$$\sqrt{\overline{v^2}}=\sqrt{\frac{3RT}{M_{mol}}}=\sqrt{\frac{3\times 8.31\times 273}{0.032}}\ \mathrm{m\cdot s^{-1}}=461\ \mathrm{m\cdot s^{-1}}$$

结果说明氧气分子的这一速率比一般的超音速飞机的速率还要大.

应该注意，无论对哪一种气体来说，并不是全部分子都以它的方均根速率在运动．实际上，气体分子各以不同的速率在运动着，有的比方均根速率大，有的比它小，而方均根速率不过是速率的某一平均值而已．对平均速率和最概然速率也应进行类似的理解.

§4.5 气体分子的平均碰撞频率和平均自由程

从上一节的讨论结果中可知，常温下气体分子的平均速率为几百米每秒．从这个结果来看，气体中的各种过程都应在一瞬间完成．但是实际情况并非如此，如气体的混合(扩散过程)进行得相当缓慢，而气体的温度趋于均匀(热传导过程)也需一定的时间，这是为什么呢？原来虽然气体分子的速率很大，但气体分子数密度也非常大，在分子从一处(如图 4.6 中的 A 点)移至另一处(如图 4.6 中的 B 点)的过程中，它要不断地与其他分子碰撞，分子沿着迂回的折线前进，其运动路径不是一条简单的直线．气体的扩散、热传导等过程进行的快慢都取决于分子间相互碰撞的频繁程度.

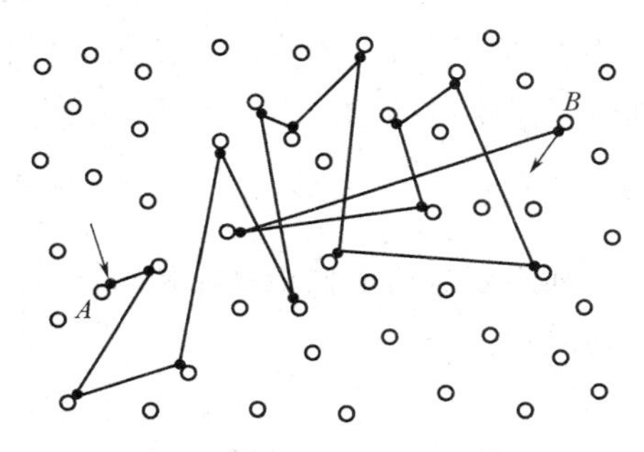

图 4.6 气体分子的碰撞

分子是由原子核和电子组成的复杂的带电系统，分子间的相互碰撞实质上是分子力作用下的分子相互作用过程．可以把分子看作具有一定体积的钢球，根据分子力的特点，分子间的相互作用过程可视为钢球的弹性碰撞．碰撞中两分子质心所能达到的最小距离就是钢球的直径，称为分子的有效直径，实验表明分子的有效直径数量级为 10^{-10} m.

由于大量分子热运动的无序性，因此每个分子单位时间内与其他分子的碰撞次数，以及在任意两次连续碰撞之间所通过的自由路程的长短都具有偶然性，且在不断变化．但是，对处于平衡态的大量分子组成的系统而言，这种碰撞次数的多少，以及自由路程的长短又都存在着确定的统计分布规律．把分子在单位时间内与其他分子碰撞的平均次数称为平均碰撞频率，以 $\overline{Z}$ 表示；而把分子在连续两次碰撞之间所通过的自由路程的平均值称为平均自由程，用 $\overline{\lambda}$ 表示．平均碰撞频率和平均自由程的大小反映了分子间碰撞的频繁程度，显然，在分子平均速率一定的情况下，分子间的碰撞越频繁，$\overline{Z}$ 就越大，而 $\overline{\lambda}$ 就越小.

平均自由程 $\overline{\lambda}$ 和平均碰撞频率 $\overline{Z}$ 之间存在着简单的关系．如果用 $\overline{v}$ 表示分子的平均速率，在任意一段时间 t 内，分子所通过的路程为 $\overline{v}t$，而分子的碰撞次数，也就是整个路程折成的段数为 $\overline{Z}t$，因此根据定义，平均自由程为

$$\overline{\lambda}=\frac{\overline{v}t}{\overline{Z}t}=\frac{\overline{v}}{\overline{Z}} \tag{4.14}$$

为了确定 $\overline{Z}$，可以设想“跟踪”一个分子，如分子 A. 对碰撞来说，重要的是分子间的相对运动，所以为了简单起见，假设分子 A 以平均相对速率 $\overline{u}$ 运动，这样就可以认为其他分子都静止不动.

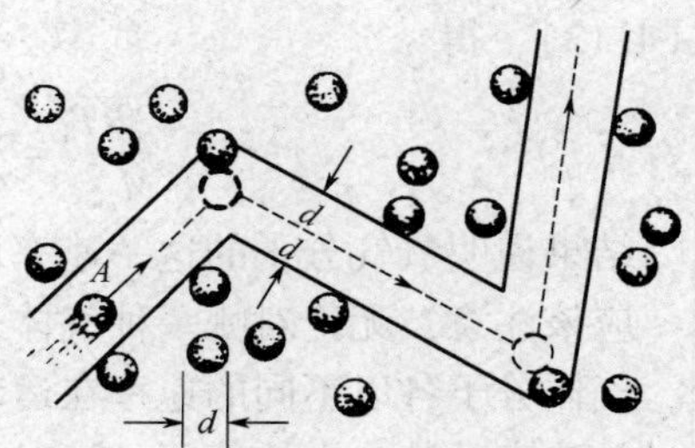

图 4.7　分子碰撞次数的计算

在分子 A 运动的过程中，显然只有中心与 A 中心之间横向相距小于或等于分子有效直径的那些分子才可能与 A 碰撞，可设想以 A 的中心的运动轨迹为轴线，以分子的有效直径 d 为半径作一曲折的圆柱体(见图 4.7). 这样，凡是分子中心在此圆柱内的分子都会与 A 碰撞.

在时间 t 内，A 所走过的路程为 $\overline{u}t$，相应的圆柱体的体积为 $\pi d^2\overline{u}t$，如果以 n 表示单位体积内的分子数，则在此圆柱体内的总分子数就是能与 A 发生碰撞的分子数，即为分子与其他分子发生碰撞的次数，应为 $n\pi d^2\overline{u}t$，因此平均碰撞频率为

$$\overline{Z}=\frac{n\pi d^2\overline{u}t}{t}=n\pi d^2\overline{u}$$

利用麦克斯韦速率分布律可以证明，气体分子的平均相对速率 $\overline{u}$ 与平均速率 $\overline{v}$ 之间存在下列关系：

$$\overline{u}=\sqrt{2}\overline{v}$$

把这个关系代入上式，即得

$$\overline{Z}=\sqrt{2}n\pi d^2\overline{v} \tag{4.15}$$

将式(4.15)代入式(4.14)，可得平均自由程为

$$\overline{\lambda}=\frac{1}{\sqrt{2}n\pi d^2} \tag{4.16}$$

上式说明，平均自由程与分子的有效直径 d 的平方及单位体积内的分子数 n 成反比，而与平均速率无关.

因为 $p=nkT$，所以式(4.16)可以写作

$$\overline{\lambda}=\frac{kT}{\sqrt{2}\pi d^2 p} \tag{4.17}$$

这说明，当温度恒定时，平均自由程与压强成反比.

对于常温、常压下的气体，计算表明(见例 4.5)，分子的平均自由程的数量级约为 10^{-8} m. 也就是说，分子在两次碰撞间平均要走过 10^{-8} m 的距离．同样，还可计算出分子的平均碰撞频率的数量级约为 $10^9\ \mathrm{s}^{-1}$，即气体分子每秒钟和其他分子碰撞的次数达几十亿次.

例 4.5　已知空气分子的有效直径 $d=3.5\times10^{-10}$ m，试求标准状态下空气分子的平均自由程和平均碰撞频率.

解　由平均自由程公式，可得

$$\overline{\lambda}=\frac{kT}{\sqrt{2}\pi d^2 p}=\frac{1.38\times10^{-23}\times273}{1.41\times3.14\times(3.5\times10^{-10})^2\times1.013\times10^5}\ \mathrm{m}=6.9\times10^{-8}\ \mathrm{m}$$

已知空气的摩尔质量 $M_{mol} = 0.029\ \text{kg} \cdot \text{mol}^{-1}$，由理想气体的平均速率公式，可得

$$\bar{v} = 1.60\sqrt{\frac{RT}{M_{mol}}} = 4.5 \times 10^2\ \text{m} \cdot \text{s}^{-1}$$

平均碰撞频率为

$$\bar{Z} = \frac{\bar{v}}{\bar{\lambda}} = \frac{4.5 \times 10^2}{6.9 \times 10^{-8}}\ \text{s}^{-1} = 6.5 \times 10^9\ \text{s}^{-1}$$

*§4.6　范德瓦耳斯方程

实际气体不能完全遵守理想气体的状态方程．在理想气体的模型中，将气体分子的大小和分子间的相互作用力忽略不计．范德瓦耳斯在考虑了气体分子本身的体积及分子间的相互作用力这两个因素后，修正了理想气体的状态方程，从而较近似地描述了实际气体.

考虑到分子本身的体积，1 mol 理想气体的状态方程可修改为

$$p(V - b) = RT$$

修正量 b 的数值可用实验测定.

以上是考虑了气体分子本身的体积而对理想气体的状态方程做出的修正．同时，范德瓦耳斯还考虑了分子间作用力的因素，做了另一修正．任何实际气体的分子间的相互作用力总是存在的，气体的密度越大，分子间的距离越接近，相互间的引力越大．因此，气体分子碰撞器壁时的速度，会因周围其他分子的引力作用而减小，于是作用在器壁上的压力减小，器壁受到的实际压强要比 $p = \frac{RT}{V - b}$ 的值小一些．也就是说，考虑到分子间的引力，气体施于器壁的压强实际为

$$p = \frac{RT}{V - b} - p_i$$

式中，p_i 是由于气体分子的引力作用而产生的压强，叫作内压强(见图 4.8)；p 是实验测定的压强．p_i 不能直接测定，但考虑到：一方面由于和器壁碰撞的分子数与容器内的总分子数成正比，另一方面由于与器壁碰撞的分子所受到的引力与容器内的总分子数成正比，可推断 $p_i \propto n^2$，或 $p_i \propto \frac{1}{V^2}$（对一定质量的气体而言，$n$ 反比于 V)，写成等式有 $p_i = \frac{a}{V^2}$.

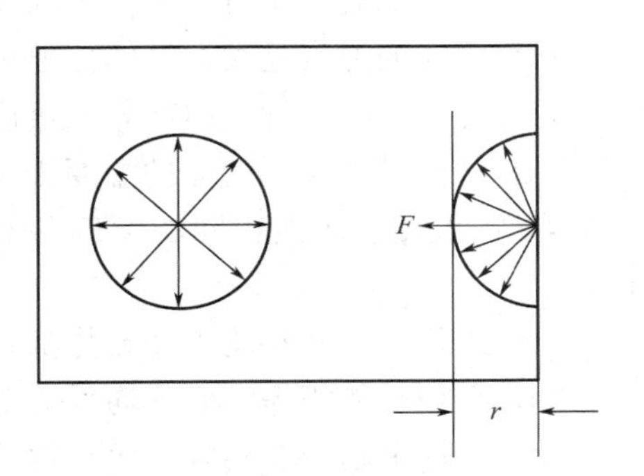

图 4.8　分子间引力而产生的内压强 p_i

将 p_i 代入上面的方程，得

$$\left(p + \frac{a}{V^2}\right)(V - b) = RT$$

上式叫作实际气体的范德瓦耳斯方程，a 是另一个修正量.

应当指出，实际气体分子的运动还要更复杂，因此，范德瓦耳斯方程也只是反映了实际气体的一些特性，它只是对理想气体的状态方程做了一些简单的修正.

概念检查答案

1. $p_1 = p_2$.

2. 不会；温度是系统分子无规则热运动的量度，系统整体的运动是有序运动，对温度无影响.

3. 分子平均动能不变，气体总内能减小.

4. 由于氢气的摩尔质量小，故相同温度下其方均根速率更大.

思考题

思考题解答

4.1　物质热运动的特点是什么？对热力学系统的宏观描述和微观描述的方法有何不同，有何联系？

4.2　对一定量的气体来说，当温度不变时，气体的压强随体积的减小而增大；当体积不变时，压强随温度的升高而增大．从微观来看它们是否有区别？

4.3　在相同温度下，氢气和氧气分子的速率分布是否一样？试在同一图中定性画出两种气体的麦克斯韦速率分布曲线.

习题

4.1　一密闭容器中，储有三种理想气体 A、B 和 C，处于平衡态，三种气体的分子数密度分别为 n、$2n$ 和 $3n$，已知 A 气体产生的压强为 p，则混合气体的压强为(　　).

(A) $3p$　　(B) $4p$　　(C) $5p$　　(D) $6p$

4.2　关于温度的意义，下列说法中错误的是(　　).

(A)气体的温度是分子平均平动动能的量度

(B)气体的温度是大量气体分子热运动的集体表现，具有统计意义

(C)温度反映了物质内部分子热运动的剧烈程度

(D)从微观上看，气体的温度表示每个气体分子的冷热程度

4.3　温度、压强相同的氦气和氧气，它们分子的平均动能和平均平动动能的关系为(　　).

(A)平均动能和平均平动动能都相等

(B)平均动能相等，而平均平动动能不相等

(C)平均平动动能相等，而平均动能不相等

(D)平均动能和平均平动动能都不相等

4.4　容器内装有 N_1 个单原子理想气体分子和 N_2 个刚性双原子理想气体分子，当该系统处在温度为 T 的平衡态时，其内能为(　　).

(A) $(N_1 + N_2)\left(\frac{3}{2}kT + \frac{5}{2}kT\right)$　　(B) $\frac{1}{2}(N_1 + N_2)\left(\frac{3}{2}kT + \frac{5}{2}kT\right)$

(C) $N_1\frac{3}{2}kT + N_2\frac{5}{2}kT$　　(D) $N_1\frac{5}{2}kT + N_2\frac{3}{2}kT$

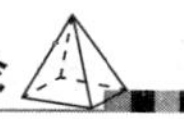

4.5　麦克斯韦速率分布曲线如习题4.5图所示，图中A、B两部分面积相等，则该图中(　　).

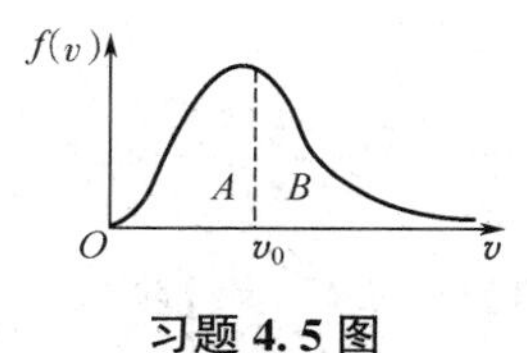

习题4.5图

(A) v_0为最概然速率　　(B) v_0为平均速率

(C) v_0为方均根速率　　(D) 速率大于和小于v_0的分子各占一半

4.6　对于一定量的理想气体，在温度不变的条件下，当压强降低时，分子的平均碰撞频率$\overline{Z}$和平均自由程$\overline{\lambda}$的变化情况是(　　).

(A) $\overline{Z}$和$\overline{\lambda}$都增大　　(B) $\overline{Z}$和$\overline{\lambda}$都减小

(C) $\overline{\lambda}$减小而$\overline{Z}$增大　　(D) $\overline{\lambda}$增大而$\overline{Z}$减小

4.7　对于1 mol氦气，分子热运动的总动能为3.75×10^3 J，则氦气的温度T=__________.

4.8　对于1 mol氦气和1 mol氧气，温度升高1 K，则两种气体内能的增加值分别为__________和__________.

4.9　由能量均分定理，设气体分子为刚性分子，分子的自由度为i，则温度为T时，一个分子的平均动能为__________；1 mol氧气分子的转动动能总和为__________.

4.10　已知$f(v)$为麦克斯韦速率分布函数，N为总分子数，则速率$v>100\ \text{m}\cdot\text{s}^{-1}$的分子数占总分子数的百分比表示式为__________．而式$\int_0^{v_p}f(v)\,\mathrm{d}v$表示__________.

4.11　一容器内储有氢气，其压强为1.01×10^5 Pa，温度为300 K，求：(1)气体的分子数密度；(2)气体的质量密度.

4.12　容积为$2\times10^{-3}\ \text{m}^3$的容器中，有内能值为$6.75\times10^2$ J的刚性双原子理想气体．求：(1)气体的压强；(2)总分子数为5.4×10^{22}时，分子的平均平动动能及气体的温度.

4.13　有N个粒子，其速率分布函数为

$$f(v)=\frac{\mathrm{d}N}{N\mathrm{d}v}=C\quad(v_0\geqslant v\geqslant 0)$$

$$f(v)=0\quad(v>v_0)$$

(1)画出速率分布曲线；

(2)由v_0求常数C.

4.14　氮气分子的有效直径为10^{-10} m，求：(1)氮气分子在标准状态下的平均碰撞频率；(2)如果温度不变，压强降到1.33×10^{-4} Pa，则平均碰撞频率又为多少？

学习与拓展

第5章 热力学基础

热力学是研究热现象与热运动规律的科学，它研究的重点不在于物质的微观结构，而是以观测和实验为依据，从能量守恒和转化的观点出发，研究热力学系统在状态变化过程中有关热、功和能量转化的规律．热力学的主要理论基础是两大基本定律，即热力学第一定律和热力学第二定律．热力学第一定律反映的是与热现象有关的过程中的能量转化规律；热力学第二定律反映的是宏观自然过程的方向的规律．本章讨论热力学第一、第二定律的物理基础、描述方法及基本应用.

思维导图

§5.1 热力学第一定律

5.1.1 准静态过程

由第4章可知，对于一定的热力学系统，当它与外界无相互作用时，经一定时间后会达到平衡态，如果系统与外界有相互作用，则系统的状态会发生变化，系统原来的平衡态必然要遭到破坏，需要经过一段时间才能达到新的平衡态．系统从一个平衡态过渡到另一个平衡态所经历的变化过程就是一个热力学过程．热力学过程由于中间状态不同而被分为非静态过程与准静态过程两种．如果过程的中间状态是一系列非平衡态，这个过程叫作非静态过程.非静态过程不能用确定的状态参量来描述每一时刻的状态，因此其描述是比较复杂和困难的．如果过程的中间状态是一系列平衡态，这个过程叫作准静态过程．准静态过程是一种理想的极限过程，它是由无限缓慢的状态变化过程抽象出来的一种理想过程，利用它可以使热力学问题的处理大为简化.

如图5.1所示，有一个带活塞的容器，里面储有气体，气体与外界处于平衡态(外界温度 T_0 保持不变)，此时气体的状态参量用 p_0、T_0 表示．将活塞迅速上提，则气体的体积膨胀，从而打破了原有的平衡态．当活塞停止运动后，经过足够长的时间，气体将达到新的平衡态，具有各处均匀一致的压强 p 和温度 T. 但是，在活塞迅速上提的过程中，气体往往来不及使各处压强、温度趋于均匀一致，即气体每一时刻都处于非平衡态，这个过程是非静态过程．若活塞与器壁间无摩擦，且控制外界压强，使它在每一时刻都比气体的压强大一微小量 Δp，这样气体就

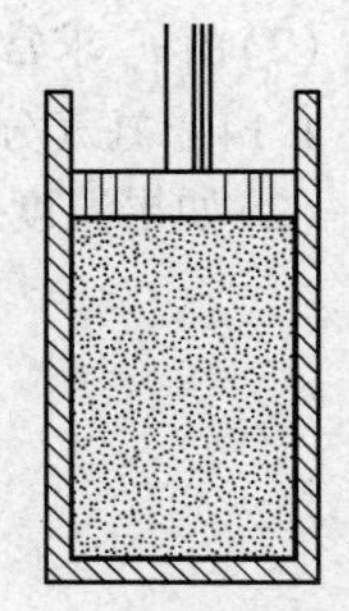

图5.1 准静态过程

将被缓慢压缩．如果气体体积每减少一微小量 ΔV，所经过的时间都比较长，使系统有充分的时间达到平衡态，那么这一压缩过程就可以认为是准静态过程．

实际过程都是在有限的时间内进行的，不可能是无限缓慢的．但是，在许多情形下可近似地把实际过程当作准静态过程来处理．

对于一定量的理想气体，按照状态方程 $pV=\dfrac{M}{M_{\mathrm{mol}}}RT$，它的状态参量 p、V、T 中只有两个是独立的．给定任意两个参量的数值，就能确定第三个参量，即确定了一个平衡态．常用 $p\text{-}V$ 图上的一个点来描述相应的一个平衡态，而 $p\text{-}V$ 图上的一条曲线则代表了一个准静态过程．曲线的方程 $p=p(V)$ 即为描述该平衡过程的方程，称为过程方程．

5.1.2 功、热量、内能

1. 功 热量

做功是系统与外界交换能量的一种方式，外界对系统做功的结果会使系统的机械运动状态和机械能发生改变；更一般的情况下，做功不只使机械运动状态和机械能发生变化，还可以使系统热运动状态和热运动能量发生变化．在热学中通常不考虑整体的机械运动，只研究系统内部分子热运动的宏观规律．例如，用一根棒不断地搅动一杯水，经一段时间后便会发现水的温度升高了，这实际上是通过做功把有规则的宏观机械运动转变成了分子的无规则热运动，使系统的热运动状态发生变化．

系统与外界之间由于温度差而传递的能量称为热量，传递热量是系统与外界交换能量的另一种方式．无数事实证明，外界对系统做功或传递热量，都可以使系统的热运动状态发生变化．例如，一杯水可以通过外界对它加热，用传递热量的方法使它的温度升高，也可以用搅拌或通过电流做功的方法使它升到同样的温度．两者的方式不同，但都能导致相同的状态变化．由此可见，做功和传递热量是等效的．但是，传递热量和做功不同，这种能量交换方式是通过分子的无规则热运动来完成的．当外界与系统接触时，不需要借助机械的方式，也不显示任何宏观运动的迹象，直接在两者的分子无规则热运动之间进行着能量交换，这就是传递热量．做功和传递热量只有在过程发生时才有意义，它们的大小也与过程有关，它们都是过程量．

2. 内能

在第 4 章气体动理论中，从微观角度定义了系统的内能，它是系统内所有分子无规则热运动能量的总和．对于理想气体，分子间的相互作用力可忽略，理想气体的内能仅是温度的单值函数，其表示式已由式(4.7)给出，即

$$E=\frac{M}{M_{\mathrm{mol}}}\frac{i}{2}RT$$

当系统状态从初态$(p_1,\ V_1,\ T_1)$变化到末态$(p_2,\ V_2,\ T_2)$时，其内能的变化为

$$E_2-E_1=\frac{M}{M_{\mathrm{mol}}}\frac{i}{2}R(T_2-T_1) \tag{5.1}$$

可见，对于一定量的理想气体，其内能的增量只与系统的始末温度有关，与系统经历的具体过程无关，因此内能是状态量而不是过程量．

5.1.3 热力学第一定律的表述

实验证明，做功和传递热量都可以改变系统的状态，从而改变系统的内能．一般情况

下，在系统状态发生变化的过程中，做功和传递热量往往是同时存在的．假定在系统从内能为 E_1 的状态变化到内能为 E_2 的状态的某一过程中，外界对系统传递的热量为 Q，同时系统对外界做的功为 A，根据能量转化与守恒定律，有

$$Q=(E_2-E_1)+A \tag{5.2}$$

即系统从外界吸收的热量一部分使系统的内能增加，另一部分用于对外界做功．这就是热力学第一定律．显然，热力学第一定律是包含热现象在内的能量转化与守恒定律．

式(5.2)中各量应使用同一单位，在国际单位制中，它们的单位都是焦耳(J)．我们规定：系统从外界吸收热量时，Q 为正值，反之为负值；系统对外界做功时，A 为正值，反之为负值；系统内能增加时，(E_2-E_1)为正值，反之为负值．

对于无限小的状态变化过程，热力学第一定律可表示为

$$dQ=dE+dA \tag{5.3}$$

在热力学第一定律建立以前，历史上曾有人企图制造一种机器，它既不消耗系统的内能，也不需要外界供给任何能量，但却可以不断地对外界做功，这种机器叫作第一类永动机．很显然，它是违背热力学第一定律的．热力学第一定律指出，做功必须由能量转化而来，不消耗能量而获得功的企图是不可能实现的．

热力学中功的计算的出发点仍是力学中功的定义．图5.2是气缸中气体膨胀推动活塞对外界做功，设气体的压强为 p，活塞的面积是 S. 当活塞移动一微小的距离 dl 时，压强 p 可视作不变，则气体对活塞的压力为 $F=pS$，在无摩擦准静态条件下，气体所做的功为

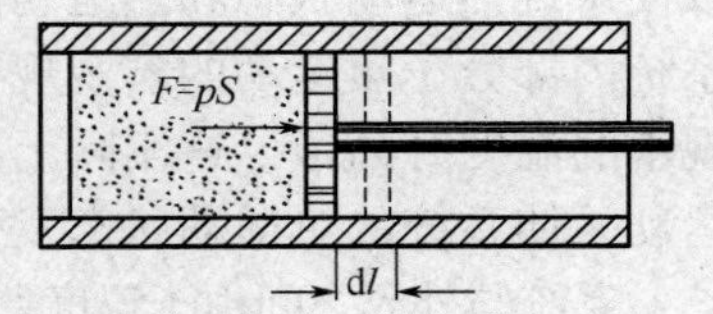

图 5.2　气体膨胀对外界做功

$$dA=Fdl=pSdl=pdV$$

式中，dV 为气体体积的改变．如果 dV 为正值，即气体膨胀，则 dA 也为正值，它表示系统对外界做功；如果 dV 为负值，即气体受到压缩，则 dA 也为负值，它表示外界对系统做功．气体膨胀的平衡过程可以用 $p-V$ 图反映出来，如图5.3所示．功 dA 可用画斜线的小面积来表示．从状态Ⅰ到状态Ⅱ，气体做的总功等于许多这样的小面积的总和，亦即曲线下的面积．于是总功可用积分法求出，即

$$A=\int_V dA=\int_{V_1}^{V_2} pdV \tag{5.4}$$

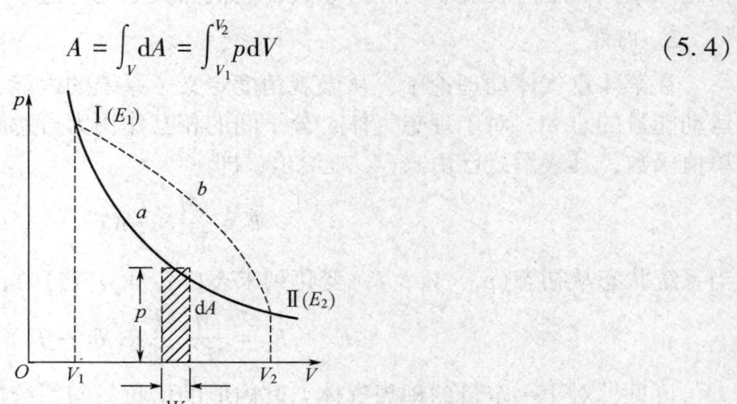

图 5.3　气体膨胀做功的图示法

若系统是沿图5.3中虚线所示的过程进行的，则气体所做的功，比沿实线所示的过程要大，由此可得出一个重要的结论：系统由一个状态变化到另一个状态时所做的功，不仅取决

于它的初、末态，而且和它所经历的过程有关.

对于平衡过程，热力学第一定律可写成

$$Q = E_2 - E_1 + \int_{V_1}^{V_2} p\mathrm{d}V \tag{5.5}$$

当系统由一状态变到另一状态时，由于内能仅是状态量，而功随过程的不同而异，由式(5.5)可知，系统吸收或放出的热量也必然随过程的不同而不同．可见，功与热量的传递都不是系统的状态量，两者都是过程量.

§5.2　理想气体的等值过程

热力学第一定律确定了系统在状态变化过程中功、热量和内能之间的转化关系．作为热力学第一定律的应用，本节讨论理想气体的等值过程，即在系统的状态变化过程中，有一个状态参量保持不变的过程．一定量气体的状态参量共有三个：体积 V、压强 p、温度 T. 相应地有三种等值过程：等体、等压和等温过程.

5.2.1　等体过程

等体过程是指在系统的状态变化过程中，系统的体积始终保持不变的过程，该过程的特点是

$$V = 常量 \qquad \mathrm{d}V = 0$$

由理想气体的状态方程，等体过程的过程方程为

$$pT^{-1} = 常量$$

在 p-V 图上等体过程可以表示为平行于 p 轴的一条直线，如图 5.4 所示.

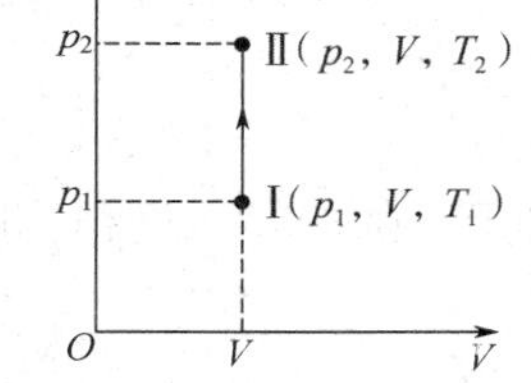

图 5.4　等体过程

等体过程中系统不对外界做功，即 $A=0$，由热力学第一定律，有

$$\mathrm{d}Q_V = \mathrm{d}E \tag{5.6a}$$

对于有限的等体过程，则有

$$Q_V = E_2 - E_1 \tag{5.6b}$$

上式表明，在等体过程中，气体从外界吸收的热量全部用来使内能增加.

为了计算气体吸收的热量，要用到摩尔热容的概念．1 mol 气体的温度升高(或降低)1 K 时需要吸收(或放出)的热量称为该气体的摩尔热容．由于热量是过程量，所以气体的热容不具有唯一性．同一种气体在不同的过程中有不同的热容．气体的定体摩尔热容是指 1 mol 气体在等体过程中，温度升高(或降低)1 K 需要吸收(或放出)的热量，用 C_V 表示，即

$$C_V = \frac{\mathrm{d}Q_V}{\mathrm{d}T} \tag{5.7}$$

则对物质的量为 ν 的气体来说，在等体过程中温度改变 $\mathrm{d}T$ 所需要的热量为

$$\mathrm{d}Q_V = \nu C_V \mathrm{d}T$$

将上式代入式(5.6a)，即得

$$\mathrm{d}E = \nu C_V \mathrm{d}T \tag{5.8}$$

利用理想气体的内能公式 $E = \nu \frac{i}{2}RT$，可得

$$dE = \nu \frac{i}{2} R dT$$

把它与式(5.8)比较，可得

$$C_V = \frac{i}{2} R \tag{5.9}$$

上式说明，理想气体的定体摩尔热容与气体的温度无关，只由分子的自由度决定.

对于有限的等体过程，由式(5.8)，内能的增量为

$$E_2 - E_1 = \nu C_V (T_2 - T_1) \tag{5.10}$$

由上一节的知识可知，不能因为式(5.10)的 ΔE 表达式中含有 C_V，就认为该式只有在等体过程中才能应用. 理想气体的内能只与温度有关，所以理想气体在不同的状态变化过程中，只要温度增量相同，它的内能增量都是一样的，都可用式(5.10)计算. 由于系统内能的增量在等体过程中与所吸收的热量相等，所以在上式中才会有 C_V 的出现.

5.2.2 等压过程

等压过程是指在系统的状态变化过程中，系统的压强始终保持不变的过程，该过程的特点是

$$p = 常量 \qquad dp = 0$$

由理想气体的状态方程，等压过程的过程方程为

$$VT^{-1} = 常量$$

在 p-V 图上等压过程可以表示为平行于 V 轴的一条直线，如图5.5所示.

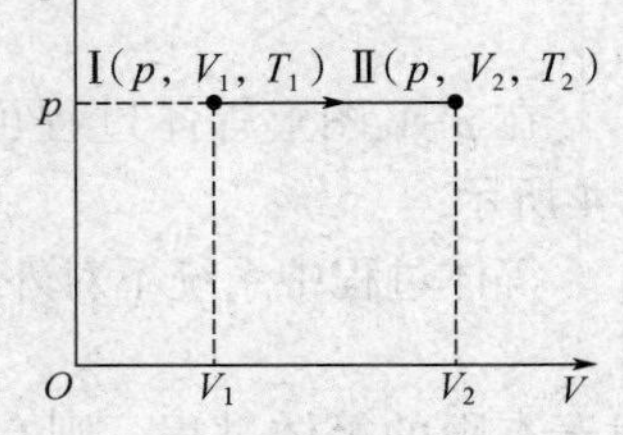

图 5.5 等压过程

在等压过程中，气体吸收的热量为 Q_p，由热力学第一定律，有

$$dQ_p = dE + pdV \tag{5.11a}$$

对于有限的等压过程，则有

$$Q_p = E_2 - E_1 + \int_{V_1}^{V_2} pdV \tag{5.11b}$$

可得

$$Q_p = E_2 - E_1 + p(V_2 - V_1)$$

上式表明，在等压过程中，气体从外界吸收的热量一部分使内能增加，另一部分使系统对外界做功.

根据理想气体的状态方程

$$pV = \nu RT$$

气体所做的功为

$$dA = pdV = \nu RdT$$

气体从状态Ⅰ(p, V_1, T_1)等压变化到状态Ⅱ(p, V_2, T_2)时，气体对外界做的功为

$$A = \int_{T_1}^{T_2} \nu RdT = \nu R(T_2 - T_1) \tag{5.12}$$

又因 $E_2 - E_1 = \nu C_V (T_2 - T_1)$，所以整个过程中传递的热量为

$$Q_p = \nu (C_V + R)(T_2 - T_1) \tag{5.13}$$

把 1 mol 气体在压强不变的条件下，温度改变 1 K 所需要的热量叫作气体的定压摩尔热

容，用 C_p 表示．根据这个定义可得

$$Q_p = \nu C_p(T_2 - T_1)$$

与式(5.13)比较，可得

$$C_p = C_V + R \tag{5.14}$$

上式叫作迈耶公式．它的意义是，1 mol 理想气体的温度升高 1 K 时，在等压过程比在等体过程中要多吸收 8.31 J 的热量．这是容易理解的，因为在等体过程中，气体吸收的热量全部用于增加内能，而在等压过程中，气体吸收的热量除用于增加同样多的内能外，还要用于对外界做功，故等压过程要使系统升高与等体过程相同的温度，需要吸收更多的热量.

因 $C_V = \frac{i}{2}R$，由式(5.14)可得

$$C_p = \frac{i}{2}R + R = \frac{i+2}{2}R \tag{5.15}$$

定压摩尔热容 C_p 与定体摩尔热容 C_V 之比，叫作摩尔热容比，用 γ 表示，于是

$$\gamma = \frac{C_p}{C_V} = \frac{i+2}{i} \tag{5.16}$$

表 5.1 列出了单原子、双原子、多原子分子气体的摩尔热容的理论值和实验值．将表中的对应数据进行比较可以看出，对于单原子和双原子分子气体，理论值与实验值很接近；而对于多原子分子气体，理论值与实验值存在较大差异．这表明，经典热容量理论所依赖的能量均分定理是有缺陷的，只有用量子理论才能圆满地解释多原子分子气体的热容量问题.

表 5.1 几种气体摩尔热容的理论值和实验值*

气体		定压摩尔热容 C_p/R		定体摩尔热容 C_V/R		摩尔热容比 γ	
		实验值	理论值	实验值	理论值	实验值	理论值
单原子分子	He	2.50	2.50	1.50	1.50	1.67	1.67
	Ne	2.50		1.50		1.67	
	Ar	2.50		1.50		1.67	
双原子分子	H_2	3.49	3.50	2.45	2.50	1.41	1.40
	O_2	3.51		2.51		1.40	
	N_2	3.46		2.47		1.40	
多原子分子	H_2O	4.39	4.00	3.33	3.00	1.31	1.33
	CO_2	4.41		3.39		1.30	
	CH_2	4.28		3.29		1.30	

* 在压强 $p=1.013\times10^5$ Pa，温度 $t=15$ ℃条件下．

概念检查 1

理想气体经历等压压缩过程，气体的内能是增大还是减小，是从外界吸热还是向外界放热.

例 5.1 质量为 2.8×10^{-3} kg，温度为 300 K，压强为 1 atm(1 atm = 101 325 Pa)的氮气，等压膨胀至原来体积的两倍．求氮气对外界做的功、内能的增量及吸收的热量.

解　本题中已知 $M=2.8\times10^{-3}\ \text{kg}$，$M_{\text{mol}}=28\times10^{-3}\ \text{kg}\cdot\text{mol}^{-1}$，则氮气的物质的量为

$$\nu=\frac{M}{M_{\text{mol}}}=0.1\ \text{mol}$$

又因为 $T_1=300\ \text{K}$，$\frac{V_2}{V_1}=2$，所以由等压过程的过程方程，有

$$T_2=\frac{V_2}{V_1}T_1=2\times300\ \text{K}=600\ \text{K}$$

氮气对外界做的功为

$$\begin{aligned}A&=p(V_2-V_1)=\nu R(T_2-T_1)\\&=0.1\times8.31\times(600-300)\ \text{J}=249\ \text{J}\end{aligned}$$

氮气内能的增量为

$$E_2-E_1=\nu C_V(T_2-T_1)=\nu\frac{i}{2}R(T_2-T_1)$$

氮气为双原子气体，$i=5$，则

$$E_2-E_1=0.1\times20.8\times(600-300)\ \text{J}=624\ \text{J}$$

氮气吸收的热量为

$$Q_p=\nu C_p(T_2-T_1)=0.1\times29.1\times(600-300)\ \text{J}=873\ \text{J}$$

以上算得的 A、E_2-E_1 和 Q_p 的数值符合热力学第一定律：

$$Q_p=E_2-E_1+A$$

这就验证了计算的正确性.

5.2.3　等温过程

等温过程是指在系统的状态变化过程中，系统的温度始终保持不变的过程，该过程的特点是

$$T=\text{常量}\qquad \text{d}T=0$$

由理想气体的状态方程，等温过程的过程方程为

$$pV=\text{常量}$$

在 p-V 图中，与等温过程对应的是双曲线，如图 5.6 所示．该曲线称为等温线.

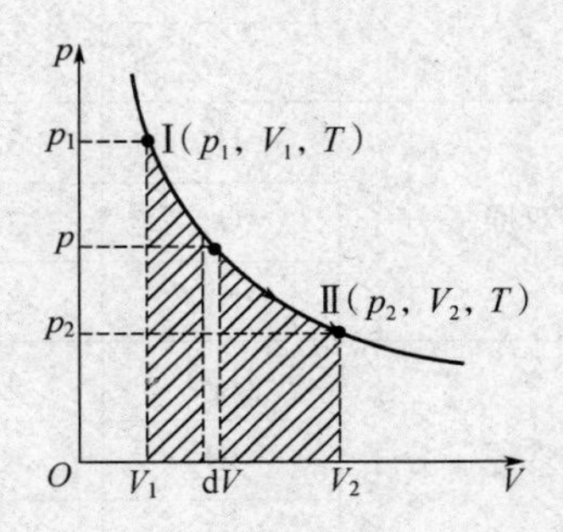

图 5.6　等温过程

由于理想气体的内能只与其温度有关，因此在等温过程中气体的内能保持不变，即 $\Delta E=0$. 由热力学第一定律，有

$$Q_T=A$$

即在等温膨胀过程中，气体吸收的热量 Q_T 全部用来对外界做功；而在等温压缩过程中，外界对气体做的功，都转化为气体向外界放出的热量.

气体从状态Ⅰ(p_1, V_1, T)等温变化到状态Ⅱ(p_2, V_2, T)时，对外界做的功为

$$A=\int_{V_1}^{V_2}p\text{d}V=\int_{V_1}^{V_2}\nu RT\frac{\text{d}V}{V}$$

即

$$A=\nu RT\ln\frac{V_2}{V_1}\tag{5.17a}$$

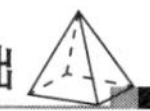

由过程方程 $p_1V_1=p_2V_2$，可得

$$A=\nu RT\ln\frac{p_1}{p_2} \tag{5.17b}$$

热量 Q_T 和功 A 的值都等于等温线下的面积.

由于在等温过程中，温度保持不变，根据摩尔热容的定义，等温过程的摩尔热容没有实际意义，也可以认为是无限大，也就是说无论吸收多少热量，在等温过程中都不会使温度发生变化.

例 5.2　容器内储有氧气 3.2×10^{-3} kg，温度为 300 K，将氮气等温膨胀为原来体积的两倍．求氧气对外界做的功和吸收的热量.

解　本题中，氧气的质量 $M=3.2\times10^{-3}$ kg，氧气的摩尔质量 $M_{\mathrm{mol}}=32\times10^{-3}\ \mathrm{kg\cdot mol^{-1}}$，则其物质的量 $\nu=\dfrac{M}{M_{\mathrm{mol}}}=0.1$ mol. 已知温度 $T=300$ K，$\dfrac{V_2}{V_1}=2$. 由式(5.17a)得氧气对外界做的功为

$$\begin{aligned}A&=\nu RT\ln\frac{V_2}{V_1}=0.1\times8.31\times300\times\ln2\ \mathrm{J}\\&=173\ \mathrm{J}\end{aligned}$$

氧气在等温过程中吸收的热量 $Q_T=A=173$ J.

§5.3　绝热过程

所谓绝热过程，是指系统与外界没有热量交换情况下发生的状态变化过程．例如，用良好的绝热材料所隔离的系统中进行的过程就是绝热过程，如图 5.7(a)所示．当然，绝热过程是一种理想过程，在自然界中，绝对不传热的材料是不存在的，但过程中传递的热量很小，可以忽略不计时，这种过程就可近似为绝热过程．此外，如果过程进行得非常快，以致系统与外界来不及有明显的热量交换，也可以视为绝热过程．例如，内燃机气缸中气体的急剧膨胀和快速压缩过程就可视为绝热过程.

5.3.1　绝热过程的过程方程

绝热过程不是等值过程，系统的状态参量 p、V、T 均为变量，但三个参量总是满足状态方程的，将状态方程和热力学第一定律联合，消去其中某一个参量，就可得出另外两个参量的关系式，得到绝热过程的过程方程.

绝热过程的特点是系统与外界没有热量的交换，即 $\mathrm{d}Q=0$ 或 $Q=0$. 由热力学第一定律，有

$$\mathrm{d}Q=\mathrm{d}E+p\mathrm{d}V=0$$

由于理想气体的内能仅是温度的函数，由式(5.8)，上式可写为

$$\nu C_V\mathrm{d}T+p\mathrm{d}V=0 \tag{5.18}$$

对理想气体的状态方程 $pV=\nu RT$ 两边取微分，得

$$p\mathrm{d}V+V\mathrm{d}p=\nu R\mathrm{d}T$$

将上式代入式(5.18)，消去 $\mathrm{d}T$ 得

$$C_V(p\mathrm{d}V+V\mathrm{d}p)=-Rp\mathrm{d}V$$

因为 $R=C_p-C_V$，$\gamma=\dfrac{C_p}{C_V}$，将上式分离变量得

$$\gamma\frac{\mathrm{d}V}{V}=-\frac{\mathrm{d}p}{p}$$

积分得

$$\gamma\ln V+\ln p=\text{常量}$$

即

$$pV^{\gamma}=\text{常量} \tag{5.19a}$$

这就是理想气体的绝热过程的过程方程．在 $p-V$ 图中，与绝热过程对应的曲线称为绝热线，如图 5.7(b)所示.

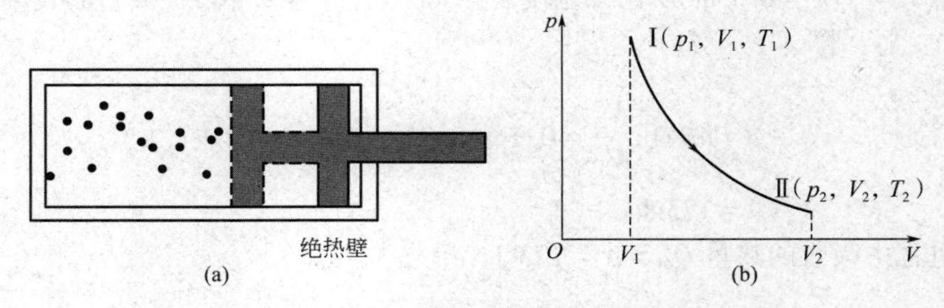

图 5.7　理想气体的绝热过程

将理想气体的状态方程 $pV=\nu RT$ 与式(5.19a)联立，可得到绝热过程的过程方程的另外两种形式：

$$TV^{\gamma-1}=\text{常量} \tag{5.19b}$$

$$p^{\gamma-1}T^{-\gamma}=\text{常量} \tag{5.19c}$$

上述三个方程都是绝热过程的过程方程，三个方程并不独立，由状态方程相联系，具有等效性．式中 $\gamma=\dfrac{C_p}{C_V}$ 为摩尔热容比，等号右边常量的大小在三个式中各不相同，与气体的质量及初态有关．实际应用时，可根据具体条件，选取其中一个应用.

5.3.2　绝热过程的功

由绝热过程的特征 $Q=0$，可得热力学第一定律中能量转化的关系为

$$A=-(E_2-E_1)=-\nu C_V(T_2-T_1) \tag{5.20}$$

上式说明，绝热过程中系统对外界做的功完全来自气体的内能，绝热膨胀时，系统对外界做功，内能减少；绝热压缩时，外界对系统做功，系统内能增加.

理想气体在绝热过程中所做的功，除了可以用式(5.20)计算，还可根据功的定义利用绝热过程的过程方程直接求得．由于

$$pV^{\gamma}=p_1V_1^{\gamma}=p_2V_2^{\gamma}$$

所以

$$A=\int_{V_1}^{V_2}p\mathrm{d}V=\int_{V_1}^{V_2}p_1V_1^{\gamma}\frac{\mathrm{d}V}{V^{\gamma}}$$

$$= \frac{1}{\gamma - 1}(p_1V_1 - p_2V_2) \tag{5.21}$$

5.3.3 绝热线与等温线

根据理想气体的绝热过程的过程方程

$$pV^\gamma = 常量$$

和等温过程的过程方程

$$pV = 常量$$

在 $p-V$ 图上作这两过程的过程曲线，如图 5.8 所示，两曲线在 A 点相交，可以看出，绝热线要比等温线陡一些．对此，可以从数学和物理两个方面来加以说明.

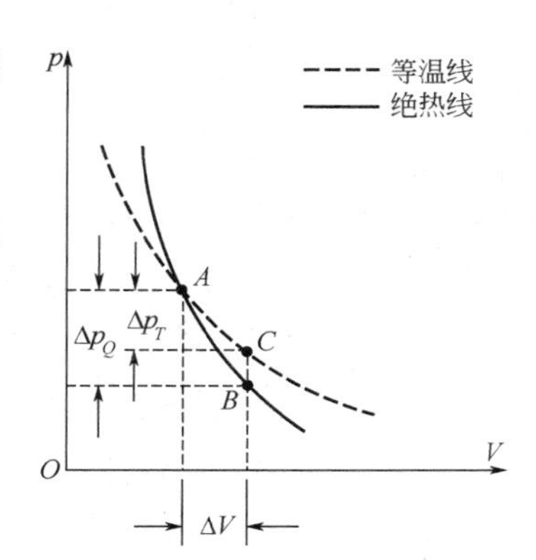

图 5.8 绝热线与等温线

从数学的角度给予解释，可求出等温线和绝热线在 A 点的斜率并进行比较．等温线在 A 点的斜率为

$$\left(\frac{\mathrm{d}p}{\mathrm{d}V}\right)_T = -\frac{p_A}{V_A}$$

而绝热线在 A 点的斜率为

$$\left(\frac{\mathrm{d}p}{\mathrm{d}V}\right)_Q = -\gamma\frac{p_A}{V_A}$$

因为 $\gamma > 1$，在 $p-V$ 图上的同一点，绝热线斜率的绝对值大于等温线斜率的绝对值，所以绝热线比等温线更陡.

从物理学的角度来看，可解释如下：处于一定状态的气体，经等温过程和绝热过程膨胀相同的体积，在绝热过程中压强的降低比在等温过程中压强的降低要多．这是因为在等温过程中，压强的降低仅由气体密度的减小引起，而在绝热过程中，压强的降低，除气体密度减小这个因素外，温度的降低也是使压强降低的一个因素．因此，当气体膨胀相同体积时，在绝热过程中压强的降低比在等温过程中压强的降低要多，所以绝热线比等温线更陡.

概念检查 2

绝热容器内有一隔板将容器分成两部分，一部分有气体，另一部分为真空，将隔板抽开，气体充满整个容器，气体的内能如何变化？

概念检查 3

等温过程中气体对外界做了 500 J 的功，气体吸收了多少热量？如果是绝热过程，气体的内能变化了多少？

例 5.3 设有 8 g 氧气，体积为 $0.41\times10^{-3}\ \mathrm{m}^3$，温度为 300 K. 如氧气经绝热膨胀后体积变为 $4.10\times10^{-3}\ \mathrm{m}^3$，求气体对外界做的功是多少？若氧气经等温膨胀后的体积也是 $4.10\times10^{-3}\ \mathrm{m}^3$，问这时气体对外界做的功是多少？

解 氧气的质量是 $M = 0.008\ \mathrm{kg}$，摩尔质量 $M_{\mathrm{mol}} = 0.032\ \mathrm{kg\cdot mol^{-1}}$，初始温度 $T_1 = 300\ \mathrm{K}$，设 T_2 为氧气绝热膨胀后的温度，由式(5.20)得

$$A=-\nu C_V(T_2-T_1)$$

根据绝热过程中 T 与 V 的关系式

$$T_1V_1^{\gamma-1}=T_2V_2^{\gamma-1}$$

得

$$T_2=T_1\left(\frac{V_1}{V_2}\right)^{\gamma-1}$$

$T_1=300\ \mathrm{K}$，$V_1=0.41\times10^{-3}\ \mathrm{m}^3$，$V_2=4.10\times10^{-3}\ \mathrm{m}^3$，又因为氧气分子是双原子分子，$i=5$，$\gamma=\frac{i+2}{i}=1.40$，代入上式，得

$$T_2=300\times\left(\frac{1}{10}\right)^{1.40-1}\ \mathrm{K}=119\ \mathrm{K}$$

又因 $C_V=\frac{i}{2}R=20.8\ \mathrm{J\cdot mol^{-1}\cdot K^{-1}}$，于是得

$$A=-\frac{M}{M_{\mathrm{mol}}}C_V(T_2-T_1)=\frac{1}{4}\times20.8\times181\ \mathrm{J}=941\ \mathrm{J}$$

如果氧气等温膨胀，则由式(5.17a)，氧气对外界做的功为

$$A=\frac{M}{M_{\mathrm{mol}}}RT_1\ln\frac{V_2}{V_1}=\frac{1}{4}\times8.31\times300\times\ln10\ \mathrm{J}=1.44\times10^3\ \mathrm{J}$$

§5.4 循环过程

5.4.1 循环过程

在生产实践中，往往需要持续不断地将热能转化为机械能，即系统吸收热量，对外界做功．理想气体的等温膨胀过程对外界做功是最理想的，它将吸收的热量全部用于对外界做功．但是，这样的膨胀对外界做功只是一次性的，为了能够持续不断地把热量转化为功，就需要利用循环过程．系统经历一系列的状态变化过程又回到初态，这样的过程称为循环过程，简称循环．进行循环过程的物质叫作工作物质．在 $p-V$ 图上，循环过程对应一条闭合曲线．由于工作物质的内能是状态的单值函数，所以经历了一个循环回到初态时，其内能没有改变，这是循环过程的重要特征．

按照循环过程进行的方向不同，可把循环过程分为两类．在 $p-V$ 图上沿顺时针方向进行的循环称为正循环，工作物质进行正循环的机器可以吸收热量对外界做功，称为热机，它是把热能不断转化为机械能的机器．反之，在 $p-V$ 图上沿逆时针方向进行的循环称为逆循环，工作物质进行逆循环的机器可以利用外界对系统做功将热量不断地从低温处向高温处传递，称为制冷机．

5.4.2 循环效率

考虑以气体为工作物质的循环过程．如果循环是准静态过程，就可在 $p-V$ 图上用一条闭合曲线来表示，图 5.9 中的 $abcda$ 为一任意的正循环过程．从状态 a 经 b 到状态 c 的膨胀过程中，工作物质从高温热源处吸收热量 Q_1，并对外界做功 A_1，A_1 的数值等于 abc 曲线下的

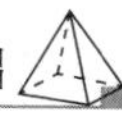

面积；从状态 c 经 d 到状态 a 的压缩过程中，外界对工作物质做功 A_2，其数值与 cda 曲线下的面积相等，同时工作物质将向低温热源放出热量 Q_2(只表示数值). 在整个循环过程中，工作物质对外界做的净功为 $A=A_1-A_2$，其值等于闭合曲线所包围的面积.

对于循环过程，系统回到初态，因而 $\Delta E=0$. 在正循环中，系统从外界吸收的总热量 Q_1 大于向外界放出的总热量 Q_2，根据热力学第一定律，应有

$$Q_1-Q_2=A$$

可见，工作物质在正循环中，将从高温热源吸收热量，一部分用于对外界做功，一部分排放到低温热源中去，这是热机工作的一般特征(见图 5.10)，所以正循环也叫热机循环．对于热机循环，它的效率在理论和实践上都有重要的意义，用 η 表示，其定义为：正循环中，工作物质对外界做的功 A 与它从高温热源吸收的热量 Q_1 之比．热机的效率标志着热机在循环过程中将吸收的热量转化为有用功的百分比，其计算式为

$$\eta=\frac{A}{Q_1}=\frac{Q_1-Q_2}{Q_1}=1-\frac{Q_2}{Q_1} \tag{5.22}$$

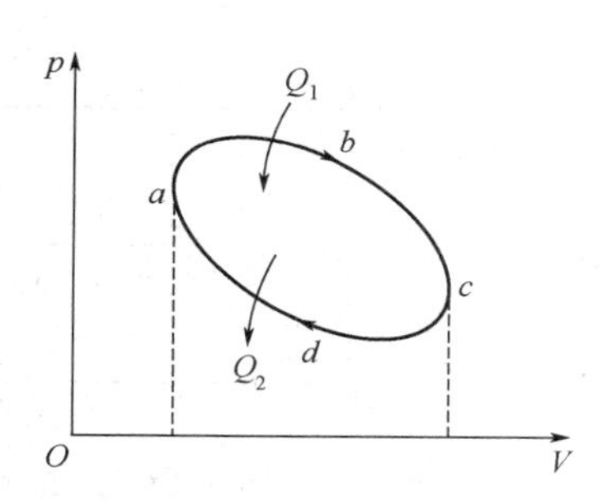

图 5.9 正循环过程曲线

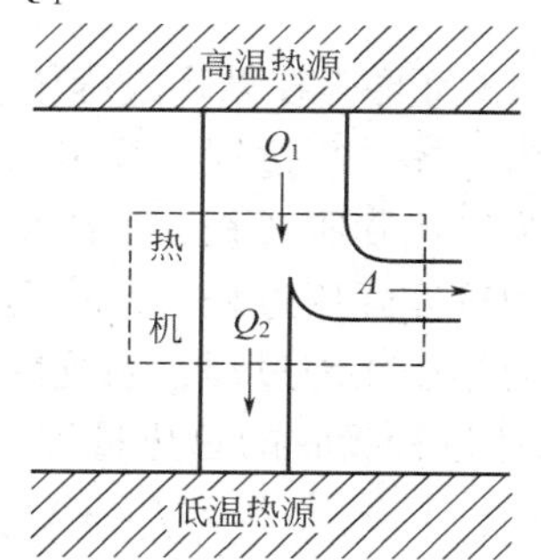

图 5.10 热机工作示意

逆循环的过程与正循环正好相反，逆循环中外界对工作物质做功 A，工作物质从低温热源吸收热量 Q_2 而向外界放出热量 Q_1，如图 5.11 所示．根据热力学第一定律，有 $Q_1=Q_2+A$. 可见，工作物质在逆循环中，通过外界做功，将热量从低温热源传递给高温热源．这是制冷机的工作过程(见图 5.12)，所以逆循环也叫制冷循环.

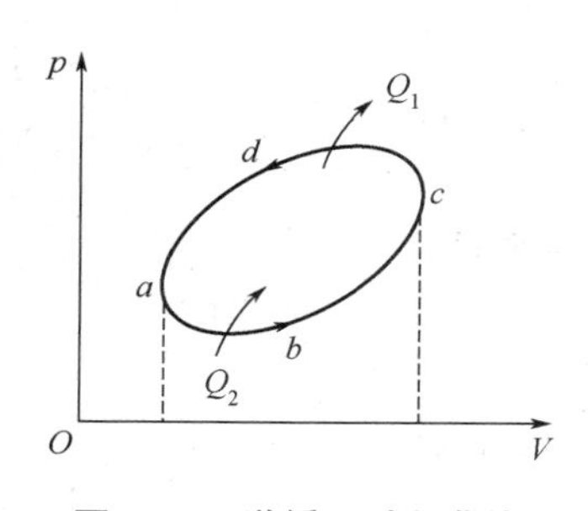

图 5.11 逆循环过程曲线

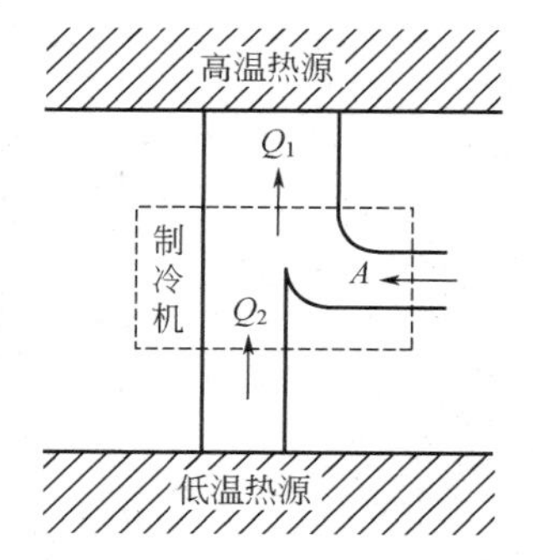

图 5.12 制冷机工作示意

在制冷循环中，热量可从低温热源向高温热源传递，但要完成这样的循环过程，必须以消耗外界的功为代价．为了评价制冷机的工作效率，引入制冷系数的概念，其定义为：逆循环中，制冷机从低温热源吸收的热量与外界做的功之比，即

$$e=\frac{Q_2}{A}=\frac{Q_2}{Q_1-Q_2} \tag{5.23}$$

上式中各量均取正值或绝对值．制冷系数是制冷机效能的一个重要标志，制冷系数越大，则外界消耗的功相同时，工作物质从冷库中吸收的热量越多，相应的制冷效果越佳．

概念检查4

热机一个循环消耗400 J热能并排出300 J废热，它的效率是多少？

例5.4 1 mol氦气经图5.13所示的循环，其中$p_2=2p_1$，$V_2=2V_1$，求该循环的效率．

解 气体经循环过程所做的净功为图中过程曲线所围的面积，即

$$A=(p_2-p_1)(V_2-V_1)$$

因$p_2=2p_1$，$V_2=2V_1$，所以

$$A=p_1V_1$$

由图5.13可见，在循环过程中：

1→2为等体升压过程，系统从外界吸热

2→3为等压膨胀过程，系统从外界吸热

3→4为等体降压过程，系统向外界放热

4→1为等压压缩过程，系统向外界放热

整个循环过程吸收的总热量为

$$Q=Q_{12}+Q_{23}$$

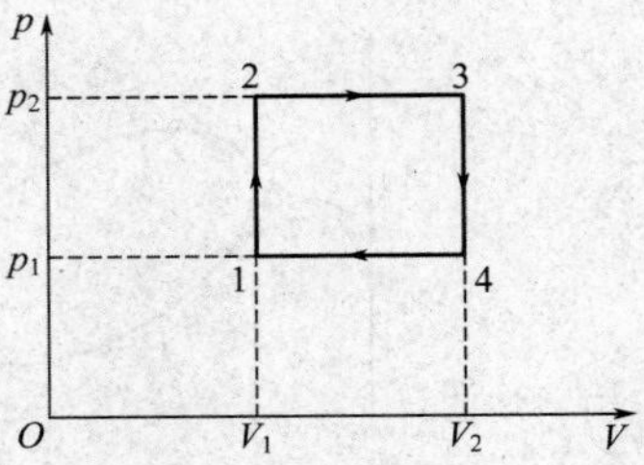

图5.13 例5.4图

其中

$$Q_{12}=\nu C_V(T_2-T_1)$$
$$Q_{23}=\nu C_p(T_3-T_2)$$

氦气为单原子气体，自由度$i=3$，$C_V=\frac{3}{2}R$，$C_p=\frac{5}{2}R$，根据理想气体的状态方程

$$pV=\nu RT$$

得

$$Q_{12}=\frac{3}{2}(p_2V_1-p_1V_1)=\frac{3}{2}p_1V_1$$

$$Q_{23}=\frac{5}{2}(p_2V_2-p_2V_1)=5p_1V_1$$

该循环的效率为

$$\eta=\frac{A}{Q}=\frac{A}{Q_{12}+Q_{23}}=\frac{2}{13}\approx 15\%$$

5.4.3 卡诺循环

18世纪末到19世纪初，蒸汽机得到了广泛应用，但其效率却很低，只有3%~5%，即95%以上的热量都没有得到利用．这一方面是由于散热、漏气、摩擦等因素损耗能量，另一方面是由于蒸汽的大部分热量在低温热源放出．在生产需要的推动下，许多人开始从理论上

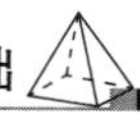

来研究热机的效率．法国青年工程师卡诺(Carnot)研究了一种理想热机，并从理论上证明了它的效率最大．这种热机的工作物质只与两个恒温热源接触(即温度恒定的高温热源和温度恒定的低温热源)交换能量，不存在散热、漏气等因素，把这种理想热机称为卡诺热机，其循环过程称为卡诺循环．卡诺的研究工作不仅指明了提高热机效率的途径，还为热力学第二定律的建立奠定了基础.

卡诺所提出的理想循环由两个等温过程和两个绝热过程组成，其工作过程可用 p-V 图来表示(见图 5.14)．气体从状态 a 经等温膨胀到达状态 b，再经绝热膨胀到达状态 c，然后经等温压缩到达状态 d，最后经绝热压缩回到状态 a，完成一个循环．下面计算卡诺循环的效率.

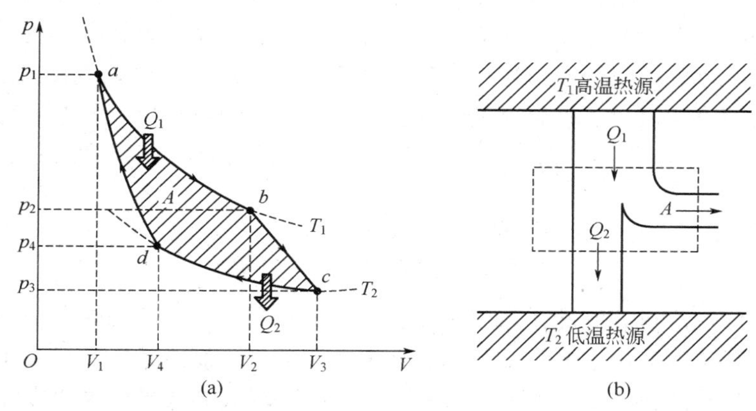

图 5.14　卡诺循环——卡诺热机

(a) p-V 图；(b)工作示意

假定工作物质是物质的量为 ν 的理想气体，由于 $b\to c$ 和 $d\to a$ 为绝热过程，因此整个循环过程中的热量交换仅在两个等温过程中进行.

在等温膨胀过程 $a\to b$ 中，气体从温度为 T_1 的高温热源吸收的热量为

$$Q_1=\nu RT_1\ln\frac{V_2}{V_1}$$

在等温压缩过程 $c\to d$ 中，气体向温度为 T_2 的低温热源放出的热量为

$$Q_2=\nu RT_2\ln\frac{V_3}{V_4}$$

卡诺循环的效率为

$$\eta=1-\frac{Q_2}{Q_1}=1-\frac{T_2\ln\dfrac{V_3}{V_4}}{T_1\ln\dfrac{V_2}{V_1}}$$

对于 $b\to c$ 和 $d\to a$ 两个绝热过程，应用绝热过程的过程方程，有

$$T_1V_2^{\gamma-1}=T_2V_3^{\gamma-1}$$

$$T_2V_4^{\gamma-1}=T_1V_1^{\gamma-1}$$

两式相除可得

$$\frac{V_2}{V_1}=\frac{V_3}{V_4}$$

最后可得卡诺循环的效率为

$$\eta=1-\frac{T_2}{T_1} \tag{5.24}$$

由上式可知，卡诺循环的效率与工作物质无关，只与高、低温热源的温度有关．两个热源的温差越大，卡诺循环的效率越高，可以通过提高 T_1 和降低 T_2 的途径来提高热机的效率．对于实际热机，常以周围的自然环境为低温热源，T_2 很难降低，因此提高热机效率的主要途径是提高高温热源的温度．例如，使燃料直接在做功的气缸中燃烧可使气体温度达到 1 000 K 以上，以此方式提高高温热源的温度，这正是内燃机具有较高效率的原因所在.

如果卡诺循环沿反方向进行，就称为卡诺逆循环(见图 5.15)．这时气体经由状态 $a\to d\to c\to b$ 再回到 a，在逆循环中，外界对气体做的功为 A，工作物质从低温热源 T_2 吸收热量 Q_2，并向高温热源 T_1 放出热量 Q_1．显然，卡诺逆循环是制冷循环，由制冷系数定义式(5.23)可得

$$e=\frac{Q_2}{A}=\frac{Q_2}{Q_1-Q_2}=\frac{T_2}{T_1-T_2} \tag{5.25}$$

由上式可知，卡诺制冷机的制冷系数与工作物质无关，只与高、低温热源的温度有关．在一般制冷机中，高温热源的温度通常就是周围环境的温度，则制冷系数只取决于低温热源即冷库的温度 T_2. T_2 越低，制冷系数越小，这表明，从温度较低的低温热源中吸收热量，就必须消耗更多的外功．另外，制冷系数与工作物质无关这一结论为我们选择更为环保的工作物质作为制冷剂提供了理论依据.

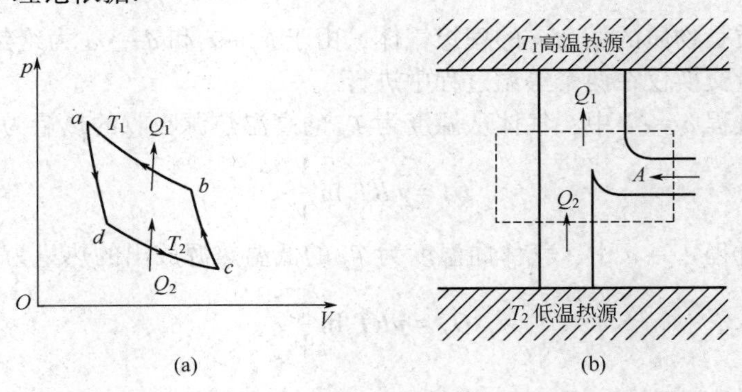

图 5.15　卡诺逆循环—制冷机

(a)p-V 图；(b)工作示意

例 5.5　一卡诺热机，工作于温度分别为 27 ℃与 127 ℃的两个热源之间．(1)若在正循环中该机从高温热源吸收热量 5 840 J，问该机向低温热源放出多少热量？对外界做多少功？(2)若使它逆向运转作为制冷机工作，它从低温热源吸收热量 5 840 J，问该机将向高温热源放出多少热量？外界做多少功？

解　(1)卡诺热机的效率为

$$\eta=1-\frac{T_2}{T_1}=1-\frac{300}{400}=25\%$$

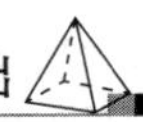

由题意知 $Q_1=5\ 840\ \mathrm{J}$，则该机向低温热源放出的热量为

$$Q_2=Q_1(1-\eta)=5\ 840\times(1-0.25)\ \mathrm{J}=4\ 380\ \mathrm{J}$$

对外界做的功为

$$A=\eta Q_1=0.25\times 5\ 840\ \mathrm{J}=1\ 460\ \mathrm{J}$$

(2)逆循环时，该机的制冷系数为

$$e=\frac{Q_2}{A}=\frac{T_2}{T_1-T_2}=\frac{300}{400-300}=3$$

由题意知 $Q_2=5\ 840\ \mathrm{J}$，则外界需做的功为

$$A=\frac{Q_2}{e}=\frac{5\ 840}{3}\ \mathrm{J}=1\ 947\ \mathrm{J}$$

该机向高温热源放出的热量为

$$Q_1=Q_2+A=(5\ 840+1\ 947)\mathrm{J}=7\ 787\ \mathrm{J}$$

§5.5　热力学第二定律

热力学第一定律说明任何热力学过程必须满足能量转化和守恒定律．但是，这仅是过程发生的必要条件，遵守能量守恒定律的过程是否一定能够实现呢？大量事实证明，满足能量守恒定律的过程不一定都能实现，一切实际的热力学过程只能按一定的方向进行，反方向的过程不可能发生．热力学第二定律就是阐明过程进行方向的规律，它是独立于热力学第一定律的一条反映自然界热现象规律的基本定律．

5.5.1　可逆过程与不可逆过程

1. 自然过程的方向性

自然过程是在不受外界干预的条件下能够自发进行的过程．大量事实表明，一切宏观自然过程都具有方向性．

(1)热传导过程的方向性．两个温度不同的物体相互接触，热量总是自发地由高温物体传向低温物体，最后使两物体达到相同的温度．但是，与此相反的过程却从未发生过，即热量自发地从低温物体传向高温物体，使高温物体的温度更高，低温物体的温度更低．这说明热传导过程具有方向性．

(2)功热转化过程的方向性．转动着的飞轮，在撤去动力后，由于转轴的摩擦越转越慢，最后停止转动．该过程中由于摩擦生热，机械能全部转化为热能．而相反的过程，即飞轮周围的空间自发地冷却，使飞轮由静止转动起来的过程却从未发生过．这说明功热转化过程具有方向性．

(3)气体自由膨胀过程的方向性．如图5.16所示，绝热容器被隔板分为 A、B 两室，A 室中储有气体，B 室中为真空．如果将隔板抽开，A 室中的气体自发地向 B 室膨胀，最后气体将均匀分布于 A、B 两室中，这是气体的绝热自由膨

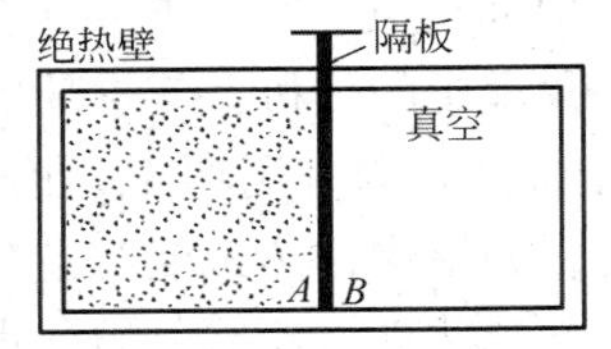

图5.16　气体向真空的自由膨胀

胀．而相反的过程，即均匀充满容器的气体，在没有外界作用的情况下，自发地收缩到 A 中去的过程却从未发生过．这说明理想气体的自由膨胀过程也具有方向性．

2. 可逆过程与不可逆过程

由前面的讨论可知，自然界与热现象有关的所有宏观自然过程都具有方向性，为了进一步说明方向性的问题，引入可逆与不可逆过程的概念．

在系统状态变化的过程中，如果逆过程能重复正过程的每一状态，而且不引起其他变化，这样的过程称为可逆过程；反之，在不引起其他变化的情况下，不能使逆过程重复正过程的每一状态，或者虽然重复但必然会引起其他变化，这样的过程称为不可逆过程．

为进一步理解可逆过程的概念，举例说明并讨论过程可逆的条件．

气体的迅速膨胀过程是不可逆的．事实上，气体在迅速膨胀的过程中，作用于活塞的压强小于气体内部的压强 p，所以气体对外界做的功 $dA_1<pdV$；在气体迅速压缩的过程中，作用于活塞的压强大于气体内部的压强 p，所以外界对气体做的功 $dA_2>pdV$. 因此，当气体膨胀后，虽然可以把气体压回原来的体积，但在一个循环中外界要多做功 A_2-A_1. 这部分功将变为热而耗散掉，所以气体的迅速膨胀是不可逆的．只有当过程进行得无限缓慢并且不存在摩擦时，气体作用于活塞的压强才会无限地接近气体内部的压强，从而在一个循环中使 A_2 无限接近 A_1，并且不发生其他变化．也就是说，只有在这种情况下，过程才是可逆的．

由上可知，在热力学中，过程的可逆与否和系统经历的中间状态是否平衡密切相关．只有过程进行得无限缓慢，没有由摩擦引起的机械能耗散，由一系列无限接近平衡态的中间状态组成的准静态过程，才是可逆过程．当然，这在实际过程中是不可能的，我们可以实现的是与可逆过程非常接近的过程，也就是说可逆过程只是实际过程在某种精确度上的极限情形．

5.5.2 热力学第二定律

上述研究表明，宏观自然过程是不可逆的．热力学第二定律就是阐明宏观自然过程进行方向的规律．任何一个实际自然过程进行方向的说明都可以作为热力学第二定律的表述，而最具代表性的是德国物理学家克劳修斯（Clausius）和英国物理学家开尔文（Kelvin）分别于1850年和1851年提出的两种表述．

1. 克劳修斯表述

1850年，克劳修斯在大量事实的基础上提出了热力学第二定律的一种表述：热量不可能自发地从低温物体传向高温物体．从上一节的制冷机的分析中可以看到，要使热量从低温物体传向高温物体，靠自发地进行是不可能的，必须依靠外界做功．克劳修斯的表述正是反映了热传递的这种特殊规律，即热传导过程的方向性．

2. 开尔文表述

19世纪初，由于热机的广泛应用，提高热机的效率成为一个十分迫切的问题．能否制造一种理想的热机，使它的效率达100%？即热机在循环过程中，将从高温热源吸收的热量 Q_1 全部转化为有用功 A，而没有热量放给低温热源．地球的大气、海洋、地层中储有大量的热能，如果这种热机能制造出来，就能以海洋、大气等作为热源，从中吸取热量对外界做功．不难估算，地球上的海水冷却1 ℃，放出的热量约等于 10^{14} t煤燃烧后放出的能量，这

几乎是取之不尽、用之不竭的能源．这种理想的热机称为第二类永动机．这种永动机虽不违反热力学第一定律，但大量实践证明，第二类永动机是不可能实现的.

1851 年，开尔文通过热机效率即热功转化的研究提出了热力学第二定律的另一种表述：不可能制成这样一种循环工作的热机，它只从单一热源吸收热量，使之全部变为有用功而不产生其他影响．热力学第二定律的开尔文表述指出，在不引起其他变化的条件下，把吸收的热量全部转化为功是不可能的，效率为 100%的第二类永动机是不可能实现的.

应当指出，不能把开尔文表述简单理解为热不能完全转化为功，事实是，不是热不能完全转化为功，而是在不产生其他影响的条件下热不能完全转化为功．例如，在气体等温膨胀的过程中，气体从单一热源吸收的热量虽然全部用于对外界做功，但气体的体积膨胀了，即产生了其他影响．要使系统压缩回到原来的状态，必然要释放一部分热量给其他物体.

由此可见，自然界的热力学过程是有单方向性的，某些方向的过程可以自发实现而反方向的过程则不能．热力学第一定律说明在任何过程中能量必须守恒，热力学第二定律却说明并非所有能量守恒的过程均能实现．热力学第二定律是反映宏观自然过程进行的方向和条件的一个规律，它和热力学第一定律相辅相成，缺一不可.

3. 两种表述的等效性

可以证明热力学第二定律的两种表述是完全等效的，如果开尔文表述成立，则克劳修斯表述也成立；反之，如果克劳修斯表述成立，则开尔文表述也成立．下面用反证法加以证明.

假定开尔文表述不成立，即热量可以完全转化为有用功而不产生其他影响，这样就可以利用这一热机在一个循环中从高温热源 T_1 吸收热量 Q_1，使之完全变为功 A，并利用这个功带动制冷机，使它在循环中从低温热源 T_2 吸收热量 Q_2，并向高温热源放出热量 $A+Q_2=Q_1+Q_2$，如图 5.17 所示．两台机器联合工作的总效果是不需要外界做功，将热量 Q_2 从低温热源传向高温热源，而未产生其他影响．由此可见，如果开尔文表述不成立，那么克劳修斯表述也不成立．同样，如果克劳修斯表述不成立，可以证明开尔文表述也是不成立的.

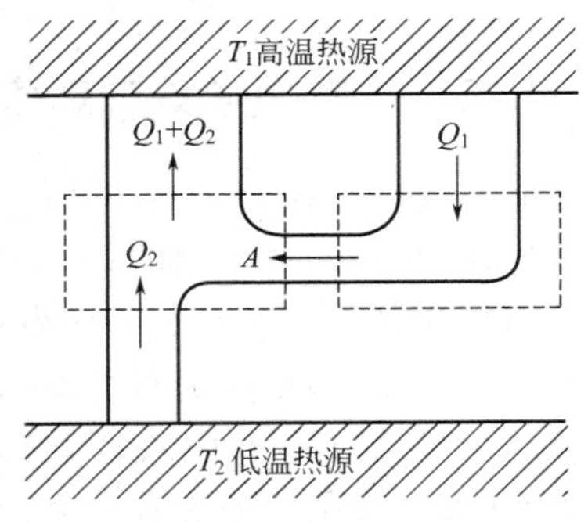

图 5.17　热力学第二定律的等效性

5.5.3　卡诺定理

卡诺循环中的每一个分过程都是平衡过程，所以卡诺循环是理想的可逆循环．由可逆循环组成的热机叫可逆机．但是，实际热机的工作物质并不是理想气体，其循环也不是可逆循环，所以要解决其效率极限问题，还要作进一步探讨．在深入研究热机效率的工作中，1824 年，卡诺提出了工作在两个热源之间的热机，遵从以下两条结论，即卡诺定理.

(1) 在相同的高温热源(温度为 T_1)和低温热源(温度为 T_2)之间工作的具有任意工作物质的可逆机，都具有相同的效率，其效率为

$$\eta = 1 - \frac{T_2}{T_1} \tag{5.26}$$

(2) 在相同的高温热源(温度为 T_1)和低温热源(温度为 T_2)之间工作的一切不可逆机的

效率都不可能高于(实际上是小于)可逆机，即

$$\eta' \leqslant 1 - \frac{T_2}{T_1} \tag{5.27}$$

卡诺定理对提高热机效率的研究意义重大，除了前面已讨论过的提高热机效率的主要途径是提高高温热源的温度，卡诺定理还指明要尽可能地减少热机循环的不可逆性，也就是减少摩擦、漏气、散热等耗散因素，这也是提高热机效率的一个重要因素.

概念检查 5

自然界的所有过程都遵守能量守恒定律，作为它的逆定律“遵守能量守恒定律的过程都可以在自然界中存在”，能否成立?

§5.6　热力学第二定律的统计意义

热力学第二定律指出，一切与热现象有关的实际宏观过程都是不可逆的. 我们知道，热现象是大量分子无规则热运动的宏观表现，而大量分子无规则热运动遵循着统计规律，据此，可以从微观上解释不可逆过程的统计意义，从而对热力学第二定律的本质获得进一步的认识.

5.6.1　热力学第二定律的统计意义

为了说明热力学第二定律的统计意义，来看一个具体的例子，用气体动理论的观点定性地说明这种不可逆性. 假设有一容器，把它分割成容积相等的 A、B 两部分，如图 5.18 所示. 气体中任一分子在容器中有两种分配方式，即处于 A 或 B 中. 由于 A、B 的容积相等，所以任一分子在热运动中出现于 A 或 B 中的概率相等，都是 1/2. 如果考虑两个分子的系统，这两个分子在 A 与 B 中共有 $2\times2=2^2$ 种分配方式，每种分配方式出现的概率都是 $1/2\times1/2=1/2^2$. 当系统中含有 3 个分子时，它们在 A 与 B 中就共有 2^3 种分配方式，每种分配方式出现的概率都是 $1/2^3$. 一般来说，N 个分子在 A 和 B 中共有 2^N 种分配方式，而每种分配方式出现的概率都是 $1/2^N$. 这种在微观上能够加以区分的每一种方式，就称为一种微观态.

从宏观上描述系统状态时，只能以 A 或 B 中分子数目的多少来区分系统的不同状态，但却无法区分 A 和 B 中到底是哪些分子. 系统的一种宏观态就是系统中分子的一种分布方式. 显然，每种分布方式都可能包含许多分配方式，或者说与每种宏观态对应的可能有许多种微观态. 例如，4 个分子 a、b、c、d 在 A 与 B 中共有 $2^4=16$ 种分配方式，但却只有 5 种分布方式，如表 5.2 所示. 容易看出 A 中 4 个(或 B 中 4 个)分子这种分布方式的宏观态，只有一个微观态；而 A 与 B 中各 2 个分子这种均匀分布方式的宏观态，对应的微观态数最多，共有 6 个微观态.

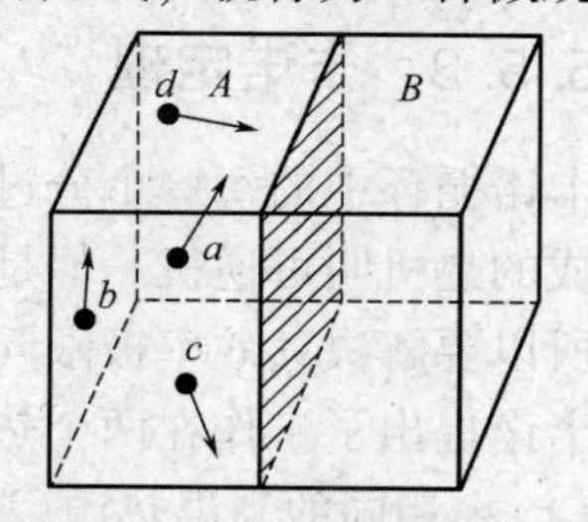

图 5.18　热力学第二定律的统计意义

表 5.2 4 个分子在 A 和 B 中的分布方式

分子位置的分配方式(微观态)		分子数目的分布方式(宏观态)		一种宏观态对应的微观态数
A	B	A	B	
$abcd$	0	4	0	1
abc abd acd bcd	d c b a	3	1	4
ab cd ac bd ad bc	cd ab bd ac bc ad	2	2	6
a b c d	bcd cda dab abc	1	3	4
0	$abcd$	0	4	1

由于每一种微观态出现的概率相等，所以对应的微观态数越多的宏观态，出现的概率就越大．也就是说，宏观态出现的概率与该宏观态对应的微观态数成正比．不难看出，N 个分子全部集中在 A 或 B 中的概率最小，只有 $\frac{1}{2^N}$，即 2^N 种可能微观态中的一种．对 1 mol 气体来说，这个概率为

$$\frac{1}{2^N}=\frac{1}{2^{6\times10^{23}}}\approx 10^{-2\times10^{23}}$$

这是微不足道的，实际上是不可能观察到的.

通过上面的分析可以看出，为什么气体可以向真空自由膨胀，却不能自发收缩．这是因为气体在自由膨胀的初态(全部集中在 A 或 B 中)所对应的微观态数最少，因而概率最小，最后均匀分布的状态对应的微观态数最多而概率最大．过程的不可逆性，实际上反映了热力学系统的自发过程总是由概率小的宏观态向概率大的宏观态进行．相反的过程，如果没有外界影响，实际上是不可能发生的．最后观察到的系统的状态——平衡态，就是概率最大的状态．对气体的自由膨胀来说，最后气体将处于分子均匀分布的那种微观态数最多的平衡态.

对于热传导和热功转化的不可逆过程，也可进行类似的说明.

对于热传导，由于高温物体分子的平均动能比低温物体分子的大，因此，在它们的相互作用中，能量从高温物体传到低温物体的概率比反向传递的大．对于热功转化，功转化为热的过程，是外力作用下宏观物体的有规则的定向运动转变为分子的无规则热运动，这种转化的概率大；而热转化为功的过程，是分子的无规则热运动转变为宏观物体的有规则的定向运动，这种转化的概率很小．因此，指出热传导的不可逆性和热功转化的不可逆性的热力学第二定律，本质上是一种统计性的规律.

由此可以看出，在一个不受外界影响的孤立系统中发生的一切实际过程，都是从概率小(微观态数少)的宏观态向概率大(微观态数多)的宏观态进行，这就是热力学第二定律的统计意义. 与之相反的过程，并非绝对不可能发生，只是由于概率极小，实际上是观察不到的. 热力学第二定律的统计意义，同时表明了它的适用范围只能是大量微观粒子组成的宏观系统，对于粒子数很少的系统则是没有意义的.

5.6.2 玻尔兹曼熵

在热力学中，熵的引进可以把热力学第二定律表示为定量的形式. 为了进一步介绍熵的概念，先介绍热力学概率的概念.

在热力学中，定义任一宏观态所包含的微观态数为该宏观态的热力学概率，用符号 Ω 表示. 由上面的分析可知，对于孤立系统，在一定条件下 Ω 值最大的状态就是平衡态，如果系统原来所处的宏观态的 Ω 值不是最大的，那么系统就处于非平衡态，随着时间的推移，系统将向 Ω 值增大的宏观态过渡，最后达到 Ω 值为最大的平衡态.

1877 年，玻尔兹曼(Boltzmann)把熵和概率联系起来，定义熵 S 与热力学概率 Ω 的自然对数成正比，即

$$S \propto \ln \Omega$$

写成等式为

$$S = k\ln \Omega \tag{5.28}$$

式中，比例系数 k 是玻尔兹曼常量. 上式叫作玻尔兹曼关系式. 玻尔兹曼关系式阐明了熵和熵增加原理的微观本质，为物理学的发展做出了重大贡献.

从式(5.28)中可以看出：

(1)任一宏观态都具有一定的热力学概率 Ω，因而具有一定的熵，所以熵是热力学系统的状态函数；

(2)由于热力学概率 Ω 的微观意义是分子无序性的一种量度，而熵 S 与 $\ln \Omega$ 成正比，所以熵的意义也是分子无序性的量度.

引进熵的概念后，热力学第二定律的微观实质可以表述为：在宏观孤立系统内所发生的实际过程总是沿着熵增加的方向进行的. 这个规律叫作熵增加原理. 若用数学式表示，则有

$$\Delta S > 0 \tag{5.29}$$

这里应该注意，熵增加原理只适用于孤立系统的过程，如果系统不是孤立的，则由于外界的影响，系统的熵是可以减少的. 另外，熵增加原理所说的熵增加是对整个系统而言的，系统中的个别部分或个别物体，其熵可增加、减少或不变.

熵增加原理是在热力学第二定律统计意义的基础上得出的，因而熵增加原理可视为热力学第二定律的定量表述形式. 由于熵是状态函数，因此熵增加原理不受具体过程的限制，它既包含热力学第二定律的开尔文表述，也包含克劳修斯表述，它是热力学第二定律更为普遍的、定量的表述. 只要将过程的初、末两态的熵变 ΔS 计算出来，便可根据 ΔS 来判断过程的性质和进行方向. 若 $\Delta S>0$，则过程不可逆，系统自发地向着熵增加的方向进行；若 $\Delta S=0$，则过程可逆；若 $\Delta S<0$，则过程就不能自发进行了.

概念检查答案

1. 内能减小，向外界放热.
2. 不变化.
3. 500 J，-500 J.
4. 25%.
5. 不成立.

思考题

思考题解答

5.1 为什么气体摩尔热容的数值可以有很多个？试说明以下是什么情况下的摩尔热容：

(1) $C_m=0$；(2) $C_m\to\infty$；(3) $C_m>0$；(4) $C_m<0$.

5.2 有人认为：在任一绝热过程中，系统与外界之间没有热量传递，系统的温度就不会变化．这种说法正确吗？

5.3 循环过程中系统对外界做的净功在数值上等于 $p-V$ 图中闭合曲线所包围的面积，所以闭合曲线所包围的面积越大，循环的效率就越高，这种说法正确吗？

5.4 两条绝热线与一条等温线能否构成一个循环？为什么？

习题

5.1 一系统从外界吸收一定热量，则(　　).

(A)系统的内能一定增加

(B)系统的内能一定减少

(C)系统的内能一定保持不变

(D)系统的内能可能增加，也可能减少或保持不变

5.2 用公式 $\Delta E=\nu C_V\Delta T$ (式中 C_V 为定体摩尔热容，视为常量，ν 为气体的物质的量)计算理想气体内能的增量时，此式(　　).

(A)只适用于准静态的等体过程

(B)适用于一切等体过程

(C)适用于一切准静态过程

(D)适用于一切初、末态为平衡态的过程

5.3 对于单原子分子理想气体，在等压膨胀中，系统内能的增量与对外界做的功之比为(　　).

(A)1/3　　(B)2/3　　(C)3/1　　(D)3/2

5.4 一定量理想气体从同一状态开始使体积由 V_1 膨胀至 V_2，经历的过程分别是：等压过程、等温过程、绝热过程，其中吸热最多的过程是(　　).

(A)等压过程　　(B)等温过程　　(C)绝热过程　　(D)几个过程吸热一样多

5.5 两个卡诺热机共同使用同一低温热源，但高温热源的温度不同，在 $p-V$ 图中，它们的循环曲线所包围的面积相等，则(　　).

(A)两热机的效率一定相等

(B)两热机从高温热源吸收的热量一定相等

(C)两热机向低温热源放出的热量一定相等

(D)两热机吸收的热量与放出的热量(绝对值)的差值一定相等

5.6 由热力学第二定律可知：

(1)功可以完全转化为热，而热不能完全转化为功；

(2)一切热机的效率不可能为100%；

(3)热不能从低温物体向高温物体传递；

(4)气体能自由膨胀，但不能自发收缩.

以上说法正确的是(　　).

(A)(1)(2)　　(B)(2)(3)(4)　　(C)(2)(4)　　(D)全正确

5.7 同一种理想气体的定压摩尔热容 C_p 大于定体摩尔热容 C_V，原因是＿＿＿＿＿＿.

5.8 如习题5.8图所示，一定量理想气体从状态1变化到状态2，此过程中，气体内能的增量 ΔE ＿＿ 0，气体对外界做的功 A ＿＿ 0，气体从外界吸收的热量 Q ＿＿ 0.(填“>”“<”或“=”)

5.9 如习题5.9图所示，图中画不同斜线的两部分的面积分别为 S_1 和 S_2，若气体经历 $A\to1\to B$ 的膨胀过程，则其对外界做的功为＿＿＿＿＿＿；若气体经历 $A\to2\to B\to1\to A$ 的循环过程，则其对外界做的功为＿＿＿＿＿＿.

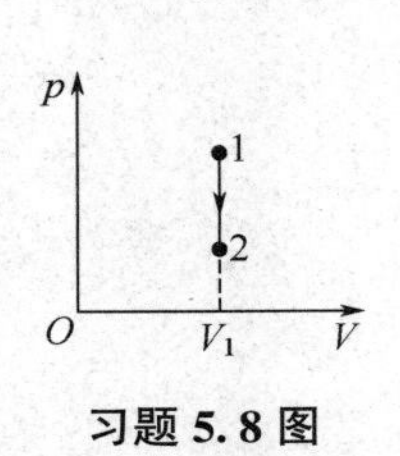

习题5.8图

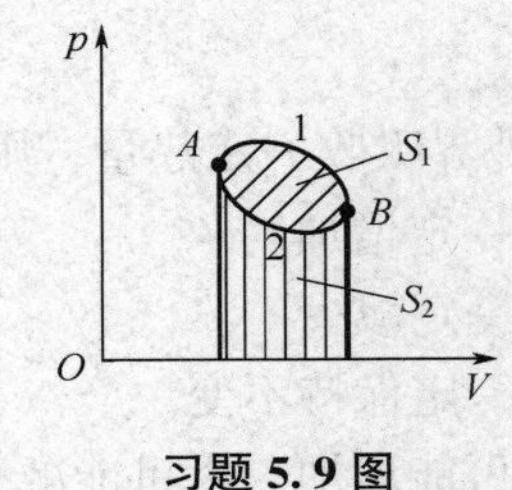

习题5.9图

5.10 若理想气体按照 $pV^3=C$ (C 为正常量)的规律使体积从 V_1 膨胀到 V_2，则它对外界做的功为＿＿＿＿＿＿；膨胀过程中气体的温度＿＿＿＿＿＿(填“升高”“降低”或“不变”).

5.11 从单一热源吸热并将其完全用于做功，是不违背热力学第二定律的，如＿＿＿＿过程就是这种情况.

5.12 1 mol单原子理想气体从300 K加热到350 K，(1)体积保持不变，(2)压强保持不变. 问：在这两个过程中气体各吸收了多少热量？增加了多少内能？对外界做了多少功？

5.13 一定量理想气体进行如习题5.13图所示的循环过程，气体在状态 A 时温度为 $T_A=300$ K，求：(1)气体在状态 B、C 时的温度；(2)各过程中气体对外界做的功；(3)气体在整个循环过程中吸热的代数和.

5.14 将体积为 1.0×10^{-4} m^3、压强为 1.01×10^5 Pa的氢气绝热压缩，使其体积变为 2.0×10^{-5} m^3，求压缩过程中气体所做的功.(氢气的摩尔热容比 $\gamma=1.41$)

5.15 1 mol单原子理想气体经习题5.15图所示的循环过程，其中 $A\to B$ 为等温过程，且 $V_B=2V_A$，求循环的效率.

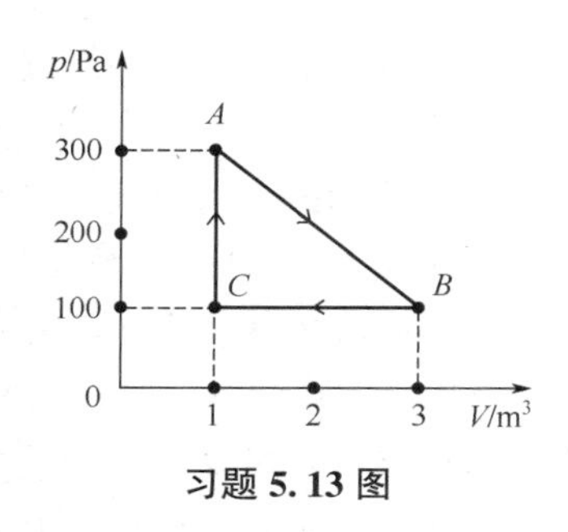

习题 5.13 图

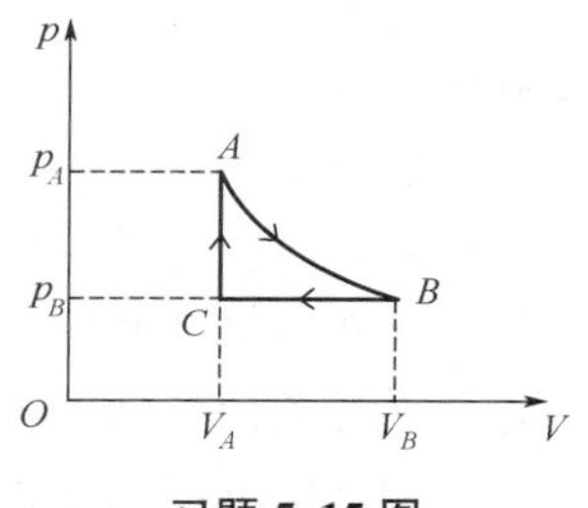

习题 5.15 图

5.16　0.32 g 的氧气进行习题 5.16 图所示的 $A \to B \to C \to D \to A$ 循环，设 $V_2 = 2V_1$，$T_1 = 300$ K，$T_2 = 200$ K，求循环的效率．(氧气的定体摩尔热容为 21.1 $\mathrm{J \cdot mol^{-1} \cdot K^{-1}}$)

5.17　某理想气体循环过程的 $V\text{-}T$ 图如习题 5.17 图所示．已知该气体的定压摩尔热容 $C_p = 2.5R$，定体摩尔热容 $C_V = 1.5R$，且 $V_C = 2V_A$．求：(1)图中循环代表制冷循环还是热机循环？(2)若是热机循环，求循环的效率；若是制冷循环，求制冷系数.

5.18　一热机在 1 000 K 的高温热源和 300 K 的低温热源之间工作，(1)高温热源提高到 1 100 K，(2)低温热源降低到 200 K. 问：理论上热机的效率各增加多少？对于提高热机效率，哪一种方案更好？

5.19　一卡诺热机，以 290 g 空气为工作物质，工作在 27 ℃的高温热源和−73 ℃的低温热源之间，此热机的效率是多少？若在等温膨胀过程中气缸体积增大为原来的 2.718 倍，则此热机每一循环所做的功是多少？(空气的摩尔质量为 $29\times10^{-3}\ \mathrm{kg \cdot mol^{-1}}$)

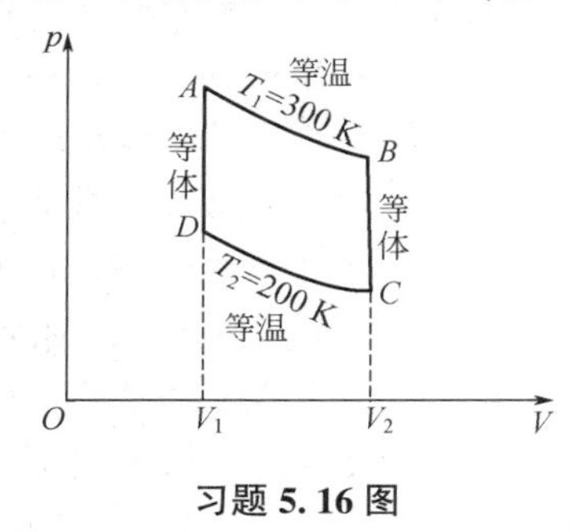

习题 5.16 图

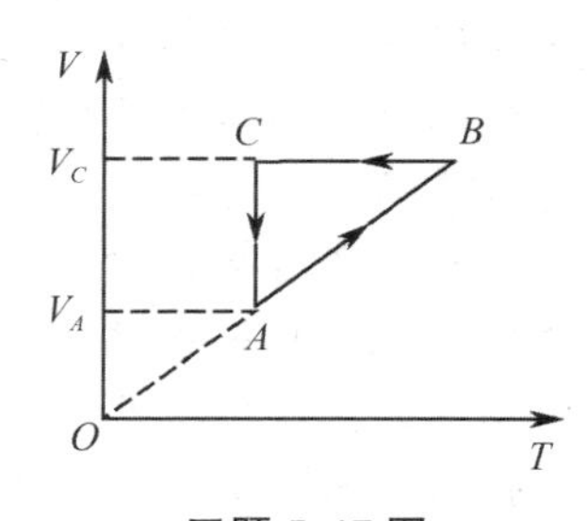

习题 5.17 图

5.20　一卡诺热机，当高温热源的温度为 400 K，低温热源的温度为 300 K 时，每次循环对外界做净功 8.00×10^3 J. 今维持低温热源的温度不变，提高高温热源的温度，使热机每次循环对外界做净功 1.00×10^4 J. 若两个循环都工作在两条相同的绝热线之间，求：(1)第二个循环的效率；(2)第二个循环中高温热源的温度.

学习与拓展

6 物理与人文

自然定律

热力学第一、第二定律是适用于人类社会所有领域的科学规律，从物理学、化学、生物学到经济学、社会学，人类社会的所有活动都受到它们支配。我们所处的世界正在迅速变化，变得越来越复杂，越来越无序，特别是科学技术高速发展的近一个世纪里，物种濒危、全球变暖、污染严重、能源紧张……尽管我们一直在治理和控制，但生态环境仍处在危机当中，尽管我们不计投入地试图根治病毒、细菌，但它们仍侵袭着人类……面对众多困惑，或许能从热力学原理中找到解释。

热力学定律最初是在研究热和热能的过程中发现的，因此称为热力学定律. 然而，它们也是对人类非常重要的、具有普遍意义的自然定律。在今天变幻莫测的世界里，许多技术、理论、意识形态、时尚和信息都迅速过期，而热力学定律却长盛不衰，它不仅经受了时间的检验，而且随着越来越多的实证数据的积累而越来越有说服力。

热力学第一定律是能量守恒定律，孤立系统能量的总量是恒定不变的，能量既不能被创造也不能被消灭，只能够从一种形式转化成另一种形式。该定律是在19世纪40年代热功当量确定之后才建立的，在这之前，不少人沉迷于一种神秘机械——永动机的制造，人们在生产实践中曾幻想制造一种机器，使系统能在不断地经历状态变化后仍回到初态，同时在这过程中无须外界能量的供给而能持续对外界做功，这种永动机称为第一类永动机。从哥特时代起，这类永动机的设计方案越来越多，有采用"螺旋汲水器"的，有利用轮子的惯性、水的浮力或毛细作用的，也有利用同性磁极之间的排斥作用的。宫廷里聚集了形形色色的企图以这种虚幻的发明来扬名的设计师，这一任务就像海市蜃楼一样吸引着他们。在人们尚未掌握自然界的基本规律时，这种天真而又美好的想法吸引着许多有杰出创造才能的人付出了大量的智慧和劳动；但是没有一部永动机被实际制造出来，也没有一个永动机的设计方案能够经受住科学的检验。通过不断的实践和尝试，人们逐渐认识到，任何机器对外界做功，都要消耗能量，不消耗能量，机器是无法做功的。

在认识能量的过程中，一项重大突破就是发现热也是能量的一种形式，与其他形式的能量一样，热能可以做功，而做功也可以产生热能。热力学第一定律是能量转化和守恒定律在热力学上的具体表现，它指出热是物质运动的一种形式，在涉及热能的过程中，系统的能量也是守恒的。由于热力学系统十分广泛，可以是物理的、化学的、生物的，或其他任意一种系统，热力学第一定律对事物的种类没有限制，远远超出了经典力学的范畴。每一事物都可以是一个热力学系统，从一个保温瓶到人体、房屋、工厂、城市、森林、地球乃至整个宇宙，就是在黑洞附近、速度接近光速时，以及对亚原子粒子，它也成立。热力学第一定律因其可以统一一切的威力，被称为自然科学的最伟大概括，故称之为自然第一定律。恩格斯把它和达尔文的进化论及细胞学说并列为三大自然发现。

热力学第一定律给我们一个什么是我们能做，什么是我们不能做的框架，发现自然定律的目的之一就是帮助我们排除不可能性，最大限度地保存资源，避免做无用功。热力学第一定律否认了能量的无中生有，所以不需要动力和燃料就能做功的永动机就成了天方夜谭式的设想，永动机神话的破灭，不仅有利于人们正确地认识科学，也有利于人们正确地认识世界。

热机是利用燃料燃烧产生的热能来做功的机器，是人类最伟大的发明之一。现代化的交通运输工具都靠它提供动力，各种车辆、船只、飞行器(涡轮螺旋桨发动机、涡轮喷气发动机、火箭发动机)都是利用热机工作的，离开热机我们寸步难行。历史上，蒸汽机对近代科学和技术产生了巨大贡献，促成了第一次工业革命，但蒸汽机有一个极大的缺陷，就是效率太低，从1782年瓦特改良蒸汽机以后的80年间，其效率仅从3%提高到8%，热力学理论正是18、19世纪人们在研究热机能量转化及其效率的过程中总结发展起来的。

所谓热机的效率，就是指吸收来的热量有多少转化成了有用功。为提高热机效率，不少科学家和工程师将探索的目光投向理论，开始研究一般热机的效率，探讨提高效率的途径。

1824 年，年仅 28 岁的法国工程师卡诺以他出众的大胆设想和敏锐思维，抓住了其中真正有意义的特征，他发现一切热机在做功时不仅以消耗热量为代价，还有热量流向冷的物体，没有较低温度的冷的物体，热量就不能被利用，即单独提供热不足以给出推动力，正如没有落差水力就无法利用一样。

卡诺设想了一种反映一切热机共性的理想热机，工作物质只与两个恒温热源接触，且无任何散热、漏气等因素存在。卡诺采取最普遍的形式进行研究的方法充分体现了热力学的精髓，他的研究成果包括卡诺循环的提出和卡诺定理的证明，具有极重要的意义：一方面解决了热机效率的极限问题，指出了提高热机效率的方向；另一方面指出了热机效率不可能达到 100%，为热力学第二定律的建立奠定了基础。

在第一类永动机被否定之后，人们开始考虑热能转化为功的效率问题。能否制造这样的热机，它可以将从一个热源吸取的热量全部用于对外界做功，这并不违反能量转化和守恒定律。直至 19 世纪中叶，人们还以为只要在设计创新上下功夫，热机就可以获得 100%的效率转化，这种热机称为第二类永动机。卡诺定理改变了科学家和工程师的看法，他对热机能达到的目标设立了一个限度。1850 年和 1851 年，克劳修斯和开尔文分别从能量转化的角度描述了卡诺循环，提出了热力学第二定律，任何使用单一热源的热机都不可能制造出来，这意味着第二类永动机的梦想同样不可能实现。

热力学第二定律具有远比克劳修斯和开尔文表述广泛得多的意义，这条定律明确地说明：要使自然界任何已发生的过程完全逆转是不可能的。引入熵的概念来说明热力学第二定律就是熵增加原理，孤立系统的熵值永远是增加的。物理学家把熵作为一个量度热力学系统无序状态的物理量，熵增加即指孤立系统的一切自发过程都是向着微观态更无序的方向发展，要使系统回复到原有的有序状态是不可能的，除非外界对它做功。卡诺的研究指出能量转化做功的同时能量的品质也降低了，成为再也无法利用的无效能量，水从高处下落驱动水轮机转化为对外界做功，而一旦越过水坝流入湖泊，失去下落的高度，就连最小的轮子也无法带动，所以，熵的增加就意味着有效能量的减少。自然界发生的任意过程都伴随着一定的能量被转化成了不能再利用的无效能量，如热机工作时向环境排放的热量，而这些无效能量构成了我们所说的污染，也就是说，耗散了的能量就是污染。根据热力学第二定律，能量只会沿着一个方向即耗散的方向转化，这就意味着人类在消耗能源利用其做功的同时，不可避免地产生了大量无效能量污染自己赖以生存的星球。如果用经济学术语来说，就是：热力学第二定律可看作自然界的一个税务员，它索要的税款取自人类的活动，人类的活动是要付出代价的，它们导致了热力学系统无序状态即熵的增加，热力学第二定律就是通过税收，控制和指挥着宇宙所有运动过程进行的方式和途径。因此，热力学第二定律在所有自然定律中享有最高的地位，该定律适用于所有自然过程，不管是物理的、化学的、生物的、地质的还是其他领域的过程，所以被称为自然第二定律。

热力学第一定律告诉我们能量是守恒的，给我们的世界观是等值交换、物质不灭、无中不能生有。而热力学第二定律告诉我们熵值永不减小，给我们的世界观是不可逆转，一切趋于无序发展，可用资源向不可用的伪资源发展。热力学第二定律深化了人类对自然和社会的认识，它给人类设定了发展的限度和条件，引领着世界前进的方向。掌握了热力学定律的精髓，我们就能弄清所面临的从科学到经济再到环境和社会的日益复杂的全球性问题，它帮助我们了解自然界的运转过程，使我们能够尊重自然、保护自然，并与之和谐相处。

第三篇　波动与光学

振动是常见的周期性运动. 广义地说，任何一个物理量在某一个值附近的周期性变化都可以称为振动. 例如，交流电路中电流、电压的周期性变化，电磁场中电场强度和磁感应强度的周期性变化都可称为振动. 振动在空间的传播称为波动，波动有不同种类，机械振动在弹性介质中的传播称为机械波，如声波、水波、弹性绳子中的波等. 变化电场和变化磁场在空间的传播称为电磁波，如无线电波、光波、X射线等.

机械波和电磁波本质上是不同的，但是它们都有波的共同特征和规律，如都具有一定的传播速度，都伴随着能量的传播，都能产生反射、折射、干涉和衍射等现象，而且有相似的数学表述形式. 本篇先在经典力学的基础上介绍机械振动和机械波的规律，其中关于振动与波的运动学描述、振动与波的叠加、振动与波的能量等概念，对电磁波（包括光波）具有普遍的意义.

光学是物理学中发展较早的一个分支. 19世纪初，随着科学技术的进步，观察到了光的干涉、衍射和偏振等现象，这些现象都证明了光的波动性. 到了19世纪中期，麦克斯韦建立了电磁场理论，指出光波的本质是电磁波，把光学纳入电磁学范畴内. 本篇将介绍光作为波所遵循的基本规律，包括光的干涉、衍射和偏振.

第 6 章 机械振动

思维导图

物体在一定位置附近所作的来回往复的运动称为机械振动，它是物体的一种运动形式．振动是常见的周期性运动．广义地说，任何一个物理量在某一值附近的周期性变化都称为振动，虽然各类振动在本质上是不同的，但从运动形式上看，它们都随时间作周期性变化，遵从相同的规律，而且这种规律可用统一的数学形式来表示．因此，从振动的共性出发，研究机械振动的规律，就有助于了解其他振动的规律.

振动是多种多样的，在不同的振动中，最基本、最简单的是简谐振动．一切复杂的振动都可以视为若干简谐振动的合成，所以研究简谐振动有着重要的意义．本章从讨论简谐振动的基本规律入手，进而讨论简谐振动的能量、合成规律，以及阻尼振动、共振等.

§6.1 简谐振动

6.1.1 简谐振动的基本特征

研究简谐振动的理想模型是弹簧振子，所谓弹簧振子，就是由质量可以忽略不计的轻弹簧和一个可视为质点的物体所构成的振动系统.

如图 6.1 所示，弹簧振子放置在光滑的水平面上，一端固定，当弹簧为原长时，物体在水平方向受到的合外力为零，这时物体所处的位置为平衡位置，用 O 表示．取平衡位置 O 为坐标原点，水平向右为 x 轴的正方向．在小幅振动的情况下，当物体离开平衡位置的位移为 x 时，由胡克定律可知，物体受到的弹性力 F 与弹簧的伸长量(物体离开平衡位置的位移) x 成正比，弹性力的方向与位移的方向相反，即

$$F=-kx$$

式中，k 是弹簧的弹性系数．负号表示力的方向和位移反向，即总是指向平衡位置，故这种力又称为回复力．物体受线性回复力作用是简谐振动的动力学特征.

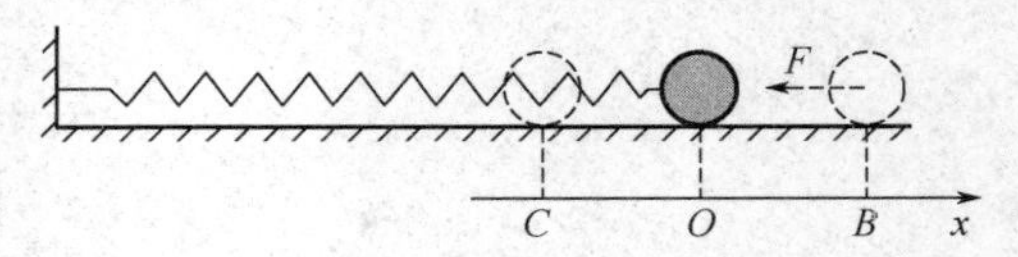

图 6.1 弹簧振子

根据牛顿第二定律，物体在任意位移 x 处的加速度为

$$a = \frac{F}{m} = -\frac{k}{m}x \tag{6.1}$$

上式说明，简谐振动的加速度和位移成正比，方向与位移相反.

对于给定的弹簧振子，弹簧的弹性系数 k 和物体的质量 m 都是常量，令

$$\frac{k}{m} = \omega^2$$

代入式(6.1)得

$$\frac{\mathrm{d}^2x}{\mathrm{d}t^2} + \omega^2 x = 0 \tag{6.2}$$

式(6.2)是简谐振动的运动微分方程，求解这个二阶线性齐次微分方程，可得简谐振动的运动方程为

$$x = A\cos(\omega t + \varphi) \tag{6.3}$$

式中，A 和 φ 是积分常数，由初始条件决定，它们的物理意义将在后面讨论.

由上可见，弹簧振子运动时，物体相对平衡位置的位移按余弦函数关系随时间变化，式(6.3)也称为简谐振动方程或简谐振动表达式．从广义的角度来说，凡运动规律符合式(6.2)、式(6.3)的运动都是简谐振动，式中 x 可以是位移、角位移、电流、电压、电场强度等物理量.

根据速度和加速度的定义，将式(6.3)对时间求一阶、二阶导数，可得到物体作简谐振动的速度和加速度：

$$v = \frac{\mathrm{d}x}{\mathrm{d}t} = -\omega A\sin(\omega t + \varphi) \tag{6.4}$$

$$a = \frac{\mathrm{d}^2x}{\mathrm{d}t^2} = -\omega^2 A\cos(\omega t + \varphi) \tag{6.5}$$

式中，ωA 和 $\omega^2 A$ 为速度和加速度的幅值．由式(6.4)和式(6.5)可见，物体作简谐振动时，速度、加速度也随时间周期性变化．图6.2画出了简谐振动的位移、速度、加速度与时间的关系曲线($\varphi=0$).

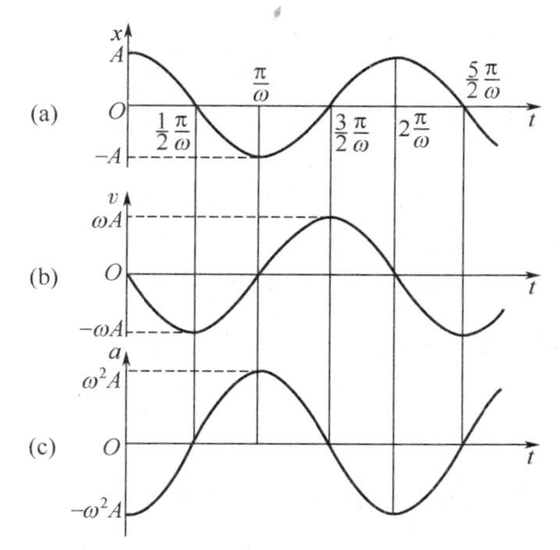

图6.2 简谐振动图解

6.1.2 描述简谐振动的物理量

简谐振动方程式(6.3)中有三个反映振动特征的物理量 A、ω 和 φ，分别为振幅、角频率和初相位，以下就这三个物理量加以讨论.

1. 振幅

在简谐振动方程 $x = A\cos(\omega t + \varphi)$ 中，x 是振动物体离开平衡位置的位移．因 $|\cos(\omega t + \varphi)| \leq 1$，所以 $|x| \leq A$，A 是物体离开平衡位置的最大位移，称为简谐振动的振幅.

2. 周期、频率、角频率

物体作一次完整振动所需的时间称为振动周期，用 T 表示，单位是秒(s)．振动物体从

某一时刻 t 开始，经一周期 T 后，回到原处，其位移不变．有

$$x = A\cos(\omega t + \varphi) = A\cos[\omega(t + T) + \varphi] = A\cos(\omega t + \varphi + \omega T)$$

因余弦函数的周期是 2π，所以有 $\omega T = 2\pi$，即

$$T = \frac{2\pi}{\omega}$$

单位时间内物体作完整振动的次数称为振动频率，用 ν 表示，单位是赫兹(Hz)．频率与周期的关系为

$$\nu = \frac{1}{T} = \frac{\omega}{2\pi}$$

由上式可得 $\omega = 2\pi\nu$. ω 是频率的 2π 倍，称为角频率或圆频率，单位是弧度每秒($\mathrm{rad \cdot s^{-1}}$)．由于 $\omega = \sqrt{\dfrac{k}{m}}$，故弹簧振子的角频率是由系统本身固有的性质决定的．其周期为

$$T = \frac{2\pi}{\omega} = 2\pi\sqrt{\frac{m}{k}} \tag{6.6}$$

可见，弹簧振子的周期也是由振动系统固有的性质决定的，所以称为固有周期.

3. 相位、初相位

在力学中用位矢和速度描述物体的运动状态．对于简谐振动方程 $x = A\cos(\omega t + \varphi)$，当振幅 A 和角频率 ω 一定时，振动物体的位移和速度都取决于$(\omega t + \varphi)$，将其称为振动相位，相位是决定简谐振动物体运动状态的物理量.

在一个周期内，简谐振动物体每时刻的运动状态都不相同，这相当于相位经历着从 0 到 2π 的变化．由式(6.3)和式(6.4)可知，当相位$(\omega t + \varphi) = 0$ 时，$x = A$，$v = 0$，表示该时刻物体的位移达到最大值，速度为零；当相位 $(\omega t + \varphi) = \dfrac{\pi}{2}$ 时，$x = 0$，$v = -\omega A$，表示该时刻物体正越过平衡位置以最大速度 ωA 向 x 轴负方向运动；当相位 $(\omega t + \varphi) = \pi$ 时，$x = -A$，$v = 0$，表示该时刻物体的位移达到负的最大值，速度为零；当 $(\omega t + \varphi) = \dfrac{3\pi}{2}$ 时，$x = 0$，$v = \omega A$，表示该时刻物体正越过平衡位置以最大速度 ωA 向 x 轴正方向运动……，可见，不同的相位表示物体不同的运动状态，凡是物体位移和速度都一致的运动状态，它们所对应的相位都相同或相差 2π 的整倍数．由此可见，相位是描述振动物体运动状态的重要物理量，同时也反映简谐振动的周期性.

当 $t = 0$ 时，相位$(\omega t + \varphi) = \varphi$，称 φ 为初相位，它是反映振动物体初始时刻运动状态的物理量.

在角频率 ω 给定的情况下，振幅 A 和初相位 φ 由初始条件决定．设 $t = 0$ 时，物体的位移为 x_0，速度为 v_0，代入式(6.3)和式(6.4)，有

$$x_0 = A\cos\varphi, \qquad v_0 = -\omega A\sin\varphi$$

由此可得

$$A = \sqrt{x_0^2 + \frac{v_0^2}{\omega^2}} \tag{6.7}$$

$$\varphi = \arctan\left(-\frac{v_0}{\omega x_0}\right) \tag{6.8}$$

其中 φ 所在的象限由 x_0 和 v_0 的符号确定.

综上所述，振幅 A、角频率 ω 和初相位 φ 是描述简谐振动的三个特征量，只要这三个特征量被确定，就可以写出简谐振动的完整表达式，也就掌握了这一简谐振动的全部特征．在这三个特征量中，ω 取决于系统的固有性质，而振幅 A 和初相位 φ 则由初始条件决定.

概念检查 1

简谐振动方程中相位 $(\omega t+\varphi)$ 从形式上看是余弦函数的角度量，而在振动问题中它却是描述物体运动状态的物理量，怎么理解这个意义？

例 6.1　一弹簧振子作简谐振动，振幅 $A=2.0\times10^{-2}$ m，周期 $T=1.0$ s，初相位 $\varphi=\frac{3\pi}{4}$.

(1) 写出简谐振动方程；

(2) 求 $t=1$ s 时弹簧振子的位移、速度和加速度.

解　(1) 简谐振动方程为

$$\begin{aligned} x &= A\cos(\omega t+\varphi) \\ &= A\cos\left(\frac{2\pi}{T}t+\varphi\right) \\ &= 2.0\times10^{-2}\cos\left(2\pi t+\frac{3\pi}{4}\right)\ \text{m} \end{aligned}$$

(2) $t=1$ s 时，弹簧振子的位移、速度、加速度分别为

$$x = 2.0\times10^{-2}\cos\left(2\pi+\frac{3\pi}{4}\right)\ \text{m} = -1.4\times10^{-2}\ \text{m}$$

$$v = -2\pi\times2.0\times10^{-2}\sin\left(2\pi+\frac{3\pi}{4}\right)\ \text{m}\cdot\text{s}^{-1} = -8.9\times10^{-2}\ \text{m}\cdot\text{s}^{-1}$$

$$a = -4\pi^2\times2.0\times10^{-2}\cos\left(2\pi+\frac{3\pi}{4}\right)\ \text{m}\cdot\text{s}^{-2} = 0.56\ \text{m}\cdot\text{s}^{-2}$$

例 6.2　一质量为 0.01 kg 的物体作简谐振动，其振幅为 0.08 m，周期为 2 s，初始时刻物体的位移 $x=0.04$ m，并向 x 轴负方向运动，求：

(1) 简谐振动方程；

(2) $t=1$ s 时，物体所处的位置；

(3) 物体第一次运动到平衡位置时所需的时间.

解　(1) 简谐振动方程为

$$x = A\cos(\omega t+\varphi)$$

由已知条件 $A=0.08$ m，$\omega=\frac{2\pi}{T}=\pi\ \text{s}^{-1}$. 又 $t=0$ 时，$x=0.04$ m，代入方程，得

$$0.04 = 0.08\cos\varphi$$

即

$$\cos\varphi=\frac{1}{2}$$

所以

$$\varphi=\pm\frac{\pi}{3}$$

由于 $t=0$ 时物体向 x 轴负方向运动，即 $v_0=-\omega A\sin\varphi<0$，则应取

$$\varphi=\frac{\pi}{3}$$

所以简谐振动方程为

$$x=0.08\cos\left(\pi t+\frac{\pi}{3}\right)\ \mathrm{m}$$

(2) $t=1$ s 时，物体所处的位置为

$$x=0.08\cos\left(\pi+\frac{\pi}{3}\right)=-0.08\cos\frac{\pi}{3}\ \mathrm{m}=-0.04\ \mathrm{m}$$

(3) 设物体第一次运动到平衡位置所需的时间为 t，则

$$0=0.08\cos\left(\pi t+\frac{\pi}{3}\right)$$

即

$$\cos\left(\pi t+\frac{\pi}{3}\right)=0$$

依题意，有

$$\pi t+\frac{\pi}{3}=\frac{\pi}{2}$$

$$t=0.167\ \mathrm{s}$$

6.1.3 单摆和复摆

一根不能伸长的细线上端固定，下端悬挂一可视为质点的物体．若把物体从平衡位置略微移开后释放，它就在平衡位置附近的竖直平面内往复运动．这个振动系统称为单摆(见图 6.3)．

设物体的质量为 m，摆线的长度为 l，其质量可以忽略．摆线竖直时，作用在物体上的合外力为零，该位置为平衡位置，用 O 表示．设任意时刻 t，摆线偏离竖直位置的角位移为 θ，并规定偏离平衡位置沿逆时针方向转过的角度为正．物体受到重力 mg 和线的拉力 T，忽略空气阻力，物体所受的合力沿圆弧切线方向的分力为

$$F_t=-mg\sin\theta$$

当摆角 θ 很小时，有 $\sin\theta\approx\theta$，所以

$$F_t=-mg\theta$$

因物体的切向加速度 $a_t=l\dfrac{d^2\theta}{dt^2}$，由牛顿第二定律可得

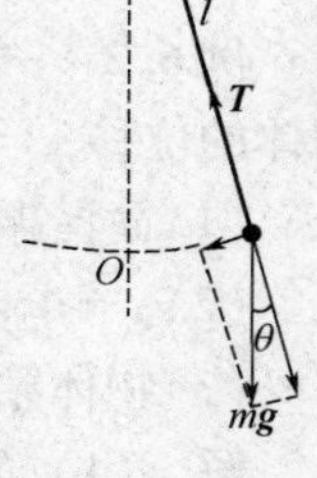

图 6.3 单摆

$$ml\frac{d^2\theta}{dt^2}=-mg\theta$$

或

$$\frac{d^2\theta}{dt^2}+\frac{g}{l}\theta=0 \tag{6.9}$$

可见，在摆角很小的情况下，单摆的角加速度与角位移成正比，但方向相反，具有简谐振动的特征．单摆的振动是简谐振动.

把式(6.9)与式(6.2)进行比较，可得单摆的角频率和周期：

$$\omega=\sqrt{\frac{g}{l}},\ T=\frac{2\pi}{\omega}=2\pi\sqrt{\frac{l}{g}} \tag{6.10}$$

单摆的振动周期完全取决于振动系统本身的性质，即取决于摆长 l 和该处的重力加速度 g，而与摆动物体的质量无关．在小摆角的情况下，单摆可用作计时，也为测量重力加速度提供了一种简便方法.

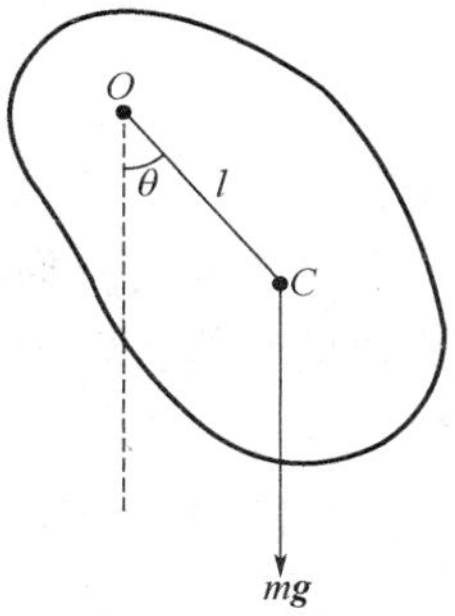

一个可绕固定水平轴 O 作无摩擦微小摆动的刚体称为复摆，如图 6.4 所示．设复摆的质量为 m，对 O 轴的转动惯量为 J，复摆的质心 C 到 O 的距离为 l.

图 6.4　复摆

在平衡位置，OC 的连线沿竖直方向．规定偏离平衡位置沿逆时针方向转过的角位移为正值．设时刻 t，OC 与竖直方向的夹角为 θ，这时复摆受到相对 O 轴的重力矩为

$$M=-mgl\sin\theta$$

当摆角很小时，$\sin\theta\approx\theta$，则 $M=-mgl\theta$.

若不计空气阻力，由转动定律，有

$$J\frac{d^2\theta}{dt^2}=-mgl\theta$$

或

$$\frac{d^2\theta}{dt^2}+\frac{mgl}{J}\theta=0$$

可见，在摆角很小时，复摆在平衡位置附近的运动是简谐振动．把上式与式(6.2)进行比较，可得其角频率和周期分别为

$$\omega=\sqrt{\frac{mgl}{J}},\quad T=2\pi\sqrt{\frac{J}{mgl}}$$

上式表明，复摆的周期也完全取决于振动系统本身的性质.

概念检查 2

两个计时器，一个依靠弹簧振动，一个依靠单摆摆动，若将它们拿到火星上，和在地球上相比，它们的计时会有什么变化？(火星的重力加速度为地球的 0.37)

6.1.4　简谐振动的能量

仍以弹簧振子为例来讨论简谐振动的能量．在振动过程中，系统具有动能和势能．设某一时刻，物体的速度为 v，离开平衡位置的位移为 x，则系统的动能为

$$E_k = \frac{1}{2}mv^2$$

系统的弹性势能为

$$E_p = \frac{1}{2}kx^2$$

将式(6.3)、式(6.4)代入，有

$$E_k = \frac{1}{2}m\omega^2 A^2 \sin^2(\omega t + \varphi)$$

$$E_p = \frac{1}{2}kA^2 \cos^2(\omega t + \varphi)$$

上两式表明，物体作简谐振动时，系统的动能和势能都随时间周期性变化．当物体的位移达到最大值，即相位 $\omega t + \varphi = k\pi$ 时，势能达到最大值，动能为零；当物体的位移为零，即相位 $\omega t + \varphi = (k + 1/2)\pi$ 时，势能为零，动能达到最大值．

系统的总能量为

$$\begin{aligned} E &= E_k + E_p \\ &= \frac{1}{2}m\omega^2 A^2 \sin^2(\omega t + \varphi) + \frac{1}{2}kA^2 \cos^2(\omega t + \varphi) \end{aligned}$$

对于弹簧振子，$\omega^2 = \dfrac{k}{m}$，所以有

$$E = \frac{1}{2}kA^2 \tag{6.11}$$

上式表明，弹簧振子在振动过程中，系统的动能和势能虽然分别随时间周期性变化，但总能量却保持恒定，其值与振幅的平方成正比．

图 6.5 表示弹簧振子的动能、势能随时间变化(设 $\varphi = 0$)的曲线和相应的 x-t 曲线．

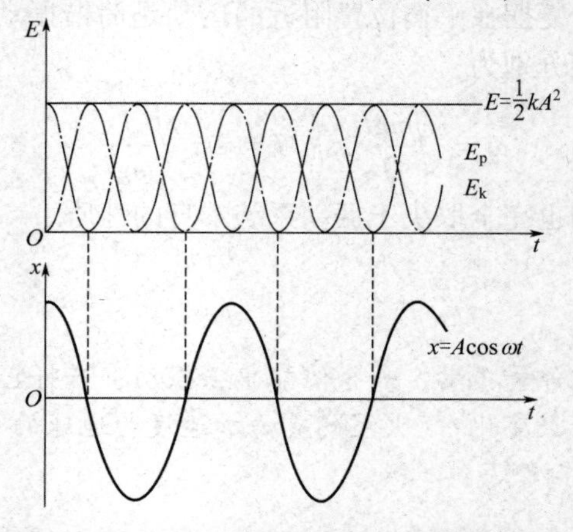

图 6.5　弹簧振子的能量随时间变化的曲线

由图 6.5 可以看出，在振动过程中系统的动能和势能相互转化，由于系统不受外力和非保守内力的作用，故其总能量守恒．

例 6.3　一弹簧振子的简谐振动方程为 $x = A\cos(\omega t + \varphi)$，设弹簧的弹性系数为 k．求：

(1)当 $x=\dfrac{A}{2}$ 时，系统的动能和势能；

(2)弹簧振子在什么位置时，系统的动能与势能相等.

解　(1)对于弹簧振子，系统的总能量为

$$E=\frac{1}{2}kA^2$$

当 $x=\dfrac{A}{2}$ 时，系统的势能为

$$E_p=\frac{1}{2}kx^2=\frac{1}{8}kA^2=\frac{1}{4}E$$

所以系统的动能为

$$E_k=E-E_p=\frac{3}{4}E=\frac{3}{8}kA^2$$

(2)设弹簧振子在 x_0 处时系统的动能与势能相等，则有

$$\frac{1}{2}kx_0^2=\frac{1}{2}E=\frac{1}{4}kA^2$$

所以

$$x_0=\frac{A}{\sqrt{2}}$$

§6.2　简谐振动的旋转矢量法

为了直观地理解简谐振动的三个特征量 A、ω、φ 的意义，并为讨论简谐振动的合成提供简洁的几何方法，引入旋转矢量.

如图 6.6 所示，在平面内作 Ox 轴，由原点 O 作一矢量 $\overrightarrow{OM}$，其长度等于振幅 A，并使矢量 $\overrightarrow{OM}$ 在图平面内绕 O 点作逆时针方向的匀速转动，其角速度与简谐振动的角频率 ω 相等．这个矢量称为振幅矢量，以 $\boldsymbol{A}$ 表示.

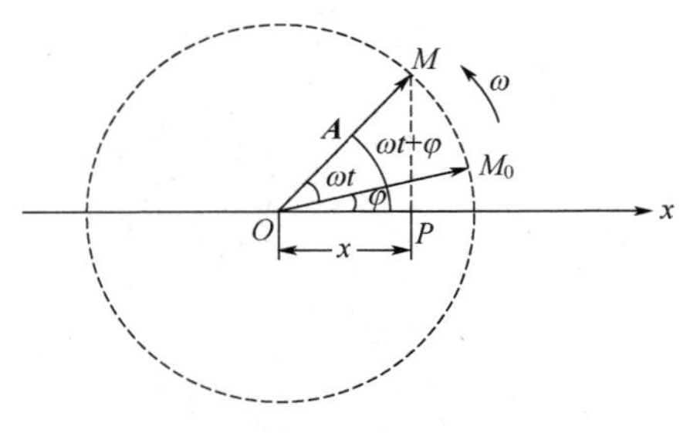

图 6.6　旋转矢量

设 $t=0$ 时，振幅矢量 $\boldsymbol{A}$ 与 x 轴的夹角为 φ，等于简谐振动的初相位．经过时间 t，振幅矢量转过角度 ωt，它与 x 轴的夹角变为 $(\omega t+\varphi)$，等于简谐振动在该时刻的相位．由图可见，这时矢量 $\boldsymbol{A}$ 的端点 M 在 x 轴上的投影为 $x=A\cos(\omega t+\varphi)$，与式(6.3)比较，这正是沿 x 轴作简谐振动的物体在时刻 t 的位移．由此可见，匀速转动的矢量 $\boldsymbol{A}$，其端点 M 在 x 轴上的投影点 P 的运动是简谐振动．矢量 $\boldsymbol{A}$ 以角速度 ω 旋转一周，相当于物体在 x 轴上作一次完整的简谐振动.

简谐振动的旋转矢量表示法把描述简谐振动的特征量直观地表示出来，矢量的长度为振动的振幅，矢量旋转的角速度为振动的角频率，矢量与 x 轴的夹角为振动的相位，$t=0$ 时矢量与 x 轴的夹角为振动的初相位.

必须指出，旋转矢量本身并不作简谐振动，我们是利用旋转矢量的端点在 x 轴上的投影点的运动，来展示简谐振动的规律.

设有两个同频率的简谐振动：

$$x_1 = A_1\cos(\omega t + \varphi_1)$$
$$x_2 = A_2\cos(\omega t + \varphi_2)$$

两个振动的相位之差称为相位差，用 $\Delta\varphi$ 表示：

$$\Delta\varphi = (\omega t + \varphi_2) - (\omega t + \varphi_1) = \varphi_2 - \varphi_1$$

可以看出，两个同频率的简谐振动在任意时刻的相位差等于其初相位差，与时间无关. 由相位差值可以对两振动的步调进行分析.

如果 x_2 振动与 x_1 振动的相位差 $\Delta\varphi > 0$，就说 x_2 振动超前 x_1 振动 $\Delta\varphi$，或 x_1 振动落后 x_2 振动 $\Delta\varphi$. 为方便，通常把 $\Delta\varphi$ 的绝对值规定在小于或等于 π 的范围内（$|\Delta\varphi| \leqslant \pi$）. 例如，当 $\Delta\varphi = \dfrac{3}{2}\pi$ 时，一般不说 x_2 振动超前 x_1 振动 $\dfrac{3}{2}\pi$，而是说 x_2 振动落后 x_1 振动 $\dfrac{\pi}{2}$.

如果 $\Delta\varphi = 0$（或 2π 的整数倍），就说两个振动是同相的，它们同时到达最大位移，同时越过平衡位置并同时到达负的最大位移，“步调”完全一致.

如果 $\Delta\varphi = \pi$，就说两个振动是反相的，它们一个到达正的最大位移时，另一个到达负的最大位移，而同时越过平衡位置时运动方向各异，其步调完全相反.

利用旋转矢量可以很直观地表示两个同频率的简谐振动的相位差，如图 6.7 所示.

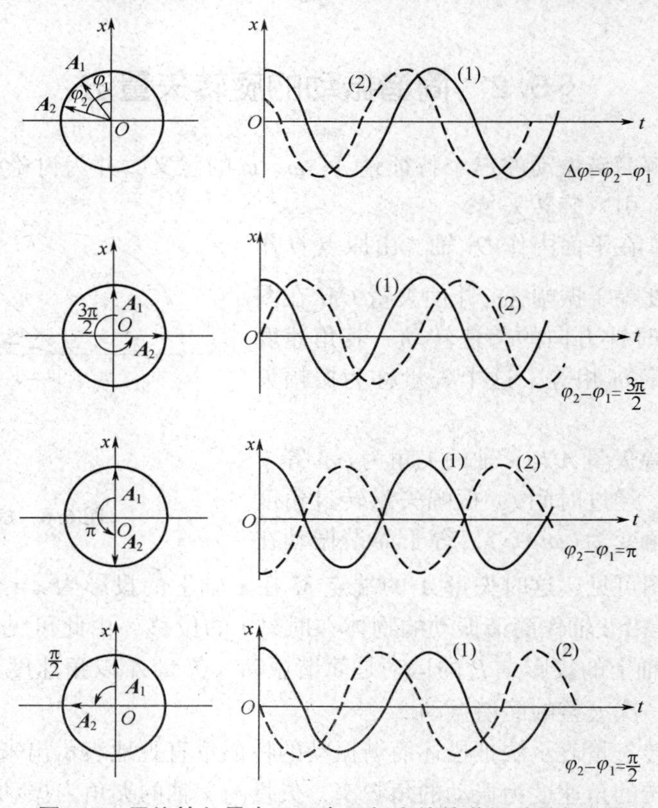

图 6.7　用旋转矢量表示两个同频率的简谐振动的相位差

例 6.4　质点作简谐振动的振动曲线如图 6.8(a)所示．试写出该简谐振动的方程．

解　简谐振动方程为

$$x = A\cos(\omega t + \varphi)$$

由振动曲线可知，振幅 $A = 0.02$ m．初始 $t = 0$ 时，$x_0 = \dfrac{A}{2}$，且 $v_0 > 0$．由图知，$t = 1$ s 时，$x = 0$，此时物体向负方向运动．作旋转矢量图如图 6.8(b)所示，可知初相位为

$$\varphi = -\frac{\pi}{3}$$

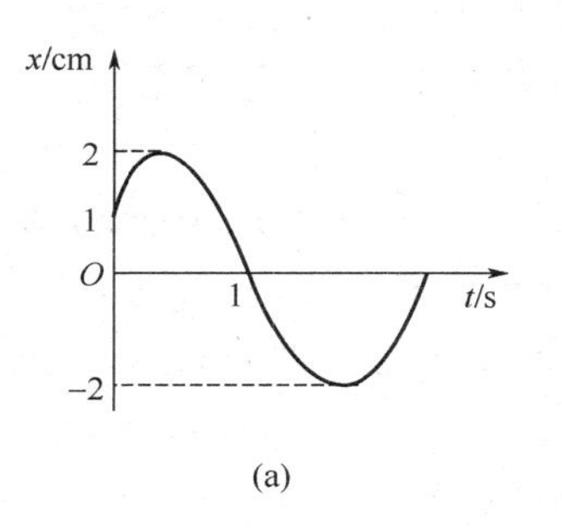

(a)

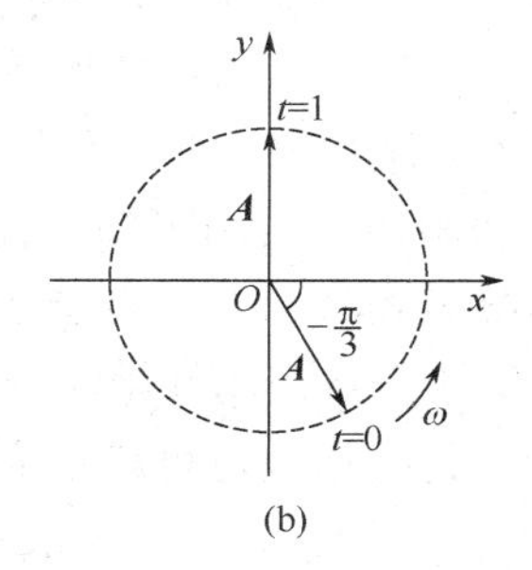

(b)

图 6.8　例 6.4 图

由旋转矢量图可知，$t = 1$ s 时对应的相位为

$$\omega t + \varphi = \frac{\pi}{2}$$

可得

$$\omega = \frac{5\pi}{6}\text{s}^{-1}$$

简谐振动方程为

$$x = 0.02\cos\left(\frac{5\pi}{6}t - \frac{\pi}{3}\right)\text{ m}$$

§6.3　简谐振动的合成

在实际问题中，常会遇到一个质点同时参与几个振动的情况．例如，当两列水波同时传到水面上某点时，该点处的水质点就同时参与两个振动，根据运动叠加原理，这时水质点所作的运动实际上就是这两个振动的合运动．一般的振动合成比较复杂，下面只讨论几种简单情况．

6.3.1　两个同方向同频率简谐振动的合成

设两个简谐振动的振幅分别为 A_1、A_2，角频率都为 ω，初相位分别为 φ_1、φ_2，振动方向相同．取振动方向为 x 轴，质点的平衡位置为原点，则其振动方程分别为

$$x_1 = A_1\cos(\omega t + \varphi_1)$$
$$x_2 = A_2\cos(\omega t + \varphi_2)$$

在任一时刻，质点的合位移 x 仍在同一直线上，其大小为两分振动位移的代数和，即

$$x = x_1 + x_2 = A_1\cos(\omega t + \varphi_1) + A_2\cos(\omega t + \varphi_2)$$

应用三角函数关系可以推导出合振动的方程，但利用旋转矢量法可以更直观、更简捷地得出结论.

如图 6.9 所示，两分振动的旋转矢量分别为 $\boldsymbol{A}_1$、$\boldsymbol{A}_2$，$t = 0$ 时，它们与 x 轴的夹角分别为 φ_1、φ_2. 由于 $\boldsymbol{A}_1$、$\boldsymbol{A}_2$ 以相同的角速度 ω 沿逆时针方向转动，它们之间的夹角 $(\omega t + \varphi_2) - (\omega t + \varphi_1) = \varphi_2 - \varphi_1$ 保持恒定，所以在旋转过程中，矢量合成的平行四边形保持不变，因而合矢量 $\boldsymbol{A} = \boldsymbol{A}_1 + \boldsymbol{A}_2$ 的长度保持不变，并以同一角速度 ω 匀速旋转．由图可知，任一时刻合矢量 $\boldsymbol{A}$ 在 x 轴上的投影 $x = x_1 + x_2$，因此合矢量 $\boldsymbol{A}$ 即为合振动所对应的旋转矢量，而开始时刻矢量 $\boldsymbol{A}$ 与 x 轴的夹角即为合振动的初相位 φ. 合矢量 $\boldsymbol{A}$ 的端点在 x 轴上的投影坐标可表示为

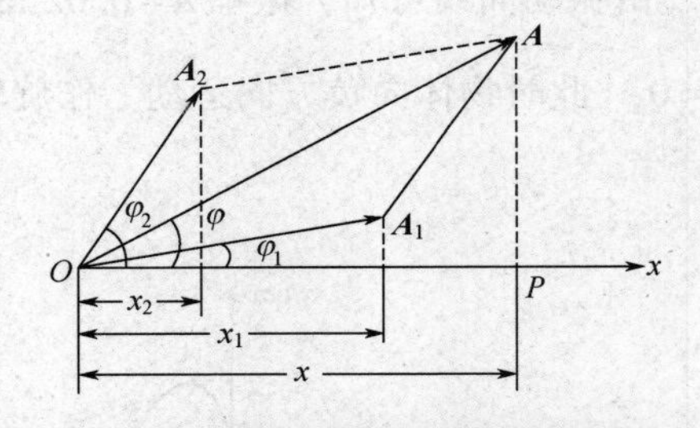

图 6.9　两个同方向同频率简谐振动的合成

$$x = A\cos(\omega t + \varphi)$$

即合振动也是简谐振动．由图中关系，应用余弦定理可求得

$$A = \sqrt{A_1^2 + A_2^2 + 2A_1A_2\cos(\varphi_2 - \varphi_1)} \tag{6.12}$$

利用直角三角形 OAP 可求得合振动的初相位

$$\tan\varphi = \frac{A_1\sin\varphi_1 + A_2\sin\varphi_2}{A_1\cos\varphi_1 + A_2\cos\varphi_2} \tag{6.13}$$

以上讨论表明，两个同方向同频率的简谐振动的合成仍是简谐振动，其角频率与分振动相同；合振动的振幅与两分振动的振幅，以及它们的相位差 $\varphi_2 - \varphi_1$ 有关；合振动的初相位与分振动的振幅和初相位有关.

关于合振动的振幅，讨论两个特例，这两个特例在以后讨论波的干涉、衍射问题时经常用到.

(1) 若相位差 $\varphi_2 - \varphi_1 = 2k\pi$，其中 $k = 0, \pm 1, \pm 2, \cdots$，则

$$A = A_1 + A_2$$

此时，合振幅等于两分振动振幅之和，合振动相互加强，振幅最大.

(2) 若相位差 $\varphi_2 - \varphi_1 = (2k + 1)\pi$，其中 $k = 0, \pm 1, \pm 2, \cdots$，则

$$A = |A_1 - A_2|$$

此时，合振幅等于两分振动振幅之差的绝对值，合振动相互削弱，振幅最小.

在一般情况下，相位差 $\varphi_2 - \varphi_1$ 可取任意值，相应的合振动振幅在 $A_1 + A_2$ 和 $|A_1 - A_2|$ 之间.

概念检查 3

简谐振动的一般表示式为 $x = A\cos(\omega t + \varphi_0)$，由三角函数关系也可以写为 $x = B\cos\omega t + C\sin\omega t$，说明该式的意义.

6.3.2 两个同方向不同频率简谐振动的合成

两个同方向不同频率的简谐振动合成时，若用旋转矢量表示，由于两个分振动的频率不同，因而矢量 $\boldsymbol{A}_1$、$\boldsymbol{A}_2$ 的旋转速度不同．这样，两矢量的相位差将随着时间而改变，其合矢量的长度和旋转速度都将随时间而变化．在这种情况下，合振动一般不再是简谐振动，而是比较复杂的运动.

这里讨论两个频率相近的简谐振动的合成．为简单起见，设两个简谐振动的振幅相同，初相位相同，其振动方程分别为

$$x_1 = A\cos(\omega_1 t + \varphi)$$
$$x_2 = A\cos(\omega_2 t + \varphi)$$

根据叠加原理，两简谐振动的合振动的振动方程为

$$x = x_1 + x_2 = 2A\cos\left(\frac{\omega_2 - \omega_1}{2}t\right)\cos\left(\frac{\omega_2 + \omega_1}{2}t + \varphi\right) \tag{6.14}$$

在上式中，设两分振动的频率很大，但频率差很小，并设 $\omega_2>\omega_1$，则 $\cos\left(\frac{\omega_2 - \omega_1}{2}t\right)$ 将随时间作缓慢的周期性变化，而 $\cos\left(\frac{\omega_2 + \omega_1}{2}t + \varphi\right)$ 是频率近于 ω_1 或 ω_2 的简谐函数．因此，式(6.14)可看成角频率为 $\frac{\omega_2 + \omega_1}{2}$、振幅为 $\left|2A\cos\left(\frac{\omega_2 - \omega_1}{2}t\right)\right|$ 的简谐振动．由于振幅随时间缓慢地周期性变化，所以振动出现时强时弱的现象.

把这种频率较大而频率差很小的两个同方向简谐振动叠加后，合振动的振幅时而加强时而减弱的现象称为拍.

图 6.10 是两个分振动及合振动的图形．图 6.10(a)、(b)分别表示两个分振动的振动曲线，图 6.10(c)表示合振动的振动曲线.

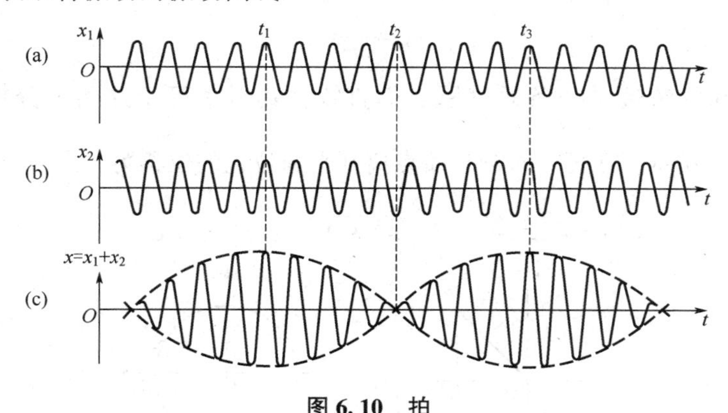

图 6.10　拍

从图 6.10 中可以看出，在时刻 t_1，两分振动的相位相同，合振幅最大；在时刻 t_2，两分振动的相位相反，合振幅最小；在时刻 t_3，两分振动的相位相同，合振幅又达到最大．图 6.10(c)中的虚线表示合振动的振幅缓慢地周期性变化，呈现拍现象．单位时间内振动加强或减弱的次数称为拍频．由于振幅总是正值，而余弦函数的绝对值以 π 为周期，所以合振

幅变化的周期为

$$T=\frac{\pi}{(\omega_2-\omega_1)/2}=\frac{2\pi}{\omega_2-\omega_1}$$

合振幅变化的频率即拍频为

$$\nu=\frac{1}{T}=\frac{\omega_2-\omega_1}{2\pi}=\nu_2-\nu_1 \tag{6.15}$$

即拍频的数值等于两个分振动的频率之差.

拍现象在技术上有重要应用，可应用于乐器的校音、频率的测量、速度的监测、卫星的跟踪等. 例如，管乐器中的双簧管就是利用两个簧片振动频率的微小差别产生颤动的拍音. 对乐器进行调音时，是通过使它和标准音叉出现拍音消失来校准的.

6.3.3 两个相互垂直的同频率简谐振动的合成

设两个简谐振动分别沿 x 轴和 y 轴运动，其振动方程分别为

$$x=A_1\cos(\omega t+\varphi_1)$$
$$y=A_2\cos(\omega t+\varphi_2)$$

消去上两式中的 t，可得到合振动的轨迹方程为

$$\frac{x^2}{A_1^2}+\frac{y^2}{A_2^2}-\frac{2xy}{A_1A_2}\cos(\varphi_2-\varphi_1)=\sin^2(\varphi_2-\varphi_1) \tag{6.16}$$

这是一个椭圆方程，轨迹的形状由两分振动的振幅及相位差 $\varphi_2-\varphi_1$ 决定. 下面讨论几种特殊情况.

(1) $\varphi_2-\varphi_1=0$，即两分振动的相位相同. 这时，式(6.16)为

$$\left(\frac{x}{A_1}-\frac{y}{A_2}\right)^2=0$$

即

$$y=\frac{A_2}{A_1}x$$

可见，合振动的轨迹是一条通过原点的直线，其斜率等于这两个分振动的振幅之比 $\frac{A_2}{A_1}$，如图 6.11(a)所示. 在任一时刻，质点离开平衡位置的位移为

$$r=\sqrt{x^2+y^2}=\sqrt{A_1^2+A_2^2}\cdot\cos(\omega t+\varphi)$$

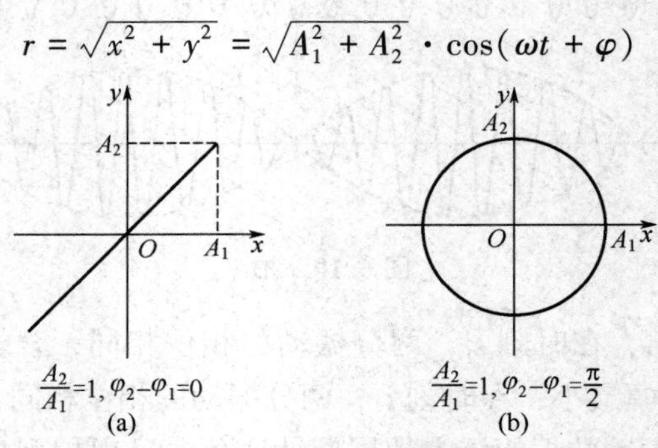

图 6.11 两个相互垂直的同频率简谐振动合成的特殊情况

这是一个振幅为 $\sqrt{A_1^2+A_2^2}$，角频率为 ω 的简谐振动.

(2) $\varphi_2-\varphi_1=\dfrac{\pi}{2}$. 此时，式(6.16)为

$$\frac{x^2}{A_1^2}+\frac{y^2}{A_2^2}=1$$

可见，合振动的轨迹是一个以坐标轴为主轴的正椭圆．当 $A_1=A_2$ 时，上式变为圆方程，合振动的轨迹为一个圆，如图 6.11(b)所示.

图 6.12 为两个相互垂直的同频率简谐振动在不同相位差时合振动的轨迹．在 $0<\Delta\varphi<\pi$ 的情况下，椭圆沿顺时针方向旋转；在 $\pi<\Delta\varphi<2\pi$ 的情况下，椭圆沿逆时针方向旋转.

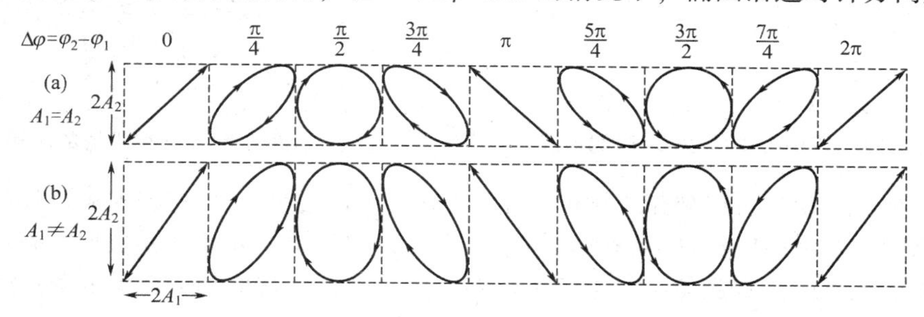

图 6.12 两个相互垂直的同频率简谐振动的合成

*§6.4 阻尼振动 受迫振动 共振

6.4.1 阻尼振动

前面所讨论的简谐振动，振动系统都是在没有阻力作用下的振动，振动过程中系统的机械能是守恒的，这种振动也称为无阻尼自由振动．实际上振动物体总要受到阻力的作用，振幅将逐渐减小，振动系统的能量随振幅的减小而减少，最后振动会停止下来．例如，把弹簧振子放在空气中，由于空气阻力的作用，弹簧振子的振幅将逐渐减小；把弹簧振子放在水中，由于受到的阻力更大，将观测到其振幅急剧减小．振动物体在阻力作用下，振幅随时间减小的振动称为阻尼振动.

图 6.13 表示阻尼振动的位移-时间曲线．从图中可以看出，在一个位移极大值之后，隔一段固定时间就出现一个较小的极大值，两个相邻极大值的位移是不同的，所以阻尼振动不是简谐振动.

如果把振动物体相继两次通过极大(或极小)位置所经历的时间叫作阻尼振动的周期，物体作阻尼振动时的周期大于其作无阻尼振动时的周期．也就是说，由于阻尼，振动变慢了.

阻尼振动的振幅是随时间呈指数级衰减的，因此阻尼振动也称减幅振动．而且阻尼越大，振幅减小得越快，每个周期内能量的损失也越多．若阻尼足够大，则这时的运动已完全不是周期性的了，振动物体需要相当长的时间才能到达平衡位置，这种情况称为过阻尼，如图 6.14 中的曲线 b 所示．若阻尼满足一定条件，可使物体从最大位移处逐渐回到平衡位置

并静止下来，这种状态称为临界阻尼，这是物体不作往复运动的临界情况，如图 6.14 中的曲线 c 所示.

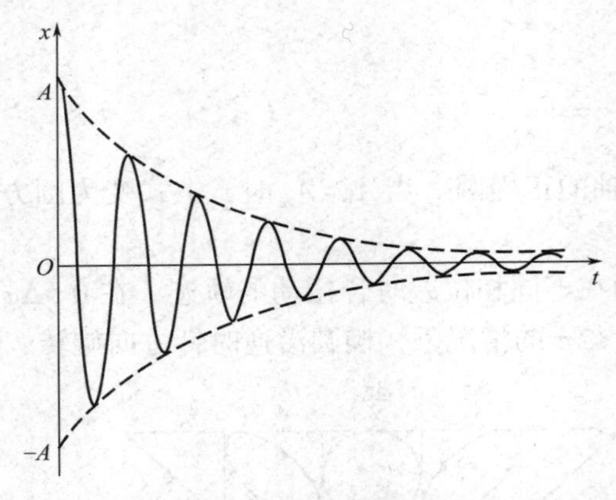

图 6.13　阻尼振动的位移-时间曲线

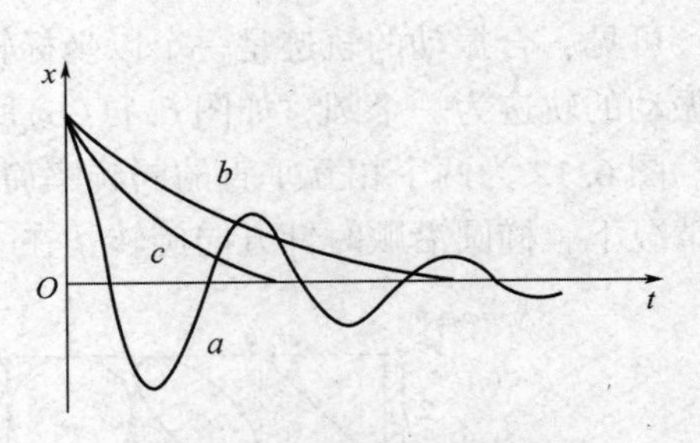

图 6.14　三种阻尼的比较

在生产和技术中，可以根据不同的要求，用不同的方法改变阻尼的大小以控制系统的振动情况．例如，在灵敏电流计等精密仪器中，常使其偏转系统处于临界阻尼状态，以便人们能较快而准确地进行读数测量．对于各类机器，为了减振，都要加大振动的摩擦阻尼.

6.4.2　受迫振动　共振

在实际振动系统中，摩擦阻尼是客观存在的，为了获得稳定的振动，需对系统施加一周期性外力．这种周期性外力称为驱动力，振动系统在驱动力作用下的振动称为受迫振动．在实际情况中，许多振动属于受迫振动，如扬声器中振膜的振动，马达转动导致基座的振动等.

达到稳定后，受迫振动的表示式是简谐振动，但与弹簧振子的简谐振动有本质不同：受迫振动的频率不是振子的固有角频率，而是驱动力的频率；受迫振动的振幅和初相位也不是由振子的初态决定的.

从能量角度看，振动系统因驱动力做功而获得能量，同时因阻尼振动而消耗能量．受迫振动开始时驱动力所做的功往往大于阻尼消耗的能量．当受迫振动达到稳定后，驱动力在一个周期内对振动系统所做的功恰好补偿因阻尼而消耗的能量，因而系统维持等幅振动.

如果驱动力的幅值一定，则稳定状态下受迫振动的振幅随驱动力的频率而改变．图 6.15 所示为不同阻尼时，振幅 A 与驱动力的角频率 ω_p 的关系．图中 ω_0 是振动系统的固有角频率.

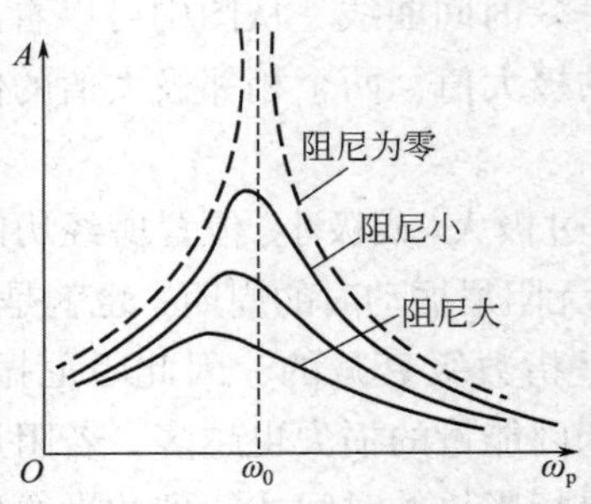

图 6.15　受迫振动的振幅与驱动力的角频率的关系

从图中可以看出，当驱动力的角频率 ω_p 与系统的固有角频率 ω_0 相差较大时，受迫振动的振幅 A 比较小；随着 ω_p 接近 ω_0，振幅 A 将增大；当 ω_p 为某一定值时，振幅 A 达到最大值．把受迫振动的振幅达到最大值时的振动叫共振，共振时的角频率称为共振角频率，系统的共振角频率由固有角频率和阻尼系数决定.

共振现象有着广泛的应用．例如，钢琴、小提琴等乐器的木质琴身就是利用共振现象使其成为一共鸣盒，将悦耳的音乐发送出去．共振现象也有其危害性，如建筑物、机器设备、海洋中的轮船都要考虑共振现象，若共振时振动系统的振幅过大，则会受到损坏和严重破坏．为了减小共振的影响，可采取改变系统的固有角频率、增大系统的阻尼等办法.

概念检查答案

1. $(\omega t+\varphi)$ 取某个值，对应振子此时的位置、速度、加速度等运动状态.

2. 依靠弹簧振动的计时器不变，依靠单摆摆动的计时器的周期变大.

3. 该式是两个同方向同频率简谐振动的合成，合成结果就是简谐振动的一般表示式.

思考题

6.1　什么是简谐振动？试说明下列运动是不是简谐振动：

(1) 小球在地面上作完全弹性的上下跳动；

(2) 小球在半径很大的光滑凹球面底部作小幅度的摆动；

(3) 一质点作匀速率圆周运动，它在某一直径上的投影点的运动.

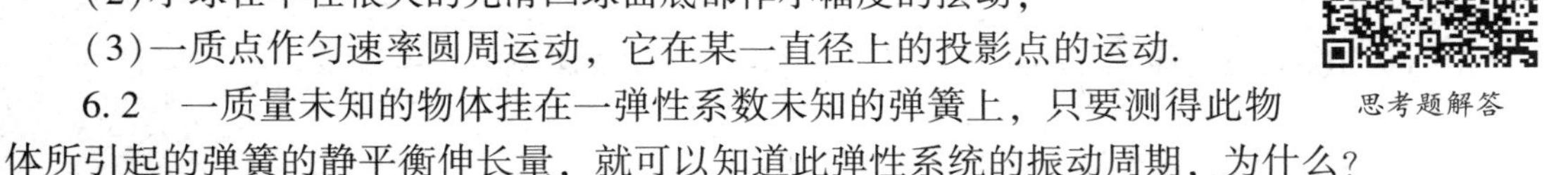

思考题解答

6.2　一质量未知的物体挂在一弹性系数未知的弹簧上，只要测得此物体所引起的弹簧的静平衡伸长量，就可以知道此弹性系统的振动周期，为什么？

6.3　当弹簧振子的振幅增大为原来的两倍时，其振动周期、最大速度、最大加速度和振动能量将受到什么影响？

习题

6.1　两个质点各自作简谐振动，它们的振幅、周期相同，第一个质点的振动方程为 $x_1=A\cos\left(\omega t-\dfrac{\pi}{2}\right)$，当第一个质点从相对其平衡位置的正位移处回到平衡位置时，第二个质点正在最大正位移处，则第二个质点的振动方程为(　　).

(A) $x_2=A\cos\left(\omega t+\dfrac{\pi}{2}\right)$　　(B) $x_2=A\cos(\omega t-\pi)$

(C) $x_2=A\cos\left(\omega t-\dfrac{\pi}{2}\right)$　　(D) $x_2=A\cos(\omega t)$

6.2　质点沿 x 轴作简谐振动，振动方程为 $x=4\cos\left(2\pi t+\dfrac{\pi}{3}\right)$ cm，从 $t=0$ 时起，到质点位置在 $x=-2$ cm 处且向 x 轴正方向运动的最短时间为(　　).

(A) $\dfrac{1}{8}$ s　　(B) $\dfrac{1}{6}$ s　　(C) $\dfrac{1}{4}$ s　　(D) $\dfrac{1}{2}$ s

6.3　质点作简谐振动，振幅为 A，初始时刻质点的位移为 $\frac{1}{2}A$，且向 x 轴正方向运动，代表此时刻简谐振动的旋转矢量图为(　　).

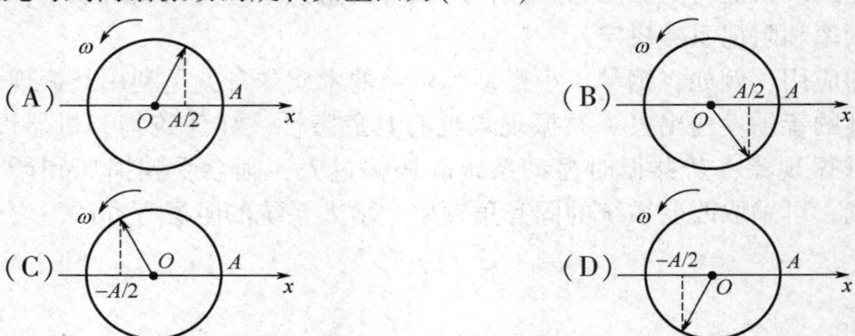

6.4　习题6.4图所示为质点作简谐振动的 $x-t$ 曲线，该质点的振动方程为(　　).

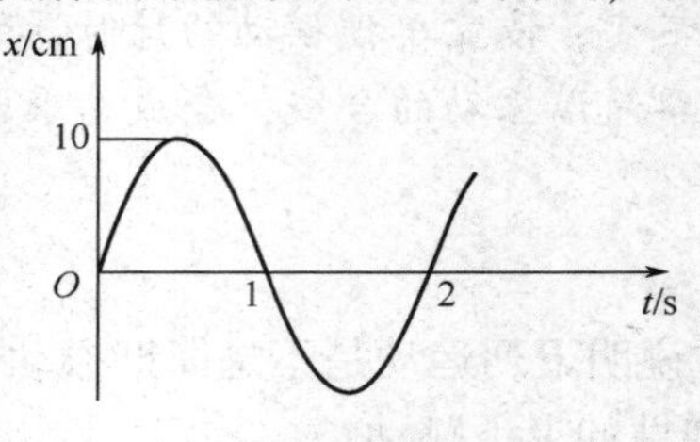

习题6.4图

(A) $x=10\cos\left(2\pi t+\frac{\pi}{2}\right)$ cm　　(B) $x=10\cos\left(2\pi t-\frac{\pi}{2}\right)$ cm

(C) $x=10\cos\left(\pi t+\frac{\pi}{2}\right)$ cm　　(D) $x=10\cos\left(\pi t-\frac{\pi}{2}\right)$ cm

6.5　一弹簧振子作简谐振动，当位移为振幅的一半时，其动能为总能量的(　　).

(A) 1/4　　(B) 1/2　　(C) $1/\sqrt{2}$　　(D) 3/4

(E) $\sqrt{3}/2$

6.6　两个简谐振动的振动方程分别为 $x_1=A_1\cos\omega t$，$x_2=A_2\sin\omega t$，且 $A_1>A_2$，则合振动的振幅为(　　).

(A) A_1+A_2　　(B) A_1-A_2　　(C) $\sqrt{A_1^2+A_2^2}$　　(D) $\sqrt{A_1^2-A_2^2}$

6.7　一简谐振动方程为 $x=A\cos(3t+\varphi_0)$，已知 $t=0$ 时的初位移为 0.04 m，初速度为 $0.09\ \mathrm{m\cdot s^{-1}}$，则振幅为________，初相位为________.

6.8　单摆作小幅摆动的最大摆角为 θ_m，摆动周期为 T，$t=0$ 时处于习题6.8图所示的状态，选单摆平衡位置为坐标原点，向右为正方向，则振动方程为________.

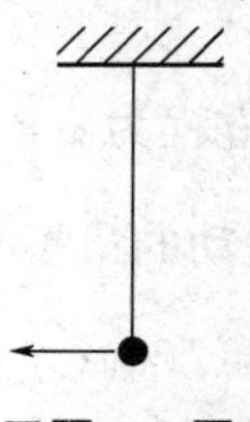

习题6.8图

6.9　一质点同时参与三个简谐振动，振动方程分别为

$$x_1 = A\cos\left(\omega t + \frac{\pi}{3}\right),\ x_2 = A\cos\left(\omega t + \frac{5\pi}{3}\right),\ x_3 = A\cos(\omega t + \pi)$$

则合振动的振动方程为____________________.

6.10　两个线振动合成一个圆运动的条件是：(1)____________，(2)____________，(3)____________，(4)____________.

6.11　质量为10 g的小球与轻弹簧组成的系统，按 $x = 0.5\cos\left(8\pi t + \frac{\pi}{3}\right)$ cm的规律振动，式中t的单位为s. 试求：

(1)振动的角频率、周期、初相位、速度及加速度的最大值；

(2) $t = 1$ s、2 s时的相位各为多少？

6.12　一质点沿x轴作简谐振动，平衡位置在x轴的原点，振幅$A = 3$ cm，频率$\nu = 6$ Hz.

(1)以质点经过平衡位置向x轴负方向运动时为计时零点，求振动的初相位及振动方程；

(2)以质点经过位置$x = -3$ cm时为计时零点，写出振动方程.

6.13　某振动质点的$x-t$曲线如习题6.13图所示，试求：

(1)振动方程；

(2) P点对应的相位；

(3)质点运动到P点所需的时间.

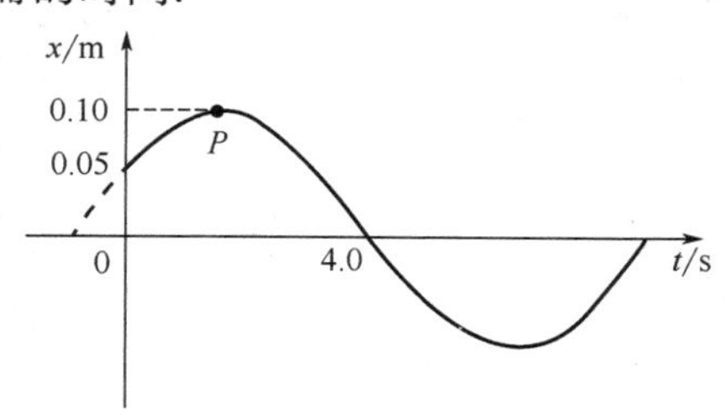

习题6.13图

6.14　在一轻弹簧下端悬挂$m_0 = 100$ g的砝码时，弹簧伸长8 cm，现在此弹簧下端悬挂$m = 250$ g的物体，构成弹簧振子. 将物体从平衡位置向下拉动4 cm，并给以向上的21 $\mathrm{cm \cdot s^{-1}}$的初速度(设此时$t = 0$)令其振动起来. 取x轴正方向向下，写出振动方程.

6.15　两个弹簧振子，它们的弹簧相同，这两个弹簧振子的质量之比为4∶1，推动后二者以同样的振幅自由振动. 求：

(1)两振动周期之比；

(2)两振动能量之比.

6.16　一水平面上的弹簧振子，弹簧的弹性系数为k，弹簧振子的质量为M，振动的振幅为A_0. 有一质量为m的小物体从高度h处自由下落.

(1)当弹簧振子在最大位移处时，小物体正好落在弹簧振子上，并黏在一起，这时系统的振动周期、振幅和振动能量有何变化？

(2)如果小物体是在弹簧振子到达平衡位置时落在弹簧振子上，以上物理量又怎样变化？

6.17　一质点同时参与两个在同一直线上的简谐振动，其振动方程分别为

$$x_1 = 0.04\cos\left(2t + \frac{\pi}{6}\right),\ x_2 = 0.03\cos\left(2t - \frac{5\pi}{6}\right)$$

试求合振动的振幅和初相位(式中 x 以 m 计，t 以 s 计).

6.18　两个同方向同频率的简谐振动，其合振动的振幅为 0.20 m，合振动的相位与第一个振动的相位差为$\frac{\pi}{6}$，若第一个振动的振幅为 0.173 m，求第二个振动的振幅及两振动的相位差.

学习与拓展

第 7 章 机械波

本章研究机械振动在介质中的传播，即机械波．主要讨论机械波的形成和运动规律，包括机械波的产生、简谐波的方程、波的能量、惠更斯原理、波的干涉现象，并简要介绍多普勒效应.

思维导图

§7.1 机械波的产生和传播

7.1.1 机械波的产生

机械振动在弹性介质中传播形成机械波，这是因为在弹性介质内各质点之间有弹性力相互作用着．当弹性介质中的某一质点因扰动而离开平衡位置时，邻近的质点将对它施加弹性回复力，使其回到平衡位置，并在平衡位置附近振动起来；同时，该质点也对其邻近的质点施加弹性力，迫使这些质点也在自己的平衡位置附近振动．这样，当弹性介质中某一质点发生振动时，由于质点间的弹性相互作用，振动将由近及远传播出去.

由上可知，机械波的产生首先要有作机械振动的物体，称为波源；其次要有能够传播机械波的弹性介质．例如，闹钟的闹铃作为产生机械振动的波源，声波通过空气传播出去，但如果把闹钟放在真空罩中，因其周围没有传播声波的弹性介质，我们将听不到闹铃振动发出的声音.

7.1.2 横波和纵波

在波的传播过程中，根据质点振动方向与波传播方向的关系不同，机械波可分为横波和纵波两种基本形式.

在波动中，如果质点的振动方向与波的传播方向相互垂直，这种波称为横波．如图 7.1(a) 所示，一根绷紧的绳一端固定，另一端用手握住并上下抖动，该端的上下振动使绳子上的质点依次上下振动起来，可以看到波形沿着绳子向固定端传播．因绳子上质点的振动方向与波的传播方向相互垂直，故这种波称为横波．横波的外形特征是在横向具有突起的“波峰”和凹下的“波谷”.

在波动中，如果质点的振动方向与波的传播方向相互平行，这种波称为纵波．如图 7.1(b) 所示，将一根水平放置的长弹簧一端固定起来，另一端用手左右拉推，该端沿水平方向左右振动使弹簧各部分依次左右振动起来，可以看到弹簧各部分呈现出由左向右移动的、疏密相间的波形．纵波的外形特征是在纵向具有“稀疏”和“稠密”的区域．

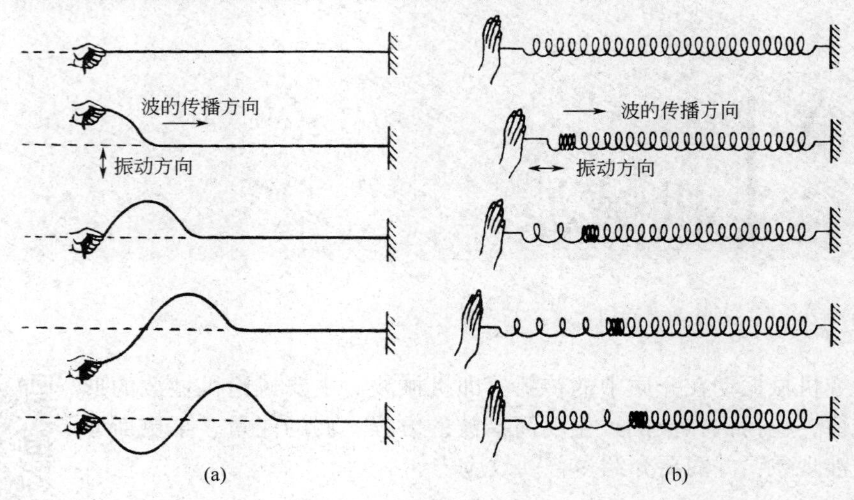

图 7.1　机械波的形成

(a)横波；(b)纵波

不难看出，无论是横波还是纵波，机械波是振动状态在弹性介质中的传播，弹性介质中的各质点均在各自的平衡位置附近振动，质点并不随波前进．

7.1.3　波动的描述

1. 波面和波线

为形象地描述波在空间的传播，包括波的传播方向和介质中各质点振动的相位，常用几何图形来表示．波传播时，介质中的质点都在各自的平衡位置附近振动，振动相位相同的点连结成的面称为波面．波源最初振动状态在介质中传到的各点所连结成的面称为波前，波前也是最前面的那个波面．波面是平面的波叫作平面波，波面是球面的波叫作球面波，波面是柱面的波叫作柱面波．

沿波的传播方向作一些带箭头的线，称为波线，波线的指向表示波的传播方向，在各向同性的介质中，波线恒与波面垂直，如图 7.2 所示．

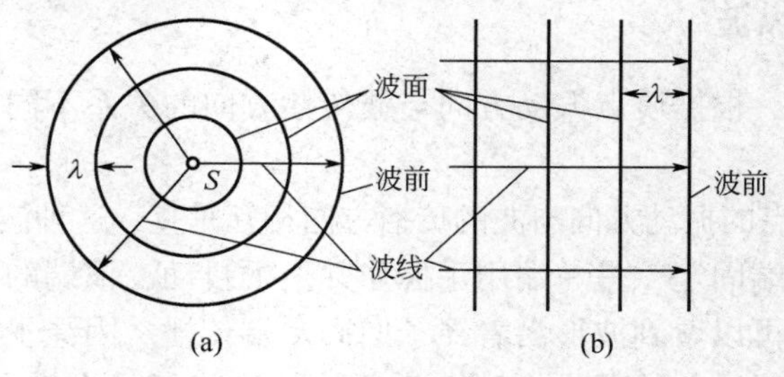

图 7.2　波线、波面与波前

(a)球面波；(b)平面波

2. 波长　频率　波速

下面介绍几个物理量，对波作进一步的描述．

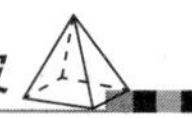

波传播时，在同一波线上两个相邻的、相位差为 2π 的质点之间的距离刚好是一个完整波形的长度，称为波长，用 λ 表示．在横波的情况下，两个相邻波峰之间或相邻波谷之间的距离是一个波长；在纵波的情况下，两个相邻密部或两个相邻疏部的中心之间的距离也是一个波长．波长反映了波的空间周期性.

波传播也具有时间上的周期性．波前进一个波长所需要的时间称为波的周期，用 T 表示．周期的倒数为波的频率，用 ν 表示，频率为单位时间内波前进的完整波长的数目，即

$$\nu = \frac{1}{T}$$

由于波源作一次完整的振动，波就前进一个波长的距离，所以波的周期等于波源的振动周期，波的频率等于波源的振动频率，与介质无关.

在波动过程中，某一振动状态在单位时间内所传播的距离叫作波速，用 u 表示．由于波动本身是振动相位的传播过程，故波速也称为相速度．在一个周期内，波传播了一个波长的距离，所以有

$$u = \frac{\lambda}{T} = \lambda\nu \tag{7.1}$$

这是波速、波长、频率或周期之间的关系式.

波的传播速度取决于介质的特性，在不同的介质中波速是不同的．理论和实践证明，固体内横波和纵波的传播速度分别为

$$u = \sqrt{\frac{G}{\rho}} \qquad \text{（横波）}$$

$$u = \sqrt{\frac{E}{\rho}} \qquad \text{（纵波）}$$

式中，G 是固体的切变模量；E 是介质的弹性模量；ρ 是介质的密度.

在气体和液体中，纵波的传播速度为

$$u = \sqrt{\frac{B}{\rho}}$$

式中，B 是介质的容变弹性模量；ρ 是介质的密度.

在柔软绳和弦线中，横波的传播速度为

$$u = \sqrt{\frac{F}{\mu}}$$

式中，F 是绳或弦线中的张力；μ 是绳或弦线单位长度的质量.

必须指出，因波速由介质决定，但波的频率是波源的振动频率，与介质的性质无关，所以当同一频率的波在不同介质中传播时，其波长是随介质的不同而变化的.

概念检查 1

当波从一种介质进入另一种介质时，波长、频率、周期、波速四个物理量哪些发生变化？

例 7.1　在室温下空气中的声速 $u=340\ \mathrm{m\cdot s^{-1}}$，设波源的振动频率为 2 000 Hz，求该声

波的周期及其在空气中的波长.

解 声波的周期为

$$T = \frac{1}{\nu} = \frac{1}{2\ 000}\ \text{s} = 0.5 \times 10^{-3}\ \text{s}$$

声波在空气中的波长为

$$\lambda = \frac{u}{\nu} = \frac{340}{2\ 000}\ \text{m} = 0.17\ \text{m}$$

§7.2 平面简谐波

普通波的表示式是比较复杂的，这里讨论一种最简单、最基本的波——平面简谐波．在平面波的传播过程中，若介质中各质点均作同频率、同振幅的简谐振动，则该平面波为平面简谐波，它是波源作简谐振动时，在均匀、无吸收的介质中传播所形成的波.

7.2.1 平面简谐波的波动方程

现在定量地来描述在介质中传播的波．在波动中，每一个质点都在各自的平衡位置附近振动．设波沿 x 轴正方向传播，要描述该波，就必须知道 x 轴上任一点处的质点在任意时刻 t 的位移，即应该知道波线上各质点的振动方程．这种描述波的函数 $y(x,\ t)$ 称为波函数或波动方程.

设有一平面简谐波以波速 u 沿 x 轴的正方向传播，这时 x 轴也是一条波线．O 为原点，假定在原点处质点的振动方程为

$$y_0 = A\cos(\omega t + \varphi)$$

式中，y_0 是原点 O 处的质点在时刻 t 相对平衡位置的位移；A 是振幅；ω 是角频率；φ 是初相位.

现考查波线上任意一个质点 P 的振动(见图 7.3)，设该点的坐标为 x，如上所述，P 点和 O 点的振幅和频率相同，振动是从 O 点传来的，所以 P 点的振动将落后于 O 点．又振动从 O 点传到 P 点的时间为 $\Delta t = \dfrac{x}{u}$，所以 P 点在时刻 t 的位移应等于 O 点在时刻 $t - \Delta t$ 的位移，即 P 点在时刻 t 的位移为

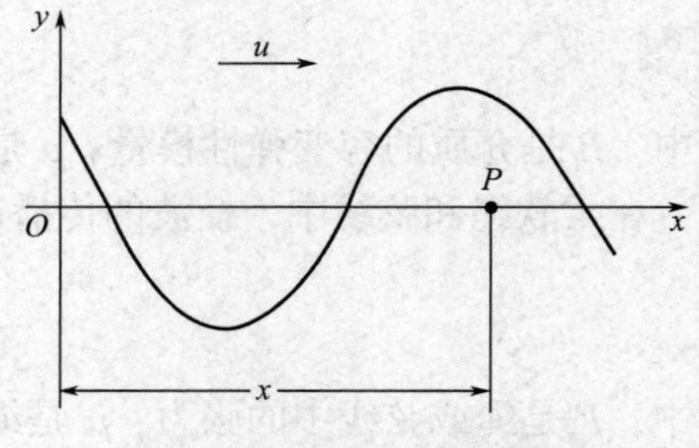

图 7.3 推导波动方程用图

$$y_P = A\cos\left[\omega\left(t - \frac{x}{u}\right) + \varphi\right]$$

由于 P 点是波线上任一点，因此可把 y_P 的下标 P 略去，上式即为沿 x 轴正方向传播的平面简谐波的波动方程，表示为

$$y = A\cos\left[\omega\left(t - \frac{x}{u}\right) + \varphi\right] \tag{7.2}$$

利用关系式 $\omega = 2\pi\nu = \dfrac{2\pi}{T}$，$u = \lambda\nu = \dfrac{\lambda}{T}$，式(7.2)亦可表示为

$$y=A\cos\left[2\pi\left(\frac{t}{T}-\frac{x}{\lambda}\right)+\varphi\right] \tag{7.3}$$

$$y=A\cos\left(\omega t-\frac{2\pi}{\lambda}x+\varphi\right) \tag{7.4}$$

也可以从相位的角度理解波动方程，振动从 O 点传来，P 点的振动相位落后于 O 点，由于波每前进一个波长 λ 相位变化 2π，故 P 点的振动相位落后于 O 点 $\frac{2\pi}{\lambda}x$，P 点在 t 时刻的位移应为式(7.4).

如果波是沿 x 轴的负方向传播，则 P 点的振动比 O 点的振动超前 Δt 时间．此时，波动方程为

$$y=A\cos\left[\omega\left(t+\frac{x}{u}\right)+\varphi\right]$$

7.2.2 波动方程的物理意义

波动方程含有 x、t 两个自变量，它给出了任意时刻 t 波线上任意位置 x 处的质点振动的情况．为了理解波动方程的物理意义，现以式(7.4)为例作进一步分析.

(1)当 x 一定时，x 处质点的位移 y 就只是时间 t 的函数，这时式(7.4)表示 x 处质点的位移随时间的变化规律，即 x 处质点的简谐振动方程.

(2)当 t 一定时，波线上的质点的位移 y 只是 x 的函数，这时式(7.4)表示该时刻波线上各质点离开平衡位置的位移，也就是表示在给定时刻的波形．如果以 y 为纵坐标，以 x 为横坐标，可画出 y-x 曲线，这是一条波形曲线，也叫波形图.

由图 7.4 的波形曲线可看出，同一时刻波线上 x_1 和 x_2 之间的距离 $\Delta x=x_1-x_2$ 叫作波程差，相应的，x_1 和 x_2 之间的相位差为

$$\Delta\varphi=\varphi_1-\varphi_2=2\pi\frac{x_2-x_1}{\lambda}=\frac{2\pi}{\lambda}\Delta x \tag{7.5}$$

由上式可知，若 $x_2>x_1$，则 $\Delta\varphi>0$，即 x_1 处的振动相位超前 x_2 处的振动相位.

(3)如果 x 和 t 都在变化，则式(7.4)表示波线上任一质点在任意时刻的位移．以 y 为纵坐标，x 为横坐标，可得出不同时刻的波形曲线，它反映了波形的传播．如图 7.5 所示，实线表示时刻 t 的波形曲线，虚线表示时刻 $t+\Delta t$ 的波形曲线，后一时刻的波形是前一时刻波形在空间平行推移的结果，我们形象地将这种在空间传播的波称为行波.

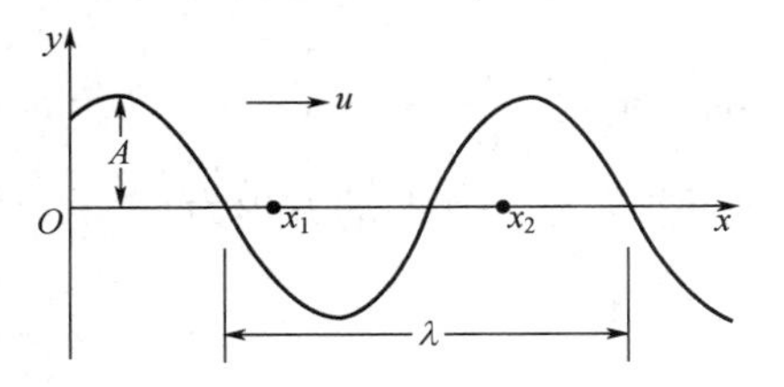

图 7.4 给定时刻的波形曲线

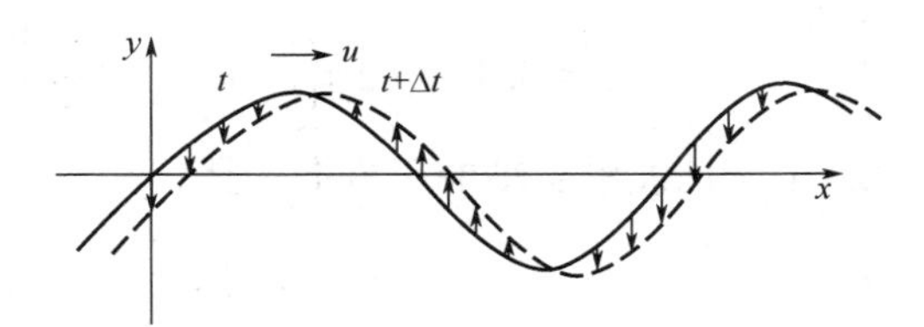

图 7.5 波形的传播

综上所述，波动方程不仅表示波线上给定质点的振动情况和某一时刻的波形，也反映了质点振动状态的传播和波形的传播.

概念检查 2

一平面简谐波的波长为 100 m，在传播方向上 A、B 两点相距 25 m，则 A、B 两点的相位差是多少？

例 7.2 一平面简谐波的波动方程为 $y=0.05\cos(10\pi t-4\pi x)$（SI），求该波的振幅、波速、频率和波长.

解 波动方程为

$$y=0.05\cos(10\pi t-4\pi x)=0.05\cos\left[10\pi\left(t-\frac{x}{2.5}\right)\right]$$

与式(7.2)比较，可得

$$A=0.05\ \mathrm{m},\ \omega=10\pi\ \mathrm{rad\cdot s^{-1}},\ u=2.5\ \mathrm{m\cdot s^{-1}}$$

则

$$\nu=\frac{\omega}{2\pi}=5\ \mathrm{Hz}$$

$$\lambda=\frac{u}{\nu}=0.5\ \mathrm{m}$$

例 7.3 如图 7.6 所示，一平面简谐波沿 x 轴的正方向传播，a、b 为 x 轴上两点，相距 1 m. 该波的波速为 $u=6\ \mathrm{m\cdot s^{-1}}$，已知 b 点的振动方程为 $y=0.1\cos\left(2\pi t+\frac{\pi}{3}\right)$（SI）.

(1) 以 b 为原点，写出波动方程；

(2) 以 a 为原点，写出波动方程；

(3) 若该波沿 x 轴的负方向传播，再以 b 为原点，写出波动方程.

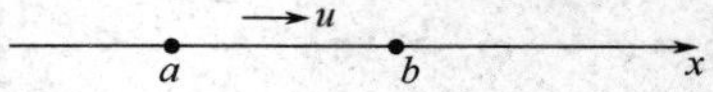

图 7.6 例 7.3 图

解 (1) b 点的振动方程为

$$y=0.1\cos\left(2\pi t+\frac{\pi}{3}\right)$$

该波沿 x 轴的正方向传播，则波动方程为

$$y_1=0.1\cos\left[2\pi\left(t-\frac{x}{u}\right)+\frac{\pi}{3}\right]=0.1\cos\left[2\pi\left(t-\frac{x}{6}\right)+\frac{\pi}{3}\right]$$

(2) 由于该波沿 x 轴的正方向传播，故 a 点的振动超前 b 点，其振动方程为

$$y_a=0.1\cos\left[2\pi\left(t+\frac{x_b}{u}\right)+\frac{\pi}{3}\right]=0.1\cos\left[2\pi\left(t+\frac{1}{6}\right)+\frac{\pi}{3}\right]$$

以 a 为原点，该波的波动方程为

$$y_2 = 0.1\cos\left[2\pi\left(t + \frac{1}{6} - \frac{x}{u}\right) + \frac{\pi}{3}\right]$$
$$= 0.1\cos\left[2\pi\left(t - \frac{x}{6}\right) + \frac{2\pi}{3}\right]$$

(3)若该波沿 x 轴的负方向传播，则以 b 为原点，该波的波动方程为

$$y_3 = 0.1\cos\left[2\pi\left(t + \frac{x}{u}\right) + \frac{\pi}{3}\right] = 0.1\cos\left[2\pi\left(t + \frac{x}{6}\right) + \frac{\pi}{3}\right]$$

例 7.4　一平面简谐波沿 x 轴的正方向传播，在 $t = 2$ s 时其波形曲线如图 7.7 所示，波速 $u = 10\ \text{m} \cdot \text{s}^{-1}$，求原点处的振动方程，并写出波动方程.

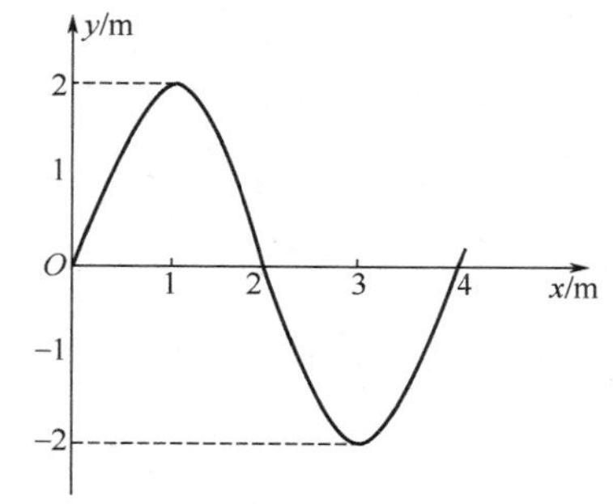

图 7.7　例 7.4 图

解　由波形曲线可知，振幅 $A = 2$ m，波长 $\lambda = 4$ m，频率为

$$\nu = \frac{u}{\lambda} = 2.5\ \text{Hz}$$

角频率为

$$\omega = 2\pi\nu = 5\pi\ \text{rad} \cdot \text{s}^{-1}$$

设该波传到原点时，原点处的振动方程为

$$y_0 = A\cos(\omega t + \varphi) = 2\cos(5\pi t + \varphi)$$

因 $t = 2$ s 时，$x = 0$ 处的位移为零，即

$$y_0 = \cos(5\pi \times 2 + \varphi) = 0$$
$$\cos(10\pi + \varphi) = \cos\varphi = 0$$

由波形曲线可知，该时刻原点处质点的振动速度为负，所以取

$$\varphi = \frac{\pi}{2}$$

于是，原点处的振动方程为

$$y_0 = 2\cos\left(5\pi t + \frac{\pi}{2}\right)$$

因波沿 x 轴的正方向传播，故波动方程为

$$y = 2\cos\left[5\pi\left(t - \frac{x}{10}\right) + \frac{\pi}{2}\right]$$

§7.3　波的能量

在波动中，波源的振动在介质中由近及远地传播出去，使介质中各质点依次在各自的平衡位置附近振动起来，因而介质中各质点具有动能．同时，该处的介质也产生形变，因而具有弹性势能．可见，波传播时也伴随着能量传播.

7.3.1　波的能量

以纵波在棒中传播为例，讨论波的能量.

如图 7.8 所示，设棒中平面简谐波的波动方程为

$$y = A\cos\left[\omega\left(t - \frac{x}{u}\right)\right]$$

设棒的横截面积为 S，密度为 ρ，在棒中 x 处取长 dx 的体积元 dV，相应的质量 $dm = \rho dV$. 当波动传到该体积元时，其振动动能为

$$dE_k = \frac{1}{2}(dm)v^2$$

该体积元的振动速度为

$$v = \frac{\partial y}{\partial t} = -\omega A\sin\left[\omega\left(t - \frac{x}{u}\right)\right]$$

所以

$$dE_k = \frac{1}{2}(\rho dV)\omega^2A^2\sin^2\left[\omega\left(t - \frac{x}{u}\right)\right] \tag{7.6}$$

同时，该体积元因形变而具有弹性势能．可以证明，该体积元具有的弹性势能为

$$dE_p = \frac{1}{2}(\rho dV)\omega^2A^2\sin^2\left[\omega\left(t - \frac{x}{u}\right)\right] \tag{7.7}$$

即 $dE_k = dE_p$，动能和势能时时相等.

由于形变量是 y 对 x 的偏导数 $\frac{\partial y}{\partial x}$，由图 7.9 可以看出，质点在最大位移处形变最小，而在平衡位置处形变最大，这一变化情况与动能完全相同，即：动能最大处，也是势能最大处；动能为零处势能也为零.

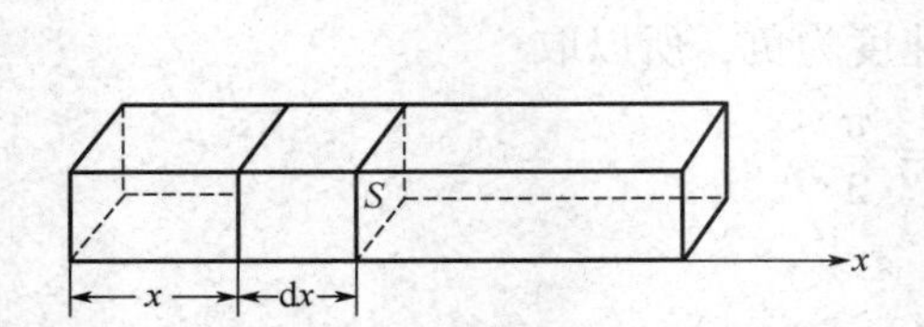

图 7.8　纵波在棒中传播时棒中的任一体积元

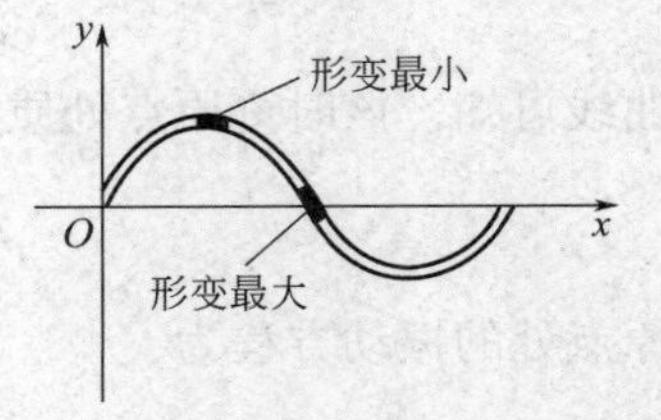

图 7.9　波的能量

该体积元的总能量为

$$dE = dE_k + dE_p = (\rho dV)\omega^2A^2\sin^2\left[\omega\left(t - \frac{x}{u}\right)\right] \tag{7.8}$$

由式(7.6)、式(7.7)可以看出，体积元在振动过程中，其动能和势能都是周期性变化的，而且动能和势能的变化规律相同，任何时刻都相等，同时达到最大值，又同时达到最小值．式(7.8)中，对某体积元来说(即 x 固定)，其总能量是随时间 t 周期性变化的．它的机械能是不守恒的，即在波的传播过程中，任一体积元不断地从离波源较近的邻近体积元接收能量，又不断地向邻近的离波源较远的体积元传递能量，并且周期性地重复这个过程，于是能量就随着波的行进而由波源向远处传播出去.

为了描述波传播时介质中的能量分布，引入波的能量密度．单位体积介质中波的能量称为能量密度，用 w 表示，即

$$w = \frac{dE}{dV} = \rho\omega^2A^2\sin^2\left[\omega\left(t - \frac{x}{u}\right)\right] \tag{7.9}$$

上式表明，介质中任一点的能量密度是随时间周期性变化的．在一个周期内，能量密度的平均值称为平均能量密度，用 $\overline{w}$ 表示．因正弦函数的平方在一个周期内的平均值为 1/2，所以

$$\overline{w}=\frac{1}{2}\rho\omega^2A^2 \tag{7.10}$$

该结论虽然是由平面简谐波纵波的特例导出的，但可以证明，此结论对所有简谐波都适用.

7.3.2　能流　能流密度

波在介质中传播时伴随着能量的传播，为了反映这一特征，引入能流的概念．单位时间内通过垂直于波传播方向某一面积的能量，称为通过该面积的能流．能流是周期性变化的，通常取其时间平均值.

在介质中取垂直于波速 u 的面积 S，则单位时间内通过面积 S 的平均能量为

$$\overline{P}=\overline{w}uS$$

式中，$\overline{P}$ 称为平均能流，单位为瓦特(W).

通过单位面积的平均能流称为能流密度或波的强度，用 I 表示，即

$$I=\overline{w}u=\frac{1}{2}\rho u\omega^2A^2 \tag{7.11}$$

能流密度的单位为 $\mathrm{W\cdot m^{-2}}$．能流密度是波强弱的一种量度，在声学中称为声强，在光学中称为光强，统一称为波强度．波强度与振幅的平方成正比，这一点对其他波，如电磁波同样适用.

§7.4　惠更斯原理　波的衍射

7.4.1　惠更斯原理

波在介质中通过质点间的相互作用将振动由近及远地传播出去，介质中任一质点的振动都将引起邻近质点的振动，也就是说，在波传播的过程中，介质中任一振动质点都可看作新波源．例如，水面波传播时遇到一障碍物，如图 7.10 所示，障碍物上有一小孔，水波激起小孔处水面的振动，小孔的后面出现圆形的波列，这些圆形的波就像是以小孔为波源发出的一样.

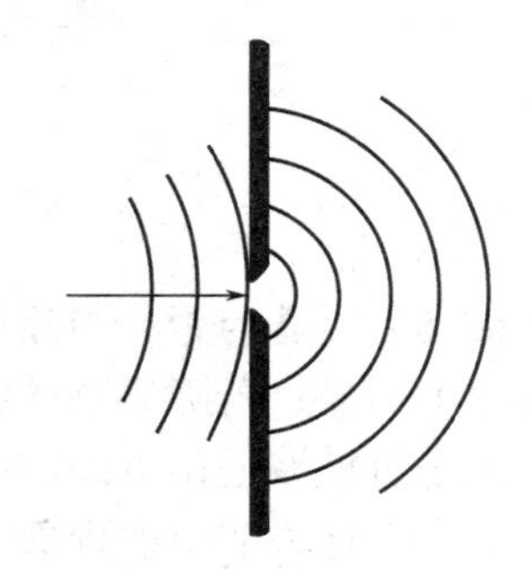

图 7.10　障碍物上的小孔成为新的波源

荷兰物理学家惠更斯(Huygens)在总结这类现象的基础上，于 1690 年得出一条关于波传播特性的重要原理：在波动过程中，介质中波动传播到的各点都可看作发射子波的波源，在其后的任一时刻，这些子波的包络面(与所有子波的波前相切的曲面)就是新的波前．这就是惠更斯原理.

惠更斯原理对任何波动过程(机械波或电磁波)都是适用的．在波动过程中，若已知某一时刻波前的位置，就可以根据惠更斯原理，用几何作图的方法确定下一时刻波前的位置，从而确定波前进的方向．图 7.11(a)、(b)描绘出惠更斯原理在球面波和平面波传播中新波

前的确定．应用惠更斯原理还可以说明波在两种介质交界面上发生的反射和折射现象，同时根据惠更斯原理用几何作图法可以证明反射和折射定律.

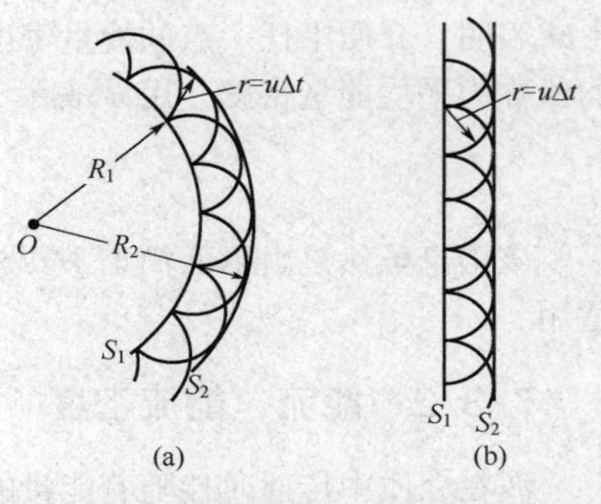

图 7.11　用惠更斯作图法求新波前

(a)球面波；(b)平面波

7.4.2　波的衍射

波在传播过程中遇到障碍物时，能够绕过障碍物的边缘，使传播方向发生偏折，这种现象称为波的衍射.

应用惠更斯原理可定性地解释波的衍射现象．如图 7.12 所示，平面波通过一狭缝后传播方向发生了偏折，绕过狭缝的边缘传到了按直线行进不能到达的区域．对此可用惠更斯原理做出解释，当波前到达狭缝时，缝上各点是发射子波的新波源，它们发射的子波的包络面不再是平面，在缝的边缘处波面发生了弯曲，从而使传播方向偏离原方向而向外扩展.

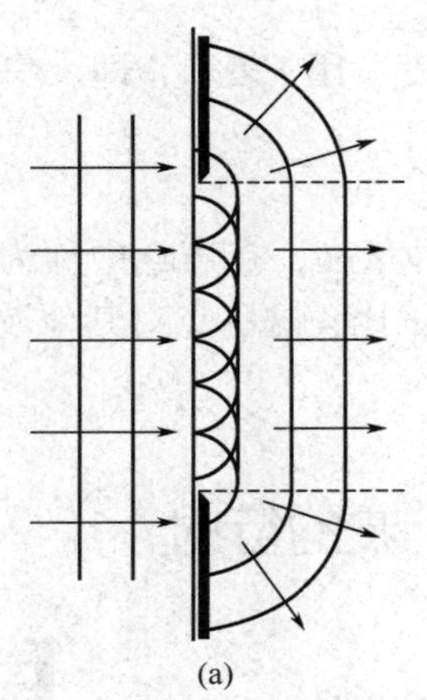

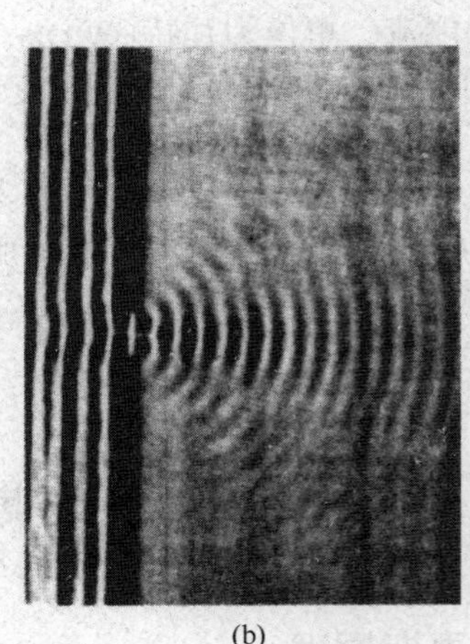

图 7.12　波的衍射

(a)波的衍射；(b)水波的衍射现象

衍射现象显著与否，与障碍物的大小同波长的比有关．若障碍物的线度远大于波长，则衍射现象不明显；若障碍物的线度与波长可比拟，则衍射现象显著.

无论是机械波还是电磁波都会产生衍射现象，衍射现象是波动的重要特征之一．惠更斯原理只能定性地说明衍射现象，在以后的学习中我们会看到，菲涅耳发展了惠更斯原理，才可以定量地讨论光波的衍射.

§7.5　波的叠加原理　波的干涉

7.5.1　波的叠加原理

当几个波源产生的波在同一介质中传播时，会发生什么现象呢？在日常生活中，如听乐队演奏，我们听到的是各种乐器的综合音响，但是我们也能从综合音响中辨别出每种乐器的

声音．这表明某种乐器发出的声波，并不因其他乐器发出的声波而受到影响，即波的传播是独立进行的．通过对多列波在介质中同时传播的观察和研究，可总结出如下规律：

(1) 几列波在介质中相遇时，仍然保持它们各自原有的特性(频率、波长、振幅、振动方向等)，按照原来的方向继续传播，就像没有遇到其他波一样；

(2) 在波相遇区域内任一点处，质点的振动为各列波单独存在时在该点所引起振动的合振动，即该点处质点的振动位移是各列波在该点所引起的位移的矢量和.

这个规律称为波的叠加原理．应指出，波的叠加原理只有在波的强度不很大、描述波动的微分方程是线性时才成立．对于强波，它就失效了，如强烈的爆炸声波就有明显的相互影响.

7.5.2 波的干涉

一般情况下，振幅、频率、振动方向、相位等都不相同的几列波在某一点相遇时，叠加的情形是很复杂的．下面只讨论一种最简单而又重要的情形，即两列频率相同、振动方向相同、相位相同或相位差恒定的简谐波的叠加．这样的两列波在空间相遇时，两个分振动有相同的频率、相同的振动方向和恒定的相位差，由振动的合成可知，该处质点的合振动也是一简谐振动，合振幅由分振动的相位差决定．对于不同点，两分振动有着不同的相位差，因而合振幅也不同．这样，在两波相遇区域内的不同点，有的合振动始终加强，有的合振动始终减弱甚至完全抵消，呈现一幅稳定的振动图像，把这种现象称为波的干涉现象．能产生干涉现象的波称为相干波，它们满足的条件称为相干条件，相应的波源称为相干波源.

图 7.13 所示为水波的干涉现象．由图可看出，有些地方水面起伏得很厉害(图中亮处)，即这些地方的振动加强了；有些地方水面只有微弱的起伏，甚至平静不动(图中暗处)，即这些地方的振动减弱了，甚至完全抵消了.

图 7.14 所示为用单一波源产生两列相干波的干涉现象．障碍物上有两个小孔 S_1 和 S_2，根据惠更斯原理，S_1 和 S_2 可看成两个发射子波的波源，它们发出频率相同、振动方向相同、相位相同或相位差恒定的两列相干波，在它们相遇的区域就产生干涉现象.

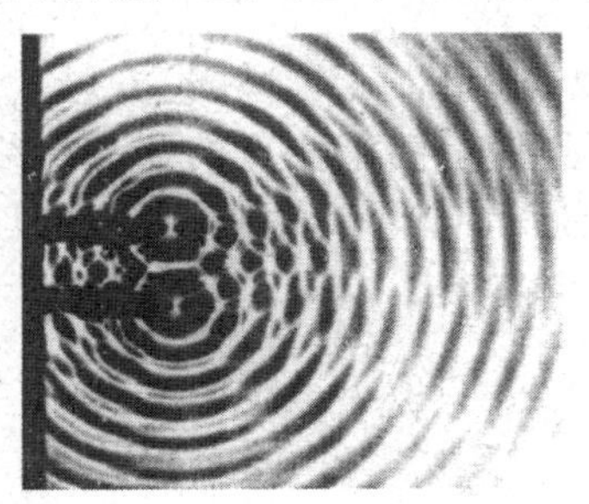

图 7.13 水波的干涉现象

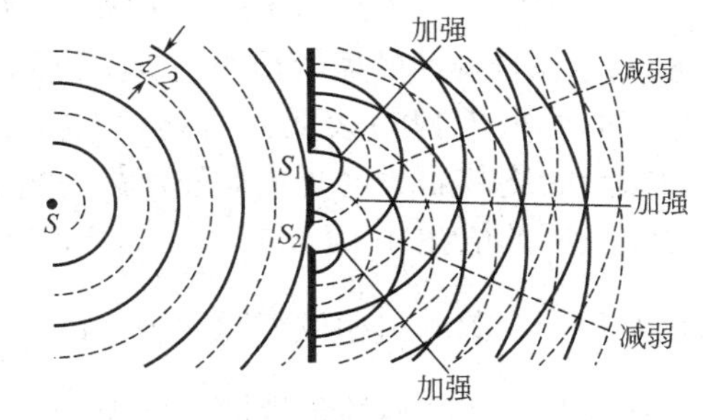

图 7.14 波的干涉现象

下面来分析两列相干波在相遇区域干涉加强和减弱的条件.

设有两个相干波源 S_1、S_2，如图 7.15 所示，它们的简谐振动方程分别为

$$y_{10} = A_1\cos(\omega t + \varphi_1)$$

$$y_{20} = A_2\cos(\omega t + \varphi_2)$$

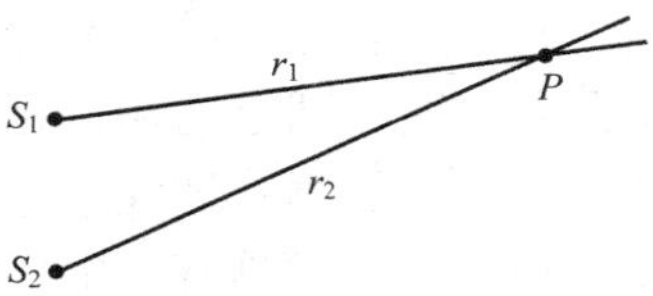

r_1 S_1 P r_2 S_2

图 7.15 两相干波源发出的波在空间相遇

若这两个波源发出的波在同一介质中传播，则其

波速相同，波长 λ 也相同．设介质对波的能量没有吸收，两波源到 P 点的距离分别为 r_1、r_2，则两列波在 P 点的振动方程分别为

$$y_1 = A_1\cos\left(\omega t + \varphi_1 - \frac{2\pi r_1}{\lambda}\right)$$

$$y_2 = A_2\cos\left(\omega t + \varphi_2 - \frac{2\pi r_2}{\lambda}\right)$$

这是两个同方向、同频率的简谐振动，其合振动也是简谐振动．设合振动的振动方程为

$$y = y_1 + y_2 = A\cos(\omega t + \varphi)$$

式中，A 为合振动的振幅．由式(6.12)得

$$A = \sqrt{A_1^2 + A_2^2 + 2A_1A_2\cos\Delta\varphi} \tag{7.12}$$

合振动的初相位由式(6.13)决定：

$$\tan\varphi = \frac{A_1\sin\left(\varphi_1 - \frac{2\pi r_1}{\lambda}\right) + A_2\sin\left(\varphi_2 - \frac{2\pi r_2}{\lambda}\right)}{A_1\cos\left(\varphi_1 - \frac{2\pi r_1}{\lambda}\right) + A_2\cos\left(\varphi_2 - \frac{2\pi r_2}{\lambda}\right)}$$

两个分振动的相位差为

$$\Delta\varphi = \varphi_2 - \varphi_1 - \frac{2\pi}{\lambda}(r_2 - r_1) \tag{7.13}$$

可以看出，P 点处合振动振幅的大小与两分振动的相位差密切相关，式(7.13)所示的相位差是由波源的初相位和波源到 P 点的波程差决定的，不随时间变化，故合振动的振幅也不随时间变化，空间各处的振幅和强度是稳定的.

由式(7.12)可知，当相位差 $\Delta\varphi$ 满足

$$\Delta\varphi = 2k\pi, \quad k = 0, \pm 1, \pm 2, \cdots \tag{7.14a}$$

时，$A=A_1+A_2$，合振动的振幅最大，这些点的振动始终加强，称为干涉加强．若

$$\Delta\varphi = (2k + 1)\pi, \quad k = 0, \pm 1, \pm 2, \cdots \tag{7.14b}$$

则 $A=|A_1-A_2|$，合振动的振幅最小，这些点的振动始终减弱，称为干涉减弱.

式(7.14a)和(7.14b)表明，两列相干波干涉的结果是使空间某些点的振动始终加强，某些点的振动始终减弱．这两式也分别称为相干波干涉加强和干涉减弱的条件．在其他情形下，合振动振幅的值在 A_1+A_2 和 $|A_1-A_2|$ 之间.

如果两相干波源的初相位相同，则 $\Delta\varphi = \frac{2\pi}{\lambda}(r_1 - r_2)$，$\Delta\varphi$ 只取决于波程差 $\delta = r_1 - r_2$. 这样，干涉加强和干涉减弱的条件可简化为

$$\delta = r_1 - r_2 = k\lambda, \quad k = 0, \pm 1, \pm 2, \cdots (\text{干涉加强}) \tag{7.15a}$$

$$\delta = r_1 - r_2 = (2k + 1)\frac{\lambda}{2}, \quad k = 0, \pm 1, \pm 2, \cdots (\text{干涉减弱}) \tag{7.15b}$$

上两式表明，两个初相位相同的相干波源发出的波在空间叠加时，波程差等于波长整数倍的各点，干涉加强；波程差等于半波长奇数倍的各点，干涉减弱.

干涉现象是波所具有的重要特征之一，在光学、声学、近代物理学中都有广泛的应用.

概念检查3

两列振动方向相同、振动频率不同的波为什么不能产生干涉？

概念检查4

同一传声器驱动的两扬声器并排放置，以相同的功率发出声波，前方 P 点到两扬声器的距离相等，P 点的声强与单独一个扬声器发声相比有何变化？若 P 点到两扬声器的距离相差半个波长又如何？

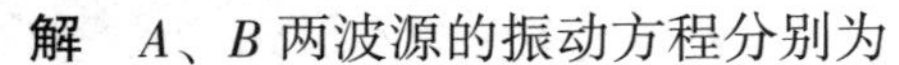

例 7.5 如图 7.16 所示，A、B 两点为同一介质中的两个相干波源，其振幅均为 5 cm，频率为 100 Hz，当 A 点为波峰时 B 点恰为波谷．设在介质中的波速为 $10\ \mathrm{m\cdot s^{-1}}$，求 A、B 发出的两列波到达 P 点时干涉的结果．

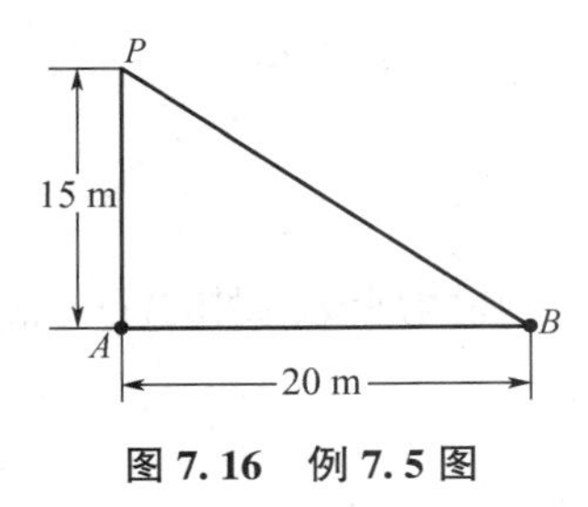

图 7.16 例 7.5 图

解 A、B 两波源的振动方程分别为

$$y_A = 0.05\cos(200\pi t + \varphi_A)$$
$$y_B = 0.05\cos(200\pi t + \varphi_B)$$

由已知条件，A 点为波峰时 B 点恰为波谷，设 B 点的相位较 A 点超前，则

$$\varphi_B - \varphi_A = \pi$$

当两列波到达 P 点时，在 P 点的振动方程分别为

$$y'_A = 0.05\cos\left(200\pi t - \frac{2\pi}{\lambda}\cdot |AP| + \varphi_A\right)$$

$$y'_B = 0.05\cos\left(200\pi t - \frac{2\pi}{\lambda}\cdot |BP| + \varphi_B\right)$$

两振动的相位差为

$$\Delta\varphi = \varphi_B - \varphi_A - \frac{2\pi}{\lambda}(|BP| - |AP|)$$

$$\lambda = \frac{u}{\nu} = \frac{10}{100}\ \mathrm{m} = 0.1\ \mathrm{m}$$

$$\Delta\varphi = \pi - \frac{2\pi}{0.1}(25 - 15) = -199\pi$$

由结果可知，相位差是 π 的奇数倍，P 点为干涉减弱，合振动的振幅为零．

7.5.3 驻波

驻波是干涉的特例，它是由振幅、频率和波速都相同的两列相干波，在同一直线上沿相反方向传播时叠加而形成的一种特殊的干涉现象．

如图 7.17 所示，弦线的一端系在音叉上，另一端通过滑轮系一砝码使弦线拉紧．音叉振动时，弦线上产生波动并向右传播，当波到达 B 点时遇障碍物反射，产生的反射波向左传播．这样，入射波和反射波在同一弦线上沿相反方向传播，它们将相互叠加．调节劈尖 B 到合适的位置，可以看到弦线上形成如图 7.17 所示的波动状态．此时，在弦线上观察不到波形的传播，能够观察到的是各点原地振动，有的点始终静止不动，称为波节，而有的点则振动最强，称为波腹，弦线被分成几段长度相等的作稳定振动的部分，这就是驻波.

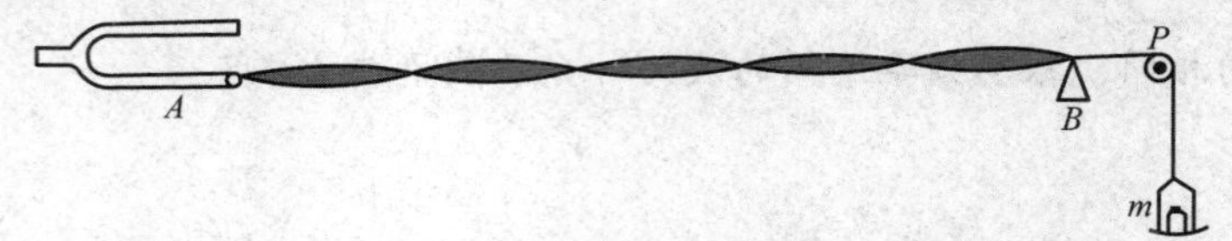

图 7.17　弦线上的驻波实验

现在用简谐波的方程来推导驻波的方程．设两列振幅相同、频率相同、振动方向相同、初相位都为零的简谐波分别沿 x 轴的正、负方向传播，其波动方程分别为

$$y_1 = A\cos\left(\omega t - \frac{2\pi}{\lambda}x\right)$$

$$y_2 = A\cos\left(\omega t + \frac{2\pi}{\lambda}x\right)$$

在两列波相遇的任一点处，它们叠加产生的合位移为

$$y = y_1 + y_2 = 2A\cos\frac{2\pi}{\lambda}x\cos\omega t \tag{7.16}$$

式(7.16)称为驻波方程，其中 $\cos\omega t$ 是一个简谐振动因子，$2A\cos\frac{2\pi}{\lambda}x$ 的绝对值是 x 处点的振幅，它是 x 的函数，即对于不同的点，振幅是不同的．该式表示，当形成驻波时，弦线上各点作同频率但不同振幅的简谐振动.

下面对驻波作进一步讨论.

1. 波节和波腹

驻波弦线上各点作振幅为 $\left|2A\cos\frac{2\pi}{\lambda}x\right|$ 的简谐振动，所以波节是满足 $\cos\frac{2\pi}{\lambda}x = 0$ 的那些点，即相应波节的位置可由下式确定：

$$\frac{2\pi}{\lambda}x = (2k+1)\frac{\pi}{2},\quad k = 0, \pm 1, \pm 2, \cdots$$

波节的位置为

$$x = (2k+1)\frac{\lambda}{4},\quad k = 0, \pm 1, \pm 2, \cdots \tag{7.17}$$

相邻波节间的距离为

$$x_{k+1} - x_k = [2(k+1)+1]\frac{\lambda}{4} - (2k+1)\frac{\lambda}{4} = \frac{\lambda}{2}$$

可见，相邻波节间的距离是半波长.

波腹是 $\left|\cos\frac{2\pi}{\lambda}x\right| = 1$ 的点，这些点的振幅最大，等于$2A$. 因此，波腹的位置由下式确定：

$$\frac{2\pi}{\lambda}x = k\pi,\quad k = 0, \pm 1, \pm 2, \cdots$$

波腹的位置为

$$x = \frac{k}{2}\lambda,\quad k = 0, \pm 1, \pm 2, \cdots \tag{7.18}$$

可得相邻波腹间的距离也是半波长.

2. 驻波的相位

由驻波方程可知，$\cos\omega t$ 与 x 无关，只要因子 $\cos\frac{2\pi}{\lambda}x$ 的符号相同，各点的相位就相同．在两波节间，$\cos\frac{2\pi}{\lambda}x$ 具有相同的符号，各点的相位相同；在波节两边的点，$\cos\frac{2\pi}{\lambda}x$ 有相反的符号，因此波节两边的点的相位相反．这就是说，两波节之间的点振动时步调一致，它们沿相同方向达到各自位移的最大值，又沿相同方向同时通过平衡位置；波节两边的点的振动方向相反，即它们沿相反方向达到各自位移的最大值，又沿相反方向同时通过平衡位置．可见，产生驻波时，弦线不仅分段振动，而且每段作为一个整体，一起同步振动.

3. 驻波的能量

驻波具有稳定的能量，在驻波中动能和势能不断地相互转化，形成能量交替地由波腹转向波节附近，再由波节转回到波腹附近的情形. 虽然各点的能量在不断变化，但能量只能在相邻的波腹和波节区域内来回振荡，所以驻波在整体上没有能量的定向传播.

值得注意的是，在图 7.17 所示的驻波实验中，反射点 B 是固定端，在该处形成驻波的一个波节．这说明，反射波与入射波在该点的相位是相反的，即反射波与入射波间有 π 的相位突变，如图 7.18(a)所示．在波动中相距半个波长的两点的相位差为 π，所以反射波 π 的相位突变相当于波程差为半个波长，这种现象称为半波损失．当波在自由端反射时，则没有相位突变，驻波在此端将出现波腹，如图 7.18(b)所示.

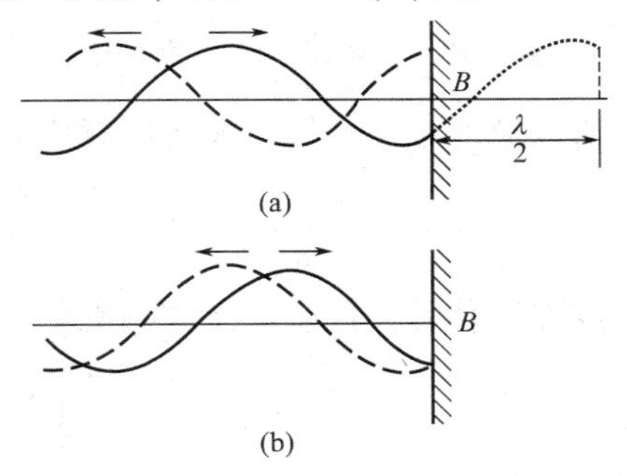

图 7.18 入射波(实线)与反射波(虚线)在反射点的相位情况

半波损失不仅在机械波反射时可能发生，在电磁波、包括光波反射时也会发生，在波动光学中还将对其进行讨论.

§7.6 多普勒效应

前面所讨论的波动，都是波源与接收器或观测者相对介质静止的情况，所以接收器接收到的波的频率与波源发出的频率是相同的．但是，在日常生活和科学观测中，经常会遇到波源或观测者相对介质运动的情况．1842 年，奥地利物理学家多普勒(Doppler)发现，当波源或观测者相对介质运动时，观测者接收到的频率与波源的频率不同．例如，高速行驶的火车鸣笛而来时，听到汽笛的音调变高，即频率变高；火车鸣笛远去时，则听到汽笛的音调变低，即频率变低．这种因波源或接收器相对介质运动，而使接收器接收到的波的频率发生变化的现象称为多普勒效应．

在分析多普勒效应时，先区分以下的概念：波源的频率、波的频率和接收器接收到的频率．波源在单位时间内振动的次数称为波源的频率，用 ν_S 表示；波传播时介质中质点在单位时间内振动的次数称为波的频率，用 ν 表示；接收器在单位时间内接收到的波的振动次数为接收器接收到的频率，用 ν_R 表示．若波在介质中的波速为 u，波在介质中的波长为 λ，则 $u = \nu\lambda$.

为简单起见，这里只讨论波源和接收器相对介质的运动发生在二者连线上的情形．

7.6.1 波源不动，接收器以速度 v_R 相对介质运动

首先假定接收器向波源运动．如图 7.19 所示，若接收器在 P 点不动，波在单位时间内通过 P 点向右传播了 u 的距离，接收器接收到的完整波数也是分布在距离 u 中的波数．现在接收器以速度 v_R 向波源运动，在单位时间内接收器向左移动了 v_R 的距离，在单位时间内其接收到的全部波数应该是在距离 $u+v_R$ 中的总波数，即

$$\nu_R = \frac{u+v_R}{\lambda} = \frac{u+v_R}{u/\nu} = \frac{u+v_R}{u}\nu$$

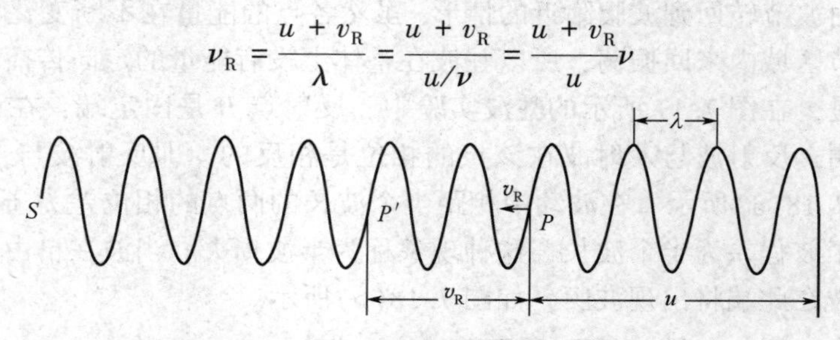

图 7.19 接收器运动时的情形

由于波源相对介质静止，所以波的频率 ν 等于波源的频率 ν_S．这样，上式可表示为

$$\nu_R = \frac{u+v_R}{u}\nu_S \tag{7.19}$$

上式表明，当接收器向着波源运动时，接收器接收到的频率变高了，为波源频率的 $1+\frac{v_R}{u}$ 倍．

当接收器远离波源运动时，通过类似的分析，可求得接收器接收到的频率为

$$\nu_R = \frac{u-v_R}{u}\nu_S \tag{7.20}$$

此时，接收器接收到的频率低于波源的频率．

7.6.2 接收器不动，波源以速度 v_S 相对介质运动

此时，波源在运动中仍按照自己的频率发射波．图 7.20(a)是波源在水中向右运动时所激起的水面波照片，它显示出水面波的波长发生了变化，沿着波源运动的方向，波长变短了；背离波源运动的方向，波长变长了．

在介质中，波长是波线上相位差为 2π 的两个振动状态之间的距离．在一个周期内，波源发出的某一振动状态在介质中传播了距离 uT_S，完成了一个完整的波形．设波源向着接收器运动，如图 7.20(b)所示，在一个周期内，波源已由位置 S_1 移到 S_2，即移动了距离 $|S_1S_2| = v_ST_S$.

波源在 S_1 发出的某一振动状态，经一个周期的时间已传到位置 A，而此时波源也已运动到 S_2，并发出相位差为 2π 的另一个振动状态．可见，A 与 S_2 之间的距离为此情形下波在介质中的波长 λ'. 由图易得

$$\lambda' = uT_S - v_S T_S = \frac{u - v_S}{\nu_S}$$

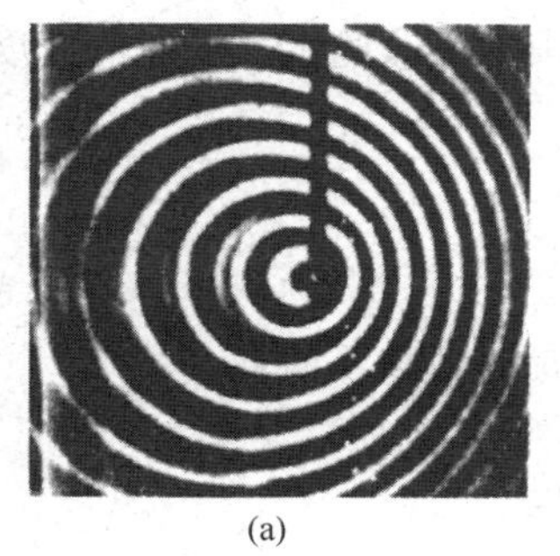

(a)

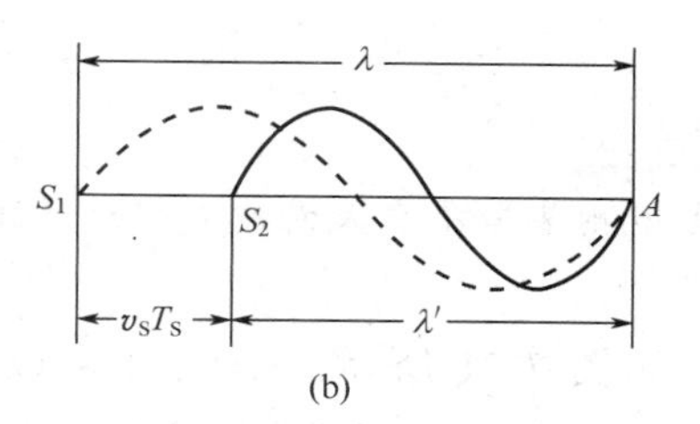

(b)

图 7.20　波源运动时的情形

可见，由于波源的运动，介质中的波长变短了．此时，波的频率为

$$\nu = \frac{u}{\lambda'} = \frac{u}{u - v_S}\nu_S$$

由于接收器静止，所以它接收到的频率也就是波的频率，即

$$\nu_R = \frac{u}{u - v_S}\nu_S \tag{7.21}$$

此时，接收器接收到的频率高于波源的频率.

当波源远离接收器运动时，通过类似的分析，可求得接收器接收到的频率为

$$\nu_R = \frac{u}{u + v_S}\nu_S \tag{7.22}$$

即接收器接收到的频率低于波源的频率.

同样，如将 v_S 理解为代数值，并规定波源接近观察者时 v_S 为正值，远离观察者时 v_S 为负值，则式(7.21)、式(7.22)可统一表示为

$$\nu_R = \frac{u}{u - v_S}\nu_S$$

7.6.3　波源与接收器同时相对介质运动

综合以上两种情况可知，当波源和接收器相向运动时，接收器接收到的频率为

$$\nu_R = \frac{u + v_R}{u - v_S}\nu_S \tag{7.23a}$$

当波源和接收器彼此远离时，接收器接收到的频率为

$$\nu_R = \frac{u - v_R}{u + v_S}\nu_S \tag{7.23b}$$

由式(7.23)可以看出，不论是波源运动，还是接收器运动，或者两者同时运动，只要两者相互接近，接收器接收到的频率就高于波源的频率；只要两者相互远离，接收器接收到

的频率就低于波源的频率.

必须指出，以上讨论的是波源和接收器在它们的连线上运动，如果波源和接收器沿任意方向运动，那么只要取其速度在两者连线方向上的分量，上述公式仍然适用．而垂直于连线方向的速度分量是不产生多普勒效应的.

不仅机械波有多普勒效应，电磁波也有多普勒效应．多普勒效应有着很多实际应用，如利用声波的多普勒效应可监测车辆的速度，用多普勒声呐可监测水下潜艇的速度，在医学上多普勒效应也有很多应用.

概念检查 5

从地球上观测某恒星发来的波发现频率减小，这说明了恒星的什么情况？

例 7.6 如图 7.21 所示，一汽笛 A 以速度 $v_S = 10\ \mathrm{m \cdot s^{-1}}$ 远离观察者 O 向一固定物 B 运动，设汽笛发出声音的频率为 1 000 Hz，声音在空气中的速度为 $330\ \mathrm{m \cdot s^{-1}}$. 求：

(1) 观察者直接听到从汽笛传来的声音的频率是多少？

(2) 观察者听到从固定物反射回来的声音的频率是多少？

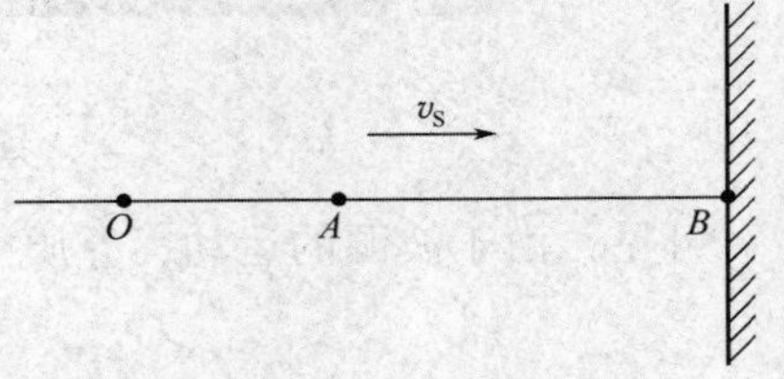

图 7.21 例 7.6 图

解 (1) 已知 $\nu_S = 1\ 000\ \mathrm{Hz}$, $v_S = 10\ \mathrm{m \cdot s^{-1}}$, $u = 330\ \mathrm{m \cdot s^{-1}}$，所以，观察者直接听到从汽笛传来的声音的频率为

$$\nu_1 = \frac{u}{u + v_S}\nu_S = \frac{330}{330 + 10} \times 1\ 000\ \mathrm{Hz} = 970.6\ \mathrm{Hz}$$

(2) 固定物接收到的声音的频率为

$$\nu' = \frac{u}{u - v_S}\nu_S = \frac{330}{330 - 10} \times 1\ 000\ \mathrm{Hz} = 1\ 031.3\ \mathrm{Hz}$$

固定物反射声音的频率与其接收到的频率相同，所以观察者听到从固定物反射回来的声音的频率为

$$\nu_2 = \nu' = 1\ 031.3\ \mathrm{Hz}$$

概念检查答案

1. 波速与波长发生改变.

2. $\frac{\pi}{2}$.

3. 两列波的相位差不恒定，叠加后不会使某些点的合振动恒加强或恒减弱，即不产生干涉。

4. 声强正比于振幅的平方，第一种情况下，P 点的声强是单独一个扬声器的 4 倍，第二种情况声强为零.

5. 说明恒星与地球在相互远离．

思考题

思考题解答

7.1 根据波长、频率、波速的关系式 $u=\lambda\nu$，有人认为频率高的波传播速度大，是否正确？

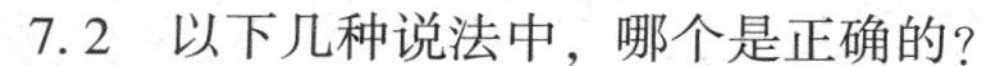

7.2 以下几种说法中，哪个是正确的？

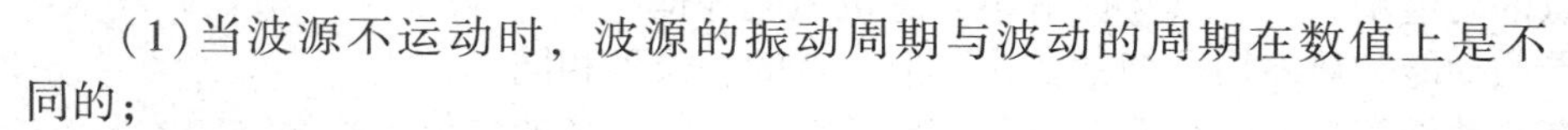

(1)当波源不运动时，波源的振动周期与波动的周期在数值上是不同的；

(2)波源振动的速度与波速相同；

(3)在波传播方向上的任一质点的振动相位总是比波源的振动相位落后；

(4)在波传播方向上的任一质点的振动相位总是比波源的振动相位超前.

7.3 波动方程 $y=A\cos\left[\omega\left(t-\dfrac{x}{u}\right)\right]$ 中的 $\dfrac{x}{u}$ 表示什么？如果把它写成 $y=A\cos\left(\omega t-\dfrac{\omega x}{u}\right)$，$\dfrac{\omega x}{u}$ 又表示什么？

7.4 有人认为频率不同、振动方向不同、相位差不恒定的两列波不能叠加，所以它们不是相干波，这种看法对不对？说明理由.

习题

7.1 机械波的波动方程为 $y=0.03\cos6\pi(t+0.01x)$(SI)，则(　　).

(A)其振幅为 3 m　　(B)其周期为 $\dfrac{1}{3}$ s

(C)其波速为 10 $\mathrm{m\cdot s^{-1}}$　　(D)其沿 x 轴的正方向传播

7.2 一平面简谐波沿 x 轴的正方向传播，$t=0$ 时波形曲线如习题 7.2 图所示，此时 $x=1$ m 处质点的相位为(　　).

(A)0　　(B)π　　(C)$\dfrac{\pi}{2}$　　(D)$-\dfrac{\pi}{2}$

7.3 如习题 7.3 图所示，一平面简谐波沿 x 轴的负方向传播，原点 O 的振动方程为 $y=A\cos(\omega t+\varphi_0)$，则 B 点的振动方程为(　　).

(A) $y=A\cos\left(\omega t-\dfrac{x}{u}+\varphi_0\right)$　　(B) $y=A\cos\left(\omega t+\dfrac{x}{u}\right)$

(C) $y=A\cos\left[\omega\left(t+\dfrac{x}{u}\right)+\varphi_0\right]$　　(D) $y=A\cos\left[\omega\left(t-\dfrac{x}{u}\right)+\varphi_0\right]$

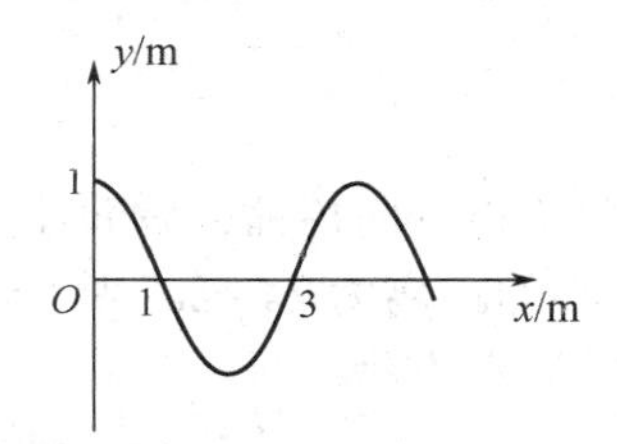

习题 7.2 图

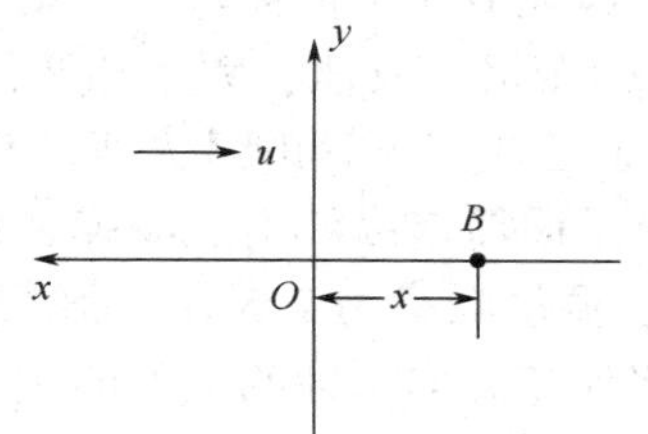

习题 7.3 图

7.4 一平面简谐波在介质中传播，在某一瞬时，介质中某质点正处于平衡位置，此时它的能量为(　　).

(A)动能为零，势能最大　　　　(B)动能为零，势能为零

(C)动能最大，势能最大　　　　(D)动能最大，势能为零

7.5 一平面简谐波在介质中传播，下述各结论哪个是正确的？(　　).

(A)介质质点的动能增大时，其势能减小，总机械能守恒

(B)介质质点的动能和势能均周期性变化，但二者的相位不相同

(C)介质质点的动能和势能的相位在任一时刻都相同，但二者的数值不相等

(D)介质质点在其平衡位置处势能最大

7.6 如习题图 7.6 所示，两相干波源 S_1 和 S_2 相距 $\lambda/4$(λ 为波长)，S_1 的相位比 S_2 的相位超前 $\pi/2$，在 S_1、S_2 的连线上，S_1 外侧各点(如 P 点)处这两列波干涉叠加的结果是(　　).

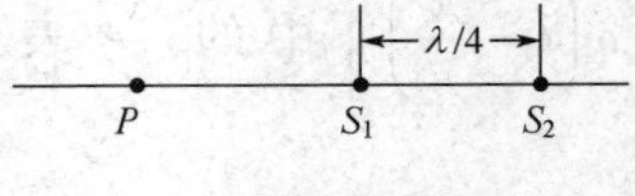

习题 7.6 图

(A)干涉加强　　　　(B)干涉减弱

(C)有些点干涉加强，有些点干涉减弱　　(D)无法确定

7.7 一声波在空气中的波长是 0.25 m，传播速度为 340 m·s^{-1}，当它进入另一种介质中时，波长变成了 0.37 m，则它在该介质中的传播速度为__________.

7.8 平面简谐波的波动方程为 $y = 0.01\cos(2\pi t - 2\pi x)$(SI)，则其频率为__________，波速为__________，波长为__________.

7.9 简谐波沿 x 轴的正方向传播，传播速度为 5 m·s^{-1}，原点 O 的振动方程为

$$y = 20\cos\left(\pi t + \frac{\pi}{3}\right)\ (\text{SI})$$

则 $x = 5$ m 处质点的振动方程为____________.

7.10 一平面简谐波在介质中传播时，某一质点 t 时刻的总机械能是 10 J，则在 $t + T$ (T 为周期)时刻该质点的动能是__________.

7.11 S_1、S_2 是两个相干波源，已知 S_1 的初相位为 $\pi/2$，若使 S_1S_2 连线的中垂线上各点均干涉减弱，则 S_2 的初相位为__________.

7.12 如习题 7.12 图所示，波源 S_1、S_2 发出的波在 P 点相遇，若 P 点的合振幅总是极大值，则波源 S_1 的相位比 S_2 的相位超前__________.

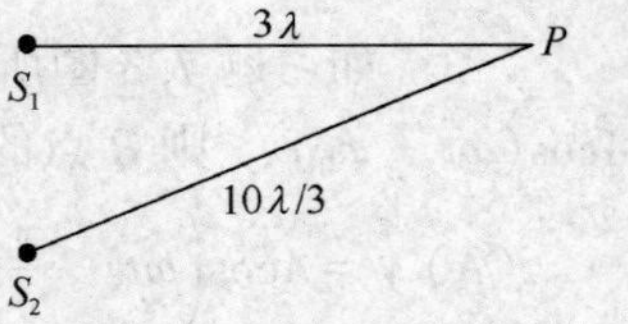

习题 7.12 图

7.13 一横波沿绳子传播时的波动方程为 $y = 0.05\cos(10\pi t - 4\pi x)$(SI). 求：

(1)此波的振幅、波速、频率和波长；

(2)绳子上各质点振动的最大速度和最大加速度.

7.14 一平面简谐纵波沿线圈弹簧传播，设波沿 x 轴的正方向传播，弹簧中某圈的最大位移为 3 cm，振动频率为 2.5 Hz，弹簧中相邻两疏部中心的距离为 24 cm. 当 $t = 0$ 时，$x = 0$ 处质点的位移为零并向 x 轴的正方向运动，试写出该波的波动方程.

7.15 如习题 7.15 图所示，一平面波在介质中以速度 $u = 20$ m·s^{-1} 沿 x 轴的负方向传播，已知 a 点的振动方程为 $y_a = 3\cos 4\pi t$(SI).

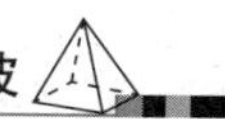

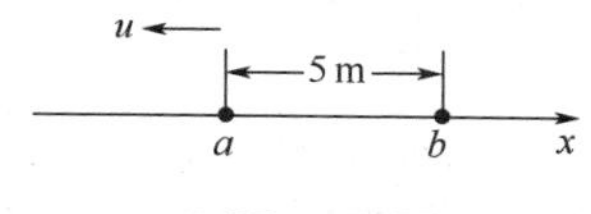

习题 7.15 图

(1) 以 a 为坐标原点写出波动方程；

(2) 以与 a 点相距 5 m 处的 b 点为坐标原点，写出波动方程.

7.16 如习题 7.16 图所示，已知 $t=0$ 和 $t=0.5$ s 时的波形曲线分别为图中实线曲线 Ⅰ 和虚线曲线 Ⅱ，波沿 x 轴的正方向传播．根据图中给出的条件，求：

(1) 波动方程；

(2) P 点的振动方程.

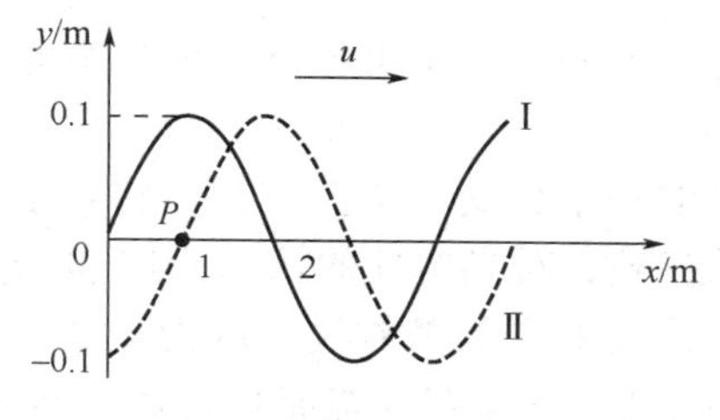

习题 7.16 图

7.17 一平面简谐波的波长为 12 m，沿 x 轴的负方向传播．习题 7.17 图所示为 $x=1.0$ m 处质点的振动曲线，求此波的波动方程.

7.18 如习题 7.18 图所示，两相干波源分别在 P、Q 两点，它们发出频率为 ν、波长为 λ、初相位相同的两列相干波，振幅分别为 A_1、A_2，设 $|PQ|=3\lambda/2$，R 为 PQ 连线上的一点．求：

(1) 自 P、Q 发出的两列波在 R 点的相位差；

(2) 两列波在 R 点干涉时的合振幅.

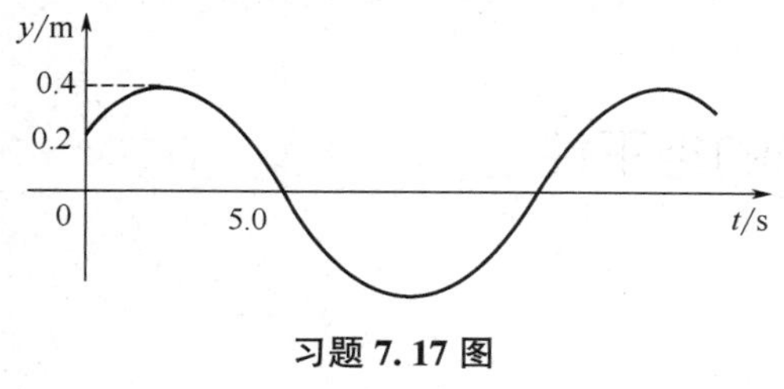

习题 7.17 图

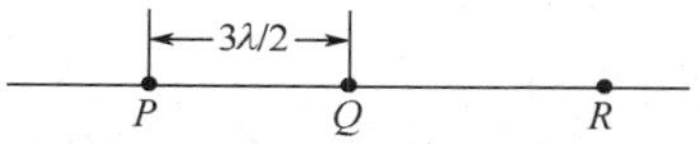

习题 7.18 图

7.19 一弦上驻波的方程为 $y=0.02\cos 8\pi x\cos 50\pi t$ (SI).

(1) 合成此驻波的两行波的振幅及波速为多少？

(2) 相邻波节的距离多大？

7.20 火车以 90 $\text{km}\cdot\text{h}^{-1}$ 的速度行驶，其汽笛发出声音的频率为 500 Hz. 一个人站在铁轨旁，当火车从他身边驶过时，他听到的汽笛发出声音的频率变化是多大？设声速为 340 $\text{m}\cdot\text{s}^{-1}$.

学习与拓展

第8章 波动光学

思维导图

光是一种电磁波．通常意义上的光是指可见光，即能引起人视觉的电磁波．

光学是物理学中发展较早的一个分支．17世纪初，建立了光的反射与折射定律，奠定了几何光学的基础．对光本性的认识，17世纪后期有两派不同的学说：一派是以牛顿为代表的光的微粒说，认为光是从发光体发出的、以一定速度向空间传播的弹性微粒；另一派是以惠更斯为代表的光的波动说，认为光是在介质中传播的一种波．受当时科学技术发展水平的局限，无法判断两种学说的优劣，由于牛顿的威望，这一时期微粒说占有统治地位．19世纪初，通过对光的干涉、衍射和偏振等现象的研究，奠定了光的波动理论基础．19世纪中期，麦克斯韦建立了电磁场理论，把光波纳入电磁波范围，使光的波动理论发展到一个新的高度．20世纪初，通过对黑体辐射、光电效应等实验现象的研究，证实了光的量子性，人类对光本性的认识又向前迈进了一大步，即光具有波粒二象性．

本章介绍波动光学的基本知识，它以光的波动性为基础，研究光的传播和规律，主要内容包括光的干涉、衍射、偏振及一些应用实例．

§8.1 光的相干性

8.1.1 光源的发光机理

发射光波的物体统称为光源．最常见的光源有太阳、白炽灯和水银灯等．按照发光机理不同，常见的光源可分为几个类别：利用电激发引起发光的电致发光，如闪电、霓虹灯、半导体发光二极管等；利用光激发引起发光的光致发光，如日光灯，它是通过灯管内气体放电产生的紫外线激发管壁上的荧光粉而发光的；利用化学反应引起发光的化学发光，如燃烧过程、萤火虫的发光、磷在空气中缓慢氧化而发出的磷光．除此之外，还有热辐射发光，任何物体都向外辐射电磁波，低温时，物体以辐射红外线为主，高温时则可辐射可见光、紫外线等．

一般光源的发光机理是处于激发态的原子或分子自发辐射导致的发光，即光源中的原子吸收了外界能量而处于激发态，这些激发态是极不稳定的，电子在激发态上存在$10^{-11}\sim10^{-8}$ s的平均时间后，就会自发地回到低激发态或基态，同时向外辐射电磁波(光波)．一般情况下，

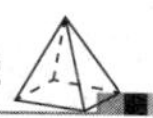

各个原子的激发与辐射是彼此独立、随机、间歇进行的，每个原子先后发射的不同波列，以及不同原子发射的各个波列，彼此之间在振动方向和相位上没有联系，完全是随机的．正是由于普通光源中原子、分子发光的随机性和间歇性，因此我们得到的一束普通光是由频率不一定相同、振动方向各异、无确定相位差的一系列各自独立的波列所组成的.

8.1.2　相干光

在第 7 章中讨论了波的叠加原理，两列(或多列)波在空间传播时，空间各点都参与每列波在该点引起的振动，它们相遇区域内任一点的振动是各列波单独存在时在该点产生振动的合成．波的叠加原理对光波也适用，对光波来说，振动传播的是电场强度 $\boldsymbol{E}$ 和磁场强度 $\boldsymbol{H}$，实验证明，能引起视觉和对其他感光物质起作用的是 $\boldsymbol{E}$，因此其又称为光矢量．光波的叠加就是两光波在相遇点所引起的 $\boldsymbol{E}$ 的叠加.

设 S_1 和 S_2 为两个光源，发出频率相同、振动方向相同的两列光波，它们的振动方程分别为

$$E_1 = E_{10}\cos(\omega t + \varphi_1)$$
$$E_2 = E_{20}\cos(\omega t + \varphi_2)$$

如图 8.1 所示，两列光波在任意点 P 相遇，在 P 点的振动方程分别为

$$E_1 = E_{10}\cos\left(\omega t - \frac{2\pi}{\lambda}r_1 + \varphi_1\right)$$
$$E_2 = E_{20}\cos\left(\omega t - \frac{2\pi}{\lambda}r_2 + \varphi_2\right)$$

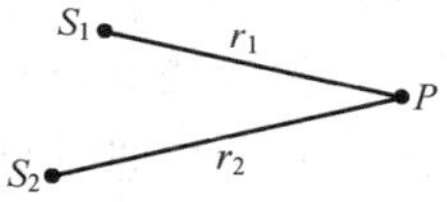

图 8.1　两列相遇光波

P 点的合振动等于两列光波引起的分振动的叠加，合振动的振幅 E 为

$$E = \sqrt{E_{10}^2 + E_{20}^2 + 2E_{10}E_{20}\cos\Delta\varphi} \tag{8.1}$$

$$\Delta\varphi = (\varphi_2 - \varphi_1) - \frac{2\pi}{\lambda}(r_2 - r_1) \tag{8.2}$$

由上两式可知，合振动的振幅取决于两列光波在相遇点所引起的相位差，对上述结果讨论如下.

1. 相干叠加

若 $\Delta\varphi$ 是恒定的，不随时间变化，则其余弦函数对时间的平均值不变．由于平均光强 I 正比于 E^2，将式(8.1)对时间取平均，可得叠加后的光强为

$$I = I_1 + I_2 + 2\sqrt{I_1 I_2}\cos\Delta\varphi \tag{8.3}$$

若 $I_1 = I_2 = I_0$，则

$$I = 4I_0\cos^2\frac{\Delta\varphi}{2} \tag{8.4}$$

光强 I 随相位差 $\Delta\varphi$ 变化的情况如图 8.2 所示．把这种因波的叠加而引起强度在空间重新分布的现象称为相干叠加后．满足一定条件的两束光叠加，光强在叠加区域形成稳定明暗分布的现象称为光的干涉.

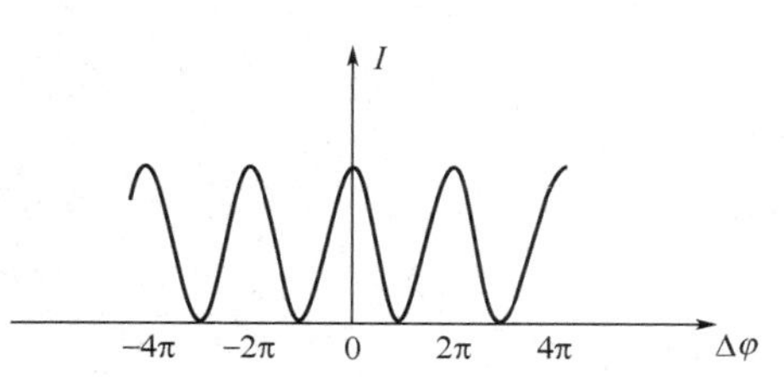

图 8.2　干涉光的光强分布

由以上分析可知，光的相干条件为：频率相同，振动方向相同，相位差恒定.

2. 非相干叠加

若 $\Delta\varphi$ 不恒定，则其余弦函数在一个周期内的平均值为零，即 $\overline{\cos\Delta\varphi}=0$，所以

$$I=I_1+I_2$$

光波的这种叠加是光强的直接相加，不会引起光强的重新分布．这种叠加是非相干叠加.

光的相干条件首先要求相干光源发出的光具有相同的频率．具有单一频率的光称为单色光，普通光源发出的光不是单一频率的，而是由许多频率成分组成的复色光．两个普通光源发出的光或同一光源不同部分发出的光都是不相干的，都不会产生干涉现象.

但是，受激辐射就不同了，它是在一定频率的外界光波“诱导”下原子受激发出光波的过程，受激辐射发出的光波即为激光，其振动方向、频率和初相位都与外来光波相同，因此，激光是一种相干性很好的光.

8.1.3 获得相干光的方法

单一频率的激光光源具有很好的相干性，但在现实生活中我们也能观察到普通光的干涉现象，如油膜上的干涉条纹．那么怎么获得相干光呢？可以设想把单一光源发出的光波分成两列，各自经不同路径再使其相遇，这时原来的光波分成了频率相同、振动方向相同的两列光波，而且相遇时总有恒定的相位差，满足相干条件，即实现自我相干．获得相干光的具体方法有以下两种.

1. 分波面法

如图 8.3(a)所示，在光源 S 发出的同一光波的波面上取 S_1、S_2 两部分作为子光源．由于 S_1、S_2 位于同一波面上，具有相同的频率、振动方向和初相位，故满足相干条件.

2. 分振幅法

如图 8.3(b)所示，同一光源发出的光波入射到介质表面，利用反射和折射，将其分成两列或多列．这样，各子波就具有相同的频率、振动方向和恒定的相位差，满足相干条件.

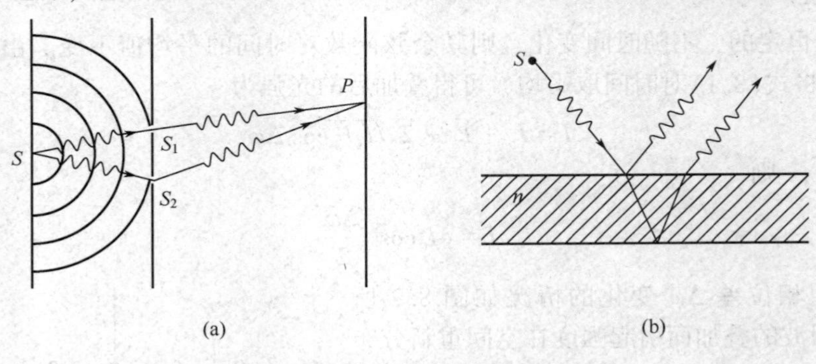

图 8.3 获得相干光的方法

(a)分波面法；(b)分振幅法

§8.2 光程 光程差

相位差的计算在分析光的干涉现象中十分重要．为了便于计算相干光在不同介质中传播相遇时的相位差，引入光程的概念.

光在折射率为 n 的介质中传播时，光振动的相位沿传播方向逐点落后．用 λ_n 表示光在介质中的波长，则通过路程 r 时，光振动的相位落后的值为

$$\Delta\varphi = \frac{2\pi}{\lambda_n}r \tag{8.5}$$

由波动学知识可知，单色光在不同介质中传播时，其频率不变，速度发生变化．频率为 ν 的单色光在折射率为 n 的介质中传播的速度为

$$v = \frac{c}{n}$$

用 λ 表示光在真空中的波长，$\lambda = \frac{c}{\nu}$，所以光在介质中的波长为

$$\lambda_n = \frac{v}{\nu} = \frac{1}{n}\frac{c}{\nu} = \frac{\lambda}{n} \tag{8.6}$$

显然，在不同介质中，同一频率单色光的波长是不同的，如图 8.4 所示．将上式代入式(8.5)，有

$$\Delta\varphi = \frac{2\pi}{\lambda}nr$$

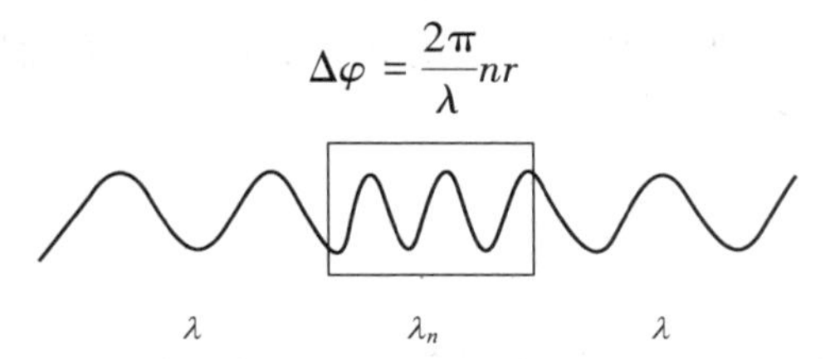

图 8.4 光在不同介质中的波长

上式与光在真空中传播路程 nr 时所引起的相位落后相同．由此可知，同频率的光在折射率为 n 的介质中通过 r 的路程引起的相位落后和在真空中通过 nr 的路程引起的相位落后相同，nr 就叫作与路程 r 相应的光程．它实际上是把光在介质中通过的路程按相同相位变化折合到真空中的路程，这样折合可以统一地用光在真空中的波长 λ 来计算光的相位变化．相位差 $\Delta\varphi$ 和光程差 δ 的关系为

$$\Delta\varphi = \frac{2\pi}{\lambda}\delta \tag{8.7}$$

下面讨论两列光波在空间相遇时的相位差与光程差．如图 8.5 所示，单色光源 S_1 与 S_2 发出的两束光在与 S_1、S_2 等距的 P 点相遇，其中一束光通过空气(折射率近似为 1)，而另一束光还要经过一段折射率为 n、厚度为 d 的介质．虽然这两束光的几何路程都是 r，但光程不同，光线 S_1P 的光程就是 r，而光线 S_2P 的光程是 $[(r-d)+nd]$，两者的光程差 δ 为

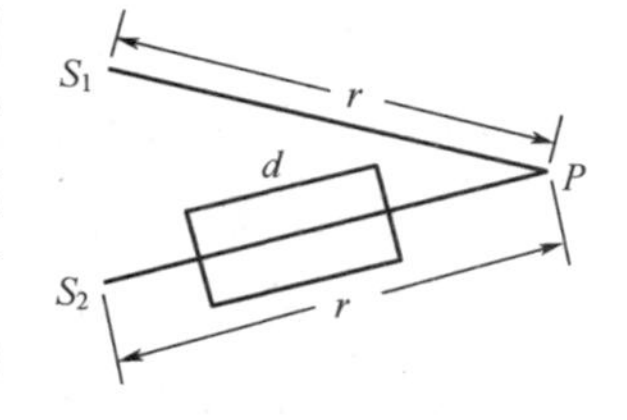

图 8.5 光程差的计算

$$\delta = [(r-d)+nd]-r=(n-1)d$$

对应的相位差为

$$\Delta\varphi = \frac{2\pi}{\lambda}(n-1)d$$

相干光干涉加强或减弱的条件为

$$\Delta\varphi = \frac{2\pi}{\lambda}\delta = \begin{cases} \pm 2k\pi, & k=0,1,2,\cdots \quad (\text{干涉加强}) \\ \pm(2k+1)\pi, & k=0,1,2,\cdots \quad (\text{干涉减弱}) \end{cases}$$

用光程差表示为

$$\delta = \begin{cases} \pm k\lambda, & k=0,1,2,\cdots \quad (\text{干涉加强}) \\ \pm(2k+1)\dfrac{\lambda}{2}, & k=0,1,2,\cdots \quad (\text{干涉减弱}) \end{cases}$$

另外，在干涉和衍射实验装置中，经常要用到透镜．透镜的插入对光路中的光程会产生什么影响呢？理论和实验都表明，透镜具有等光程性，由物点发出的沿不同方向到达像点的各条光线，都具有相同的光程．如图 8.6 所示，从物点 S 到达像点 S' 的各条光线，具有不同的几何路程，它们在透镜中经过的路程也不同，几何路径较长的光线在透镜中经过的路程较短，几何路径较短的光线在透镜中经过的路程较长，而透镜的折射率大于空气，折合成光程后，各条光线具有相同的光程．可见，透镜只改变各条光线的传播方向，不产生附加的光程差.

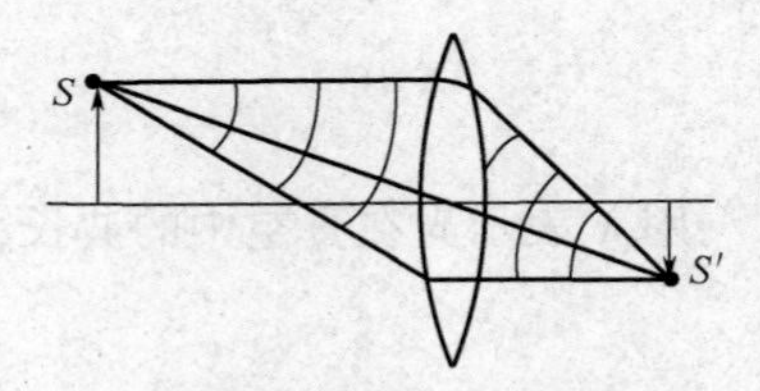

图 8.6　透镜的等光程性

概念检查 1

波长为 λ 的单色光在折射率为 n 的介质中从 A 点传播到 B 点，A、B 两点光振动的相位差为 3π，则路径 AB 的光程为多少？

§8.3　杨氏双缝干涉

8.3.1　杨氏双缝干涉

英国物理学家托马斯·杨(T. Young)在 1801 年首次采用分波面法获得了相干光，实现了光的干涉，并在历史上第一次测定了光的波长．杨氏双缝干涉的实验装置如图 8.7 所示．用一普通单色光源(如钠光灯)照亮狭缝 S 作为线光源，在其后的遮光屏上开有两个与 S 平行且等距的狭缝 S_1 与 S_2，两缝之间的距离很小．它们是同一波面上分出的两个同相的单色光源，满足相干条件，它们发出的光在空间相干叠加产生干涉现象，在图中的观察屏上可以观察到一系列稳定的明暗相间的干涉条纹.

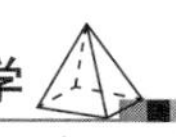

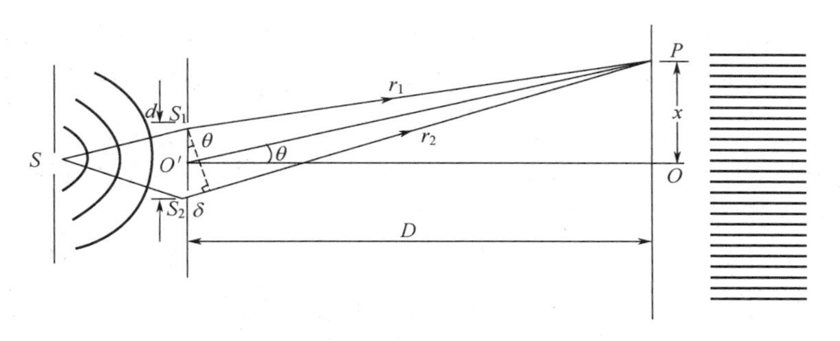

图 8.7 杨氏双缝干涉的实验装置示意

下面对双缝干涉进行定量分析．处理光的干涉问题，应紧抓光程差这一关键，首先来计算相干光源 S_1 和 S_2 发出的光到达观察屏上任一点的光程差 δ. 如图 8.7 所示，考虑观察屏上一点 P，S_1 和 S_2 到 P 点的距离分别为 r_1 和 r_2，由于 S_1、S_2 可以看成相距为 d 的两个同相位相干光源，因此它们在 P 点的干涉结果仅由 S_1、S_2 发出的相干波到 P 点的光程差决定．当装置处在空气中时，光程差 δ 为

$$\delta = r_2 - r_1$$

设 P 点到屏幕对称中心 O 点的距离是 x，θ 是 $O'P$ 和 OO' 之间的夹角，即 P 点的角位置．在通常的观测条件下，θ 角很小，$D \gg d$，$D \gg x$，所以

$$\delta = r_2 - r_1 \approx d\sin\theta \approx d\tan\theta = d \cdot \frac{x}{D}$$

由相干波叠加干涉加强与干涉减弱的条件可知，P 点干涉加强(明条纹，简称明纹)的条件为

$$\delta = \frac{d}{D}x = \pm k\lambda, \quad k = 0, 1, 2, \cdots \tag{8.8}$$

干涉条纹在 O 点两边是对称分布的．当 $k=0$ 时，$x=0$，对应图 8.7 中的 O 点，相应的明纹为零级明纹或中央明纹．当 $k=1$，2，…时，对应的明纹称为第一级明纹，第二级明纹，……，各级明纹对称分布在中央明纹的两侧.

干涉减弱(暗条纹，简称暗纹)的条件为

$$\delta = \frac{d}{D}x = \pm(2k+1)\frac{\lambda}{2}, \quad k = 0, 1, 2, \cdots \tag{8.9}$$

由式(8.8)、式(8.9)可得双缝干涉明暗纹中心距 O 点的距离为

$$\text{明纹} \quad x = \pm k\frac{D}{d}\lambda, \quad k = 0, 1, 2, \cdots \tag{8.10a}$$

$$\text{暗纹} \quad x = \pm\left(k + \frac{1}{2}\right)\frac{D}{d}\lambda, \quad k = 0, 1, 2, \cdots \tag{8.10b}$$

显然，杨氏双缝干涉条纹为平行于狭缝的直条纹，相邻的两明纹或两暗纹的间距即明纹或暗纹宽度都相同，均为

$$\Delta x = \frac{D}{d}\lambda \tag{8.11}$$

由以上结果可以看出：

(1)由于光的波长 λ 很小，只有 d 足够小而 D 足够大，使得干涉条纹间距 Δx 大到可以分辨时，才能观察到干涉条纹．一般 d 的数量级为 10^{-3} m，而双缝到屏幕的距离 D 通常取米的数量级．

(2)对于入射的单色光，若已知 d 与 D，则可通过测量第 k 级条纹与中央明纹间距的方法，由式(8.10)计算入射光的波长．

(3)当 d、D 固定不变时，干涉条纹间距 Δx 与光的波长 λ 成正比，波长小(如紫光)则干涉条纹间距小，波长大(如红光)则干涉条纹间距大．当用白光入射时，除中央明纹为白色外，其他各级明纹因条纹间距的不同彼此错开，形成自内向外由紫到红排列的彩色条纹．

概念检查2

用白光做杨氏双缝干涉实验时，由于白光由不同波长成分组成，所以不会产生干涉现象，判断上述观点的正误．

概念检查3

杨氏双缝干涉实验中在一个缝后加一透明薄片，使原光线的光程增加了 2λ，判断屏中心是明纹还是暗纹？它的级次是多少？

例8.1 杨氏双缝干涉实验中，屏与双缝间的距离 $D=1$ m，用钠光灯作单色光源($\lambda=589.3$ nm)，求：(1) $d=2$ mm 和 $d=10$ mm 两种情况下，相邻明纹的间距各为多少？(2)若眼睛能分辨的条纹间距最小为 0.15 mm，问双缝的最大间距是多少？

解 (1)相邻两明纹的间距为

$$\Delta x=\frac{D}{d}\lambda$$

当 $d=2$ mm 时，

$$\Delta x=\frac{1\times 589.3\times 10^{-9}}{2\times 10^{-3}}\ \text{m}=2.95\times 10^{-4}\ \text{m}=0.295\ \text{mm}$$

当 $d=10$ mm 时，

$$\Delta x=\frac{1\times 589.3\times 10^{-9}}{10\times 10^{-3}}\ \text{m}=5.89\times 10^{-5}\ \text{m}=0.059\ \text{mm}$$

(2)若 $\Delta x=0.15$ mm，则

$$d=\frac{D}{\Delta x}\lambda=\frac{1\times 589.3\times 10^{-9}}{0.15\times 10^{-3}}\ \text{m}=3.39\times 10^{-3}\ \text{m}\approx 4\ \text{mm}$$

结果表明：在这样的条件下，双缝的间距必须小于 4 mm 才能分辨出干涉条纹．

例8.2 用白光做杨氏双缝干涉实验时，能观察到几级清晰可辨的彩色条纹？

解 用白光照射时，除中央明纹为白光外，两侧形成内紫外红的对称彩色条纹．当第 k 级红色明纹后于第 $k+1$ 级紫色明纹出现时，条纹就发生重叠，有

$$x_{k红}=k\frac{D}{d}\lambda_{红}$$

$$x_{(k+1)紫} = (k+1)\frac{D}{d}\lambda_{紫}$$

由 $x_{k红} = x_{(k+1)紫}$ 的临界情况可得

$$k\lambda_{红} = (k+1)\lambda_{紫}$$

将 $\lambda_{红}=760\ \mathrm{nm}$、$\lambda_{紫}=400\ \mathrm{nm}$ 代入上式，得

$$k = 1.1$$

k 只能取整数，所以应取 $k=1$. 这一结果表明，在中央明纹两侧，只有第一级彩色条纹是清晰可辨的.

8.3.2 洛埃德镜实验

洛埃德(Lloyd)于1834年提出了一种更为简单的干涉装置，如图8.8所示．洛埃德镜是一块平面反射镜，从狭缝 S_1 发出的光，一部分直接射到屏E上，另一部分掠射到平面镜上经反射到达屏上．这两部分光也是分波面的相干光，在屏上产生干涉条纹．若将反射光看作从 S_1 的虚像 S_2 发出的，则 S_1 和 S_2 就相当于双缝，发生与杨氏双缝干涉相似的实验现象，可依照杨氏双缝干涉的条纹计算公式进行相应的分析计算．但是，其有一点和杨氏双缝干涉不同，当把屏E移到与平面镜的边缘相接触的位置 MN 时，发现接触点 N 处屏上出现暗纹．而此时从 S_1 和 S_2 发出的光到达接触点 N 的光程相等，该处应出现明纹．其他各级条纹也如此，即按光程差计算应该是明纹的地方，实际观察到的是暗纹；应该是暗纹的地方，实际观察到的却是明纹．这表明由 S_1 直射到屏上的光波和从平面镜反射的光波之间发生了相位 π 的突变．这一变化等效于反射光的光程在反射过程中损失或附加了半个波长，这种现象称为半波损失．实验表明，光从光疏介质(折射率较小)入射到光密介质(折射率较大)而被反射时，都会产生半波损失．以上讨论提示我们，在计算光程差时，必须虑及半波损失，否则可能会得出与实际情况相反的结果.

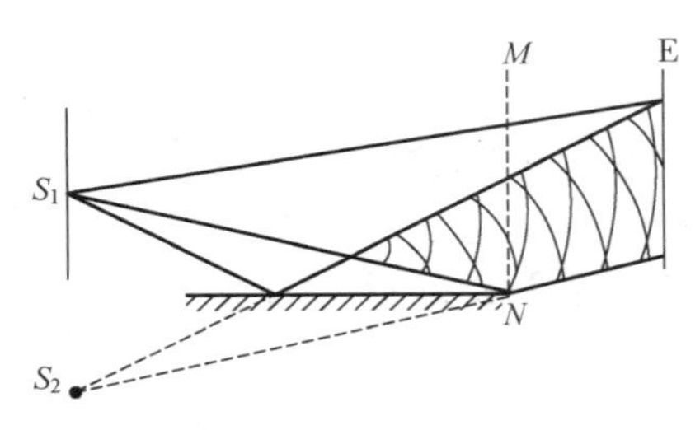

图8.8 洛埃德镜实验装置示意

§8.4 薄膜干涉

前面讨论的是分波面法产生的干涉，本节研究分振幅法产生的干涉，薄膜干涉就是一种最常见的分振幅干涉．所谓薄膜，是指透明介质形成的厚度很薄的一层介质膜，如肥皂泡、浮于水面的油膜、光学仪器透镜表面所镀的膜层等，当光照射到薄膜上时，经薄膜上下两表面产生的反射光(或透射光)相互叠加而产生的干涉称为薄膜干涉．例如，肥皂泡上的彩色条纹、水面油膜上的条纹、昆虫翅翼上所呈现的彩色花纹都是薄膜干涉的结果．下面讨论薄膜干涉的基本原理.

8.4.1 厚度均匀薄膜的干涉

如图8.9所示，一厚度均匀的平行平面薄膜的折射率为 n_2，置于折射率为 n_1 的介质中 ($n_2 > n_1$). 波长为 λ 的单色光以入射角 i 入射到薄膜上表面，经薄膜上、下表面反射后产生两条相干的平行光1和2. 光线1由薄膜上表面反射回原介质，光线2从 A 点折射进入薄

膜内，再从薄膜下表面 B 点反射，最后从上表面 C 点射出，经透镜 L 汇聚于 P 点叠加产生干涉.

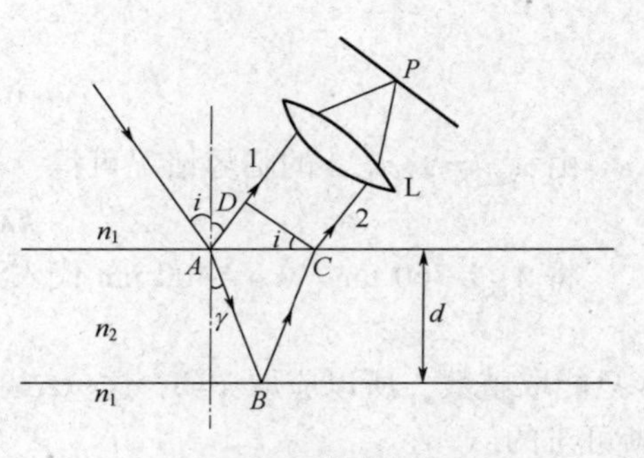

图 8.9　薄膜干涉

因透镜不产生附加的光程差，故两条光线的光程差为

$$\delta = n_2(|AB| + |BC|) - n_1|AD| + \frac{\lambda}{2}$$

式中，$\frac{\lambda}{2}$ 是光线 1 从光疏介质 n_1 入射到光密介质 n_2 被反射时产生的半波损失。由图中的几何关系可知

$$|AB| = |BC| = \frac{d}{\cos\gamma}$$

$$|AD| = |AC|\sin i = 2d\tan\gamma \cdot \sin i$$

根据折射定律，有

$$n_1\sin i = n_2\sin\gamma$$

可得光程差 δ 为

$$\delta = 2n_2\frac{d}{\cos\gamma} - 2n_1 d\tan\gamma\sin i + \frac{\lambda}{2} = 2d\sqrt{n_2^2 - n_1^2\sin^2 i} + \frac{\lambda}{2}$$

即

$$\delta = 2d\sqrt{n_2^2 - n_1^2\sin^2 i} + \frac{\lambda}{2} \tag{8.12}$$

由上式，平行平面薄膜反射光干涉的明暗纹条件为

$$\delta = 2d\sqrt{n_2^2 - n_1^2\sin^2 i} + \frac{\lambda}{2} = \begin{cases} k\lambda, & k = 1, 2, \cdots \quad (明纹) \\ (2k+1)\frac{\lambda}{2}, & k = 0, 1, 2, \cdots \quad (暗纹) \end{cases} \tag{8.13}$$

在实验中通常使光线垂直入射膜面，即 $i=\gamma=0$，则有

$$\delta = 2n_2 d + \frac{\lambda}{2} = \begin{cases} k\lambda, & k = 1, 2, \cdots \quad (明纹) \\ (2k+1)\frac{\lambda}{2}, & k = 0, 1, 2, \cdots \quad (暗纹) \end{cases} \tag{8.14}$$

应该注意的是，光程差中是否附加半波损失应根据具体条件确定，若薄膜上下表面反射的两束光都不存在半波损失或都存在半波损失，则光程差中不计入 $\frac{\lambda}{2}$ 的附加光程差；若两反射光中有一个存在半波损失，则光程差中必须计入 $\frac{\lambda}{2}$ 的附加光程差.

由式(8.12)可知，当 n_1、n_2 一定时，光程差 δ 由薄膜厚度 d 和入射角 i 决定．薄膜干涉可分为以下两种情况.

(1)如果 d 不变，即薄膜厚度均等，此时光程差 δ 仅由入射光的入射角 i 决定，具有相同入射角的入射光线，其反射光具有相同的光程差，故对应同一级干涉条纹．这种干涉称为等倾干涉，形成的干涉条纹称为等倾干涉条纹.

(2)如果 i 不变，薄膜厚度 d 变化，即平行光入射到厚度不均的薄膜上，这时光程差 δ 仅与薄膜厚度 d 有关，薄膜厚度相等处对应的光程差相等，形成同一级干涉条纹．这种干涉称为等厚干涉，形成的干涉条纹称为等厚干涉条纹.

在图 8.9 中，若所用光源是非单色的，各种波长的光各自在薄膜表面形成自己的一套单色干涉条纹，它们互相错开，因而在薄膜上形成色彩绚丽的条纹.

例 8.3 一油轮漏出的油在海水表面形成一层厚度 $d=460$ nm 的薄油层，已知油的折射率 $n_1=1.20$，海水的折射率 $n_2=1.33$.

(1) 如果太阳刚好位于海面正上空，一直升机上的驾驶员从机上向下观察，他看到油层呈什么颜色?

(2) 如果一潜水员潜入该区域水下向上观察，又将看到油层呈什么颜色?

解 太阳垂直照射在海面上，驾驶员和潜水员看到的分别是反射光干涉和透射光干涉的结果，他们所见的颜色是实现干涉加强的那些波长的光的颜色.

(1) 由于油的折射率小于其下层海水的折射率但又大于其上面空气的折射率，在油层上、下表面反射的光均存在半波损失，故两反射光的光程差为

$$\delta = 2n_2d$$

干涉加强时，有

$$\delta = 2n_2d = k\lambda, \quad k=1, 2, \cdots$$

干涉加强的光的波长为

$$\lambda = \frac{2n_2d}{k}$$

$$k=1, \quad \lambda_1 = 2n_2d = 1\ 104\ \text{nm}$$

$$k=2, \quad \lambda_2 = n_2d = 552\ \text{nm}$$

$$k=3, \quad \lambda_3 = \frac{2}{3}n_2d = 368\ \text{nm}$$

其中波长 $\lambda_2=552$ nm 的绿光在可见光范围内，而其他干涉加强的光分布在红外或紫外区域，所以，驾驶员看到油层呈绿色.

(2) 透射光的光程差与反射光相比要附加半波损失项，即为

$$\delta = 2n_2d + \frac{\lambda}{2}$$

干涉加强时，有

$$\delta = 2n_2d + \frac{\lambda}{2} = k\lambda, \quad k=1, 2, \cdots$$

干涉加强的光的波长为

$$\lambda = \frac{4n_2d}{2k-1}$$

$$k=1, \quad \lambda_1 = 2\ 208\ \text{nm}$$

$$k=2, \quad \lambda_2 = 736\ \text{nm}$$

$$k=3, \quad \lambda_3 = 442\ \text{nm}$$

$$k=4, \quad \lambda_4 = 315\ \text{nm}$$

在可见光范围内的有 $\lambda_2=736$ nm 和 $\lambda_3=442$ nm，一个为红光，另一个为紫光，故潜水员看到油层呈紫红色.

薄膜干涉的一个重要应用是提高或降低光学仪器的透射率，当光入射到两种介质的表面上发生反射时，会带走一定的光能，透射光的会减小．若界面数量增多，损失的光能也随之增大．为了减少因反射而损失的光能，常采用镀膜的方法，因此目的而镀的膜为增透膜．有些光学仪器需要减少透射光的能量，由于入射光和透射光的总能量是守恒的，也就是增加反射光的能量，这时镀的膜称为增反膜．镀膜技术依据的原理就是薄膜干涉．下面通过例题来讨论.

例 8.4　一些光学仪器中，为增加某种波长的光的透射率而在光学器件表面镀膜．如图 8.10 所示，为使垂直于透镜($n_g=1.50$)入射的黄绿光($\lambda=550$ nm)的透射率增强，应尽量减小其反射损失，使黄绿光的反射光干涉减弱. 可以在透镜表面镀一层增透膜 MgF_2($n=1.38$)．求镀膜的最小厚度？

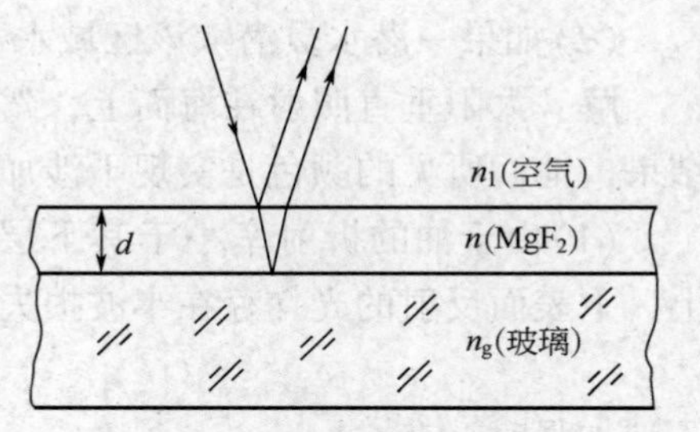

图 8.10　增透膜

解　光线以接近正入射的方向入射到薄膜上，设镀膜的厚度为 d，在上表面反射($n>n_1$)和在下表面反射($n<n_g$)时均有半波损失，对计算光程差无影响．因此，入射光在薄膜上、下表面反射的光程差为

$$\delta = 2nd$$

反射光干涉减弱的条件为

$$\delta = 2nd = (2k+1)\frac{\lambda}{2}, \quad k=0, 1, 2, \cdots$$

由此得

$$d = \frac{(2k+1)\lambda}{4n}$$

当 $k=0$ 时，薄膜厚度最小，其值为

$$d_{\min} = \frac{\lambda}{4n} = \frac{550}{4\times 1.38}\ \text{nm} \approx 100\ \text{nm}$$

概念检查 4

隐形飞机表面镀了介质膜(塑料或橡胶)后很难被对方雷达发现，试说明原因．

薄膜等厚干涉是测量和检验精密机械零件或光学元件的重要方法，在现代科学技术中有广泛应用，下面介绍两种有代表性的等厚干涉实验.

8.4.2　劈尖干涉

劈尖形介质薄膜(简称劈尖膜)是最简单的厚度不均匀的薄膜，如图 8.11 所示，两块平板玻璃，一端叠合，另一端夹一薄片或细丝，这样在两平板玻璃之间形成一空气薄膜，叫作空气劈尖．图 8.11(a)所示为劈尖干涉的实验装置示意，图中 M 为倾斜 45°放置的半透射半反射平面镜，从单色光源 S 发出的光经光学系统成为平行光束，经 M 反射后垂直入射到空

气劈尖 W，由劈尖上、下表面反射的光束相干叠加形成干涉条纹，通过显微镜 T 可对干涉条纹进行观察和测量.

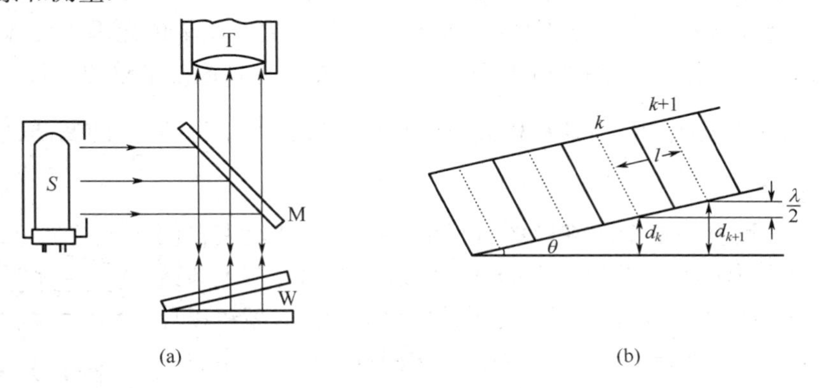

图 8.11　劈尖干涉

(a)劈尖干涉的实验装置示意；(b)干涉条纹间距的计算

设在某入射点处空气薄膜的厚度为 d，则该处两束相干光在相遇点的光程差为

$$\delta = 2nd + \frac{\lambda}{2}$$

式中，n 为劈尖膜的折射率，对于空气薄膜，$n=1$；$\frac{\lambda}{2}$ 是光在空气薄膜下表面(空气与玻璃的分界面)反射时引起的半波损失. 形成明暗纹的条件为

$$\delta = 2d + \frac{\lambda}{2} = \begin{cases} k\lambda, & k = 1,\ 2,\ \cdots \quad (\text{明纹}) \\ (2k+1)\dfrac{\lambda}{2}, & k = 0,\ 1,\ 2,\ \cdots \quad (\text{暗纹}) \end{cases} \tag{8.15}$$

上式表明，同一级明纹或同一级暗纹对应相同厚度的空气薄膜，因而劈尖干涉是等厚干涉. 由于等厚线是平行于棱边的直线，所以干涉条纹是平行于棱边的明暗相间的直条纹. 由上式还可看出，厚度 d 大处对应条纹级次 k 大，从劈尖棱边开始，条纹级次依次增高. 在棱边处 $d=0$，但由于半波损失，棱边处形成暗纹.

由式(8.15)可以求得，两相邻明纹(或暗纹)处劈尖膜的厚度差为光在劈尖形介质中波长的 $\frac{1}{2}$. 如图 8.11(b)所示空气劈尖，设第 k 级明纹处劈尖膜的厚度为 d_k，第 $k+1$ 级明纹处劈尖膜的厚度为 d_{k+1}，有

$$\Delta d = d_{k+1} - d_k = \frac{\lambda}{2} \tag{8.16}$$

设劈尖的夹角为 θ，相邻明纹(或暗纹)的间距 l 应满足关系式

$$l\sin\theta = \frac{\lambda}{2} \tag{8.17a}$$

通常 θ 角很小，$\sin\theta \approx \theta$，式(8.17a)可写为

$$l = \frac{\lambda}{2\theta} \tag{8.17b}$$

由上式可知，劈尖的夹角 θ 越小，条纹分布越疏；反之，θ 越大，条纹分布越密. 当夹

角 θ 大到一定程度时，干涉条纹将密不可辨，所以劈尖干涉中，θ 有一定的限度.

在生产中常利用劈尖干涉来检验工件的平整度．用一块平晶(即光学平面非常平的标准玻璃块)放在一待检验的工件上，使两者之间形成空气劈尖．用单色光垂直照射玻璃表面并观测干涉条纹，若条纹为等距的平行直条纹，则可判断工件表面是平整的．若工件表面凹凸不平，则干涉条纹会发生弯曲．这种检验方法精度较高，可验得约 $\frac{\lambda}{4}$ 的凹凸缺陷，即精度可达 0.1 μm 左右.

例 8.5 为了测量一根金属细丝的直径 D，把金属细丝夹在两块平板玻璃之间，形成空气劈尖，用单色光照射，得到等厚干涉条纹，如图 8.12 所示．用读数显微镜测出干涉明纹的间距，就可以计算出 D. 已知单色光的波长 $\lambda=589.3$ nm，某次测量结果为：金属丝与劈尖棱边的距离 $L=28.880$ mm，第 1 级明纹和第 31 级明纹的距离为 4.295 mm，求金属细丝的直径 D.

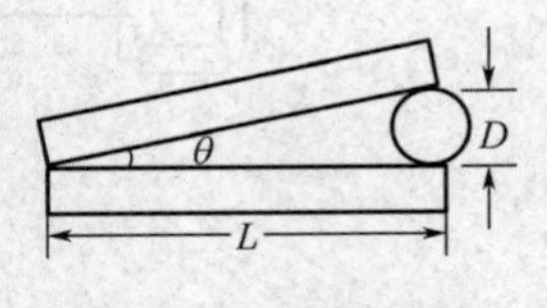

图 8.12　例 8.5 图

解　相邻明纹的间距为

$$l=\frac{4.295}{30}\ \text{mm}=0.143\ \text{mm}$$

由式(8.17a)可得

$$l\sin\theta=\frac{\lambda}{2}$$

因角度 θ 很小，故可取

$$\sin\theta\approx\frac{D}{L}$$

于是得到

$$l\frac{D}{L}=\frac{\lambda}{2}$$

$$D=\frac{\lambda L}{2l}$$

代入数据得

$$D=\frac{589.3\times10^{-9}\times28.880\times10^{-3}}{2\times0.143\times10^{-3}}\ \text{m}=5.951\times10^{-5}\ \text{m}$$

8.4.3　牛顿环

牛顿环实验装置示意如图 8.13(a)所示，在一块平板玻璃 B 上，放置一曲率半径 R 很大的平凸透镜 A，构成一上表面是球面、下表面是平面的类似于劈尖的空气薄膜，当单色平行光垂直照射在平凸透镜 A 上时，在空气薄膜的上下表面发生反射形成相干光，在平凸透镜 A 的下表面附近发生等厚干涉．由于以接触点 O 为中心的任一圆周上，空气薄膜的厚度相等，故可观察到以接触点 O 为中心的一组圆形干涉条纹，如图 8.13(b)所示，通常称其为牛顿环.

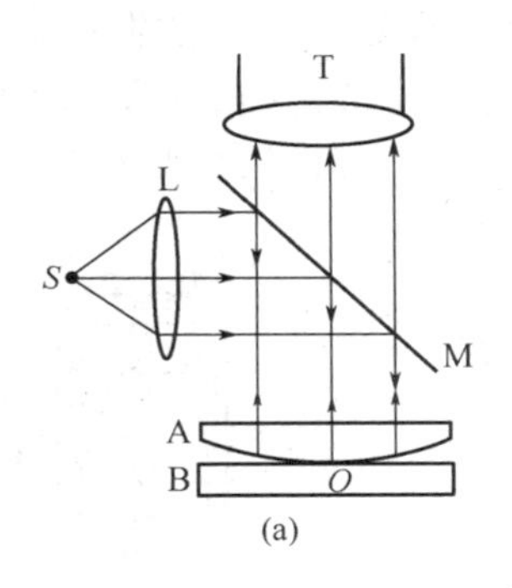

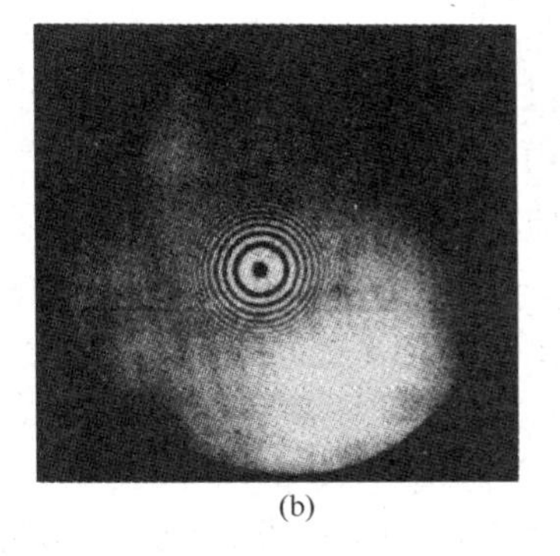

图 8.13 牛顿环

(a)牛顿环实验装置示意；(b)牛顿环干涉图样

如图 8.14 所示，设某反射点的膜厚为 d，则两束相干光的光程差为

$$\delta = 2nd + \frac{\lambda}{2}$$

对于空气薄膜，$n = 1$，故 $\delta = 2d + \frac{\lambda}{2}$. 牛顿环干涉的明暗环条件为

$$\delta = 2d + \frac{\lambda}{2} = \begin{cases} k\lambda, & k = 1, 2, \cdots \quad (\text{明环}) \\ (2k+1)\dfrac{\lambda}{2}, & k = 0, 1, 2, \cdots \quad (\text{暗环}) \end{cases} \tag{8.18}$$

在中心处 $d=0$，两反射光的光程差为 $\delta = \frac{\lambda}{2}$，所以中心为暗斑，如图 8.13(b)所示.

图 8.14 中 R 为平凸透镜的曲率半径，r 为干涉条纹的半径，由图 8.14 中的几何关系可知

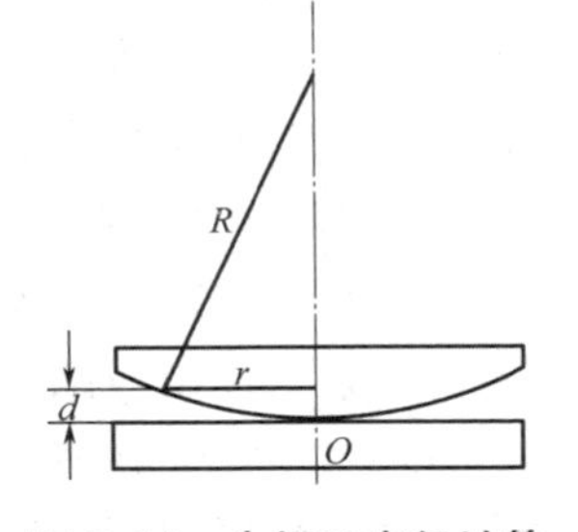

图 8.14 牛顿环半径计算

$$r^2 = R^2 - (R-d)^2 = 2Rd - d^2$$

由于 $R \gg d$，可将 d^2 略去不计，于是

$$d = \frac{r^2}{2R}$$

将这一结果代入式(8.18)，可得明环的半径为

$$r = \sqrt{\frac{(2k-1)R\lambda}{2}}, \quad k = 1, 2, \cdots \tag{8.19a}$$

暗环的半径为

$$r = \sqrt{kR\lambda}, \quad k = 0, 1, 2, \cdots \tag{8.19b}$$

在实验室中，常用牛顿环测定光的波长或平凸透镜的曲率半径．在工业生产中，常利用牛顿环来检验透镜的质量.

§8.5 迈克耳孙干涉仪

迈克耳孙干涉仪是用分振幅法产生双光束干涉的一种精密仪器，它是由物理学家迈克耳

孙(Michelson)为研究光速问题设计制成的．这种干涉仪在近代物理学发展史上曾为狭义相对论的建立提供了实验基础，它可以精密地测量长度及长度的微小变化，在现代科学技术中有着广泛的应用．干涉仪的种类很多，迈克耳孙干涉仪是一种比较典型的干涉仪，它是很多近代干涉仪的原型，下面对迈克耳孙干涉仪作简要介绍．

迈克耳孙干涉仪的基本结构如图 8.15 所示，M_1 和 M_2 是两块相互垂直放置的平面反射镜，M_2 固定不动，M_1 可以通过精密丝杆带动进行前后微小移动．G_1 和 G_2 是两块与 M_1 和 M_2 成 45°平行放置的折射率和厚度都相同的平板玻璃，G_1 的背面镀有半反射膜，称为分光板，照射在 G_1 上的光，一半反射，一半透射；G_2 称为补偿板．

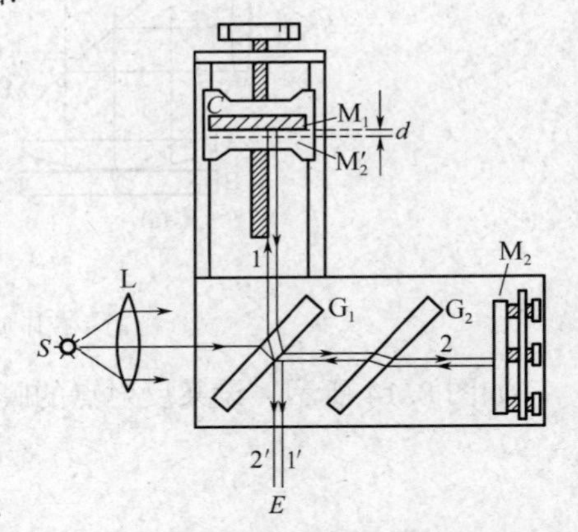

图 8.15　迈克耳孙干涉仪的基本结构

自透镜 L 出射的单色平行光，经分光板一分为二，分成垂直入射到平面反射镜 M_1 的光线 1 和垂直入射到平面反射镜 M_2 的光线 2. 经 M_1 反射，光线 1 回到分光板后部分透过分光板成为光线 1′并沿 E 方向传播；而透过 G_1 和 G_2 并经 M_2 反射的光线 2 回到分光板后，部分被反射，成为光线 2′，也沿 E 方向传播．光线 1′和 2′是相干光，因此在 E 处可以观察到干涉现象．光路中放置补偿板的目的是使光线 1 和光线 2 分别三次穿过相同的平板玻璃，不致引起较大的光程差.

对于 E 处的接收器，光自 M_1 和 M_2 的反射，相当于来自 M_1 和 M_2'(M_2 的虚像)上的反射．于是 M_1 和 M_2'就像是一个薄膜的上下两个表面，由它们反射的两束光的干涉与薄膜干涉类似.

如果 M_1 和 M_2 严格垂直，则 M_1 和 M_2'相互平行，相当于在 M_1 和 M_2'间形成了厚度均匀的空气薄膜．这时，观察到的是圆环形的等倾干涉条纹，移动 M_1 即改变空气薄膜的厚度，可观察到条纹涌出或缩入.

如果 M_1 和 M_2 不是严格垂直的，则 M_1 和 M_2'不严格平行. 这时，在 M_1 和 M_2'间形成一空气劈尖膜，可以观察到等间距分布的等厚干涉条纹.

移动反射镜 M_1，当移动的距离为 $\dfrac{\lambda}{2}$ 时，光线 1′ 和 2′ 间的光程差改变 λ，可观察到条纹从明到暗的一次变化，即观察到条纹移动一条．显然，条纹移动的数目 N 与反射镜 M_1 移动的距离 Δd 之间的关系为

$$\Delta d = N\frac{\lambda}{2} \tag{8.20}$$

若已知光源的波长，利用上式，可测量微小长度或长度的微小变化；也可根据 M_1 移动的距离 Δd 和条纹移动的数目，测量入射光的波长．迈克耳孙曾用自己的干涉仪于 1893 年测定了镉的红色谱线的波长，在 $t=15$ ℃的干燥空气中，$p=1.013\times10^5$ Pa 时所测得的镉的红色谱线的波长为 $\lambda_1=643.866\ 96$ nm.

例 8.6　用迈克耳孙干涉仪测量光的波长，用单色平行光入射，当可移动反射镜移动的距离为 0.327 6 mm 时，E 处视场明暗变化 1 200 次，求光的波长.

解　E 处视场明暗变化 N 次时反射镜 M_1 移动的距离为

$$\Delta d = N\frac{\lambda}{2}$$

则光的波长为

$$\lambda = \frac{2\Delta d}{N} = \frac{2\times 0.327\ 6\times 10^{-3}}{1\ 200}\ \text{m} = 5.460\times 10^{-7}\ \text{m} = 546.0\ \text{nm}$$

§8.6 光的衍射 惠更斯-菲涅耳原理

8.6.1 光的衍射

与干涉一样，衍射也是波动的重要特征．衍射是指当波遇到障碍物时偏离直线传播的现象．我们对机械波的衍射比较熟悉，却不易觉察到光的衍射，这是因为波的衍射的发生是有条件的，只有当障碍物的线度和波长在数量级上相近时，才能观察到明显的衍射现象．由于光的波长很短，一般障碍物的线度远大于它，所以我们看到的多是光的直线传播．但当光照射如小孔、细缝、细丝等微小障碍物时，就能观察到明显的衍射现象.

线光源发出的光通过较宽的狭缝时，屏上呈现出平行于狭缝的光斑，它是狭缝在屏上的几何投影，反映了光的直线传播特性．如果缩小狭缝的宽度到一定程度，屏上的光斑不但不缩小，反而逐渐增大，而且光斑的亮度分布也发生变化，会呈现明暗相间的条纹，如图 8.16 所示，这就是光的衍射现象.

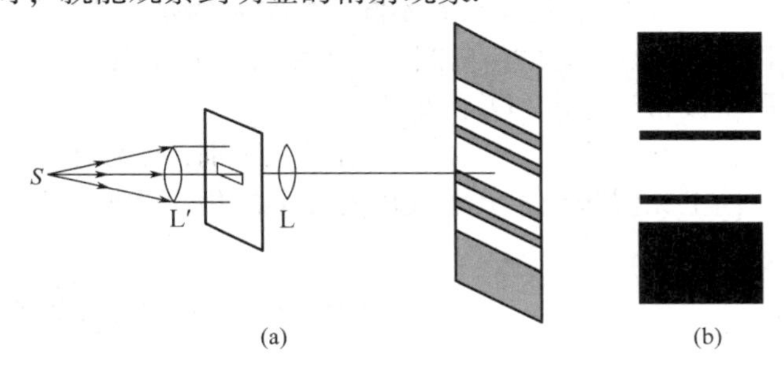

图 8.16 光衍射现象的实验观察

观察光衍射现象的实验装置一般由光源 S 、衍射屏 R 和接收屏 P 三部分组成．按照它们相互距离的不同可分为两类．一类是衍射屏离光源或接收屏的距离为有限远时的衍射，称为菲涅耳衍射，如图 8.17(a)所示．另一类称为夫琅禾费衍射，是光源和接收屏均离衍射屏无限远的情形，此时入射光与衍射光均为平行光，如图 8.17(b)所示，观察这类衍射，须用透镜将平行光聚焦于焦平面上，如图 8.18(c)所示．由于夫琅禾费衍射中的入射光和衍射光均为平行光，故其数学处理较菲涅耳衍射简单，而且它在实际应用中很重要，因此以下各节主要就夫琅禾费衍射进行讨论.

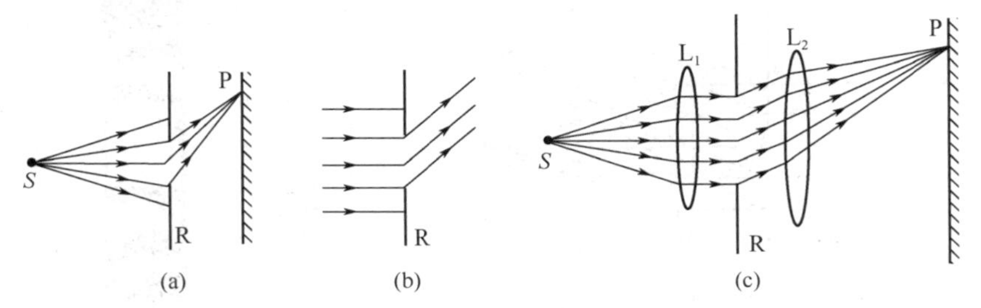

图 8.17 菲涅耳衍射和夫琅禾费衍射

(a)菲涅耳衍射；(b)夫琅禾费衍射；(c)在实验室中观察夫琅禾费衍射

8.6.2 惠更斯-菲涅耳原理

利用惠更斯原理可以解释光偏离直线传播的现象，但是，惠更斯原理无法解释为什么在屏上会出现明暗相间的条纹．法国物理学家菲涅耳(Fresnel)继承了惠更斯的“子波”概念，并进一步用“子波相干叠加”的思想，发展了惠更斯原理，形成了惠更斯-菲涅耳原理，其内容如下：

波面上的每一点都可以看作发射子波的新波源，空间任一点的光振动就是传播到该点的所有子波相干叠加的结果.

根据惠更斯-菲涅耳原理，如果已知某时刻的波面 S，如图 8.18 所示，则空间任意点 P 的光振动是波面上每个面元 $\mathrm{d}S$ 发出的子波在该点叠加后的合振动．菲涅耳具体提出，面元 $\mathrm{d}S$ 发出的子波在 P 点引起的光振动若为 $\mathrm{d}E$，则 $\mathrm{d}E$ 与 $\mathrm{d}S$ 成正比，与 P 点到 $\mathrm{d}S$ 的距离成反比，而且和倾角 θ 有关．而 P 点的光振动为

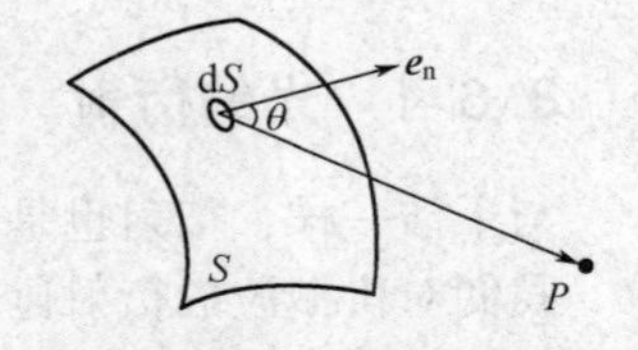

图 8.18 惠更斯—菲涅耳原理

$$E = \int_S \mathrm{d}E$$

由于各面元引起的 $\mathrm{d}E$ 不同，更重要的是其相位互不相同，因此原则上可应用惠更斯-菲涅耳原理解决一般的衍射问题，但积分计算常常十分复杂，在讨论单缝夫琅禾费衍射时，将采用半波带法进行巧妙的处理.

其实在本质上，干涉和衍射并无区别，干涉现象是把有限多的光束相干叠加，而衍射是指波面上无限多个子波源发出的光束的相干叠加.

§8.7 单缝夫琅禾费衍射

8.7.1 单缝夫琅禾费衍射

1821 年，夫琅禾费(Fraunhofer)研究了一种单缝衍射，如图 8.19(a)所示，单色平行光垂直照射于宽度为 a 的狭缝 AB 上，根据惠更斯-菲涅耳原理，单缝所在处波面上的各点都是相干的子波源，它们向各个方向发射的光为衍射光，沿某一方向传播的衍射光与衍射屏法线之间的夹角 θ 称为衍射角．具有相同衍射角的光线经过透镜 L 汇聚于屏上的同一点，形成一组平行于狭缝的明暗相间的直条纹，如图 8.19(c)所示．

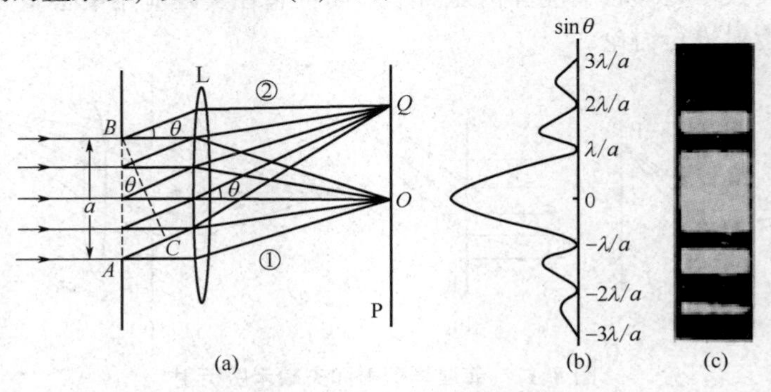

图 8.19 单缝夫琅禾费衍射

下面用菲涅耳半波带法研究屏上的衍射图样.

设入射光的波长为 λ，先来考虑沿入射方向传播、对应衍射角 $\theta=0$ 的衍射光，经透镜 L 后该光束汇聚于 O 点，如图 8.19(a) 中光束①所示．由于 AB 是同相面，透镜又不会引起附加的光程差，故它们到达 O 点时仍保持相同的相位，从而相互加强，该位置对应中央明纹的中心.

下面讨论衍射角为 θ 的任一衍射平行光束，如图 8.19(a) 中光束②所示，该光束的各光线到达 Q 点的光程并不相等，但垂直于各光线的 BC 面上的各点到达 Q 点的光程相等，故该光束中单缝边缘 A、B 两点发出的光线的光程差最大，为

$$AC = a\sin\theta$$

在图 8.20 中可以作一些平行于 BC 的平面，使两相邻平面之间的距离等于入射光波长的一半，即 $\frac{\lambda}{2}$，若 $|AC|$ 恰好是 $\frac{\lambda}{2}$ 的整数倍，则这些平行的平面把单缝 AB 处的波面切割成面积相等的几个波带，称为半波带．衍射角 θ 不同，单缝处波面上分出的半波带数目也不同，半波带的数目取决于光程差 $|AC|$．由于各个半波带的面积相等，所以各个半波带上子波的数目相等，即可认为所有半波带发出的子波强度都是相同的.

若 $|AC|$ 恰好等于 $\frac{\lambda}{2}$ 的奇数倍，则单缝处波面 AB 也被分割成奇数个半波带．如图 8.20(a)所示. $|AC| = 3\frac{\lambda}{2}$，则单缝处波面被分成了 AA_1、A_1A_2、A_2B 三个半波带，相邻的半波带上任何两个对应点发出的光的光程差总是 $\frac{\lambda}{2}$，亦即相位差总是π，因而两相邻半波带的子波在屏上的汇聚处点干涉相消．AA_1、A_1A_2、A_2B 三个半波带中，两个相消，还剩下一个，其上的子波到达 Q 点相干叠加形成明纹．因此，$|AC|$ 为 $\frac{\lambda}{2}$ 的奇数倍时，单缝处半波带两两相消，还剩余一个半波带，对应点为明纹中心.

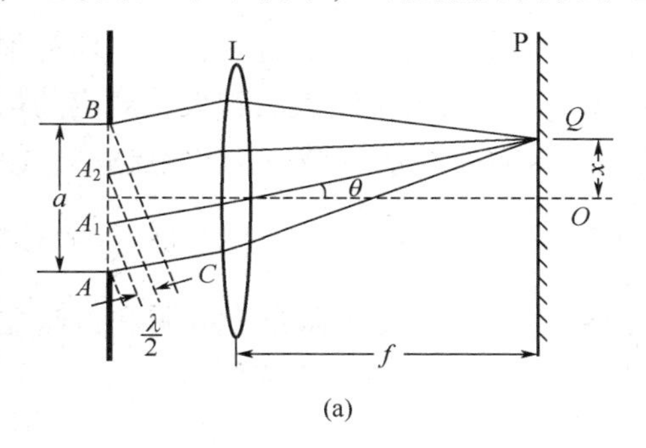

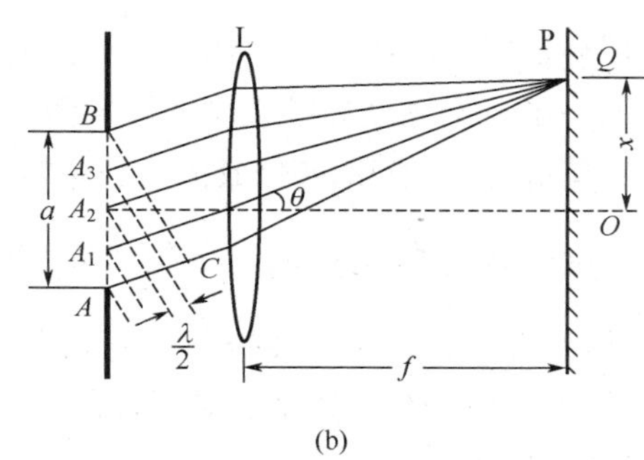

图 8.20 菲涅耳半波带法

若 $|AC|$ 恰等于 $\frac{\lambda}{2}$ 的偶数倍(如 4 倍)，如图 8.20(b) 所示，则单缝处波面 AB 也被分割成偶数个半波带．相邻两半波带各对应子波干涉相消，偶数个半波带两两成对相互干涉相消，对应点应是暗纹中心.

上述分析可用数学方式表述如下，当衍射角 θ 满足

$$a\sin\theta = \pm 2k\frac{\lambda}{2} = \pm k\lambda, \quad k = 1, 2, \cdots \tag{8.21a}$$

时，对应点处为暗纹中心，对应于 $k=1, 2, \cdots$，分别为第一级暗纹，第二级暗纹，…….式中正、负号表示条纹对称分布于中央明纹两侧．而当衍射角 θ 满足

$$a\sin\theta = \pm(2k+1)\frac{\lambda}{2}, \quad k = 1, 2, \cdots \tag{8.21b}$$

时，对应点处为明纹中心，对应于 $k=1, 2, \cdots$，分别为第一级明纹，第二级明纹，…….应指出上式不包括 $k=0$ 的情形，对式(8.21b)来说，$k=0$ 虽对应于一个半波带形成的明纹，但仍处在中央明纹的范围内，是中央明纹的一个组成部分．值得注意的是，上述两式与杨氏双缝干涉条纹的条件，在形式上正好相反，不要混淆．

由干涉图样可以看到，各级明纹有一定宽度，常将两暗纹之间的距离视为明纹的宽度，相邻暗纹对透镜中心所张的角为明纹的角宽度．由式(8.21)可求出明纹的宽度，中央明纹的宽度为两侧第一级暗纹的间距，如果衍射角很小，由式(8.21a)，第一级暗纹距中心 O 的距离为

$$x_1 = f\tan\theta_1 \approx f\sin\theta_1$$

其中 $\sin\theta_1 = \dfrac{\lambda}{a}$，于是

$$x_1 = \frac{\lambda}{a}f$$

中央明纹的宽度为

$$2x_1 = 2\frac{\lambda}{a}f$$

其他相邻明纹的宽度为

$$f\sin\theta_{k+1} - f\sin\theta_k = \frac{\lambda}{a}f$$

在单缝衍射条纹中，中央明纹最亮，而且最宽，其余各级明纹的宽度相同，均为中央明纹宽度的一半，但亮度却随级次的增大而迅速衰减．这是因为条纹级次越大，对应的衍射角也越大，单缝处波面 AB 被分成的半波带数也越多，未被抵消的半波带面积也越小，故相应明纹的强度也就越小．应指出的是，对任意衍射角 θ 来说，一般 $|AC|$ 不是 $\dfrac{\lambda}{2}$ 的整数倍，AB 不能恰好分成整数个半波带，衍射光束经透镜聚焦后，形成光强介于最明和最暗之间的半明半暗的中间区域．单缝衍射图样的相对光强分布如图 8.21 所示．

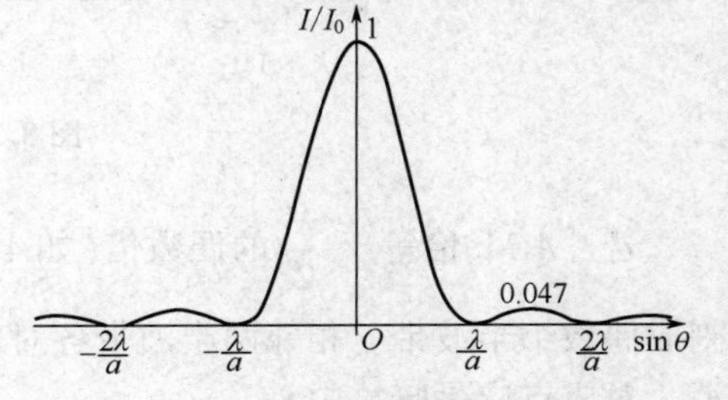

图 8.21　单缝衍射图样的相对光强分布

由式(8.21)可知，对于一定波长的入射光，缝宽 a 越小，各级条纹的衍射角 θ 越大，屏上条纹的间距也越大，即衍射效果越明显．反之，缝宽 a 增大，各级条纹的衍射角 θ 变小，各级条纹向中央明纹靠拢．当 a 增大到一定程度至条纹密不可辨时，衍射现象消失，此时光可看作沿直线传播的．可见，

光的直线传播是障碍物的线度远大于光的波长时衍射效果不显著的情况.

概念检查5

单缝衍射的暗纹条件恰好是双缝干涉的明纹条件，两者是否矛盾？

例8.7 在单缝夫琅禾费衍射实验中，缝宽 $a=5\lambda$，缝后透镜的焦距 $f=40$ cm，试求中央明纹和第一级明纹的宽度.

解 设第一级、第二级暗纹对应的衍射角分别为 θ_1 和 θ_2，由单缝衍射的暗纹条件可知

$$a\sin\theta_1=\lambda,\qquad a\sin\theta_2=2\lambda$$

第一级暗纹距中心 O 的距离为

$$x_1=f\tan\theta_1\approx f\sin\theta_1=\frac{\lambda}{a}f=0.08\ \text{m}$$

第二级暗纹距中心 O 的距离为

$$x_2=f\tan\theta_2\approx f\sin\theta_2=\frac{2\lambda}{a}f=0.16\ \text{m}$$

由此可得中央明纹的宽度为

$$\Delta x_0=2x_1=0.16\ \text{m}$$

第一级明纹的宽度为

$$\Delta x_1=x_2-x_1=0.08\ \text{m}$$

例8.8 在单缝衍射实验中，若光源发出的光含有两种波长 λ_1 和 λ_2，且已知 λ_1 的第一级暗纹与 λ_2 的第二级暗纹重合．试求：(1) λ_1 和 λ_2 之间的关系；(2)这两种光形成的衍射条纹中，是否还有其他暗纹重合？

解 (1)由单缝衍射的暗纹条件可知

$$a\sin\theta_1=\lambda_1,\qquad a\sin\theta_2=2\lambda_2$$

由题意知，$\theta_1=\theta_2$，所以有 $\lambda_1=2\lambda_2$.

(2)对于波长为 λ_1 的单色光，单缝衍射的暗纹条件为

$$a\sin\theta_1=k_1\lambda_1$$

将 $\lambda_1=2\lambda_2$ 代入上式，得

$$a\sin\theta_1=k_1\lambda_1=2k_1\lambda_2,\qquad k_1=1,2,3,\cdots$$

波长为 λ_2 的入射光的单缝衍射的暗纹条件为

$$a\sin\theta_2=k_2\lambda_2,\qquad k_2=1,2,3,\cdots$$

显然，对 $k_2=2k_1$ 的各级暗纹来说，$\theta_1=\theta_2$，即相应暗纹重合.

8.7.2 圆孔夫琅禾费衍射

在观察单缝夫琅禾费衍射的装置中，若用一小圆孔代替狭缝，就可以观察到圆孔夫琅禾费衍射现象，如图8.22(a)所示．该衍射图样的中央是一明亮的圆斑，称为艾里斑，如图8.22(b)所示，周围是一组同心的暗环和明环．理论计算可以证明，艾里斑的光强占整个入射光总光强的84%，其半角宽度 θ 为

$$\theta \approx \sin\theta = 1.22\frac{\lambda}{D} \tag{8.22}$$

式中，D 是圆孔的直径．显然，D 愈小，衍射现象愈明显．

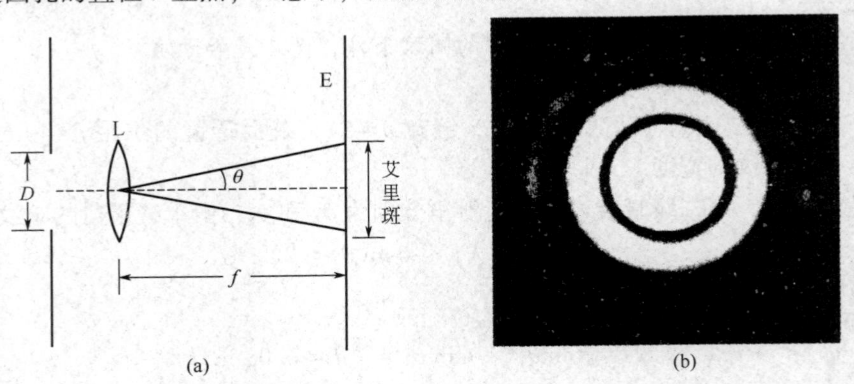

图 8.22　圆孔夫琅禾费衍射

通常，光学仪器中的光阑和透镜都是圆形的，点光源发出的光通过透镜时，光束不是呈点状像，而是经衍射成一衍射图样．因此，研究圆孔衍射对评价仪器成像质量具有重要意义．例如，远方一颗星(可视为点光源)所发出的光，经望远镜的物镜后所成的像，并不是几何光学中的一点，而是一个有一定大小的衍射斑，该斑的大小与物镜的孔径 D、光的波长 λ 有关．当两个星体过分靠近时，它们经物镜所成的像斑之间的距离过近，大部分重叠在一起，这时两个星体的像就难以分辨了，如图 8.23(c)所示．用显微镜观察一个物体上相距极近的两点时，同样会出现难以分辨的情形．

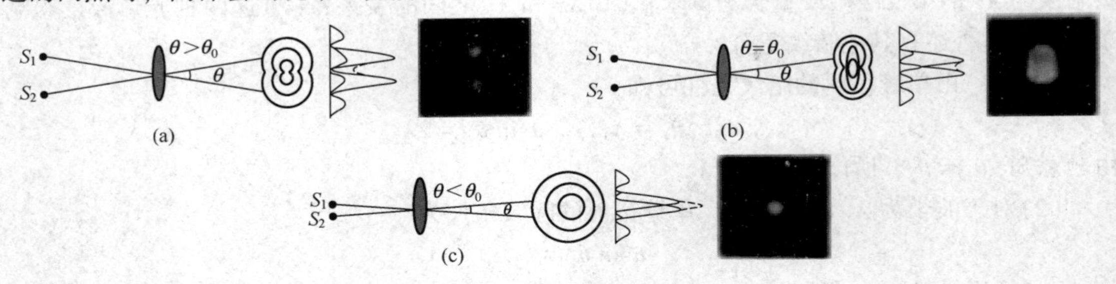

图 8.23　光学仪器分辨本领

那么，两个衍射光斑之间的距离应该怎样才算能够分辨呢？英国物理学家瑞利(Rayleigh)提出了一个最小分辨角的标准，称作瑞利判据．这个判据规定，当一个艾里斑中心与另一个艾里斑的边缘重合时，两衍射图样重叠部分中心处的光强约为单个衍射图样的中央最大光强的 80%，两个像刚好能分辨，如图 8.23(b)所示．刚好能分辨的情况下两物点对透镜光心的张角 θ_0 叫作光学仪器的最小分辨角，由瑞利判据，最小分辨角恰好等于艾里斑的半角宽度，由式(8.22)可知，光学仪器的最小分辨角为

$$\theta_0 = 1.22\frac{\lambda}{D} \tag{8.23a}$$

在光学中，最小分辨角 θ_0 的倒数称为光学仪器的分辨率，用 R 表示，即

$$R = \frac{D}{1.22\lambda} \tag{8.23b}$$

分辨率是光学仪器的一个重要指标，由式(8.23b)可知，光学仪器的分辨率与其孔径成正比，与入射光的波长成反比．在天文观测中，为分辨远方靠得很近的星体，望远镜的通光孔径必须做得很大，以提高其分辨率，如美国夏威夷莫纳克亚山的天文望远镜的孔径达 $D=10$ m. 近代物理学指出，电子也具有波动性，与运动电子(如电子显微镜中的电子束)相应的物质波波长的数量级为 $10^{-1}\sim10^{-2}$ nm，所以电子显微镜比普通光学显微镜的分辨率高很多．

例 8.9　人眼瞳孔的直径 D 约为 3 mm，对人眼最敏感的黄绿光的波长 $\lambda=550$ nm，试计算人眼的最小分辨角．若将两物点放在明视距离 25 cm 处，人眼可分辨两物点的最小间距为多少？

解　人眼的最小分辨角为

$$\theta_0 = 1.22\frac{\lambda}{D} = 1.22 \times \frac{550 \times 10^{-9}}{3 \times 10^{-3}} \text{ rad} = 2.3 \times 10^{-4} \text{ rad}$$

明视距离 $l=25$ cm，恰能分辨的两物点之间的距离为

$$\Delta S \approx l \cdot \theta_0 = 25 \times 2.3 \times 10^{-4} \text{ cm} = 0.005\ 8 \text{ cm}$$

§8.8　光栅衍射

8.8.1　光栅衍射

光栅是由大量等宽、等间距的平行狭缝构成的光学器件，光栅的种类很多，有透射光栅、反射光栅等．在一块平玻璃片上用金刚石刀尖或电子束刻出一系列等宽、等间距的平行刻痕，刀尖刻过的刻痕处因漫反射不透光，未刻过的部分则相当于透光的狭缝，这就是一块透射光栅．如图 8.24 所示，透射光栅(除特别进行说明外，本书所讲的光栅都指透射光栅)的每一条透光狭缝的宽度为 a，两相邻狭缝间不透光部分的宽度为 b，两部分之和 $d=a+b$ 称为光栅常数．实际用的光栅 d 的数量级可达到 $10^{-5}\sim10^{-6}$ m，即 1 cm 宽度内有几千条乃至上万条刻痕．光栅透光狭缝的总数用 N 表示，光栅常数和狭缝数是光栅的两个重要特征参数.

光栅衍射和单缝衍射不同，光栅衍射是多缝干涉和单缝衍射的总效果．当平行光照射到光栅上时，每条狭缝都要产生单缝衍射，N 条狭缝形成 N 套特征完全相同的单缝衍射条纹，同时，各缝发出的光是相干光，还会发生缝与缝之间的干涉效应，因此，每条狭缝的单缝衍射和各缝间的多缝干涉共同决定了光栅衍射条纹的分布特征．原来的单缝衍射暗纹处还是暗纹，而明纹处就不全是明区了，缝与缝间干涉相消也形成暗纹，使得暗区增大，而明纹则更细更窄.

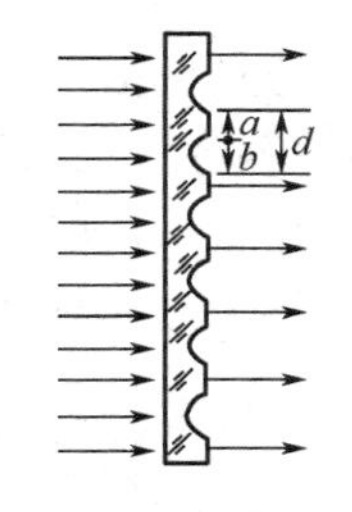

图 8.24　透射光栅

如图 8.25(a)所示，设平行光垂直于缝面入射，考虑衍射角为 θ 的平行光，任意两相邻狭缝发出的光到达 P 点时的光程差都相等，均为 $d\sin\theta$. 当这一光程差为入射光波长的整数倍时，即

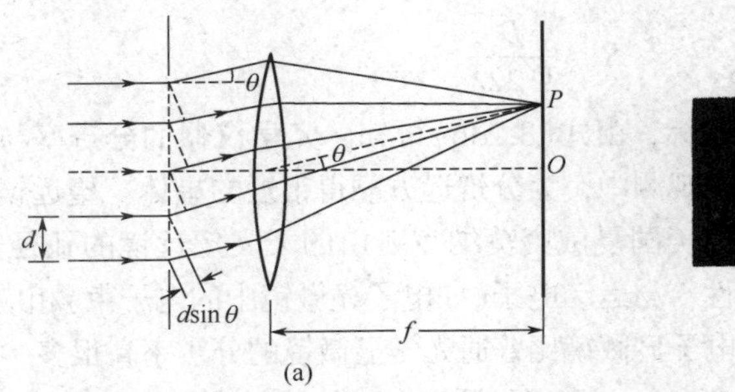

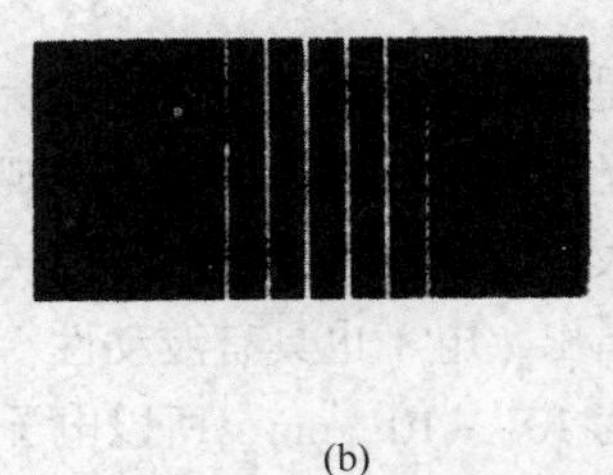

图 8.25　光栅衍射

(a)光栅的多光束干涉；(b)光栅衍射图样照片(N=20)

$$d\sin\theta = k\lambda, \quad k = 0, \quad \pm 1, \quad \pm 2, \cdots \tag{8.24}$$

光栅上任意两条狭缝发出的衍射角为 θ 的光到达 P 点的光程差也一定是 λ 的整数倍，此时所有狭缝发出的光在 P 点都是同相叠加，缝间干涉将形成明纹．显然，式(8.24)为形成明纹的必要条件，称为光栅方程，满足光栅方程的明纹称为主明纹.

理论计算表明，在相邻主明纹之间有 $N-1$ 条暗纹，暗纹间还有 $N-2$ 条次明纹．事实上，当狭缝数 N 很大时，光栅衍射的暗纹和次明纹已连成一片，形成一片暗区，所以在实际中不需要考虑次明纹的因素．可见，光栅衍射条纹是在大片暗区的背景上分布着一些分立的亮线，其特点是明纹细、亮度大、分得开．对于给定尺寸的光栅，N 越大，明纹就越细、越亮，分得也越开.

8.8.2　缺级现象

上面研究了由光栅各狭缝发出的光因多缝干涉在屏上形成干涉主明纹的情况，现在考虑单缝衍射对屏上条纹分布的影响．如果 θ 的某些值满足光栅方程的主明纹条件，同时满足单缝衍射的暗纹条件，这些主明纹将消失，这一现象称为缺级．即 θ 同时满足

$$d\sin\theta = k\lambda, \quad k = 0, \quad \pm 1, \quad \pm 2, \cdots$$

$$a\sin\theta = k'\lambda, \quad k' = \pm 1, \quad \pm 2, \cdots$$

两式相除，可得到光栅主明纹缺级的级次 k 为

$$k = \frac{d}{a}k', \quad k' = \pm 1, \quad \pm 2, \cdots \tag{8.25}$$

这就是光栅衍射条纹出现缺级现象的条件．例如，当 $d = a + b = 3a$ 时，所缺的级次为 $k = \pm 3, \quad \pm 6, \cdots$. 图 8.26(a)是每条狭缝单缝衍射的光强分布，图 8.26(b)是多缝干涉时各狭缝各方向的衍射光强都相同的光强分布，图 8.26(c)是总光强分布．可见，光栅方程只是主明纹的必要条件，而不是充分条件，在光栅衍射中，除考虑缝间的干涉外，还必须考虑每条狭缝的衍射，即多缝干涉和单缝衍射共同决定了光栅衍射的综合效果.

衍射光栅在科学研究和工业技术中有广泛的应用．在光栅衍射中，若用白光照射光栅，则各种波长的衍射光产生各自的衍射条纹，除中央明纹由各色光混合为白光外，两侧的各级明纹都由紫到红对称排列着，形成的彩色光带叫作衍射光谱．当入射的复色光只包含若干个不连续的波长成分时，光栅光谱为与各波长对应的分立亮线，形成线状光谱．由于各种元素(或化合物)都有自己特定的谱线，因此把某种待分析材料燃烧发光，经光栅后获得其光谱

线图，再与已知的各种元素谱线比较，就可以定性分析出该材料所含的元素或化合物．测定各谱线的相对强度，则可以定量分析各元素含量的多少．这种方法叫光谱分析，在科学技术中的应用十分广泛.

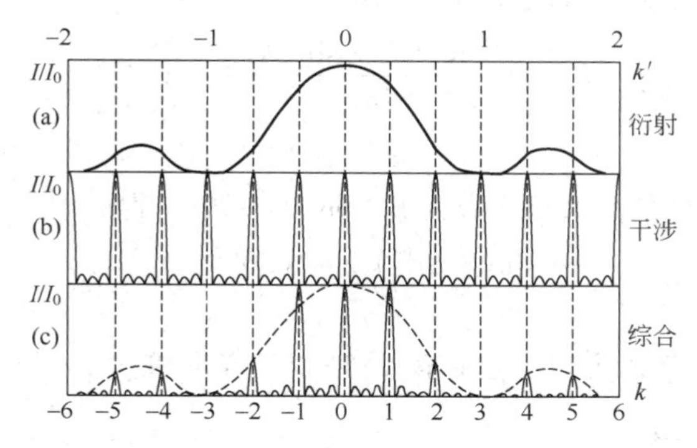

图 8.26　光栅衍射的光强分布

概念检查 6

平行光垂直照射在光栅上，若把光栅沿垂直于光的入射方向稍作平移，屏上谱线的位置是否会移动？

例 8.10　用每毫米刻有 500 条刻痕的光栅，观察钠光谱线（$\lambda=589.3\ \text{nm}$）．问：(1) 平行光垂直入射时；(2) 平行光以入射角 30°入射时（见图 8.27），最多能看到第几级明纹？总共有多少条条纹？

解　(1) 由光栅方程 $d\sin\theta=k\lambda$ 得

$$k=\frac{d\sin\theta}{\lambda}$$

可见，$\sin\theta=\pm1$ 对应着 k 的最大取值.

按题意，每毫米中刻有 500 条刻痕，所以光栅常数为

$$d=\frac{1}{500}\ \text{mm}=2\times10^{-6}\ \text{m}$$

代入光栅方程，并设 $\sin\theta=1$，得

$$k=\frac{2\times10^{-6}}{589.3\times10^{-9}}=3.4$$

k 只能取整数，故取 $k=3$，即垂直入射时能看到第三级明纹，总共有 $2k+1=7$ 条明纹（其中加 1 是指中央明纹）.

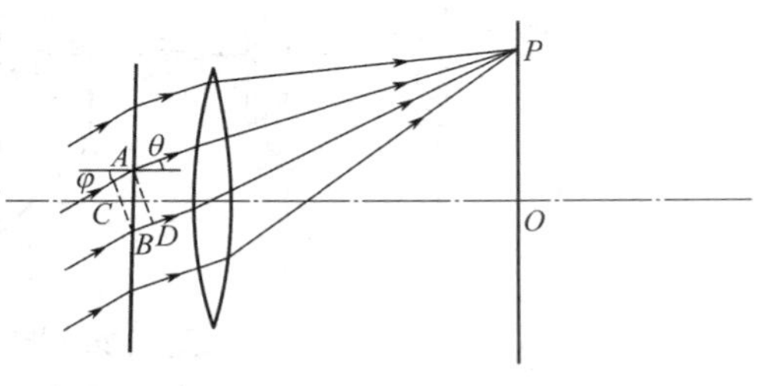

图 8.27　光斜入射的光程差

(2) 如果平行光以 φ 角入射，光程差的计算公式应作适当的修正．从图 8.27 中可以看出，在衍射角 θ 的方向上，相邻两狭缝对应点的衍射光的光程差为

$$\delta=|BD|-|AC|=d\sin\theta-d\sin\varphi$$

由此得到斜入射光栅方程

$$d(\sin\theta-\sin\varphi)=k\lambda,\quad k=0,\ \pm1,\ \pm2,\ \cdots$$

这样，$\sin\theta=\pm1$ 对应着 k 的最大取值.

在 O 点上方观察到的最大级次设为 k_1，取 $\theta=90°$，得

$$k_1=\frac{d(\sin 90°-\sin 30°)}{\lambda}=1.7$$

取整数，$k_1=1$.

而在 O 点下方观察到的最大级次设为 k_2，取 $\theta=-90°$，得

$$k_2=\frac{d[\sin(-90°)-\sin 30°]}{\lambda}=-5.09$$

取整数，$k_2=-5$. 因此，斜入射时，总共有 1+5+1=7 条明纹.

8.8.3 X射线衍射

X射线是德国物理学家伦琴(Rontgen)于1895年发现的，它是一种电磁波，波长短，穿透力强，波长范围为 $10^{-3}\sim1$ nm. 对一般光栅来说，由于光栅常数远大于X射线的波长，故观察不到衍射条纹.

1912年，德国物理学家劳厄(Laue)设想用晶体的晶格来作为X射线的衍射物. 他认为晶体是由规则排列的微粒组成的，它们构成了一种适合X射线衍射用的天然三维光栅. 在这一思想指导下，劳厄于1912年通过实验发现了X射线在晶体中的衍射现象，实验简图如图8.28(a)所示. 在感光底片E上观察到按一定规则分布的许多斑点，称为劳厄斑. 这是X射线照射到晶体上时，晶体中原子构成的空间点阵产生了衍射和干涉现象的结果.

为研究这种三维光栅的衍射规律，1913年，英国物理学家布拉格父子(W. H. Bragg 和 W. L. Bragg)提出了一种简明而有效的方法，他们把晶体的空间点阵简化，作为反射光栅处理. 如图8.28(b)所示，设各晶面之间的距离为 d，d 称为晶格常数. 当一束单色平行X射线以角 φ 掠射到晶面上时，上下两层晶面反射的X射线的光程差为

$$\delta=AC+CB=2d\sin\varphi$$

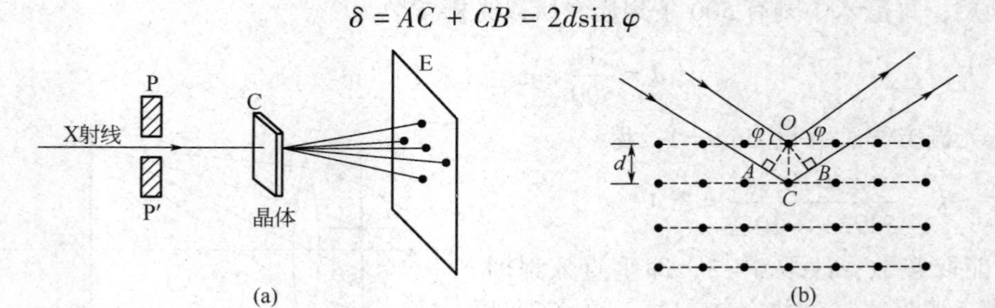

图 8.28　劳厄实验与布拉格方法

(a)劳厄实验简图；(b)布拉格公式导出图示

当 φ 满足条件

$$2d\sin\varphi=k\lambda,\quad k=1,\ 2,\ 3,\ \cdots\tag{8.26}$$

时，各层的反射线相互加强，形成亮点. 式(8.26)称为晶体衍射的布拉格公式，它是X射线晶体衍射的基本规律. 它在研究晶体结构进而研究晶体材料的性能方面具有重要价值.

§8.9　光的偏振

光的电磁理论指出，光是特定频率范围内的电磁波．光矢量$\boldsymbol{E}$的振动方向与光的传播方向垂直，这说明光是横波．光的干涉和衍射现象揭示了光的波动性，光的偏振现象则进一步证实了光是横波．它们均有力地证明了光的电磁理论的正确性．

8.9.1　光的偏振性

光是由光源中大量原子或分子发出的．普通光源不同原子或分子发出的光振动方向和初相位是无规则随机分布的，所以在垂直于光传播方向的平面内，光矢量的振动方向也是互不相关的，各个方向上光矢量分布均匀，而且各方向光振动的振幅都相同．因此，普通光源所发出的光，其光矢量相对于传播方向成轴对称分布，这样的光称为自然光，如图 8.29(a)所示．自然光中任何一个方向的光振动都可以分解成为某两个相互垂直的光振动，所以可以把自然光视为两个相互独立、没有固定相位关系、等振幅且振动方向相互垂直的两个光振动，如图 8.29(b)所示．其表示方法如图 8.29(c)所示．

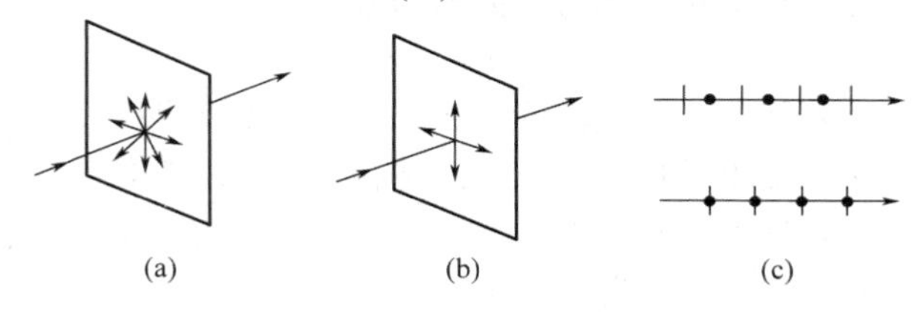

图 8.29　自然光的表示方法

若光矢量的振动相对于传播方向是不对称的，这种光就称为偏振光．如果采用某种方法，把自然光的两个相互垂直、独立的振动分量中的一个完全消除或移走，则光矢量的振动只限于某一固定方向，这种光称为线偏振光．如果只把自然光的两个相互垂直、独立的振动分量中的一部分消除或移走，使得相互垂直的两个独立的振动分量不相等，则得到的是部分偏振光．线偏振光和部分偏振光的表示方法如图 8.30 所示．

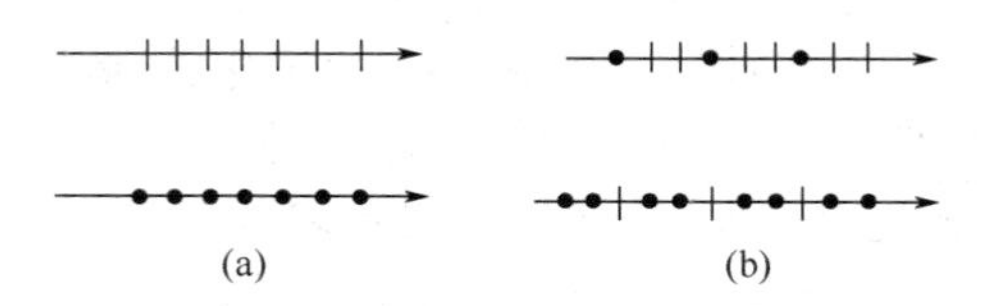

图 8.30　线偏振光和部分偏振光的表示方法

(a)线偏振光；(b)部分偏振光

由自然光获得线偏振光的过程称为起偏，获得线偏振光的器件或者装置叫作起偏器，起偏器的种类很多，如偏振片、玻璃片堆、尼科耳棱镜等．某些晶体对不同方向的光振动具有选择吸收性，即能够吸收某一方向上的光振动，而对与该方向垂直的光振动分量吸收很少，晶体的这种特性叫作二向色性，如硫酸碘奎宁、硫酸奎宁碱晶粒等，在透明玻璃片上蒸镀上 0.1 mm 的硫酸碘奎宁，就制成了偏振片．光通过偏振片后只剩下一个方向的光振动，从而获得线偏振光．偏振片允许光矢量通过的方向称为偏振片的偏振化方向．

如图 8.31 所示，两个平行放置的偏振片 P_1 和 P_2，它们的偏振化方向分别用它们上面的一组平行虚线表示．当光强为 I_0 的自然光垂直入射至 P_1 上时，透射光是沿 P_1 偏振化方向的线偏振光．又由于自然光中光矢量对称均匀，忽略反射损失，透过 P_1 的线偏振光的光强只有入射光光强的一半，为 $I_0/2$．当 P_1 以光的传播方向为轴慢慢转动时，透过 P_1 的光强不会发生改变．将透过 P_1 的线偏振光入射到偏振片 P_2 上，并将 P_2 以光的传播方向为轴慢慢转动，由于 P_2 只允许与它偏振化方向相同的光振动分量通过，因此，透过 P_2 的光强将随 P_2 的转动发生变化．当 P_2 的偏振化方向平行于入射光的光振动方向（P_1 的偏振化方向）时，透过的光强最大．当 P_2 的偏振化方向垂直于入射光的光振动方向时，透过的光强为零，称为消光．将 P_2 旋转一周时，透射光光强出现两次最大，两次消光．偏振片 P_2 在这里起的作用是检验入射光是不是偏振光，故称为检偏器.

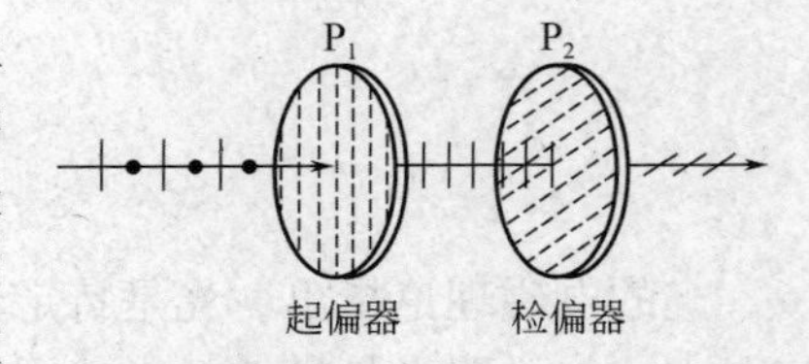

图 8.31　起偏和检偏

8.9.2　马吕斯定理

法国工程师马吕斯（Malus）在研究线偏振光透过检偏器后的透射光光强时发现，如果入射线偏振光的光强为 I_1，透射光的光强（不计检偏器对透射光的吸收）为 I_2，检偏器的偏振化方向和入射线偏振光的光振动方向之间的夹角为 α，则

$$I_2 = I_1\cos^2\alpha \tag{8.27}$$

上式为马吕斯定律，该定律可用振动的合成和分解进行证明．如图 8.32 所示，设 A_1 为入射线偏振光的光振动振幅，P_2 是检偏器的偏振化方向，入射线偏振光的振动方向与 P_2 偏振化方向间的夹角为 α，将光振动分解为平行于和垂直于 P_2 的偏振化方向的两个分振动，则它们的振幅分别为 $A_1\cos\alpha$ 和 $A_1\sin\alpha$，只有平行于 P_2 的偏振化方向的分量可以透过，所以透射光的光矢量振幅 A_2 为

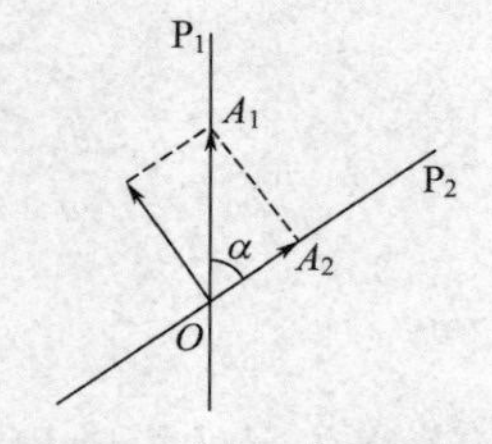

图 8.32　马吕斯定律的证明

$$A_2 = A_1\cos\alpha$$

考虑光强与振幅的平方成正比，则

$$I_2 = I_1\cos^2\alpha$$

由上式可知，当 $\alpha=0°$ 或 $180°$ 时，从检偏器 P_2 透射出的光强最大；当 $\alpha=90°$ 或 $270°$ 时，从检偏器 P_2 透射出的光强为零，即没有光从检偏器射出.

例 8.11　如图 8.33 所示，在两块正交偏振片（偏振化方向相互垂直）P_1、P_3 之间插入另一块偏振片 P_2，设 P_1 与 P_2 偏振化方向的夹角为 α. 光强为 I_0 的自然光垂直于 P_1 的偏振化方向入射，求转动 P_2 时，透过 P_3 的光强 I 与夹角 α 之间的关系.

解　透过各偏振片的光振动矢量如图 8.34 所示，各偏振片只允许光振动中和自己偏振化方向相同的分量通过，透过各偏振片的光振幅为

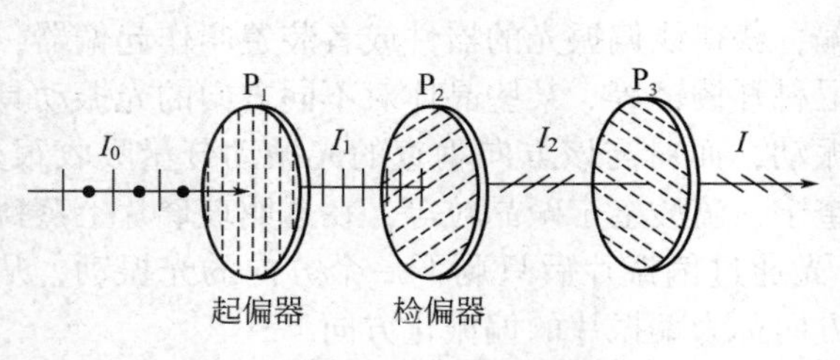

图 8.33　例 8.11 图(1)

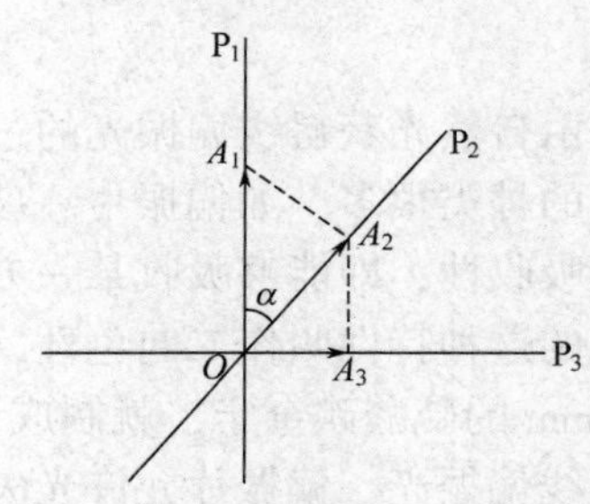

图 8.34　例 8.11 图(2)

$$A_2 = A_1\cos\alpha, \qquad A_3 = A_2\cos\left(\frac{\pi}{2} - \alpha\right)$$

所以

$$A_3 = A_1\cos\alpha\cos\left(\frac{\pi}{2} - \alpha\right) = \frac{1}{2}A_1\sin 2\alpha$$

于是光强为

$$I_3 = \frac{1}{4}I_1\sin^2 2\alpha$$

又因入射到偏振片 P_1 上的光是自然光，$I_1 = \frac{I_0}{2}$，所以

$$I = I_3 = \frac{1}{8}I_0\sin^2 2\alpha$$

8.9.3　反射光和折射光的偏振

自然光在两种介质的分界面上反射和折射时，不仅传播方向要改变，偏振状态也要改变，反射光和折射光都将成为部分偏振光．一般情况下，反射光中垂直于入射面的振动多于平行于入射面的振动；而折射光中平行于入射面的振动多于垂直于入射面的振动，如图8.35(a)所示.

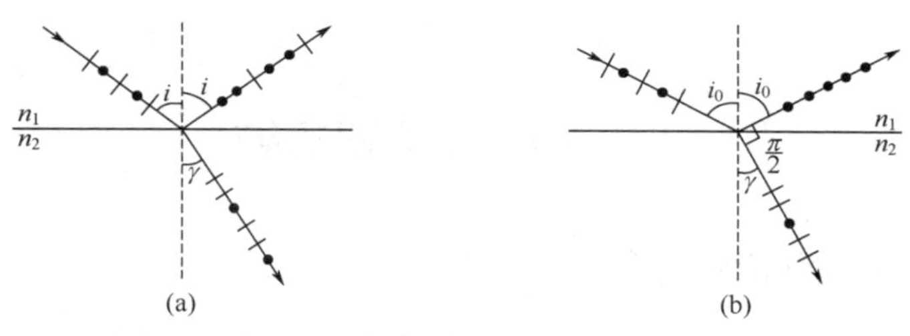

图 8.35　反射光和折射光的偏振

1812 年，英国物理学家布儒斯特(Brewster)在实验中发现，反射光的偏振化程度和入射角有关．当入射角 i_0 满足

$$\tan i_0 = \frac{n_2}{n_1} \tag{8.28}$$

时(式中 n_1 和 n_2 分别是介质 1 和介质 2 的折射率)，反射光中只有垂直于入射面的光振动，反射光为线偏振光，如图 8.35(b)所示．式(8.28)叫作布儒斯特定律．i_0 称为起偏角或布儒斯特角.

当自然光以起偏角 i_0 入射时，根据折射定律，有

$$n_1\sin i_0 = n_2\sin\gamma$$

又

$$\tan i_0 = \frac{\sin i_0}{\cos i_0} = \frac{n_2}{n_1}$$

所以

$$\sin\gamma = \cos i_0$$

即

$$i_0 + \gamma = 90°$$

这说明，当入射角为起偏角时，反射光和折射光相互垂直.

当自然光以起偏角 i_0 入射时，反射光虽然是完全偏振光，但光强较弱．例如，自然光从空气射向折射率为1.5 的玻璃时，起偏角约为 $i_0 = 56°$，以该角入射时，反射光的光强约占入射光光强的 7.5%，大部分光能透过玻璃．为增强反射光的光强，同时提高折射光的偏振化程度，可以把多块相互平行的玻璃片叠放在一起，构成玻璃片堆，如图 8.36 所示．当入射光以起偏角入射时，由于在各个界面上的反射光都是光振动垂直于入射面的偏振光，故反射光是光强增大的线偏振光，而折射光中垂直于入射面的分量因多次反射而减弱．当玻璃片足够多时，透射光就接近完全线偏振光了.

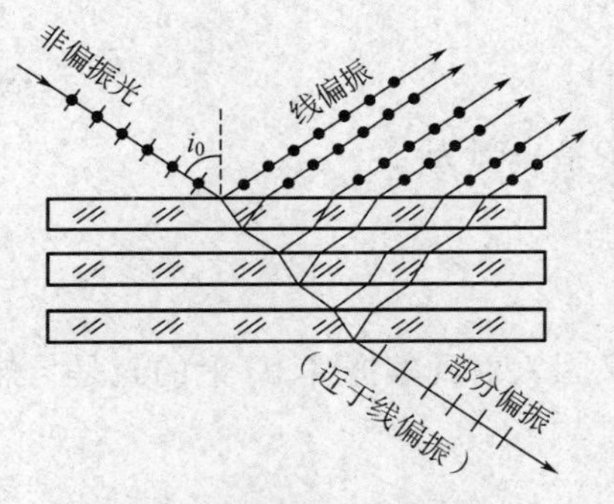

图 8.36　玻璃片堆起偏

概念检查 7

自然光以 60°的入射角照射到透明介质表面，反射光为线偏振光，请判断折射光的偏振状态，并求出折射角.

§8.10　光的双折射

8.10.1　晶体的双折射现象

一束自然光入射在两种各向同性介质的分界面上时，只有一束折射光，其方向服从折射定律．但是，当自然光入射在各向异性介质上时，会出现传播方向不同的两束折射光，这种现象就是双折射现象，如图 8.37 所示．光线进入一般晶体时，除立方系晶体(如岩盐)外，都将产生双折射现象.

实验发现，两束折射光中有一束始终在入射面内，遵守折射定律，这一束光称为寻常光(o 光)；而另一束光一般不在入射面内，且不遵守折射定律，即入射角正弦值和折射角正弦值之比不是常数，这束光称为非常光(e 光)．当入射光垂直晶片入射时，o 光沿着法线方向前进；e 光则沿偏离法线某一角度的方向前进．以入射光为轴旋转晶体，e 光绕着 o 光旋转，如图 8.38 所示.

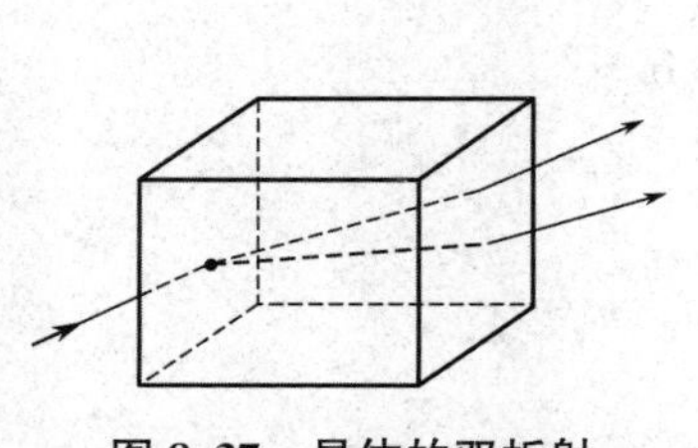

图 8.37　晶体的双折射

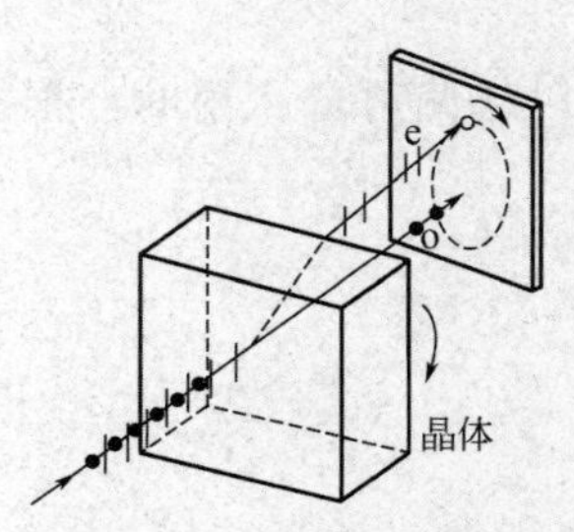

图 8.38　寻常光和非常光

改变入射光的方向时，o 光和 e 光的方向也会发生变化．实验发现，在方解石这类晶体中有一个确定的方向，光沿这个方向传播时，o 光和 e 光不再分开，即不发生双折射现象，这一特殊方向称为晶体的光轴．需注意的是，光轴标志着双折射晶体的一个特定方向，而不是晶体中一条固定的直线．

用偏振片检验两束折射光可以发现，o 光和 e 光是振动方向相互垂直的线偏振光．

8.10.2　双折射现象的解释

引起双折射的原因是晶体中 o 光和 e 光的传播速度不同．由于介质的折射率为 $n=c/v$，o 光在晶体中各个方向传播的速度相同，各个方向的折射率也相同，遵守折射定律；e 光在晶体中沿不同方向传播时速度不同，在不同方向的折射率也不同，所以不遵守折射定律．

o 光的波面是球面，e 光的波面是椭球面．o 光的波面和 e 光的波面在光轴方向相切，而在垂直于光轴的方向上，o 光和 e 光的速度之差最大．一类晶体的 $v_o > v_e$，这类晶体称为正晶体，如石英和冰就是正晶体；另一类晶体的 $v_o < v_e$，称为负晶体，如方解石晶体、红宝石晶体．如图 8.39 所示，在光轴方向上，o 光和 e 光的传播速度相同，折射率也相同，不发生双折射现象．

在晶体中，把光线与光轴组成的平面叫主平面，o 光与光轴组成的平面就是 o 光主平面，e 光的与光轴组成的平面就是 e 光的主平面．在一般情况下，o 光的主平面与 e 光的主平面并不重合，但大多数情况下，这两个主平面之间的夹角很小．o 光的振动方向垂直于它的主平面，e 光的振动方向则在它的主平面内．由于 o 光和 e 光的主平面不同，故二者的振动方向并不相互垂直．考虑到两主平面之间的夹角很小，o 光和 e 光的振动方向可以近似认为是相互垂直的．

根据上述 o 光和 e 光子波波面的概念，可以用惠更斯原理解释光在晶体中的双折射现象．以平行光斜入射在负晶体上，光轴在入射面内与晶面斜交为例进行解释，如图 8.40 所示．

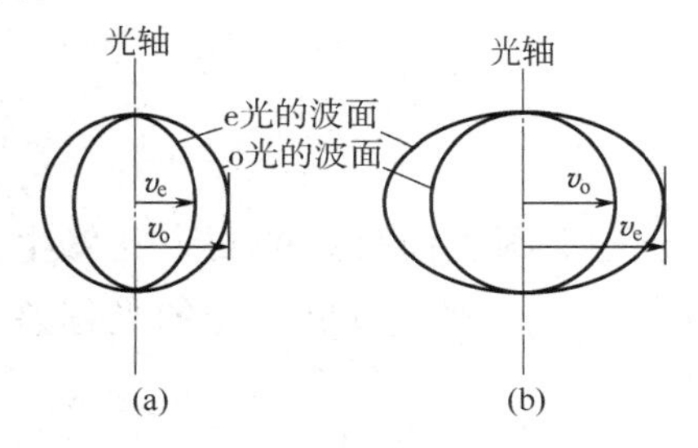

图 8.39　正晶体和负晶体的波面

(a) 正晶体；(b) 负晶体

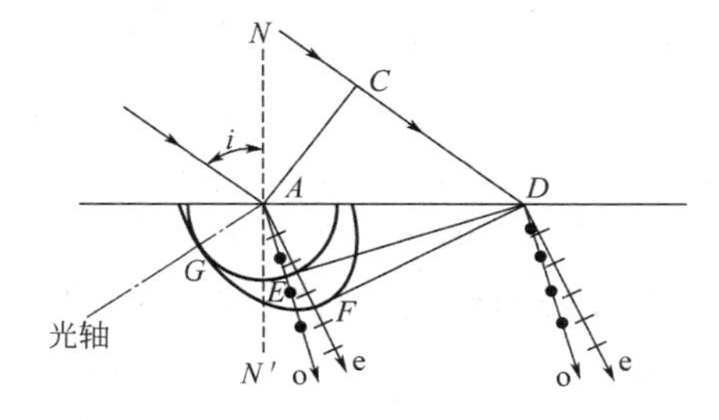

图 8.40　平面波入射在方解石晶体上时的双折射现象

图中 AC 是平面入射波的波面，A 点先于 C 点到达晶体．当入射波由 C 点传到 D 点时，A 点已向晶体内发出了传播速度不同的两个子波波面，其中 o 光的波面是球面，e 光的波面是椭球面．这两个子波波面相切于光轴上的 G 点．过 D 点作与球面和椭球面相切的两平面 DE 和 DF，DE 是 o 光的新波面，DF 是 e 光的新波面．从 A 点垂直于平面 DE 和 DF 引 AE 和 AF 两条线，AE 和 AF 则分别表示 o 光和 e 光在晶体中的传播方向．从图中可以看到，AE 及 AF 并不重合，即折射光分裂为 o 光和 e 光两条，这就是双折射现象．

概念检查答案

1. 1.5λ.

2. 不正确．白光中同一波长的光相遇时各自会产生干涉.

3. 明纹，第二级.

4. 所镀介质膜起增透消反作用，使大部分雷达波的信号反射相消.

5. 不矛盾，两者公式的导出和物理含义都不相同.

6. 不会移动．平行于光轴的光线经透镜后都汇聚在焦平面过主焦点的直线上，即中央明纹不会移动，由此可判断其他衍射条纹也不会移动.

7. 部分偏振光，折射角为30°.

思考题

8.1　为什么两个独立的同频率的普通光源发出的光叠加时不能产生干涉现象？

思考题解答

8.2　肥皂泡刚吹起时看不到有什么颜色，当肥皂泡吹大到一定程度时，就会看到有彩色，这些彩色随着肥皂泡的增大而改变，这是为什么？当肥皂泡大到将要破裂时，将呈现什么颜色？

8.3　劈尖干涉中两相邻条纹间的距离相等，而牛顿环干涉条纹间的距离不相等，这是为什么？若要使牛顿环干涉条纹等间距，对透镜应进行怎样的处理？

8.4　如果光栅中透光狭缝的宽度与不透光部分的宽度相等，将出现怎样的衍射图样？

8.5　通常偏振片的偏振化方向是没有标明的，有什么简易方法将它确定下来？

8.6　一束光入射到两种透明介质的分界面上时，发现只有透射光而无反射光，试说明这束光是怎样入射的？其偏振状态如何？

习题

8.1　波长为λ的单色平行光垂直照射在薄膜上，经上下两表面反射的两束光发生干涉，如习题8.1图所示，若薄膜的厚度为e，且$n_1 < n_2 > n_3$，则两束反射光的光程差为(　　).

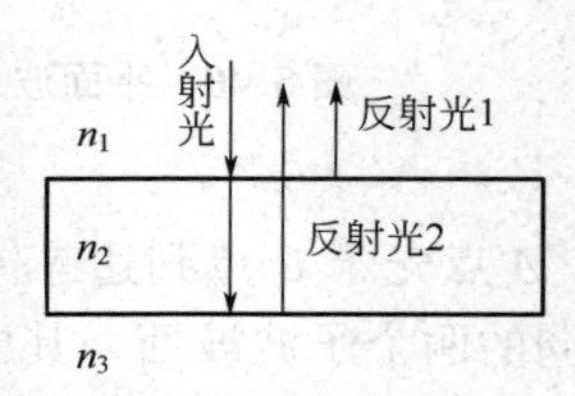

习题 8.1 图

(A) $2n_2e + \lambda/2n_2$　　(B) $2n_2e$

(C) $2n_2e + \lambda/2$　　(D) $2n_2e + \lambda/2n_1$

8.2　双缝干涉中，若使屏上干涉条纹的间距变大，可以采取(　　)的方法.

(A)使屏更靠近双缝　　(B)使两条缝的间距变小

(C)把两条缝的宽度稍稍调窄　　(D)用波长更短的单色光入射

8.3　在杨氏双缝干涉实验中，屏上的 P 点处是明纹，若将缝 S_2 盖住，并在 S_1S_2 连线的垂直平分面处放一高折射率介质反射面 M，如习题 8.3 图所示，则此时(　　).

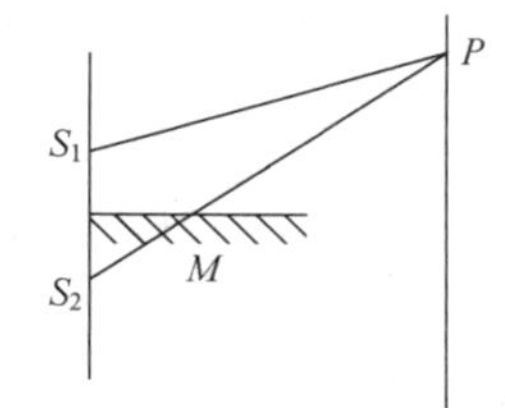

习题 8.3 图

(A)P 点处仍是明纹

(B)P 点处是暗纹

(C)不能确定 P 点处是明纹还是暗纹

(D)无干涉条纹

8.4　两块平板玻璃构成空气劈尖，左边为棱边，用单色平行光垂直入射，若上面的平玻璃慢慢向上平移，则干涉条纹(　　).

(A)向棱边方向平移，条纹的间距变小

(B)向棱边方向平移，条纹的间距变大

(C)向棱边方向平移，条纹的间距不变

(D)向远离棱边方向平移，条纹的间距不变

(E)向远离棱边方向平移，条纹的间距变小

8.5　在习题 8.5 图所示的三种透明材料构成的牛顿环装置中，用单色光垂直照射，在反射光中看到干涉条纹，则在接触点处形成的圆斑为(　　).

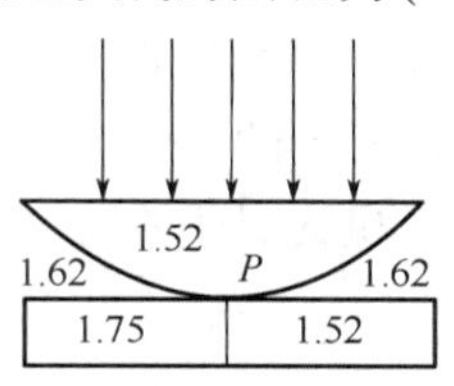

习题 8.5 图

(A)全明　　(B)全暗

(C)右半边明，左半边暗　　(D)右半边暗，左半边明

8.6　若把牛顿环装置(都是用折射率为 1.52 的玻璃制成的)由空气搬入折射率为 1.33 的水中，则干涉条纹(　　).

(A)的中心暗斑变成亮斑　　(B)变稀疏

(C)变密集　　(D)的间距不变

8.7　光的衍射现象可以用(　　).

(A)波传播的独立性原理解释　　(B)惠更斯原理解释

(C)惠更斯-菲涅耳原理解释　　(D)半波带法解释

8.8　在单缝夫琅禾费衍射实验中，波长为 λ 的单色光垂直入射到宽为 $a=4\lambda$ 的单缝上，对应衍射角为 30°的方向，单缝处波面可分成的半波带数目为(　　).

(A)2 个　　(B)4 个　　(C)6 个　　(D)8 个

8.9　波长为 λ 的单色光垂直入射到单缝 AB 上，如习题 8.9 图所示，在屏 D 上形成衍

射条纹，如果 P 是中央明纹一侧第一级暗纹所在的位置，则 BC 的长度为(　　).

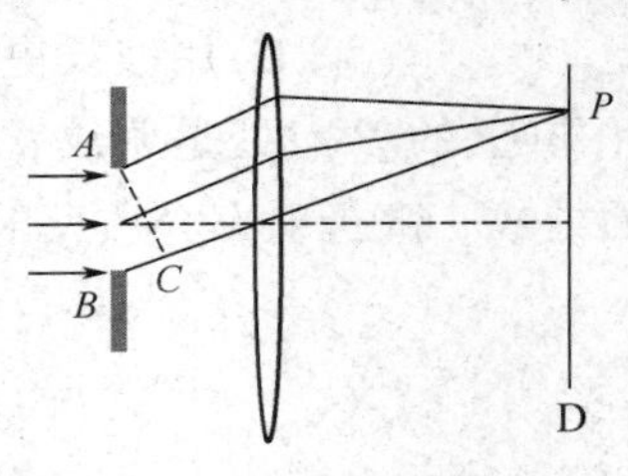

习题 8.9 图

(A) $\lambda/2$　　(B) λ　　(C) $3\lambda/2$　　(D) 2λ

8.10　白光垂直入射到光栅上，第一级光谱中偏离中央明纹最远的是(　　).

(A)红光　　(B)黄光　　(C)紫光　　(D)绿光

8.11　某元素的特征光谱中含有波长 $\lambda_1 = 450$ nm 和 $\lambda_2 = 750$ nm 的谱线，在光栅光谱中两种谱线有重叠现象，重叠处波长为 λ_2 的谱线的级次是(　　).

(A)2，3，4，5，…　　(B)2，5，8，11，…

(C)2，4，6，8，…　　(D)3，6，9，12，…

8.12　一束光强为 I_0 的自然光垂直穿过两个偏振片，两偏振片的偏振化方向成 45°角，则穿过两个偏振片后的光强 I 为(　　).

(A) $\sqrt{2}I_0/8$　　(B) $I_0/4$　　(C) $I_0/2$　　(D) $\sqrt{2}I_0/2$

8.13　杨氏双缝干涉实验中，双缝的间距为 d，屏距双缝的距离为 $D(D \gg d)$，测得中央明纹与第五级明纹的间距为 x，则入射光的波长为__________.

8.14　一双缝干涉装置，在空气中观察时干涉条纹的间距为 1 mm，若将整个装置放入水中，则干涉条纹的间距变为__________ mm.（设水的折射率为 4/3）

8.15　一玻璃劈尖置于空气中，单色光垂直入射，可知棱边处出现的是__________纹.（填“明”或“暗”）

8.16　用 $\lambda = 600$ nm 的单色平行光垂直照射空气中的牛顿环装置时，第四级暗环对应的空气膜厚度为__________ μm.

8.17　在单缝衍射中，屏上第二级暗纹对应的单缝处的波面可分为__________个半波带，若缝宽缩小一半，原来第二级暗纹处将是第__________级__________纹.

8.18　在单缝夫琅禾费衍射实验中，第一级暗纹的衍射角很小，若钠黄光($\lambda_1 = 589$ nm)的中央明纹宽度为 4.0 mm，则蓝紫色光($\lambda_2 = 442$ nm)的中央明纹宽度为__________.

8.19　波长为 625 nm 的单色光垂直入射到每毫米 800 条刻痕的光栅上，第一级谱线的衍射角为__________.

8.20　一束平行的自然光，以 60°角入射于平玻璃表面，若反射光是完全偏振光，则透射光的折射角为__________；玻璃的折射率为__________.

8.21　如习题 8.21 图所示，在杨氏双缝干涉实验中入射光的波长为 550 nm，用一厚度为 $e = 2.85 \times 10^{-4}$ cm 的透明薄片盖住 S_1 缝，发现中央明纹移动了 3 个条纹，上移至 O' 点.求透明薄片的折射率.

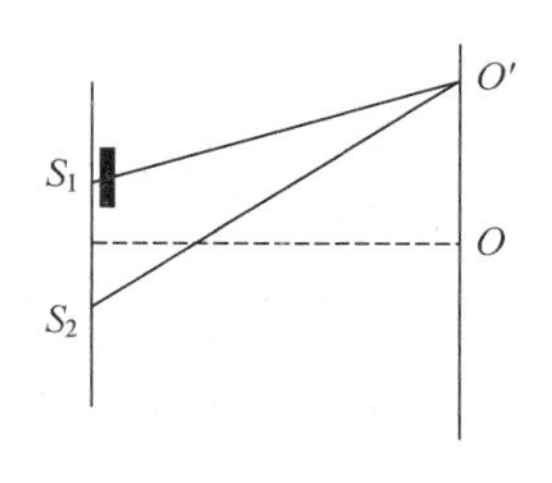

习题 8.21 图

8.22　用白光入射到间距 $d=0.25$ mm 的双缝上，距缝 50 cm 处放置屏，问观察到的第一级明纹彩色带有多宽？

8.23　一薄玻璃片，厚度为 0.4 μm，折射率为 1.50，用白光垂直照射，问在可见光范围内，哪些波长的光在反射中加强？哪些波长的光在透射中加强？

8.24　在折射率 $n_3=1.52$ 的照相机镜头表面镀有一层折射率 $n_2=1.38$ 的 MgF_2 增透膜，若此膜仅适用于波长 $\lambda=700$ nm 的光，则此膜的最小厚度为多少？

8.25　波长为 680 nm 的平行光垂直地照射到 12 cm 长的两块玻璃片上，两块玻璃片一边叠合，另一边被厚 0.048 mm 的纸片隔开．试问在这 12 cm 内呈现多少条明纹？

8.26　制造半导体元件时，常常要精确测定 Si 片上 SiO_2 薄膜的厚度，这时可把 SiO_2 薄膜的一部分腐蚀掉，使其形成劈尖，利用等厚条纹测出其厚度．已知 Si 的折射率为 3.42，SiO_2 的折射率为 1.5，入射光的波长为 589.3 nm，观察到 7 条暗纹，如习题 8.26 图所示．问 SiO_2 薄膜的厚度是多少？

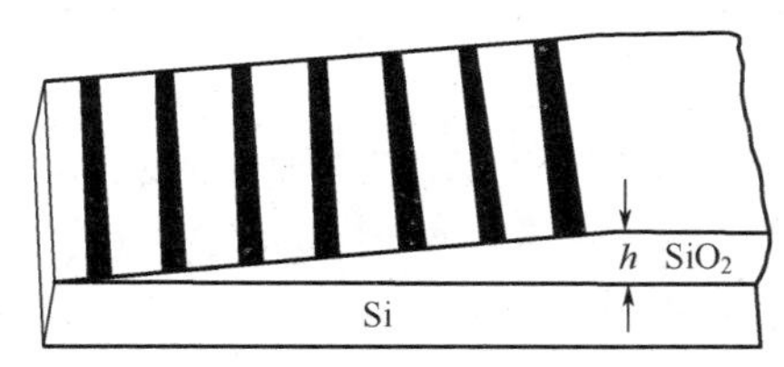

习题 8.26 图

8.27　为测量空气的折射率，在迈克耳孙干涉仪的两臂光路中分别插入长 $l=10.0$ cm 的玻璃管，其中一个抽成真空，另一个则储有压强为 1.013×10^5 Pa 的空气．设所用光的波长为 546 nm，实验时，向真空管中充入空气，直至压强达到 1.013×10^5 Pa，此过程中观察到 107.2 条干涉条纹的移动，求空气的折射率.

8.28　在复色光照射下的单缝衍射图样中，其中某一波长的光的第三级明纹位置恰与波长 $\lambda=600$ nm 的单色光的第二级明纹位置重合，求该光的波长.

8.29　在迎面驶来的汽车上，两盏前灯相距 1.2 m，试问在汽车离人多远的地方，眼睛才可能分辨这两盏前灯？假设夜间人眼瞳孔的直径为 5.0 mm，入射光的波长为 500 nm.

8.30　某单色光垂直入射到每厘米刻有 6 000 条刻痕的光栅上，如果第一级谱线的衍射角为 20°，试问入射光的波长如何？它的第二级谱线将在何处？

8.31　用每毫米内刻有 500 条刻痕的光栅观察钠光谱（$\lambda=589.3$ nm），设透镜的焦距 $f=1.00$ m. 问：

(1) 光线垂直入射时，最多能看到第几级光谱；

(2) 光线以与光栅的法线方向成 30°角入射时，最多能看到第几级光谱；

(3)若用白光垂直照射光栅，求第一级光谱的线宽度.

8.32　已知一个每厘米刻有 4 000 条刻痕的光栅，利用这个光栅可以产生多少级完整不重叠的可见光谱($\lambda = 400 \sim 760$ nm)?

8.33　某单色 X 射线掠射到某一晶体表面上，掠射角为 30°时，在反射方向出现第一级明纹. 另一波长为 0.097 nm 的单色 X 射线与该晶体的掠射角为 60°时，出现第三级明纹，求第一束 X 射线的波长.

8.34　一束自然光和线偏振光的混合光，垂直通过一偏振片，以此入射光为轴旋转偏振片，测得透射光光强的最大值是最小值的 5 倍. 求入射光中自然光和线偏振光光强的比值.

学习与拓展

6 物理与人文

波粒战争

我们的世界到处充满了光，光在人们的心目中，永远代表着生命、活力和希望，更由此演绎了数不尽的故事与传说。

可是，要我们说出光是什么却不容易。你怎么能看见眼前的这页文字？怎么能欣赏窗外的蓝天白云？是像恩培多克勒认为的那样，火元素从眼睛里喷出到达物体，我们才得以看见事物；还是柏拉图认为的有三种不同的光，分别来源于眼睛、被看到的物体及光源本身，而视觉是三者综合作用的结果；抑或是毕达哥拉斯和牛顿所想的那样，是由物体发射或反射的一束粒子流，被我们的眼睛所接收……光的本性是什么？它一直是一个困扰着人类的久盛不衰的话题。

一直到 17 世纪中叶，对光的研究还都是零星的、唯象的，直到牛顿和惠更斯等人的工作之后，才把光学引上发展的道路。但是，却形成了两种对光本性的不同认识：牛顿主张的微粒说和惠更斯坚持的波动说。17 世纪中期，正是科学革命到来之前的黎明，谁也不会预见到这碰撞在一起的两朵“火花”在以后的两百余年间将要引发的一场场“熊熊烈火”。

微粒说认为，光是由质量极小的沿直线传播的弹性微粒所组成，牛顿用他那万能的力学理论来说明光现象，如遇到镜面会像弹性小球那样反弹，发生反射现象，进入水中会受到介质的拉力从而使运动方向改变发生折射等。波动说认为，光不是一种物质粒子，而是由于介质的振动而产生的一种波，在数学理论方面同样具有很高天分的惠更斯提出了后来以他的名字命名的原理，为他的波动说创造了一套确定波传播方向的方法。根据这一理论，惠更斯证明了光的反射定律和折射定律，也很好地解释了光的衍射、双折射现象和著名的“牛顿环”现象。惠更斯的波动理论虽然尚显粗略，但是所取得的成果却是突出的。

在两个理论登场的初期，双方力量均衡，无法判别孰优孰劣。然而，波动说的优势在科学巨人牛顿面前注定要成为昙花一现的泡沫。1704 年，牛顿出版了他的巨著《光学》。牛顿在书中不仅提出了反驳惠更斯观点的理由，同时把他的微粒说推广到整个自然界，并与他的质点力学体系融为一体，为微粒说建立了强大的理论基础。牛顿从粒子的角度解释了牛顿环及衍射实验中发现的种种现象，驳斥了波动说的理论，分析了用波动说的理论无法解释的问题。牛顿还从波动说对手那里吸取了精华，将波的一些概念如振动、周期等引入微粒说，从而很好地解决了微粒说原本存在的棘手问题。

此时的牛顿，已经成为科学史上神话般的人物，在欧洲各地，人们对他的力学体系顶礼

膜拜，他的影响达到前所未有的顶峰。而波动说一方在惠更斯之后还没有一个挑得起大梁的人物可以替代，且波动说的理论缺乏数学基础，尚不够完善，所以很快就遭到了毁灭性的打击，就此偃旗息鼓。第一次波粒战争就这样以波动说的退却而告终，战争的结果是微粒说占据了物理学界的主流。

时光如白驹过隙，弹指间百年的光阴悄然滑落，在这一个世纪中，牛顿理论体系获得了巨大的成功。科学领域中几乎每一个重大发现都是对牛顿自然哲学及他的科学纲领的支持，都在证实着牛顿的自然观，而他所支持的光的微粒说被奉为金科玉律早已深植人心，以至于人们几乎都忘却了当年它还有对手存在。1773 年，一位再度引发革命的重要人物——托马斯·杨诞生于英国，杨从小聪慧过人，博览群书，在学习医学时，他研究了眼睛的构造和其光学特征，并在涉及不同颜色光的视觉问题时，对光学进行了深入的思考和研究。面对牛顿如日中天的气势，杨对延续了一个世纪的微粒说勇敢质疑，于 1800 年发表了《关于光和声的实验和问题》论文。他说："尽管我仰慕牛顿的大名，但我遗憾地看到他也会出错，而他的权威也许阻碍了科学的进步。"在论文中，他把光和声进行类比，认为光是以太流中传播的弹性振动，提出了否定微粒说的几个理由。在经过百年的沉默之后，波动说终于重新发出了呐喊。

1807 年，杨在他的论文中描述了那个著名的双缝实验。杨的实验手段极其简单，把一支蜡烛放在一张开了一个小孔的纸前，这样就形成了一个点光源，在其后面再放一张开有两条平行狭缝的纸张，从小孔中射出的光穿过两条狭缝投射到屏上，就会形成一系列明暗交替的条纹，这就是今天众所周知的干涉条纹。双缝干涉这个简单巧妙的实验所揭示的现象证据确凿，屏上明暗相间的条纹骄傲地向世界昭示着光的波动性。而微粒说无论怎样努力，都难以说明两束光叠加在一起怎么会形成暗纹，波动的理由却是简单而令人信服的，两条狭缝距离屏幕上某点的距离差是波长的整数倍时，两列光波正好相互加强，在此形成明纹；而当距离差刚好是半波长的奇数倍时，两列光波就正好相互抵消，这个地方就变成暗纹。作为科学史上最经典的实验之一，双缝干涉实验紧紧抓住了物理学家眼中最美丽的科学灵魂，用最简单的仪器和设备，发现最根本、最单纯的科学规律，把人们长久的疑惑一扫而去。经典的实验就像是一座座历史丰碑，展示着科学发展的历程。

随后法国物理学家菲涅耳的加入为波动说注入了新的能量，菲涅耳以光波相干叠加的思想补充了惠更斯原理，认为波面上各点发出的子波彼此相干，在空间相干叠加产生干涉，这给予惠更斯原理以明确的物理意义。菲涅耳从横波观点出发，以严密的数学推理，极为圆满地解释了光的衍射问题，并用半波带的方法定量地计算了单缝、圆孔、圆板等形状的障碍物产生的衍射条纹。他的理论体系洋洋洒洒、天衣无缝、完美无缺，不仅让他一跃成为可以和牛顿、惠更斯比肩的光学界的传奇人物，而且为第二次波粒战争的波动说一方添加了一枚必胜的砝码，新的波动说建立起来了，微粒说转向劣势。

最后的较量是在光速问题上，根据微粒说，光在介质中(水、玻璃等)的速度应该比在真空中快，而波动说认为正好相反，这个速度应该比在真空中慢。不幸的是，微粒说并没有等来转机，1850 年，傅科向法国科学院提交了他关于光速测量实验的报告，测量结果显示水中的光速值小于真空中的光速值，大约只有后者的 3/4。这一结果彻底宣判了微粒说的末日，波动说终于取得了全面的胜利，第二次波粒战争随着微粒说的战败而尘埃落定。

到了 19 世纪中后期，麦克斯韦的电磁场理论及赫兹的实验结果，使光的波动理论上升到一个崭新的高级阶段——光的电磁场理论阶段。应用光的电磁场理论，很好地解释了光的反射、折射、衍射、偏振、双折射等现象，电磁场理论预言的光压的存在也得到了实验的证实。人类对光的本性的探索，又前进了一大步。

下　　册

第四篇　电磁学

电磁学是研究电磁运动的规律及其应用的一门学科．电磁相互作用是自然界的四种基本相互作用之一，电磁场则是构成物质世界的重要组成部分．

人类对电磁现象的认识非常早，但直到1819年奥斯特发现了电流的磁效应，1820年安培发现了磁铁对电流的作用，人们才开始认识到电和磁的关系．1831年，法拉第建立了电磁感应定律，并最先提出了场的观点．麦克斯韦在前人的基础上，于1865年建立了完整的电磁场理论．电磁学的研究对人类文明历史的进程具有划时代的意义，在电磁学研究基础上发展起来的电能的生产和利用，促成了一场新的技术革命，使人类进入了电气化时代．20世纪中叶，在电磁学基础上发展起来的微电子技术和电子计算机，使人类跨入了信息时代．电磁学还是人类深入认识物质世界必不可少的理论基础．从学科体系的外延来看，电磁学是电工学、无线电电子学、遥控和自动控制学、通信工程等学科必须具备的理论基础．

电磁学内容按性质不同，主要分为“场”和“路”两部分，大学物理侧重于对场的研究，强电线路、电子线路等有关“路”的研究留待后续课程学习．“场”不同于实物粒子，其从概念到描述方法对初学者来说都是全新的．应该强调指出，通量和环流是描述矢量场的两个重要特征量，考察矢量场的通量和环流是研究矢量场的基本方法．这一思想和方法将贯穿电磁学的始末．把握了这一点就厘清了电磁场理论的框架，这对于电磁学的学习是十分有益的．

本篇首先介绍静电场的性质和规律，继而介绍恒定磁场，最后介绍电磁感应和电磁场的基本知识．

第9章 真空中的静电场

任何电荷(静止的和运动的)周围都存在着电场，相对观察者静止的电荷在其周围所激发的电场称为静电场，静电场对其他电荷的作用力为静电场力(简称静电力，又称库仑力). 静电场的空间分布不随时间变化，亦即静电场是与时间无关的恒定场. 本章主要研究真空中静电场的基本性质和规律.

思维导图

本章的主要内容有：静电场的基本实验规律——库仑定律和电场力叠加原理；静电场的两条基本定理——高斯定理和环路定理；描述静电场的两个基本物理量——电场强度和电势.

§9.1 电荷 库仑定律

9.1.1 电荷

早在公元前600年，人们就发现用毛皮摩擦过的琥珀能吸引羽毛等轻小物体. 当物体具有这种吸引轻小物体的特征时，就说物体带了电. 大量的实验表明，电荷有两种，美国科学家富兰克林(Franklin)首先以正、负电荷的名称来区分两种电荷. 用丝绸摩擦过的玻璃棒带的电荷称为正电荷，用毛皮摩擦过的橡胶棒带的电荷称为负电荷，这种命名法一直延续至今.

由近代原子理论可知，一切宏观物体都是由分子构成的，分子是由原子构成的，原子内部有一个带正电的原子核，周围是一些带负电的电子围绕原子核运动. 一般情况下，核外电子数与核内正电荷数相同，整个原子呈电中性. 但是，在一定外因的作用下(如物体互相摩擦时)，物体得到或失去一定数量的电子，使得物体的电子总数和正电荷总数不再相等，物体就呈现电性. 若电子过多，则物体带负电；若电子不足，则物体带正电.

带电体所带电荷的多少叫电荷量(简称电量)，物体所带总电量为其所带正负电量的代数和. 电量用 Q 或 q 表示，在国际单位制中，电量的单位为库仑，符号为C. 实验表明，物体所带的电量不能连续变化，总是一个基本单元的整数倍，电荷量值的这种非连续性称为电荷的量子化. 1897年，J. J. 汤姆逊(J. J. Thomson)发现电子，它是目前实验观测到的具有最小静质量、带有最小负电荷的粒子，其所带电量的值为

$$e = 1.602 \times 10^{-19}\ \mathrm{C}$$

任何带电体或其他微观粒子所带电量只能是电子电量 e 的整数倍，即

$$q = \pm ne, \quad n = 1, 2, 3, \cdots$$

e 称为基本电荷或元电荷．由于 e 的值非常小，在研究宏观物体的电现象时，仍可认为电荷是连续分布的.

实验表明，在一个与外界没有电荷交换的系统中，对于任何物理过程，电荷不会创生也不会消失，只能从一个物体转移到另一个物体上，或从物体的某一部分转移到另一部分，即一个孤立系统的总电量是保持不变的，这就是电荷守恒定律．近代科学实验表明，电荷守恒定律与能量守恒定律、动量守恒定律和角动量守恒定律一样，是自然界的基本定律之一，它不仅在宏观过程中成立，而且被一切微观过程所遵守.

概念检查 1

一金属球带上正电荷后该球的质量是增大、减小还是不变？

9.1.2　库仑定律

1785 年，法国科学家库仑(Coulomb)通过扭秤实验总结出两个静止点电荷之间相互作用的定量规律，称为库仑定律．所谓点电荷，是一个抽象出来的理想模型，与力学中质点的意义相似，只具有相对意义．点电荷本身不一定是一个非常小的带电体，只要在所研究的问题中，带电体的线度比它到其他带电体的距离小得多，其大小、形状等因素的影响可以忽略不计，该带电体就可视为一个带电的几何点，称为点电荷.

库仑定律可表述为：在真空中，两个静止点电荷之间相互作用力的大小与这两个点电荷的电量 q_1 和 q_2 的乘积成正比，与它们之间距离 r 的平方成反比，作用力的方向沿着它们的连线，同号电荷相斥，异号电荷相吸．其数学表示式为

$$F = k\frac{q_1 q_2}{r^2} \tag{9.1a}$$

式中，k 为比例系数，其数值、量纲与单位制的选取有关．在国际单位制中，k 的数值为

$$k \approx 9 \times 10^9\ \mathrm{N \cdot m^2 \cdot C^{-2}}$$

为以后计算方便，通常将 k 写成

$$k = \frac{1}{4\pi\varepsilon_0}$$

式中，ε_0 为真空电容率或真空介电常量，其值为

$$\varepsilon_0 \approx 8.85 \times 10^{-12}\ \mathrm{C^2 \cdot N^{-1} \cdot m^{-2}}$$

为了反映出力的方向，可将库仑定律表示为矢量形式．$\boldsymbol{e}_r$ 表示由 q_1 指向 q_2 的单位矢量，如图 9.1 所示，则在国际单位制中，电荷 q_1 对 q_2 的作用力为

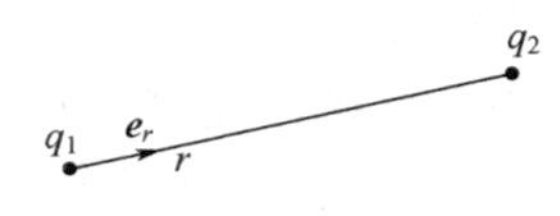

图 9.1　库仑定律

$$\boldsymbol{F} = \frac{1}{4\pi\varepsilon_0}\frac{q_1 q_2}{r^2}\boldsymbol{e}_r \tag{9.1b}$$

由上式可知，当 q_1 与 q_2 同号时，q_2 所受力 $\boldsymbol{F}$ 与 $\boldsymbol{e}_r$ 同向；当 q_1 与 q_2 异号时，q_2 所受力 $\boldsymbol{F}$ 与 $\boldsymbol{e}_r$ 反向．同样，q_1 受到 q_2 的作用力 $\boldsymbol{F}'$ 与 $\boldsymbol{F}$ 具有相同的形式，但方向相反，即 $\boldsymbol{F}' = -\boldsymbol{F}$. 可见，$q_1$

与 q_2 同号相斥，异号相吸.

实验证明，当空间存在两个以上的点电荷时，两个点电荷之间的相互作用力并不因为第三个点电荷的存在而改变．因此，当空间有多个点电荷时，作用于某一点电荷的总静电力等于其他各点电荷单独存在时对该点电荷所施静电力的矢量和，这个结论叫作电场力叠加原理.

库仑定律与电场力叠加原理是关于静止电荷相互作用的两个基本实验规律，它们一起构成了静电理论的基础.

§9.2 电场 电场强度

9.2.1 电场

库仑定律给出了两个静止点电荷之间的相互作用力，但并没有说明相互远离的电荷之间的这种作用是如何实现的．关于这个问题，历史上曾经有过长期的争论，一种观点认为，电荷之间的作用是一种“超距作用”，这种作用不需要通过中间媒介，也不需要传递时间，便可直接即时地施加于另一电荷．另一种观点认为，电荷之间的作用为一种近距作用，即电荷之间的作用是通过中间某种绝对静止的介质传递的，传递也需要一定时间，这种静止的介质称为以太.

近代物理学理论和实验证明，“超距作用”是错误的，而以太是不存在的．19 世纪 30 年代，英国物理学家法拉第提出了“场”的观点，这种观点认为电荷能够在周围空间产生一种特殊的物质，称为电场，而电场的基本性质之一是对处于其中的其他电荷有力的作用，两个点电荷间的作用力实际上是一个电荷的场施加于另一个电荷的作用．电场是物质存在的一种形态，它分布在一定范围的空间里，并和一切物质一样，具有能量、动量、质量等属性．本章讨论相对观察者静止的电荷在周围空间所激发的静电场，静电场是普遍存在的电场的一种特殊情况．

电场的概念初看起来好像很抽象，但可以通过电场对电荷的作用来认识电场．处于电场中的电荷要受到电场力的作用；电荷在电场中运动时，电场力要对电荷做功．因此，可以从力和能量的角度来研究静电场的性质，并相应地引入电场强度和电势这两个重要的物理量来描述电场.

9.2.2 电场强度

电场对处于其中的电荷的作用力与该处电场的强弱有关，为了研究电场的这个特点，做这样一个实验：在静止电荷 Q 周围空间产生的电场中，分别在不同位置放入试验电荷 q_0，以探测试验电荷 q_0 在场中各点受到的电场力．所谓试验电荷，必须满足：(1)体积很小，可视为点电荷；(2)所带电量很小，当它放入电场中时，几乎不影响原有电场的分布．常把产生电场的电荷称为源电荷，把电场中所要研究的点称为场点.

实验发现，当把试验电荷 q_0 放在不同场点时，受到电场力的大小和方向是不同的，如图 9.2 所示．这说明带电体周围的不同点，电场的强弱和方向也不同．同时，就电场中某一确定点而言，试验电荷 q_0 在该处所受的电场力 $\boldsymbol{F}$ 与它的电量 q_0 成正比，即若把试验

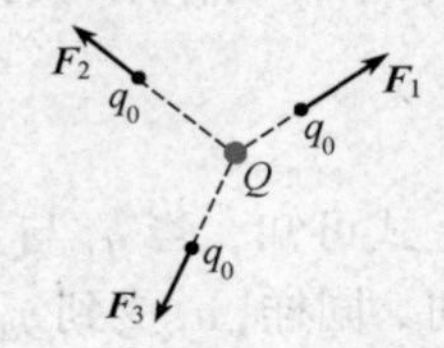

图 9.2 试验电荷在不同位置受电场力的情况

电荷的电量增大 n 倍，电场力也增大 n 倍. 而 $\boldsymbol{F}$ 与 q_0 的比值与 q_0 无关，只与电荷在电场中的位置有关，这说明 $\boldsymbol{F}$ 与 q_0 的比值反映了电场中确定点本身的性质，把这个比值定义为电场中确定点的电场强度(简称场强)，用 $\boldsymbol{E}$ 表示，即

$$\boldsymbol{E}=\frac{\boldsymbol{F}}{q_0} \tag{9.2}$$

由上式可知，电场中某点的电场强度在数值上等于单位电量试验电荷在该点受到的作用力，方向与正试验电荷在该点受力方向相同. 在国际单位制中，电场强度的单位为牛顿每库仑($\mathrm{N\cdot C^{-1}}$)，也可以是伏特每米($\mathrm{V\cdot m^{-1}}$)，可以证明这两个单位是一样的.

要定量研究电场，就需求出各种源电荷的电场强度分布函数. 按照电场强度的定义式，可从库仑定律出发，通过带电体在电场中的受力来求解电场强度的空间分布.

9.2.3　电场强度的计算

1. 点电荷的电场

根据库仑定律和电场强度的定义，可得到点电荷在空间产生的电场强度. 设真空中有一静止的点电荷 q，则距 q 为 r 的 P 点处的试验电荷 q_0 受到的电场力为

$$\boldsymbol{F}=\frac{1}{4\pi\varepsilon_0}\frac{qq_0}{r^2}\boldsymbol{e}_r$$

式中，$\boldsymbol{e}_r$ 是由点电荷 q 指向 P 点的单位矢量. 由电场强度定义式(9.2)可得 P 点的电场强度为

$$\boldsymbol{E}=\frac{q}{4\pi\varepsilon_0 r^2}\boldsymbol{e}_r \tag{9.3}$$

由上式可知，点电荷 q 在空间某点所产生的电场强度的大小与点电荷的电量 q 成正比，与点电荷 q 到该点距离 r 的平方成反比. 则如果 q 为正电荷，可知 $\boldsymbol{E}$ 的方向与 $\boldsymbol{e}_r$ 的方向一致；如果 q 为负电荷，$\boldsymbol{E}$ 的方向与 $\boldsymbol{e}_r$ 的方向相反，如图 9.3 所示.

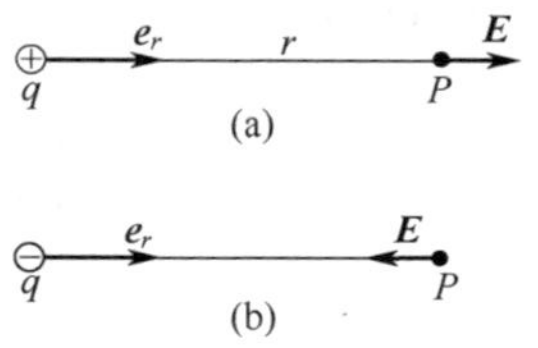

图 9.3　点电荷的电场强度

2. 点电荷系的电场　电场强度叠加原理

若电场是由点电荷系 q_1，q_2，…，q_n 产生的，由电场力叠加原理知，试验电荷 q_0 在场点 P 所受的电场力 $\boldsymbol{F}$ 等于各个源电荷单独存在时作用于 q_0 的电场力的矢量和，即

$$\boldsymbol{F}=\boldsymbol{F}_1+\boldsymbol{F}_2+\cdots+\boldsymbol{F}_n$$

由电场强度的定义得 P 点的电场强度为

$$\boldsymbol{E}=\frac{\boldsymbol{F}}{q_0}=\frac{\boldsymbol{F}_1}{q_0}+\frac{\boldsymbol{F}_2}{q_0}+\cdots+\frac{\boldsymbol{F}_n}{q_0}=\boldsymbol{E}_1+\boldsymbol{E}_2+\cdots+\boldsymbol{E}_n=\sum_{i=1}^{n}\boldsymbol{E}_i \tag{9.4}$$

可见，点电荷系在空间任一点产生的电场强度等于各个点电荷单独存在时在该点所产生的电场强度的矢量和. 这就是电场强度叠加原理.

根据电场强度叠加原理可得点电荷系 q_1，q_2，…，q_n 产生的电场中任一点的电场强度为

$$\boldsymbol{E}=\sum\boldsymbol{E}_i=\frac{1}{4\pi\varepsilon_0}\sum_{i=1}^{n}\frac{q_i}{r_i^2}\boldsymbol{e}_i$$

式中，r_i 为 q_i 到场点的距离；$\boldsymbol{e}_i$ 为 q_i 指向场点的单位矢量.

概念检查2

由点电荷的电场强度公式 $E=q/4\pi\varepsilon_0 r^2$，当所考察的场点与点电荷的距离 $r\to 0$ 时，电场强度 $E\to\infty$，这显然没有物理意义，如何解释？

例 9.1 计算电偶极子中垂线上一点的电场强度.

解 两个等量异号的点电荷 $+q$ 和 $-q$ 相距 l. 当两点电荷之间的距离远比场点到它们的距离小（$l\ll r$）时，这样一对点电荷称为电偶极子. 从 $-q$ 到 $+q$ 的位矢 $\boldsymbol{l}$ 称为电偶极子的极轴，定义 $\boldsymbol{p}=q\boldsymbol{l}$ 为电偶极子的电偶极矩（见图 9.4）.

设电偶极子中垂线上一点 P 到电偶极子中心的距离为 r，点电荷 $+q$ 和 $-q$ 到 P 点的距离都是 $\sqrt{r^2+\dfrac{l^2}{4}}$，它们在 P 点产生的电场强度大小相等，其值为

$$E_+=E_-=\frac{q}{4\pi\varepsilon_0\left(r^2+\dfrac{l^2}{4}\right)}$$

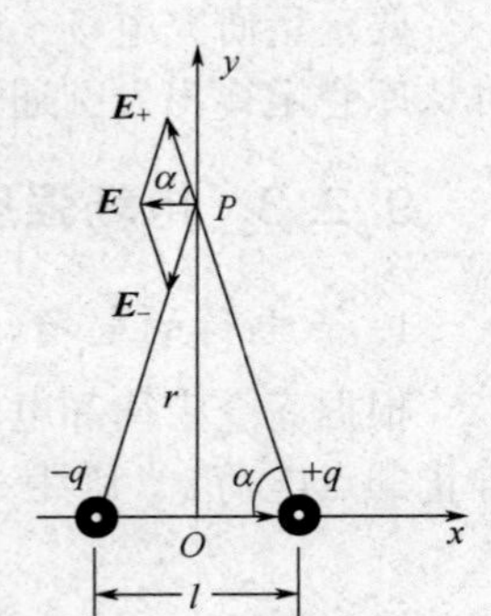

图 9.4 电偶极子的电场强度

方向分别沿点电荷 $+q$、$-q$ 到 P 点的连线，如图 9.4 所示. 由矢量合成法可得 P 点的总电场强度 $\boldsymbol{E}$ 沿 x 轴和 y 轴的分量分别为

$$E_x=E_{+x}+E_{-x}=-2E_+\cos\alpha$$
$$E_y=E_{+y}+E_{-y}=0$$

式中，$\cos\alpha=\dfrac{\dfrac{l}{2}}{\sqrt{r^2+\dfrac{l^2}{4}}}$. 因此，$P$ 点总电场强度的大小为

$$E=|E_x|=\frac{ql}{4\pi\varepsilon_0\left(r^2+\dfrac{l^2}{4}\right)^{3/2}}$$

方向沿 x 轴的负方向. 考虑到 $l\ll r$，$\left(r^2+\dfrac{l^2}{4}\right)^{3/2}\approx r^3$，故

$$E=\frac{ql}{4\pi\varepsilon_0 r^3}=\frac{p}{4\pi\varepsilon_0 r^3}$$

其矢量式为

$$\boldsymbol{E}=\frac{-\boldsymbol{p}}{4\pi\varepsilon_0 r^3}$$

由以上结果可见，电偶极子中垂线上一点的电场强度与距离 r 的三次方成反比，而点电荷的电场强度与距离 r 的平方成反比，它比点电荷的电场随 r 递减的速度要快得多；电偶极子中垂线上一点的电场强度与电偶极矩 $p=ql$ 成正比，若 q 增大一倍而同时 l 减小一半，电偶极子在远处产生的电场强度不变，因此，电偶极矩是描述电偶极子属性的一个物理量.

3. 电荷连续分布的带电体的电场

若带电体的电荷是连续分布的，求解空间各点的电场分布时，需要用微积分的方法. 可

以设想把带电体分割成许多微小的电荷元，每个电荷元都可以视为点电荷，如图 9.5 所示．任一电荷元 $\mathrm{d}q$ 在 P 点产生的电场强度为

$$\mathrm{d}\boldsymbol{E}=\frac{\mathrm{d}q}{4\pi\varepsilon_0 r^2}\boldsymbol{e}_r$$

式中，r 是电荷元 $\mathrm{d}q$ 到场点 P 的距离；$\boldsymbol{e}_r$ 是由 $\mathrm{d}q$ 指向 P 点的单位矢量．整个带电体在 P 点产生的电场强度等于所有电荷元产生的电场强度的矢量和．由于电荷是连续分布的，应用积分求和，得

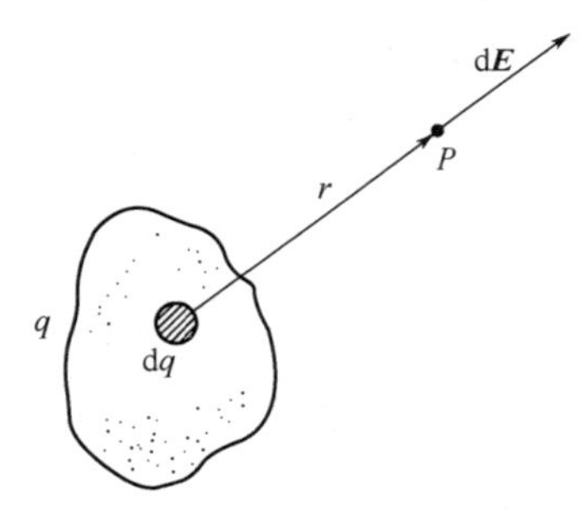

图 9.5　带电体的电场强度

$$\boldsymbol{E}=\int\mathrm{d}\boldsymbol{E}=\int\frac{\mathrm{d}q}{4\pi\varepsilon_0 r^2}\boldsymbol{e}_r \tag{9.5}$$

上式为矢量积分式，具体计算时，可以求出它在各坐标轴上的分量，然后分别积分求和.

为描述电荷的分布，引入电荷密度的概念．电荷的分布一般有三种模型.

(1) 当电荷沿细线连续分布时，引入电荷线密度 λ，其物理意义为单位长度上的电量，则

$$\lambda=\frac{\mathrm{d}q}{\mathrm{d}l}$$

式中，$\mathrm{d}q$ 为线元 $\mathrm{d}l$ 所带的电量.

(2) 当电荷连续分布在一个面上时，引入电荷面密度 σ，其物理意义为单位面积上的电量，则

$$\sigma=\frac{\mathrm{d}q}{\mathrm{d}S}$$

式中，$\mathrm{d}q$ 为面元 $\mathrm{d}S$ 所带的电量.

(3) 当电荷连续分布在一个三维空间内时，引入电荷体密度 ρ，其物理意义为单位体积内的电量，则

$$\rho=\frac{\mathrm{d}q}{\mathrm{d}V}$$

式中，$\mathrm{d}q$ 为体积元 $\mathrm{d}V$ 所带的电量.

下面举例说明电场强度的计算.

例 9.2　半径为 R 的均匀带电细圆环，带电量为 q(设 $q>0$)，如图 9.6 所示．试计算圆环轴线上距环心为 x 的 P 点的电场强度.

解　建立坐标轴如图 9.6 所示，电荷为线分布，电荷线密度 $\lambda=\dfrac{q}{2\pi R}$. 在圆环上任取一线元 $\mathrm{d}l$，其上所带电量为

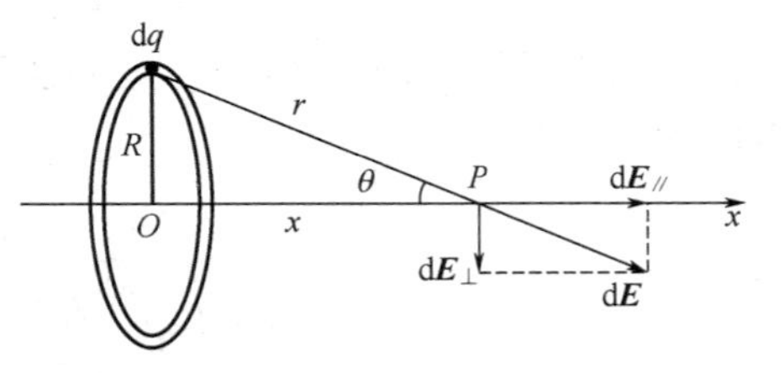

图 9.6　均匀带电圆环轴线上的电场强度

$$\mathrm{d}q=\lambda\,\mathrm{d}l$$

它在 P 点产生的电场强度的方向如图 9.6 所示，大小为

$$\mathrm{d}E=\frac{\mathrm{d}q}{4\pi\varepsilon_0 r^2}=\frac{\lambda\,\mathrm{d}l}{4\pi\varepsilon_0 r^2}$$

圆环上各电荷元在 P 点产生的电场强度的方向各不相同，现将 $\mathrm{d}\boldsymbol{E}$ 分解为沿 x 轴的分量

$\mathrm{d}\boldsymbol{E}_{//}$ 和垂直于 x 轴的分量 $\mathrm{d}\boldsymbol{E}_{\perp}$．由于圆环上的电荷相对 x 轴对称分布，圆环上所有电荷的 $\mathrm{d}\boldsymbol{E}_{\perp}$ 分量的矢量和为零，因而 P 点的电场强度沿 x 轴方向，且

$$E = \int \mathrm{d}E_{//} = \int \mathrm{d}E\cos\theta = \int \frac{\lambda\,\mathrm{d}l}{4\pi\varepsilon_0 r^2}\cos\theta$$

式中，θ 为 $\mathrm{d}\boldsymbol{E}$ 与 x 轴的夹角．因

$$\cos\theta = \frac{x}{r},\ r^2 = x^2 + R^2$$

故

$$E = \int_0^{2\pi R} \frac{\lambda x}{4\pi\varepsilon_0 (x^2 + R^2)^{3/2}}\mathrm{d}l$$

$$E = \frac{qx}{4\pi\varepsilon_0 (x^2 + R^2)^{3/2}}$$

$\boldsymbol{E}$ 的方向沿 x 轴远离环心，若 q 为负电荷，则 $\boldsymbol{E}$ 的方向沿 x 轴指向环心.

当 $x \gg R$ 时，$(x^2 + R^2)^{3/2} \approx x^3$，则 $\boldsymbol{E}$ 的大小为

$$E \approx \frac{q}{4\pi\varepsilon_0 x^2}$$

此结果表明远离环心处的电场与环上电荷全部集中于环心的一个点电荷所产生的电场相同.

例 9.3 半径为 R 的圆盘均匀带电，电荷面密度为 σ，求圆盘轴线上距盘心为 x 的 P 点的电场强度.

解 均匀带电圆盘可分割成许多同心的带电细圆环，每个带电细圆环在轴线上一点产生的电场强度可应用例 9.2 所得的结果．如图 9.7 所示，取一半径为 r，宽度为 $\mathrm{d}r$ 的细圆环，其上带电量为 $\mathrm{d}q = \sigma 2\pi r\mathrm{d}r$. 此圆环在轴线上 P 点产生的电场强度的大小为

$$\mathrm{d}E = \frac{x\mathrm{d}q}{4\pi\varepsilon_0 (x^2 + r^2)^{3/2}} = \frac{\sigma x r\mathrm{d}r}{2\varepsilon_0 (x^2 + r^2)^{3/2}}$$

$\mathrm{d}\boldsymbol{E}$ 的方向沿 x 轴．由于各细圆环在 P 点产生的电场强度的方向都相同，所以圆盘轴线上 P 点的电场强度的大小为

$$E = \int \mathrm{d}E = \int_0^R \frac{\sigma x r\mathrm{d}r}{2\varepsilon_0 (x^2 + r^2)^{3/2}} = \frac{\sigma}{2\varepsilon_0}\left[1 - \frac{x}{(x^2 + R^2)^{1/2}}\right]$$

方向沿圆盘轴线，当 $\sigma > 0$ 时，电场强度沿轴线方向远离盘心；当 $\sigma < 0$ 时，电场强度沿轴线方向指向盘心.

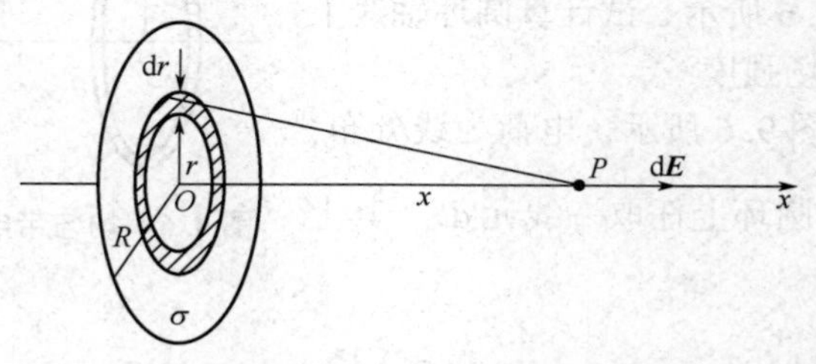

图 9.7　均匀带电圆盘轴线上的电场强度

当 $x \ll R$ 时，由以上结果可得

$$E \approx \frac{\sigma}{2\varepsilon_0}$$

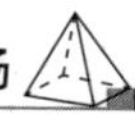

此时，可将带电圆盘看作“无限大”的带电平面，因此无限大均匀带电平面附近电场为一均匀电场．而当 $R \ll x$ 时，

$$\frac{x}{(x^2+R^2)^{1/2}}=\left[1+\left(\frac{R}{x}\right)^2\right]^{-\frac{1}{2}}\approx 1-\frac{1}{2}\left(\frac{R}{x}\right)^2$$

$$E\approx\frac{q}{4\pi\varepsilon_0 x^2}$$

带电圆盘可看成一个电荷集中于盘心的点电荷.

例 9.4 一均匀带电直线，长为 L，总电量为 q，线外一点 P 距直线的垂直距离为 a，P 点和直线两端的连线与直线之间的夹角分别为 θ_1 和 θ_2(见图 9.8)．求 P 点的电场强度.

解 取 P 点到直线的垂足 O 为坐标原点，建立坐标轴如图 9.8 所示．带电体电荷为线分布，设电荷线密度为 λ，即 $\lambda=\frac{q}{L}$. 在带电直线上取一线元 dx，其上所带电量为 $dq=\lambda dx$，该电荷元在 P 点产生的电场强度 $d\boldsymbol{E}$ 的大小为

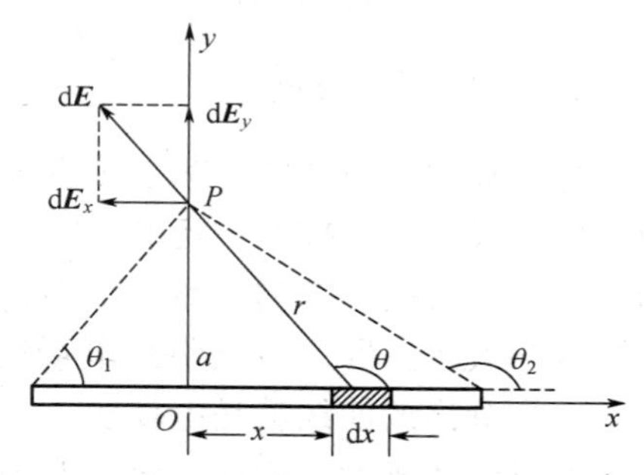

图 9.8 均匀带电直线的电场强度

$$dE=\frac{dq}{4\pi\varepsilon_0 r^2}=\frac{\lambda dx}{4\pi\varepsilon_0(a^2+x^2)}$$

$d\boldsymbol{E}$ 的方向与 x 轴的夹角为 θ，它沿 x、y 轴的分量为

$$dE_x=dE\cos\theta,\ dE_y=dE\sin\theta$$

$$E_x=\int dE_x=\int\frac{\lambda dx}{4\pi\varepsilon_0(a^2+x^2)}\cos\theta$$

$$E_y=\int dE_y=\int\frac{\lambda dx}{4\pi\varepsilon_0(a^2+x^2)}\sin\theta$$

上两式中，θ 和 x 均为变量，需统一积分变量．由图中几何关系知

$$x=-a\cot\theta$$

$$dx=a\csc^2\theta d\theta$$

$$r^2=a^2+x^2=a^2\csc^2\theta$$

将此结果代入 E_x、E_y 的积分式中，得

$$E_x=\int dE_x=\int_{\theta_1}^{\theta_2}\frac{\lambda}{4\pi\varepsilon_0 a}\cos\theta d\theta=\frac{\lambda}{4\pi\varepsilon_0 a}(\sin\theta_2-\sin\theta_1)$$

$$E_y=\int dE_y=\int_{\theta_1}^{\theta_2}\frac{\lambda}{4\pi\varepsilon_0 a}\sin\theta d\theta=\frac{\lambda}{4\pi\varepsilon_0 a}(\cos\theta_1-\cos\theta_2)$$

则 P 点的电场强度矢量式为

$$\boldsymbol{E}=\frac{\lambda}{4\pi\varepsilon_0 a}(\sin\theta_2-\sin\theta_1)\boldsymbol{i}+\frac{\lambda}{4\pi\varepsilon_0 a}(\cos\theta_1-\cos\theta_2)\boldsymbol{j}$$

如果这一均匀带电直线为无限长，即 $\theta_1=0$，$\theta_2=\pi$，这时

$$E_x=0$$

$$E_y=\frac{\lambda}{2\pi\varepsilon_0 a}$$

可见，对于无限长带电直线，线外一点的电场强度大小与电荷线密度 λ 成正比，与该点到带电直线的距离 a 成反比，电场的方向垂直于带电直线，指向由 λ 的正负决定.

§9.3 静电场的高斯定理

高斯定理是关于电场中闭合曲面电通量与源电荷关系的定理，在讨论高斯定理前须先引入电场线和电通量的概念.

9.3.1 电场线

场的概念比较抽象，为了更直观、形象地描述电场的分布，法拉第引入了场线的方法．所谓电场线，就是按照一定的规定在电场中画出的一系列曲线，曲线上每一点的切线方向都与该点电场强度的方向一致，曲线的疏密程度则反映了该点电场强度的大小，即用该点附近电场线数密度表示电场强度的大小，这样画出的曲线就是电场线.

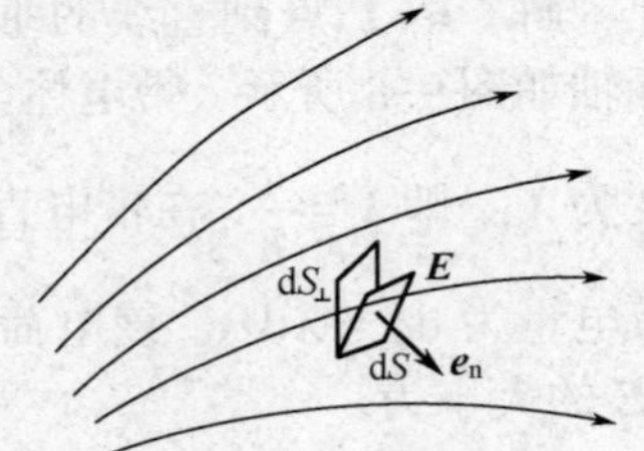

图 9.9 电场线数密度与电场强度大小的关系

电场线数密度是指穿过该点与电场方向垂直的单位面积的电场线条数．如图 9.9 所示，设想在电场中某点作一面元 dS，$\boldsymbol{e}_n$ 为 dS 的法向单位矢量，作 dS 垂直于该点电场强度方向的投影 $dS_{\perp}$，若穿过 $dS_{\perp}$ 的电场线条数为 dN，则该点电场强度的大小为

$$E = \frac{dN}{dS_{\perp}} \tag{9.6}$$

图 9.10 是几种常见带电体的电场线．由此可知静电场的电场线具有如下性质：

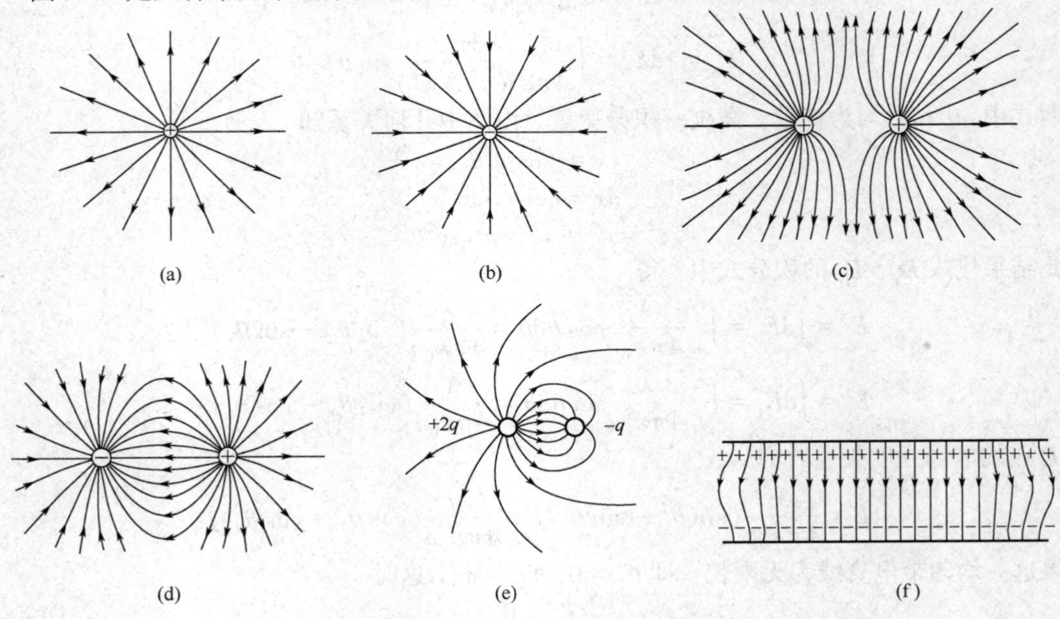

图 9.10 几种常见带电体的电场线

(1)电场线起始于正电荷(或无限远处)，终止于负电荷(或无限远处)，不会在没有电荷处中断；

(2)电场线不会形成闭合曲线，也不会在无电荷处相交.

9.3.2　电场强度通量

通量是描述包括电场在内的一切矢量场性质的特征量，任何矢量场都可以引入通量的概念．通过电场中某一曲面的电场线条数称为通过该曲面的电场强度通量，简称电通量，用符号 $\boldsymbol{\Phi}_e$ 表示．下面分别讨论在均匀电场(电场中 $\boldsymbol{E}$ 的大小和方向处处相同，又称匀强电场)和非均匀电场中的电通量.

首先讨论均匀电场的情况．设在均匀电场中取一个与电场方向垂直的平面 $S_\perp$，如图9.11(a)所示，该平面的法向单位矢量 $\boldsymbol{e}_n$ 与电场强度的方向一致，则通过 $S_\perp$ 的电通量为

$$\Phi_e = ES_\perp \tag{9.7}$$

如果平面 S 与均匀电场的电场强度的方向不垂直，该平面的法向单位矢量 $\boldsymbol{e}_n$ 与电场强度成 θ 角，如图9.11(b)所示．考虑此平面在垂直于电场强度方向的投影 $S_\perp$，显然，通过 S 和 $S_\perp$ 的电场线条数相等，由图可知 $S_\perp = S\cos\theta$. 因此，通过 S 的电通量为

$$\Phi_e = ES_\perp = ES\cos\theta = \boldsymbol{E}\cdot\boldsymbol{S} \tag{9.8}$$

电通量 Φ_e 有正、负之分，当 $0 \leqslant \theta < \dfrac{\pi}{2}$ 时，Φ_e 为正；当 $\dfrac{\pi}{2} < \theta \leqslant \pi$ 时，Φ_e 为负.

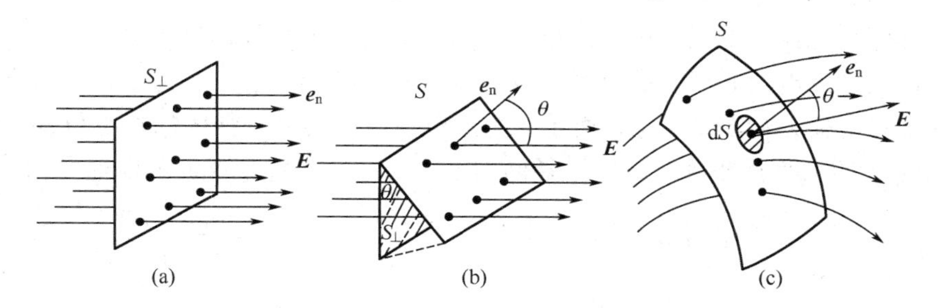

图9.11　电通量的计算

如果电场是非均匀电场，且 S 是任意曲面，如图9.11(c)所示．可以把曲面分成无限多个面元 $\mathrm{d}S$，每个面元 $\mathrm{d}S$ 都可视为一个小平面，而且在面元 $\mathrm{d}S$ 上，电场强度 $\boldsymbol{E}$ 也可以看成处处相等．设面元的法向单位矢量 $\boldsymbol{e}_n$ 与该处的电场强度 $\boldsymbol{E}$ 成 θ 角，于是通过面元 $\mathrm{d}S$ 的电通量为

$$\mathrm{d}\Phi_e = E\mathrm{d}S\cos\theta = \boldsymbol{E}\cdot\mathrm{d}\boldsymbol{S} \tag{9.9}$$

故通过曲面 S 的电通量 Φ_e 等于通过曲面 S 上所有面元 $\mathrm{d}S$ 的电通量 $\mathrm{d}\Phi_e$ 的总和，即

$$\Phi_e = \int_S E\mathrm{d}S\cos\theta = \int_S \boldsymbol{E}\cdot\mathrm{d}\boldsymbol{S} \tag{9.10}$$

式中，“$\int_S$”表示对整个曲面 S 积分.

如果曲面为闭合曲面，如图9.12所示，那么通过闭合曲面的电通量为

$$\Phi_e = \oint_S \boldsymbol{E}\cdot\mathrm{d}\boldsymbol{S} \tag{9.11}$$

对于不闭合的曲面，曲面上各处法向单位矢量的正向可以取任一侧．对于闭合曲面，一般规定自内向外的方向为各面元法向的正方向．当电场线从内部穿出时，如图 9.12 中的面元 $\mathrm{d}S_1$ 处，$0 \leqslant \theta < \frac{\pi}{2}$，$\mathrm{d}\Phi_{\mathrm{e}}$ 为正；当电场线从外部穿入时，如图 9.12 中的面元 $\mathrm{d}S_2$ 处，$\frac{\pi}{2} < \theta \leqslant \pi$，$\mathrm{d}\Phi_{\mathrm{e}}$ 为负．

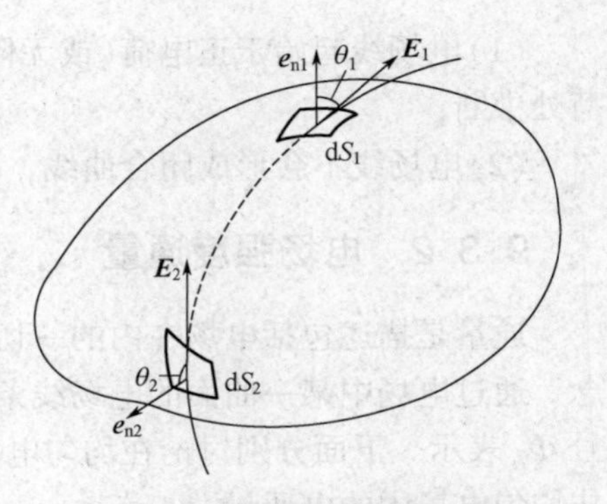

图 9.12　闭合曲面的电通量

9.3.3　高斯定理

高斯(Gauss)是德国物理学家和数学家，他导出的高斯定理是电磁学的一条重要规律．该定理给出了通过任一闭合曲面的电通量与曲面内部包围的电荷的关系．

静电场的高斯定理表述如下：在静电场中穿过任意闭合曲面 S 的电通量 Φ_{e}， 等于该曲面所包围的电荷的代数和 $\sum_i q_i$ 除以 ε_0，与闭合曲面外的电荷无关．其数学表示式为

$$\Phi_{\mathrm{e}} = \oint_S \boldsymbol{E} \cdot \mathrm{d}\boldsymbol{S} = \frac{1}{\varepsilon_0}\sum_i q_i \tag{9.12}$$

高斯定理中的闭合曲面 S 称为高斯面.

下面根据库仑定律和电场强度叠加原理，从特殊到一般来导出这个关系.

首先讨论一个点电荷 q 产生的电场．设想以 q 所在点为中心，任意长度 r 为半径作一球面 S 包围这个点电荷，如图 9.13(a)所示．由点电荷产生的电场强度的特点可知，该球面上各点电场强度 $\boldsymbol{E}$ 的大小都相等，方向沿径向向外．因此，穿过该球面的电通量为

$$\Phi_{\mathrm{e}} = \oint_S \boldsymbol{E} \cdot \mathrm{d}\boldsymbol{S} = E\oint_S \mathrm{d}S = \frac{1}{4\pi\varepsilon_0}\frac{q}{r^2} \cdot 4\pi r^2 = \frac{q}{\varepsilon_0}$$

可见，通过以 q 为球心的任一球面的电通量等于 $\frac{q}{\varepsilon_0}$，该结果与球面半径 r 无关，只与它所包围的电荷的电量有关.

设想另一个任意闭合曲面 S'，与球面 S 包围同一个点电荷 q，如图 9.13(a)所示．由于电场线的连续性，从 q 发出的全部电场线必然都穿过该闭合曲面，因而穿过闭合曲面 S' 的电通量也等于 $\frac{q}{\varepsilon_0}$.

如果闭合曲面不包围点电荷，如图 9.13(b)所示，点电荷 q 在闭合曲面 S' 之外，则由电场线的连续性可知，进入 S' 的电场线条数一定等于穿出 S' 的电场线条数，所以净穿出闭合曲面 S' 的电场线条数为零，即通过闭合曲面 S' 的电通量为零．可见，闭合曲面外的电荷对闭合曲面的电通量无贡献.

下面再来讨论有若干个点电荷分布的情况，设闭合曲面 S 包围一由多个点电荷 q_1，q_2，…，q_n 组成的电荷系，由电场强度叠加原理知，曲面上任一点的电场强度为

$$\boldsymbol{E} = \boldsymbol{E}_1 + \boldsymbol{E}_2 + \cdots + \boldsymbol{E}_n = \sum_i \boldsymbol{E}_i$$

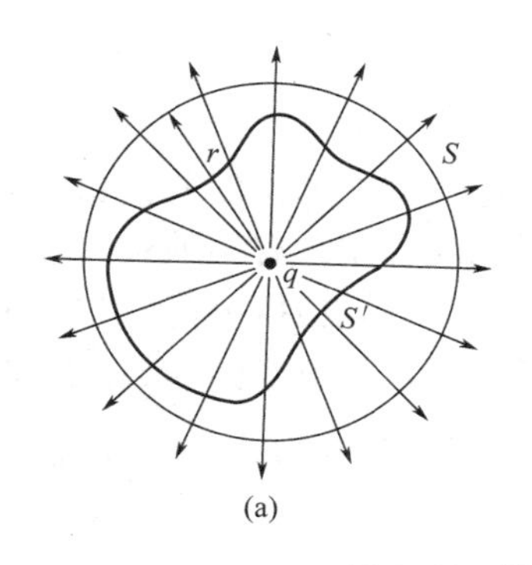

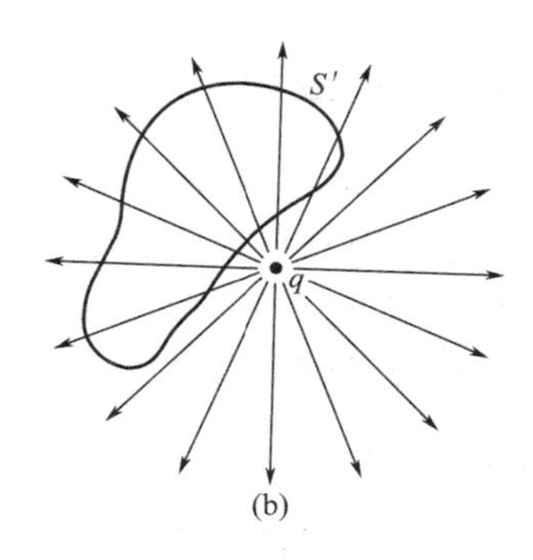

图 9.13　高斯定理的推导

通过闭合曲面 S 的总电通量为

$$\begin{aligned}\Phi_e &= \oint_S \boldsymbol{E}\cdot \mathrm{d}\boldsymbol{S}\\ &= \oint_S \boldsymbol{E}_1\cdot \mathrm{d}\boldsymbol{S} + \oint_S \boldsymbol{E}_2\cdot \mathrm{d}\boldsymbol{S} + \cdots + \oint_S \boldsymbol{E}_n\cdot \mathrm{d}\boldsymbol{S}\\ &= \Phi_{e1} + \Phi_{e2} + \cdots + \Phi_{en}\end{aligned}$$

式中，Φ_{e1}，Φ_{e2}，…，Φ_{en} 为相应的点电荷单独存在时通过闭合曲面 S 的电通量．由前述结论知 $\Phi_{ei}=\dfrac{q_i}{\varepsilon_0}$，故上式可以写成

$$\Phi_e = \oint_S \boldsymbol{E}\cdot \mathrm{d}\boldsymbol{S} = \frac{1}{\varepsilon_0}\sum_i q_i$$

上式就是高斯定理的数学表示式．若闭合曲面内为电荷连续分布的带电体，可将带电体分为无限多个电荷元，每个电荷元可视为点电荷，上式的形式不变.

对高斯定理的理解，应注意：

(1)高斯定理表达式中的电场强度 $\boldsymbol{E}$ 是曲面上各点的电场强度，它是由闭合曲面内、外的所有电荷共同产生的合电场强度，并非只由闭合曲面内的电荷所产生；

(2)通过闭合曲面的电通量只取决于它所包围的电荷，即只有闭合曲面内部的电荷才对这一电通量有贡献，闭合曲面外部的电荷对这一电通量无贡献.

高斯定理是反映静电场性质的基本定理之一，它的重要意义在于把电场和产生电场的源电荷联系起来，它反映了静电场是有源电场这一基本性质，源就是电荷．对于正电荷，必有电场线发出，而对于负电荷，必有电场线汇聚．正电荷是电场线的源头，负电荷是电场线的尾闾.

虽然高斯定理是在库仑定律的基础上得出的，但高斯定理的应用范围比库仑定律更为广泛．库仑定律只适用于静电场，而高斯定理不但适用于静电场，而且适用于变化电场，它是电磁场理论的基本方程之一.

概念检查 3

电荷在球形高斯面的球心处，请说明下列情况下电通量如何变化：(1)将球形高斯面半径缩小；(2)球形高斯面被一与它相切的正方体表面取代；(3)电荷离开球心但仍在球面内；(4)引入另一个电荷至球面外靠近球面处．

9.3.4 高斯定理的应用

当带电体的电荷分布已知时，原则上可由点电荷的电场强度公式和电场强度叠加原理求出空间电场的分布，但计算往往比较复杂．如果电荷分布具有某种对称性，可直接从高斯定理出发简便地求出电场强度分布．应用高斯定理时，首先根据电荷分布的对称性分析电场分布的对称性；然后构造适当的高斯面就可用高斯定理计算电场强度．这一方法的决定性技巧是选取合适的高斯面以使积分 $\oint_S \boldsymbol{E} \cdot \mathrm{d}\boldsymbol{S}$ 中的 $\boldsymbol{E}$ 能以标量形式从积分号内提出．下面举例说明应用高斯定理求电场分布的具体方法．

例 9.5 求均匀带电球面内外的电场强度分布．已知球面半径为 R，所带电量为 q（设 $q>0$）．

解 首先分析电场分布的对称性．如图 9.14 所示，考虑球面外(或球面内)任一点 P，对于球心 O 与 P 的连线 OP，在球面上取与它对称的两个面元 $\mathrm{d}S_1$ 和 $\mathrm{d}S_2$，$\mathrm{d}S_1$ 和 $\mathrm{d}S_2$ 上的电荷在 P 点产生的电场强度分别为 $\mathrm{d}\boldsymbol{E}_1$、$\mathrm{d}\boldsymbol{E}_2$，它们相对 OP 对称分布，其矢量和必沿 OP 方向．整个球面可分成这样一对对的对称面元，所以 P 点的总电场强度 $\boldsymbol{E}$ 一定沿 OP 连线(即沿径向)．由于电荷分布是球对称的，对于任何与带电球面同心的球面，其上各点的电场强度大小相等，方向沿径向，因此均匀带电球面的电场分布具有球对称性．这样的对称性分析对球内、外的场点都适用．

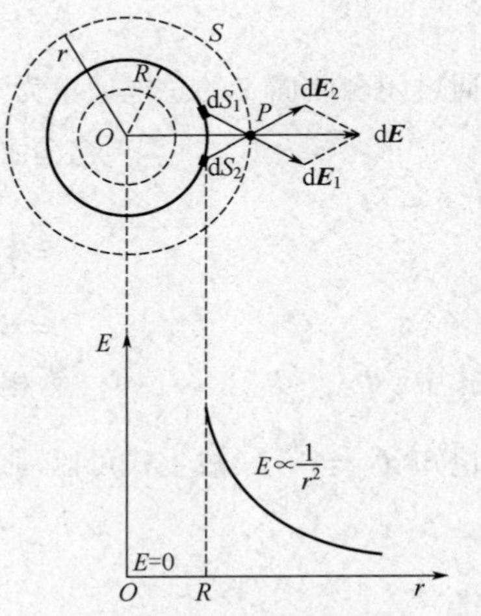

图 9.14 均匀带电球面的电场强度分布

根据电场分布球对称的特点，取过 P 点的同心球面 S 为高斯面，通过它的电通量为

$$\Phi_e = \oint_S \boldsymbol{E} \cdot \mathrm{d}\boldsymbol{S} = E\oint_S \mathrm{d}S = E \cdot 4\pi r^2$$

此高斯面内包围的电荷为 q，根据高斯定理得

$$E \cdot 4\pi r^2 = \frac{q}{\varepsilon_0}$$

故

$$E = \frac{1}{4\pi\varepsilon_0}\frac{q}{r^2} \quad (r > R)$$

考虑到电场的方向性，也可表示为矢量形式：

$$\boldsymbol{E} = \frac{1}{4\pi\varepsilon_0}\frac{q}{r^2}\boldsymbol{e}_r \quad (r > R)$$

式中，$\boldsymbol{e}_r$ 为沿径向的单位矢量．可见，均匀带电球面在球外空间所产生的电场，与球面上的电荷都集中在球心处的一个点电荷产生的电场一样．

当场点 P 在球内时，同样取过该点的同心球面为高斯面，由于它内部没有包围电荷，因此

$$E \cdot 4\pi r^2 = 0$$

所以

$$E = 0 \quad (r < R)$$

这表明，均匀带电球面内部的电场强度处处为零.

均匀带电球面的电场强度随 r 变化的规律可用 $E-r$ 曲线表示，如图 9.14 所示.

例 9.6　求无限长均匀带电直线的电场分布．已知带电直线的电荷线密度为 λ.

解　首先作对称性分析．如图 9.15(a)所示，在电场中任取一点 P，作 OP 垂直于带电直线，在 O 点两侧取对称的一对线元 $\mathrm{d}l_1$、$\mathrm{d}l_2$，它们在 P 点产生的电场强度分别为 $\mathrm{d}\boldsymbol{E}_1$、$\mathrm{d}\boldsymbol{E}_2$，$\mathrm{d}\boldsymbol{E}_1$ 和 $\mathrm{d}\boldsymbol{E}_2$ 的矢量和必沿 OP 方向．由于无限长均匀带电直线的电荷相对 OP 是对称分布的，所以 P 点的电场方向必垂直于带电直线而沿径向．在以带电直线为轴的任一同轴圆柱面上，各点的电场强度大小相等，方向沿径向向外，如图 9.15(b)所示.

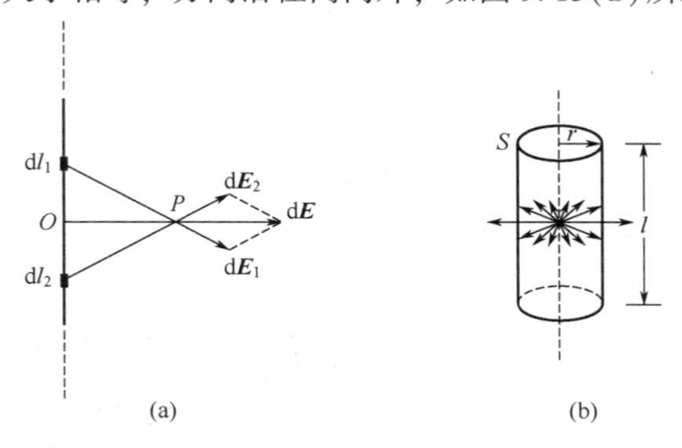

图 9.15　无限长均匀带电直线的电场强度分布

根据电场分布的这种轴对称性，过 P 点作一个以带电直线为轴，以 $r=OP$ 为半径，高为 l 的圆柱形闭合曲面为高斯面，如图 9.15(b)所示，通过该高斯面的电通量为

$$\Phi_e=\oint_S \boldsymbol{E}\cdot\mathrm{d}\boldsymbol{S}=\int_{\text{侧}}\boldsymbol{E}\cdot\mathrm{d}\boldsymbol{S}+\int_{\text{上底}}\boldsymbol{E}\cdot\mathrm{d}\boldsymbol{S}+\int_{\text{下底}}\boldsymbol{E}\cdot\mathrm{d}\boldsymbol{S}$$

由于上下底面的法线方向与电场强度的方向垂直，所以通过这两部分的电通量为零．而圆柱侧面的法线方向与电场强度的方向一致，则有

$$\Phi_e=\int_{\text{侧}}\boldsymbol{E}\cdot\mathrm{d}\boldsymbol{S}=E\int_{\text{侧}}\mathrm{d}S=E\cdot 2\pi rl$$

曲面内包围的电荷为 $\sum q=\lambda l$. 根据高斯定理得

$$E\cdot 2\pi rl=\frac{\lambda l}{\varepsilon_0}$$

由此得

$$E=\frac{\lambda}{2\pi\varepsilon_0 r}$$

结果表明，无限长均匀带电直线产生的电场强度的大小与场点到直线的距离成反比，方向垂直于带电直线.

例 9.7　求无限大均匀带正电平面外的电场分布，设电荷面密度为 σ.

解　由于均匀带电平面是无限大，所以空间各点的电场强度分布具有面对称性，即距带电平面两侧等距离处各点电场强度 $\boldsymbol{E}$ 的大小相等，方向处处与带电平面垂直，如图 9.16(a)所示.

取图 9.16(b)所示的闭合圆柱面为高斯面，它垂直穿过带电平面并相对平面对称．由于圆柱面侧面的法线方向与电场强度的方向垂直，所以通过侧面的电通量为零．圆柱面底面的

外法线方向与电场强度的方向平行，且底面上各点的电场强度大小相等. 因此，通过整个高斯面的电通量为

$$\begin{aligned}\Phi_e &= \oint_S \boldsymbol{E}\cdot d\boldsymbol{S} = \int_{侧}\boldsymbol{E}\cdot d\boldsymbol{S} + \int_{底1}\boldsymbol{E}\cdot d\boldsymbol{S} + \int_{底2}\boldsymbol{E}\cdot d\boldsymbol{S}\\ &= 0 + ES + ES\\ &= 2ES\end{aligned}$$

高斯面内包围的电荷为 $\sum q = \sigma S$，根据高斯定理得

$$2ES = \frac{\sigma S}{\varepsilon_0}$$

所以

$$E = \frac{\sigma}{2\varepsilon_0}$$

结果表明，无限大均匀带电平面两侧的电场是均匀电场.

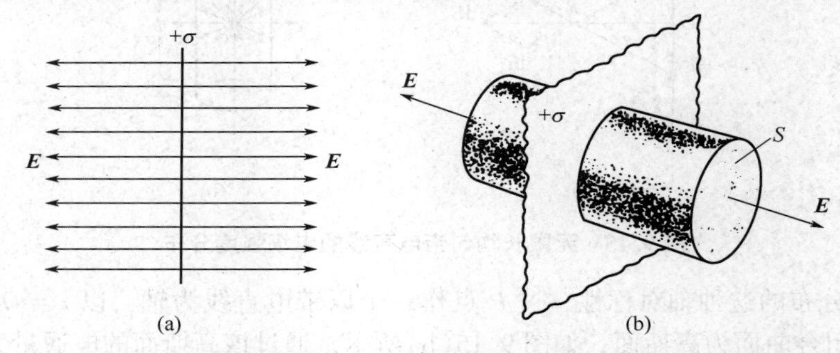

图 9.16　无限大均匀带电平面的电场强度分布

利用本例的结果与电场强度叠加原理可知，两相互平行的电荷面密度分别为 $\pm\sigma$ 的无限大均匀带电平面之间的电场强度大小 $E = \dfrac{\sigma}{\varepsilon_0}$，方向由正板指向负板；两板外的电场强度为零.

§9.4　静电场的环路定理

前面从电场对电荷的作用力出发，引入了电场强度这一物理量来描述电场，本节从电场力对电荷做功出发，证明电场力做功和路径无关，由此得出静电场的环路定理，进一步研究静电场的性质.

9.4.1　电场力做功的特征

电场力 $F = k\dfrac{q_1q_2}{r^2}$ 与万有引力 $F = G\dfrac{m_1m_2}{r^2}$ 的表示形式相似，万有引力做功与路径无关，是保守力，那么电场力的情况怎样呢？

如图 9.17 所示，在点电荷 q 产生的电场中，试验电荷 q_0 沿任意路径 L 由 a 点移到 b 点，此过程中试验电荷受到的电场力大小、方向均是变化的，为求出电场力做的功，可将路径分割成多个位移元，任取一位移元 $d\boldsymbol{l}$，电场力在这一位移元中所做的元功为

$$\mathrm{d}A = \boldsymbol{F} \cdot \mathrm{d}\boldsymbol{l} = q_0 \boldsymbol{E} \cdot \mathrm{d}\boldsymbol{l} = q_0 E \mathrm{d}l \cos\theta$$

由图可知，$\mathrm{d}l\cos\theta = \mathrm{d}r$，则 q_0 从 a 点移至 b 点的过程中，电场力做的总功为

$$A = \int_a^b \mathrm{d}A = \int_{r_a}^{r_b} \frac{q_0 q}{4\pi\varepsilon_0 r^2}\mathrm{d}r = \frac{q_0 q}{4\pi\varepsilon_0}\left(\frac{1}{r_a} - \frac{1}{r_b}\right) \tag{9.13}$$

可见，在点电荷 q 产生的电场中，电场力对运动电荷所做的功只取决于始末两点的位置，而与运动路径无关.

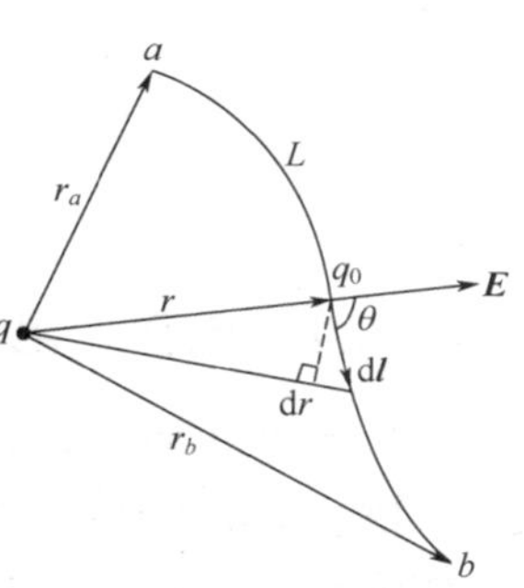

图 9.17　电场力做功

可以证明，上述结论适用于任何带电体产生的静电场. 由于任何带电体都可分割成许多电荷元(视为点电荷)，利用电场强度叠加原理，当试验电荷在电场中移动时，电场力所做的功等于各个点电荷单独存在时对试验电荷做功的代数和. 可见，在任意带电体产生的电场中，电场力做功只与试验电荷的大小及路径的起点和终点位置有关，而与路径无关. 这是电场力做功的显著特征.

9.4.2　静电场的环路定理

电场力做功与路径无关的特征还可以用另一种形式表示，设试验电荷在电场中从某一点出发，沿任一闭合路径 L 又回到原来位置，由式(9.13)可知电场力所做的功等于零，即

$$A = \oint_L q_0 \boldsymbol{E} \cdot \mathrm{d}\boldsymbol{l} = 0$$

因为 $q_0 \neq 0$，所以

$$\oint_L \boldsymbol{E} \cdot \mathrm{d}\boldsymbol{l} = 0 \tag{9.14}$$

上式的左边是电场强度 $\boldsymbol{E}$ 沿闭合路径的线积分，也称为电场强度 $\boldsymbol{E}$ 的环流，式(9.14)为静电场的环路定理，表述为：在静电场中，电场强度沿任意闭合路径的线积分等于零. 它与高斯定理一样，是反映静电场性质的一个基本定理，它表明静电场是保守场，电场力与万有引力、弹性力一样，也是保守力.

在力学中讨论过，对于保守场，可以引入相应的势能，如重力势能和弹性势能等，且保守力所做的功等于相应势能增量的负值. 静电场是保守场，因而也可以引进电势能的概念.

设试验电荷 q_0 在电场中 a 点的电势能为 $E_{\mathrm{p}a}$，在 b 点的电势能为 $E_{\mathrm{p}b}$. 把 q_0 从 a 点移到 b 点电场力做的功 A_{ab} 就等于电荷在 a、b 两点电势能增量的负值，即

$$A_{ab} = \int_a^b q_0 \boldsymbol{E} \cdot \mathrm{d}\boldsymbol{l} = -(E_{\mathrm{p}b} - E_{\mathrm{p}a}) \tag{9.15}$$

与其他势能类似，电势能也是一个相对量. 要确定电荷在电场中某一点电势能的值，必须选择一个势能为零的参考点. 在上式中，若选 b 点的电势能为零，即 $E_{\mathrm{p}b} = 0$，此时试验电荷 q_0 在 a 点的电势能为

$$E_{\mathrm{p}a} = \int_a^{\text{参考点}} q_0 \boldsymbol{E} \cdot \mathrm{d}\boldsymbol{l} \tag{9.16}$$

上式表明，电荷在电场中某点的电势能，在数值上等于把电荷从该点移到电势能零点电场力所做的功.

§9.5 电 势

9.5.1 电势 电势差

与从力的角度引入电场强度用以描述电场性质一样，我们希望能从功、能的角度出发引入一个描述电场性质的物理量，显然电势能不是这样的物理量，因为电势能是电荷与电场的相互作用能，与电荷的电量有关，并不能单纯反映电场的特性．但是电荷在电场中某点的电势能与电荷电量的比值却与电荷的电量无关，它反映的是该点电场的性质．因此，把这一比值定义为电场在该点的电势，用 V 表示．由式(9.16)可知，电场中某点 a 的电势为

$$V_a = \frac{E_{pa}}{q_0} = \int_a^{参考点} \boldsymbol{E} \cdot \mathrm{d}\boldsymbol{l} \tag{9.17}$$

即电场中某点的电势，其数值等于单位正电荷在该点具有的电势能，也等于把单位正电荷从该点移到电势零点电场力所做的功.

静电场中任意两点 a 和 b 电势的差值 $V_a - V_b$ 称为 a、b 两点的电势差，也叫作电压，用 V_{ab} 表示，即

$$V_{ab} = V_a - V_b = \int_a^b \boldsymbol{E} \cdot \mathrm{d}\boldsymbol{l} \tag{9.18}$$

上式表明，电场中 a、b 两点的电势差在数值上等于把单位正电荷从 a 点移到 b 点电场力所做的功．电势差与电势零点的选取无关.

在国际单位制中，电势的单位是焦耳每库仑($\mathrm{J \cdot C^{-1}}$)，称为伏特，简称伏，用 V 表示.

电势是空间坐标的标量函数，电势的值是相对的，取决于电势零点的选取．电势差则是绝对的，它与电势零点的选取无关.

对于电势零点的选取，原则上可选取任意位置为电势零点．在理论计算中，当电荷是分布在有限区域的带电体时，通常取无限远处为电势零点，这样式(9.17)可写为

$$V_a = \int_a^{\infty} \boldsymbol{E} \cdot \mathrm{d}\boldsymbol{l} \tag{9.19}$$

对于无限大带电体，只能取有限远处的适当位置为电势零点．而在实际应用中，常取大地或电器的金属外壳的电势为零.

当电场中的电势分布已知时，任一点电荷 q_0 从 a 点移到 b 点的过程中电场力所做的功可用电势差来计算，即

$$A_{ab} = q_0(V_a - V_b) \tag{9.20}$$

9.5.2 电势的计算

电势分布的计算是静电场的另一类基本问题，根据已知条件的不同，电势的计算有下面两种不同的方法.

(1)利用电势的定义式计算.

当电场强度的分布已知，或者利用高斯定理可简便地求出电场强度 $\boldsymbol{E}$ 时，由电势的定义式 $V_a = \int_a^{参考点} \boldsymbol{E} \cdot \mathrm{d}\boldsymbol{l}$ 通过积分运算计算电势分布.

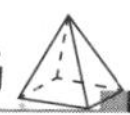

(2)利用电势叠加原理计算.

当分布在有限区域的电荷给定时，可利用点电荷的电势公式和电势叠加原理计算电势分布.

在点电荷 q 产生的电场中，取无限远处为电势零点，利用电势的定义式，距点电荷 r 处一点的电势为

$$V=\int_r^{\infty}\boldsymbol{E}\cdot\mathrm{d}\boldsymbol{l}$$

由于电场力做功与路径无关，可选择一条便于计算的积分路径，取沿径向的电场线为积分路径，该点的电势为

$$V=\int_r^{\infty}\frac{q}{4\pi\varepsilon_0 r^2}\mathrm{d}r=\frac{q}{4\pi\varepsilon_0 r}$$

上式表明，点电荷产生的电场中的电势随 r 的增加而减小．正电荷产生的电场中各点的电势都为正值，负电荷产生的电场中各点的电势都为负值.

如果源电荷由若干点电荷组成，根据电场强度叠加原理，由电势的定义式(9.17)可得点电荷系产生的电场中 a 点的电势为

$$\begin{aligned}V_a&=\int_a^{\infty}\boldsymbol{E}\cdot\mathrm{d}\boldsymbol{l}\\&=\int_a^{\infty}\boldsymbol{E}_1\cdot\mathrm{d}\boldsymbol{l}+\int_a^{\infty}\boldsymbol{E}_2\cdot\mathrm{d}\boldsymbol{l}+\cdots+\int_a^{\infty}\boldsymbol{E}_n\cdot\mathrm{d}\boldsymbol{l}\\&=V_1+V_2+\cdots+V_n\end{aligned}$$

上式为电势叠加原理，它表明点电荷系产生的电场中某点的电势等于各点电荷单独存在时在该点产生的电势的代数和.

对于电荷连续分布的带电体，可将其视为无穷多个电荷元组成的电荷系，每个电荷元 $\mathrm{d}q$ 都可视为点电荷，电荷元 $\mathrm{d}q$ 在 a 点产生的电势为

$$\mathrm{d}V=\frac{\mathrm{d}q}{4\pi\varepsilon_0 r}$$

式中，r 是电荷元 $\mathrm{d}q$ 到场点的距离．由电势叠加原理，整个带电体在 a 点产生的电势为

$$V=\int\mathrm{d}V=\int\frac{\mathrm{d}q}{4\pi\varepsilon_0 r}\tag{9.21}$$

上式的积分遍及整个带电体，因电势是标量，这里的积分是标量积分，所以电势的计算要比电场强度的计算简便一些.

下面通过几个例子来说明电势的上述两种计算方法.

例 9.8　求均匀带电球面产生的电场的电势分布，已知球面半径为 R，所带电量为 Q(设 $Q>0$).

解　由于该带电体产生的电场的分布具有球对称性，较易由高斯定理求出空间电场的分布，因此可利用定义式求电势分布.

由静电场的高斯定理，可得球面内外的电场强度分别为

$$E_{内}=0\qquad(r<R)$$

$$E_{外} = \frac{Q}{4\pi\varepsilon_0 r^2} \qquad (r > R)$$

取无限远处为电势零点．由电势的定义式，球面内距球心 r 处一点的电势为

$$V_{内} = \int_r^{\infty} \boldsymbol{E} \cdot \mathrm{d}\boldsymbol{l}$$

取球面径向为积分路径．由于球内外两个区域的电场分布不同，需分段积分，所以

$$V_{内} = \int_r^R \boldsymbol{E}_{内} \cdot \mathrm{d}\boldsymbol{r} + \int_R^{\infty} \boldsymbol{E}_{外} \cdot \mathrm{d}\boldsymbol{r}$$

$$= \int_R^{\infty} \frac{Q}{4\pi\varepsilon_0 r^2}\mathrm{d}r = \frac{Q}{4\pi\varepsilon_0 R}$$

球面外距球心 r 处一点的电势为

$$V_{外} = \int_r^{\infty} \boldsymbol{E}_{外} \cdot \mathrm{d}\boldsymbol{r}$$

$$= \int_r^{\infty} \frac{Q}{4\pi\varepsilon_0 r^2}\mathrm{d}r = \frac{Q}{4\pi\varepsilon_0 r}$$

上述结果表明，均匀带电球面内各点的电势相等，与球面的电势相同；球面外的电势分布与电荷都集中于球心时的点电荷产生的电势分布一样，电势分布的 $V-r$ 曲线如图 9.18 所示．

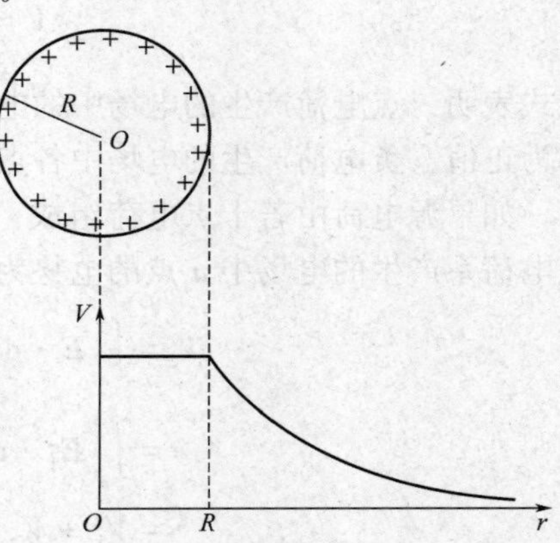

图 9.18　均匀带电球面的电势分布

例 9.9　求均匀带电细圆环轴线上一点的电势．已知圆环半径为 R，带电量为 Q(设 $Q>0$)．

解　如图 9.19 所示，P 是轴线上任一点，距离环心为 x. 圆环的电荷线密度 $\lambda = \frac{Q}{2\pi R}$，取无限远处为电势零点.

利用点电荷的电势公式与电势叠加原理求 P 点的电势．在圆环上任取线元 $\mathrm{d}l$，其上带电量 $\mathrm{d}q = \lambda \mathrm{d}l$，$\mathrm{d}q$ 在 P 点产生的电势为

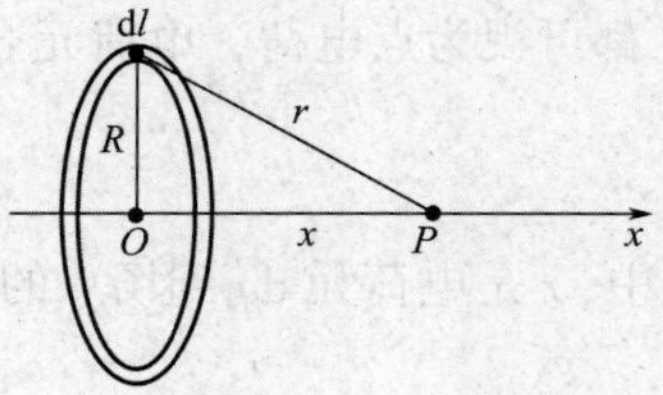

$$\mathrm{d}V = \frac{\mathrm{d}q}{4\pi\varepsilon_0 r}$$

图 9.19　例 9.9 图

其中 $r = \sqrt{R^2 + x^2}$，每个电荷元到 P 点的距离均为 r，由电势叠加原理知 P 点的电势为

$$V_P = \int_0^Q \frac{\mathrm{d}q}{4\pi\varepsilon_0 r} = \frac{1}{4\pi\varepsilon_0 r}\int_0^Q \mathrm{d}q = \frac{Q}{4\pi\varepsilon_0\sqrt{R^2 + x^2}}$$

当 P 点位于环心 O 时，$x = 0$，则 $V = \frac{Q}{4\pi\varepsilon_0 R}$.

当 $x \gg R$ 时，$V = \frac{Q}{4\pi\varepsilon_0 x}$，表示圆环轴线上足够远处的电势相当于电荷集中于环心的点电荷产生的电势.

利用上述结果，很容易计算一均匀带电圆盘在通过盘心且垂直于盘面的轴线上的电势.

如图 9.20 所示，设半径为 R 的薄圆盘均匀带有电量 Q，其电荷面密度为 $\sigma=\frac{Q}{\pi R^2}$. 将带电圆盘分割成许多个同心带电细圆环，图中为一个半径为 r 、宽度为 $\mathrm{d}r$ 的细圆环，该圆环的电量为 $\mathrm{d}q=\sigma 2\pi r\mathrm{d}r$，圆环上各点离 P 点的距离为 $\sqrt{x^2+r^2}$，仍然取无限远处为电势零点，利用例 9.9 所得的结果，该带电圆环在 P 点产生的电势为

$$\mathrm{d}V=\frac{\mathrm{d}q}{4\pi\varepsilon_0\sqrt{r^2+x^2}}$$

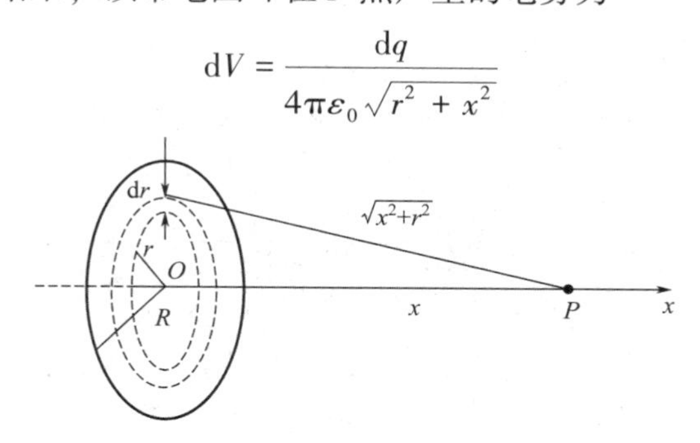

图 9.20　例 9.9 图

整个带电圆盘在 P 点产生的电势为

$$V=\int_0^R\frac{\sigma 2\pi r\mathrm{d}r}{4\pi\varepsilon_0\sqrt{r^2+x^2}}=\frac{\sigma}{2\varepsilon_0}(\sqrt{R^2+x^2}-x)$$

当 $x\gg R$ 时，$\sqrt{R^2+x^2}\approx x+\frac{R^2}{2x}$，所以

$$V\approx\frac{\sigma}{2\varepsilon_0}\frac{R^2}{2x}=\frac{Q}{4\pi\varepsilon_0 x}$$

可见，当 P 点离圆盘很远时，带电圆盘在 P 点产生的电势与把圆盘上的电荷集中于盘心的点电荷产生的电势相同.

概念检查 4

从电势的定义式出发选择一条路径说明电偶极子中垂面上电势为零.

§9.6　等势面　电场强度与电势的微分关系

9.6.1　等势面

前面学习过用电场线来形象地描绘静电场中电场强度的分布，同样，可以用等势面来形象地描绘静电场中电势的分布．电场中电势相等的点所组成的曲面叫等势面．我们曾用电场线的疏密程度来表示电场的强弱，这里也可以用等势面的疏密程度来表示电场的强弱，为此，在画等势面时，使任意相邻等势面的电势差都相等．图 9.21 是几种典型电场的电场线与等势面，图中实线代表电场线，虚线代表等势面.

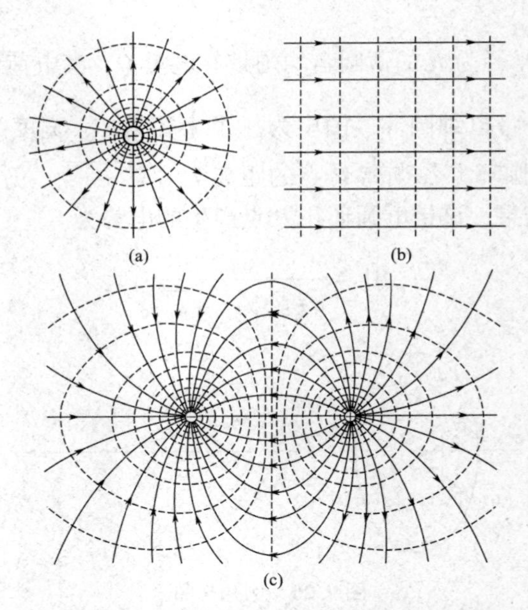

图 9.21　几种典型电场的电场线与等势面

(a)正点电荷的电场；(b)均匀电场；(c)两等量异号点电荷的电场

从图中可以看出等势面具有如下性质：

(1)等势面与电场线处处正交，电场线方向指向电势降低的方向；

(2)等势面密集处，电场强度大，等势面稀疏处，电场强度小.

画等势面是研究电场的一种极为有用的方法，在许多实际问题中，电场的电势分布不能方便地用函数形式表示，但电势差往往较容易测量，可借助实验方法测绘出等势面的分布图，从而了解整个电场分布的特点.

9.6.2　电场强度与电势的微分关系

电场强度和电势都是描述电场中各点性质的物理量，电势的定义式给出了电势与电场强度的积分关系. 反过来，电场强度与电势的关系也应该可以用微分形式表示出来，即电场强度等于电势的导数. 但是，由于电场强度是一个矢量，这一导数关系要复杂一些. 下面给出这一关系.

如图 9.22 所示，设在电场中取两个靠得很近的等势面，其电势分别为 V 和 $V+\Delta V$，设 $\Delta V>0$. $\boldsymbol{e}_n$ 为两等势面的法向单位矢量，规定 $\boldsymbol{e}_n$ 指向电势增加的方向. 在等势面上分别取两点 A、B，两点间距为 Δl，因为 A、B 两点靠得很近，可认为连线上各点的 $\boldsymbol{E}$ 都相同，设 $\Delta \boldsymbol{l}$ 与 $\boldsymbol{e}_n$ 的夹角为 θ. 电场线与等势面正交且指向电势降低的方向，所以，电场强度 $\boldsymbol{E}$ 与 $\boldsymbol{e}_n$ 反向. 根据电场强度与电势差的关系式(9.18)，可得

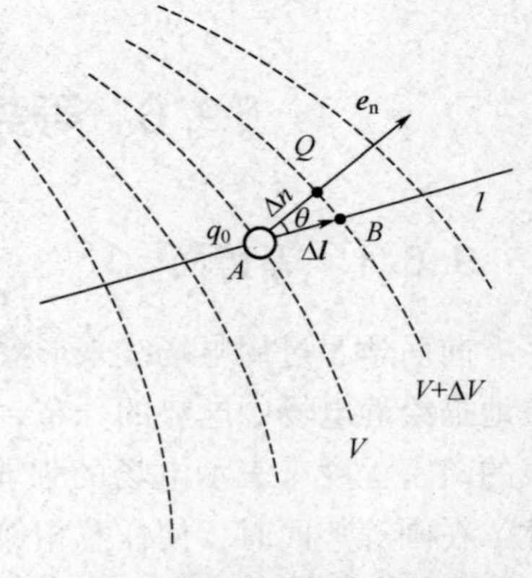

图 9.22　电场强度与电势的关系

$$V_A - V_B = \int_A^B \boldsymbol{E} \cdot \mathrm{d}\boldsymbol{l} = E\Delta l\cos\theta \qquad (9.22)$$

因为 $V_A - V_B = -\Delta V$，$\Delta l\cos\theta = \Delta n$，所以

$$-\Delta V = E \cdot \Delta n$$

$$E = -\frac{\Delta V}{\Delta n}$$

取 $\Delta n \to 0$ 时的极限，得

$$E = \lim_{\Delta n \to 0}\left(-\frac{\Delta V}{\Delta n}\right) = -\frac{\partial V}{\partial n}$$

上式用矢量表示为

$$\boldsymbol{E} = -\frac{\partial V}{\partial n}\boldsymbol{e}_{\mathrm{n}} \tag{9.23}$$

式中，$\frac{\partial V}{\partial n}$ 是电势沿等势面法线方向的方向导数．因此，电场中某点电场强度的大小等于该点的电势沿等势面法线方向的方向导数的负值．式中负号表明，当 $\frac{\partial V}{\partial n} > 0$ 时，$\boldsymbol{E}$ 与 $\boldsymbol{e}_{\mathrm{n}}$ 反向，即电场强度的方向指向电势减小的方向.

因为 $\boldsymbol{E}$ 在 $\Delta \boldsymbol{l}$ 方向的投影为 $E_l = E\cos\theta$，所以式(9.22)也可以写成

$$-\Delta V = E_l \cdot \Delta l$$

$$E_l = -\frac{\Delta V}{\Delta l}$$

取极限可得

$$E_l = -\frac{\partial V}{\partial l} \tag{9.24}$$

式中，$\frac{\partial V}{\partial l}$ 是电势沿 $\Delta \boldsymbol{l}$ 方向的方向导数．式(9.24)表明，电场中某点的电场强度沿任一方向的分量等于这一点电势沿该方向的方向导数的负值.

因为 $\Delta l\cos\theta = \Delta n$，所以

$$\frac{\partial V}{\partial l} \leqslant \frac{\partial V}{\partial n}$$

因此在所有方向的方向导数中，沿等势面法线方向的方向导数的值最大.

在直角坐标系中，电势 V 是坐标 x、y 和 z 的函数．由式(9.23)可得电场强度在这三个方向上的分量分别为

$$E_x = -\frac{\partial V}{\partial x},\ E_y = -\frac{\partial V}{\partial y},\ E_z = -\frac{\partial V}{\partial z}$$

于是电场强度与电势关系的矢量式可写为

$$\boldsymbol{E} = -\left(\frac{\partial V}{\partial x}\boldsymbol{i} + \frac{\partial V}{\partial y}\boldsymbol{j} + \frac{\partial V}{\partial z}\boldsymbol{k}\right) \tag{9.25}$$

需要指出的是，电场强度与电势关系的微分形式说明电场中某点的电场强度取决于电势在该点的空间变化率，而与该点的电势值本身无直接关系.

概念检查 5

均匀电场中各点的电势梯度是否相等？各点的电势是否相等？

例 9.10　用电场强度与电势的关系，求均匀带电细圆环轴线上一点的电场强度.

解　在例 9.9 中，已求得在轴线上 x 处 P 点的电势为

$$V_P = \frac{Q}{4\pi\varepsilon_0\sqrt{R^2 + x^2}}$$

式中，R 为圆环的半径．由式(9.25)可得 P 点的电场强度为

$$E = E_x = -\frac{\partial V}{\partial x} = -\frac{\partial}{\partial x}\left(\frac{1}{4\pi\varepsilon_0}\frac{Q}{\sqrt{R^2 + x^2}}\right) = \frac{Qx}{4\pi\varepsilon_0(R^2 + x^2)^{3/2}}$$

这一结果与例 9.2 的计算结果相同.

概念检查答案

1. 从理论上来说是减小了，但非常微小.
2. 当 $r \to 0$ 时带电体已不能视为点电荷，电场强度公式也就没有了意义.
3. 电通量均不变化.
4. 从中垂面任一点沿径向至无限远处的路径.
5. 各点的电势梯度相等，电势不相等.

思考题

思考题解答

9.1　有人说，点电荷在电场中一定是沿电场线运动的，电场线就是电荷的运动轨迹. 这样说对吗？为什么？

9.2　一根有限长的均匀带电直线，它所激发的电场有一定的对称性，能否利用高斯定理计算电场强度？

9.3　静电场电场强度沿一闭合回路的积分 $\oint \boldsymbol{E} \cdot \mathrm{d}\boldsymbol{l} = 0$，表明了电场线的什么性质？电场的什么性质？

9.4　当我们认为地球的电势为零时，是否意味着地球没有净电荷呢？

9.5　已知在地球表面以上电场强度方向指向地面，在地面以上电势随高度增大还是减小？

习题

9.1　关于电场强度的定义式 $\boldsymbol{E} = \boldsymbol{F}/q_0$，下列说法正确的是(　　).

(A)电场中某点电场强度的方向就是将试验电荷放在该点所受电场力的方向

(B)电场强度的大小与试验电荷 q_0 的大小成反比

(C)试验电荷 q_0 可正可负，$\boldsymbol{F}$ 为试验电荷所受的电场力

(D)若场中某点不放试验电荷，则 $\boldsymbol{F} = \boldsymbol{0}$，从而 $\boldsymbol{E} = \boldsymbol{0}$

9.2　边长为 a 的正方形中心放一点电荷 Q，正方形顶角处电场强度的大小为(　　).

(A) $Q/12\pi\varepsilon_0 a^2$　　(B) $Q/6\pi\varepsilon_0 a^2$　　(C) $Q/3\pi\varepsilon_0 a^2$　　(D) $Q/2\pi\varepsilon_0 a^2$

9.3　有一边长为 a 的正方形平面，在其中垂线上距中心 O 点 $a/2$ 处，有一电量为 q 的正点电荷，如习题 9.3 图所示，则通过该平面的电通量为(　　).

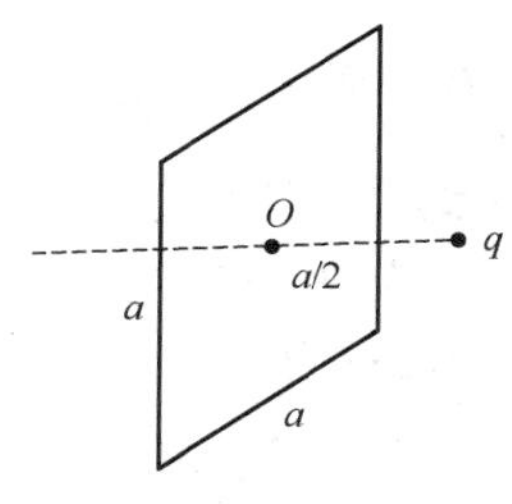

习题 9.3 图

(A) $q/3\varepsilon_0$　　(B) $q/4\pi\varepsilon_0$　　(C) $q/3\pi\varepsilon_0$　　(D) $q/6\varepsilon_0$

9.4　已知一高斯面所包围的电荷的代数和 $\sum q = 0$，则可以肯定(　　).

(A)高斯面上各点的电场强度均为零

(B)穿过高斯面上每一面元的电通量均为零

(C)穿过整个高斯面的电通量为零

(D)以上说法都不正确

9.5　两个同心的均匀带电球面，内球面带电量 Q_1，外球面带电量 Q_2，则在两球面之间距球心为 r 处的 P 点的电场强度大小为(　　).

(A) $\dfrac{Q_1}{4\pi\varepsilon_0 r^2}$　　(B) $\dfrac{Q_1+Q_2}{4\pi\varepsilon_0 r^2}$　　(C) $\dfrac{Q_2}{4\pi\varepsilon_0 r^2}$　　(D) $\dfrac{Q_2-Q_1}{4\pi\varepsilon_0 r^2}$

9.6　一具有球对称分布的电场的 $E-r$ 关系曲线如习题 9.6 图所示，该电场是下列哪种带电体产生的？(　　).

(A)半径为 R 的均匀带电球面

(B)半径为 R 的均匀带电球体

(C)半径为 R 的非均匀带电球体

(D)无法判断

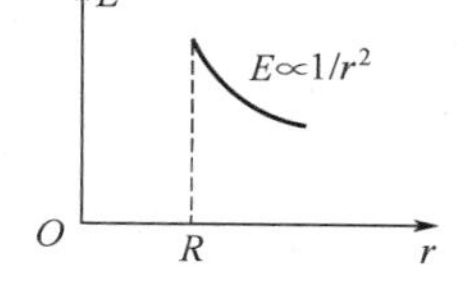

习题 9.6 图

9.7　电荷分布在有限空间内，则任意两点 A、B 之间的电势差取决于(　　).

(A)从 A 点移到 B 点的试验电荷电量的大小

(B) A 点和 B 点处电场强度的大小和方向

(C)试验电荷由 A 点移到 B 点的路径

(D)由 A 点移到 B 点电场力对单位电荷所做的功

9.8　在点电荷 $+q$ 产生的电场中，若取习题 9.8 图中的 P 点为电势零点，则 M 点的电势为(　　).

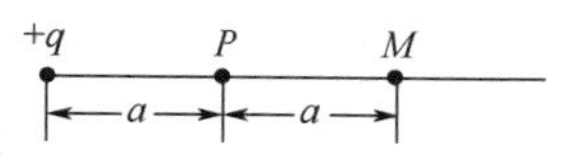

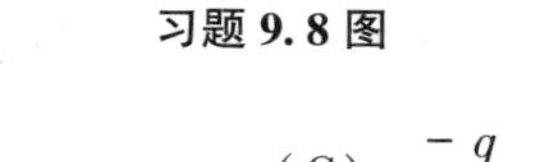

习题 9.8 图

(A) $\dfrac{q}{4\pi\varepsilon_0 a}$　　(B) $\dfrac{q}{8\pi\varepsilon_0 a}$　　(C) $\dfrac{-q}{4\pi\varepsilon_0 a}$　　(D) $\dfrac{-q}{8\pi\varepsilon_0 a}$

9.9　用一根绝缘细线围成一边长为 a 的正方形线框，使它均匀带电，其电荷线密度为 λ，则在正方形中心处电场强度的大小 $E=$__________.

9.10　如习题 9.10 图所示，在点电荷 q 和 $-q$ 产生的电场中，作三个高斯面 S_1、S_2、

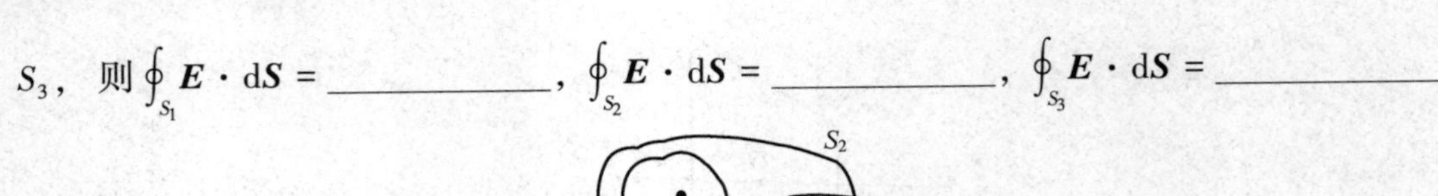

S_3，则 $\oint_{S_1} \boldsymbol{E} \cdot \mathrm{d}\boldsymbol{S} =$ __________，$\oint_{S_2} \boldsymbol{E} \cdot \mathrm{d}\boldsymbol{S} =$ __________，$\oint_{S_3} \boldsymbol{E} \cdot \mathrm{d}\boldsymbol{S} =$ __________.

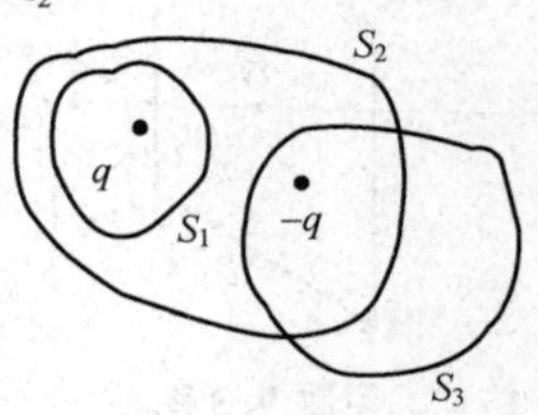

习题 9.10 图

9.11　真空中有一半径为 R 的均匀带电细圆环，电荷线密度为 λ，其圆心处的电场强度 $E_0 =$ __________，电势 $V_0 =$ __________.（设无限远处电势为零）

9.12　习题 9.12 图中曲线表示一具有球对称电场的电势分布 $U-r$ 曲线，r 表示离对称中心的距离，该电场是__________的电场.

9.13　电场强度不变的空间，电势__________为常数，电势不变的空间，电场强度__________为零.（填“一定”或“不一定”）

9.14　如习题 9.14 图所示，真空中一长为 L 的均匀带电细杆，总电量为 q，试求在细杆延长线上距杆的一端距离为 d 的 P 点的电场强度.

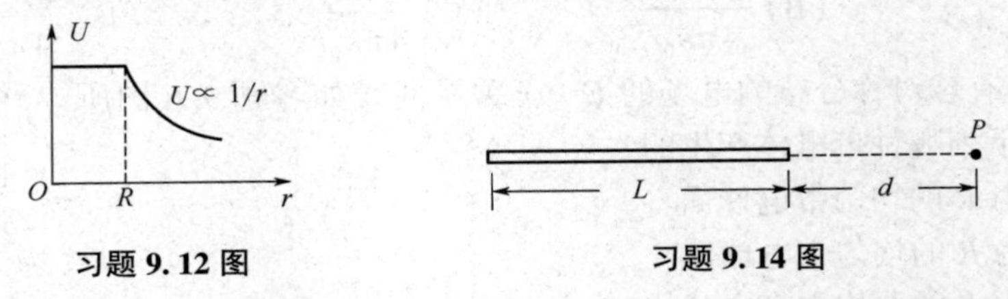

习题 9.12 图　　习题 9.14 图

9.15　用绝缘细线弯成半径为 R 的半圆环，其上均匀分布着电荷 Q，求环心处的电场强度.

9.16　一根不导电的细塑料杆，被弯成近乎完整的圆，如习题 9.16 图所示．圆的半径 $R = 0.1$ m，杆的两端有 $b = 2$ cm 的缝隙，$Q = 3.12 \times 10^{-9}$ C 的正电荷均匀地分布在杆上，求圆心处的电场强度.

9.17　如习题 9.17 图所示，在点电荷 q 产生的电场中，取半径为 R 的圆形平面，设 q 在垂直于平面并通过圆心 O 的轴线上的 A 点，A 点与圆心 O 的距离为 d. 试计算通过此平面的电通量.

习题 9.16 图　　习题 9.17 图

9.18　半径为 R 的无限长圆柱体上的电荷均匀分布，圆柱体单位长度的电量为 λ. 用高斯定理求圆柱体内、外距轴线距离为 r 处的电场强度.

9.19　一半径为 R 的球体内，分布着电荷体密度 $\rho = kr$ 的电荷，式中 r 是径向距离，k

是常量．求空间的电场强度分布，并画出 $E-r$ 关系曲线.

9.20　两无限大均匀带电平板，其电荷面密度分别为 $\sigma(\sigma>0)$ 及 -2σ，板间距为 d，如习题 9.20 图所示．求：

(1) Ⅰ、Ⅱ、Ⅲ三个区域的电场强度；

(2) 两板间的电势差.

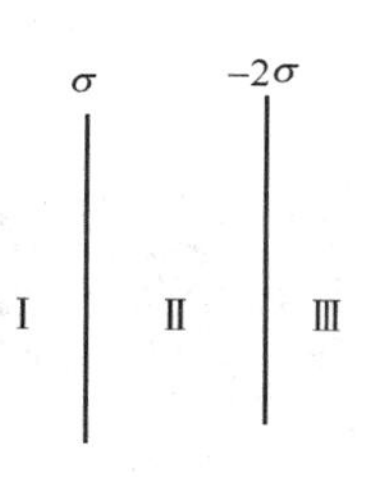

习题 9.20 图

9.21　点电荷 q_1、q_2、q_3、q_4 的电量均为 4×10^{-9} C，放置在一正方形的四个顶点上，各顶点距正方形中心 O 点的距离为 5 cm.

(1) 计算 O 点处的电势；

(2) 将一试验电荷 $q_0=1\times10^{-9}$ C 从无限远处移到 O 点，电场力做的功为多少？

(3) 在(2)中所述过程中电势能的改变为多少？

9.22　如习题 9.22 图所示，电荷 q 均匀分布在长为 $2L$ 的细杆上，求在杆中垂线上距杆为 d 的 P 点的电势.（设无限远处电势为零）

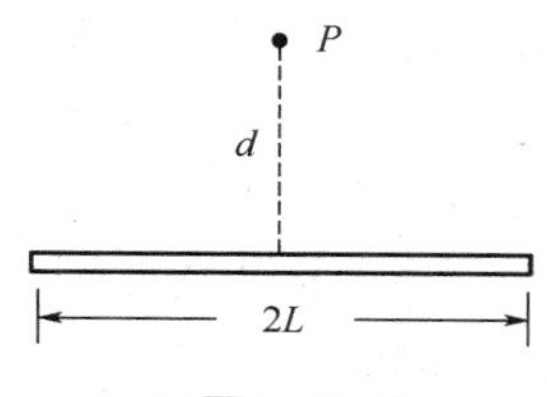

习题 9.22 图

9.23　一半径为 R 的无限长带电细圆柱棒，其内部的电荷均匀分布，电荷体密度为 ρ. 现取棒表面为零电势，求空间的电势分布并画出电势分布曲线.

学习与拓展

第 10 章 静电场中的导体和电介质

前一章讨论了真空中的静电场．实际上，在静电场中总有导体或电介质(也叫绝缘体)存在．导体中存在可以自由移动的电子，在外电场作用下，发生静电感应，从而影响原电场的分布．电介质内部虽然无自由电子，但会发生极化现象，仍然会影响原电场的分布．本章主要研究静电场与物质之间相互作用的规律及其有关的实际应用，主要内容有：静电场中导体的电学性质，电介质的极化现象和有电介质时的高斯定理，电容、电容器、电场的能量等．本章所讨论的问题，不仅在理论上使我们对静电场的认识更加深入，而且在实际应用中有重要作用.

思维导图

§10.1　静电场中的导体

10.1.1　导体的静电平衡条件

从物质的电结构来看，金属导体由带正电的晶格点阵和可以在导体内部移动的自由电子组成，当导体不带电或不受外电场影响时，整个导体呈现电中性．如果将导体置于外电场 $\boldsymbol{E}_0$ 中，如图 10.1 所示，导体内的自由电子在电场力作用下将逆着外电场方向运动，使得导体的两个侧面出现等量异号的电荷，这种现象称为静电感应现象，所产生的电荷称为感应电荷．感应电荷将产生一个附加电场 $\boldsymbol{E}'$，在导体内部，附加电场 $\boldsymbol{E}'$ 的方向与外电场 $\boldsymbol{E}_0$ 的方向相反，导体内的总电场强度 $\boldsymbol{E}$ 的值为

$$E = E_0 - E'$$

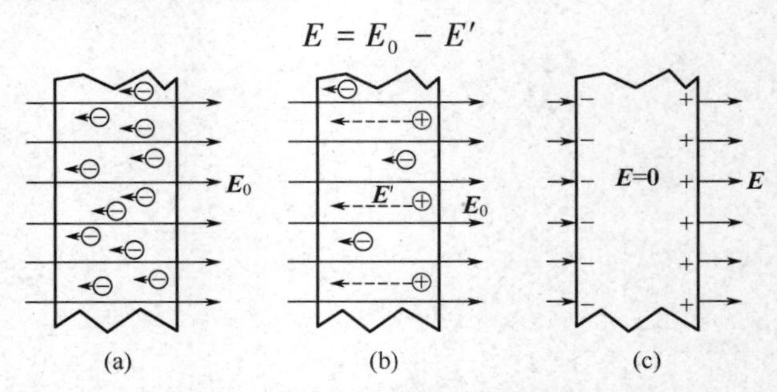

图 10.1　导体的静电感应过程与静电平衡状态

静电感应开始时，$E' < E_0$，导体内部的电场强度不为零，自由电子仍会不断向左移动，

从而使 E' 增大，直至 $E' = E_0$ 时，导体内部的总电场强度 $E = 0$，即导体内部电场强度处处为零，此时，自由电子的宏观定向运动停止，导体达到静电平衡状态.

当导体处于静电平衡状态时，不仅导体内部无电荷作定向运动，导体表面也没有电荷作定向运动，这就要求导体表面处电场强度的方向应与表面垂直．否则电场强度沿表面的切向分量将使自由电子受到切向力作用而沿导体表面运动，这样导体就不是处于静电平衡状态了.

很显然，当导体处于静电平衡状态时，必须满足以下两个条件：

(1) 导体内部电场强度处处为零；

(2) 导体外表面附近的电场强度处处与导体表面垂直.

另外，导体的静电平衡状态也可以用电势来表述．当导体处于静电平衡时，导体内部电场强度处处为零，在导体内取任意两点 a 和 b，这两点间的电势差为 $\Delta V = \int_a^b \boldsymbol{E} \cdot \mathrm{d}\boldsymbol{l} = 0$，这就是说处于静电平衡状态的导体是一个等势体，其表面是等势面.

10.1.2　静电平衡时导体上电荷的分布

处于静电平衡的导体，其上电荷的分布具有以下特征.

(1) 处于静电平衡的导体内部无净电荷，电荷只分布在导体表面上.

这一特征可用高斯定理加以证明．如图 10.2 所示，在导体内部任取一闭合曲面 S，由于静电平衡时导体内部电场强度处处为零，所以通过此闭合曲面的电通量必然为零，即

$$\oint_S \boldsymbol{E} \cdot \mathrm{d}\boldsymbol{S} = 0$$

根据高斯定理，此闭合曲面所包围的电荷的代数和必为零．由于闭合曲面在导体内是任意选取的，所以可得出在导体内部无未抵消的净电荷，电荷只能分布于导体表面.

(2) 静电平衡导体表面附近的电场强度与该表面处电荷面密度成正比.

这一特征也可以用高斯定理证明．如图 10.3 所示，P 点是在导体表面外紧靠表面的一点，以过 P 点的导体表面的法线为轴作一扁圆柱形高斯面，使上底面通过 P 点，下底面在导体的内部，上、下底面与导体表面平行且无限靠近．高斯面在导体表面上所截取的面元 ΔS 足够小，使面元 ΔS 上的电荷面密度 σ 可看成均匀的．由于导体内部电场强度处处为零，通过下底面的电通量为零．而导体表面附近的电场强度处处与导体表面垂直，故通过圆柱侧面的电通量也为零．因此，通过该扁圆柱形高斯面的电通量为

$$\oint_S \boldsymbol{E} \cdot \mathrm{d}\boldsymbol{S} = E\Delta S = \frac{\sigma \Delta S}{\varepsilon_0}$$

则有

$$E = \frac{\sigma}{\varepsilon_0} \tag{10.1}$$

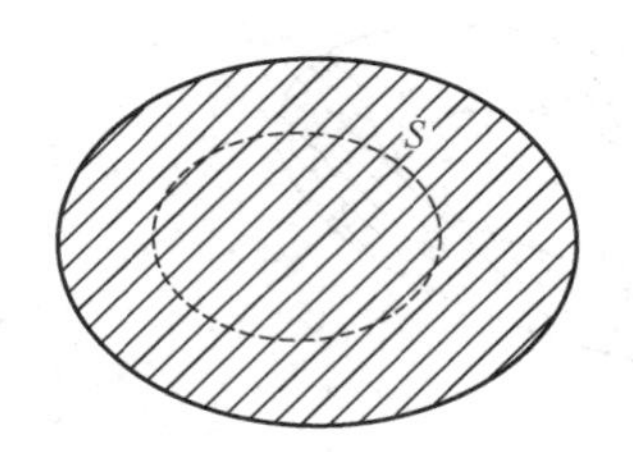

图 10.2　导体上的电荷分布

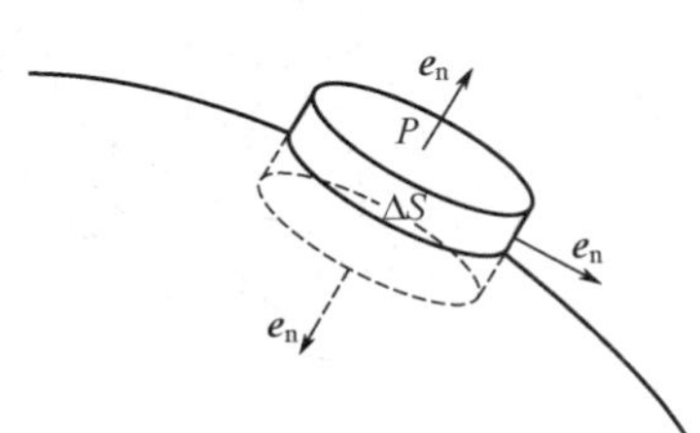

图 10.3　导体表面的电荷面密度

上式表明处于静电平衡状态的导体表面外紧邻表面处的电场强度 $\boldsymbol{E}$ 的数值与该表面处电荷面密度 σ 成正比，方向与导体表面垂直.

应注意这里的 $\boldsymbol{E}$ 为紧邻表面处 P 点的总电场强度，它是空间所有电荷产生的. 当导体外的电荷分布发生变化时，外电场会变化，导体上的电荷分布也会变化，直到满足式(10.1)时导体恢复静电平衡.

(3) 孤立导体表面各处的电荷面密度与导体表面的曲率有关.

当一个导体周围不存在其他导体、电介质和带电体，或周围其他导体和带电体的影响可以忽略不计时，这个导体可视为孤立导体. 图 10.4 给出了一个有尖端的孤立导体表面电荷的分布情况，导体表面凸出而尖锐的地方曲率较大，电荷面密度较大；表面较为平坦的地方曲率较小，电荷面密度也较小.

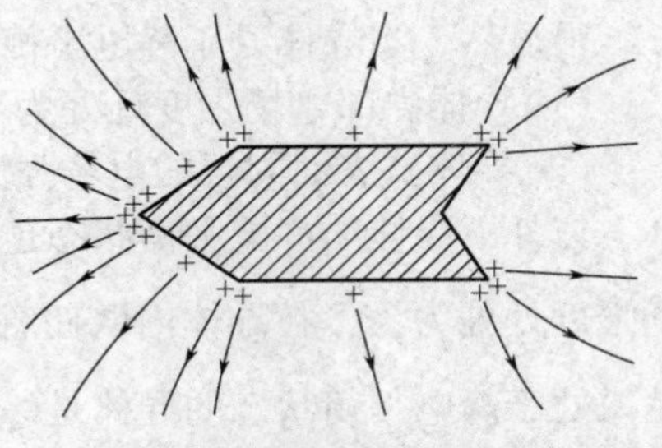

图 10.4　孤立导体表面的电荷分布

由于带电导体尖端处曲率大，电荷面密度也大，所以它周围的电场也强. 当尖端上的电荷集聚过多，使周围的电场强度过大时，附近空气中散存的电子或离子在强电场作用下发生激烈的运动，与空气分子碰撞并使空气分子电离，从而产生大量的带电粒子. 与尖端上电荷异号的带电粒子受尖端电荷的吸引飞向尖端，并与尖端上的电荷中和；与尖端上电荷同号的带电粒子被排斥迅速飞离尖端，这就是所谓的尖端放电现象.

避雷针是尖端放电的重要应用，当避雷针尖端的电场强度大到超过空气的击穿强度时，空气被电离形成放电通道，使云层和大地间的电荷通过这一放电通道而中和，从而避免雷击. 而在高压设备中，为了防止因尖端放电引起的电能损失和危险，输电线和高电压的零部件表面通常都做得十分光滑.

10.1.3　空腔导体与静电屏蔽

1. 空腔导体的电荷分布

先分析带电量为 Q 的空腔导体的电荷分布，分两种情况.

1) 空腔内有电荷

如图 10.5(a)所示，带电量为 Q 的空腔导体内有一点电荷 $+q$. 应用高斯定理，在导体内任取一闭合曲面 S，由于静电平衡时导体内部电场强度处处为零，所以通过闭合曲面 S 的电通量为零，即

$$\oint_S \boldsymbol{E} \cdot \mathrm{d}\boldsymbol{S} = \frac{\sum q_i}{\varepsilon_0} = 0$$

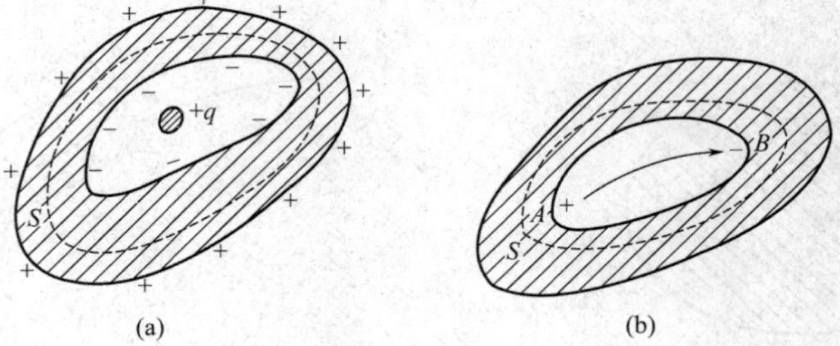

+q　S　A　B

(a)　　(b)

图 10.5　空腔导体的电荷分布

这就是说，闭合曲面 S 所包围的电荷的代数和为零．因此，空腔导体内表面上必有等量异号的感应电荷 $-q$ 出现．由电荷守恒，外表面分布的电荷为 $Q+q$. 若空腔内是一负电荷，则空腔内表面上出现等量的正电荷.

2)空腔内无电荷

若空腔内无电荷，由高斯定理同样可证明在空腔内表面上也没有净余电荷．但是，在空腔内表面上是否会存在等量异号电荷而使净余电荷为零呢?

假设在空腔内表面上 A、B 两点附近出现等量异号电荷，如图 10.5(b)所示，则必有电场线始于正电荷，终于负电荷，这样 A、B 两点的电势差 $V_{AB}=\int_A^B \boldsymbol{E}\cdot \mathrm{d}\boldsymbol{l}\neq 0$. 显然，这与静电平衡时导体是等势体的结论矛盾．因此，对于空腔内无电荷的带电导体，空腔内表面上没有电荷分布，电荷只能分布在空腔导体的外表面上.

2. 静电屏蔽

若把一空腔导体放在静电场中，达到静电平衡时，导体内和空腔内电场强度处处为零，即电场线将终止于导体的外表面而不能穿过导体的内表面进入内腔，如图 10.6 所示．利用这一特征，可以用空腔导体来屏蔽外电场，使空腔内的物体不受外电场的影响.

上面所述是用空腔导体来屏蔽外电场．还可以利用空腔导体防止腔内的带电体对空腔导体外的物体产生影响，如图 10.7 所示．当导体的空腔内有带电体时，空腔内表面上将产生等量异号感应电荷，电场分布如图 10.7(a)所示．若将导体壳接地，则空腔外表面上的感应电荷因接地而被中和，空腔导体外相应的电场也随之消失，如图 10.7(b)所示．这样，接地的导体的空腔内的电荷对空腔外的物体就不会产生任何影响了．综上所述：空腔导体外的带电体不会影响空腔内的电场分布，而接地的空腔导体将使外部空间不受空腔内电场的影响，这种利用导体的静电平衡特征，使局部空间不受电场影响的现象就是静电屏蔽.

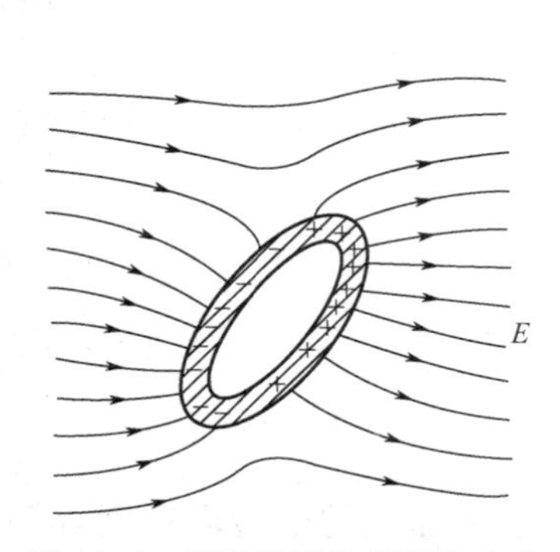

图 10.6　用空腔导体屏蔽外电场

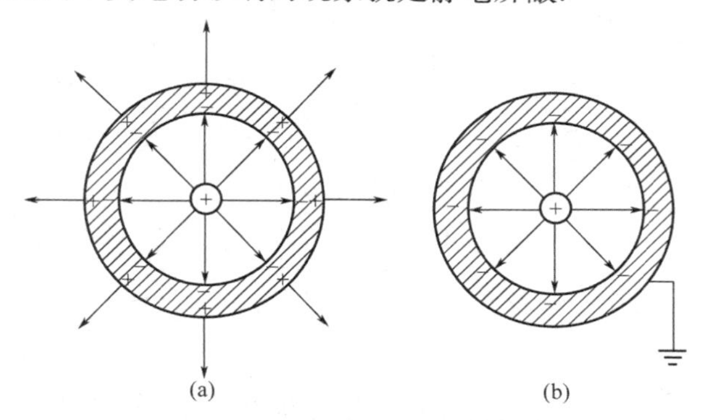

图 10.7　接地空腔导体的电场屏蔽作用

静电屏蔽在生产技术中有广泛应用．例如，为避免外电场对精密电磁测量仪器的干扰，仪器的外壳常用金属制作，传输微弱电信号的同轴电缆外层也加有一层金属丝编织网，以屏蔽外电场的干扰．等电势高压带电作业也应用了静电屏蔽，带电作业人员穿上用金属丝网制成的均压服，均压服相当于一个空腔导体，对人体起到静电屏蔽的作用．另外，均压服与人体相比电阻很小，当工作人员经过电势不同的区域时，可对幅值较大的脉冲电流进行分流，使大部分电流在均压服上流过，以保证人体的安全.

概念检查1

一空心球面上电荷均匀分布，若把另一点电荷放在球面内偏离球心处，该点电荷能处于平衡状态吗?

10.1.4 有导体存在时电场的分析与计算

导体在静电场中会发生静电感应现象，导体上的电荷重新分布会影响周围电场的分布．这种相互作用直至静电平衡为止．此时，导体上电荷的分布及周围电场的分布可以根据静电场的基本规律、电荷守恒定律及导体静电平衡条件来分析和计算．下面举例说明．

例 10.1 两平行且面积相等的导体板 A、B，板面积比两板之间距离的平方大得多，两板分别带有电量 Q_A 和 Q_B. 试求静电平衡时两导体板各表面上的电荷面密度．

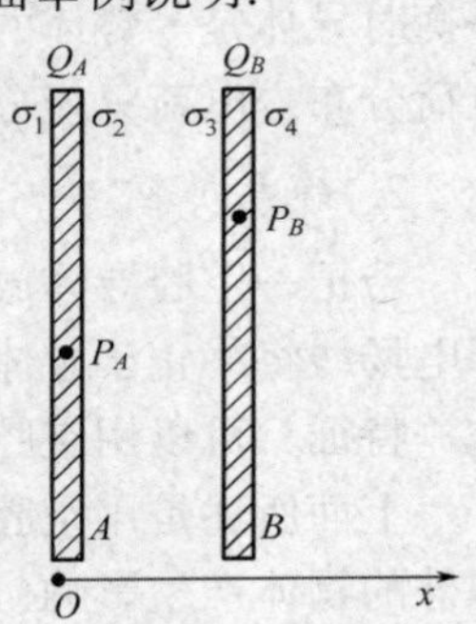

图 10.8 例 10.1 图

解 设导体板面积为 S，各表面的电荷面密度分别为 σ_1、σ_2、σ_3 和 σ_4，如图 10.8 所示．根据电荷守恒定律，有

$$\sigma_1 S + \sigma_2 S = Q_A \tag{1}$$

$$\sigma_3 S + \sigma_4 S = Q_B \tag{2}$$

对于四个未知量，需要列出四个方程，另外两个方程可利用导体的静电平衡条件列出．在两导体板内各取一点 P_A 和 P_B，由静电平衡条件知四个带电表面在这两点产生的合电场强度为零．由题意，可视导体板为无限大，各带电表面为无限大均匀带电平面．设各面所带电荷均为正(若求出的 σ 为负，则带电符号与所设相反)．取向右为正方向，由电场强度叠加原理可知

$$E_{P_A} = \frac{\sigma_1}{2\varepsilon_0} - \frac{\sigma_2}{2\varepsilon_0} - \frac{\sigma_3}{2\varepsilon_0} - \frac{\sigma_4}{2\varepsilon_0} = 0 \tag{3}$$

$$E_{P_B} = \frac{\sigma_1}{2\varepsilon_0} + \frac{\sigma_2}{2\varepsilon_0} + \frac{\sigma_3}{2\varepsilon_0} - \frac{\sigma_4}{2\varepsilon_0} = 0 \tag{4}$$

四个方程联立求解得

$$\sigma_1 = \sigma_4 = \frac{Q_A + Q_B}{2S}$$

$$\sigma_2 = -\sigma_3 = \frac{Q_A - Q_B}{2S}$$

可见，一对无限大平行导体板在静电平衡状态下，相对的两面上的电荷面密度等量异号；相背的两面上的电荷面密度等量同号．上述结论具有普遍性，不论 Q_A、Q_B 是何种电荷均能成立．

§10.2 静电场中的电介质

电介质是指在通常情况下导电性能极差的物质，电介质分子中电子和原子核结合得非常紧密，电子处于束缚状态，一般情况下其内部没有或极少有可以自由移动的电子，所以导电性能极弱，可视为绝缘体．电介质除了具有电气绝缘性能，在电场作用下的电极化也是它的一个重

要特性．本节讨论电场与电介质之间的相互作用，介绍电介质的极化现象和基本规律.

10.2.1 电介质的极化

静电场中的导体由于静电感应会带上感应电荷．电介质不同于导体，电介质中的每个分子都是一个复杂的带电系统，有正电荷和负电荷，它们分布在一个线度为 10^{-10} m 的极小范围内．在考虑这些电荷在较远处产生的电场时，可以认为分子的正电荷集中于一点，为正电荷的中心，负电荷也同样．正、负电荷中心构成一等效的电偶极子，称为分子电偶极子．按照电介质内部的电结构不同，可把电介质分为两类，一类如甲烷、二氧化碳、氦、石蜡、氮气等，其分子的正、负电荷中心在无外电场时是重合的，这种分子叫作无极分子；另一类如水、一氧化碳、有机玻璃、纤维素等，其分子的正、负电荷中心即使在无外电场时也是不重合的，这种分子叫作有极分子，如图 10.9 所示.

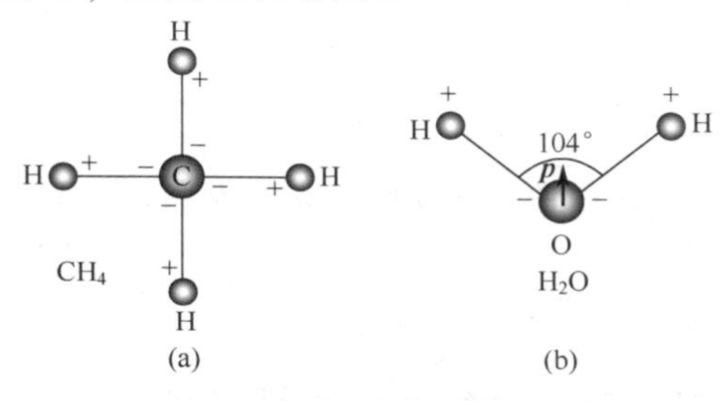

图 10.9 甲烷和水的分子结构及电荷分布特征

无外电场时，无极分子的电偶极矩为零．有外电场时，无极分子的正、负电荷受相反方向的电场力，发生相对位移 $\boldsymbol{l}$. 每个分子的电偶极矩 $\boldsymbol{p}$ 不再为零，且都沿电场方向排列．这个现象叫作无极分子电介质的位移极化，如图 10.10 所示.

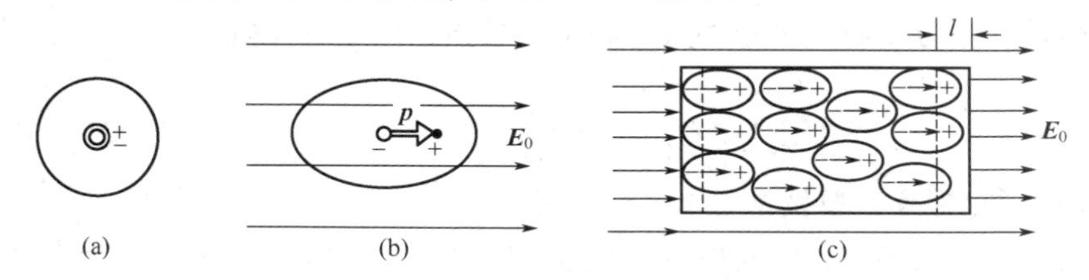

图 10.10 无极分子的极化示意

无外电场时，有极分子也具有电偶极矩，称为固有电矩．由于热运动和相互碰撞，这些固有电矩的方向杂乱无章，整个电介质中分子电偶极矩的矢量和为零．有外电场时，这些分子的固有电矩将受到外电场力矩作用而转向外电场方向，如图 10.11 所示．由于分子的无规则热运动总是存在的，故这种取向不可能完全整齐．外电场越强，固有电矩排列越整齐.

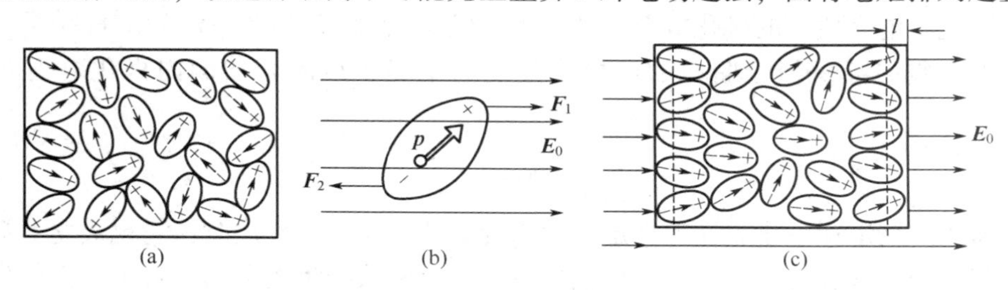

图 10.11 有极分子的极化示意

虽然两种电介质受外电场作用的微观机制不同，但宏观效果是一样的．在均匀电介质内部，任一微小体积内所包含的正、负电荷的电量相等，因而仍表现为电中性．但是，分子电偶极矩沿外电场方向的排列，在电介质沿外电场方向的侧面上分别呈现正、负电荷，如图10.10(c)、图10.11(c)所示．这种电荷被电介质中的原子核所束缚，不能自由移动，所以把它们叫作极化电荷或束缚电荷．在外电场作用下，电介质表面出现极化电荷的现象称为电介质的极化现象．显然，外电场越强，电介质的极化程度就越高，电介质表面出现的极化电荷也越多.

极化电荷和自由电荷一样会在空间产生电场，设极化电荷产生的电场强度为 $\boldsymbol{E}'$，此时空间任一点的电场强度是外电场 $\boldsymbol{E}_0$ 和极化电荷产生的电场 $\boldsymbol{E}'$ 的矢量和，即

$$\boldsymbol{E} = \boldsymbol{E}_0 + \boldsymbol{E}' \tag{10.2}$$

由于在电介质中自由电荷产生的电场与极化电荷产生的电场的方向总是相反的，所以电介质中的合电场 $\boldsymbol{E}$ 比外电场 $\boldsymbol{E}_0$ 要小.

概念检查2

当静电场中存在导体或电介质时，电场强度分布都会发生变化，引起电场强度变化的原因是什么？

10.2.2 电位移矢量 有电介质时的高斯定理

无论是无极分子电介质还是有极分子电介质，无外电场时，其内部任一体积元 ΔV 内，所有分子电偶极矩的矢量和都等于零．当有外电场时，电介质被极化，此体积元中分子电偶极矩的矢量和不再为零．外电场越强，分子电偶极矩的矢量和越大．因此，可以用电介质内某处附近单位体积内分子电偶极矩的矢量和来定量描述该处电介质的极化程度，即

$$\boldsymbol{P} = \frac{\sum \boldsymbol{p}}{\Delta V} \tag{10.3}$$

式中，$\boldsymbol{P}$ 叫作电极化强度，单位是 $\mathrm{C \cdot m^{-2}}$.

实验证明，对于大多数各向同性的电介质，$\boldsymbol{P}$ 和电介质内该点的合电场强度 $\boldsymbol{E}$ 成正比，且方向相同，在国际单位制中，这个关系可表示为

$$\boldsymbol{P} = \chi_e \varepsilon_0 \boldsymbol{E} \tag{10.4}$$

式中，比例系数 χ_e 称为电介质的电极化率，是表征电介质材料性质的常数，与电场强度 $\boldsymbol{E}$ 无关．对于均匀电介质，χ_e 是一个无量纲的常数.

电介质上所出现的极化电荷是电介质极化的结果，且电介质的极化程度越高，极化电荷也越多．因此，电介质上的极化电荷 q' 和电极化强度 $\boldsymbol{P}$ 之间存在一定的定量联系．可以证明，穿过电介质中某一闭合曲面的电极化强度通量等于该闭合曲面内极化电荷总量的负值，即

$$\oint_S \boldsymbol{P} \cdot \mathrm{d}\boldsymbol{S} = -\sum_S q' \tag{10.5}$$

静电场的高斯定理是建立在库仑定律的基础上的，在有电介质时，它也成立，只不过此时空间电荷的分布既有自由电荷也有极化电荷．极化电荷产生的电场和自由电荷产生的电场具有相同的特点．因此，在有电介质时，高斯定理的表示式应为

$$\oint_S \boldsymbol{E}\cdot \mathrm{d}\boldsymbol{S}=\frac{1}{\varepsilon_0}\sum_S (q_0+q') \tag{10.6}$$

式中，$\boldsymbol{E}$ 为所有电荷(自由电荷和极化电荷)所产生的合电场强度；$\sum_S (q_0+q')$ 为闭合曲面 S 内的自由电荷 q_0 和极化电荷 q' 的代数和．将式(10.5)代入式(10.6)，得

$$\oint_S \varepsilon_0\boldsymbol{E}\cdot \mathrm{d}\boldsymbol{S}=\sum_S q_0-\oint_S \boldsymbol{P}\cdot \mathrm{d}\boldsymbol{S}$$

即

$$\oint_S (\varepsilon_0\boldsymbol{E}+\boldsymbol{P})\cdot \mathrm{d}\boldsymbol{S}=\sum_S q_0 \tag{10.7}$$

为简化方程，一般把式中的 $\varepsilon_0\boldsymbol{E}+\boldsymbol{P}$ 定义为电位移，用 $\boldsymbol{D}$ 表示，它是描述电场的一个辅助量．即

$$\boldsymbol{D}=\varepsilon_0\boldsymbol{E}+\boldsymbol{P} \tag{10.8}$$

式(10.7)可写为

$$\oint_S \boldsymbol{D}\cdot \mathrm{d}\boldsymbol{S}=\sum_S q_0 \tag{10.9}$$

即穿过电场中任一闭合曲面的电位移通量等于闭合曲面所包围的自由电荷的代数和，与极化电荷和闭合曲面外的电荷无关，这就是有电介质时的高斯定理．在没有电介质的情况下，$\boldsymbol{P}=\mathbf{0}$，式(10.9)还原为式(9.12)．应注意式(10.9)中的 $\boldsymbol{D}$ 是由空间所有自由电荷和极化电荷决定的，而只有闭合曲面 S 内包围的自由电荷才对穿过曲面的电位移通量有贡献.

对于各向同性电介质，$\boldsymbol{P}=\chi_e\varepsilon_0\boldsymbol{E}$，代入式(10.8)得

$$\boldsymbol{D}=\varepsilon_0(1+\chi_e)\boldsymbol{E} \tag{10.10}$$

定义电介质的相对电容率为

$$\varepsilon_r=1+\chi_e \tag{10.11}$$

电介质的电容率为

$$\varepsilon=\varepsilon_0\varepsilon_r \tag{10.12}$$

ε_r 与 χ_e 一样，是一个无量纲的量，ε 与 ε_0 具有相同的量纲．由此，式(10.10)可写为

$$\boldsymbol{D}=\varepsilon_0\varepsilon_r\boldsymbol{E}=\varepsilon\boldsymbol{E} \tag{10.13}$$

上式说明了电位移 $\boldsymbol{D}$ 与电场强度 $\boldsymbol{E}$ 的简单关系.

式(10.9)说明，引入电位移 $\boldsymbol{D}$，使得有电介质时的高斯定理中不出现极化电荷，这样在不知道极化电荷分布的情况下，仍有可能计算出有电介质时的电场强度．可以避开极化电荷未知的困难，在自由电荷和电介质的分布都具有一定对称性的条件下，利用有电介质时的高斯定理先求出电位移 $\boldsymbol{D}$ 的分布，再利用式(10.13)求出电场强度 $\boldsymbol{E}$ 的分布.

例 10.2　一半径为 R 的金属球，带有电量 q，置于电容率为 ε 的均匀“无限大”电介质中，求球外任一点 P 的电场强度.

解　由于金属球上的电荷分布于球面上，呈球对称分布，且“无限大”电介质又以球体为中心对称分布，所以电场的分布具有球对称性．如图 10.12 所示，过 P 点作一半径为 r 并与金属球同心的闭合球面 S，由有电介质时的高斯定理，得

$$\oint_S \boldsymbol{D}\cdot \mathrm{d}\boldsymbol{S}=\sum_S q_0$$

$$D\cdot 4\pi r^2=q$$

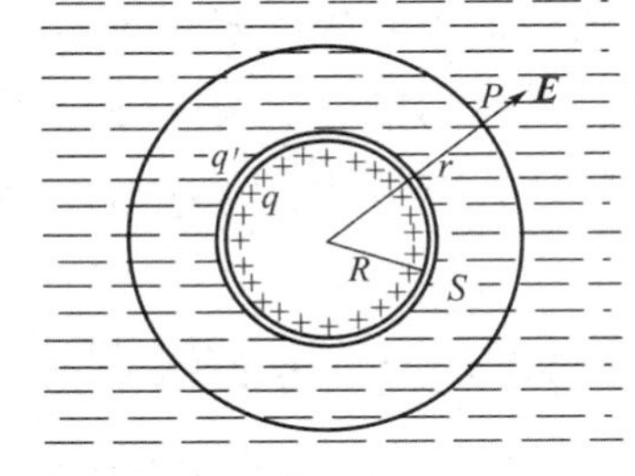

图 10.12　例 10.2 图

所以
$$D=\frac{q}{4\pi r^2}$$
由式(10.13)得离球心 r 处 P 点的电场强度为
$$E=\frac{q}{4\pi\varepsilon r^2}$$
方向沿径向向外.

概念检查3

两点电荷在真空中相距 r_1 时的作用力等于它们在“无限大”均匀电介质中相距 r_2 时的作用力，该电介质的相对电容率 ε_r 是多少?

§10.3 电容 电容器

电容是电学中一个重要的物理量，它反映了导体储存电荷及电能的能力. 本节先介绍孤立导体的电容，再讨论几种典型电容器的电容.

10.3.1 孤立导体的电容

所谓孤立导体，是指在该导体附近没有其他导体和带电体存在. 一个带电量为 Q 的孤立导体，达到静电平衡时，具有一定的电势. 理论和实验都证明，当导体上所带的电量 Q 增加时，它的电势 V 也随之增加，两者成正比关系，即 $Q=CV$，比例系数
$$C=\frac{Q}{V} \tag{10.14}$$
式中，C 是与 Q、V 无关的常数，其值仅取决于导体的大小、形状等因素. 它表征了孤立导体储存电荷的能力，故称之为孤立导体的电容.

例如，半径为 R 的孤立导体球带有电量 Q，若选取无限远处为电势零点，则此孤立导体球的电势为
$$V=\frac{Q}{4\pi\varepsilon_0 R}$$
根据定义，这个孤立导体球的电容为
$$C=\frac{Q}{V}=4\pi\varepsilon_0 R$$
可见，孤立导体球电容的大小只与球半径有关，而与导体球是否带电无关. 在国际单位制中，电容的单位是法拉(F)，$1\ \mathrm{F}=1\ \mathrm{C}\cdot\mathrm{V}^{-1}$. 实际应用中，法拉的单位太大，常用的单位是微法(μF)和皮法(pF)等:
$$1\ \mathrm{F}=10^6\ \mu\mathrm{F}=10^{12}\ \mathrm{pF}$$

10.3.2 电容器及其电容

实际上，在一个带电体附近，总会有其他导体、电介质或带电体存在，此时导体上的电荷

分布和电势都要受到影响，致使导体的电容发生变化．那么，如何获得不受外界影响的稳定电容呢？利用静电屏蔽可解决这一问题．例如，一对带等量异号电荷靠得很近的无限大平行导体板，电场局限于两板之间，且不受外界影响，这样的导体组就具有稳定的容纳电荷的能力．把这样一对相距很近的导体板所构成的系统叫作电容器，导体板称作电容器的两个极板．实际工作时，两极板所带的电量总是等量异号的，分别为$+Q$和$-Q$，理论和实验都证明此时两极板之间的电势差U与电容器极板上的电量Q成正比，其比例系数C就是电容器的电容，即

$$C=\frac{Q}{U} \tag{10.15}$$

可见，电容器的电容等于两极板间具有单位电势差时极板上所能容纳的电量，它表征了电容器储存电荷的能力．电容器的电容只由电容器本身的结构(如形状、大小、介质)来决定，与其带电状态和周围的导体或带电体无关.

电容器是一个重要的电气元件，按其形状不同，可分为平板电容器、球形电容器、圆柱形电容器等；按极板间填充的电介质不同，可分为空气电容器、云母电容器、陶瓷电容器、电解电容器等.

下面介绍几种常用电容器，并以此为例说明电容器电容的计算方法.

例 10.3　求平板电容器的电容.

解　平板电容器是由两块面积均为S，相距很近的平行金属板A、B组成的，两极板的间距为d，且$S\gg d^2$，这样就可以忽略边缘效应的影响，如图 10.13 所示.

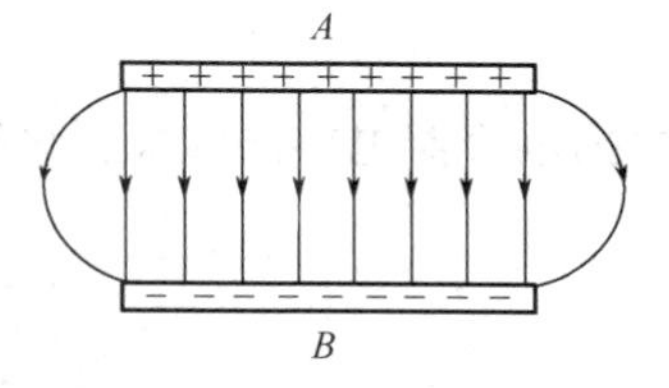

图 10.13　平板电容器

设两极板分别带有$+Q$、$-Q$的电量，两极板的电荷面密度分别为$+\sigma$、$-\sigma$. 两极板间的电场强度为$E=\frac{\sigma}{\varepsilon_0}$，两极板间的电势差为

$$U=Ed=\frac{\sigma d}{\varepsilon_0}=\frac{Qd}{\varepsilon_0 S}$$

根据电容器电容的定义，可得平板电容器的电容为

$$C=\frac{Q}{U}=\frac{\varepsilon_0 S}{d}$$

由上式可知平板电容器的电容与极板的面积成正比，与极板间的距离成反比.

例 10.4　求球形电容器的电容.

解　球形电容器是由两个同心的薄导体球壳A、B组成的，如图 10.14 所示．设两球壳的半径分别为R_1和R_2.

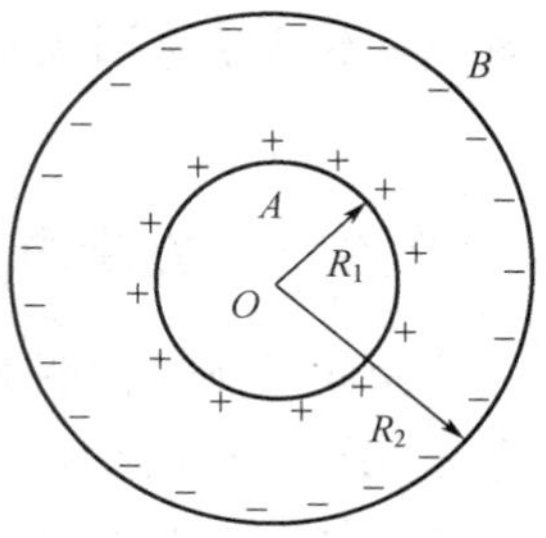

设内外球壳分别带电量$+Q$和$-Q$. 外壳对内部空间起完全屏蔽作用，是一理想化的电容器．利用高斯定理可求得两球壳间的电场强度为

$$E=\frac{Q}{4\pi\varepsilon_0 r^2}$$

图 10.14　球形电容器

方向沿径向，因此，两球壳间的电势差为

$$U=\int_A^B \boldsymbol{E}\cdot \mathrm{d}\boldsymbol{r}=\int_{R_1}^{R_2}\frac{Q}{4\pi\varepsilon_0 r^2}\mathrm{d}r=\frac{Q}{4\pi\varepsilon_0}\frac{R_2-R_1}{R_1R_2}$$

根据电容器电容的定义，可得球形电容器的电容为

$$C=\frac{Q}{U}=\frac{4\pi\varepsilon_0 R_1 R_2}{R_2-R_1}$$

可见，球形电容器的电容仍然只与它的几何结构有关.

例 10.5 求圆柱形电容器的电容.

解 圆柱形电容器是由两个同轴的金属圆柱面 A、B 组成的，如图 10.15 所示. 设两圆柱底面的半径分别为 R_1 和 R_2，圆筒长度为 L，且 $L\gg R_2-R_1$.

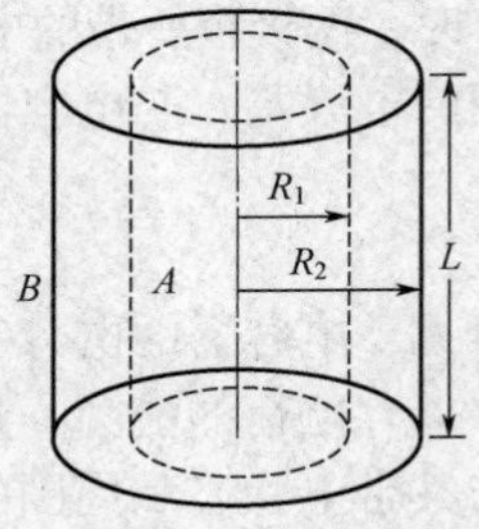

设内外圆筒分别带电量 $+Q$ 和 $-Q$. 由于 $L\gg R_2-R_1$，可将圆柱形电容器视为无限长，利用高斯定理可求得两圆筒间的电场强度为

$$E=\frac{\lambda}{2\pi\varepsilon_0 r}$$

图 10.15 圆柱形电容器

其中 $\lambda=\dfrac{Q}{L}$，于是两圆筒间的电势差为

$$U=\int_A^B \boldsymbol{E}\cdot \mathrm{d}\boldsymbol{l}=\int_{R_1}^{R_2}\frac{\lambda}{2\pi\varepsilon_0}\frac{\mathrm{d}r}{r}=\frac{Q}{2\pi\varepsilon_0 L}\ln\frac{R_2}{R_1}$$

根据电容器电容的定义，可得圆柱形电容器的电容为

$$C=\frac{Q}{U}=\frac{2\pi\varepsilon_0 L}{\ln\dfrac{R_2}{R_1}}$$

可见，圆柱形电容器的电容与圆柱的长度成正比，与两圆柱底面半径比值的自然对数成反比.

通过上面的例子可知，在计算电容器的电容时，首先假设两极板上所带的(等量异号)电量. 根据所设的电量来计算两极板间的电场强度分布，从而计算出两极板间的电势差，再根据电容器的电容定义式求出电容.

概念检查 4

由平板电容器的电容表示式，当两板间距 $d\to 0$ 时有 $C\to\infty$，而实际应用中是不能用尽量减小 d 的方法来增大电容的，这是为什么？

10.3.3 充满电介质的电容器

下面通过例子说明充满电介质后电容器电容的变化. 例如，在例 10.4 的球形电容器两球壳 A、B 之间充满相对电容率为 ε_r 的电介质，设内外球壳分别带电量 $+Q$ 和 $-Q$，由于电场的分布具有球对称性，在两球壳之间取一半径为 r 的同心的闭合球面 S，由有电介质时的高斯定理，得

$$\oint_S \boldsymbol{D}\cdot \mathrm{d}\boldsymbol{S}=\sum_S q_0$$

$$D\cdot 4\pi r^2=Q$$

所以

$$D=\frac{Q}{4\pi r^2}$$

由式(10.13)得内外球壳间离球心 r 处的电场强度为

$$E=\frac{Q}{4\pi\varepsilon_0\varepsilon_r r^2}$$

方向沿径向，两球壳间的电势差为

$$U=\int_A^B \boldsymbol{E}\cdot\mathrm{d}\boldsymbol{r}=\frac{Q}{4\pi\varepsilon_0\varepsilon_r}\frac{R_2-R_1}{R_1R_2}$$

根据电容的定义，可得电容器的电容为

$$C=\frac{Q}{U}=\frac{4\pi\varepsilon_0\varepsilon_r R_1R_2}{R_2-R_1}$$

上式表明，和没有填充电介质相比，电容增大为原来的 ε_r 倍．这是因为电介质在外电场中极化从而在电介质表面出现极化电荷，极化电荷产生的电场和原电场方向相反，电介质中的电场强度被削弱，两极板间的电势差随之减小，而极板上的电量没有改变，因而电容增大．电容器充满电介质后其电容为真空时的 ε_r 倍，这一点已被实验证实．实际应用中，为得到电容大而体积小的电容器，常在极板之间填充适当的电介质.

例 10.6 如图 10.16 所示，平板电容器极板的面积为 S，充满两层厚度分别为 d_1 和 d_2、相对电容率分别为 ε_{r1} 和 ε_{r2} 的电介质，电容器极板上的自由电荷面密度为 $\pm\sigma_0$，求：

(1)各电介质中的电场强度；

(2)电容器的电容.

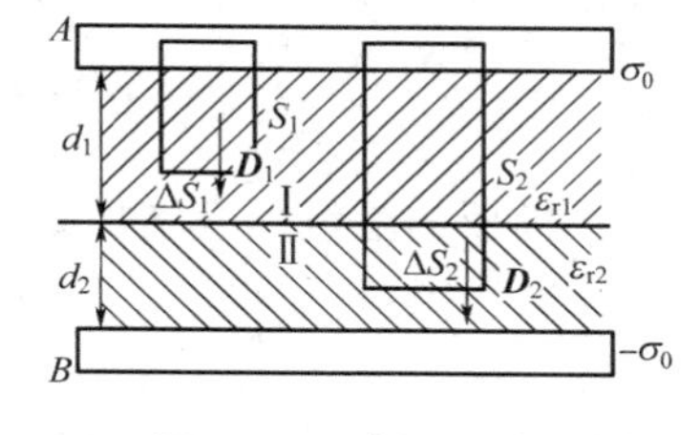

图 10.16 例 10.6 图

解 (1)设这两层电介质中的电场强度分别为 $\boldsymbol{E}_1$ 和 $\boldsymbol{E}_2$，电位移分别为 $\boldsymbol{D}_1$ 和 $\boldsymbol{D}_2$. 根据自由电荷与电介质分布的面对称性，$\boldsymbol{E}_1$ 和 $\boldsymbol{E}_2$ 与 $\boldsymbol{D}_1$ 和 $\boldsymbol{D}_2$ 均与板面垂直.

在电介质Ⅰ中取一平行于板面的面元 ΔS_1，以它为底作轴线与板面垂直的柱形高斯面 S_1，S_1 的另一底面在导体板 A 内．导体中的 $\boldsymbol{D}$ 为零，S_1 的侧面与 $\boldsymbol{D}_1$ 平行，由有电介质时的高斯定理，得

$$\oint_{S_1}\boldsymbol{D}\cdot\mathrm{d}\boldsymbol{S}=D_1\Delta S_1=\sigma_0\Delta S_1$$

因而

$$D_1=\sigma_0$$

$$E_1=\frac{D_1}{\varepsilon_0\varepsilon_{r1}}=\frac{\sigma_0}{\varepsilon_0\varepsilon_{r1}}$$

同理作高斯面 S_2，可得在电介质Ⅱ中，

$$D_2=\sigma_0$$

$$E_2=\frac{D_2}{\varepsilon_0\varepsilon_{r2}}=\frac{\sigma_0}{\varepsilon_0\varepsilon_{r2}}$$

可见，两层电介质中 $D_1=D_2=\sigma_0$，但 $E_1\neq E_2$.

(2)由上述结果，可求得两极板间的电势差为

$$U=\int_A^B \boldsymbol{E}\cdot\mathrm{d}\boldsymbol{l}=E_1d_1+E_2d_2=\frac{\sigma_0}{\varepsilon_0}\left(\frac{d_1}{\varepsilon_{r1}}+\frac{d_2}{\varepsilon_{r2}}\right)$$

于是电容器的电容为

$$C=\frac{Q}{U}=\frac{\varepsilon_0\varepsilon_{r1}\varepsilon_{r2}S}{\varepsilon_{r1}d_2+\varepsilon_{r2}d_1}$$

§10.4 电场的能量

10.4.1 电容器的能量

电容器的充电过程实际上是不断地将正电荷由带负电荷的极板向带正电荷的极板搬运的过程. 在此过程中，电源必须做功，电源克服电场力所做的功就以电势能的形式储存在电容器中.

如图10.17所示，对一个电容为 C 的平板电容器充电，使其带电量由零增加到 Q，在这个过程中电源需要搬运电荷做功. 设充电过程中某一时刻电容器两极板间的电势差为 U，极板上的电量为 q，此时若继续把 $\mathrm{d}q$ 的电荷从带负电荷的极板移到带正电荷的极板，外力因克服静电力需要做的功为

$$\mathrm{d}A=U\mathrm{d}q=\frac{q}{C}\mathrm{d}q$$

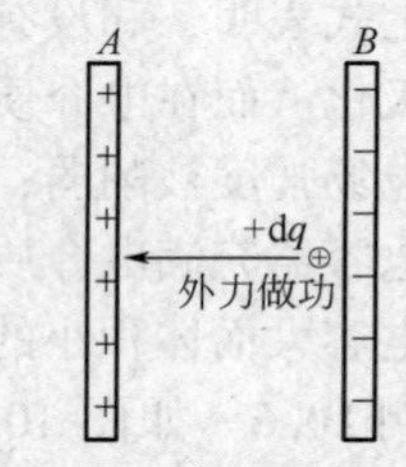

图10.17 电容器充电过程

在极板的电量由零增加到 Q 的过程中，外力做的总功为

$$A=\int\mathrm{d}A=\frac{1}{C}\int_0^Q q\mathrm{d}q=\frac{Q^2}{2C}$$

即电容为 C 的电容器在带电量为 Q、两极板间的电势差为 U 时所储存的能量为

$$W=\frac{Q^2}{2C}=\frac{1}{2}CU^2=\frac{1}{2}QU \tag{10.16}$$

虽然上式是以平板电容器为例得到的，但可以证明它适用于各种形状的电容器.

10.4.2 电场的能量密度

电容器的能量储存在哪里呢？电容器的充电过程也是电容器极板间电场建立的过程，大量实验表明：场是能量的携带者. 如果某一空间具有电场，那么该空间就具有电场能量. 电容器的能量就储存在两极板间的电场中. 下面仍然以平板电容器为例进行讨论.

设平板电容器极板的面积为 S，极板间距离为 d，两极板间充以电容率为 ε 的电介质，若不计边缘效应，则极板间电场所占有的空间体积为 $V=Sd$，该电容器储存的能量也可以写成

$$W=\frac{1}{2}CU^2=\frac{1}{2}\frac{\varepsilon S}{d}(Ed)^2=\frac{1}{2}\varepsilon E^2Sd$$

上式表示的能量也就是电容器两极板间体积为 $V=Sd$ 的电场的能量. 定义电场单位体积内储存的能量为电场的能量密度，用 w_e 表示，则

$$w_e=\frac{W}{V}=\frac{1}{2}\varepsilon E^2=\frac{1}{2}DE \tag{10.17}$$

上式表明电场的能量密度与电场强度的平方成正比，虽然式(10.17)是由均匀电场的特例推出的，但可以证明，在各向同性电介质中，这是一个普遍适用的公式.

知道了能量密度就可以求出电场能量在空间的分布，这为非均匀电场能量的计算带来很大方便，可将电场空间分割成许多体积元 dV，dV 中的电场能量为

$$dW = w_e dV$$

把所有体积元中的能量累加起来，也就是用积分法来计算整个电场的能量，即

$$W = \int_V dW = \int_V w_e dV = \int_V \frac{1}{2}\varepsilon E^2 dV \tag{10.18}$$

此积分遍及电场所在的整个空间.

例 10.7　一球形电容器，内外球壳的半径分别为 R_1 和 R_2. 两球壳间充满相对电容率为 ε_r 的电介质，求此电容器带有电量 $\pm Q$ 时所储存的电能.

解　由于电容器内外球壳分别带电量 $\pm Q$，电场只分布在两球壳之间的空间里，电场强度为

$$E = \frac{Q}{4\pi\varepsilon_0\varepsilon_r r^2} \qquad (R_1 < r < R_2)$$

取半径为 r、厚为 dr 的球壳为体积元 dV，如图 10.18 所示，其体积为 $dV = 4\pi r^2 dr$，该体积元所在处的电场能量密度为

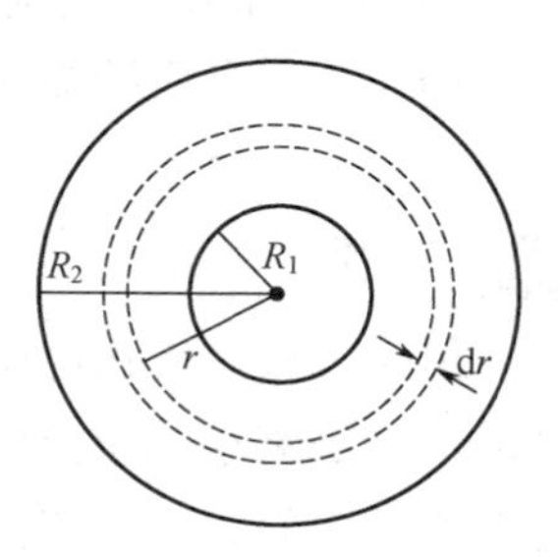

图 10.18　例 10.7 图

$$w_e = \frac{1}{2}\varepsilon_0\varepsilon_r E^2 = \frac{Q^2}{32\pi^2\varepsilon_0\varepsilon_r r^4}$$

此体积元中的电场能量为

$$dW = w_e dV = \frac{Q^2}{8\pi\varepsilon_0\varepsilon_r r^2}dr$$

电容器电场的总能量为

$$W = \int dW = \frac{Q^2}{8\pi\varepsilon_0\varepsilon_r}\int_{R_1}^{R_2}\frac{dr}{r^2} = \frac{Q^2}{8\pi\varepsilon_0\varepsilon_r}\left(\frac{1}{R_1} - \frac{1}{R_2}\right)$$

由式(10.16)，电容器储存的能量为

$$W = \frac{1}{2}\frac{Q^2}{C}$$

由此可得球形电容器的电容为

$$C = 4\pi\varepsilon_0\varepsilon_r\frac{R_1R_2}{R_2 - R_1}$$

这是利用能量公式求电容器电容的一种方法.

概念检查答案

1. 若球面上的电荷仍均匀分布，则点电荷能处于平衡状态；若球面上的电荷分布发生变化(如球面为金属，内表面的电荷分布将不均匀)，则点电荷不能处于平衡状态.

2. 原因是原有电场还要叠加上感应电荷或极化电荷产生的电场.

3. r_1^2/r_2^2.

4. d 过小，电场强度会很大，电容器易被击穿.

思考题

思考题解答

10.1　将一个带电小金属球与一个不带电的大金属球接触，小球上的电荷会全部转移到大球上去吗？

10.2　在绝缘支柱上放置一闭合的金属球壳，球壳内有一人．当球壳带电并且电荷越来越多时，他观察到的球壳表面的电荷面密度、球壳内的电场强度是怎样的？当一个带有跟球壳相异电荷的巨大带电体移近球壳时，此人又将观察到什么现象？此人处在球壳内是否安全？

10.3　请说明如何能使导体：

(1)净电荷为零而电势不为零；

(2)有过剩的正或负电荷，而其电势为零；

(3)有过剩的负电荷而其电势为正；

(4)有过剩的正电荷而其电势为负.

10.4　电介质的极化现象和导体的静电感应现象有什么区别？

习题

10.1　有一带正电荷的大导体，欲测其附近 P 点的电场强度，将一电量不是足够小的正点电荷 q_0 放在该点，如习题 10.1 图所示，测得它所受电场力的大小为 F，则(　　).

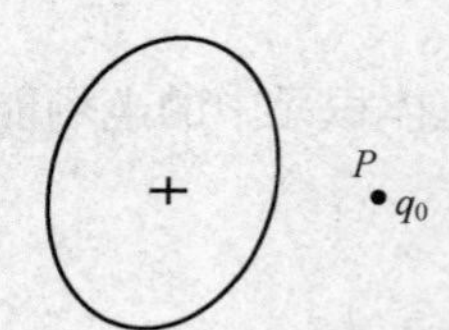

习题 10.1 图

(A) F/q_0 比 P 点电场强度的数值大

(B) F/q_0 比 P 点电场强度的数值小

(C) F/q_0 与 P 点电场强度的数值相等

(D) F/q_0 与 P 点电场强度的数值哪个大无法确定

10.2　带电导体达静电平衡时，(　　).

(A)表面电荷面密度较大处电势较高

(B)表面曲率较大处电势较高

(C)导体内部的电势比导体表面的电势高

(D)导体内任一点与其表面上任一点的电势差等于零

10.3　同心导体球与导体球壳周围电场的电场线分布如习题 10.3 图所示，由电场线分布可知球壳上所带总电量(　　).

(A) $q > 0$　　(B) $q = 0$　　(C) $q < 0$　　(D)无法确定

10.4　一无限大均匀带电平面 A，其附近放一与它平行的有一定厚度的无限大导体板 B，如习题 10.4 图所示，已知 A 上的电荷面密度为 $+\sigma$，则在导体板 B 的两个表面上的感生电荷面密度为(　　).

(A) $\sigma_1 = -\sigma$，$\sigma_2 = +\sigma$　　(B) $\sigma_1 = -\frac{1}{2}\sigma$，$\sigma_2 = +\frac{1}{2}\sigma$

(C) $\sigma_1=-\frac{1}{2}\sigma$，$\sigma_2=-\frac{1}{2}\sigma$　　(D) $\sigma_1=-\sigma$，$\sigma_2=0$

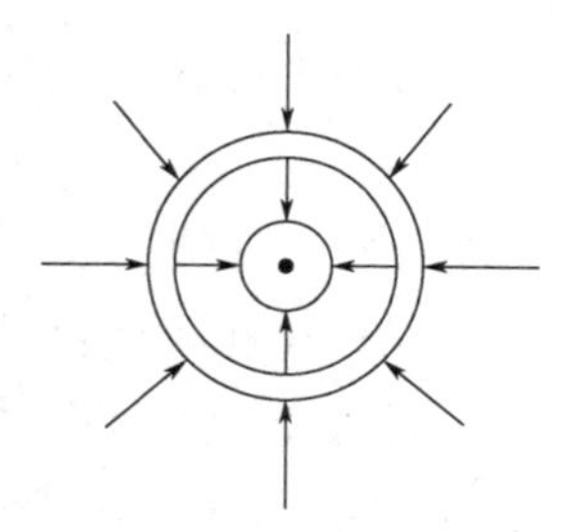

习题 10.3 图

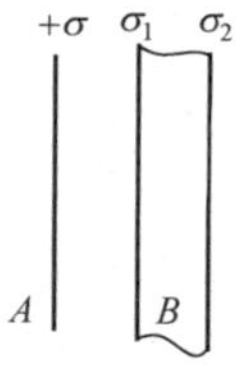

+σ　σ₁　σ₂　A　B

习题 10.4 图

10.5　一不带电导体球半径为 R，将一电量为 $+q$ 的点电荷放在距球心 O 为 $d(d>R)$ 的一点，这时导体球中心的电势为(　　).（设无限远处电势为零）

(A)0　　(B) $q/4\pi\varepsilon_0 R$　　(C) $q/4\pi\varepsilon_0 d$　　(D) $q/4\pi\varepsilon_0(d-R)$

10.6　关于有电介质时的高斯定理，下列说法正确的是(　　).

(A)高斯面内不包围自由电荷，则 $\boldsymbol{D}$ 通量和 $\boldsymbol{E}$ 通量均为零

(B)高斯面内各点的 $\boldsymbol{D}$ 均为零，则 $\boldsymbol{D}$ 通量必为零

(C)穿过高斯面的 $\boldsymbol{D}$ 通量由高斯面内的自由电荷决定

(D)穿过高斯面的 $\boldsymbol{E}$ 通量由高斯面内的自由电荷决定

10.7　两半径相同的金属球，一为实心，一为空心，把两者各自孤立时的电容相比较，(　　).

(A)空心球的电容大　　(B)实心球的电容大

(C)两球的电容相等　　(D)大小关系无法确定

10.8　比较真空中"孤立的"均匀带电球体和均匀带电球面，如果它们的半径和所带的电量都相等，则它们静电能之间的关系是(　　).

(A)球体的静电能等于球面的静电能

(B)球体的静电能大于球面的静电能

(C)球体的静电能小于球面的静电能

(D)球体内的静电能大于球面内的静电能，球体外的静电能小于球面外的静电能

10.9　空气的击穿电场强度为 $2\times10^6\ \mathrm{V\cdot m^{-1}}$，则直径为 0.10 m 的导体球在空气中最多能带的电量为____________.

10.10　一半径为 R 的薄金属球壳，带有电量 q，球壳内为真空，球壳外为无限大的相对电容率为 ε_r 的各向同性电介质，设无限远处为电势零点，则球壳的电势为____________.

10.11　电容为 C 的平板电容器，充电后与电源保持连接，然后在两极板间充满相对电容率为 ε_r 的电介质，则电容是原来的____________倍，极板间电场强度是原来的____________倍，电场能量是原来的____________倍.

10.12　一带有一定电量的导体球置于真空中，其电场能量为 W_0，若保持其带电量不

变，将其浸没在相对电容率为 ε_r 的无限大均匀电介质中，这时它的电场能量 W = ______.

10.13　两个带等量异号电荷的同心导体球面，半径分别为 $R_1 = 0.03$ m 和 $R_2 = 0.1$ m，已知内外球的电势差为 450 V，求内球上所带的电量.

10.14　两块无限大带电平板导体按习题 10.14 图排列，证明：

(1) 相向的两面(图中的 2 和 3)，其电荷面密度总是大小相等而符号相反；

(2) 背向的两面(图中的 1 和 4)，其电荷面密度总是大小相等且符号相同.

10.15　如习题 10.15 图所示，在半径为 R、带电量为 Q 的金属球外，包有与金属球同心的均匀电介质球壳，其外半径为 R'，电介质的相对电容率为 ε_r. 求电介质内外的电场分布和电势分布.

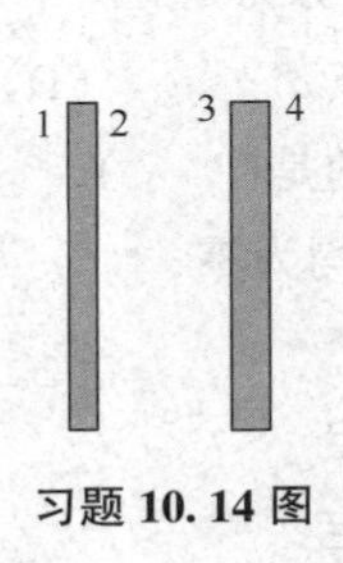

习题 10.14 图

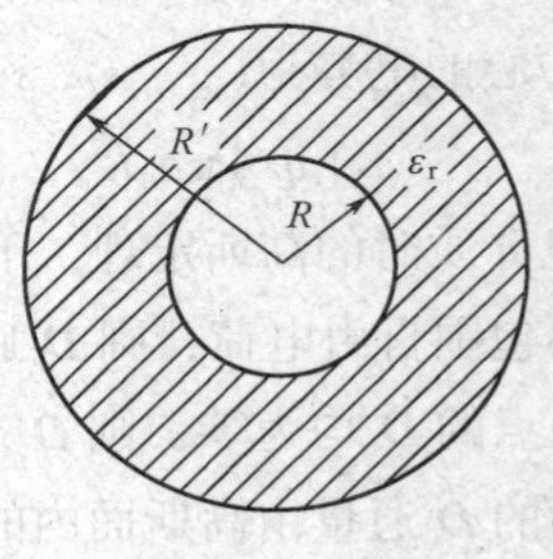

习题 10.15 图

10.16　有两块平行导体板，面积各为 100 cm^2，板上带有 8.9×10^{-7} C 的等量异号电荷，两板间充以电介质，已知电介质内部的电场强度为 1.4×10^6 V·m^{-1}，求：

(1) 电介质的相对电容率；

(2) 电介质表面的极化电荷面密度.

10.17　平板电容器极板间的距离为 d，保持极板上的电荷不变，把相对电容率为 ε_r、厚度为 $\delta(<d)$ 的玻璃板平行插入极板间，求无玻璃板时和插入玻璃板后极板间电势差的比.

10.18　一球形电容器，内球壳半径为 R_1，外球壳半径为 R_2，两球壳间充满了相对电容率为 ε_r 的各向同性均匀电介质，如习题 10.18 图所示，设两球壳间的电势差为 U，求：

(1) 电容器的电容；

(2) 电容器储存的能量.

10.19　如习题 10.19 图所示的电容器，极板面积为 S，间距为 d，板间各一半被相对电容率分别为 ε_{r1} 和 ε_{r2} 的电介质充满，求此电容器的电容.

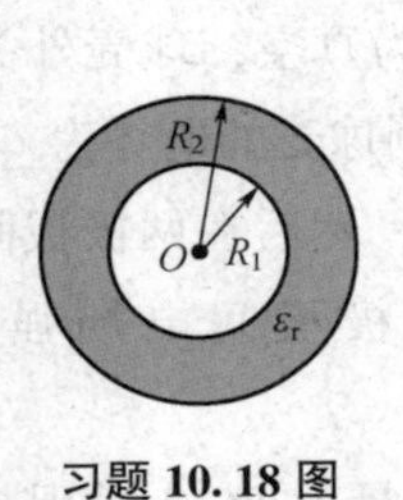

习题 10.18 图

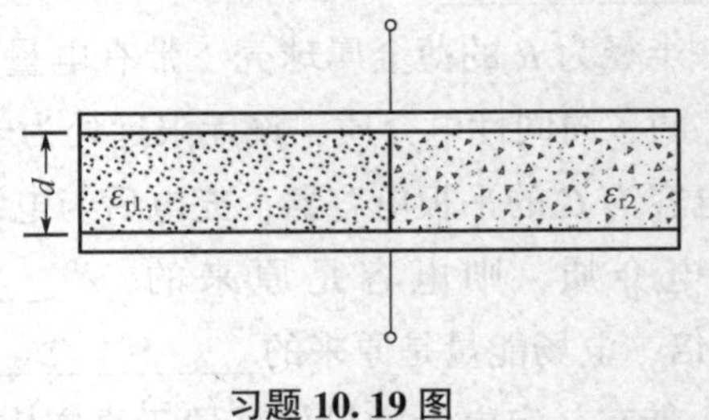

习题 10.19 图

10.20　如习题10.20图所示，两根平行“无限长”均匀带电直导线，相距为 d，导线半径都是 $R(R \ll d)$，导线上电荷线密度分别为 $+\lambda$ 和 $-\lambda$. 试求：

(1) 两导线间的电势差；

(2) 导线组单位长度的电容.

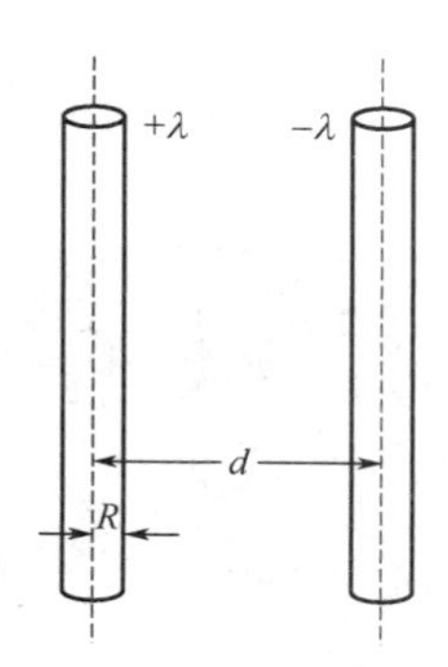

习题 10.20 图

10.21　两同轴圆柱面组成的电容器，长度为 l，半径分别为 R_1 和 $R_2(l \gg R_2 - R_1)$，两圆柱面带有等值异号电荷 Q，两圆柱面之间充满电容率为 ε 的电介质．求：

(1) 空间电场的分布；

(2) 两圆柱面间电介质中的总电场能量；

(3) 由总电场能量求该电容器的电容.

学习与拓展

第 11 章 恒定磁场

思维导图

静止电荷的周围存在静电场，而运动电荷的周围不仅存在电场，而且存在磁场．磁性是运动电荷的一种属性，起源于电流(运动电荷)．恒定磁场是指由恒定电流和永久磁铁在其周围产生的不随时间变化的磁场．本章主要研究真空中恒定磁场的规律和性质，以及恒定磁场对电流和运动电荷的作用．主要内容有：定义描述磁场的物理量——磁感应强度 $\boldsymbol{B}$；电流激发磁场的规律——毕奥-萨伐尔定律；反映磁场性质的基本定律——高斯定理和安培环路定理；磁场对运动电荷、载流导线及线圈的作用规律等；最后介绍物质的磁性.

磁场的基本性质和它所遵循的规律不同于静电场，但恒定磁场和静电场在研究方法上有很多相似之处，在学习过程中将恒定磁场与静电场对比是十分有益的.

§11.1 恒定电流的基本概念

由于一切磁现象从本质而言都与电流或运动电荷有关，在讨论磁现象规律之前，首先对电流作进一步了解.

11.1.1 电流和电流密度

电荷的定向运动形成电流，在一定的电场力作用下，电流可以在金属导体、电解液或电离气体中形成．从微观上看，电流实际上是带电粒子的定向运动，形成电流的带电粒子称为载流子．载流子可以是电子、质子和离子等．本章主要涉及的是大量载流子在电场力作用下形成的传导电流.

电流的强弱用电流来描述，电流是单位时间内通过导体某一横截面的电量，用 I 表示．若在 $\mathrm{d}t$ 时间内，通过导体某横截面的电量为 $\mathrm{d}q$，则通过该横截面的电流为

$$I=\frac{\mathrm{d}q}{\mathrm{d}t} \tag{11.1}$$

如果导体中的电流不随时间而变化，这种电流叫作恒定电流.

电流是标量，习惯上常将正电荷的运动方向规定为电流的方向．在导体中电流的方向总是沿着电场方向从高电势处指向低电势处．在国际单位制中，电流的单位是安培(A)．它是 SI 中的七个基本单位之一.

当电流在大块导体或不均匀导体中流动时，导体中不同位置电流的大小和方向都可能不

同，形成一定的电流分布．为精确描述电流在导体中各点的分布，引入电流密度矢量$\boldsymbol{j}$. 规定：导体中任一点电流密度的方向与该点电流的方向相同，大小等于通过该点垂直于电流方向的单位面积的电流．在国际单位制中，电流密度的单位是 $\mathrm{A \cdot m^{-2}}$.

设在载流导体内的任一点处取一面元 $\mathrm{d}\boldsymbol{S}$，如图 11.1 所示，$\mathrm{d}\boldsymbol{S}$ 与该处电流的方向成 θ 角，面元在垂直于电流方向上的投影面积为 $\mathrm{d}S_{\perp} = \mathrm{d}S\cos\theta$，通过该面元的电流为 $\mathrm{d}I$，则该点电流密度的大小为

$$j = \frac{\mathrm{d}I}{\mathrm{d}S\cos\theta}$$

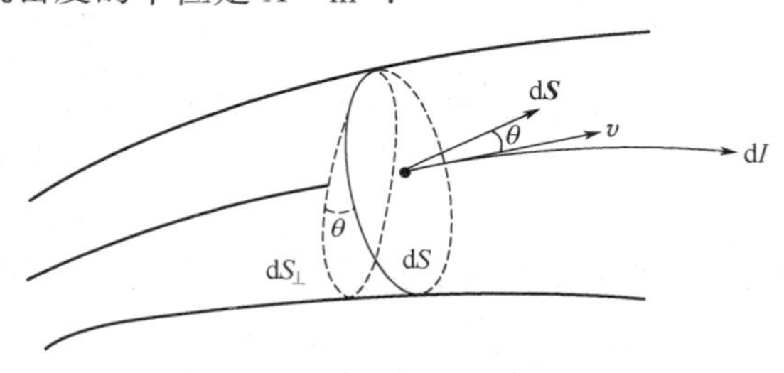

图 11.1　电流密度

上式可写成

$$\mathrm{d}I = j\mathrm{d}S\cos\theta = \boldsymbol{j} \cdot \mathrm{d}\boldsymbol{S} \tag{11.2}$$

通过导体任一有限面积 S 的电流为

$$I = \int_S \boldsymbol{j} \cdot \mathrm{d}\boldsymbol{S} \tag{11.3}$$

在金属中只有一种载流子，即自由电子．在没有外加电场的情况下，金属中的电子作无规则的运动，平均速度为零，所以不产生电流．在外加电场中，金属中的电子将有一个平均定向速度 v，由此形成电流，这一平均定向速度叫作漂移速度．若导体的横截面积为 S，单位体积中的自由电子数为 n，则在 $\mathrm{d}t$ 时间内，通过横截面的电子数为 $nSv\mathrm{d}t$，通过该横截面的总电量为 $\mathrm{d}q = envS\mathrm{d}t$，由电流的定义可得通过导体的电流为

$$I = \frac{\mathrm{d}q}{\mathrm{d}t} = envS$$

11.1.2　欧姆定律的微分形式

如前面所述，要在导体中形成电流，必须在导体内维持一个电场，导体内存在电场，则两端必存在一定的电势差，即电压．1826 年，德国物理学家欧姆(Ohm)由实验发现，通过导体的电流 I 和导体两端的电压 U 成正比，即

$$I = \frac{U}{R}$$

上式称为欧姆定律，式中比例系数 R 是这段导体的电阻．欧姆定律只能反映一段导体内电流和电压之间的整体关系，由于电荷的流动是由电场推动的，为更细致地描述导体的导电规律，下面在欧姆定律的基础上导出电流密度和电场强度之间的关系.

如图 11.2 所示，设想在导体中取一长度为 $\mathrm{d}l$ 、横截面积为 $\mathrm{d}S$ 的圆柱体元，$\mathrm{d}S$ 上的电流密度 $\boldsymbol{j}$ 与 $\mathrm{d}S$ 垂直，设圆柱体元两端的电压为 $\mathrm{d}V$，由欧姆定律可知通过圆柱体元端面 $\mathrm{d}S$ 的电流为

$$\mathrm{d}I = \frac{\mathrm{d}V}{R}$$

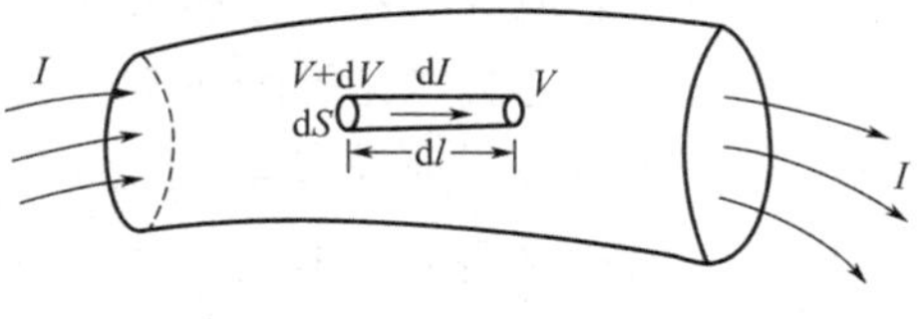

图 11.2　欧姆定律微分形式的推导

式中，R 为圆柱体元的电阻．设导体的电阻率为 ρ，则电阻 $R = \rho\dfrac{\mathrm{d}l}{\mathrm{d}S}$，所以

$$dI=\frac{1}{\rho}\frac{dV}{dl}dS$$

$$\frac{dI}{dS}=\frac{1}{\rho}\frac{dV}{dl}$$

由于 $dV=Edl$，电流 $dI=jdS$，由上式可得

$$j=\frac{E}{\rho}=\sigma E$$

式中，σ 为电阻率 ρ 的倒数，称为电导率．电阻率和电导率均只与导体材料的性质和温度有关．在各向同性的介质中，$\boldsymbol{j}$ 和 $\boldsymbol{E}$ 的方向一致，上式可写成矢量式，即

$$\boldsymbol{j}=\sigma\boldsymbol{E} \tag{11.4}$$

这就是欧姆定律的微分形式，它表明：导体中任意位置处的电流密度与该处的电场强度成正比，且二者方向相同．式(11.4)不仅适用于恒定电场，也适用于可变电场．欧姆定律的微分形式给出了 $\boldsymbol{j}$ 和 $\boldsymbol{E}$ 的逐点对应关系，是用场的观点表述大块导体中的电场和电流分布之间的细节对应关系，也是反映介质电磁性质的基本方程之一．

概念检查1

在涂有银层的铜线两端加上电压，比较铜线和银层中的电场强度、电流密度、电流．

§11.2 磁场 磁感应强度

11.2.1 基本磁现象

人类对磁现象的认识始于天然磁石．中国是最早发现并应用磁现象的国家之一，早在公元前数百年，古籍中就有“慈石召铁，或引之也”“故先王立司南以端朝夕”的文字记载．到北宋时期，已将指南针用于航海，并且发现了地磁偏角．磁体具有吸引铁、钴、镍等物质的性质，磁铁两端磁性最强的区域称为磁极，磁极有自动指向南北方向的性质，其中指北的一极称为北极(N 极)，指南的称为南极(S 极)．磁极之间存在着相互作用力，称为磁力，同号磁极相互排斥，异号磁极相互吸引，且磁极不能单独存在.

磁现象和电现象虽然早已被发现，但在历史上很长的一段时间里，它们各自独立发展着，被认为是两类截然无关的现象．直到 19 世纪，一系列重要发现才使人们开始认识到电与磁之间存在不可分割的联系．1820 年，丹麦物理学家奥斯特(Oersted)发现，放在载流导线附近的小磁针受到了作用力而发生偏转．同年，法国物理学家安培受奥斯特实验的启发，进一步发现，放在磁铁附近的载流导线也会受到作用力而发生运动，载流导线之间也存在相互作用，这些现象使人们认识到电现象与磁现象存在内在联系.

上述实验现象启发人们去探索磁现象的物理本质．1822 年，安培(Ampere)提出了关于物质磁性的分子电流假说．他认为一切磁现象都源于电流，构成磁性物质的分子内部存在一

种环形电流，称为分子电流．每个分子电流都相当于一个基元磁铁．当分子电流在一定程度上规则排列时，物质在宏观上便显示出磁性．在安培所处的时代，人们还不了解原子、分子的结构，因此还不能解释物质内部分子电流是如何形成的，现在我们知道，原子是由带正电的原子核与带负电的电子组成的，电子不仅绕核旋转，还有自旋，原子、分子内电子的这些运动便构成了等效的分子电流．可见，安培的分子电流假说与近代物质微观结构理论是相符的．现代科学理论和实验都证实，一切磁现象都起源于电荷的运动，而磁力则是运动电荷之间相互作用的结果.

11.2.2　磁感应强度

静止电荷之间的相互作用是通过电场来传递的．运动电荷之间、磁铁或电流之间的相互作用也是通过场来传递的，这种场称为磁场.

磁场是存在于运动电荷(或电流)周围空间的一种特殊形态的物质．磁场对位于其中的运动电荷有力的作用，这种作用力称为磁场力．运动电荷与运动电荷之间、电流与电流之间、电流或运动电荷与磁铁之间的相互作用，都可看成它们中任意一个所产生的磁场对另一个施加作用力的结果.

在静电学中，为定量描述电场的分布，用电场对试验电荷的作用来定义电场强度．现在，采用与研究静电场类似的方法，从磁场对运动电荷的作用出发来定义磁感应强度 $\boldsymbol{B}$. 为此，将一电量为 q 、以速度 $\boldsymbol{v}$ 运动的试验电荷引入磁场，实验发现磁场对试验电荷的作用力具有如下规律：

(1)试验电荷所受磁场力 $\boldsymbol{F}$ 的方向总与该电荷的运动方向垂直，即 $\boldsymbol{F} \perp \boldsymbol{v}$.

(2)在磁场中存在一个特定的方向，当试验电荷的运动方向与该方向相同或相反时，它所受到的磁场力为零.

(3)当试验电荷的运动方向与上述特定方向垂直时，所受的磁场力最大，用 $F_{\max}$ 表示，如图 11.3 所示．实验表明，这个最大磁场力 $F_{\max}$ 正比于运动电荷的电量 q，正比于速率 v，但 $F_{\max}$ 与电量 q 和速率 v 的乘积的比值 $\dfrac{F_{\max}}{qv}$ 却在该点具有确定的数值，与 qv 的大小无关.

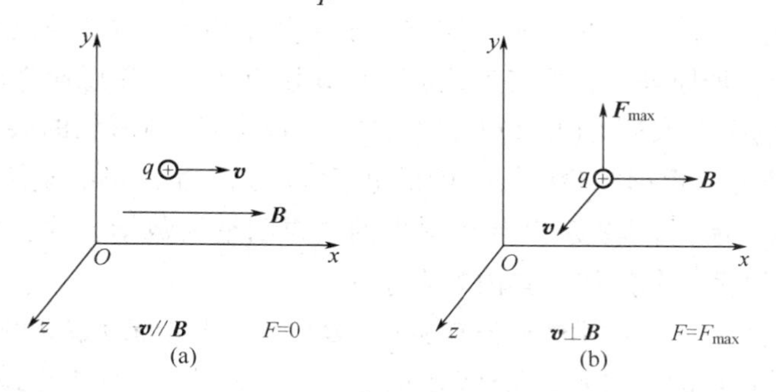

图 11.3　运动电荷在磁场中受力

可见，上述比值反映了该点磁场的强弱，是一个仅与场点位置有关的物理量，故定义它为该点磁感应强度的大小，即

$$B=\frac{F_{\max}}{qv} \tag{11.5}$$

磁场中各点运动电荷不受磁场力作用的运动方向为相应点的磁感应强度 $\boldsymbol{B}$ 的方向，其指向与该点处小磁针 N 极的指向相同.

在国际单位制中，磁感应强度 $\boldsymbol{B}$ 的单位为特斯拉(T)，它是以发明家、物理学家特斯拉(Tesla)的名字命名的，以纪念他在交流电系统方面做出的开创性工作．由式(11.5)知

$$1\ \mathrm{T}=1\ \mathrm{N}\cdot\mathrm{C}^{-1}\cdot\mathrm{m}^{-1}\cdot\mathrm{s}=1\ \mathrm{N}\cdot\mathrm{A}^{-1}\cdot\mathrm{m}^{-1}$$

地球表面的磁感应强度值在 0.3×10^{-4}(赤道)~0.6×10^{-4}(两极)T 之间，一般永磁铁的磁感应强度值约为 10^{-2} T，大型电磁铁能产生 2 T 的磁场，用超导材料制成的磁体可产生 10^{2} T 的磁场.

概念检查 2

一正电荷以已知速度通过磁场中的某点，能否用一次测量结果来确定该点的磁感应强度?

§11.3　毕奥-萨伐尔定律

磁性起源于电流，电流或运动电荷是磁场的源．本节介绍电流和运动电荷产生磁场的规律.

11.3.1　毕奥-萨伐尔定律

静电场中，在计算任意带电体在某点产生的电场强度时，曾采用微元分割法，把带电体分割成无限多个电荷元 $\mathrm{d}q$，每个电荷元 $\mathrm{d}q$ 在场点产生的电场强度为 $\mathrm{d}\boldsymbol{E}$，再叠加求和就可以得到带电体在场点产生的电场强度 $\boldsymbol{E}$. 对载流导线来说，可以仿此思路，把载流导线分成许多长度为 $\mathrm{d}l$ 的电流元，电流元为矢量，大小为 $I\mathrm{d}l$，方向沿导线上长度元 $\mathrm{d}\boldsymbol{l}$ 的方向，就是电流元处的电流方向，用矢量 $I\mathrm{d}\boldsymbol{l}$ 表示．这样，求出每个电流元 $I\mathrm{d}\boldsymbol{l}$ 在空间某点产生的磁感应强度 $\mathrm{d}\boldsymbol{B}$，再利用叠加原理，就可得到载流导线在该点产生的磁感应强度 $\boldsymbol{B}$.

1820 年，法国物理学家毕奥(Biot)和萨伐尔(Savart)对不同形状的载流导线所产生的磁场进行了大量实验研究，根据实验结果分析得出了电流元产生磁场的规律．法国数学家和物理学家拉普拉斯(Laplace)将毕奥和萨伐尔得出的结果归纳为数学公式，总结出电流元产生磁场的规律——毕奥-萨伐尔定律．其内容表述如下：

电流元 $I\mathrm{d}\boldsymbol{l}$ 在空间某点 P 产生的磁感应强度 $\mathrm{d}\boldsymbol{B}$ 的大小与电流元 $I\mathrm{d}\boldsymbol{l}$ 的大小成正比，与电流元 $I\mathrm{d}\boldsymbol{l}$ 和电流元到 P 点的位矢 $\boldsymbol{r}$ 之间夹角的正弦 $\sin\theta$ 成正比，而与电流元到 P 点的距离 r 的平方成反比．数学表示式为

$$\mathrm{d}B=\frac{\mu_0}{4\pi}\cdot\frac{I\mathrm{d}l\sin\theta}{r^2} \tag{11.6a}$$

式中，μ_0 为真空磁导率，其值为 $\mu_0 = 4\pi \times 10^{-7}\ \mathrm{N \cdot A^{-2}}$.

$\mathrm{d}\boldsymbol{B}$ 的方向垂直于 $I\mathrm{d}\boldsymbol{l}$ 和 $\boldsymbol{r}$ 组成的平面，并沿矢积 $I\mathrm{d}\boldsymbol{l} \times \boldsymbol{r}$ 的方向，其指向用右手螺旋法则确定，如图 11.4 所示，右手四指由 $I\mathrm{d}\boldsymbol{l}$ 经小于 180°的角转向 $\boldsymbol{r}$ 时，大拇指的指向即为 $\mathrm{d}\boldsymbol{B}$ 的方向.

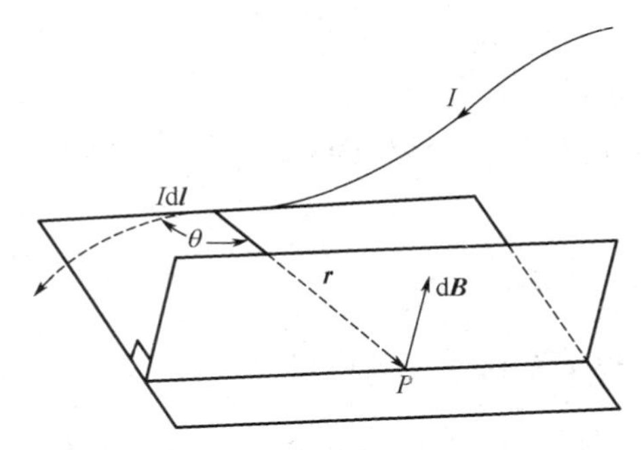

图 11.4　电流元产生的磁感应强度

这样，式(11.6a)就可写成矢量式：

$$\mathrm{d}\boldsymbol{B} = \frac{\mu_0}{4\pi}\frac{I\mathrm{d}\boldsymbol{l} \times \boldsymbol{r}}{r^3} \tag{11.6b}$$

上式就是毕奥-萨伐尔定律．这是计算磁感应强度的基本公式．根据磁场的叠加原理，任意载流导线在 P 点产生的磁感应强度 $\boldsymbol{B}$ 为

$$\boldsymbol{B} = \int_L \mathrm{d}\boldsymbol{B} = \frac{\mu_0}{4\pi}\int_L \frac{I\mathrm{d}\boldsymbol{l} \times \boldsymbol{r}}{r^3} \tag{11.7}$$

式中积分是对整个载流导线进行积分.

式(11.7)为矢量式，应用时通常要化为标量式．需指出，毕奥-萨伐尔定律是根据大量实验事实分析得出的结果，无法用实验直接验证．然而，由该定律出发得出的结果却与实验符合得很好，这间接地验证了该定律的正确性.

概念检查 3

一个电荷能在它周围空间任一点产生电场，一个电流元也能在它周围空间任一点产生磁场吗？

11.3.2　毕奥-萨伐尔定律的应用

下面应用毕奥-萨伐尔定律来讨论几种典型的载流导体所产生的磁场.

例 11.1　求载流直导线周围的磁场.

如图 11.5 所示，一段直导线中载有电流 I，计算与直导线距离为 d 的任一场点 P 的磁感应强度．已知 P 点与直导线两端连线的夹角分别为 θ_1 和 θ_2.

解　在直导线上任取一电流元 $I\mathrm{d}\boldsymbol{l}$，如图 11.5 所示，由毕奥-萨伐尔定律，此电流元在 P 点产生的磁感应强度 $\mathrm{d}\boldsymbol{B}$ 的大小为

$$\mathrm{d}B = \frac{\mu_0}{4\pi}\frac{I\mathrm{d}l\sin\theta}{r^2}$$

$\mathrm{d}\boldsymbol{B}$ 的方向由 $I\mathrm{d}\boldsymbol{l}\times\boldsymbol{r}$ 确定，即垂直于纸面向里．从图中可以看出，直导线上各个电流元在 P 点产生的 $\mathrm{d}\boldsymbol{B}$ 的方向都相同（都垂直于纸面向里），所以总磁场的方向也垂直于纸面向里，总磁感应强度 $\boldsymbol{B}$ 的大小为

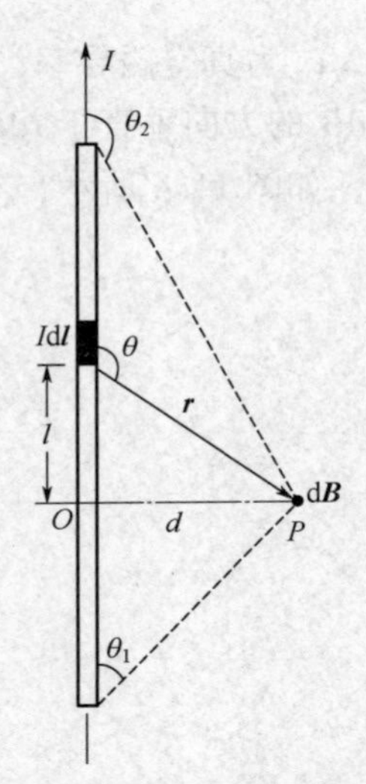

图 11.5　载流直导线周围的磁场

$$B=\frac{\mu_0}{4\pi}\int\frac{I\mathrm{d}l\sin\theta}{r^2}$$

其中 l、θ、r 并不是相互独立的变量，应把它们统一成一个变量才能积分．由图可知

$$r=\frac{d}{\sin\theta},\ l=-\ d\cot\theta$$

于是有 $\mathrm{d}l=d\csc^2\theta\mathrm{d}\theta$，将上述关系代入上式可得

$$B=\frac{\mu_0 I}{4\pi d}\int_{\theta_1}^{\theta_2}\sin\theta\mathrm{d}\theta=\frac{\mu_0 I}{4\pi d}(\cos\theta_1-\cos\theta_2)\qquad(11.8)$$

式中，θ_1、θ_2 分别为直导线两端的电流元与它们到 P 点的位矢之间的夹角．

若导线的长度远大于 P 点到直导线的距离 d，则导线可视为无限长，此时可近似取 $\theta_1=0$，$\theta_2=\pi$，则有

$$B=\frac{\mu_0 I}{2\pi d}\qquad(11.9)$$

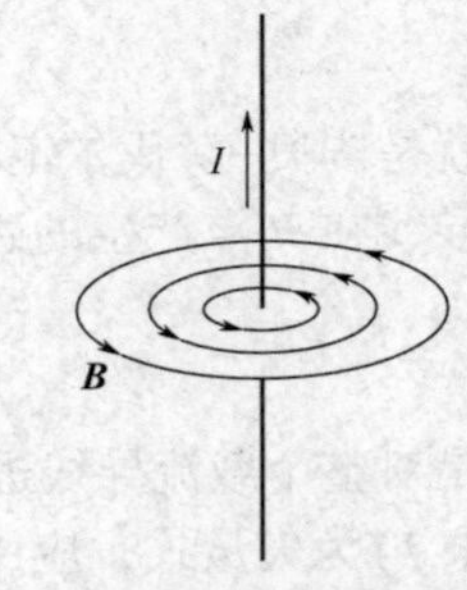

图 11.6　磁感应强度与电流方向的关系

上述结果表明，无限长载流直导线周围的磁感应强度大小与场点到直线的距离 d 成反比，与电流 I 成正比．在垂直于导线的平面内作以导线为圆心的同心圆，则磁感应强度 $\boldsymbol{B}$ 的方向沿圆环的切线方向，其指向与电流方向呈右手螺旋关系，如图 11.6 所示．

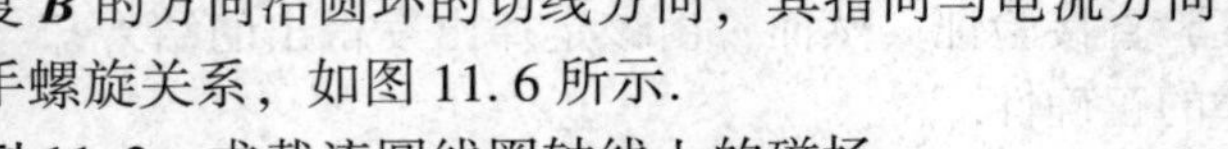

例 11.2　求载流圆线圈轴线上的磁场．

设真空中有一半径为 R 的圆线圈载有电流 I，常称之为圆电流，如图 11.7 所示．试计算轴线上一点 P 的磁感应强度．设 P 点与圆心相距为 x．

解　取圆线圈圆心为原点，轴线为 x 轴．在线圈上任取一电流元 $I\mathrm{d}\boldsymbol{l}$，该电流元到轴线上 P 点的位矢为 $\boldsymbol{r}$，由图可知，$\boldsymbol{r}$ 与电流元 $I\mathrm{d}\boldsymbol{l}$ 垂直．由毕奥-萨伐尔定律，该电流元在 P 点产生的磁感应强度 $\mathrm{d}\boldsymbol{B}$ 的大小为

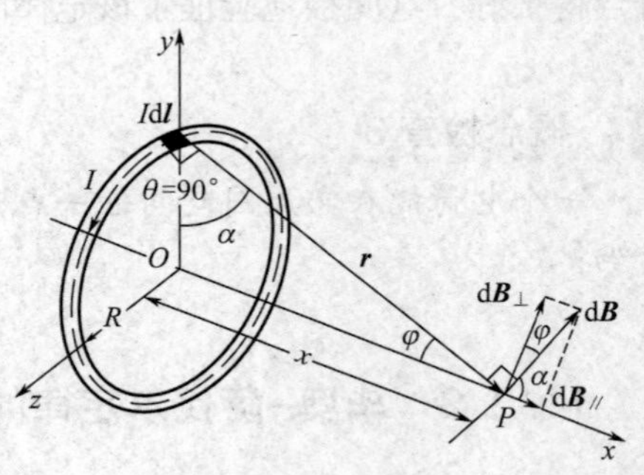

图 11.7　圆电流轴线上的磁场

$$\mathrm{d}B=\frac{\mu_0}{4\pi}\frac{I\mathrm{d}l\sin 90^\circ}{r^2}=\frac{\mu_0}{4\pi}\frac{I\mathrm{d}l}{r^2}$$

$\mathrm{d}\boldsymbol{B}$ 的方向垂直于 $I\mathrm{d}\boldsymbol{l}$ 与 $\boldsymbol{r}$ 组成的平面．圆线圈上不同电流元在 P 点产生的磁感应强度 $\mathrm{d}\boldsymbol{B}$ 分布在以 P 为顶点、以 Ox 为轴的圆锥面上．由对称性，所有电流元在 P 点产生的各个 $\mathrm{d}\boldsymbol{B}$ 在与 x 轴垂直方向上的分量 $\mathrm{d}\boldsymbol{B}_\perp$ 相互抵消，而沿 x 轴方向上的分量 $\mathrm{d}\boldsymbol{B}_{/\!/}$ 相互加强，所以总磁场的方向沿 x 轴方向．总磁感应强度的大小为

$$B=\int_L \mathrm{d}B_{//}=\int_L \mathrm{d}B\sin\varphi=\frac{\mu_0}{4\pi}\int_0^{2\pi R}\frac{I\sin\varphi}{r^2}\mathrm{d}l=\frac{\mu_0 IR\sin\varphi}{2r^2}$$

式中，φ 为 $\boldsymbol{r}$ 与 x 轴的夹角．则

$$\sin\varphi=\frac{R}{r},\quad r^2=R^2+x^2$$

$$B=\frac{\mu_0 IR^2}{2r^3}=\frac{\mu_0 IR^2}{2\left(R^2+x^2\right)^{3/2}} \tag{11.10}$$

由式(11.10)可得到两个特殊位置的磁感应强度：

(1)当 $x=0$ 时，在圆心 O 处的磁感应强度的大小为

$$B=\frac{\mu_0 I}{2R}$$

(2)当 $x\gg R$ 时，轴线上远离圆心处的磁感应强度的大小为

$$B=\frac{\mu_0 IR^2}{2x^3}$$

由圆电流的面积 $S=\pi R^2$，上式可写为

$$B=\frac{\mu_0 IS}{2\pi x^3}$$

在静电场中，曾引入电偶极矩的概念来描述电偶极子的电场．在此，引入磁矩的概念来描述载流线圈产生的磁场．对于一个面积为 S、载有电流 I 的平面闭合线圈，其磁矩 $\boldsymbol{p}_{\mathrm{m}}$ 为

$$\boldsymbol{p}_{\mathrm{m}}=IS\boldsymbol{e}_{\mathrm{n}} \tag{11.11}$$

式中，$\boldsymbol{e}_{\mathrm{n}}$ 为线圈平面法线方向的单位矢量，也就是磁矩 $\boldsymbol{p}_{\mathrm{m}}$ 的方向．$\boldsymbol{e}_{\mathrm{n}}$ 的方向一般与电流的方向成右手螺旋关系，即弯曲的四指代表电流的方向，拇指所指即为线圈平面的法线方向，如图11.8所示．

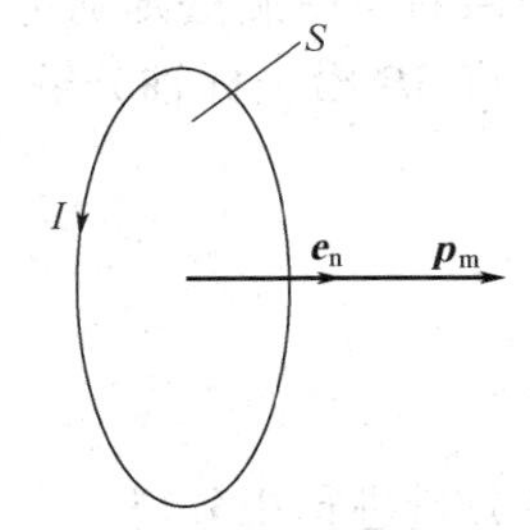

图 11.8　载流线圈的磁矩方向

引入磁矩后，并考虑到磁矩的方向和 $\boldsymbol{B}$ 的方向相同，则轴线上远离圆心处的磁感应强度为

$$\boldsymbol{B}=\frac{\mu_0\boldsymbol{p}_m}{2\pi x^3}$$

磁矩 $\boldsymbol{p}_{\mathrm{m}}$ 是一个非常重要的物理量，原子、分子、电子和质子等基本粒子都具有磁矩，它们的磁矩主要来自电子绕核运动(轨道运动)和它们本身的自旋运动所形成的等效圆电流．

概念检查 4

一电子绕核以速度 $\boldsymbol{v}$ 作半径为 r 的匀速率圆周运动(可等效为圆电流)，写出它的磁矩和圆心处磁感应强度的大小．

例 11.3　如图 11.9(a)所示，半径为 R 的无限长四分之一圆筒形金属薄片，自下而上通有均匀分布的电流 I，求轴线上一点 P 处的磁感应强度．

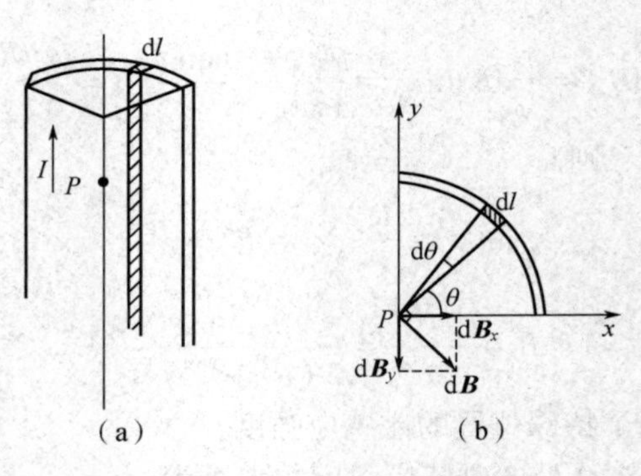

图 11.9　例 11.3 图

解　该载流无限长圆筒形金属薄片可视为由许多无限长载流直导线组合而成，由无限长载流直导线的磁场分布，再利用叠加原理即可求出轴线上任一点的磁感应强度.

在金属薄片平行于轴线方向上任取一弧长为 $\mathrm{d}l$ 的窄条，将其视为无限长载流直导线，其中通过的微元电流为

$$\mathrm{d}I=\frac{I}{\frac{1}{2}\pi R}\mathrm{d}l$$

在俯视图上建立如图 11.9(b)所示的坐标系，该微元电流在 P 点产生的磁感应强度的大小为

$$\mathrm{d}B=\frac{\mu_0\mathrm{d}I}{2\pi R}=\frac{\mu_0 I}{\pi^2R^2}\mathrm{d}l$$

方向由右手螺旋法则确定，式中 $\mathrm{d}l=R\mathrm{d}\theta$. 由于各微元电流在 P 点产生的 $\mathrm{d}\boldsymbol{B}$ 的方向均不相同，将 $\mathrm{d}\boldsymbol{B}$ 沿坐标轴分解：

$$\mathrm{d}B_x=\mathrm{d}B\sin\theta=\frac{\mu_0 I}{\pi^2R}\sin\theta\mathrm{d}\theta$$

$$\mathrm{d}B_y=-\mathrm{d}B\cos\theta=-\frac{\mu_0 I}{\pi^2R}\cos\theta\mathrm{d}\theta$$

对各分量进行积分得

$$B_x=\int\mathrm{d}B_x=\int_0^{\frac{\pi}{2}}\frac{\mu_0 I}{\pi^2R}\sin\theta\mathrm{d}\theta=\frac{\mu_0 I}{\pi^2R}$$

$$B_y=\int\mathrm{d}B_y=-\int_0^{\frac{\pi}{2}}\frac{\mu_0 I}{\pi^2R}\cos\theta\mathrm{d}\theta=-\frac{\mu_0 I}{\pi^2R}$$

所以

$$\boldsymbol{B}=B_x\boldsymbol{i}+B_y\boldsymbol{j}=\frac{\mu_0 I}{\pi^2R}(\boldsymbol{i}-\boldsymbol{j})$$

11.3.3　运动电荷产生的磁场

由于电流是由大量带电粒子的定向移动形成的，所以电流产生的磁场实质上是由运动电荷产生的．下面从毕奥-萨伐尔定律出发导出运动电荷产生的磁场的表示式.

在载流导体中任取一电流元，设其横截面积为 S，导体中单位体积内的载流子数为 n，

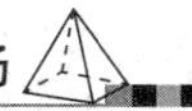

每个载流子的电量都为 q，并且都以漂移速度 $\boldsymbol{v}$ 运动，$\boldsymbol{v}$ 的方向与电流的方向相同，如图 11.10 所示．单位时间内通过横截面的电量 $nqvS$ 就是电流 I，则电流元为

$$I\mathrm{d}l = nqvS\mathrm{d}l = qv\mathrm{d}N$$

式中，$\mathrm{d}N = nS\mathrm{d}l$ 为电流元中的载流子数．将上式代入式(11.6b)，可知 $\mathrm{d}N$ 个运动电荷产生的磁感应强度为

$$\mathrm{d}\boldsymbol{B} = \frac{\mu_0}{4\pi}\frac{(\mathrm{d}N)q\boldsymbol{v}\times\boldsymbol{r}}{r^3}$$

这样，一个电量为 q、以速度 $\boldsymbol{v}$ 运动的电荷在空间任一点产生的磁感应强度为

$$\boldsymbol{B} = \frac{\mathrm{d}\boldsymbol{B}}{\mathrm{d}N} = \frac{\mu_0}{4\pi}\frac{q\boldsymbol{v}\times\boldsymbol{r}}{r^3} \tag{11.12}$$

显然，$\boldsymbol{B}$ 的方向垂直于 $\boldsymbol{v}$ 和 $\boldsymbol{r}$ 组成的平面．上式中的 $\boldsymbol{v}$、$\boldsymbol{r}$ 和 $\boldsymbol{B}$ 同样满足右手螺旋关系，如图 11.11 所示．

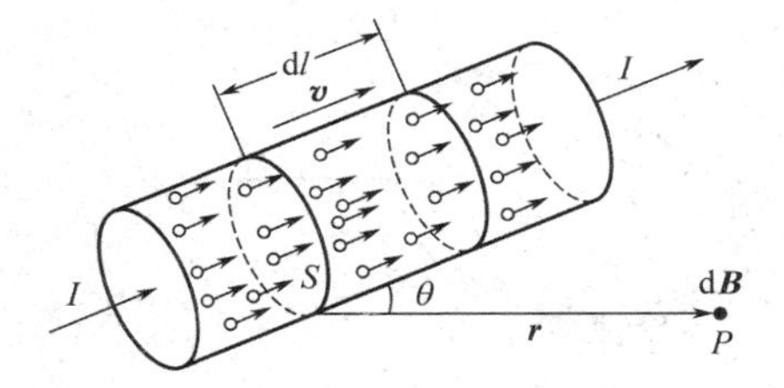

图 11.10 电流元中的运动电荷

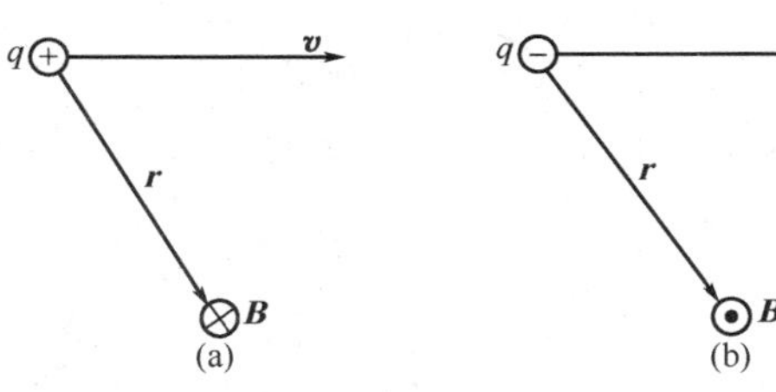

图 11.11 运动电荷产生的磁场的方向

§11.4 磁场的高斯定理

11.4.1 磁力线 磁通量

为形象地描述磁场的分布情况，可以仿照电场中引入电场线的方法，引入磁力线来描绘恒定磁场．所谓磁力线，就是按照一定的规定在磁场中画出的一系列曲线，其分布能够形象地反映磁场的方向和强弱：曲线上每一点的切线方向都与该点的磁感应强度 $\boldsymbol{B}$ 的方向一致，曲线的疏密程度则反映了该点磁感应强度的大小.

图 11.12 是三种典型电流产生的磁场的磁力线，这些磁力线可借助于磁针或铁屑显现出来.

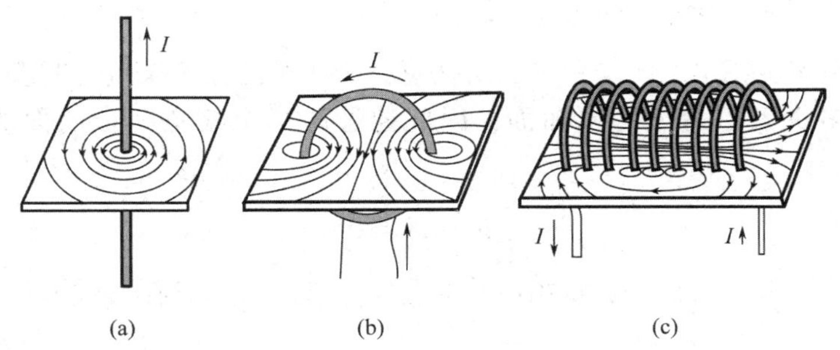

图 11.12 三种典型电流产生的磁场的磁力线

由以上三种典型电流产生的磁场的磁力线的图形分布，可以看出磁力线具有如下性质.

(1)磁力线都是环绕电流的闭合曲线，无始无终. 磁力线的这一性质与静电场的电场线不同，静电场的电场线起始于正电荷，终止于负电荷.

(2)磁场中磁力线互不相交，因为磁场中任一点的磁场方向具有唯一确定性.

(3)磁力线的回转方向与电流的方向遵从右手螺旋法则.

类似于静电场中的电通量，在讨论磁场时，引入磁通量的概念. 通过磁场中某一曲面的磁力线条数称为通过该曲面的磁通量，用 Φ_m 表示.

如图 11.13(a)所示，在非均匀磁场中，为计算通过任意曲面 S 的磁通量，在曲面 S 上任取一面元 $\mathrm{d}\boldsymbol{S}$，其法线方向 $\boldsymbol{e}_n$ 与该处磁感应强度 $\boldsymbol{B}$ 的方向间的夹角为 θ，根据磁通量的定义，通过面元 $\mathrm{d}\boldsymbol{S}$ 的磁通量为

$$\mathrm{d}\Phi_m=\boldsymbol{B}\cdot\mathrm{d}\boldsymbol{S}=B\mathrm{d}S\cos\theta$$

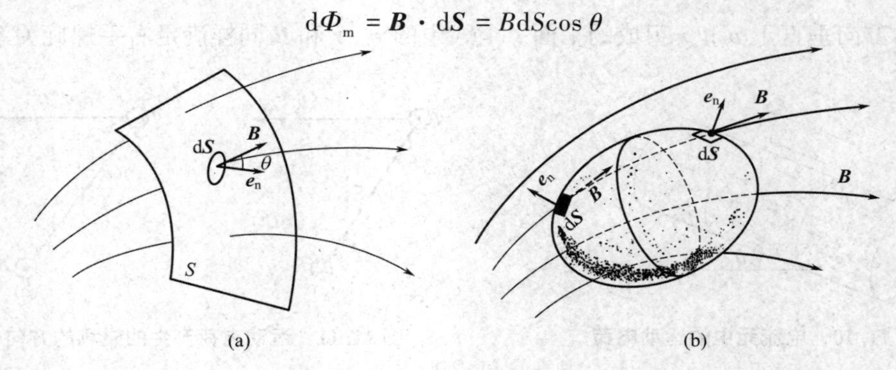

图 11.13 磁通量

(a)任意曲面的磁通量；(b)闭合曲面的磁通量

通过整个曲面 S 的总磁通量为

$$\Phi_m=\int_S\boldsymbol{B}\cdot\mathrm{d}\boldsymbol{S}\tag{11.13}$$

在国际单位制中，磁通量的单位是韦伯(Wb)，1 Wb=1 T·m^2.

对于闭合曲面 S，仍规定由内向外为法线的正方向，这样，当磁力线从曲面内穿出时，Φ_m 为正；而穿入曲面时，Φ_m 为负，如图 11.13(b)所示. 因此，通过闭合曲面的总磁通量为

$$\Phi_m=\oint_S\boldsymbol{B}\cdot\mathrm{d}\boldsymbol{S}$$

它等于从闭合曲面 S 内穿出的磁力线条数减去穿入闭合曲面 S 内的磁力线条数.

11.4.2 磁场的高斯定理

由于磁力线是无头无尾的闭合曲线，对任意一个闭合曲面 S 来说，有多少条磁力线穿入曲面，就一定有多少条磁力线穿出曲面，因此通过磁场中任意闭合曲面的磁通量恒等于零，即

$$\oint_S\boldsymbol{B}\cdot\mathrm{d}\boldsymbol{S}=0\tag{11.14}$$

这就是磁场的高斯定理，它是反映磁场性质的重要定理之一. 它在形式上与静电场的高斯定理 $\oint_S\boldsymbol{E}\cdot\mathrm{d}\boldsymbol{S}=\dfrac{\sum q_i}{\varepsilon_0}$ 相应，但两者有着本质的区别. 通过闭合曲面的电通量可以不为零，但通

过任意闭合曲面的磁通量必为零．这说明静电场是有源场，其场源是自然界可单独存在的电荷；而磁场是无源场，自然界至今还没有发现与电荷相对应的“磁荷”(单独存在的磁极或磁单极子)．虽然近代关于基本粒子的理论研究早已预言有磁单极子存在，但至今还没有得到实验证实．

概念检查 5

闭合曲面包围住整个条形磁铁，通过该闭合曲面的磁通量是多少？若只包围其中一个磁极，磁通量又如何？

例 11.4　一无限长载流直导线载有电流 I，其旁有一矩形回路与直导线共面，如图 11.14 所示，求通过该回路所围面积的磁通量．

解　如图 11.14 所示，长直导线周围的磁场为非均匀磁场，距导线 x 处的磁感应强度的大小为

$$B=\frac{\mu_0 I}{2\pi x}$$

磁感应强度的方向垂直于纸面向里．

对非均匀磁场来说，求磁通量需采用微元分割法．在矩形回路所围面积上取一长为 b 、宽为 $\mathrm{d}x$ 的狭长条作为面元，通过此面元的磁通量为

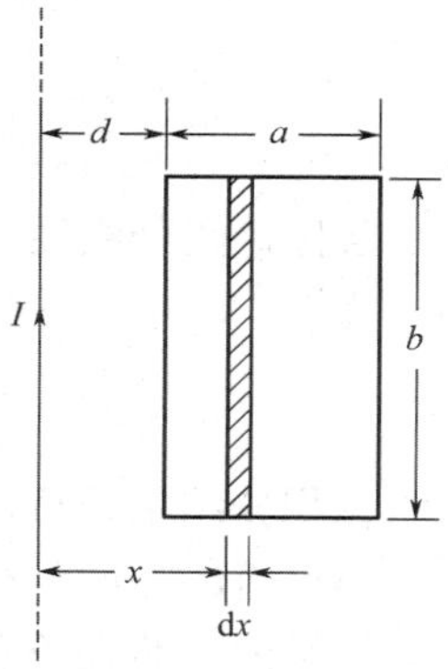

图 11.14　例 11.4 图

$$\mathrm{d}\Phi=\boldsymbol{B}\cdot\mathrm{d}\boldsymbol{S}=B\mathrm{d}S=\frac{\mu_0 Ib}{2\pi x}\mathrm{d}x$$

故通过矩形回路所围面积的磁通量为

$$\Phi=\int_d^{d+a}\frac{\mu_0 Ib}{2\pi}\frac{\mathrm{d}x}{x}=\frac{\mu_0 Ib}{2\pi}\ln\frac{d+a}{d}$$

§11.5　磁场的安培环路定理

在静电场中，电场强度 $\boldsymbol{E}$ 沿任一闭合路径 L 的线积分恒等于零，即 $\oint_L\boldsymbol{E}\cdot\mathrm{d}\boldsymbol{l}=0$. 这表明静电场是保守场，故可以引入一个标量函数——电势来描述它．那么在恒定磁场中，磁感应强度沿闭合路径的线积分 $\oint_L\boldsymbol{B}\cdot\mathrm{d}\boldsymbol{l}$ 即 $\boldsymbol{B}$ 的环流等于什么？下面就来研究这一问题．

11.5.1　安培环路定理

以长直载流导线的磁场为例，分析磁感应强度沿任意闭合路径的线积分，归纳得出安培环路定理．

长直载流导线周围的磁力线是一系列在垂直于导线的平面内、以导线为圆心的同心圆，在与导线垂直的平面内，作一包围电流的任一闭合路径 L，并选择回路的绕行方向为逆时针方向，如图 11.15 所示．L 上任意一点 P 处的磁感应强度的大小为

$$B=\frac{\mu_0 I}{2\pi r}$$

$\boldsymbol{B}$ 的方向沿圆的切线方向，且 $\boldsymbol{B}$ 与位矢 $\boldsymbol{r}$ 垂直，其指向由右手螺旋法则确定.

在回路上的 P 点取线元 $\mathrm{d}\boldsymbol{l}$，$\boldsymbol{B}$ 与 $\mathrm{d}\boldsymbol{l}$ 的夹角为 θ，$\mathrm{d}\varphi$ 是 $\mathrm{d}\boldsymbol{l}$ 对 O 点所张的角．由图可知，$\mathrm{d}l\cos\theta=r\mathrm{d}\varphi$，磁感应强度 $\boldsymbol{B}$ 按图中所示的绕行方向沿闭合路径 L 的积分为

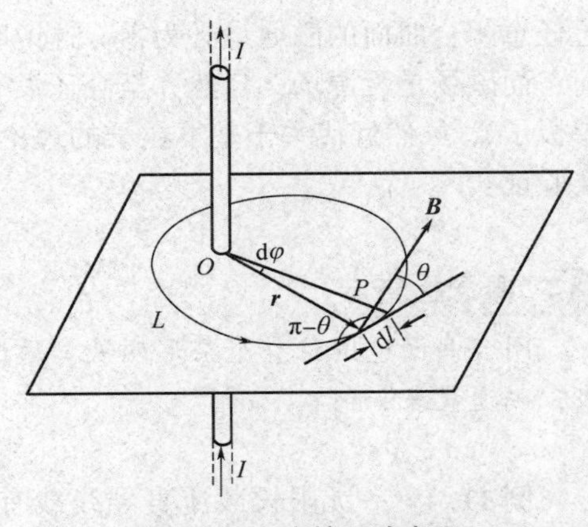

图 11.15　安培环路定理

$$\oint_L \boldsymbol{B}\cdot\mathrm{d}\boldsymbol{l}=\oint_L B\mathrm{d}l\cos\theta=\oint_L Br\mathrm{d}\varphi=\oint_L \frac{\mu_0 I}{2\pi r}r\mathrm{d}\varphi$$

$$=\frac{\mu_0 I}{2\pi}\int_0^{2\pi}\mathrm{d}\varphi=\mu_0 I$$

若保持闭合路径 L 的绕行方向不变，改变电流的方向，此时 $\boldsymbol{B}$ 与 $\mathrm{d}\boldsymbol{l}$ 的夹角为（$\pi-\theta$），则

$$\oint_L \boldsymbol{B}\cdot\mathrm{d}\boldsymbol{l}=\oint_L B\mathrm{d}l\cos(\pi-\theta)=-\oint_L B\mathrm{d}l\cos\theta=-\mu_0 I$$

这时，积分结果为负值．可以认为，对回路 L 而言，电流是负的，即电流的正负可规定如下：当电流的方向与积分路径的绕行方向满足右手螺旋关系时，电流为正，反之为负.

如果闭合路径不包围电流，如图 11.16 所示，此时从 O 点作闭合曲线 L 的两条切线 OP 和 OQ，P、Q 两点将闭合路径分成 L_1 和 L_2 两部分，$\boldsymbol{B}$ 沿图中方向的环路的积分为

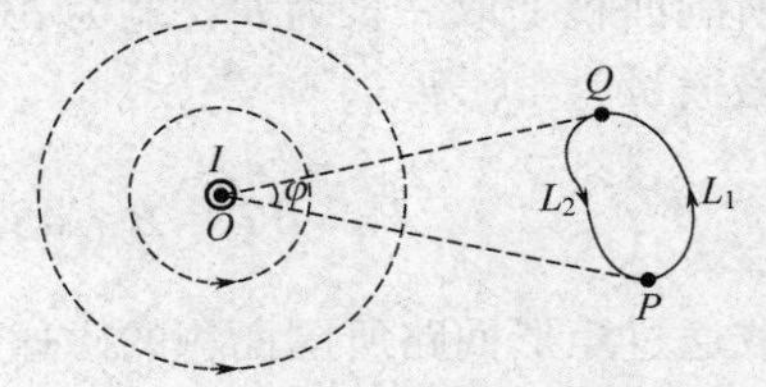

图 11.16　回路不包围电流

$$\oint_L \boldsymbol{B}\cdot\mathrm{d}\boldsymbol{l}=\int_{L_1}\boldsymbol{B}\cdot\mathrm{d}\boldsymbol{l}+\int_{L_2}\boldsymbol{B}\cdot\mathrm{d}\boldsymbol{l}=\frac{\mu_0 I}{2\pi}\left(\int_{L_1}\mathrm{d}\varphi+\int_{L_2}\mathrm{d}\varphi\right)$$

$$=\frac{\mu_0 I}{2\pi}[\varphi+(-\varphi)]=0$$

即闭合路径不包围电流时，$\boldsymbol{B}$ 的环流为零，由此可见，积分回路外的电流对回路上各点的磁场有贡献，而对磁场的环流无贡献.

从以上结果可以看出，$\boldsymbol{B}$ 的环流与闭合路径的形状和大小无关，只与闭合路径所包围的电流有关．上述结果虽然是从特例中导出的，但可以证明，对于任意的闭合恒定电流，均可得到相同的结论．当闭合路径包围有多根载流导线时，由上述结论并应用叠加原理，可得

$$\oint_L \boldsymbol{B}\cdot\mathrm{d}\boldsymbol{l}=\mu_0\sum I \tag{11.15}$$

上式就是安培环路定理的数学表示式．可叙述为：在恒定磁场中，磁感应强度 $\boldsymbol{B}$ 沿任意闭合路径的线积分（或称 $\boldsymbol{B}$ 的环流）等于 μ_0 乘以该闭合路径所包围的电流的代数和．式(11.15)中右端的 $\sum I$ 是闭合路径包围的电流的代数和，而其左端的磁感应强度 $\boldsymbol{B}$ 却是空间所有电流在积分路径上产生的磁感应强度的矢量和.

在矢量分析中，把矢量的环流为零的场称为无旋场；反之，称为有旋场．由于 $\boldsymbol{B}$ 的环流一般不为零，所以磁场是有旋场，而电场是无旋场．另外，$\boldsymbol{B}$ 的环流一般不为零也说明了磁场不是保守场，不能引入磁标势来描述磁场．这些都说明了恒定磁场和静电场在本质上的不同.

概念检查 6

如图 11.17 所示，在一圆电流平面内取一同心圆形闭合回路，此闭合回路不包围电流，所以 $\oint_L \boldsymbol{B}\cdot d\boldsymbol{l}=0$，由此结论能否得出闭合回路上各点的 $\boldsymbol{B}$ 为零？

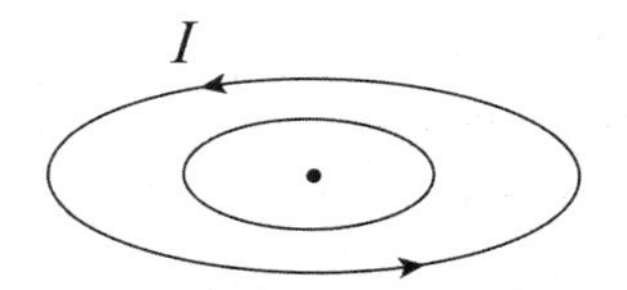

图 11.17 概念检查 6 图

11.5.2 安培环路定理的应用

在静电场中，当带电体具有一定对称性时，可以利用高斯定理很方便地计算其电场分布．在恒定磁场中，如果电流分布具有某种对称性，也可以利用安培环路定理来方便地计算电流产生的磁场分布．下面举例来说明安培环路定理的应用.

例 11.5 求无限长载流圆柱体产生的磁场.

横截面半径为 R 的无限长圆柱导体，电流 I 沿轴线流动，且在横截面上均匀分布．试计算圆柱体内外的磁感应强度.

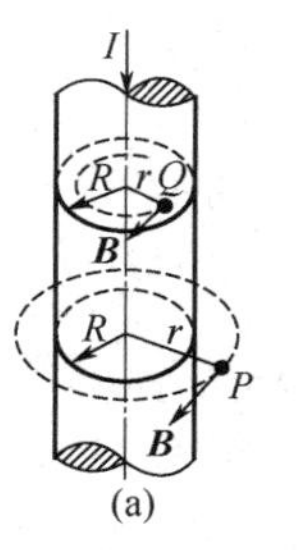

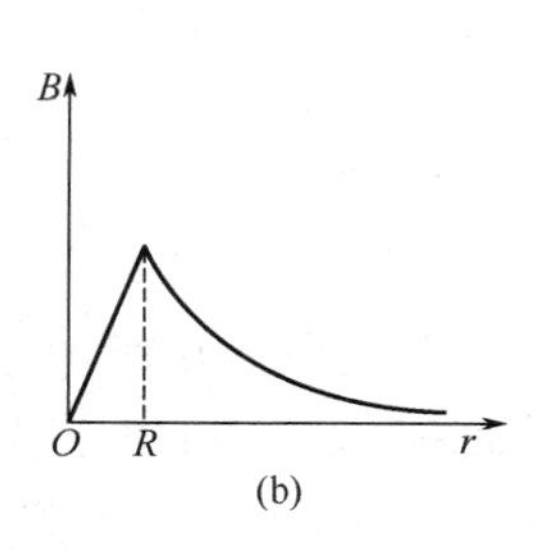

图 11.18 无限长载流圆柱体产生的磁场

解 由于电流分布具有轴对称性，所以磁场以圆柱体轴线为对称轴，磁力线是在垂直轴线平面内以轴线为中心的同心圆．以轴线为圆心，r 为半径的圆周上各点磁感应强度的大小相等，方向沿圆周的切线方向，可取此圆周为积分环路，如图 11.18(a)所示，取顺时针方向为环路方向，则

$$\oint_L \boldsymbol{B}\cdot d\boldsymbol{l}=B\cdot 2\pi r$$

应用安培环路定理，得

$$B\cdot 2\pi r=\mu_0\sum I$$

若 $r>R$，即在柱体外部，$\sum I=I$，于是

$$B=\frac{\mu_0 I}{2\pi r}$$

即磁场中某点 $\boldsymbol{B}$ 的大小与该点到轴线的距离 r 成反比．可见，均匀无限长载流圆柱体外部，磁场分布与电流集中于圆柱轴线上的一根载流长直导线的相同.

若 $r<R$，即在圆柱体内部，此时闭合积分路径包围的电流 I' 仅是总电流 I 的一部分．因电流是均匀分布的，故

$$I'=\frac{I}{\pi R^2}\cdot\pi r^2=I\frac{r^2}{R^2}$$

$$B=\frac{\mu_0 I}{2\pi R^2}r$$

上式表明，在圆柱体内部，$\boldsymbol{B}$ 的大小与该点到轴线的距离 r 成正比．B 随 r 的变化曲线如图 11.18(b)所示.

例 11.6 求载流长直螺线管产生的磁场.

一长直螺线管，单位长度上有 n 匝线圈，线圈中的电流为 I. 求螺线管内的磁感应强度.

载流长直螺线管的磁场分布情况与管上所绕线圈的疏密程度及管的尺寸有关．对于线圈较稀疏的载流长直螺线管，它的磁力线分布如图 11.19(a)所示，有漏磁发生．而对于线圈非常密集的载流长直螺线管，螺线管内从管壁到轴线的区域里磁场与轴线平行，而管外靠近管壁的区域磁场很弱．当螺线管的长度远大于管的直径时，可视为理想化的无限长螺线管，它的磁力线分布如图 11.19(b)所示.

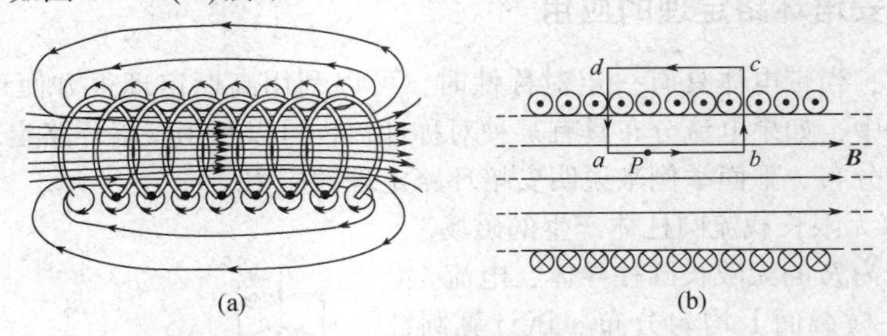

图 11.19 载流长直螺线管产生的磁场

(a)有漏磁的螺线管；(b)无漏磁的理想螺线管

解 要计算管内任意一点 P 处的磁感应强度，由以上分析，可选取过 P 点的一矩形闭合回路 $abcda$ 为积分路径 L，如图 11.19(b)所示，则 $\boldsymbol{B}$ 沿回路 L 的积分为

$$\oint_L \boldsymbol{B}\cdot \mathrm{d}\boldsymbol{l}=\int_{ab}\boldsymbol{B}\cdot \mathrm{d}\boldsymbol{l}+\int_{bc}\boldsymbol{B}\cdot \mathrm{d}\boldsymbol{l}+\int_{cd}\boldsymbol{B}\cdot \mathrm{d}\boldsymbol{l}+\int_{da}\boldsymbol{B}\cdot \mathrm{d}\boldsymbol{l}$$

在 bc 和 da 段的管外部分，$\boldsymbol{B}=\boldsymbol{0}$，在 bc 和 da 段的管内部分，$\boldsymbol{B}$ 虽不为零，但方向与回路垂直，即 $\boldsymbol{B}\cdot \mathrm{d}\boldsymbol{l}=0$；$cd$ 段为管外部分，$\boldsymbol{B}=\boldsymbol{0}$；$ab$ 段上 $\boldsymbol{B}$ 的大小和方向均相同，且磁场与回路的绕行方向一致，即 $\boldsymbol{B}\cdot \mathrm{d}\boldsymbol{l}=B\mathrm{d}l$. 这样，上式可写为

$$\oint_L \boldsymbol{B}\cdot \mathrm{d}\boldsymbol{l}=\int_{ab}\boldsymbol{B}\cdot \mathrm{d}\boldsymbol{l}=B\int_{ab}\mathrm{d}l=B\cdot L_{ab}$$

由安培环路定理，得

$$\oint_L \boldsymbol{B}\cdot \mathrm{d}\boldsymbol{l}=B\cdot L_{ab}=\mu_0 n\cdot L_{ab}I$$

所以

$$B=\mu_0 nI \tag{11.16}$$

由于 P 点是任取的，所以载流长直螺线管内为均匀磁场，且各点 $\boldsymbol{B}$ 的大小均为 $\mu_0 nI$，方向平行于轴线．在实验室中，常利用载流长直螺线管来获得均匀磁场．下面要讨论的载流螺绕环，也是实验室常用于产生均匀磁场的设备.

例 11.7 求载流螺绕环产生的磁场.

环形的螺线管称为螺绕环，如图 11.19 所示．设螺绕环上绕有 N 匝线圈，线圈中的电流为 I，求螺绕环内的磁感应强度.

解 当环上线圈绕得很密时，磁场几乎全部集中在螺绕环内．由于电流分布的对称性，环内的磁力线形成同心圆，且同一圆周上各点 $\boldsymbol{B}$ 的大小处处相等，方向沿圆周切线方向，如图 11.20 所示.

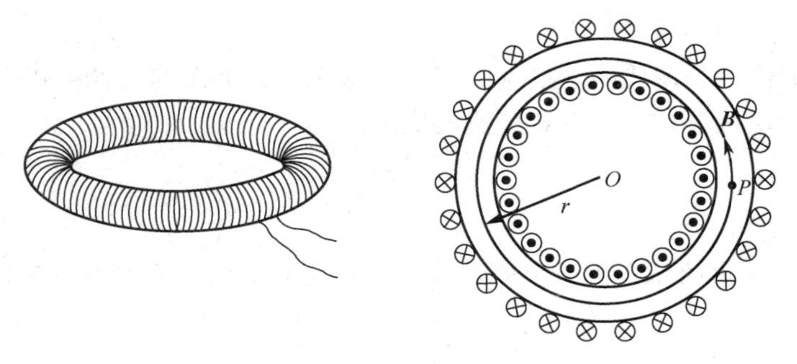

图 11.20 载流螺绕环产生的磁场

要计算环内任意一点 P 处的磁感应强度，可取过 P 点以环心 O 为圆心的同心圆环为积分路径 L，闭合路径的绕行方向与回路所包围的电流方向成右手螺旋关系．设积分路径 L 的半径为 r，应用安培环路定理，得

$$\oint_L \boldsymbol{B}\cdot \mathrm{d}\boldsymbol{l} = B\cdot 2\pi r = \mu_0 NI$$

所以

$$B = \frac{\mu_0 NI}{2\pi r} \tag{11.17}$$

由上式可知，螺绕环内横截面上各点的磁感应强度是不同的，随 r 的变化而变化．但是，如果螺绕环很细，螺绕环中心线的直径比管横截面的直径大得多，上式中的 r 可认为是环的平均半径，管内各点的磁感应强度 $\boldsymbol{B}$ 的大小可认为近似相等．这样，$n=\dfrac{N}{2\pi r}$ 为螺绕环上单位长度的线圈匝数，故环内任意点处磁感应强度 $\boldsymbol{B}$ 的大小为

$$B = \mu_0 nI$$

$\boldsymbol{B}$ 的方向与电流的方向呈右手螺旋关系.

§11.6 磁场对运动电荷的作用

11.6.1 洛伦兹力

在定义磁感应强度 $\boldsymbol{B}$ 时，已经知道运动电荷在磁场中要受到磁场力 $\boldsymbol{F}$ 的作用，且当带电粒子沿磁场方向运动时，所受磁场力最小；当带电粒子沿垂直于磁场的方向运动时，所受磁场力最大，为 $F=qvB$. 实验证明，在一般情况下，带电粒子的运动方向和磁场方向成 θ 角时，所受磁场力 $\boldsymbol{F}$ 的大小为

$$F = qvB\sin\theta$$

其方向垂直于 $\boldsymbol{v}$ 和 $\boldsymbol{B}$ 组成的平面，指向由右手螺旋法则决定，用矢量式表示为

$$\boldsymbol{F} = q\boldsymbol{v}\times\boldsymbol{B} \tag{11.18}$$

运动电荷在磁场中受到的力称为洛伦兹力，式(11.18)是洛伦兹力的表示式，它是荷兰物理学家洛伦兹(Lorentz)于1892年首先提出的，当时他是通过理论推导而不是由实验得到的这个公式．显然，洛伦兹力与电荷的运动方向垂直，它不会改变运动电荷速度的大小，只会改变其方向，使运动路径发生弯曲．

洛伦兹力在理论上和现代科学技术中有重要意义，在下面的内容中将举例说明，这些例子也说明了电磁学在科学技术中有着广泛的应用．

概念检查7

方程 $\boldsymbol{F}=q\boldsymbol{v}\times\boldsymbol{B}$ 中的三个矢量，哪些矢量始终是正交的？哪些矢量可以有任意角度？

11.6.2 带电粒子在均匀磁场中的运动

设有一质量为 m、带电量为 q 的带电粒子以速度 $\boldsymbol{v}$ 进入磁感应强度为 $\boldsymbol{B}$ 的均匀磁场，其运动分下列三种情况．

(1) $\boldsymbol{v}$ 与 $\boldsymbol{B}$ 平行．由式(11.18)知洛伦兹力 $F=0$，所以带电粒子仍以原来的速度作匀速直线运动．

(2) $\boldsymbol{v}$ 与 $\boldsymbol{B}$ 垂直．此时带电粒子受到的洛伦兹力 $F=qvB=$ 恒量，方向与运动方向垂直．粒子作匀速率圆周运动，其向心力就是洛伦兹力，如图11.21所示．设粒子作圆周运动的半径为 R，则

$$qvB=m\frac{v^2}{R}$$

$$R=\frac{mv}{qB} \tag{11.19}$$

粒子作圆周运动的半径 R 称为回旋半径．粒子绕圆形轨道运动一周所需的时间即运动周期为

$$T=\frac{2\pi R}{v}=\frac{2\pi m}{qB} \tag{11.20}$$

上述结果表明，带电粒子在均匀磁场中的回旋周期与粒子的运动速率及回旋半径无关．

(3) $\boldsymbol{v}$ 与 $\boldsymbol{B}$ 成 θ 角．如图11.22所示，可将 $\boldsymbol{v}$ 分解成平行于 $\boldsymbol{B}$ 的分矢量 $v_{/\!/}=v\cos\theta$ 和垂直于 $\boldsymbol{B}$ 的分矢量 $v_{\perp}=v\sin\theta$. $v_{\perp}$ 使粒子在垂直于磁场的平面内作圆周运动，$v_{/\!/}$ 使粒子沿磁场方向作匀速直线运动，粒子同时参与这两个运动，它的轨迹将是一条等距螺旋线．螺旋运动的半径由式(11.19)给出，即

$$R=\frac{mv_{\perp}}{qB}=\frac{mv\sin\theta}{qB} \tag{11.21}$$

螺旋运动的回旋周期由式(11.20)给出，即

$$T=\frac{2\pi R}{v_{\perp}}=\frac{2\pi m}{qB}$$

螺旋线的螺距为

$$h=v_{/\!/}T=\frac{2\pi mv\cos\theta}{qB} \tag{11.22}$$

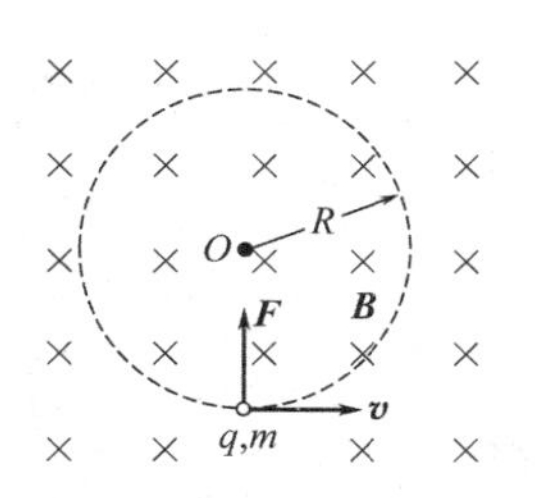

图 11.21　带电粒子在均匀磁场中的圆周运动

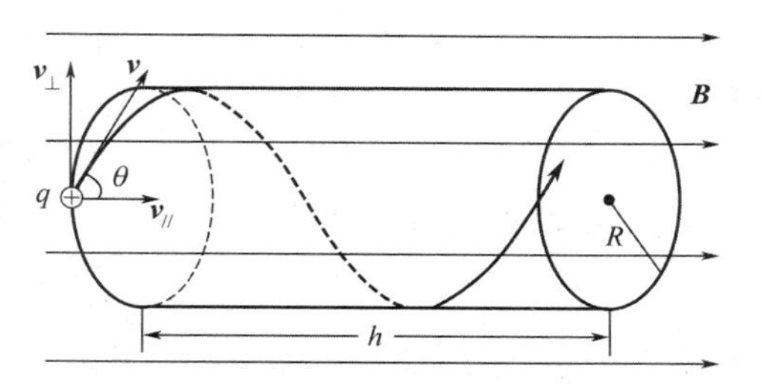

图 11.22　带电粒子在均匀磁场中的螺旋运动

利用上述结果可以实现磁聚焦．设想从磁场某点 P 发出一束很窄的带电粒子流，它们的速率 v 大致相同，且与 $\boldsymbol{B}$ 的夹角都很小，故在平行于 $\boldsymbol{B}$ 和垂直于 $\boldsymbol{B}$ 方向上的分量分别为

$$v_{/\!/} = v\cos\theta \approx v,\qquad v_{\perp} = v\sin\theta \approx v\theta$$

尽管不同的 $v_{\perp}$ 会使粒子沿不同的螺旋线前进，但 $v_{/\!/}$ 近似相等，由式(11.22)所决定的螺距 h 也近似相等，所以各粒子经过距离 h 后又重新汇聚到一起，如图 11.23 所示，这就是磁聚焦现象.

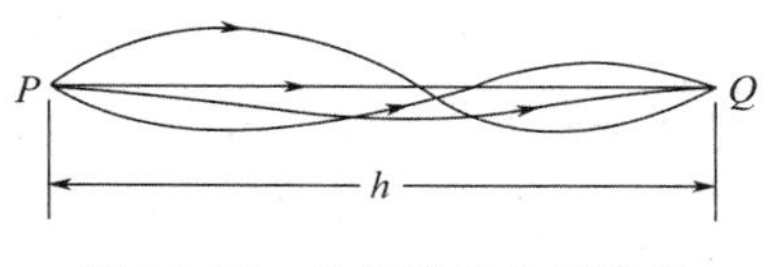

图 11.23　均匀磁场的磁聚焦

均匀磁场的磁聚焦现象可由长螺线管来实现，而实际应用中，更多的是由短螺线管产生的非均匀磁场来实现的，此螺线管的作用与光学中透镜将光束聚焦的现象十分相似，故称为磁透镜．在电子显微镜等电真空系统中，常用它来聚焦电子束.

11.6.3　霍尔效应

将一块厚度为 d、宽度为 l 的导电薄板放在磁感应强度为 $\boldsymbol{B}$ 的均匀磁场中，磁场方向垂直于板面，沿导电板的纵向通以电流 I，则板的 a、b 两个表面间会出现一定的电势差 U_{H}，如图 11.24 所示．这一现象是美国物理学家霍尔(Hall)于 1879 年发现的，故称为霍尔效应，对应的电势差 U_{H} 称为霍尔电势差.

实验表明，霍尔电势差 U_{H} 的大小与电流 I 及磁感应强度 $\boldsymbol{B}$ 成正比，而与板的厚度 d 成反比，即

$$U_{\mathrm{H}} = R_{\mathrm{H}}\frac{IB}{d} \qquad (11.23)$$

图 11.24　霍尔效应

式中，R_{H} 是仅与导体材料有关的常数，称为霍尔系数.

霍尔效应可用运动电荷在磁场中受洛伦兹力的作用来解释．以金属导体为例，载流子(运动电荷)为自由电子，载流子数密度为 n，平均漂移速度为 v，其运动方向与电流方向相反，将受到大小为 $F_{\mathrm{m}} = evB$ 的洛伦兹力作用而向导电板的下侧聚集，而上侧因缺少了负电荷而出现正电荷聚集，结果在薄板上下两面分别聚积了正电荷和负电荷，并产生由上至下的电场强度为 $\boldsymbol{E}$ 的电场(又称霍尔电场)，电子就要受到一个与洛伦兹力方向相反的电场力 $F_{\mathrm{e}} = eE$. 随着正负电荷在薄板上下两面的积累，F_{e} 不断增大，当 $F_{\mathrm{m}} = F_{\mathrm{e}}$ 时，载流子受力达到平衡，不再作侧向移动，此时，板的 a、b 两面间形成一稳定的霍尔电势差 U_{H}. 由以上分析知，达稳定状态时

$$eE = evB$$

所以

$$E = vB$$

设薄板的宽度为 l，则上下两面间的电势差为

$$U_{\mathrm{H}} = El = vBl$$

由电流 I 的定义，$I = nevS = nevld$，求出 $v = \dfrac{I}{neld}$，代入上式得

$$U_{\mathrm{H}} = \frac{IB}{ned} = \frac{1}{ne} \cdot \frac{IB}{d}$$

与式(11.23)比较，可得金属导体的霍尔系数为

$$R_{\mathrm{H}} = \frac{1}{ne}$$

考虑到电子的电量为负值，故金属导体的霍尔系数为负值．如果导电体中的载流子带正电，电量为 q，则霍尔系数为

$$R_{\mathrm{H}} = \frac{1}{nq} \tag{11.24}$$

此时，霍尔电势差的极性也相反．由以上结果可知，若载流子带正电，则霍尔系数为正值；若载流子带负电，则霍尔系数为负值．半导体有电子型(N 型)和空穴型(P 型)两种，前者的载流子为电子，带负电，后者的载流子为“空穴”，相当于带正电的粒子，可以根据霍尔系数的正负判断半导体的类型.

在金属导体中，自由电子数密度很大，故其霍尔系数很小，相应的霍尔电势差也很小．而半导体的载流子数密度很小，因而霍尔系数比金属导体大得多，能够产生很强的霍尔效应.

霍尔效应在科学技术中有很普遍的应用，利用霍尔效应可制成多种半导体材料的霍尔元件，广泛应用于测量磁场、测量交直流电路的电功率，以及转化和放大电信号等，在测量技术、自动控制技术、计算机技术等领域有广泛应用.

1980 年，德国物理学家克利青(Klitzing)发现，半导体霍尔器材在超低温和强磁场下，霍尔电势差与磁感应强度的关系不是式(11.23)所示的线性关系，而呈现出阶梯状关系，这一现象称为量子霍尔效应．现行的标准电阻就是应用量子霍尔效应来标定的．随后，美国物理学家崔琦等人又发现了分数量子霍尔效应．为此，他们分别获得了 1985 年和 1998 年的诺贝尔物理学奖.

§11.7　磁场对载流导线的作用

11.7.1　安培力

载流导线在磁场中会受到磁场力的作用，其作用规律是法国物理学家安培通过实验总结出来的，故称为安培力．产生安培力的微观机制，实质上是磁场对载流导线中的运动电荷作用的结果．由于导线中的电流是由大量载流子定向移动形成的，在磁场中，这些运动的载流

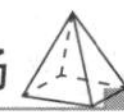

子受到洛伦兹力的作用，宏观上就表现为载流导线受到了磁场力的作用.

为计算任意形状的载流导线在磁场中受到的安培力，首先应该找到电流元 $I\mathrm{d}\boldsymbol{l}$ 受安培力的规律. 在载流导线上任取一电流元，其所在处的磁感应强度为 $\boldsymbol{B}$，设导线的横截面积为 S，单位体积内有 n 个载流子，每个载流子带电量均为 q，且都以同一速度 $\boldsymbol{v}$ 运动. 由洛伦兹力公式，每一个载流子所受洛伦兹力为 $q\boldsymbol{v}\times\boldsymbol{B}$，而在该电流元中共有 $nS\mathrm{d}l$ 个载流子，这些载流子所受洛伦兹力的总和为

$$\mathrm{d}\boldsymbol{F} = nS\mathrm{d}lq\boldsymbol{v}\times\boldsymbol{B}$$

从宏观上看，就是电流元受到的安培力，由于 $nSqv$ 是单位时间内通过导线横截面 S 的电量即电流 I，载流子的漂移方向即电流方向，所以上式可写为

$$\mathrm{d}\boldsymbol{F} = I\mathrm{d}\boldsymbol{l}\times\boldsymbol{B} \tag{11.25a}$$

上式为安培定律的矢量式，也称为安培力公式. 磁场对电流元的作用力大小等于电流元大小 $I\mathrm{d}l$、电流元所在处磁感应强度的大小 B 及电流元 $I\mathrm{d}\boldsymbol{l}$ 和 $\boldsymbol{B}$ 之间夹角 θ 的正弦的乘积，即

$$\mathrm{d}F = I\mathrm{d}lB\sin\theta$$

$\mathrm{d}\boldsymbol{F}$ 方向为 $I\mathrm{d}\boldsymbol{l}\times\boldsymbol{B}$ 的方向，由右手螺旋法则确定.

任意形状的载流导线在磁场中受到的安培力，应等于各电流元所受安培力的矢量和，即

$$\boldsymbol{F} = \int_L I\mathrm{d}\boldsymbol{l}\times\boldsymbol{B} \tag{11.25b}$$

应注意，式(11.25b)为矢量积分，当载流导线各电流元所受安培力的大小和方向均不相同时，应把矢量积分化为标量积分，即先把 $\mathrm{d}\boldsymbol{F}$ 在各坐标轴上分解，再分别求出各方向上的分力，最后求出合力.

概念检查 8

电流元在磁场中某处沿 x 轴的正方向放置时不受力，将它转向沿 y 轴的正方向放置时受到的安培力指向 z 轴的正方向，指出该电流元所在位置磁场的方向.

例 11.8 计算无限长平行载流直导线间的相互作用力.

如图 11.25 所示，两无限长平行载流直导线相距为 d，分别通有同向电流 I_1 和 I_2，求两导线单位长度上的相互作用力.

解 电流 I_1 在电流 I_2 处产生的磁场为

$$B_1 = \frac{\mu_0 I_1}{2\pi d}$$

方向如图 11.25 所示，导线 2 上电流元 $I_2\mathrm{d}\boldsymbol{l}_2$ 受到的磁场力为

$$\mathrm{d}F_{21} = B_1 I_2 \mathrm{d}l_2 = \frac{\mu_0 I_1 I_2}{2\pi d}\mathrm{d}l_2$$

方向在两平行导线所组成的平面内，指向导线 1. 同理，可求得导线 1 上电流元 $I_1\mathrm{d}\boldsymbol{l}_1$ 受到的磁场力为

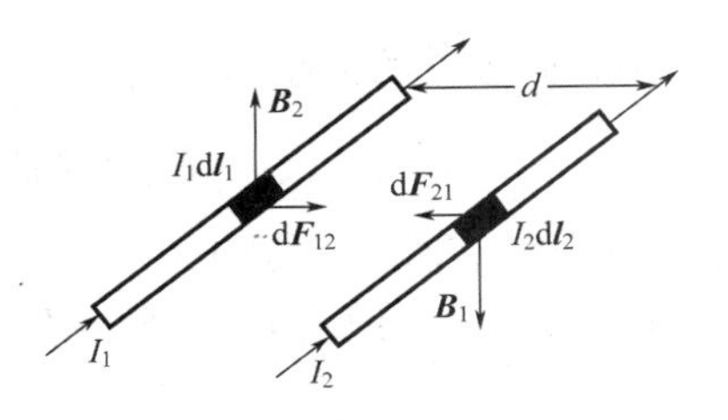

图 11.25 平行长直载流导线的相互作用

$$dF_{12}=B_2I_1dl_1=\frac{\mu_0I_1I_2}{2\pi d}dl_1$$

方向指向导线 2. 由以上结果可知，两载流导线单位长度上受到的作用力相等，为

$$f=\frac{dF_{21}}{dl_2}=\frac{dF_{12}}{dl_1}=\frac{\mu_0I_1I_2}{2\pi d} \tag{11.26}$$

上述结果表明，两载有同向电流的平行长直导线，通过磁场的作用相互吸引，同理可证明，若电流流向相反，则两导线相互排斥.

例 11.9 如图 11.26 所示，通有电流 I 的半圆形闭合回路放在磁感应强度为 $\boldsymbol{B}$ 的均匀磁场中，回路由直导线 AB 和半径为 R 的半圆弧导线 BCA 组成，磁场方向与回路平面垂直，求磁场作用在载流回路上的力.

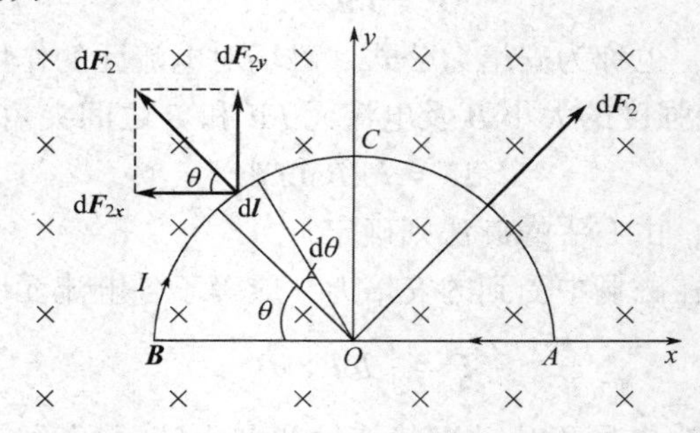

图 11.26 例 11.9 图

解 取坐标系 Oxy 如图 11.26 所示. 整个回路所受的力为导线 AB 和半圆环 BCA 所受力的矢量和. 直导线 AB 的长度为 $2R$，由安培力公式，其受力为

$$F_1=\int_0^{2R}IBdl=2BIR$$

$\boldsymbol{F}_1$ 的方向沿 y 轴的负方向.

对于半圆弧 BCA，在其上任取电流元 $Id\boldsymbol{l}$，受到的安培力大小为

$$dF_2=BIdl$$

$d\boldsymbol{F}_2$ 方向沿径向向外，如图 11.26 所示. 显然 BCA 上各个电流元受到的力 $d\boldsymbol{F}_2$ 的方向各不相同，由于半圆弧对称于 y 轴，故各个电流元所受安培力 $d\boldsymbol{F}_2$ 在 x 轴方向上的分量相互抵消，即

$$F_{2x}=\int dF_{2x}=0$$

其 y 轴方向分量的大小为

$$F_{2y}=\int dF_{2y}=\int_0^{\pi}BIRd\theta\sin\theta=2BIR=F_2$$

$\boldsymbol{F}_2$ 的方向沿 y 轴的正方向.

由上述计算可知，$\boldsymbol{F}_1+\boldsymbol{F}_2=\boldsymbol{0}$，所以整个闭合回路受到的合力为

$$\boldsymbol{F}=\boldsymbol{F}_1+\boldsymbol{F}_2=\boldsymbol{0}$$

从本例结果可以得出如下结论：在均匀磁场中，任意形状的闭合载流回路所受的磁场力为零，即

$$\boldsymbol{F}=\oint_L Id\boldsymbol{l}\times\boldsymbol{B}=\boldsymbol{0}$$

11.7.2 磁场对载流线圈的作用

载流线圈在外磁场中要受到磁力矩的作用，在磁力矩作用下，线圈会发生偏转，这正是各种发电机、电动机和磁电式仪表都要涉及的问题，研究平面载流线圈在磁场中的受力具有重要的实际意义．

如图 11.27(a)所示，在磁感应强度为 $\boldsymbol{B}$ 的均匀磁场中，有一刚性的长方形载流线圈 $abcda$，边长分别为 l_1 和 l_2，线圈中的电流为 I. 设线圈平面与磁场方向成任意角 θ，即线圈平面的法线方向与 $\boldsymbol{B}$ 的夹角 $\varphi=\dfrac{\pi}{2}-\theta$.

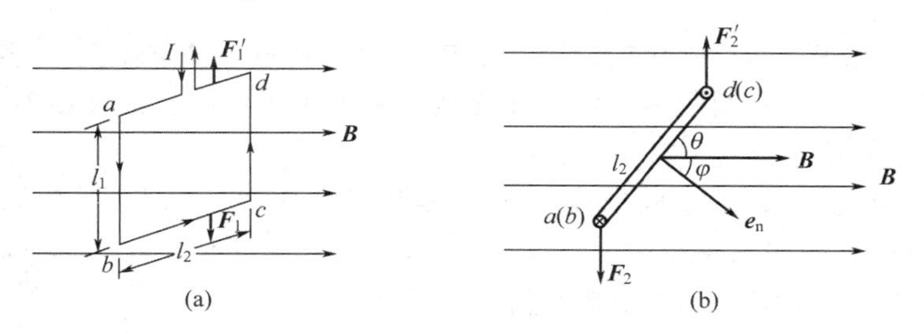

图 11.27 磁场对载流线圈的作用

(a)侧视；(b)俯视

由安培定律，导线 bc 和 ad 所受的磁场力大小分别为

$$F_1=BIl_2\sin\theta$$

$$F_1'=BIl_2\sin(\pi-\theta)=BIl_2\sin\theta$$

$\boldsymbol{F}_1$ 和 $\boldsymbol{F}_1'$ 大小相等、方向相反，并且作用在同一条直线上，相互抵消，对线圈的运动无任何影响.

导线 ab 和 cd 都与 $\boldsymbol{B}$ 垂直，所受的磁场力大小相等，为

$$F_2=F_2'=BIl_1$$

$\boldsymbol{F}_2$ 和 $\boldsymbol{F}_2'$ 大小相等、方向相反，但力的作用线不在同一条直线上，如图 11.27(b)所示．二者形成一力偶，对线圈作用的力矩大小为

$$M=F_2l_2\cos\theta=BIl_1l_2\cos\theta=BIS\cos\theta$$

若线圈的正法向单位矢量 $\boldsymbol{e}_n$($\boldsymbol{e}_n$ 与电流方向成右手螺旋关系)与 $\boldsymbol{B}$ 的夹角为 φ，则

$$M=BIS\sin\varphi$$

由载流线圈磁矩的定义 $\boldsymbol{p}_m=IS\boldsymbol{e}_n$，上式写成矢量形式为

$$\boldsymbol{M}=\boldsymbol{p}_m\times\boldsymbol{B} \tag{11.27}$$

由上式可知，均匀磁场对平面载流线圈的磁力矩不仅与线圈中的电流 I、线圈面积 S 及磁感应强度 $\boldsymbol{B}$ 有关，还与线圈平面和磁感应强度的夹角有关．式(11.27)虽然是由矩形线圈导出的，但可以证明，对于均匀磁场中的任意形状的平面载流线圈均成立.

平面载流线圈在均匀磁场中所受的合力为零，仅受一磁力矩的作用，该力矩总是力图使线圈的磁矩 $\boldsymbol{p}_m$ 方向转到和外磁场磁感应强度 $\boldsymbol{B}$ 一致的方向上来．当 $\varphi=\pi/2$ 时，即线圈平面与磁场平行时，如图 11.28(a)所示，线圈所受的磁力矩最大，$M=BIS$. 当 $\varphi=0$ 和 $\varphi=\pi$ 时，力矩 $M=0$. 但是，当 $\varphi=0$ 时，线圈处于稳定的平衡态，如图 11.28(b)所示，此时如果给线圈一个微扰，线圈能够自动返回原来的平衡态；当 $\varphi=\pi$ 时，线圈处于非稳定的平衡

态，如图 11.28(c)所示.

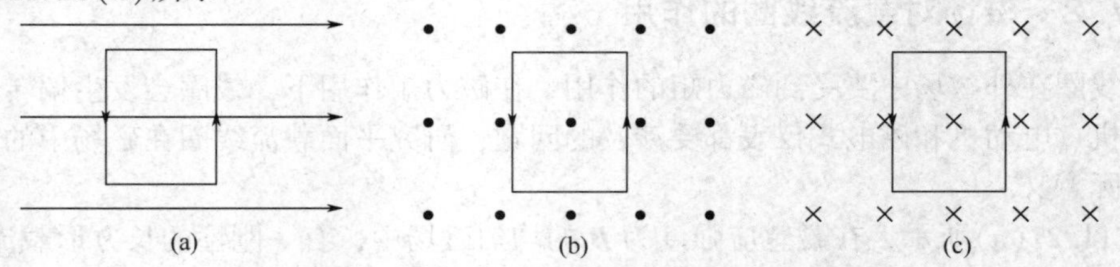

图 11.28　载流线圈受外磁场磁力矩作用

(a) $\varphi=\frac{\pi}{2}$；(b) $\varphi=0$；(c) $\varphi=\pi$

如果载流线圈处在不均匀磁场中，由于各电流元所在处的 $\boldsymbol{B}$ 不同，故各电流元所受到的力也不同．因此，整个线圈所受的合力和合力矩一般不等于零，线圈既有平动又有转动，运动较为复杂，这里不再作进一步的讨论.

例 11.10　一半径为 R 的半圆形闭合载流线圈通有电流 I，置于磁感应强度为 $\boldsymbol{B}$ 的均匀磁场中，且 $\boldsymbol{B}$ 的方向与线圈平面平行，如图 11.29 所示，求该线圈的磁矩和所受到的磁力矩.

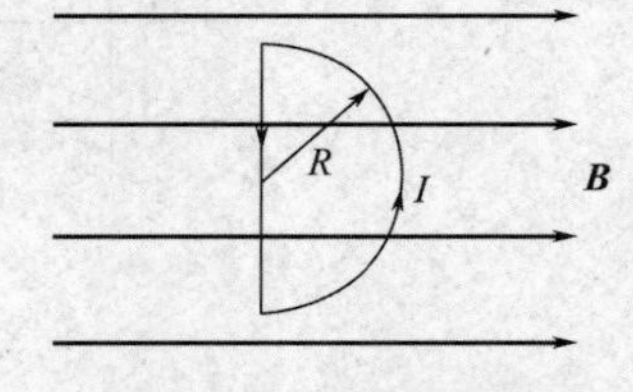

图 11.29　例 11.10 图

解　由闭合线圈磁矩的概念，有

$$\boldsymbol{p}_{\mathrm{m}}=IS\boldsymbol{e}_{\mathrm{n}}=I\frac{\pi R^2}{2}\boldsymbol{e}_{\mathrm{n}}$$

方向垂直于纸面向外．根据式(11.27)，线圈所受磁力矩的大小为

$$M=ISB\sin\varphi=ISB\sin\frac{\pi}{2}=IB\frac{\pi R^2}{2}$$

方向沿纸面向上.

§11.8　物质的磁性

处于静电场中的电介质要被电场极化，极化的电介质会影响原电场的分布．与此相似，磁场中的物质在磁场作用下会发生磁化，而磁化后的物质反过来会对磁场产生影响．这种在磁场作用下发生磁化并反过来影响磁场分布的物质，称为磁介质．下面，用类似于讨论电介质极化的方法，讨论磁介质对磁场的影响，并介绍磁介质中磁场所遵循的规律.

11.8.1　磁介质及其磁化机制

设真空中某点的磁感应强度为 $\boldsymbol{B}_0$，放入各向同性的磁介质后，磁化的磁介质产生的附加磁场的磁感应强度为 $\boldsymbol{B}'$，这时磁场中该点的磁感应强度 $\boldsymbol{B}$ 应为这两个磁感应强度的矢量和，即

$$\boldsymbol{B}=\boldsymbol{B}_0+\boldsymbol{B}' \tag{11.28}$$

实验表明，$\boldsymbol{B}'$ 的大小和方向随磁介质而异，依此可将磁介质分为三类.

(1)顺磁质：顺磁质产生的 $\boldsymbol{B}'$ 与 $\boldsymbol{B}_0$ 同向，使得 $B>B_0$，如氧、铝、铬、锰、铂等均属顺磁质.

(2)抗磁质：抗磁质产生的 $\boldsymbol{B}'$ 与 $\boldsymbol{B}_0$ 反向，使得 $B<B_0$，如金、银、铜、汞、锌、铅等

均属抗磁质.

(3)铁磁质：铁磁质产生的 $\boldsymbol{B}'$ 与 $\boldsymbol{B}_0$ 同向，且 $B' \gg B_0$，使得 $B \gg B_0$，如铁、钴、镍等均属铁磁质.

顺磁质和抗磁质的磁性都较弱，产生的附加磁场较弱，对原磁场的影响较微小，统称为弱磁质．而铁磁质的磁性很强，产生的附加磁场比原磁场强得多，称为强磁质.

不同种类磁介质的磁化机理不同，运用分子电流学说可以简要说明顺磁质和抗磁质磁化的微观机制，而铁磁质的磁化机制需用磁畴理论解释，对此将在后面另作介绍.

为了说明磁介质的磁化，必须先了解物质的微观电子的运动规律．从物质的微观结构来看，物质分子中每个电子都绕原子核作轨道运动，电子的轨道运动可看成一个圆电流，具有轨道磁矩；另外，电子还有自旋运动，相应的具有自旋磁矩．一个分子中所有电子的全部磁矩的矢量和就构成了这个分子的固有磁矩，简称分子磁矩，用 $\boldsymbol{p}_{\mathrm{m}}$ 表示．分子磁矩可看成由一个等效的圆分子电流产生的.

对于顺磁质，每个分子磁矩都不为零．在无外磁场时，由于分子的热运动使各分子磁矩的取向杂乱无章，故在一定的宏观体积内，所有分子磁矩的矢量和为零，即 $\sum \boldsymbol{p}_{\mathrm{m}} = \boldsymbol{0}$，对外不显磁性，如图 11.30(a)所示．当有外磁场 $\boldsymbol{B}_0$ 存在时，每个分子磁矩将会受到外磁场磁力矩的作用，使各分子磁矩都不同程度地沿外磁场的方向排列，因此在一宏观小体积内，所有分子磁矩的矢量和不再为零，即 $\sum \boldsymbol{p}_{\mathrm{m}} \neq \boldsymbol{0}$，其方向沿外磁场方向，如图 11.30(b)所示．它们将沿外磁场方向产生一附加磁场 $\boldsymbol{B}'$，从而使磁介质内部的磁感应强度增加，即

$$B = B_0 + B'$$

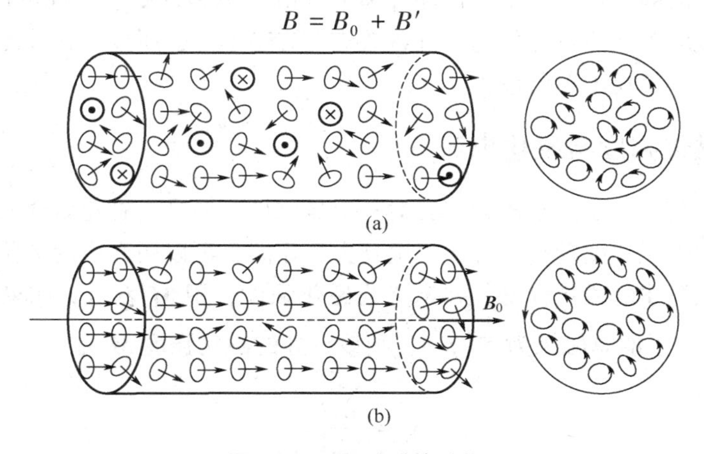

图 11.30 顺磁质的磁化

(a)无外磁场时分子磁矩的取向杂乱无章；(b)有外磁场时部分分子磁矩的取向一致

抗磁质的分子结构与顺磁质不同，每个分子磁矩都等于零，则 $\sum \boldsymbol{p}_{\mathrm{m}} = \boldsymbol{0}$，所以无外磁场时，对外不显磁性．但是，在外磁场作用下，分子中每个电子的轨道运动将会受到影响，从而产生附加磁矩，且附加磁矩的方向与外磁场方向相反，宏观上便显现出抗磁性．对此简要说明如下.

原子中的电子在库仑力的作用下以速率 v 绕原子核作圆周运动，如图 11.31(a)所示．若外磁场 $\boldsymbol{B}_0$ 的方向与电子的轨道磁矩方向一致，则电子受到的洛伦兹力沿轨道半径向外，这

将会使电子运动的向心力减小．若要使电子的轨道半径保持不变，电子运动的速率就要减小．由于电子轨道磁矩的大小与其运动速率成正比，所以电子轨道磁矩随电子速率的减小而减小，这就等效于产生了一个与 $\boldsymbol{B}_0$ 方向相反的附加磁矩 $\Delta\boldsymbol{p}_{\mathrm{m}}$.

如果外磁场 $\boldsymbol{B}_0$ 方向与电子轨道磁矩方向相反，如图 11.31(b)所示，同样可作类似上述分析，得出附加磁矩 $\Delta\boldsymbol{p}_{\mathrm{m}}$ 与 $\boldsymbol{B}_0$ 方向相反的结论．因此，不论电子轨道磁矩的方向与 $\boldsymbol{B}_0$ 方向相同或相反，均能产生一个与 $\boldsymbol{B}_0$ 方向相反的附加磁矩 $\Delta\boldsymbol{p}_{\mathrm{m}}$，结果也就产生了一个与 $\boldsymbol{B}_0$ 反向的附加磁场 $\boldsymbol{B}'$，从而使磁介质内部的磁感应强度减小，即

$$B = B_0 - B'$$

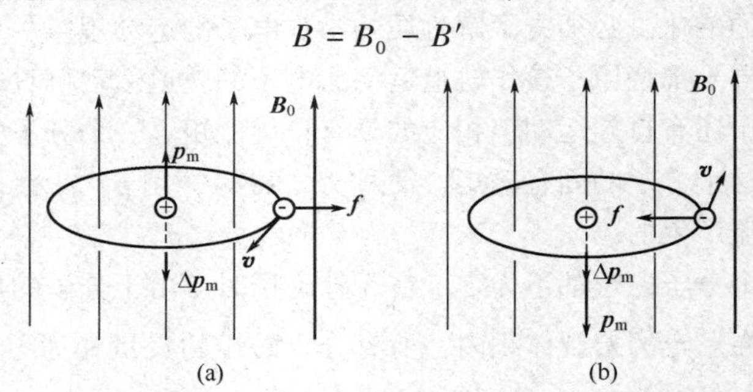

图 11.31　抗磁质的磁化

(a)外磁场 $\boldsymbol{B}_0$ 与电子轨道磁矩平行；(b)外磁场 $\boldsymbol{B}_0$ 与电子轨道磁矩反向平行

应当指出，抗磁效应不只是抗磁质所独有的，任何物质都具有抗磁性，任何物质分子中的电子都在作绕核的圆形轨道运动，在外磁场下都能产生和外磁场反向的附加磁矩．但是，顺磁质中的抗磁效应和顺磁效应相比，抗磁效应可忽略不计，所以其在外磁场中的磁化主要取决于其顺磁效应，表现出顺磁性.

11.8.2　磁化强度与磁化电流

磁介质被磁化前，分子总磁矩为零，对外不显磁性．但是，磁化后介质内分子总磁矩将不再为零，且介质磁化程度越高，总磁矩也越大．显然，可以用介质内单位体积中分子磁矩的矢量和来描述磁介质的磁化程度，并定义为磁化强度，用 $\boldsymbol{M}$ 表示．如果磁介质中某点附近小体积元 ΔV 内分子的总磁矩为 $\sum \boldsymbol{p}_{\mathrm{m}}$，则该点处的磁化强度 $\boldsymbol{M}$ 为

$$\boldsymbol{M} = \frac{\sum \boldsymbol{p}_{\mathrm{m}}}{\Delta V} \tag{11.29}$$

在国际单位制中，$\boldsymbol{M}$ 的单位是安培每米($\mathrm{A \cdot m^{-1}}$).

磁介质的磁化还可以用磁化电流来进行描述．磁化电流与电介质极化时的极化电荷相当，极化电荷产生附加电场，而磁化电流产生附加磁场．磁化强度与磁化电流的关系和电介质极化时电极化强度与极化电荷的关系类似．下面通过一个特例来说明.

如图 11.32(a)所示，设有一长直载流螺线管，管内充满各向同性的顺磁质，通有电流 I 后，螺线管内部将产生均匀磁场，使管内介质均匀磁化，此时介质中各个分子的磁矩将沿着磁场的方向排列. 图 11.32(b)表示了磁化后横截面上各分子电流的排列情况，在介质内任一点处，相邻分子圆电流总是成对反向的，相互抵消，而在横截面边缘上，各圆

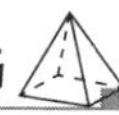

电流未被抵消掉，这些圆电流彼此首尾相连，结果就形成沿横截面边缘的圆电流．螺线管每一截面上均有相应的圆电流，总的来看，相当于介质表面出现了一个沿圆柱形表面流动的面电流，这种因磁化而在介质上出现的等效电流叫作磁化电流，用 I_s 表示．可见，顺磁质中 I_s 与 I 方向相同，若为抗磁质，则 I_s 与 I 方向相反．在均匀磁化的情况下，磁化电流只分布在介质表面.

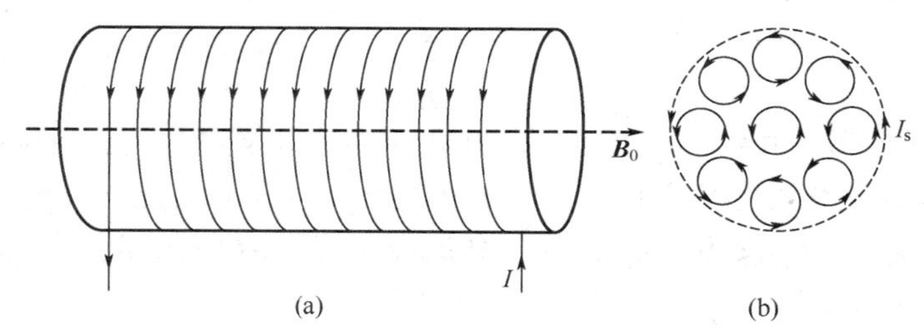

图 11.32　长直螺线管中均匀顺磁质表面出现的磁化电流

显然，磁化强度和磁化电流都是对介质磁化程度的描述，两者之间具有一定的关系．可以证明，两者之间的关系为

$$\oint_L \boldsymbol{M} \cdot \mathrm{d}\boldsymbol{l} = \sum I_s \tag{11.30}$$

即磁化强度 $\boldsymbol{M}$ 沿任意闭合路径 L 的积分等于该闭合路径所包围的磁化电流的代数和.

11.8.3　有磁介质时的安培环路定理

由上述讨论可知，螺线管中的磁介质被磁化后，相当于在螺线管上增加了一个电流 I_s. 因此，有磁介质时，磁场是由传导电流 I 和磁化电流 I_s 共同产生的，此时，安培环路定理应为

$$\oint_L \boldsymbol{B} \cdot \mathrm{d}\boldsymbol{l} = \mu_0 \sum (I + I_s) \tag{11.31}$$

上式中由于 I_s 不能预先知道，且 I_s 又和磁感应强度 $\boldsymbol{B}$ 有关，用上式直接来求磁场的分布较为困难．为解决这一问题，可采用引入辅助量的方法．为此，利用式(11.30)将式(11.31)写为

$$\oint_L \boldsymbol{B} \cdot \mathrm{d}\boldsymbol{l} = \mu_0 \left(\sum I + \oint_L \boldsymbol{M} \cdot \mathrm{d}\boldsymbol{l} \right)$$

即

$$\oint_L \left(\frac{\boldsymbol{B}}{\mu_0} - \boldsymbol{M} \right) \cdot \mathrm{d}\boldsymbol{l} = \sum I$$

引入一个描述磁场的辅助物理量——磁场强度 $\boldsymbol{H}$，定义

$$\boldsymbol{H} = \frac{\boldsymbol{B}}{\mu_0} - \boldsymbol{M} \tag{11.32}$$

则有

$$\oint_L \boldsymbol{H} \cdot \mathrm{d}\boldsymbol{l} = \sum I \tag{11.33}$$

上式表明，磁场强度 $\boldsymbol{H}$ 沿任意闭合路径 L 的积分等于该闭合路径所包围的传导电流的代数和，这就是有磁介质时的安培环路定理．虽然上式是由载流螺线管这一特例导出的，但

可以证明它是一个普适定理.

在没有磁介质时，磁化强度 $\boldsymbol{M}=\boldsymbol{0}$，式(11.33)就还原为式(11.15)的形式．显然，式(11.33)是恒定磁场的安培环路定理的更为普遍的形式.

式(11.32)对任何磁介质都是成立的，但磁化强度 $\boldsymbol{M}$ 不仅和磁介质的性质有关，而且和磁介质所在处的磁场有关．定义

$$\chi_{\mathrm{m}}=\frac{M}{H} \tag{11.34a}$$

χ_{m} 称为磁介质的磁化率．由式(11.32)可知，H 和 M 具有相同的量纲，所以磁化率 χ_{m} 是一个无量纲的常数，仅与磁介质的性质有关．对于顺磁质，$\chi_{\mathrm{m}}>0$，磁化强度 $\boldsymbol{M}$ 和磁场强度 $\boldsymbol{H}$ 方向相同；对于抗磁质，$\chi_{\mathrm{m}}<0$，磁化强度 $\boldsymbol{M}$ 和磁场强度 $\boldsymbol{H}$ 方向相反．式(11.34a)可写为

$$\boldsymbol{M}=\chi_{\mathrm{m}}\boldsymbol{H} \tag{11.34b}$$

将上式代入式(11.32)，整理得

$$\boldsymbol{B}=\mu_0(\boldsymbol{H}+\boldsymbol{M})=\mu_0(1+\chi_{\mathrm{m}})\boldsymbol{H}$$

通常令

$$\mu_{\mathrm{r}}=1+\chi_{\mathrm{m}}$$

$$\mu=\mu_0\mu_{\mathrm{r}}$$

由此可得 $\boldsymbol{B}$ 和 $\boldsymbol{H}$ 之间的关系为

$$\boldsymbol{B}=\mu_0\mu_{\mathrm{r}}\boldsymbol{H}=\mu\boldsymbol{H} \tag{11.35}$$

式中，μ_{r} 为磁介质的相对磁导率，它是一个无量纲的量；μ 为磁介质的磁导率，是一个与 μ_0 有相同量纲的量．在真空中，$\boldsymbol{M}=\boldsymbol{0}$，故 $\chi_{\mathrm{m}}=0$，$\mu_{\mathrm{r}}=1$；对于顺磁质，$\chi_{\mathrm{m}}>0$，$\mu_{\mathrm{r}}>1$；对于抗磁质，$\chi_{\mathrm{m}}<0$，$\mu_{\mathrm{r}}<1$. 几种常见磁介质在常温常压下的相对磁导率如表11.1所示.

表11.1　几种常见磁介质在常温常压下的相对磁导率

磁介质		相对磁导率
顺磁质 $\mu_{\mathrm{r}}>1$	氧	$1+2.0\times10^{-5}$
	铝	$1+2.3\times10^{-5}$
	镁	$1+1.2\times10^{-5}$
抗磁质 $\mu_{\mathrm{r}}<1$	汞	$1-3.2\times10^{-5}$
	铜	$1-1.0\times10^{-5}$
	铋	$1-1.66\times10^{-5}$
铁磁质 $\mu_{\mathrm{r}}\gg1$	硅钢	$4.5\times10^{2}\sim8.0\times10^{4}$
	铁氧体	1.0×10^{3}
	坡莫合金	$2.5\times10^{3}\sim1.5\times10^{5}$

利用有磁介质时的安培环路定理可以比较方便地求解有磁介质时的磁场分布．当磁场分布具有特殊对称性时，可根据传导电流的分布先由式(11.33)求出 $\boldsymbol{H}$ 的分布，再利用式(11.35)求出 $\boldsymbol{B}$ 的分布．下面通过例题来说明.

例11.11　如图11.33所示，一半径为 R_1 的无限长圆柱形导体中均匀流有电流 I，它的外面有一半径为 R_2 的同轴圆柱面，并在两柱面间充满相对磁导率为 μ_{r} 的均匀磁介质，电流

I 沿外壁流回，求磁场分布.

解 由于传导电流 I 和磁介质分布具有轴对称性，所以磁场分布也具有轴对称性．若以轴线上某点为圆心，在与轴线垂直的平面内以任意半径 r 作圆，则圆周上各点的磁场强度 $\boldsymbol{H}$ 和磁感应强度 $\boldsymbol{B}$ 的大小均分别相等，方向都沿圆周切线方向，因此可把这样的圆作为积分回路 L，由有磁介质时的安培环路定理，得

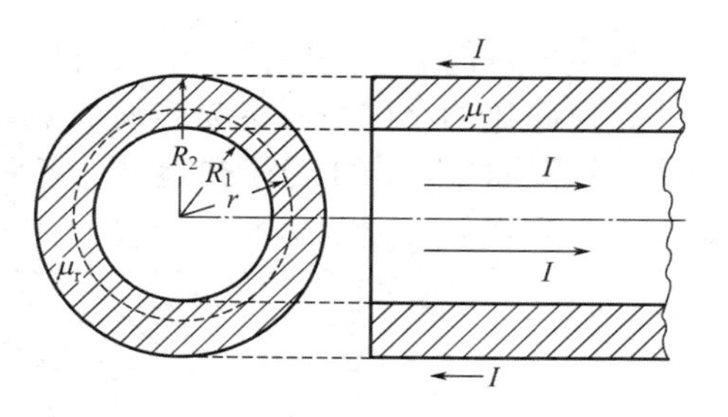

图 11.33 例 11.11 图

$$\oint_L \boldsymbol{H}\cdot d\boldsymbol{l} = H\cdot 2\pi r = \sum I$$

当 $0 \leqslant r < R_1$ 时，

$$H_1 \cdot 2\pi r = \sum I = \frac{I}{\pi R_1^2}\cdot \pi r^2$$

可得

$$H_1 = \frac{Ir}{2\pi R_1^2}$$

$$B_1 = \mu_1 H_1 = \mu_0 H_1 = \frac{\mu_0 Ir}{2\pi R_1^2}$$

当 $R_1 < r < R_2$ 时，

$$H_2 \cdot 2\pi r = \sum I = I$$

可得

$$H_2 = \frac{I}{2\pi r}$$

$$B_2 = \mu_2 H_2 = \frac{\mu_0\mu_r I}{2\pi r}$$

当 $r > R_2$ 时，

$$H_3 \cdot 2\pi r = \sum I = 0$$

$$H_3 = 0$$

$$B_3 = 0$$

§11.9 铁磁质

铁磁质是以铁为代表的一类磁性很强的物质，铁、钴、镍及其合金，还有铁氧化物等都是铁磁质．铁磁质具有许多特殊的性质，因此它们在机电工程、自动控制系统、无线电技术和当代信息技术中均有广泛应用.

11.9.1 磁畴

铁磁质的磁化机制与弱磁质不同，这与铁磁质特有的微观结构有关．在铁磁质中，相邻原子间存在着一种很强的“交换耦合”作用(属于量子理论)，使得在无外磁场的情况下，电

子的自旋磁矩能够在一些微小区域内自发地整齐排列起来，形成一个个自发磁化的小区域，这些自发磁化的小区域就称为磁畴．磁畴的线度为毫米级，由 $10^{17}\sim10^{21}$ 个分子组成．在未磁化的铁磁质中，由于分子热运动，各磁畴磁矩排列的方向是杂乱无章的，铁磁质内的总磁矩为零，宏观上不显示磁性，如图 11.34(a)所示.

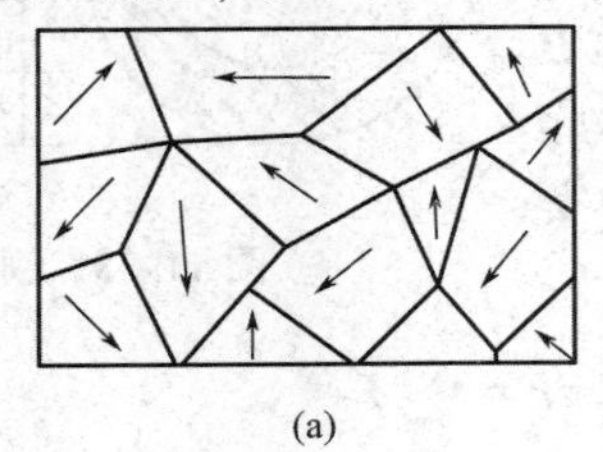
(a)

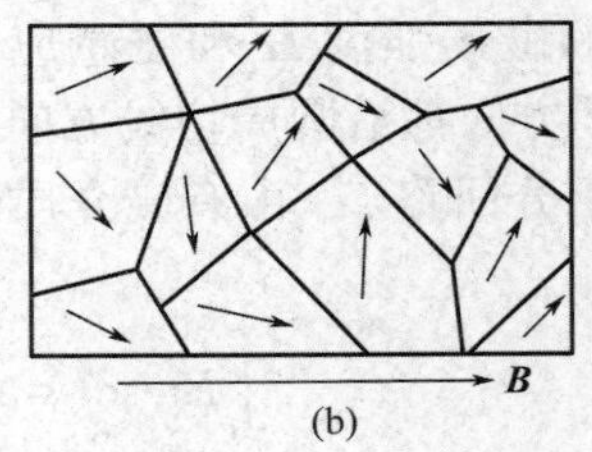

(b)

图 11.34　磁畴

(a)无外磁场；(b)有外磁场

当有外磁场作用时，铁磁质内各个磁畴的磁矩都趋向于沿外磁场方向排列，如图 11.34(b)所示．当外磁场增强到一定程度，铁磁质中所有磁畴的磁化方向都沿外磁场方向排列起来，此时，铁磁质的磁化达到饱和状态，由于各磁畴中的磁矩均沿外场方向整齐排列，所以此时铁磁质具有很强的磁性.

由实验还知道，铁磁质的磁化和温度有关，当温度升高到一定温度时，剧烈的分子热运动会瓦解铁磁质磁畴内磁矩的规则排列，在临界温度(居里点)时，铁磁质就完全变成了一般的顺磁质.

11.9.2　铁磁质的磁化规律

铁磁质的磁化规律可用 $B-H$ 实验曲线(或 $M-H$ 实验曲线)表示.

用待测的铁磁质为芯制成螺绕环，线圈中通以电流 I，设螺绕环单位长度的匝数为 n，由安培环路定理可知，环内铁磁质中磁场强度 $\boldsymbol{H}$ 的大小为 $H=nI$，通过测量 I 就可得到 H. 另外，对于一定的电流 I，也可测出铁芯中相应的磁感应强度 B. 在实验中不断地改变 I 的大小，测得相应的 B 和 H 值，就可画出表征铁磁质磁化规律的 $B-H$ 实验曲线，图 11.35 是某种铁磁质开始磁化时的 $B-H$ 实验曲线，即初始磁化曲线.

由图可见，铁磁质中 B 和 H 的关系是非线性的．B 随 H 的变化可分为如下几个阶段：

OA 段，B 随 H 的增加而缓慢增加；

AB 段，B 随 H 的增加而迅速增加；

BC 段，B 随 H 的增加又趋于缓慢增加；

CS 段，H 增大到某一数值 H_s 后，B 几乎不再随 H 的增加而增加，这时铁磁质达到磁饱和状态，此时对应的磁感应强度 B_s 称为饱和磁感应强度.

在实际应用中，铁磁材料多处于交变磁场中，由于 $H=nI$，故此时 H 的大小和方向也将发生周期性的变化，此时铁磁质中的 B 将如何变化呢?

实验表明，各种铁磁质的初始磁化曲线都是不可逆的．当铁磁质的磁化曲线达到饱和状态 S 之后，逐渐减小 H，此时 B 也随之减小，但并不沿原来的初始磁化曲线减小，而是沿另一曲线比较缓慢地减小，如图 11.36 所示．这种 B 的变化落后于 H 变化的现象叫作磁滞现象.

由于磁滞现象的存在，当 $I=0$ 时，$H=0$，但 B 并未减小到零，而是仍有一定的数值 B_r，这种撤去外磁场后铁磁质内仍保留的磁化状态称为剩磁.

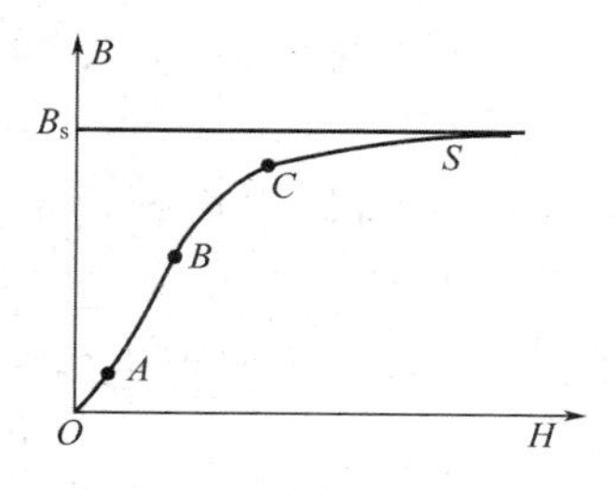

图 11.35　初始磁化曲线

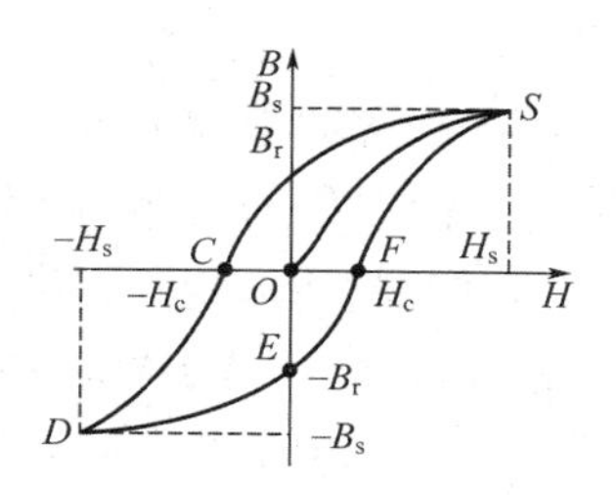

图 11.36　磁滞回线

要消除剩磁，使铁磁质中的 B 为零，必须加以反向磁场强度 H. 当 $H=-H_c$ 时(C 点)，B 才等于零. 使磁化后的铁磁质完全退磁所加的反向磁场强度 H_c 叫作矫顽力. H_c 的大小反映了铁磁质保持剩磁状态的能力. 当反向磁场强度继续增大时，铁磁质会被反向磁化，直至达到反向饱和状态(D 点).

从反向饱和状态开始，将反向磁场强度 H 减小到零，然后又沿原来的方向逐渐增大，铁磁质的状态将沿曲线 $DEFS$ 曲线回到 S，这样，磁化曲线就形成了一条闭合曲线，这一闭合曲线就称为磁滞回线，它关于原点 O 是对称的.

实验表明，铁磁质在交变磁场中的反复磁化过程要伴随着能量损失，这种能量损失称为磁滞损耗. 理论和实践都证明，磁滞损耗与磁滞回线所包围的面积成正比.

11.9.3　铁磁材料分类

不同铁磁质的磁滞回线有很大的不同，根据铁磁质矫顽力的大小，可将铁磁材料分为以下几类.

(1)软磁材料：纯铁、硅钢、坡莫合金等材料的矫顽力较小($H_c<10^2\ \mathrm{A\cdot m^{-1}}$)，因此磁滞回线形状狭长，所围面积较小，如图 11.37(a)所示，这些材料叫作软磁材料. 软磁材料的磁滞损耗较小，易于磁化和退磁，可用于制作继电器、变压器、电磁铁、电机及各种高频电磁元件的磁芯等.

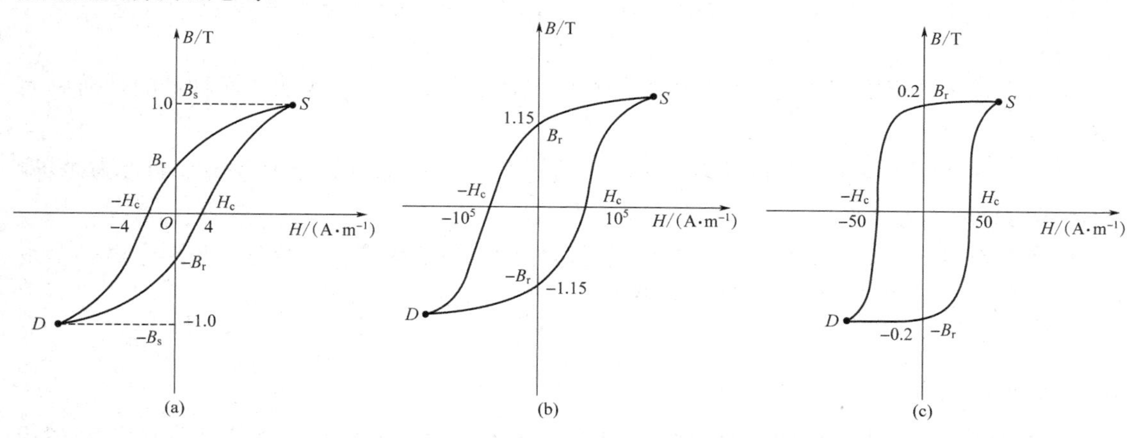

图 11.37　各种铁磁材料的磁滞回线

(a)78 坡莫合金(软磁材料)；(b)Al-Ni-Co8(硬磁材料)；(c)镁锰铁氧体(矩磁材料)

(2)硬磁材料：碳钢、钨钢、铝镍钴合金等材料的矫顽力较大($H_c>10^2\ \mathrm{A\cdot m^{-1}}$)，因而磁滞回线所围的面积较大，如图 11.37(b)所示，这些材料叫作硬磁材料. 硬磁材料的磁滞损耗较大，剩磁感应强度 B_r 较大，不易退磁，适用于制作永久磁铁，如磁电式电表、扬声器、耳机中用的永久磁铁都是由硬磁材料制成的.

(3)矩磁材料：锰镁铁氧体和锂锰铁氧体等材料的磁滞回线形状接近于矩形，如图11.37(c)所示，这些材料叫作矩磁材料．矩磁材料的剩磁感应强度 B_r 接近于饱和值 B_s，高剩磁比 B_r/B_s、低矫顽力 H_c 是矩磁材料的显著特征．根据此特征，矩磁材料可用于制作数字化的磁记录器件、计算机中的存储元件等.

概念检查答案

1. 电场强度相同；电流密度不同；电流由 j 和横截面积共同决定.
2. 不能. $B = F_{max}/qv$，一次测量无法判断电荷受力是不是最大磁场力 F_{max}.
3. 不能. 电流元的延长线上磁场为零.
4. $evr/2$，$\mu_0 ev/4\pi r^2$.
5. 均为零.
6. 不能. $\oint_L \boldsymbol{B} \cdot d\boldsymbol{l} = 0$ 与被积函数 $\boldsymbol{B}$ 为零是两个不同的概念.
7. $\boldsymbol{F}$ 始终垂直于 $\boldsymbol{v}$ 和 $\boldsymbol{B}$，$\boldsymbol{v}$ 和 $\boldsymbol{B}$ 可以有任意夹角.
8. x 轴的负方向.

思考题

思考题解答

11.1　如果通过导体中各处的电流密度不相同，那么电流能否为恒定电流？为什么？

11.2　磁铁产生的磁场与电流产生的磁场本质上是否相同？产生的机制有何区别？

11.3　为什么不把磁场作用于运动电荷的力的方向定义为磁感应强度的方向？

11.4　磁场的安培环路定理与静电场的环路定理的形式不同，表明了两种场的性质有何不同？

11.5　一束质子发生了侧向偏转，(1)造成这个偏转的原因能否为电场？能否为磁场？(2)若是电场或磁场的作用，如何判断是哪一种场？

11.6　均匀磁场中放置两个面积相等且通过相同电流的线圈，一个是三角形，另一个是矩形．问两者所受的最大磁力矩是否相等？

习题

11.1　在一平面内，有两条垂直交叉但相互绝缘的导线，流经两条导线的电流大小相等，方向如习题11.1图所示，在哪些区域中有可能存在磁感应强度为零的点？(　　)

(A)仅在第Ⅰ象限　　　　(B)仅在第Ⅱ象限

(C)仅在第Ⅲ象限　　　　(D)第Ⅰ、Ⅳ象限

(E)第Ⅱ、Ⅳ象限

11.2 载流导线在同一平面内，形状如习题 11.2 图所示，在圆心 O 处产生的磁感应强度的大小为(　　).

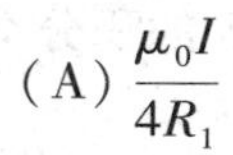

(A) $\dfrac{\mu_0 I}{4R_1}$　　(B) $\dfrac{\mu_0 I}{4R_2}$

(C) $\dfrac{\mu_0 I}{4}\left(\dfrac{1}{R_1}+\dfrac{1}{R_2}\right)$　　(D) $\dfrac{\mu_0 I}{4}\left(\dfrac{1}{R_1}-\dfrac{1}{R_2}\right)$

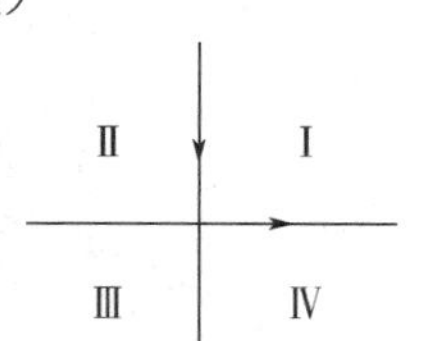

习题 11.1 图

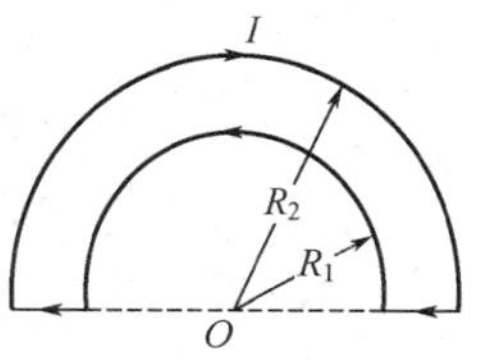

习题 11.2 图

11.3 一圆形回路 1 及一正方形回路 2，圆的直径与正方形的边长相等，二者中通有大小相等的电流，则它们在各自中心处产生的磁感应强度的大小之比 B_1/B_2 为(　　).

(A)0.90　　(B)1.00　　(C)1.11　　(D)1.22

11.4 如习题 11.4 图所示，在磁感应强度为 $\boldsymbol{B}$ 的均匀磁场中作一半径为 r 的半球面 S，S 边线所在平面法线方向的单位矢量 $\boldsymbol{n}$ 与 $\boldsymbol{B}$ 的夹角为 θ，则通过半球面 S 的磁通量(取半球面向外为正)为(　　).

(A) $\pi r^2 B$　　(B) $2\pi r^2 B$

(C) $-\pi r^2 B\sin\theta$　　(D) $-\pi r^2 B\cos\theta$

11.5 如习题 11.5 图所示，无限长载流直导线附近有一正方体闭合曲面 S，当 S 向导线靠近时，通过 S 的磁通量 Φ_m 和 S 上各点的磁感应强度的大小 B 的变化是(　　).

(A) Φ_m 增大，B 增大　　(B) Φ_m 不变，B 不变

(C) Φ_m 增大，B 不变　　(D) Φ_m 不变，B 增大

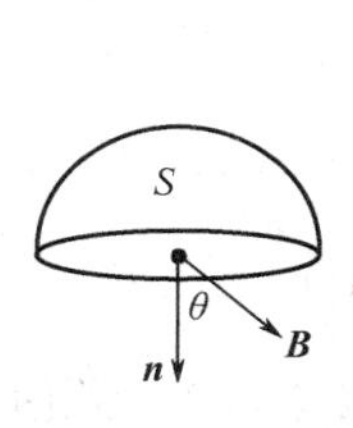

习题 11.4 图

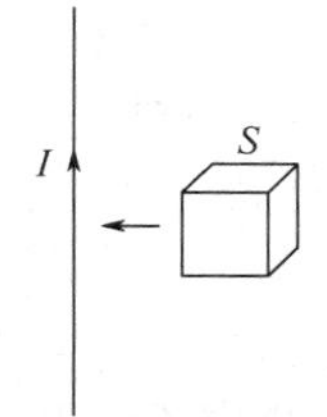

习题 11.5 图

11.6 对于安培环路定理 $\oint_L \boldsymbol{B}\cdot \mathrm{d}\boldsymbol{l}=\mu_0\sum I$，下列说法正确的是(　　).

(A)若 $\oint_L \boldsymbol{B}\cdot \mathrm{d}\boldsymbol{l}=0$，则回路 L 上各点的 $\boldsymbol{B}$ 必定处处为零

(B)若 $\oint_L \boldsymbol{B}\cdot \mathrm{d}\boldsymbol{l}=0$，则回路 L 必定不包围电流

(C)若 $\oint_L \boldsymbol{B}\cdot \mathrm{d}\boldsymbol{l}=0$，则回路 L 包围的电流的代数和为零

(D)若$\oint_L \boldsymbol{B} \cdot \mathrm{d}\boldsymbol{l} = 0$，则回路$L$上各点的$\boldsymbol{B}$仅与$L$包围的电流有关

11.7　如习题11.7图所示，两根导线ab和cd沿半径方向被接到一个横截面处处相等的铁环上，恒定电流I从a端流入而从d端流出，则磁感应强度$\boldsymbol{B}$沿闭合路径L的积分$\oint_L \boldsymbol{B} \cdot \mathrm{d}\boldsymbol{l}$等于(　　).

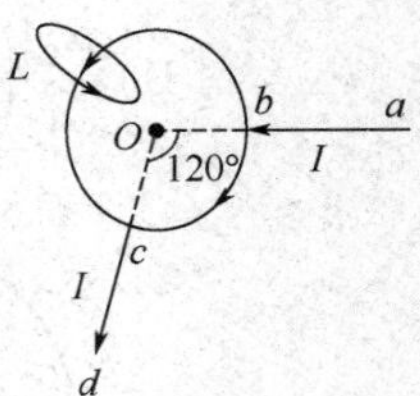

习题11.7图

(A) $\mu_0 I$　　(B) $\frac{1}{3}\mu_0 I$　　(C) $-\frac{2}{3}\mu_0 I$　　(D) $-\frac{1}{3}\mu_0 I$

11.8　质量为m、电量为q的粒子，以速度$\boldsymbol{v}$垂直射入磁感应强度为$\boldsymbol{B}$的均匀磁场中，则通过粒子运动轨道包围范围的磁通量Φ_m与磁感应强度$\boldsymbol{B}$的大小之间的关系曲线为(　　).

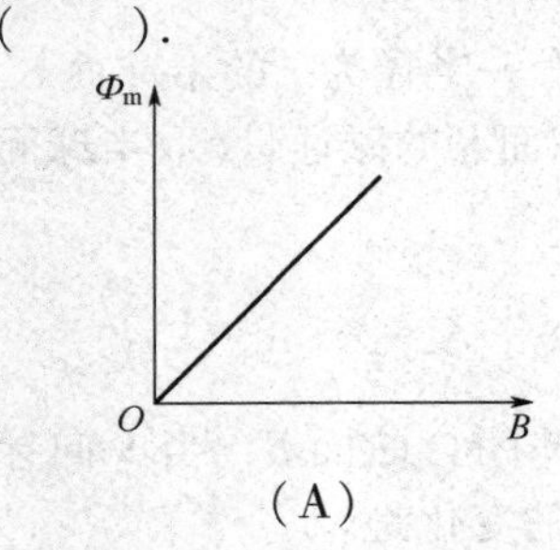

(A)

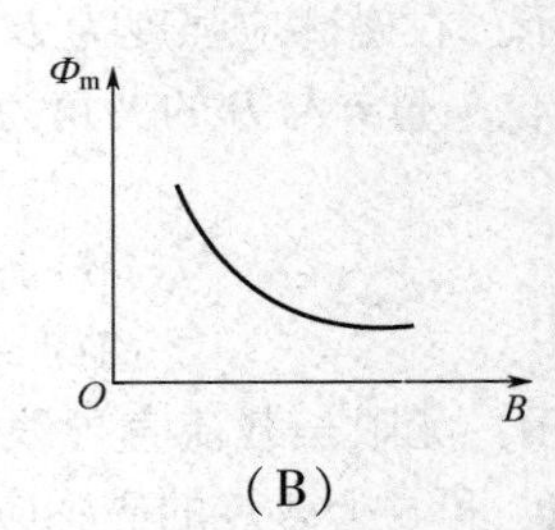

(B)

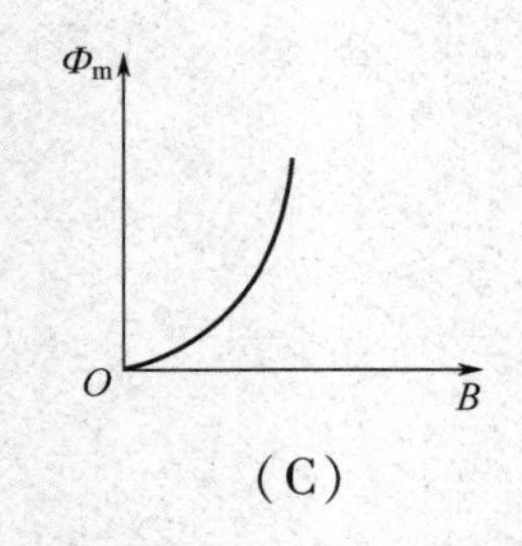

(C)

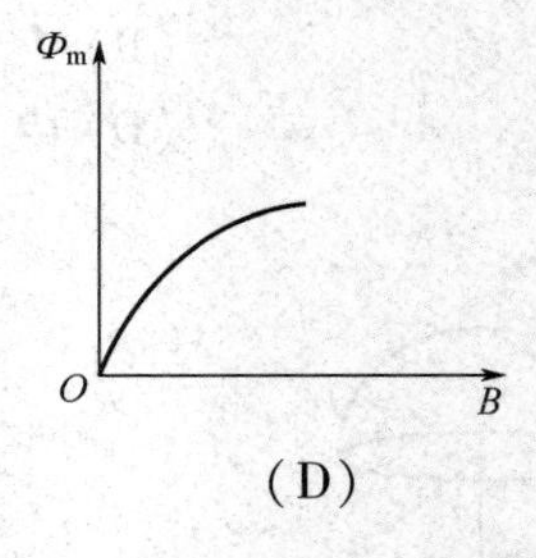

(D)

11.9　用细导线均匀密绕成长为l、半径为a($l \gg a$)、总匝数为N的螺线管，管内充满相对磁导率为μ_r的均匀磁介质，线圈中载有电流I，则管中任一点(　　).

(A)磁感应强度的大小为$B = \mu_0 \mu_r NI$　　(B)磁感应强度的大小为$B = \frac{\mu_r NI}{l}$

(C)磁场强度的大小为$H = \frac{\mu_0 NI}{l}$　　(D)磁场强度的大小为$H = \frac{NI}{l}$

11.10　真空中有一载有电流I的细圆线圈，则通过包围该线圈的闭合曲面S的磁通量$\Phi =$__________.若通过S面上某面元$\mathrm{d}\boldsymbol{S}$的磁通量为$\mathrm{d}\Phi$，而线圈中电流增加为$2I$时，通过该面元的磁通量为$\mathrm{d}\Phi'$，则$\mathrm{d}\Phi : \mathrm{d}\Phi' =$__________.

11.11　如习题11.11图所示，两平行无限长载流直导线中的电流均为 I，两导线间距为 a，则两导线连线中点 P 的磁感应强度的大小 B_P = ____________，磁感应强度沿图中环路 L 的积分 $\oint_L \boldsymbol{B} \cdot \mathrm{d}\boldsymbol{l}$ = ____________.

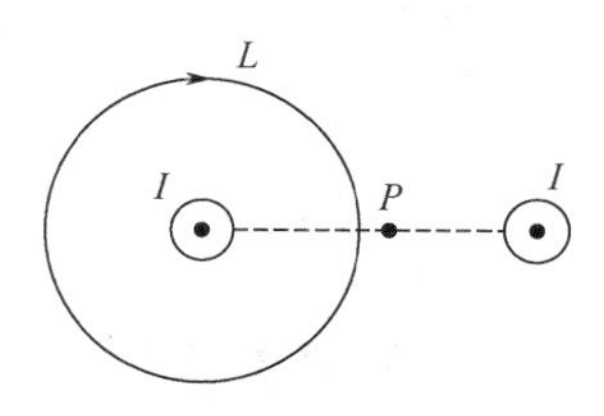

习题11.11图

11.12　一长直螺线管由直径 $D = 0.2$ mm 的导线密绕而成，通以 $I = 0.5$ A 的电流，其内部的磁感应强度的大小 B = ____________.（忽略绝缘层厚度）

11.13　一带电粒子垂直磁力线射入均匀磁场，则它作____________运动；一带电粒子与磁力线成30°角射入均匀磁场，则它作____________运动；若空间分布有方向一致的电场和磁场，带电粒子垂直于场方向射入，则它作________运动.

11.14　在霍尔效应实验中，通过导电体的电流和 $\boldsymbol{B}$ 的方向垂直，如习题11.14图所示. 如果上表面的电势较高，则导电体中的载流子带____________电荷；如果下表面的电势较高，则导电体中的载流子带____________电荷.

11.15　如习题11.15图所示，半径为 R 的半圆形线圈通有电流 I，线圈处在与线圈平面平行指向右的磁感应强度为 $\boldsymbol{B}$ 的均匀磁场中，该载流线圈磁矩的大小为____________，方向____________；线圈所受磁力矩的大小为____________，方向____________.

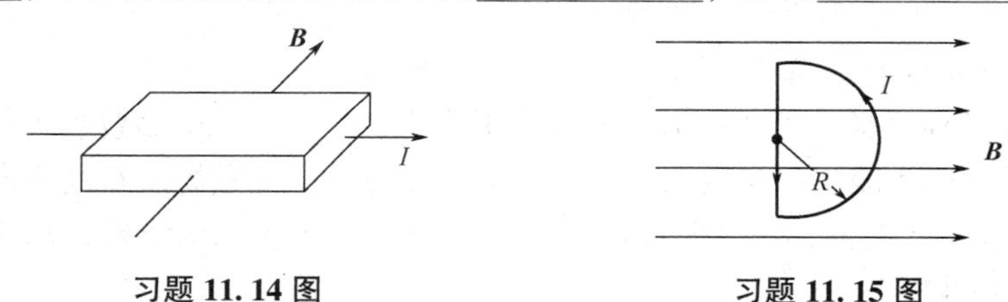

习题11.14图　　习题11.15图

11.16　如习题11.16图所示，两根长直导线平行放置，导线内通以同向电流，其大小均为 $I = 10$ A，图中 $a = 0.02$ m. 求 M、N 两点磁感应强度的大小和方向.

11.17　如习题11.17图所示，有两根导线沿半径方向接触铁环的 a、b 两点，并与很远处的电源相接. 求环心 O 处的磁感应强度.

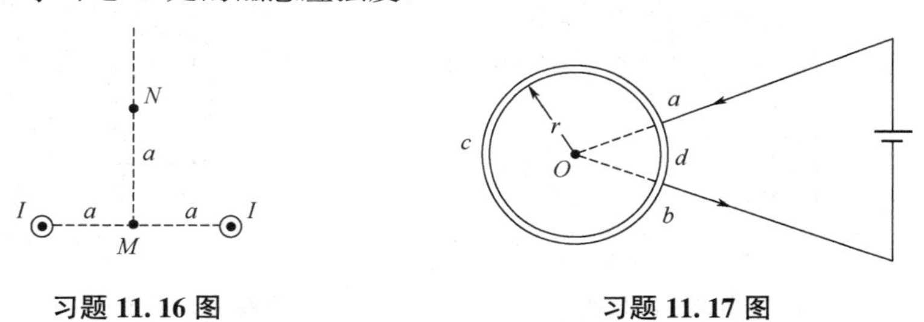

习题11.16图　　习题11.17图

11.18　如习题 11.18 图所示，无限长载流铜片的宽度为 a，厚度可不计，电流 I 沿铜片均匀分布，P 点与铜片共面，与铜片一边的距离为 b，求 P 点的磁感应强度.

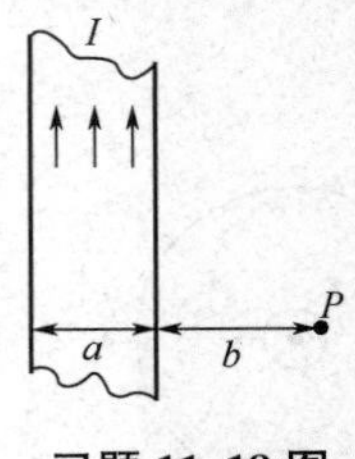

习题 11.18 图

11.19　半径为 R 的薄圆盘均匀带电，电荷面密度为 $+\sigma$，当圆盘以角速度 ω 绕通过盘心并垂直于盘面的轴沿逆时针方向转动时，求盘心 O 处的磁感应强度.

11.20　如习题 11.20 图所示(横截面图)，半径为 R 的无限长半圆柱面导体，沿长度方向通有电流 I，电流在柱面上均匀分布．求半圆柱面轴线 OO' 上任一点的磁感应强度.

11.21　如习题 11.21 图所示，半径为 R 的无限长直导线，均匀通有电流 I，求：

(1)直导线内外的磁感应强度；

(2)通过单位长度导线内纵截面 S(图中阴影部分)的磁通量.

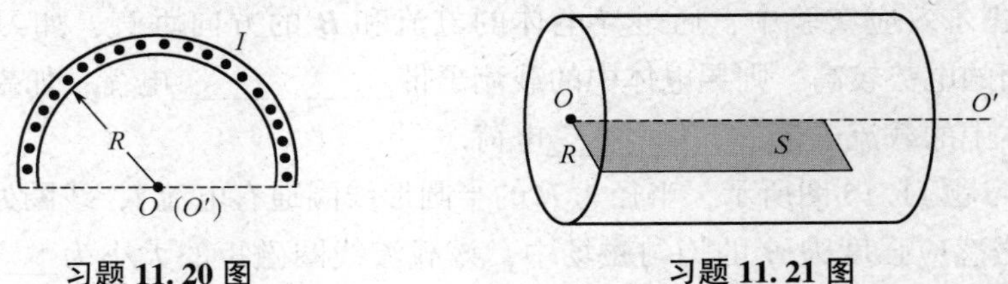

习题 11.20 图　　　　习题 11.21 图

11.22　如习题 11.22 图所示，截面为矩形的螺绕环，环内为真空，N 匝线圈均匀密绕在环上，如果线圈中通有电流 I，求环内、外磁场的分布.

11.23　霍尔效应实验中，设一长方形霍尔片的长度为 4.0 cm、宽度为 1.0 cm、厚度为 1.0×10^{-3} cm，把它放入磁感应强度为 1.5 T 的均匀磁场中，且磁场沿厚度方向．现沿长度方向通入大小为 3.0 A 的电流，在其宽度两端会产生 10^{-5} V 的霍尔电势差，求该霍尔片中的载流子数密度和漂移速度.

11.24　如习题 11.24 图所示，一根长直导线通有电流 I_1，矩形回路通有电流 I_2，图中 a、b、d 为已知．求矩形回路所受的合力.

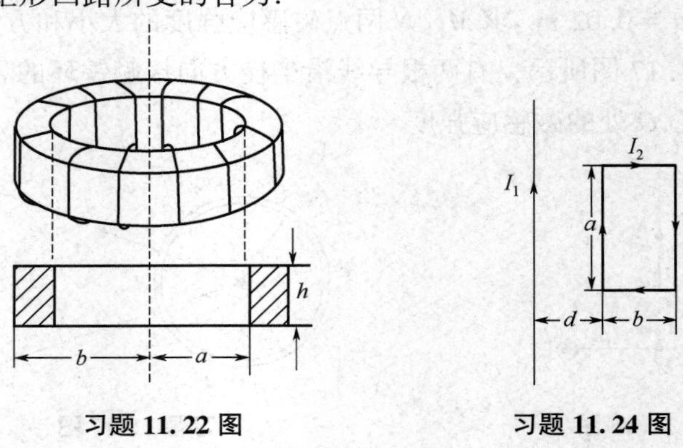

习题 11.22 图　　　　习题 11.24 图

11.25　一半径为 R 的平面圆形载流线圈中通有电流 I_1，一无限长直导线中通有电流 I_2，直导线过圆线圈的圆心且和圆线圈在同一平面内．求圆线圈受到的磁场力.

11.26　一长为 30 cm、直径为 1.5 cm 的螺线管，单位长度上绕有 100 匝线圈，把该螺线管放入磁感应强度为 $B = 4.0$ T 的均匀磁场中，当线圈中通有 2 A 的电流时，求：

(1) 螺线管的磁矩；

(2) 螺线管所受的最大磁力矩.

11.27　细螺绕环的平均周长为 20 cm，环上均匀绕有 2 300 匝导线，环内充满相对磁导率 $\mu_r = 4\ 200$ 的磁介质，当导线中通有 0.2 A 的电流时，求：

(1) 环内的磁场强度和磁感应强度；

(2) 磁介质内由导线中的电流产生的磁感应强度 $\boldsymbol{B}_0$ 和由磁化电流产生的磁感应强度 $\boldsymbol{B}'$.

学习与拓展

第 12 章　电磁感应　电磁波

思维导图

在丹麦物理学家奥斯特发现电流的磁效应后，英国物理学家法拉第(Faraday)就开始思考磁能否产生电的问题，经过十年的实验研究，法拉第于 1831 年发现了磁的电效应——电磁感应现象，并总结出电磁感应定律．电磁感应现象的发现，促进了电磁场理论的发展，为麦克斯韦电磁场理论的建立奠定了基础．电磁感应现象的发现还标志着新技术革命和工业革命即将到来，使现代电力工业、电工和电子技术得以建立和发展.

本章主要讲解电磁感应现象的基本规律，以及感应电动势产生的机制和计算方法，介绍在电工技术中常见的自感和互感现象，进而讨论磁场的能量及麦克斯韦电磁场理论的基本概念.

§12.1　电源　电动势

我们知道，如果在导体两端维持恒定的电势差，导体中就会有恒定的电流．那么，怎样才能维持恒定的电势差呢?

如图 12.1 所示，用一根导线将充电后的电容器的正负极板连接起来，此时导线中有电场存在，正电荷在电场力的作用下由高电势的极板 A 流向低电势的极板 B 并与 B 上的负电荷中和．随着两极板上的电荷逐渐减少，电势差也随之降低直至到零，导线中的电流就消失了.

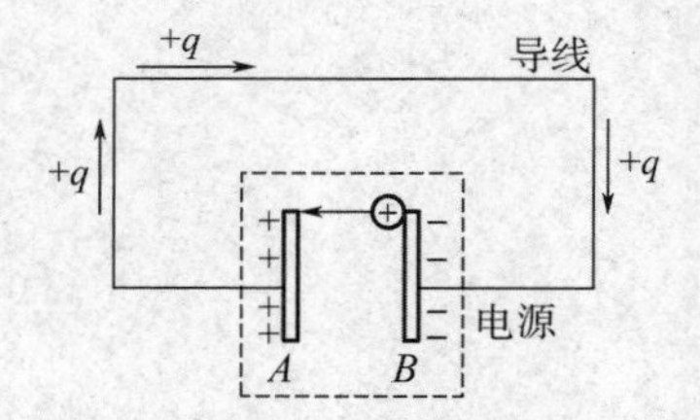

图 12.1　电容器放电形成电流

但是，如果能把流到负极板 B 上的正电荷重新移回到正极板 A 上，使两极板上的正负电荷保持不变，这样两极板间就有恒定的电势差，导线中就会有恒定的电流．显然，依靠静电力使正电荷从负极板回到正极板是不可能的，只有靠其他类型的非静电力，这种非静电力克服静电力对正电荷做功，才能使正电荷逆着电场方向输送到正极板．能够提供非静电力的装置就是电源，电源中非静电力的做功过程，就是把其他形式的能量转化为电能的过程，故电源实际上是把其他形式的能量转化为电能的装置.

在不同类型的电源内，非静电力的机制各不相同，如化学电池中的非静电力来源于化学作用，普通发电机中的非静电力来源于电磁感应，温差电源的非静电力来源于与温度差和电子的浓度差相联系的电子扩散作用等．而且使相同的正电荷由负极移到正极时，非静电力做的功也不同，这说明不同的电源转化能量的本领不同．为了表述不同电源转化能量的本领大

小，在这里引入电动势的概念．电源把单位正电荷经电源内部从负极移向正极的过程中，非静电力所做的功就是电源的电动势．如果用 A_k 表示电源内部非静电力把电荷 q 从负极移到正极所做的功，用$\mathscr{E}$表示电源的电动势，则按照上述电动势的定义，有

$$\mathscr{E}=\frac{A_k}{q} \tag{12.1}$$

在国际单位制中，电动势的单位也是伏特(V)．由定义，电动势是标量，但为便于标明电源在电路中供电的方向，习惯上常规定电动势的方向为从负极经电源内部到正极的指向．这实际上就是非静电力的方向.

要注意，虽然电动势和电势差的单位相同，但二者是完全不同的物理量．电动势是描述电源内非静电力做功本领的物理量，其大小仅取决于电源本身的性质，而与外电路无关.

下面由场的概念出发来阐述电动势的含义．用场的概念，则非静电力的作用等效于非静电场的作用，如图 12.2 所示，用 $\boldsymbol{E}_k$ 表示非静电场的电场强度，则它对电荷 q 的非静电力为 $q\boldsymbol{E}_k$，在电源内，电荷 q 由负极移到正极时非静电力所做的功为

$$A_k=\int_-^+ q\boldsymbol{E}_k\cdot \mathrm{d}\boldsymbol{l}$$

将上式代入式(12.1)，则

$$\mathscr{E}=\int_-^+ \boldsymbol{E}_k\cdot \mathrm{d}\boldsymbol{l} \tag{12.2}$$

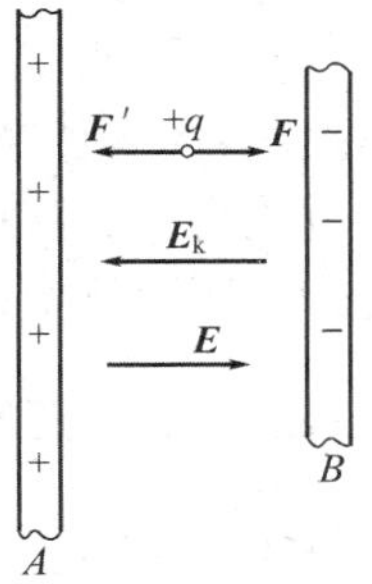

图 12.2　电源电动势

因为外电路中的 $\boldsymbol{E}_k=\boldsymbol{0}$，所以可将电动势表示为 $\boldsymbol{E}_k$ 沿闭合电路的环流，即

$$\mathscr{E}=\oint_L \boldsymbol{E}_k\cdot \mathrm{d}\boldsymbol{l} \tag{12.3}$$

式(12.3)是电动势的又一种表示法，它比式(12.2)更具普遍性．式(12.2)适用于非静电力集中在一段电路内(如电池内)时，用场的概念表示的电动势；式(12.3)还适用于整个回路中都存在非静电场的情况.

概念检查 1

电动势与电势差有何不同?

§12.2　电磁感应定律

12.2.1　电磁感应现象

法拉第在实验中发现，用伏打电池给一组线圈通电或断电的瞬间，另一组线圈中有电流产生，如图 12.3(a)所示．随后，法拉第又发现磁铁与闭合线圈相对运动时，线圈中也有电流产生，如图 12.3(b)所示．经过大量实验研究，法拉第总结出产生感应电流的几种情况：变化的电流，变化的磁场，运动的磁铁，在磁场中运动的导体．这些实验大致可归纳为两种情况：一是闭合回路保持不动但周围的磁场发生变化；二是闭合回路和磁场间发生了相对运动.

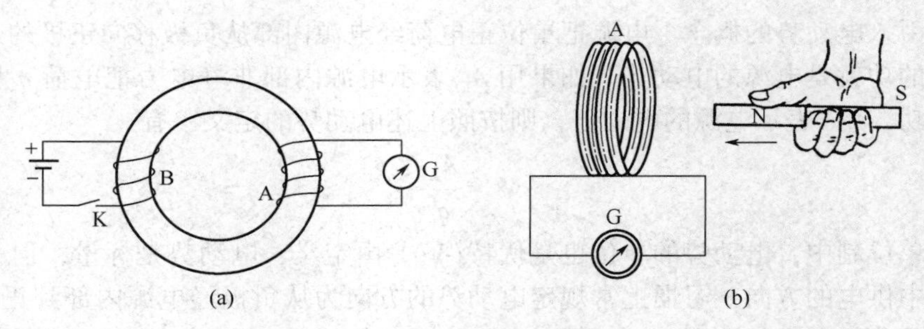

图 12.3 电磁感应实验

(a)开关 K 闭合和断开的瞬间；(b)磁铁相对线圈运动

无论用上述什么方法产生电流，可以发现它们的共同点是通过闭合导体回路所围面积的磁通量发生了改变．由此可得到如下结论：当通过一个闭合导体回路所围的面积的磁通量(简称通过闭合回路的磁通量)发生变化时(不论这种变化是由什么原因引起的)，在回路中就有电流产生．这种现象称为电磁感应现象，回路中产生的电流称为感应电流．回路中出现电流，表明回路中存在电动势，这种由于磁通量的变化而产生的电动势称为感应电动势．

12.2.2 法拉第电磁感应定律

法拉第通过大量实验总结归纳出了电磁感应定律．法拉第认为，感应电流只是闭合回路中存在感应电动势的外在表现，由闭合回路中磁通量变化直接产生的结果是感应电动势．故电磁感应定律表述如下：通过闭合回路的磁通量发生变化时，回路中就有感应电动势产生，感应电动势的大小正比于磁通量对时间变化率的负值，即

$$\mathscr{E} = -k\frac{\mathrm{d}\Phi}{\mathrm{d}t}$$

式中，k 为比例系数，它的值取决于上式各量的单位．在 SI 中，Φ 的单位是韦伯(Wb)，时间的单位是秒(s)，$\mathscr{E}$ 的单位是伏特(V)，此时 k 的数值为 1，则

$$\mathscr{E} = -\frac{\mathrm{d}\Phi}{\mathrm{d}t} \tag{12.4}$$

式中的负号反映了感应电动势的方向，将在后面讨论．

式(12.4)只适用于单匝线圈所构成的回路，如果回路有 N 匝线圈，则整个回路的总电动势为

$$\mathscr{E} = -N\frac{\mathrm{d}\Phi}{\mathrm{d}t} = -\frac{\mathrm{d}(N\Phi)}{\mathrm{d}t} = -\frac{\mathrm{d}\Psi}{\mathrm{d}t} \tag{12.5}$$

式中，$\Psi = N\Phi$ 称为磁通链(简称磁链)或全磁通，表示通过 N 匝线圈的总磁通量．

若闭合回路的电阻为 R，由全电路欧姆定律可得回路中的感应电流为

$$I = -\frac{1}{R}\frac{\mathrm{d}\Phi}{\mathrm{d}t}$$

由 $I = \frac{\mathrm{d}q}{\mathrm{d}t}$，可计算出在 t_1 到 t_2 时间内，流过回路的电量．设时刻 t_1 通过回路的磁通量为 Φ_1，时刻 t_2 通过回路的磁通量为 Φ_2，在 $\Delta t = t_2 - t_1$ 时间内，通过回路的感应电量为

$$q = \int_{t_1}^{t_2} I\mathrm{d}t = -\frac{1}{R}\int_{\Phi_1}^{\Phi_2}\mathrm{d}\Phi = \frac{1}{R}(\Phi_1 - \Phi_2)$$

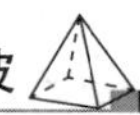

确定感应电动势的方向，可以有两种方法.

一是由法拉第电磁感应定律判定，式(12.4)中的负号反映了感应电动势的方向．具体方法是：先标定一个方向为回路的绕行方向，如图 12.4 所示，并规定回路所围面积的法线方向与回路的绕行方向遵守右手螺旋法则．这样，就可以根据 $\Phi=\int_S \boldsymbol{B}\cdot \mathrm{d}\boldsymbol{S}$ 确定通过该回路的磁通量的正负，然后考虑 Φ 的变化，若 $\frac{\mathrm{d}\Phi}{\mathrm{d}t}>0$，则 $\mathscr{E}<0$，表示电动势的方向与回路的绕行方向相反；若 $\frac{\mathrm{d}\Phi}{\mathrm{d}t}<0$，则 $\mathscr{E}>0$，表示电动势的方向与回路的绕行方向相同．图 12.5 给出了线圈中磁通量变化的情形，选定图中箭头方向为回路的绕行方向，则可按上述方法判断回路中电动势的方向.

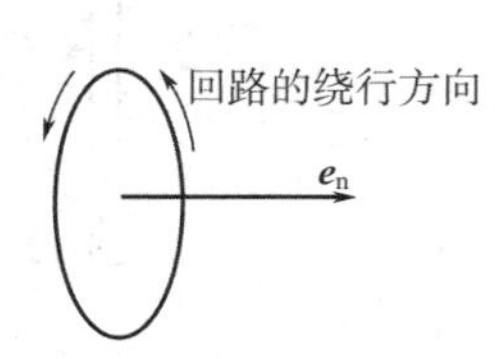

图 12.4　回路法线方向的确定

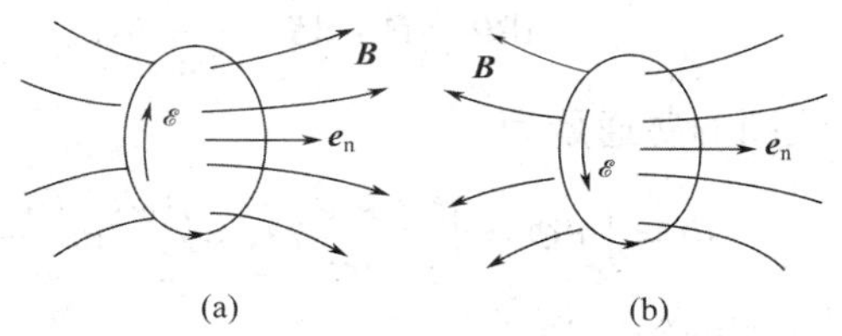

图 12.5　感应电动势方向的确定

(a) Φ 为正值，$\frac{\mathrm{d}\Phi}{\mathrm{d}t}>0$；(b) Φ 为负值，$\frac{\mathrm{d}\Phi}{\mathrm{d}t}<0$

二是俄国物理学家楞次(Lenz)在 1833 年提出的一种判断感应电流方向的法则，称为楞次定律．其内容是：闭合回路中感应电流的方向，总是使它所产生的磁场去反抗引起感应电流的磁通量的变化.

如图 12.6 所示，在图(a)中当磁铁的 N 极插入线圈时，通过线圈的磁通量增加．由楞次定律可知，感应电流产生的磁场将阻碍线圈中磁通量的增加，因此感应电流产生的磁场方向与原磁铁的磁场方向相反．根据右手螺旋法则，可判定感应电流的方向如图(a)所示．在图(b)中当磁铁的 N 极拔出线圈时，通过线圈的磁通量减少．由楞次定律可知，感应电流产生的磁场应补充线圈中磁通量的减少，由此可判定感应电流的方向如图(b)所示.

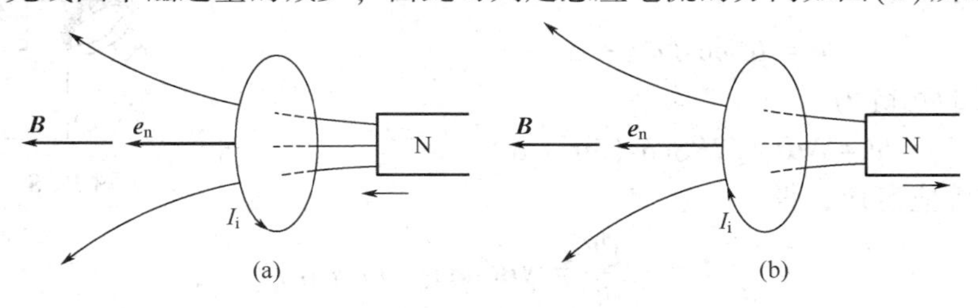

图 12.6　感应电流方向的确定

概念检查 2

当条形磁铁插入与冲击电流计串联的金属环中时，有 2×10^{-5} C 的电荷通过电流计，电路总电阻为 25 Ω，穿过金属环的磁通量的变化是多少？

例 12.1 长直导线通有交流电 $I=I_0\sin\omega t$，其中 I_0 和 ω 是大于零的常数．在长直导线旁平行放置 N 匝矩形线圈，线圈平面与导线共面．已知线圈长为 l、宽为 b，线圈靠近导线的一边距导线的距离为 d，如图 12.7 所示．求线圈中的感应电动势.

解 长直导线中的电流随时间周期性变化，其磁场也随时间变化，因而通过线圈的磁通量也是变化的，线圈中会产生感应电动势.

为求出感应电动势，先计算穿过线圈的磁通量．取顺时针方向为线圈的绕行方向，则线圈平面的法线方向垂直于纸面向里．在距导线 x 处取一面元 $\mathrm{d}S$，

$$\mathrm{d}S=l\mathrm{d}x$$

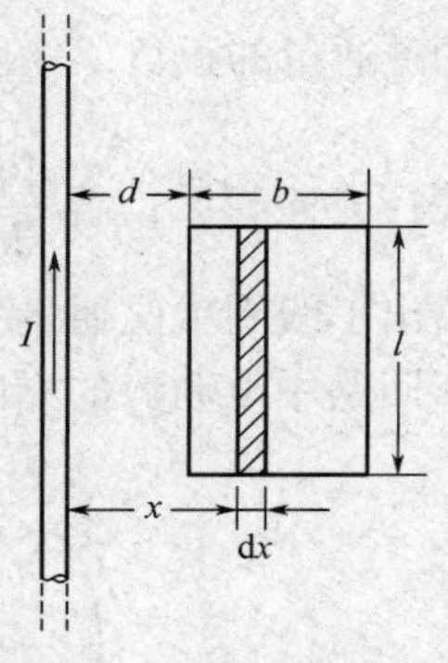

图 12.7 例 12.1 图

通过面元 $\mathrm{d}S$ 的磁通量为

$$\mathrm{d}\Phi=\boldsymbol{B}\cdot\mathrm{d}\boldsymbol{S}=\frac{\mu_0 I}{2\pi x}l\mathrm{d}x$$

通过整个线圈的磁通量为

$$\Phi=\int_S\mathrm{d}\Phi=\int_d^{d+b}\frac{\mu_0 I}{2\pi x}l\mathrm{d}x=\frac{\mu_0 Il}{2\pi}\ln\left(\frac{d+b}{d}\right)$$

通过 N 匝线圈的磁链为

$$\Psi=N\Phi$$

将 $I=I_0\sin\omega t$ 代入，可得回路中的感应电动势为

$$\mathscr{E}=-\frac{\mathrm{d}\Psi}{\mathrm{d}t}=-\frac{\mu_0 NI_0 l\omega}{2\pi}\ln\left(\frac{d+b}{d}\right)\cos\omega t$$

由结果可知，线圈中的感应电动势随时间按余弦规律变化.

例 12.2 如图 12.8 所示，在均匀磁场中面积为 S、匝数为 N 的平面线圈，以角速度 ω 绕垂直于磁感应强度 $\boldsymbol{B}$ 的轴 OO' 匀速转动，当 $t=0$ 时，线圈法线方向的单位矢量 $\boldsymbol{e}_\mathrm{n}$ 与 $\boldsymbol{B}$ 之间的夹角为 α，求线圈中的感应电动势.

解 在任意时刻 t，$\boldsymbol{e}_\mathrm{n}$ 与 $\boldsymbol{B}$ 之间的夹角为 $\theta=\omega t+\alpha$，则通过单匝线圈的磁通量为

$$\Phi=BS\cos(\omega t+\alpha)$$

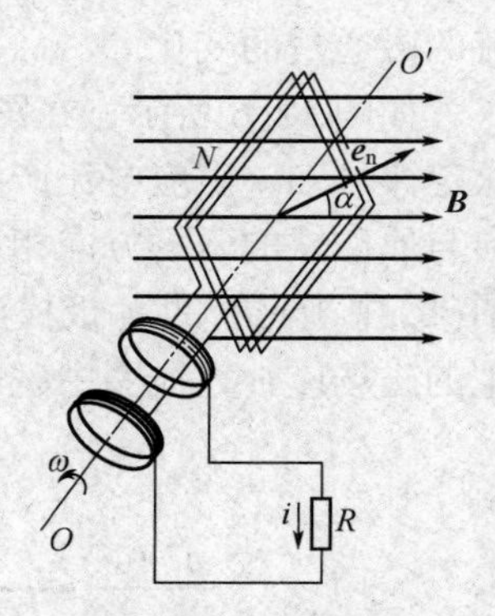

图 12.8 例 12.2 图

通过 N 匝线圈的磁链为

$$\Psi=N\Phi=NBS\cos(\omega t+\alpha)$$

由法拉第电磁感应定律，得

$$\mathscr{E}=-\frac{\mathrm{d}\Psi}{\mathrm{d}t}=NBS\omega\sin(\omega t+\alpha)$$

式中，N、B、S、ω 皆为常数．令 $\mathscr{E}_\mathrm{m}=NBS\omega$，则

$$\mathscr{E}=\mathscr{E}_m\sin(\omega t+\alpha)$$

上述结果说明，在均匀磁场内转动的线圈中产生的电动势随时间周期性变化，这种电动势称为交变电动势．在交变电动势的作用下，线圈中的电流也是交变的，称为交变电流或交流电，这就是交流发电机的电磁原理．我国工业和民用交流电的频率为 50 Hz，即 $\omega=2\pi\nu=100\pi\ \mathrm{s}^{-1}$.

§12.3 动生电动势

法拉第电磁感应定律表明，不论何种原因，只要通过回路所围面积的磁通量发生变化，回路中就有感应电动势产生．实际问题中，使磁通量发生变化的方式是多种多样的，但最基本的方式只有两类：一类是磁场分布保持不变，导体回路或导体在磁场中运动而引起的感应电动势，称为动生电动势；另一类是导体回路不动，磁场随时间发生变化而引起的感应电动势，称为感生电动势．本节和下一节，我们分别讨论这两种电动势．

如图 12.9(a)所示，在均匀磁场中，有一闭合回路 $abcd$，ab 边以速率 v 向右作匀速直线运动．由于导线和磁场之间的相对运动而在 ab 段产生感应电动势，为动生电动势．

下面由金属自由电子理论来推导动生电动势．

有电动势产生，就有相应的非静电力存在，产生动生电动势的非静电力是什么力呢？如图 12.9(a)所示，当导体 ab 向右以速率 v 匀速运动时，导线内的自由电子也以速率 v 向右运动，电子受到的洛伦兹力为

$$\boldsymbol{F}_{\mathrm{m}} = -e(\boldsymbol{v} \times \boldsymbol{B})$$

式中，$-e$ 为电子所带的电量．$\boldsymbol{F}_{\mathrm{m}}$ 的方向沿导线由 a 指向 b，电子在洛伦兹力的作用下，沿导线由 a 端向 b 端移动，在导体回路中形成电流．显然，洛伦兹力就是产生动生电动势的非静电力．如果没有导体框架与导体 ab 相接触，如图 12.9(b)所示，洛伦兹力驱使电子向导体 b 端累积，致使 b 端成负电端，a 端则由于电子的减少而积累正电，成为正电端，从而在导体内形成静电场．此时，电子还要受到静电力 $\boldsymbol{F}_{\mathrm{e}}$ 的作用，当静电力 $\boldsymbol{F}_{\mathrm{e}}$ 与洛伦兹力 $\boldsymbol{F}_{\mathrm{m}}$ 平衡时，a、b 两端间便有稳定的电动势．可见，在磁场中运动的一段导体就相当于一个电源．

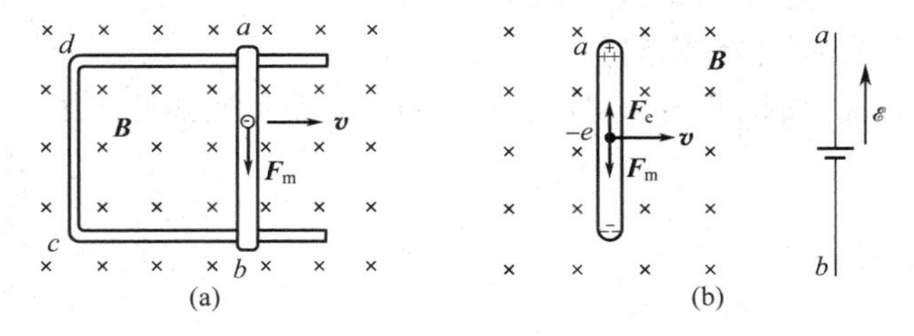

图 12.9 动生电动势

由电源电动势的定义，电源把单位正电荷经电源内部从负极移向正极的过程中，非静电力所做的功为电源的电动势．这里，非静电场强度就是作用在单位正电荷上的洛伦兹力，用 $\boldsymbol{E}_{\mathrm{k}}$ 表示，则

$$\boldsymbol{E}_{\mathrm{k}} = \frac{\boldsymbol{F}_{\mathrm{m}}}{-e} = \boldsymbol{v} \times \boldsymbol{B}$$

由电源电动势的定义式，得

$$\mathscr{E} = \int_{-}^{+} \boldsymbol{E}_{\mathrm{k}} \cdot \mathrm{d}\boldsymbol{l}$$

当任意形状的导线在磁场中运动时，动生电动势为

$$\mathscr{E} = \int_{L} \boldsymbol{E}_{\mathrm{k}} \cdot \mathrm{d}\boldsymbol{l} = \int_{L} (\boldsymbol{v} \times \boldsymbol{B}) \cdot \mathrm{d}\boldsymbol{l} \tag{12.6}$$

积分遍及整个导线．若导线是闭合的，则上式结果与法拉第电磁感应定律的结果相同；若导线不是闭合的，则不能直接使用法拉第电磁感应定律，但上式仍成立.

无论是动生电动势还是感生电动势，都是由磁通量的变化引起的，都可以根据法拉第电磁感应定律计算电动势．式(12.6)提供了另一种计算动生电动势的重要方法，可见，计算动生电动势时有两种方法可供选择，下面通过例题来说明.

例 12.3 一根长为 L 的铜棒，在磁感强应度为 $\boldsymbol{B}$ 的均匀磁场中以角速度 ω 在与磁场方向垂直的平面内绕棒的一端 O 匀速转动，如图 12.10 所示，求铜棒中的动生电动势.

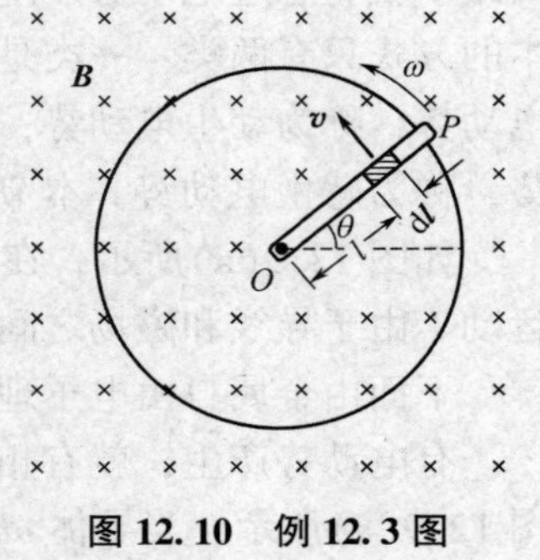

图 12.10 例 12.3 图

解 法 1：用动生电动势的定义求解.

虽然铜棒是在均匀磁场中运动，但旋转时铜棒上各处的线速度均不相同，需用积分法求解.

在铜棒上距 O 点为 l 处取一线元 $\mathrm{d}\boldsymbol{l}$，规定其方向由 O 指向 P，其运动速度的大小为 v，显然 $\boldsymbol{v}$、$\boldsymbol{B}$、$\mathrm{d}\boldsymbol{l}$ 相互垂直，该线元上的动生电动势为

$$\mathrm{d}\mathscr{E} = (\boldsymbol{v}\times\boldsymbol{B})\cdot\mathrm{d}\boldsymbol{l} = vB\cos\pi\mathrm{d}l = -vB\mathrm{d}l$$

把铜棒看成由许多长度为 $\mathrm{d}l$ 的线元组成的，每一线元的线速度 $\boldsymbol{v}$ 都与 $\boldsymbol{B}$ 垂直，且 $v = l\omega$，由此可得铜棒中的总动生电动势为

$$\mathscr{E} = \int_L \mathrm{d}\mathscr{E} = -\int_0^L Bv\mathrm{d}l = -\int_0^L B\omega l\mathrm{d}l = -\frac{1}{2}B\omega L^2$$

式中，负号表明$\mathscr{E}$的方向与选取的线元 $\mathrm{d}\boldsymbol{l}$ 的方向相反，即由 P 指向 O，O 端电势较高.

也可以这样确定动生电动势的方向，因为自由电子受到的洛伦兹力方向由 O 指向 P，所以 O 端为正端，P 端为负端，O 端电势较高.

法 2：用法拉第电磁感应定律求解.

铜棒在转动中扫过的面积 S 为一扇形，设时间 t 内铜棒转过角度 θ，扫过的面积为

$$S = \frac{1}{2}L^2\theta$$

通过扇形面积的磁通量为

$$\Phi = \boldsymbol{B}\cdot\boldsymbol{S} = BS = \frac{1}{2}BL^2\theta$$

由于 $\theta = \omega t$，所以

$$\Phi = \frac{1}{2}BL^2\omega t$$

由电磁感应定律可得动生电动势的大小为

$$\mathscr{E} = \frac{\mathrm{d}\Phi}{\mathrm{d}t} = \frac{\mathrm{d}}{\mathrm{d}t}\left(\frac{1}{2}BL^2\omega t\right) = \frac{1}{2}B\omega L^2$$

显然，这一结果与第一种解法得到的结果完全相同．$\mathscr{E}$ 方向的判断也可同第一种解法.

例 12.4 直导线 AB 以速率 v 沿平行于长直载流导线的方向运动，AB 与长直载流导线共面，且与它垂直，如图 12.11 所示．设长直载流导线中的电流为 I，AB 长为 L，A 端到长直

载流导线的距离为 d，求 AB 中的动生电动势，并判断哪端电势较高.

解　用动生电动势的定义求解.

长直载流导线产生的磁场是非均匀磁场，AB 上各处的磁场大小不同. 在 AB 上距长直载流导线 x 处取一线元 $\mathrm{d}\boldsymbol{x}$，规定其方向由 A 指向 B. 该线元所在处磁感应强度的大小为

$$B=\frac{\mu_0 I}{2\pi x}$$

显然 $\boldsymbol{v}$、$\boldsymbol{B}$、$\mathrm{d}\boldsymbol{x}$ 相互垂直，所以 $\mathrm{d}x$ 上的动生电动势为

$$\mathrm{d}\mathscr{E}=(\boldsymbol{v}\times\boldsymbol{B})\cdot\mathrm{d}\boldsymbol{x}=Bv\cos\pi\mathrm{d}x=-\frac{\mu_0 I}{2\pi x}v\mathrm{d}x$$

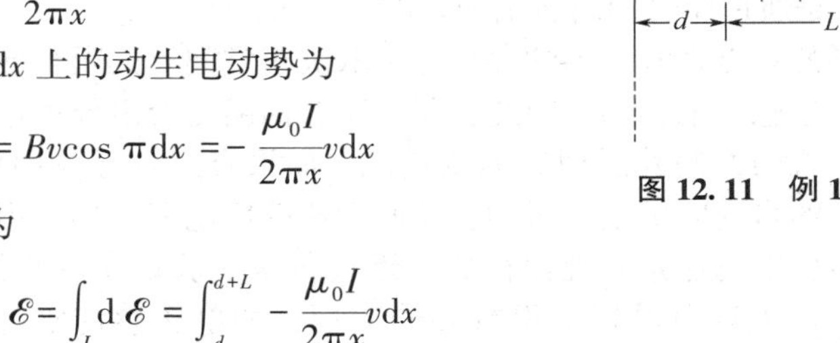

图 12.11　例 12.4 图

由此可得 AB 中的总动生电动势为

$$\mathscr{E}=\int_L\mathrm{d}\mathscr{E}=\int_d^{d+L}-\frac{\mu_0 I}{2\pi x}v\mathrm{d}x$$

$$=-\frac{\mu_0 Iv}{2\pi}\ln\left(\frac{d+L}{d}\right)$$

负号表示动生电动势的方向与选取的线元 $\mathrm{d}\boldsymbol{x}$ 的方向相反，即由 B 指向 A，A 端电势较高.

§12.4　感生电动势

在图 12.3(a)所示的实验中，在线圈 B 的开关合上及断开的瞬间，线圈 A 中的电流计指针会发生偏转，这是因为开关合上及断开时，随时间变化的电流产生变化的磁场，使通过线圈 A 的磁通量发生变化，从而在线圈中产生感应电动势，形成感应电流. 这种由于磁场的变化而产生的电动势就是感生电动势.

12.4.1　感生电场

产生感生电动势时，非静电力是什么？由于回路不动，导线中的自由电子没有宏观上的定向运动，因此回路中产生感生电动势的非静电力不是洛伦兹力. 另外，它也不是库仑力，因为库仑力是静止电荷的相互作用，这里并不存在对线圈 A 中的自由电子施加库仑力的静止电荷. 为探索感生电动势非静电力的本质，麦克斯韦分析和研究了有关的实验现象，由于这时的感应电流是原来宏观静止的电荷受非静电力作用形成的，这种力能对静止电荷发生作用，故本质上是电场力，并且这种电场是变化的磁场引起的. 于是，麦克斯韦认为，随时间变化的磁场在其周围会产生一种电场，这种电场称为感生电场，其电场强度用 $\boldsymbol{E}_{\mathrm{k}}$ 表示. 感生电场对电荷有力的作用，正是这种力提供了感生电动势的非静电力.

感生电场与静电场的相同之处就是都对电荷有作用力，但是，这两种电场的性质有很大的区别. 静电场存在于静止电荷周围的空间内，而感生电场则是由变化的磁场产生的；静电场的电场线起始于正电荷，终止于负电荷，静电场是保守场；而感生电场则不同，单位正电荷在感生电场中绕闭合回路一周，感生电场力所做的功不等于零，由电动势的定义，应等于回路中的感生电动势，即

$$\mathscr{E}=\oint_L\boldsymbol{E}_{\mathrm{k}}\cdot\mathrm{d}\boldsymbol{l}$$

上式是由麦克斯韦感生电场的假设而得到的感生电动势的表示式．上式表明感生电场的环流一般不等于零，这就是说感生电场是非保守场，同时说明感生电场线是无头无尾的闭合曲线，所以感生电场也称为涡旋电场．

由于感生电动势可由法拉第电磁感应定律表示，故上式可表示为

$$\mathscr{E}=\oint_L \boldsymbol{E}_{\mathrm{k}}\cdot \mathrm{d}\boldsymbol{l}=-\frac{\mathrm{d}\Phi}{\mathrm{d}t} \tag{12.7}$$

式中，Φ 是通过闭合回路所围面积的磁通量．

从场的观点来看，场的存在并不取决于空间有无闭合导体回路存在，变化的磁场总是要在空间产生感生电场的．因此，无论闭合回路是否由导体组成，也无论回路是处在真空还是介质中，式(12.7)均适用．也就是说，如果有闭合导体回路存在，感生电场的作用就是驱使导体中的自由电子定向运动，从而形成感应电流．如果不存在闭合导体回路，但变化磁场产生的感生电场还是客观存在的．近代科学实验证实麦克斯韦提出的感生电场是客观存在的，并且在实际中得到了很重要的应用，如电子感应加速器就是利用感生电场来加速电子的．

由于磁通量

$$\Phi=\int_S \boldsymbol{B}\cdot \mathrm{d}\boldsymbol{S}$$

所以，式(12.7)也可以写成

$$\mathscr{E}=\oint_L \boldsymbol{E}_{\mathrm{k}}\cdot \mathrm{d}\boldsymbol{l}=-\frac{\mathrm{d}}{\mathrm{d}t}\int_S \boldsymbol{B}\cdot \mathrm{d}\boldsymbol{S}$$

若闭合回路是静止的，即所围曲面面积不随时间变化，上式亦可写成

$$\mathscr{E}=\oint_L \boldsymbol{E}_{\mathrm{k}}\cdot \mathrm{d}\boldsymbol{l}=-\int_S \frac{\partial \boldsymbol{B}}{\partial t}\cdot \mathrm{d}\boldsymbol{S} \tag{12.8}$$

上式是电磁学的基本方程之一，它给出了变化的磁场 $\frac{\partial \boldsymbol{B}}{\partial t}$ 和它所产生的感生电场 $\boldsymbol{E}_{\mathrm{k}}$ 之间的定量关系．式中 $\frac{\partial \boldsymbol{B}}{\partial t}$ 是闭合回路所围面积内的磁感应强度随时间的变化率，且 $\frac{\partial \boldsymbol{B}}{\partial t}$ 与 $\boldsymbol{E}_{\mathrm{k}}$ 在方向上遵从左手螺旋关系(见图12.12)．

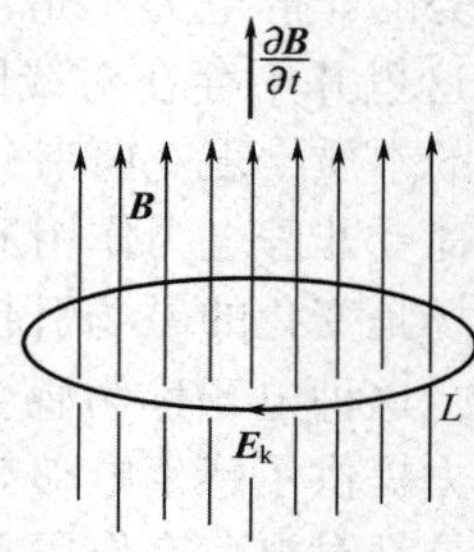

图12.12 $\frac{\partial \boldsymbol{B}}{\partial t}$ 与感生电场的电场线成左手螺旋关系

根据式(12.8)，在具有一定对称性的条件下，可由 $\frac{\partial \boldsymbol{B}}{\partial t}$ 求 $\boldsymbol{E}_{\mathrm{k}}$ 的分布，在一般情况下，求感生电场的空间分布则比较困难．

例 12.5　半径为 R 的长直螺线管内部的磁感应强度 $\boldsymbol{B}$ 随时间作线性变化 $\left(\frac{\mathrm{d}B}{\mathrm{d}t}=k\right)$，求管内外的感生电场.

解　由场的对称性，变化磁场所产生的感生电场的电场线在管内外都是与螺线管同轴的同心圆，$\boldsymbol{E}_\mathrm{k}$ 处处与圆相切，如图 12.13(a)所示，且在同一条电场线上 $\boldsymbol{E}_\mathrm{k}$ 的值相等．任取离轴线为 r 处的电场线为闭合回路，则

$$\oint_L \boldsymbol{E}_\mathrm{k}\cdot\mathrm{d}\boldsymbol{l}=\oint_L E_\mathrm{k}\mathrm{d}l=2\pi rE_\mathrm{k}=-\int_S\frac{\partial\boldsymbol{B}}{\partial t}\cdot\mathrm{d}\boldsymbol{S}$$

由此可得离轴线为 r 处的 $\boldsymbol{E}_\mathrm{k}$ 的大小为

$$E_\mathrm{k}=-\frac{1}{2\pi r}\int_S\frac{\partial\boldsymbol{B}}{\partial t}\cdot\mathrm{d}\boldsymbol{S}$$

(1)当 $r<R$ 时，即所考察的场点在螺线管内，选回路所围的圆为积分面，在这个面上各点的 $\frac{\partial\boldsymbol{B}}{\partial t}$ 相等且和该面的法线方向平行，则

$$\int_S\frac{\partial\boldsymbol{B}}{\partial t}\cdot\mathrm{d}\boldsymbol{S}=\int_S\frac{\partial B}{\partial t}\mathrm{d}S=\pi r^2\frac{\mathrm{d}B}{\mathrm{d}t}$$

由此可求出离轴线为 $r<R$ 处的 $\boldsymbol{E}_\mathrm{k}$ 的大小为

$$E_\mathrm{k}=-\frac{r}{2}\frac{\mathrm{d}B}{\mathrm{d}t}$$

$\boldsymbol{E}_\mathrm{k}$ 的方向沿圆周切线，指向与圆周内的 $\frac{\partial\boldsymbol{B}}{\partial t}$ 成左手螺旋关系．图 12.13 所示的 $\boldsymbol{E}_\mathrm{k}$ 方向为 $\frac{\mathrm{d}B}{\mathrm{d}t}>0$ 的情况.

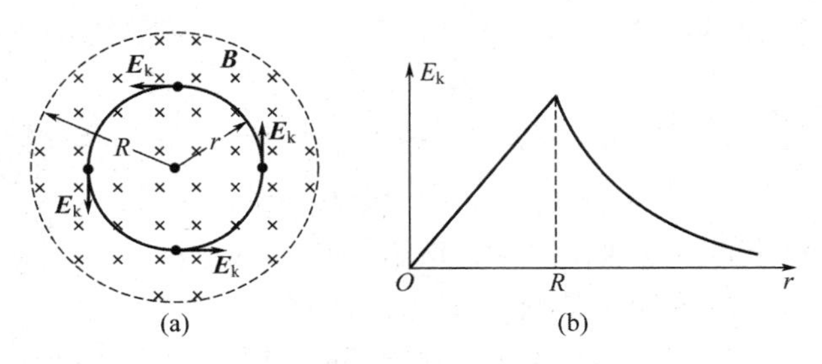

图 12.13　例 12.5 图

(2)当 $r>R$ 时，即所考察的场点在螺线管外，选回路所围的圆为积分面，因为只有管内的 $\frac{\partial\boldsymbol{B}}{\partial t}$ 不为零，故

$$\int_S\frac{\partial\boldsymbol{B}}{\partial t}\cdot\mathrm{d}S=\pi R^2\frac{\mathrm{d}B}{\mathrm{d}t}$$

可求得离轴线为 $r>R$ 处的 $\boldsymbol{E}_\mathrm{k}$ 的大小为

$$E_\mathrm{k}=-\frac{R^2}{2r}\frac{\mathrm{d}B}{\mathrm{d}t}$$

图 12.13(b)画出了螺线管内外 $\boldsymbol{E}_\mathrm{k}$ 的值随离轴线距离 r 的变化曲线.

12.4.2 涡电流

当金属导体在磁场中运动或处在变化的磁场中时，其内部会出现涡旋状感应电流．这些电流在金属内部形成一个个闭合回路，简称涡电流或涡流.

图 12.14(a)为一个通有交流电的铁芯线圈，铁芯处在交变磁场中，铁芯中会产生涡电流．由于大块金属的电阻特别小，所以往往可以产生极强的涡电流，在铁芯内释放出大量的焦耳-楞次热，这就是感应加热的原理.

用涡电流加热的方法有加热速度快、温度均匀、易控制、材料不受污染等优点．这种方法是在物体内部各处同时加热，而不是把热量从外面逐层传导进去，可以用来熔解易氧化或难熔的金属．例如，冶炼合金时常用的工频感应炉，当使用高频的电流时，金属块中产生的涡电流可发出巨大热量使金属块熔化.

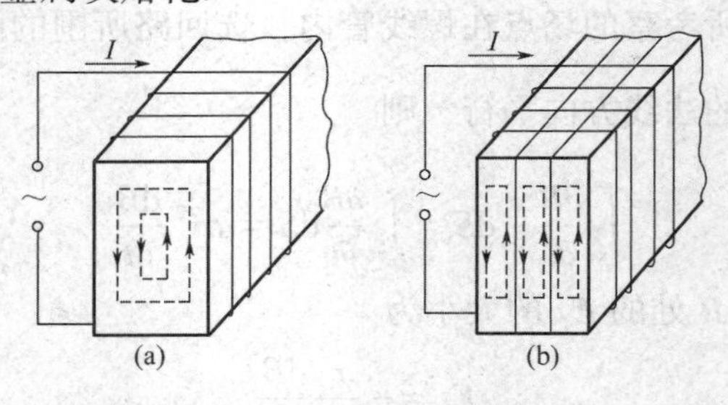

图 12.14　变压器铁芯中的涡电流

涡电流产生的热效应在有些情况下也有弊害，如变压器或其他电机的铁芯会由于涡电流而产生无用的热量，不仅消耗电能，而且因铁芯发热而不能正常工作．为减少热能损耗，铁芯通常不采用整块金属导体，而是用高电阻率的硅钢片叠合而成，并使硅钢片的绝缘层与涡电流的方向垂直，如图 12.14(b)所示．这样涡电流变小，且被限制在薄片内流动，使能量损耗大大减小.

涡电流除热效应外，还具有机械效应．图 12.15 所示为演示涡电流电磁阻尼作用的实验，A 是一块金属片做成的摆，悬挂于电磁铁的两极间，使其在两极间摆动，电磁铁线圈没有通电时，两极间无磁场，金属摆在空气的阻尼和转轴处摩擦的作用下，需要较长一段时间才能停止下来．当电磁铁的线圈通电后，两极间有磁场分布，这时摆动着的金属摆很快就停止下来．这是因为当金属摆朝着两个磁极间的磁场运动时，穿过金属摆的磁通量增加，在板中产生了涡电流，涡电流的方向如图 12.15 所示，其受安培力作用的方向与摆的运动方向相反，从而阻碍金属摆的运动．同样分析，当金属摆由两个磁极间的磁场离开时，它受安培力作用的方向也与摆的运动方向相反，所以摆很快停止下来．这种阻尼源于电磁感应，称为电磁阻尼．电磁阻尼在各种电工仪表中被广泛应用，电力机车的制动器也是根据电磁阻尼原理制成的.

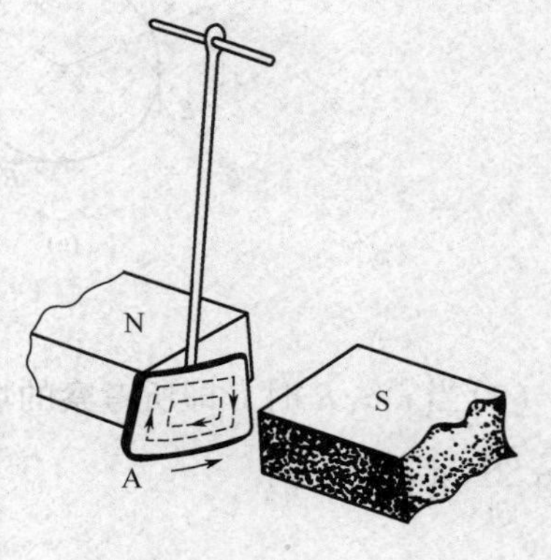

图 12.15　阻尼摆

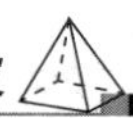

当直流电通过均匀导体时，电流均匀分布在导体的横截面上，但当交流电通过导体时，会在导体内引起涡电流，涡电流使得导体横截面上的电流分布不再均匀，轴线附近电流减小，电流将主要集中在导体表面处，从而产生趋肤效应．电流频率越高，趋肤效应越明显，所以高频电流几乎都从导体表面流过．这种情况等效于导体横截面减小，电阻增大．因此，在生产实际中，为节约材料和提高通电效率，常采用空心导线代替实心导线．此外，为削弱趋肤效应，高频电路中往往使用多股相互绝缘的细导线编制成束．在工业上，利用趋肤效应可使金属表面产生高温，然后骤然冷却，使金属表面淬火.

概念检查 3

如图 12.16 所示，一导体薄片处在与磁场垂直的平面内，如果 $\boldsymbol{B}$ 突然变化，在 P 点附近的磁场却不会随之立即变化，试分析原因.

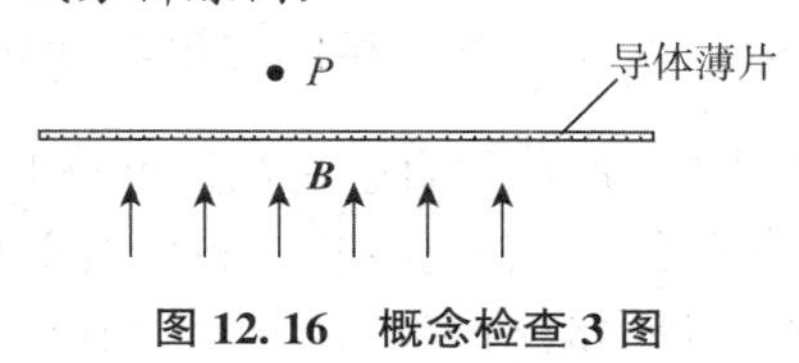

图 12.16　概念检查 3 图

§12.5　自感和互感

由法拉第电磁感应定律可知，当穿过闭合回路的磁通量发生变化时，该闭合回路内就一定有感应电动势出现．前面几节研究了动生和感生电动势，本节将把法拉第电磁感应定律应用到实际电路中去，讨论在实际中有着广泛应用的两种电磁感应现象——自感和互感.

12.5.1　自感

如图 12.17 所示，当回路中的电流发生变化时，它所产生的磁场使穿过自身回路的磁通量也发生变化，因而在回路中激发感应电动势．这种因回路电流变化而在回路中引起的电磁感应现象称为自感现象，所产生的感应电动势叫作自感电动势.

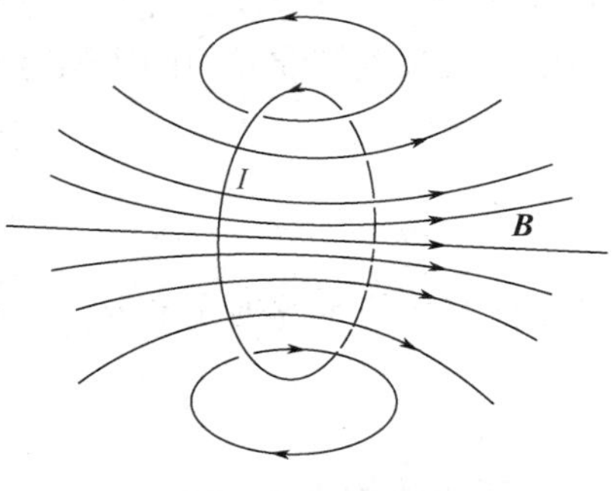

图 12.17　自感

考虑一闭合回路，通以电流 I，根据毕奥-萨伐尔定律，此电流在空间任一点产生的磁场与电流 I 成正比，因此，穿过回路的磁通量也与电流 I 成正比，即

$$\Phi = LI \tag{12.9}$$

式中，L 为比例系数，称为回路的自感系数，简称自感．自感系数在量值上等于回路中的电流为单位电流时，穿过回路本身所围面积的磁通量．它是表征回路电磁性质的物理量，只与回路的大小和形状、线圈的匝数及周围磁介质的性质有关．在 SI 中，自感系数的单位是亨利，其符号是 H. 由式(12.9)可知，$1\ \mathrm{H} = 1\ \mathrm{Wb} \cdot \mathrm{A}^{-1}$.

当回路的大小、形状及周围磁介质的磁导率不变而回路电流随时间变化时，回路中的自感电动势为

$$\mathscr{E}_L=-\frac{\mathrm{d}\Phi}{\mathrm{d}t}=-L\frac{\mathrm{d}I}{\mathrm{d}t} \tag{12.10}$$

当线圈本身的参数不变，且周围磁介质为弱磁质(无铁磁质)时，自感系数是一与电流无关的恒量．式(12.10)中的负号，是楞次定律的数学表述，它表明自感电动势将反抗回路中电流的变化．也就是说：当电流增加时，$\frac{\mathrm{d}I}{\mathrm{d}t}>0$，则$\mathscr{E}_L<0$，表明$\mathscr{E}_L$的方向与原电流$I$的方向相反；当电流减小时，$\frac{\mathrm{d}I}{\mathrm{d}t}<0$，则$\mathscr{E}_L>0$，表明$\mathscr{E}_L$的方向与原电流$I$的方向相同．可见，自感电动势起着反抗回路电流变化的作用，换句话说，任何载流回路都具有保持原有电流不变的特性，这种特性称为电磁惯性．对于相同的电流变化率$\frac{\mathrm{d}I}{\mathrm{d}t}$，$L$越大，自感电动势$\mathscr{E}_L$也越大，改变原有电流就越困难，所以，自感系数是电路电磁惯性的量度.

自感现象在电工和无线电技术中有广泛的应用．自感线圈是一个重要的电路元件，在电路中具有“通直流，阻交流；通低频，阻高频”的特性，如电工中的镇流器、无线电技术中的振荡线圈等．另外，将自感线圈与电容器共同组成滤波电路，可使某些频率的交流信号能顺利通过，而将另一些频率的交流信号阻挡，从而达到滤波的目的．还可以利用自感线圈与电容器构成谐振电路.

在某些情况下，自感又是非常有害的．例如，大型的电动机、发电机等，它们的线圈都具有很大的自感系数，在电闸接通和断开时，强大的自感电动势可能使电介质击穿，因此必须采取措施保证人员和设备的安全.

自感系数的计算比较复杂，一般用实验方法进行测量．对于一些形状规则的简单回路，可以通过计算求得.

例 12.6 设有一长直螺线管，长为l，截面半径为R，管上线圈的总匝数为N，管内充满磁导率为μ的磁介质，计算它的自感系数.

解 设长直螺线管线圈中通有电流I，管内的磁场可视为均匀磁场，磁感应强度$\boldsymbol{B}$的大小为

$$B=\mu\frac{N}{l}I$$

$\boldsymbol{B}$的方向与螺线管的轴线平行，穿过每一匝线圈的磁通量为

$$\Phi=BS=\mu\frac{N\pi R^2}{l}I$$

穿过N匝线圈的磁链为

$$\Psi=N\Phi=\mu\frac{N^2\pi R^2}{l}I$$

由$\Psi=N\Phi=LI$，可得自感系数为

$$L=\frac{\Psi}{I}=\mu\frac{N^2\pi R^2}{l}$$

螺线管单位长度上线圈的匝数 $n=\dfrac{N}{l}$，螺线管的体积为 $V=\pi R^2 l$，则上式可写为

$$L=\mu n^2 V$$

由结果可知，螺线管的自感系数只与自身参数有关.

例 12.7　如图 12.18 所示，两个“无限长”的同轴圆筒状导体组成同轴电缆，内外圆筒的半径分别为 R_1 和 R_2，电流由内圆筒流走，外圆筒流回．求电缆单位长度的自感系数.

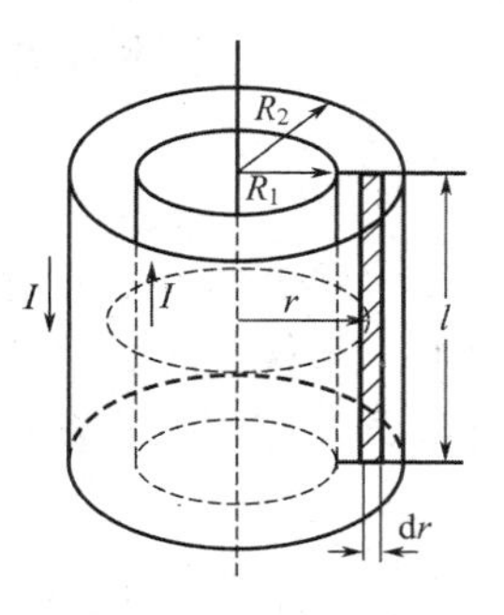

图 12.18　例 12.7 图

解　设电缆中流过的电流为 I，由安培环路定理可知，在内圆筒之内及外圆筒之外的空间中的磁感应强度都为零．在内外圆筒之间，离轴线距离为 r 处的磁感应强度为

$$B=\frac{\mu_0 I}{2\pi r}$$

在内外圆筒之间，取长度为 l 的纵截面，穿过宽度为 $\mathrm{d}r$ 的狭长矩形面积元的磁通量为

$$\mathrm{d}\Phi=\boldsymbol{B}\cdot\mathrm{d}\boldsymbol{S}=Bl\mathrm{d}r=\frac{\mu_0 I}{2\pi r}l\mathrm{d}r$$

穿过该纵截面的总磁通量为

$$\Phi=\int\mathrm{d}\Phi=\int_{R_1}^{R_2}\frac{\mu_0 I}{2\pi r}l\mathrm{d}r=\frac{\mu_0 Il}{2\pi}\ln\frac{R_2}{R_1}$$

根据 $\Phi=LI$，可知电缆单位长度的自感系数为

$$L_0=\frac{\Phi}{Il}=\frac{\mu_0}{2\pi}\ln\frac{R_2}{R_1}$$

电缆单位长度的自感系数是传输电磁信号电缆(如电视电缆)的一个重要特征参数.

概念检查 4

一无铁芯的长直螺线管在保持其半径和总匝数不变的情况下，把螺线管拉长一些，自感系数将如何变化?

12.5.2　互感

两个邻近的载流回路，由于一个回路的电流变化而在另一回路中产生感应电动势的现象称为互感现象，所产生的感应电动势叫作互感电动势.

如图 12.19 所示，两个相邻的线圈 1 和 2，分别通以电流 I_1 和 I_2．根据毕奥-萨伐尔定律，I_1 产生的磁感应强度 B 与 I_1 成正比，因此 I_1 产生的磁感应强度穿过线圈 2 的磁通量 Φ_{21} 也与 I_1 成正比，即

$$\Phi_{21}=M_{21}I_1$$

式中，M_{21} 是比例系数．同理，线圈 2 中电流 I_2 所产生的磁感应强度穿过线圈 1 的磁通量 Φ_{12} 与 I_2 成正比，即

$$\Phi_{12} = M_{12}I_2$$

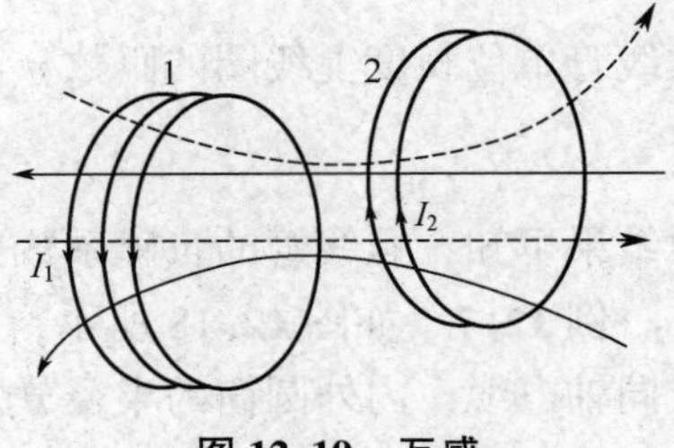

图 12.19　互感

式中，M_{12} 是比例系数．理论和实验都证明，在两个回路的大小和形状、线圈的匝数、相对位置及周围磁介质的磁导率都保持不变时，M_{21} 和 M_{12} 是相等的，如果令 $M_{21} = M_{12} = M$，则上述两式为

$$\Phi_{21} = MI_1 \tag{12.11a}$$

$$\Phi_{12} = MI_2 \tag{12.11b}$$

M 称为两个回路的互感系数，简称互感．它和两个回路的大小、形状、匝数、回路的相对位置及周围磁介质的性质有关，与回路中的电流无关，如果回路周围有铁磁质存在，互感系数就与回路中的电流有关．

由式(12.11)可知，两个回路间的互感系数 M 在数值上等于其中一个线圈中的电流为一个单位时，产生的磁感应强度穿过另一回路所围面积的磁通量．

当线圈 1 中的电流 I_1 发生变化时，根据电磁感应定律，在线圈 2 中引起的互感电动势为

$$\mathscr{E}_{21} = -\frac{\mathrm{d}\Phi_{21}}{\mathrm{d}t} = -M\frac{\mathrm{d}I_1}{\mathrm{d}t} \tag{12.12a}$$

同理，当线圈 2 中的电流 I_2 发生变化时，在线圈 1 中引起的互感电动势为

$$\mathscr{E}_{12} = -\frac{\mathrm{d}\Phi_{12}}{\mathrm{d}t} = -M\frac{\mathrm{d}I_2}{\mathrm{d}t} \tag{12.12b}$$

由此可见，一个线圈中的互感电动势正比于另一个线圈的电流变化率，也正比于它们的互感系数．当电流变化一定时，互感系数越大，互感电动势就越大，互感系数是表征两个回路相互感应能力强弱的物理量．

互感现象在无线电技术和电磁测量中有广泛应用，通过互感线圈能够使能量或信号由一个线圈传递到另一个线圈．各种变压器，以及电压和电流互感器都是利用互感现象制成的．但是，有的情况下互感却是有害的，如电路间由于互感而相互干扰，影响正常工作，这时可采用磁屏蔽等方法来减少这种干扰．

与自感系数一样，互感系数通常是通过实验来测定的，只有在一些简单情况下才可以通过计算求得．

例 12.8　变压器是根据互感原理制成的．设某一变压器的原线圈和副线圈是两个长度为 l、半径 R 相同的同轴长直螺线管，它们的匝数分别为 N_1 和 N_2，管内磁介质的磁导率为 μ（见图 12.20）．求：(1)两线圈间的互感系数；(2)两线圈的自感系数和互感系数的关系．

解　(1)设原线圈 1 中通有电流 I_1，管内的磁场可视为均匀磁场，磁感应强度 $\boldsymbol{B}_1$ 的大小为

$$B_1 = \mu\frac{N_1}{l}I_1$$

$\boldsymbol{B}_1$ 的方向与螺线管的轴线平行，通过副线圈的磁链为

$$\Psi_{21} = N_2B_1S_2 = \mu\frac{N_1N_2\pi R^2}{l}I_1$$

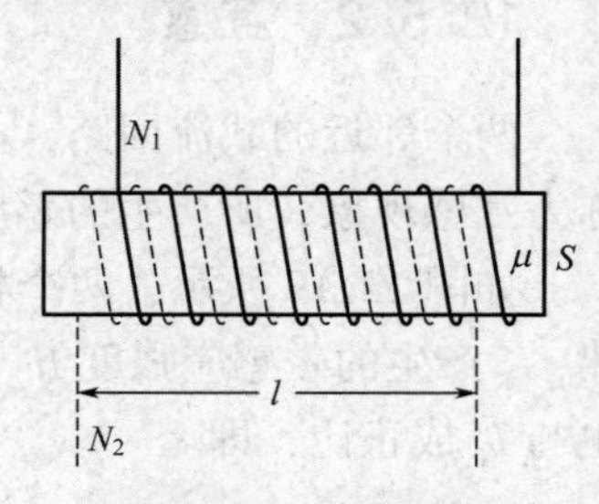

图 12.20　例 12.8 图

由互感系数的定义，互感系数为

$$M=\frac{\Psi_{21}}{I_1}=\frac{\mu N_1 N_2 \pi R^2}{l}$$

(2)由例12.6的计算结果，长直螺线管的自感系数 $L=\frac{\mu N^2 \pi R^2}{l}$. 原、副线圈的自感系数分别为

$$L_1=\frac{\mu N_1^2 \pi R^2}{l}$$

$$L_2=\frac{\mu N_2^2 \pi R^2}{l}$$

由此可得

$$M^2=L_1 L_2$$

即

$$M=\sqrt{L_1 L_2}$$

应该指出，这一结果只有在两个线圈各自产生的磁力线完全通过对方时才能成立，也就是说，它只是在无漏磁通存在的全耦合情况下才成立．一般情况下，$M<\sqrt{L_1 L_2}$，可写成

$$M=k\sqrt{L_1 L_2}$$

式中，k 为耦合系数，其值取决于两线圈的相对位置，通常 k 小于1.

概念检查5

两个不同半径的金属环，为得到最大互感系数，应如何放置？

§12.6 磁场的能量

我们知道，充电后的电容器储存有一定的电能，那么，一个通有电流的线圈是否也储存了某种形式的能量呢？

如图12.21所示电路中，当开关K接通时，电路中的电流从零开始逐渐增大，最后达到稳定值．在电流增大的过程中，线圈内产生与电流反向的自感电动势以阻碍电流的增加，电源必须提供能量克服自感电动势做功．因此，电流在线圈内建立磁场的过程中，电源提供的能量分成两部分：一部分转化为电阻 R 上的焦耳热，另一部分转化为线圈内的磁场能量(简称磁能)．下面定量研究电路中电流增长时能量的转化情况.

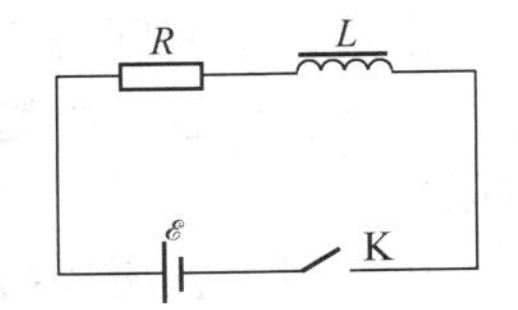

图12.21 *RL* 电路图

由全电路欧姆定律，得

$$\mathscr{E}-L\frac{\mathrm{d}i}{\mathrm{d}t}=iR$$

对上式两边同乘以 $i\mathrm{d}t$，有

$$\mathscr{E}i\mathrm{d}t-Li\mathrm{d}i=Ri^2\mathrm{d}t$$

当合上开关，时间从 $0\rightarrow t$ 时，相应电流从 $0\rightarrow I$，对上式积分得

$$\int_0^t \mathscr{E} i\mathrm{d}t - \frac{1}{2}LI^2 = \int_0^t Ri^2\mathrm{d}t$$

式中，$\int_0^t \mathscr{E} i\mathrm{d}t$ 是 $0 \to t$ 这段时间内电源提供的能量；$\int_0^t Ri^2\mathrm{d}t$ 是这段时间内消耗在电阻上的焦耳热；$\frac{1}{2}LI^2$ 是电源克服自感电动势所做的功．由于电路中的电流从零增加到稳定值的过程中，电路附近的空间只是逐渐建立起一定强度的磁场，而无其他变化，所以，电源克服自感电动势所做的功在建立磁场的过程中转化成了磁能.

显然，一个自感系数为 L，通有电流 I 的线圈，其中所储存的磁能为

$$W_m = \frac{1}{2}LI^2 \tag{12.13}$$

上述线圈中的电流由零逐渐增加到稳定值的过程，也就是线圈周围磁场的建立过程．可以推断，储存在线圈中的磁能也可以用描述磁场的物理量来表示．下面以长直螺线管为例来说明.

当长直螺线管通以电流 I 时，管内磁感应强度为

$$B = \mu nI$$

螺线管的自感系数为

$$L = \mu n^2 V$$

式中，n 为螺线管单位长度的匝数；V 为螺线管的体积．代入自感磁能公式(12.13)，得

$$W_m = \frac{1}{2}LI^2 = \frac{1}{2}\mu n^2 I^2 V = \frac{1}{2}\frac{B^2}{\mu}V$$

而 $H = \frac{B}{\mu} = nI$，可得磁能的另一表达式为

$$W_m = \frac{1}{2}BHV$$

长直螺线管内的磁场是均匀分布在体积 V 内的，因此单位体积内的磁能，即磁能密度为

$$w_m = \frac{1}{2}BH = \frac{1}{2}\mu H^2 = \frac{1}{2}\frac{B^2}{\mu} \tag{12.14}$$

上述磁能密度公式，虽然是从螺线管中均匀磁场的特例导出的，但可以证明，它具有普遍性，在任何磁场中均成立．式(12.14)表明，磁场具有能量，磁能存在于磁场所在的整个空间中.

由此可见，磁场与电场一样，是一种物质形态，因而具有能量．磁能与其他形式的能量可以相互转化，电磁感应现象就是能量转化的一种具体形式．对于均匀磁场，磁能 W_m 等于磁能密度 w_m 乘以磁场体积 V. 磁场非均匀时，可把磁场所在空间划分为许多体积元 $\mathrm{d}V$，任一体积元内，磁场可认为是均匀的，体积元内的磁能为

$$\mathrm{d}W_m = w_m \mathrm{d}V$$

则磁场的总能量为

$$W_m = \int_V \mathrm{d}W_m = \int_V w_m \mathrm{d}V$$

例 12.9 如图 12.22 所示，两个“无限长”的同轴圆筒状导体组成同轴电缆，其间充满磁导率为 μ 的磁介质，设内外圆筒的半径分别为 R_1 和 R_2，电流 I 由内筒流走，外筒流回.

求：(1)电缆单位长度所储存的磁能；(2)电缆单位长度的自感系数.

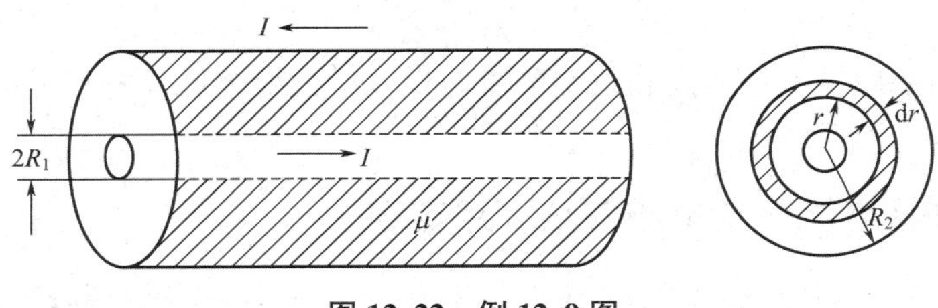

图 12.22 例 12.9 图

解 (1)根据电流的对称分布，由安培环路定理可求得，电缆内两同轴圆筒之间的磁感应强度为

$$B=\frac{\mu I}{2\pi r}$$

取一半径为 r 、厚度为 $\mathrm{d}r$ 、长为 l 的同轴薄圆柱壳层为体积元，薄壳层的体积为

$$\mathrm{d}V=2\pi rl\mathrm{d}r$$

薄壳层任意一点的磁能密度为

$$w_{\mathrm{m}}=\frac{B^2}{2\mu}=\frac{\mu I^2}{8\pi^2r^2}$$

则体积元 $\mathrm{d}V$ 内的磁能为

$$\mathrm{d}W_{\mathrm{m}}=w_{\mathrm{m}}\mathrm{d}V=\frac{\mu I^2}{8\pi^2r^2}2\pi rl\mathrm{d}r=\frac{\mu I^2l\mathrm{d}r}{4\pi r}$$

长为 l 的一段电缆内外壳之间储存的磁能为

$$W_{\mathrm{m}}=\int_V w_{\mathrm{m}}\mathrm{d}V=\frac{\mu I^2l}{4\pi}\int_{R_1}^{R_2}\frac{\mathrm{d}r}{r}=\frac{\mu I^2l}{4\pi}\ln\frac{R_2}{R_1}$$

电缆单位长度所储存的磁能为

$$W_{\mathrm{m}}=\frac{\mu I^2}{4\pi}\ln\frac{R_2}{R_1}$$

(2)由磁能公式 $W_{\mathrm{m}}=\frac{1}{2}LI^2$ 可求出电缆单位长度的自感系数为

$$L=\frac{\mu}{2\pi}\ln\frac{R_2}{R_1}$$

§12.7 位移电流 麦克斯韦方程

第 9~11 章介绍了静电场和恒定磁场的基本性质和基本规律，可知静电场和恒定磁场都是不随时间变化的静态场，然而最普遍的情形却是随时间变化的电磁场．法拉第电磁感应定律涉及变化的磁场能激发电场，麦克斯韦在研究了安培环路定理应用于随时间变化的电路电流间的矛盾之后，提出了变化的电场激发磁场的概念，从而进一步揭示了电场和磁场的内在联系及依存关系．在此基础上，麦克斯韦把特殊条件下总结出的电磁现象的规律归纳成体系完整的普遍的电磁场理论——麦克斯韦方程组．由电磁场理论，麦克斯韦还预言了电磁波的

存在．1887 年，赫兹用实验证实了电磁波的存在，这给予了麦克斯韦电磁场理论以决定性的支持.

本节从麦克斯韦感生电场假设和位移电流假设入手，介绍反映电磁运动规律的麦克斯韦方程组.

12.7.1 位移电流 全电流安培环路定理

麦克斯韦不仅认识到变化的磁场能激发感生电场，而且在电磁场理论的研究中，进一步提出了随时间变化的电场能够激发磁场的思想．这一思想是在研究电流连续性问题时作为一种假设提出来的.

我们知道，恒定电流和它所激发的磁场遵循安培环路定理，即

$$\oint_L \boldsymbol{H} \cdot \mathrm{d}\boldsymbol{l} = \int_S \boldsymbol{j} \cdot \mathrm{d}\boldsymbol{S} = I$$

式中，I 是穿过以闭合路径 L 为边界的任意曲面 S 的传导电流；$\boldsymbol{j}$ 是电流密度．由于恒定电流是闭合的(连续的)，所以穿过以 L 为边界的任意曲面的电流都完全相同.

在电流非恒定的情况下，安培环路定理是否仍然成立？以含有电容器的电路为例，无论电容器是充电还是放电，电路中的电流都是随时间变化的非恒定电流．在电容器两极板之间无电流通过，即电流是不连续的．如图 12.23(a)所示，在极板 A 附近任取一环路 L，以 L 为边界分别取 S_1 和 S_2 两曲面，其中 S_1 与导线相交，S_2 在两极板之间，不与导线相交．对于曲面 S_1，因有传导电流穿过 S_1 面，由安培环路定理得

$$\oint_L \boldsymbol{H} \cdot \mathrm{d}\boldsymbol{l} = \int_{S_1} \boldsymbol{j} \cdot \mathrm{d}\boldsymbol{S} = I$$

对于曲面 S_2，没有传导电流穿过，由安培环路定理得

$$\oint_L \boldsymbol{H} \cdot \mathrm{d}\boldsymbol{l} = \int_{S_2} \boldsymbol{j} \cdot \mathrm{d}\boldsymbol{S} = 0$$

上述结果表明，在非恒定电流激发的磁场中，磁场强度的环流与选取的曲面有关，选取不同的曲面时，环流有不同的值，这说明安培环路定理不适用于非恒定电流的情形.

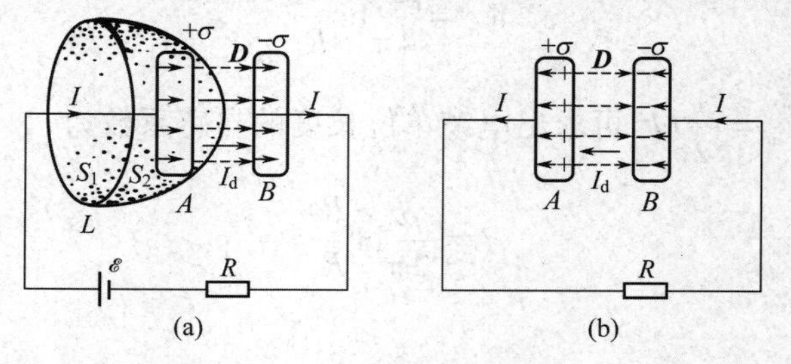

图 12.23 位移电流

(a)充电时；(b)放电时

麦克斯韦认为上述矛盾的出现，是由于把磁场强度的环流认为是由唯一的传导电流决定的，而传导电流在电容器两极板间却中断了．他注意到，在电容器的充放电过程中，电容器两极板间虽无传导电流，却存在着电场，电容器极板上自由电荷随时间变化的同时，极板间的电场也随时间变化着.

设某一时刻电容器极板 A 上的电荷面密度为 $+\sigma$，极板 B 上的电荷面密度为 $-\sigma$. 极板面积为 S，由电荷守恒定律，电路中的传导电流为极板上的电量随时间的变化率，即

$$I_c=\frac{dq}{dt}=\frac{d(\sigma S)}{dt}=S\frac{d\sigma}{dt}$$

传导电流密度的大小为

$$j_c=\frac{d\sigma}{dt}$$

平行板电容器极板间电位移的大小为 $D=\sigma$，电位移的通量 $\Phi_D=DS=\sigma S$，在电容器的放电过程中，极板上的电荷面密度 σ 随时间变化，同时极板间的电位移的大小、电位移通量均随时间变化，它们随时间的变化率分别为

$$\frac{dD}{dt}=\frac{d\sigma}{dt},\qquad \frac{d\Phi_D}{dt}=S\frac{d\sigma}{dt}$$

从上述结果可以看出，极板间电位移随时间的变化率 $\frac{d\boldsymbol{D}}{dt}$ 在数值上等于电路中的传导电流密度；极板间电位移通量随时间的变化率 $\frac{d\Phi_D}{dt}$ 在数值上等于电路中的传导电流．并且，当电容器充电时，电容器两极板间的电场增强，所以 $\frac{d\boldsymbol{D}}{dt}$ 的方向与 $\boldsymbol{D}$ 的方向相同，也与导线中传导电流的方向相同；当电容器放电时，如图 12.23(b)所示，电容器两极板间的电场减弱，所以 $\frac{d\boldsymbol{D}}{dt}$ 与 $\boldsymbol{D}$ 的方向相反，但仍和导线中传导电流的方向一致．因此，可以设想，如果以 $\frac{d\boldsymbol{D}}{dt}$ 表示某种电流，那么，它就可以替代极板间中断了的传导电流，从而保持电流的连续性．于是，麦克斯韦提出了位移电流的概念，并定义：电场中某一点的位移电流密度 $\boldsymbol{j}_d$ 等于该点电位移对时间的变化率；通过电场中某一截面的位移电流 I_d 等于通过该截面的电位移通量对时间的变化率，即

$$\boldsymbol{j}_d=\frac{d\boldsymbol{D}}{dt},\qquad I_d=\frac{d\Phi_D}{dt}=S\frac{dD}{dt} \tag{12.15}$$

传导电流具有磁效应，麦克斯韦将 $\frac{d\boldsymbol{D}}{dt}$ 视为电流，便很自然地假定，位移电流同样具有磁效应，即位移电流和传导电流一样，也会在周围的空间激发磁场．麦克斯韦认为电路中可同时存在传导电流 I_c 和位移电流 I_d，并把传导电流与位移电流的代数和称为全电流，即全电流 I_s 为

$$I_s=I_c+I_d$$

一般情况下，安培环路定理应推广为

$$\oint_L \boldsymbol{H}\cdot d\boldsymbol{l}=I_s=I_c+I_d \tag{12.16a}$$

或

$$\oint_L \boldsymbol{H}\cdot d\boldsymbol{l}=\int_S\left(\boldsymbol{j}_c+\frac{\partial \boldsymbol{D}}{\partial t}\right)\cdot d\boldsymbol{S} \tag{12.16b}$$

上式表明，磁场强度 $\boldsymbol{H}$ 沿任意闭合回路的积分在数值上等于穿过以该闭合回路为边界的任意曲面的传导电流和位移电流的代数和，这称为全电流安培环路定理．这样，对图 12.23 中取 S_1 或取 S_2 的情形，结果都是一样的．此定理还表明传导电流和位移电流都能激发涡旋

磁场.

位移电流在本质上并不是电荷的定向运动，当然也不会产生热效应，它实际上只是电场的时间变化率．假定位移电流具有磁效应，也就是假定随时间变化的电场能够在其周围激发磁场，这正是麦克斯韦位移电流假设的核心思想．这一假设早已为实验所证实.

概念检查6

与电源相连的电容器，若它的两极板：(1) 相互靠近；(2) 相互远离，极板间有无位移电流.

例 12.10 如图12.24所示，一平板电容器两极板都是半径 $R=0.1$ m 的导体圆板，在充电过程中，极板间电场强度的变化率为 $\frac{dE}{dt}=10^{13}\ \mathrm{V\cdot m^{-1}\cdot s^{-1}}$，忽略边缘效应．试求：(1) 两极板间的位移电流；(2) 距两极板中心连线为 r 处的磁感应强度和极板边缘处的磁感应强度（$r<R$）.

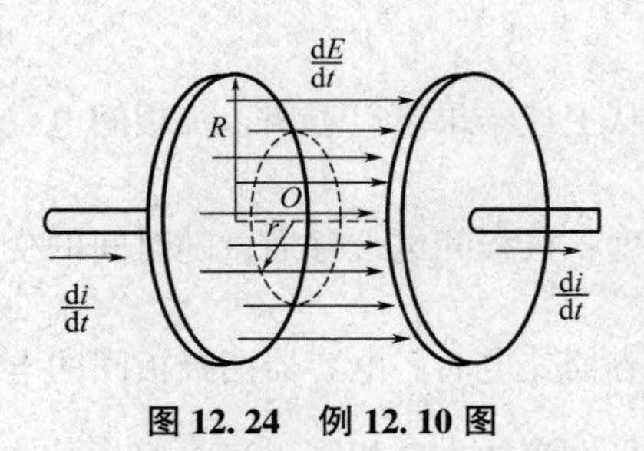

图 12.24　例 12.10 图

解　在忽略边缘效应时，极板间的电场可看成均匀分布.

(1) 根据定义，位移电流为

$$I_d=\frac{d\Phi_D}{dt}=S\frac{dD}{dt}$$

$$D=\varepsilon_0 E$$

可得

$$I_d=S\frac{dD}{dt}=\varepsilon_0\pi R^2\frac{dE}{dt}$$

$$=8.85\times10^{-12}\times3.14\times(0.1)^2\times10^{13}\ \mathrm{A}=2.8\ \mathrm{A}$$

(2) 两极板间的位移电流相当于均匀分布的圆柱电流，它产生具有轴对称的涡旋磁场，可认为电容器内离两极板中心连线为 r 处的各点在同一磁力线上，磁力线的回转方向和电流方向之间的关系按右手螺旋法则确定，各点的磁感应强度的大小都为 B_r，取该磁力线为积分回路 L，由于极板间的传导电流 $I_c=0$，由全电流安培环路定理，有

$$\oint_L \boldsymbol{H}\cdot d\boldsymbol{l}=I_d=S'\frac{dD}{dt}$$

$$H\cdot2\pi r=\varepsilon_0\pi r^2\frac{dE}{dt}$$

所以

$$H=\frac{\varepsilon_0 r}{2}\frac{dE}{dt}$$

由 $B_r=\mu_0 H$，得

$$B_r=\frac{\varepsilon_0\mu_0 r}{2}\frac{dE}{dt}$$

极板边缘处，$r = R$，则

$$B_R = \frac{\varepsilon_0\mu_0 R}{2}\frac{dE}{dt}$$

$$= \frac{1}{2} \times 8.85 \times 10^{-12} \times 4\pi \times 10^{-7} \times 0.1 \times 10^{13}\ \text{T} = 5.6 \times 10^{-6}\ \text{T}$$

12.7.2 麦克斯韦方程组

经过库仑、安培等多位物理学家的努力，建立了静电场和恒定磁场的基本规律．考虑到随时间变化的电场和磁场的情况，麦克斯韦提出了感生电场和位移电流两个基本假设，前者指出了变化的磁场要激发涡旋电场，后者则指出变化的电场要激发涡旋磁场．这两个假设揭示了电场和磁场之间的内在联系．存在变化电场的空间必存在变化磁场，同样，存在变化磁场的空间必存在变化电场，即变化电场和变化磁场是紧密联系在一起的，它们构成一个统一的电磁场整体．1865 年，麦克斯韦提出了表述电磁场普遍规律的四个方程，即麦克斯韦方程组．

一般情况下，电场包括由自由电荷激发的电场（电场强度和电位移分别为 $\boldsymbol{E}^{(1)}$、$\boldsymbol{D}^{(1)}$），也包括变化磁场激发的电场（电场强度和电位移分别为 $\boldsymbol{E}^{(2)}$、$\boldsymbol{D}^{(2)}$），电场强度 $\boldsymbol{E}$ 和电位移 $\boldsymbol{D}$ 是它们的矢量和，即

$$\boldsymbol{E} = \boldsymbol{E}^{(1)} + \boldsymbol{E}^{(2)},\quad \boldsymbol{D} = \boldsymbol{D}^{(1)} + \boldsymbol{D}^{(2)}$$

同时，磁场包括传导电流激发的磁场（磁感应强度和磁场强度分别为 $\boldsymbol{B}^{(1)}$、$\boldsymbol{H}^{(1)}$），也包括位移电流（变化电场）激发的磁场（磁感应强度和磁场强度分别为 $\boldsymbol{B}^{(2)}$、$\boldsymbol{H}^{(2)}$），磁感应强度 $\boldsymbol{B}$ 和磁场强度 $\boldsymbol{H}$ 是它们的矢量和，即

$$\boldsymbol{B} = \boldsymbol{B}^{(1)} + \boldsymbol{B}^{(2)},\quad \boldsymbol{H} = \boldsymbol{H}^{(1)} + \boldsymbol{H}^{(2)}$$

这样可得到普遍情况下电磁场满足的方程组，分别如下．

（1）电场的高斯定理．

$\boldsymbol{D}^{(1)}$ 穿过闭合曲面的通量等于闭合曲面包围的自由电荷的代数和，$\boldsymbol{D}^{(2)}$ 穿过闭合曲面的通量等于 0，则可得电场的高斯定理为

$$\oint_S \boldsymbol{D} \cdot d\boldsymbol{S} = \sum_i q_i$$

上式表明，在任何电场中，通过任意闭合曲面的电位移通量等于该闭合曲面包围的自由电荷的代数和．

（2）磁场的高斯定理．

传导电流和变化电场激发磁场的方式不同，但它们所激发的磁场都是涡旋场，磁力线都是闭合的．因此，在任何磁场中，通过任意闭合曲面的磁通量恒等于零，则可得磁场的高斯定理为

$$\oint_S \boldsymbol{B} \cdot d\boldsymbol{S} = 0$$

（3）电场的环路定理：

$$\oint_L \boldsymbol{E} \cdot d\boldsymbol{l} = -\int_S \frac{\partial \boldsymbol{B}}{\partial t} \cdot d\boldsymbol{S}$$

上式揭示了变化磁场激发电场的规律．它表明，在任何电场中，电场强度沿任意闭合路

径的积分等于通过该闭合路径所围面积的磁通量随时间变化率的负值.

(4)磁场的环路定理：

$$\oint_L \boldsymbol{H}\cdot \mathrm{d}\boldsymbol{l}=\int_S\left(\boldsymbol{j}_c+\frac{\partial \boldsymbol{D}}{\partial t}\right)\cdot \mathrm{d}\boldsymbol{S}$$

上式揭示了传导电流和变化电场激发磁场的规律．它表明，在任何磁场中，磁场强度沿任意闭合路径的积分等于通过以该闭合路径为边界的任意曲面的全电流.

上述四个方程称为麦克斯韦方程组的积分形式，相应地还有四个微分形式的方程．麦克斯韦方程组是电磁场理论的基础和核心，当给定电荷和电流分布时，根据初始条件和边界条件，由该方程组可求得电磁场在空间的分布情况及随时间的变化情况.

麦克斯韦方程组是对电磁场基本规律所做的总结性、统一性的简明而完美的描述．麦克斯韦电磁场理论是由宏观电磁现象总结出来的，可以应用在各种宏观电磁现象中，在高速领域中也是正确的．但是，在分子、原子等微观过程的电磁现象中，麦克斯韦理论不完全适用，需要由更普遍的量子电动力学来解决，麦克斯韦理论可以看作量子电动力学在某些特殊条件下的近似规律.

§12.8　电磁振荡和电磁波

由麦克斯韦电磁场理论，随时间变化的电场在其周围的空间激发磁场，由于这磁场是变化的，因此在其周围的空间又激发变化的感生电场．变化的电场和变化的磁场不断地交替产生，由近及远以有限的速度在空间传播，形成电磁波.

12.8.1　电磁波的辐射

在讨论电磁波传播之前，回顾一下电磁振荡电路，最简单、最基本的无阻尼自由振荡可由 LC 电路产生，如图 12.25 所示，电容器极板上的电荷和电路中的电流都是周期性变化的，故电容器极板间的电场和线圈中的磁场也是周期性变化的，根据麦克斯韦电磁场理论，振荡电路应能够辐射电磁波.

要想在空间形成电磁波，就必须有波源．通过刚才的分析，LC 振荡电路似乎是最合适的波源．电磁场理论证明，电磁波在单位时间内辐射的能量与频率的四次方成正比，故振荡电路的固有频率越大，向外辐射的电磁波越强．而振荡电路中，由于 L、C 都比较大，其固有频率 $\left(\nu=\dfrac{1}{2\pi\sqrt{LC}}\right)$ 很小，很难向外辐射电磁波．而且在振荡过程中，电场能量和磁场能量几乎只是在线圈和电容器之间来回交换．以上因素不利于电磁波的辐射，辐射功率极小，要想向外辐射电磁波，必须减小 L 和 C 的数值.

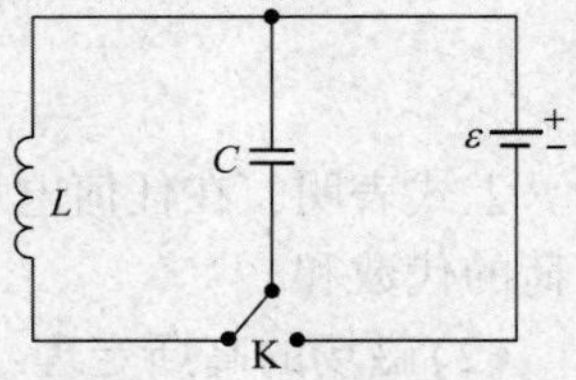

图 12.25　LC 电磁振荡电路

如果把电容器极板间的距离拉开增大，同时把线圈放开拉直，最后形成一条直线，如图 12.26 所示，这样电场和磁场就分散到周围的空间中．同时，由于 L 和 C 都减小了，电路的振荡频率也因此提高，就能辐射电磁波并向周围空间传播．这样直线形的电路，电流在其中往复振荡，两端交替出现正负等量异号电荷，称为振荡偶极子．任何振动电荷或电荷系都是发射电磁波的波源，如天线中振荡的电流、原子或分子中电荷的振动都会在其周围空间产生

电磁波.

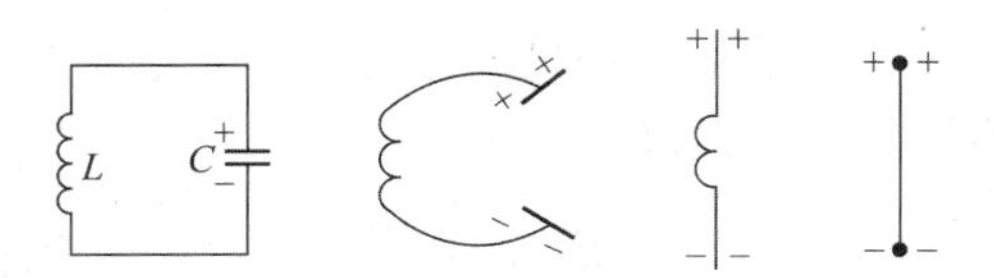

图 12.26 提高振荡电路的固有频率并开放电磁场的方法

赫兹采用振荡偶极子，实现了发送和接收电磁波，如图 12.27 所示，从感应线圈的两个电极，分别接出一根黄铜棒，每一根铜棒的一头接上一个大黄铜球，另一头则接上小黄铜球，让铜球相对摆置，组成电磁波产生器，通电时两个铜球之间会产生高频振荡火花．另外用一根细的铜导线弯成圆弧形，圆弧两端各接一个小黄铜球，铜球并不接触而形成缺口，缺口的大小可随意调整，这个装置作为电磁波接收器，称为谐振器．适当调整摆设方位和铜球间距，会发现接收器也出现小火花．赫兹在实验中首次观察到了电磁波的存在，更经由实验让大家了解到电磁波的直线传播性质，以及反射、折射、干涉、绕射等更多关于电磁波的特性．这样由法拉第开创，麦克斯韦建立，赫兹验证的电磁场理论向全世界宣告了它的胜利.

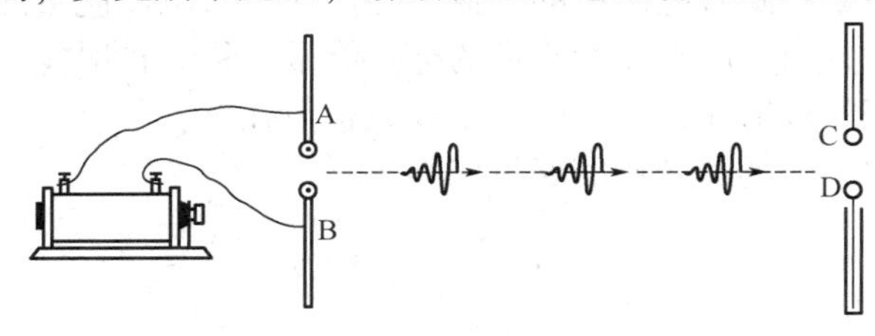

图 12.27 赫兹实验

12.8.2 电磁波的性质

理论和实验结果证明，在自由空间传播的电磁波具有以下基本性质.

(1)电磁波的电场和磁场都垂直于波的传播方向，三者相互垂直，所以电磁波是横波．$\boldsymbol{E}$、$\boldsymbol{H}$ 与波的传播方向构成右手螺旋关系，如图 12.28 所示．$\boldsymbol{E}$ 和 $\boldsymbol{H}$ 分别在各自平面内振动，这种特性称为偏振.

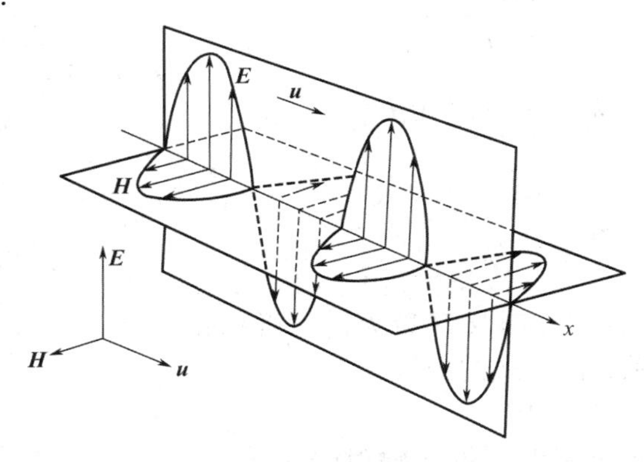

图 12.28 平面电磁波

(2)在电磁波中 $\boldsymbol{E}$ 和 $\boldsymbol{H}$ 总是相互依赖、相伴产生的，$\boldsymbol{E}$ 和 $\boldsymbol{H}$ 周期性变化，而且相位相同，同地同时达到最大，同地同时达到最小.

(3)任一时刻、空间任一点，$\boldsymbol{E}$ 和 $\boldsymbol{H}$ 在量值上满足

$$\sqrt{\varepsilon}E=\sqrt{\mu}H$$

(4)理论计算证明电磁波的传播速度为

$$u=\frac{1}{\sqrt{\varepsilon\mu}}$$

真空中电磁波的传播速度为

$$c=\frac{1}{\sqrt{\varepsilon_0\mu_0}}$$

代入数据，$\varepsilon_0=8.85\times10^{-12}\ \mathrm{F\cdot m^{-1}}$，$\mu_0=4\pi\times10^{-7}\ \mathrm{H\cdot m^{-1}}$，得

$$c=2.998\times10^{8}\ \mathrm{m\cdot s^{-1}}$$

这恰好是光在真空中的传播速度，经大量实验证实，光也是电磁波.

12.8.3 电磁波的能量

电场和磁场具有能量，随着电磁波的传播，必然伴随着电磁能量的传播．能量的传播方向也就是电磁波的传播方向．电磁波所携带的电磁能量，称为辐射能．单位时间内通过垂直于传播方向的单位面积的辐射能，称为能流密度或辐射强度.

在各向同性介质中，电场和磁场的能量密度分别为

$$w_{\mathrm{e}}=\frac{1}{2}\varepsilon E^2,\ w_{\mathrm{m}}=\frac{1}{2}\mu H^2$$

电磁场的总能量密度为

$$w=\frac{1}{2}\varepsilon E^2+\frac{1}{2}\mu H^2$$

如图 12.29 所示，在 P 点取垂直于电磁波传播方向的微小面积 $\mathrm{d}A$，在时间 $\mathrm{d}t$ 内通过该面积的电磁能量等于底面积为 $\mathrm{d}A$、高为 $\mathrm{d}l=u\mathrm{d}t$ 的小柱体中的电磁能量，即

$$\mathrm{d}W=w\mathrm{d}A\mathrm{d}l=wu\mathrm{d}A\mathrm{d}t$$

单位时间内通过单位面积的能量，即电磁波的能流密度 S 为

$$S=\frac{\mathrm{d}W}{\mathrm{d}A\mathrm{d}t}=wu$$

$$S=uw=\frac{u}{2}(\varepsilon E^2+\mu H^2)$$

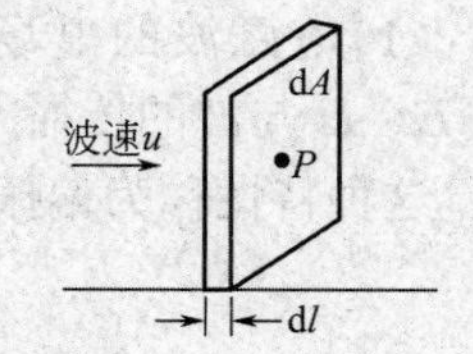

图 12.29 辐射强度的计算

利用 $\sqrt{\varepsilon}E=\sqrt{\mu}H$ 和 $u=\dfrac{1}{\sqrt{\varepsilon\mu}}$，得

$$S=EH$$

由于辐射能的传播方向、$\boldsymbol{E}$ 的方向及 $\boldsymbol{H}$ 的方向三者相互垂直，并成右手螺旋关系，故上式的矢量式为

$$\boldsymbol{S}=\boldsymbol{E}\times\boldsymbol{H}$$

式中，$\boldsymbol{S}$ 称为电磁波的能流密度矢量或辐射强度矢量，也称为坡印廷矢量，$\boldsymbol{S}$ 的方向与波的传播方向相同．$\boldsymbol{S}$、$\boldsymbol{E}$ 及 $\boldsymbol{H}$ 成右手螺旋关系，如图 12.30 所示．

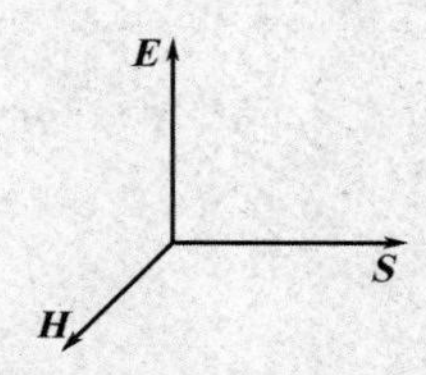

图 12.30 $\boldsymbol{S}$、$\boldsymbol{E}$ 和 $\boldsymbol{H}$ 成右手螺旋关系

12.8.4　电磁波谱

实验证明，电磁波的范围很广，不仅光是电磁波，后来发现的 X 射线、γ 射线也都是电磁波．这些电磁波的本质完全相同，只是波长或频率有所不同，为了便于对各种电磁波进行比较，按照频率或波长的顺序把电磁波排列成图表，这就是电磁波谱，如表 12.1 所示.

表 12.1　电磁波谱

电磁波谱		真空中的波长	主要产生方式
无线电波	长波	$3\times10^3\sim3\times10^4$ m	由电子线路中电磁振荡所激发的电磁辐射
	中波	$200\sim3\times10^3$ m	
	短波	10～200 m	
	超短波	1～10 m	
	微波	0.1～1 cm	
红外线		0.76～1 000 μm	由炽热物体、气体放电或其他光源激发分子或原子等微观客体所产生的电磁辐射
可见光	红	620～760 nm	
	橙	592～620 nm	
	黄	578～592 nm	
	绿	500～578 nm	
	青	464～500 nm	
	蓝	446～464 nm	
	紫	400～446 nm	
紫外线		5～400 nm	
X 射线		0.04～5 nm	用高速电子流轰击原子中的内层电子而产生的电磁辐射
g 射线		0.04 nm 以下	由放射性原子衰变时发出的电磁辐射，或高能粒子与原子核碰撞所产生的电磁辐射

在电磁波谱中，波长最长的是无线电波．表 12.2 列出了各种无线电波的范围和用途.

表 12.2　各种无线电波的范围和用途

种类	长波	中波	中短波	短波	超短波（米波）	微波		
						分米波	厘米波	毫米波
波长	30 000～3 000 m	3 000～200 m	200～50 m	50～10 m	10～1 m	1 m～10 cm	10～1 cm	1～0.1 cm
频率	10～100 kHz	100～1 500 kHz	1.5～6 MHz	6～30 MHz	30～300 MHz	300～3 000 MHz	3 000～30 000 MHz	30 000～300 000 MHz

续表

种类	长波	中波	中短波	短波	超短波（米波）	微波		
						分米波	厘米波	毫米波
主要用途	越洋长距离通信和导航	无线电广播	电报通信	无线电广播、电报通信	调频无线电广播、电视广播、无线电导航	电视、雷达、无线电导航及其他专门用途	电视、雷达、无线通信	雷达、无线通信、遥感技术

需要指出的是，电磁波谱中上述各个波段主要是按照产生方式或探测方法的不同来划分的，随着科学技术的发展，不同方式产生的波会有一些共同的波段，从而出现不同波段相重叠的情形.

概念检查答案

1. 电动势是非静电力做功本领的反映，而电势差是静电力做功的反映.
2. 5×10^{-4} Wb.
3. B 变化，导体薄片内形成涡电流反抗磁场的变化，P 点处的 B 的变化不能立即显现.
4. 减小.
5. 小环放在大环中心且使两环面在同一平面内.
6. 均有位移电流.

思考题

思考题解答

12.1　把一条形永久磁铁从闭合长直螺线管的左端插入，并由右端抽出，试用图表示在此过程中所产生的感应电流的方向.

12.2　试按下述的几个方面比较一下静电场与涡旋电场：(1)由什么激发的？(2)电场线的分布怎样？(3)对导体有何作用？

12.3　变压器的铁芯为什么总做成片状的，而且涂上绝缘漆相互隔开？

12.4　变化电场激发的磁场，是否一定随时间发生变化？变化磁场激发的电场，是否一定随时间发生变化？

12.5　对于真空中恒定电流激发的磁场，$\oint_S \boldsymbol{B}\cdot \mathrm{d}\boldsymbol{S}=0$，对于一般的电磁场，又有 $\oint_S \boldsymbol{B}\cdot \mathrm{d}\boldsymbol{S}=0$ 这个式子，在这两种情况下，对于 $\boldsymbol{B}$ 的理解有哪些区别？

习题

12.1　一圆形金属线圈在均匀磁场中运动，能使其中产生感应电流的情况是（　　）.

(A)线圈绕自身直径轴旋转，轴与磁场方向平行

(B)线圈绕自身直径轴旋转，轴与磁场方向垂直

(C)线圈平面垂直于磁场并沿垂直于磁场的方向平移

(D)线圈平面平行于磁场并沿垂直于磁场的方向平移

12.2　如习题 12.2 图所示，两根无限长平行直导线载有大小相同、方向相反的电流 I，

均以 dI/dt 的变化率增长，一矩形线圈位于导线平面内，则(　　).

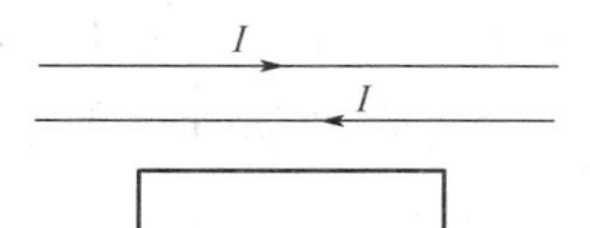

习题 12.2 图

(A)线圈中无感应电流

(B)线圈中感应电流的方向不确定

(C)线圈中感应电流为顺时针方向

(D)线圈中感应电流为逆时针方向

12.3　将形状完全相同的铜环和木环静止放置，并使通过两环面的磁通量随时间的变化率相等，则不计自感时，(　　).

(A)铜环中有感应电动势，木环中无感应电动势

(B)铜环中感应电动势大，木环中感应电动势小

(C)铜环中感应电动势小，木环中感应电动势大

(D)两环中感应电动势相等

12.4　如习题 12.4 图所示，M、N 为水平面内两根平行金属导轨，ab 与 cd 为相互平行且垂直于导轨并可在其上自由滑动的两根直裸导线，外磁场均匀且垂直于水平面向上，当外力使 ab 向右平移时，cd 应(　　).

(A)不动　　(B)转动　　(C)向左移动　　(D)向右移动

12.5　如习题 12.5 图所示，直角三角形金属框 abc 放在均匀磁场中，磁场平行于 ab 边，bc 的长度为 l. 当金属框绕 ab 边以匀角速度 ω 转动时，则回路中的感应电动势和 a、c 两点间的电势差 $V_a - V_c$ 为(　　).

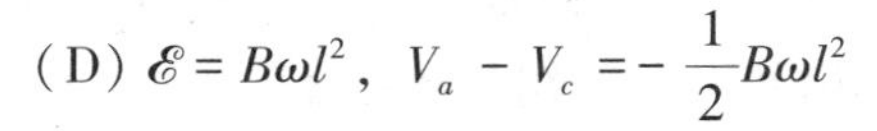

(A) $\mathscr{E}=0$，$V_a - V_c = \frac{1}{2}B\omega l^2$　　(B) $\mathscr{E}=0$，$V_a - V_c = -\frac{1}{2}B\omega l^2$

(C) $\mathscr{E}=B\omega l^2$，$V_a - V_c = \frac{1}{2}B\omega l^2$　　(D) $\mathscr{E}=B\omega l^2$，$V_a - V_c = -\frac{1}{2}B\omega l^2$

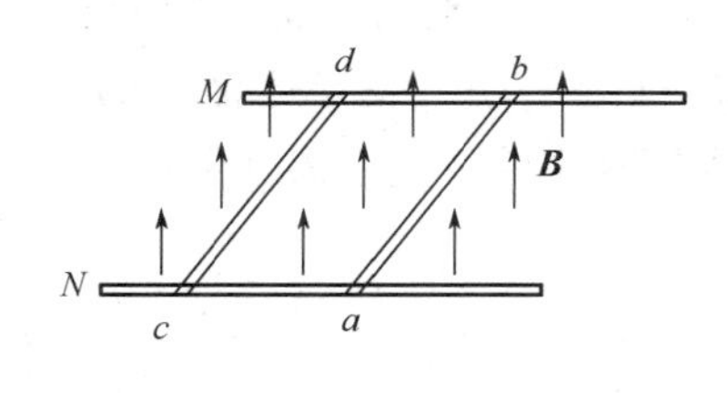

习题 12.4 图

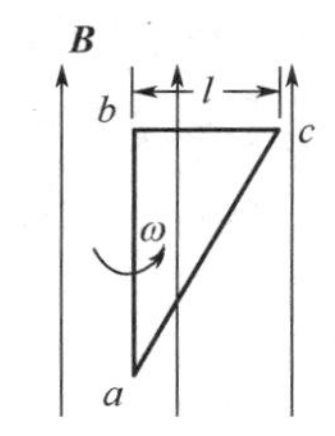

习题 12.5 图

12.6　线圈自感系数的定义式 $L=\Phi_m/I$，当线圈的几何形状不变，周围无铁磁质时，若线圈中电流变小，线圈的自感系数将(　　).

(A)变大，与电流成反比关系　　(B)变小

(C)不变　　(D)变大，但与电流不成反比关系

12.7　面积为 S 和 $2S$ 的两圆线圈 1、2 按习题 12.7 图所示的方式放置，通有相同的电流，线圈 1 中的电流所产生的穿过线圈 2 的磁通量为 Φ_{21}，线圈 2 中的电流所产生的穿过线圈 1 的磁通量为 Φ_{12}，则 Φ_{21} 和 Φ_{12} 的大小关系为(　　).

(A) $\Phi_{21} = 2\Phi_{12}$　　(B) $\Phi_{21} = \Phi_{12}$

(C) $\Phi_{21} = \Phi_{12}/2$　　(D)无法确定

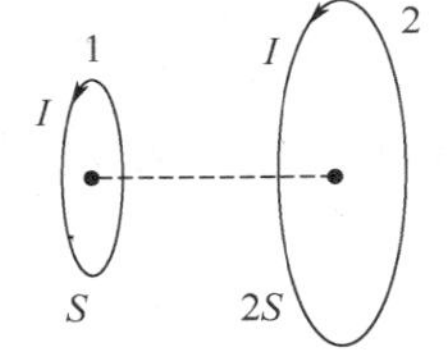

习题 12.7 图

12.8　下列情况下位移电流为零的是(　　).

(A)电场随时间变化　　(B)电场不随时间变化

(C)交流电路　　(D)在接通直流电路的瞬间

12.9　用导线制成一半径为0.1 m的闭合线圈，线圈电阻为10 Ω，均匀磁场垂直于线圈平面，欲使线圈中有稳定的感应电流 $i = 0.01$ A，则磁感应强度的变化率 $\mathrm{d}B/\mathrm{d}t$ =____________.

12.10　在磁感应强度为 $\boldsymbol{B}$ 的磁场中，以速率 v 垂直切割磁力线运动的一长度为 L 的金属杆，相当于一个____________，它的电动势 $\mathscr{E}$ = ____________，产生此电动势的非静电力是____________.

12.11　如习题12.11图所示，一根无限长直导线绝缘地紧贴在矩形线圈的中心轴 OO' 上，它们之间的互感系数为____________.

12.12　在没有自由电荷与传导电流的变化磁场中，$\oint_L \boldsymbol{H} \cdot \mathrm{d}\boldsymbol{l}$ = __________；$\oint_L \boldsymbol{E} \cdot \mathrm{d}\boldsymbol{l}$ = ____________.

O

O'

习题12.11图

12.13　如习题12.13图所示，长直载流导线旁放置一矩形线框.

(1)若导线中的电流 $I = I_0\cos\omega t$，求任意时刻矩形线框回路中的感应电动势；

(2)若导线中的电流 I 不变，矩形线框从图示位置以速率 v 开始水平向右运动，求任意时刻回路中的感应电动势.

12.14　如习题12.14图所示，长为 L 水平放置的导体棒 ab 绕竖直轴以匀角速度旋转，角速度为 ω，棒 a 端离轴的距离为 $L/5$，已知该处地磁场在竖直方向上的分量为 B，求导体棒 ab 两端的电势差，哪端电势较高？

12.15　如习题12.15图所示，矩形导体框架置于通有电流 I 的长直载流导线旁，且两者共面，ad、bc 边与直导线平行，dc 边可沿框架平动. 设导体框架的总电阻 R 视为不变，当 dc 边以速率 v 沿框架向下匀速运动时，求回路中的感应电流.

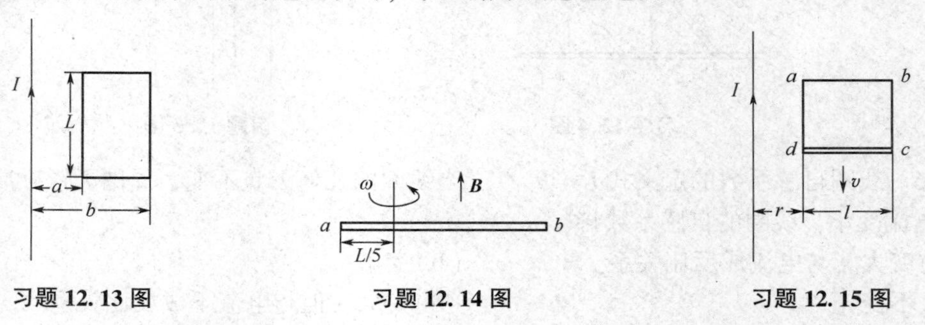

习题12.13图　　习题12.14图　　习题12.15图

12.16　如习题12.16图所示，长为 l 的导体棒 OP 处于均匀磁场中，并绕 OO' 轴以角速度 ω 旋转，棒与转轴的夹角恒为 θ，磁感应强度 $\boldsymbol{B}$ 与转轴平行，求棒 OP 在图示位置处的感应电动势.

12.17　在半径为 R 的圆柱体内，分布有磁感应强度为 $\boldsymbol{B}$ 的均匀磁场，$\boldsymbol{B}$ 的方向与圆柱的轴线平行. 如习题12.17图所示，有一长为 L 的金属棒放在磁场中，设磁场随时间的变化

率 $\mathrm{d}B/\mathrm{d}t$ 为常量，试证：棒中感生电动势的大小为

$$\mathscr{E}=\frac{\mathrm{d}B}{\mathrm{d}t}\frac{L}{2}\sqrt{R^2-\left(\frac{L}{2}\right)^2}$$

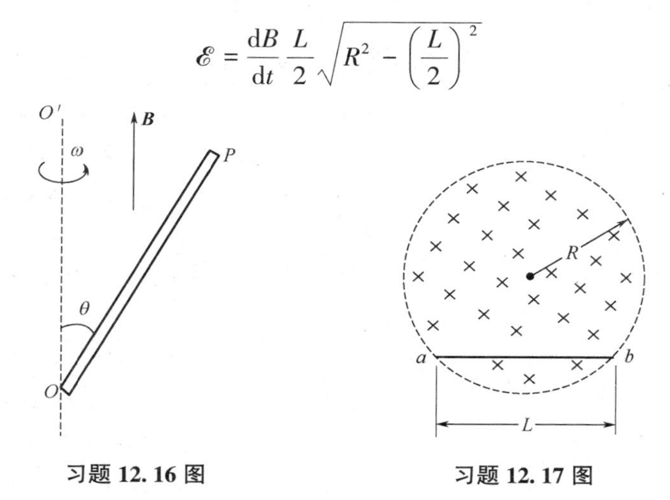

习题 12.16 图　　　　习题 12.17 图

12.18　有两根半径均为 a、长为 l 的平行长直导线，它们中心的距离为 d，试求这对导线的自感系数.（导线内部的磁通量可略去不计）

12.19　如习题 12.19 图所示，两个共轴圆线圈的半径分别为 R 和 r，两线圈相距为 d. 设 r 很小，小线圈所在处的磁场可视为均匀的，求两线圈的互感系数．若小线圈的匝数为 N，则两线圈的互感系数又为多少？

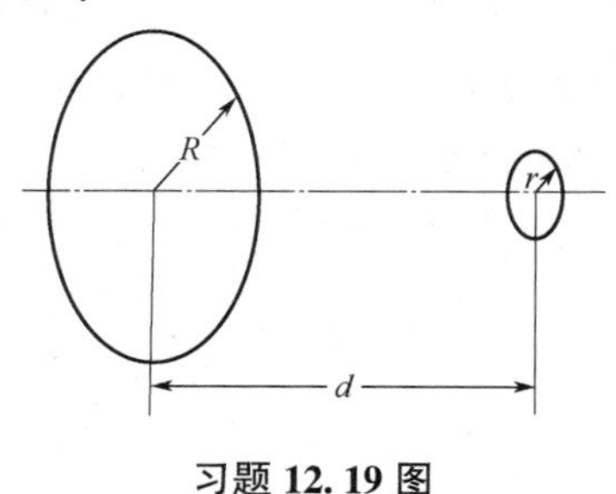

习题 12.19 图

12.20　一个直径为 0.01 m、长为 0.10 m 的长直密绕螺线管，共绕有 1 000 匝线圈，总电阻为 7.76 Ω，如把线圈接到电动势为 $\mathscr{E}=2.0$ V 的电池上，电流稳定后，线圈中的磁能密度是多少？线圈所储存的磁能是多少？

12.21　证明：平板电容器中的位移电流可写成 $I_{\mathrm{d}}=C\dfrac{\mathrm{d}U}{\mathrm{d}t}$，其中 C 为电容器的电容，U 是两极板间的电势差.

12.22　一圆形极板电容器，极板的面积为 S，两极板的间距为 d，一根长度为 d 的极细的导线在极板间沿轴线与两极板相连，已知细导线的电阻为 R，两极板外接交变电压 $U=U_0\sin\omega t$，求：

(1) 细导线中的电流；

(2) 通过电容器的位移电流；

(3) 极板外接线中的电流.

学习与拓展

物理与人文

电磁场理论与对称性

对称性是人类观察自然和认识自然过程中所产生的一种古老的观念，它给人以一种圆满、匀称、均衡、流畅的美感。对称现象遍布于自然界的各个方面，如人体的左右对称、照镜子时的镜像对称、正方形的中心对称等。对称现象是物质世界某种本质和内在规律的体现，作为自然科学的物理学，对称性无处不在，物理学中的对称性有两方面的意义，一方面是指物理理论自身追求的一种对称，这是物理美学的三大标准(简单、对称、和谐)之一；另一方面是指物理规律是对自然界对称性的反映。

科学的一个目标是寻求不同现象之间的联系，牛顿通过下落的苹果与月亮之间的相似性，把天上和地上统一起来。类似地，19 世纪的科学家发现电和磁都是由带电体的存在而产生的，而且这两种力可以看作带电物体之间单一的电磁力的两个方面。1820 年，奥斯特发现了电流的磁效应，电现象与磁现象的关联开始被人们认识。法拉第重复了奥斯特的实验后，意识到反向的思考也应该成为可能，即磁也具有电效应。这是对称性思维产生的结果，这一思想的提出其实是唯象的，也就是说物理学家只是觉得它应该是这样的，但是不是这样、为什么是这样还不清楚。法拉第经过长期的科学探索最终将这个想法变成现实，从而发现了电磁感应的基本规律。

19 世纪 60 年代，麦克斯韦对电和磁两方面进行了深入的思考，他仔细对比了当时已经发现的有关电磁的三条基本定律，分别是反映带电体电场的库仑定律、载流体激发磁场的毕奥–萨伐尔定律和电磁相互作用的电磁感应定律。像大多数理论物理学家一样，麦克斯韦相信一个对自然规律正确的和根本的描述应该是和谐对称的，他认为电磁规律应该以对称的方式讨论它的两个方面——电现象和磁现象。而在这方面，三条基本定律似乎缺少了什么，第一个和第二个定律反映的是电场由带电体产生及磁场由运动电荷产生，法拉第电磁感应定律经麦克斯韦引申后认为电场可以通过另一种方式——变化的磁场来产生。在麦克斯韦看来，这显然还不够完美，还应该存在第四条定律，那就是还存在一个反映产生磁场的第二种方式的定律，这条定律应该与法拉第定律对称。既然变化的磁场可以产生电场，那么变化的电场也应该可以产生磁场。

1862 年，麦克斯韦发表了电磁学论文《论物理力线》。英国物理学家、电子发现者约瑟夫·汤姆逊后来回忆说：“我到现在还清晰地记得那篇论文。当时，我还是一个十八岁的学生，读到它我兴奋极了！那是一篇非常长的文章，我竟把它全部抄了下来。”这是一篇划时代的论文，它不再是法拉第观点的单纯数学翻译和引申，而是作了重大的发展。其中，具有决定意义的是麦克斯韦根据电与磁的对称性提出，既然变化的磁场会引起感生电场，那么变化的电场也会引起感生磁场。在这之前，人们讨论电流产生磁场的时候，指的总是传导电流，也就是在导体中自由电子运动所形成的电流。如果变化的电场会产生磁场，那这个变化的电场所起的作用就等效于传导电流的作用，但它又不是真正的电荷流动而形成的电流，麦克斯韦通过严密的数学推导，求出了表示这种电流的方程式，并把它称为位移电流。

从理论上引出位移电流的概念，是电磁学继法拉第电磁感应之后的一项重大突破。根据这个科学假设，麦克斯韦推导出一组高度抽象的微分方程式，这就是著名的麦克斯韦方程组。这个方程组，从两方面发展了法拉第的成就，一是位移电流，它表明不但变化的磁场会

产生电场，而且反过来也是存在的，即变化的电场也会产生磁场；二是感生电场，凡是有磁场变化的地方，它的周围不管是导体还是电介质，都有感应电场存在。经过麦克斯韦创造性的总结，电磁现象的规律终于被他用数学形式揭示出来。库仑定律、毕奥-萨伐尔定律、电磁感应定律、位移电流假设构成了麦克斯韦方程组简单的逻辑基础。

从物理学发展史来看，对物理定律、公式形象对称的追求，往往对理论的发展起到了积极的建设作用。电磁学从最初的静电力、磁力的平方反比规律的发现，就是试图与万有引力平方反比率相对称而得到的。而麦克斯韦出于经典物理学家对完美、对称、和谐的钟爱，在没有任何实验根据的情况下，按照电与磁的对称性，在安培环路定理中加入位移电流一项，使公式呈现出优美的形象对称性。例如，在真空中，麦克斯韦方程组具有如下的对称形式：

$$\oint_S \boldsymbol{D}\cdot \mathrm{d}\boldsymbol{S}=0,\ \oint_L \boldsymbol{E}\cdot \mathrm{d}\boldsymbol{l}=-\int_S \frac{\partial \boldsymbol{B}}{\partial t}\cdot \mathrm{d}\boldsymbol{S}$$

$$\oint_S \boldsymbol{B}\cdot \mathrm{d}\boldsymbol{S}=0,\ \oint_L \boldsymbol{H}\cdot \mathrm{d}\boldsymbol{l}=-\int_S \frac{\partial \boldsymbol{D}}{\partial t}\cdot \mathrm{d}\boldsymbol{S}$$

追求物理学的和谐统一，用最简洁的理论描述自然规律，这是物理学家梦想的目标。麦克斯韦方程组就是一个非常漂亮的统一，是电场和磁场本质上的统一。它揭示了电场与磁场相互转化中的对称性优美，这种优美以现代数学形式得到充分的表达，无愧于“诗一般美丽方程”的称号。

在自然科学史上，只有当某一种科学达到了高峰，才可能用数学表示成定律形式。这些定律不但能够解释已知的物理现象，而且可以揭示出某些还没有发现的事物。正像牛顿的万有引力定律预见了海王星一样，麦克斯韦的电磁场理论也预见了电磁波的存在。将麦克斯韦方程组的四个偏微分形式化为两个二阶的偏微分方程，就会发现电场和磁场都满足波动方程，也就是说，它们是一种波。麦克斯韦指出，既然交变的电场会产生交变的磁场，交变的磁场又会产生交变的电场，那么，这种交变的电磁场就会以波的形式向空间传播出去，形成电磁波。按照麦克斯韦的电磁场理论，电磁波在真空中的传播速度为 $c=1/\sqrt{\varepsilon_0\mu_0}$，在实验误差范围内，这个常数 c 与已测得的光速相等。麦克斯韦没有把这一结果当成一种巧合，他相信这其中必定有物理上的奥秘，他大胆预言光也是一种电磁波：“从柯尔劳斯和韦伯的电磁学实验中计算出来的假想媒质中横波的速率和从光学菲索实验中计算出来的光的速率是如此的吻合，以致使我们不能不得出这样一个推论：光是一种横波，这是电现象和磁现象的起因。”据此，麦克斯韦提出了光的电磁场理论。

麦克斯韦的电磁场理论在19世纪60年代实现了物理学的一次大统一，即电、磁、光的统一。如同经典力学理论一样，以麦克斯韦方程组为核心的电磁场理论，是经典物理学最引以为傲的成就之一，它所揭示的物理理论的完美统一还引领了物理学追求统一的热潮，这股热潮中最突出的人物就是爱因斯坦。物理学家发现，牛顿运动定律经过伽利略变换式后形式保持不变(伽利略相对性原理)，所以牛顿运动定律对伽利略变换来讲是对称的。而麦克斯韦方程组在伽利略变换中却不具有对称性，这令物理学家十分苦恼。正是这个问题带来了现代物理学的一次革命，爱因斯坦坚信物理学理论的对称性，认为应该有一个新的变换法则，可使麦克斯韦方程组经过这个变换后形式保持不变，而且新的变换法则应该包含伽利略变换。这个新的变换式就是洛伦兹变换式，它是高速运动物体所遵循的时空变换式。爱因斯坦在他的两个狭义相对论基本原理的基础上，导出了洛伦兹变换，然后又导出了麦克斯韦方程组。这样，麦克斯韦方程组的时空变换的对称性并没有缺损，它具有更高层次的对称，而同时一个新的时空变换理论也诞生了。

爱因斯坦认为，物理学存在一个统一的基础，这个基础是“由最少数的概念和最基本的关系所组成，从它出发可以推导出各个分科的一切概念和一切关系”。麦克斯韦的电磁场理论对电、磁、光的统一还只是表层的，它们之间还存在更深层次的内在统一性，这种统一性由爱因斯坦的狭义相对论揭示出来。从狭义相对论出发，可以导出麦克斯韦方程组，其中感生电场和位移电流仅是它的一个推论，而在作为一个整体的电磁场中，电场和磁场只具有相对的意义，它们的本质是相同的，爱因斯坦完成了电场和磁场的真正统一。

第五篇　近代物理学基础

19世纪末，物理学理论已发展到相当完善的阶段，并取得了巨大的成就．许多物理学家认为，物理学理论的基本原则问题都已得到解决，今后的任务只是使物理学规律更进一步完善．正当物理学家为经典物理学理论的辉煌成就而欢欣鼓舞之际，一些新的实验事实与经典物理学理论发生了尖锐的矛盾．例如，1887 年的迈克耳孙–莫雷实验否定了绝对参考系的存在；1900 年，瑞利和金斯用经典电磁场理论和能量均分定理解释热辐射现象时，出现了所谓的“紫外灾难”．经典物理学理论无法对这些新的实验现象做出正确的解释，从而使之处于非常困难的境地．

为摆脱经典物理学的困境，一些思想敏锐而又不为旧观念束缚的物理学家，重新思考了物理学的基本概念，经过艰苦又曲折的道路，终于在20世纪初诞生了近代物理学的两块理论基石——相对论和量子理论．本篇将介绍近代物理学的基本知识，主要内容有狭义相对论和量子物理基础．

第 13 章 狭义相对论

第 1~3 章我们研究了质点运动学、质点动力学和刚体力学的基本规律，它们都属于经典力学．经典力学曾作为科学真理兴盛了两个多世纪，其应用也取得了巨大的成功．但是，进入 20 世纪，随着物理学研究领域的深入和扩展，人们发现在高速领域和微观领域，经典力学不再适用，物理学的发展要求对经典力学理论做出根本性的变革.

思维导图

爱因斯坦的相对论力学就是对高速运动物体建立的新力学，相对论的时空理论替代了牛顿的经典时空理论，把人们带进了一个崭新的时空境界，认识了更广阔的自然领域.

相对论是 20 世纪物理学最重大的成就之一，是科学史上最优美的篇章．相对论，特别是狭义相对论，经多方面实验证实，已成为现代物理学的主要理论基础．它对经典物理学和量子理论的进一步发展具有极重要的作用，尤其是对基本粒子理论的探索和对宇宙奥秘的研究更是不可缺少.

本章首先阐述狭义相对论的基本原理和洛伦兹变换，然后讨论狭义相对论时空观，最后介绍相对论力学的基本理论，揭示质量与能量的内在联系.

§13. 1　经典力学时空观

在第 1 章和第 2 章，我们介绍了伽利略变换和力学相对性原理. 如图 13.1 所示，两惯性系 $S(Oxyz)$ 和 $S'(O'x'y'z')$，为简单起见，取 S 系和 S' 系各对应坐标轴相互平行．S' 系相对 S 系以一定的速度 $\boldsymbol{u}$ 沿 x 轴方向运动，并假设 $t = t' = 0$ 时，S' 系和 S 系的原点重合．经典力学认为经时间 t 后，即在 t 时刻，P 点在两坐标系间的时空变换关系是

图 13.1　伽利略变换

$$\begin{cases} x' = x - ut \\ y' = y \\ z' = z \\ t' = t \end{cases}$$

上式称为伽利略变换.

在经典力学中，同时是绝对的．若在惯性系 S 中同时发生两个事件 A、B，即 $t_A = t_B$，

$\Delta t=0$，那么，在惯性系 S' 中观察者所测得的这两个事件的时间间隔，按照伽利略变换，有

$$\Delta t' = t'_A - t'_B = t_A - t_B = \Delta t = 0$$

也就是说，这两个事件也是同时发生的.

在经典力学中，时间的量度也是绝对的．一事件在 S 系中所经历的时间为 Δt，在 S' 系中所经历的时间为 $\Delta t'$，由伽利略变换可得 $\Delta t = \Delta t'$.

此外，在经典力学中，空间的量度也是绝对的，与参考系的选择无关．设在 S 系的 x 轴方向上放置一直尺，两端点的坐标分别为 x_1、x_2，则直尺的长度为 $l=x_2-x_1$. S' 系中的观察者同时测得直尺两端的坐标分别为 x'_1、x'_2，则直尺的长度为

$$l' = x'_2 - x'_1 = x_2 - ut - (x_1 - ut) = x_2 - x_1 = l$$

以上均是经典力学时空观的特点，可以看出，经典力学认为时间与空间彼此独立且与运动无关，时间间隔与空间间隔是绝对的，与参考系无关.

从伽利略变换出发，可以证明质点的加速度相对作匀速运动的不同惯性系 S' 和 S 来说是个绝对量．设质点在 S 系中的加速度是 $\boldsymbol{a}$，在 S' 系中的加速度是 $\boldsymbol{a}'$，那么有

$$\boldsymbol{a} = \boldsymbol{a}'$$

在经典力学中，物体的质量 m 被认为是不变的，据此牛顿运动定律在两个惯性系中的形式也就成为相同的了．用 $\boldsymbol{F}$ 与 $\boldsymbol{F}'$ 分别表示质点在 S 系和 S' 系中的受力，因 $m\boldsymbol{a}'=m\boldsymbol{a}$，故

$$\boldsymbol{F}' = \boldsymbol{F}$$

上述结果表明，牛顿运动定律与相对性原理是相洽的，在所有惯性系中，牛顿运动方程的形式不变，而经典力学又是以牛顿运动定律为基础的，因此在所有惯性系中，经典力学的所有规律，如动能定理、机械能守恒定律、动量定理、动量守恒定律、角动量定理、角动量守恒定律等都具有相同的形式，这个结论就是力学相对性原理或伽利略相对性原理.

伽利略相对性原理是在力学范围内根据大量实验事实总结出来的一条普遍规律．按照这一原理，我们在研究一个力学现象时，不论取哪一个惯性系，对这一现象的描述都是没有丝毫区别的．例如，静坐在作匀速直线运动的船内的旅客，如果把船舱四周的窗帘拉上，而且船身又不摇晃，旅客就感觉不到船在前进，这时竖直上抛一件东西，仍将落回原处；人向后走动并没有感到比向前走动来得困难．由此可知，在船上发生的一切力学现象与地面上没有什么不同，选择船还是地面作参考系来描述运动，是完全一样的，即在一惯性系内观察者所做的任何力学实验，都不能判断这个惯性系是静止的，还是在作匀速直线运动．因此，伽利略相对性原理要求：力学规律从一个惯性系换算到另一个惯性系时，定律的表述形式保持不变．而伽利略变换正是适应了惯性系之间的这种换算关系.

在经典力学中，伽利略相对性原理是和牛顿运动定律、经典力学时空观交织在一起的．伽利略变换是伽利略相对性原理的数学表达式，它指出经典力学的基本定律与伽利略相对性原理协调一致．同时，也表明了经典力学时空观的基本特征，即空间与时间是绝对的、相互分离的，与参考系无关；时间的流逝不因惯性系的运动而改变．但经典力学及与之相容的时空观具有一定的局限性，它是在物体低速情况下对物质时空观的总结．在物体高速运动的情况下，上述理论与实践将发生不可忽视的偏离，必须用新的理论、新的时空观去替代，这就是爱因斯坦于 1905 年所创立的狭义相对论.

§13.2　狭义相对论基本原理　洛伦兹变换

13.2.1　狭义相对论基本原理

在物体低速运动范围内，伽利略相对性原理和伽利略变换是符合实际情况的．然而，在涉及电磁现象，包括光的传播现象时，伽利略相对性原理和伽利略变换却遇到了不可克服的困难，即在伽利略变换下，电磁学的基本规律具有不同的表现形式，这就是说，描述宏观电磁现象规律的麦克斯韦方程组不符合伽利略相对性原理．这就意味着，如果伽利略变换是普遍适用的，那么，麦克斯韦方程组只对某个特定的惯性系是正确的.

19 世纪末，在光的电磁场理论发展过程中，有人认为宇宙间充满一种叫作以太的介质，光是靠以太来传播的，以太充满整个空间，即使真空也不例外，相对以太静止的参考系称为以太参考系或绝对参考系．麦克斯韦电磁场理论只在绝对参考系中才成立，也就是只有在以太参考系中光在各个方向上的传播速度才相等．根据这个观点，当时的物理学家设计了各种实验证明以太的存在，其中，以美国科学家迈克耳孙和莫雷(Morley)的实验最为著名．根据他们的设想，地球以一定的速度相对以太运动，那么，在地球参考系中光沿不同方向传播的速度是不同的，这样应该在他们所设计的干涉实验中得到某种预期的结果，从而可求得地球相对以太的速度，证明以太参考系的存在．迈克耳孙的实验装置就是迈克耳孙干涉仪，如图 13.2 所示，半透半反镜 G 到平面镜 M_1 的距离与 G 到 M_2 的距离相等，由光源发出的光，入射到半透半反镜 G 后，一部分反射到平面镜 M_2，再由 M_2 反射回来透过 G 到达望远镜 E；另一部分则透过 G 到达 M_1，再由 M_1 和 G 反射到达 E. 设图中 $\boldsymbol{v}$ 为地球相对以太的速度，按经典力学时空观，由于两光束相对地球的速度不同，即使行经相等的臂长，所需的时间也是不一样的，在干涉仪中将看到干涉条纹．如果将仪器旋转 90°，使两光束相对地球的速度发生变化，这样，光束通过两臂的时间差也随之发生变化，由光的干涉原理，必然能够观察到干涉条纹的相应移动.

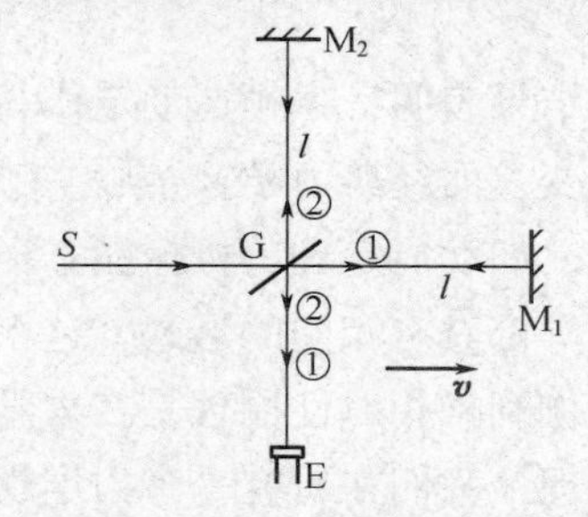

图 13.2　迈克耳孙-莫雷实验原理图

但是，迈克耳孙和莫雷在不同条件下多次反复进行测量，都始终观察不到干涉条纹的移动．这一实验结果表明无法分辨出光速在不同方向上的差别，当然，也无法分辨出光速在不同惯性系中的差别．这样，原本为验证以太参考系而进行的实验，却成为否定以太参考系存在的证据.

迈克耳孙-莫雷实验及其他一些实验结果给人们带来了困惑，似乎相对性原理只适用于牛顿运动定律，而不能适用于麦克斯韦的电磁场理论，即电磁场理论与伽利略相对性原理存在矛盾．要解决这一难题，必须在物理观念上进行变革．爱因斯坦坚信自然界的统一性和对称性，他在深入研究经典力学和麦克斯韦电磁场理论的基础上，认为相对性原理具有普适性，包括电磁现象在内的一切物理现象都应满足相对性原理；此外，他还认为相对以太的绝对参考系是不存在的，光速是一个与惯性系无关的常量．1905 年，物理学家爱因斯坦(Einstein)摒弃了以太假设和伽利略变换，从一个完全崭新的角度出发，提出了狭义相对论的两条基本原理．

(1)相对性原理：物理规律在一切惯性系中都具有相同的表达形式，也就是说，所有惯性系对于物理现象的描述都是等价的．显然，狭义相对论的相对性原理是伽利略相对性原理的推广．伽利略相对性原理说明了一切惯性系对力学规律的等价性，狭义相对论的相对性原理把这种等价性推广到包括力学定律和电磁学定律在内的一切自然规律上去．

(2)光速不变原理：在任何惯性系中，光在真空中的传播速度都相等．这就是说，真空中的光速是常量，它与光源或观察者的运动无关，即不依赖于惯性系的选择．

13.2.2　洛伦兹变换

爱因斯坦把伽利略相对性原理推广为狭义相对论的相对性原理，即一切物理规律在不同的惯性系中是等价的．显然，伽利略变换与狭义相对论的基本原理不相容，那么什么样的变换才能保证物理规律在不同惯性系中具有相同的形式呢？这就是洛伦兹变换．该变换最初是由洛伦兹为弥合经典理论所暴露的缺陷而建立起来的，当时未给予正确解释．爱因斯坦根据狭义相对论的两条基本原理导出了这个变换，但这个变换仍以洛伦兹命名．

如图13.3所示，两惯性系 $S(Oxyz)$ 和 $S'(O'x'y'z')$，S' 系以速度 $\boldsymbol{u}$ 相对 S 系作匀速直线运动．并假设 $t = t' = 0$ 时，S' 系和 S 系的原点重合．设 P 点为被观察的某一事件，在 S 系中测得 P 点的坐标是(x, y, z)，时间是 t；而在 S' 系中测得 P 点的坐标是(x', y', z')，时间是 t'．它们之间所遵从的洛伦兹变换为

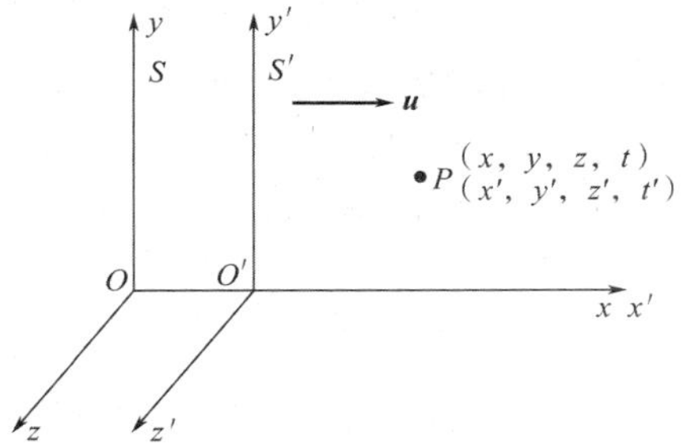

$$\begin{cases} x' = \dfrac{x - ut}{\sqrt{1 - \left(\dfrac{u}{c}\right)^2}} \\ y' = y \\ z' = z \\ t' = \dfrac{t - \dfrac{u}{c^2}x}{\sqrt{1 - \left(\dfrac{u}{c}\right)^2}} \end{cases} \tag{13.1}$$

图13.3　洛伦兹变换

由上式可解出 x、y、z 和 t，即得洛伦兹变换的逆变换为

$$\begin{cases} x = \dfrac{x' + ut'}{\sqrt{1 - \left(\dfrac{u}{c}\right)^2}} \\ y = y' \\ z = z' \\ t = \dfrac{t' + \dfrac{u}{c^2}x'}{\sqrt{1 - \left(\dfrac{u}{c}\right)^2}} \end{cases} \tag{13.2}$$

在洛伦兹变换中，不仅 x' 是 x、t 的函数，而且 t' 也是 x、t 的函数，并且都与两个惯性系之

间的相对速度有关．洛伦兹变换集中地反映了相对论关于时间、空间和物质运动三者紧密联系的新概念，而在经典力学中，时间、空间和物质运动三者是相互独立、彼此无关的．

令$\beta=\frac{u}{c}$，当$u\ll c$时，即比值β很小时，洛伦兹变换就转化为伽利略变换，这说明洛伦兹变换是对高速运动与低速运动都成立的变换，它包括伽利略变换．因此，相对论并没有把经典力学“推翻”，而只是限制了它的适用范围．从洛伦兹变换中还可以看出，当$u>c$时，洛伦兹变换就失去了意义，所以相对论还指出物体的速度不能超过真空中的光速．现代物理实验中的例子都说明，高能粒子的速度是以c为极限的．

概念检查 1

洛伦兹变换和伽利略变换的本质区别是什么？

例 13.1 若以地球为惯性系S，观察到$x=4.0\times10^6$ m处在$t=0.02$ s时刻发生一闪光．试求：在相对地球以匀速$u=0.5c$沿x轴正方向运动的飞船中（作为S'系），观察到闪光发生的地点和时间．

解 由洛伦兹变换得

$$x'=\frac{x-ut}{\sqrt{1-\beta^2}}=\frac{4.0\times10^6-0.5\times3\times10^8\times0.02}{\sqrt{1-0.5^2}}\ \text{m}=1.15\times10^6\ \text{m}$$

$$t'=\frac{t-\frac{u}{c^2}x}{\sqrt{1-\beta^2}}=\frac{0.02-\frac{0.5\times4.0\times10^6}{3\times10^8}}{\sqrt{1-0.5^2}}\ \text{s}=0.015\ \text{s}$$

经典力学的时空观认为，在不同的惯性系中观察同一事件发生的时间应是相同的，而相对论时空观认为是不同的．

例 13.2 两艘宇宙飞船在同一方向上飞行，相对速度为$u=0.98c$，在前面那艘飞船上有一光脉冲从船尾传到船头，该飞船上的观察者测得船尾到船头的距离为20 m，若光信号从船尾发出为A事件，到达船头为B事件，求另一艘飞船上的观察者测得这两个事件A、B之间的空间距离为多少？

解 取前面的飞船为S'系，后面的为S系．S'系相对S系以速度$u=0.98c$沿x轴正方向运动．设S'系中的观察者测得A、B两事件的时空坐标分别为$(x_1',\ t_1')$、$(x_2',\ t_2')$，由洛伦兹变换，S系中的观察者测得A、B两事件的空间坐标分别为

$$x_1=\frac{x_1'+ut_1'}{\sqrt{1-\beta^2}}$$

$$x_2=\frac{x_2'+ut_2'}{\sqrt{1-\beta^2}}$$

则S系中的观察者测得A、B两事件的空间距离为

$$\Delta x=x_2-x_1=\frac{x_2'-x_1'+u(t_2'-t_1')}{\sqrt{1-\beta^2}}$$

由题意知

$$\Delta x' = x'_2 - x'_1 = 20\ \text{m},\ \Delta t' = t'_2 - t'_1 = \frac{\Delta x'}{c} = \frac{20\ \text{m}}{c}$$

所以

$$\Delta x = \frac{20\ \text{m} + 0.98c \times \dfrac{20\ \text{m}}{c}}{\sqrt{1 - 0.98^2}} = 198\ \text{m}$$

§13.3 狭义相对论时空观

光速不变原理明显不符合伽利略变换，承认光速不变原理，就否定了伽利略变换及与之相关的绝对时空观．狭义相对论为人们提出了一种新的时空观，运用洛伦兹变换可以得到许多与我们的日常经验相违背、令人惊奇的结论．例如，两点之间的距离或物体的长度随进行量度的惯性系的不同而不同，某一过程所经历的时间也随惯性系的不同而不同．这些结论已被近代高能物理的许多实验所证实．下面先讨论同时的相对性，再讨论长度的收缩和时间的延缓．

13.3.1 同时的相对性

在经典力学中，时间是绝对的．两事件在惯性系 S 中被同时观察到，那么，在另一惯性系 S' 中也是被同时观察到的．而狭义相对论认为，这两个事件在一个惯性系中观察时是同时的，但在另一惯性系中观察，一般来说不再是同时的．这就是狭义相对论的同时的相对性．

同时的相对性是光速不变原理的直接结果，它可由洛伦兹变换得到证明．如图 13.4 所示，设在 S' 系中 x'_1 和 x'_2 间的中点发出一光信号，在 S' 系中观察，光信号同时到达 x'_1 和 x'_2. 在 S' 系中光信号到达 x'_1 和 x'_2 这两个事件的时空坐标分别为 $(x'_1,\ t'_1)$、$(x'_2,\ t'_2)$，其中 $t'_1 = t'_2$. 在 S 系中观察，这两个事件的时空坐标分别为 $(x_1,\ t_1)$、$(x_2,\ t_2)$，那么在 S 系中，是否也会观察到光信号同时到达 x_1 和 x_2 点呢？

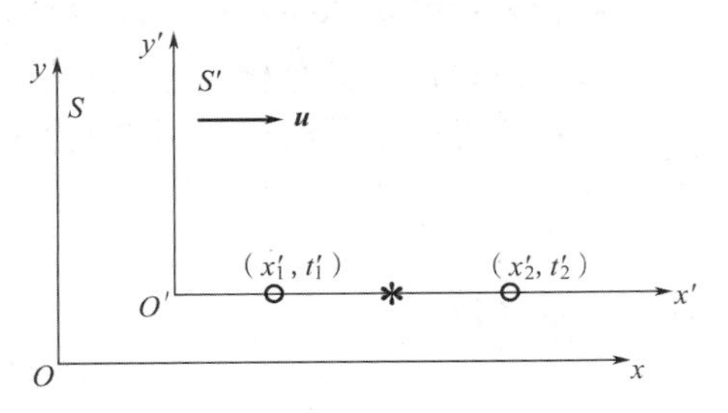

图 13.4 同时的相对性

由洛伦兹变换可以得到在 S 系中这两个事件发生的时间分别为

$$t_1 = \frac{t'_1 + \dfrac{u}{c^2}x'_1}{\sqrt{1 - \beta^2}}$$

$$t_2 = \frac{t'_2 + \dfrac{u}{c^2}x'_2}{\sqrt{1 - \beta^2}}$$

时间间隔为

$$t_2 - t_1 = \frac{t'_2 - t'_1 + \frac{u}{c^2}(x'_2 - x'_1)}{\sqrt{1-\beta^2}}$$

由于 $t'_2 - t'_1 = 0$，故有

$$t_2 - t_1 = \frac{\frac{u}{c^2}(x'_2 - x'_1)}{\sqrt{1-\beta^2}}$$

这一结果表明，在 S 系中观察到光信号并不是同时到达 x_1 和 x_2 点的．由于 $x'_2 - x'_1 > 0$，故 $t_2 - t_1 > 0$，这就是说，光信号先到达 x_1 点，后到达 x_2 点．可见，在不同地点发生的两事件，在一个惯性系看来是同时的，而在另一个惯性系看来却是不同时的．因此，同时性是相对的，不是绝对的，它与空间坐标和相对速度有关.

概念检查2

如果让光速减小一点，同时的相对性效应如何变化？

13.3.2　长度的收缩

在伽利略变换中，两点之间的距离或物体的长度是不随惯性系而变的，即物体的长度是绝对的．而在洛伦兹变换下，长度的量度也与惯性系有关.

设一刚性直杆沿 x' 轴静止放置于 S' 系中，对 S' 系来说，测量它的长度并不困难，只需要记下杆两端的坐标 x'_2 和 x'_1，这两个坐标的差值 $L' = x'_2 - x'_1$ 即为杆的长度．把相对物体静止的观察者测得的物体长度称为固有长度 L_0，这里 $L' = L_0$.

相对 S 系来说，该直杆以速度 u 沿 x 轴正方向运动．对 S 系的观察者来说，待测物体在运动，其长度必须是同时记录下来的物体两端位置之差．设在 S 系中同时记录下直杆两端的坐标是 x_1 和 x_2，则

$$L = x_2 - x_1$$

由洛伦兹变换得

$$x'_1 = \frac{x_1 - ut_1}{\sqrt{1-\beta^2}}, \quad x'_2 = \frac{x_2 - ut_2}{\sqrt{1-\beta^2}}$$

于是

$$x'_2 - x'_1 = \frac{x_2 - x_1 - u(t_2 - t_1)}{\sqrt{1-\beta^2}}$$

由于 x_1 和 x_2 是同时记录下的，故 $t_1 = t_2$，所以

$$x'_2 - x'_1 = \frac{x_2 - x_1}{\sqrt{1-\beta^2}}$$

$$L = L'\sqrt{1-\beta^2}$$

即

$$L = L_0\sqrt{1-\beta^2} \tag{13.3}$$

 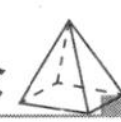

由于 $\sqrt{1-\beta^2}<1$，故 $L<L_0$. 这就是说，相对观察者运动的物体在运动方向上长度缩短，运动长度是其固有长度的 $\sqrt{1-\beta^2}$ 倍. 这就是狭义相对论的长度收缩效应. 它表明，物体的长度在不同惯性系中并不相同，长度的测量值具有相对性.

从表面上看，长度的收缩不符合日常经验，这和经典力学时空概念也是不相容的. 由于在日常生活和技术领域中所遇到的运动和光速相比要慢得多，对于这些运动，$\beta \ll 1$，则有

$$L \approx L_0$$

这就是说，对于相对运动速度较小的情况，长度可近似为一绝对量，与参考系无关. 这再次表明，绝对空间概念只不过是相对论空间概念在低速情况下的近似.

需注意的是，发生在运动方向上的长度收缩效应是时空的属性，与物体的组成、结构及物质间的相互作用无关.

例 13.3 设想有一光子火箭，相对地球以速率 $u=0.95c$ 作直线运动. 以火箭为参考系测得火箭的长度为 15 m. 问以地球为参考系，此火箭有多长？

解 由题意知，固有长度为 $L_0=15$ m，以地球为参考系，测得火箭的长度为

$$\begin{aligned} L &= L_0\sqrt{1-\beta^2} \\ &= 15\sqrt{1-0.95^2}\ \text{m} = 4.68\ \text{m} \end{aligned}$$

13.3.3 时间的延缓

在狭义相对论中，如同长度不是绝对的，时间间隔也不是绝对的. 设在 S' 系中的某固定点 x' 处先后发生了两个事件，静止在 S' 系的时钟测得第一个事件发生的时刻为 t'_1，第二个事件发生的时刻为 t'_2. 对 S' 系的观察者来说，两事件发生的时间间隔为

$$\Delta t' = t'_2 - t'_1$$

而在 S 系的观察者看来，S 系的时钟记录下的两事件发生的时刻为 t_1 和 t_2，由洛伦兹变换得

$$t_2 = \frac{t'_2 + \dfrac{u}{c^2}x'}{\sqrt{1-\beta^2}}, \qquad t_1 = \frac{t'_1 + \dfrac{u}{c^2}x'}{\sqrt{1-\beta^2}}$$

于是，S 系测得的两事件发生的时间间隔为

$$\Delta t = t_2 - t_1 = \frac{t'_2 - t'_1}{\sqrt{1-\beta^2}}$$

即

$$\Delta t = \frac{\Delta t'}{\sqrt{1-\beta^2}}$$

把某一参考系中同一地点发生的事件的时间间隔称为固有时间，用 τ_0 表示. 上面的讨论中，在 S' 系中的同一地点 x' 处先后发生了两个事件，其时间间隔为固有时间，即 $\tau_0=\Delta t'$，相应地有 $\tau=\Delta t$，则

$$\tau = \frac{\tau_0}{\sqrt{1-\beta^2}} \tag{13.4}$$

由于 $\sqrt{1-\beta^2}<1$，故 $\tau>\tau_0$. 这就是说，在相对事件发生地运动的惯性系中所测得的两事件发生的时间间隔 τ 要比在相对事件发生地静止的惯性系中所测得的时间间隔 τ_0 长，或者

说，在运动的惯性系中观察，事件的时间间隔变大了，这就是狭义相对论中的时间延缓效应，也叫作运动时钟变慢效应.

经典物理学把两事件发生的时间间隔视为量值不变的绝对量，而在狭义相对论中，两事件发生的时间间隔在不同惯性系中是不相同的，即时间间隔是一个相对的概念. 只有在运动速度 $u \ll c$，即 $\beta \ll 1$ 时，才有 $\tau \approx \tau_0$，即绝对时间概念只不过是相对时间概念在低速情况下的近似.

需注意的是，运动时钟变慢效应是时间量度相对性的客观反映，并非事物内部机制或钟的内部结构有什么变化. 而且，运动时钟变慢效应并不限于运动参考系中的计时装置，其中发生的一切物理、化学过程，乃至观察者自己的生命节奏都变慢了.

现代物理为相对论的时间延缓效应提供了有力的证据. 例如，宇宙射线中有一种 μ 子，它是一种不稳定的基本粒子，以 2.15×10^{-6} s 的平均寿命发生衰变. 当 μ 子以接近光的速度 $v = 0.998c$ 运动时，若用经典理论计算，μ 子在平均寿命的时间内所能经过的距离为

$$0.998 \times 3 \times 10^8 \times 2.15 \times 10^{-6}\ \text{m} = 643.7\ \text{m}$$

然而，实验室参考系测得 μ 子在其平均寿命的时间内，由地球上空到达地面所经历的路程是 643.7 m 的十几倍，这一矛盾依据相对论的结论可以得到解决. 平均寿命 2.15×10^{-6} s 是用和 μ 子一起运动(相对 μ 子静止)的时钟测得的，是固有时间，即 $\tau_0 = 2.15 \times 10^{-6}$ s，若用实验室的时钟测量，则其平均寿命 τ 为

$$\tau = \frac{\tau_0}{\sqrt{1-\beta^2}} = \frac{2.15 \times 10^{-6}}{\sqrt{1-\left(\frac{0.998c}{c}\right)^2}}\ \text{s} = 3.40 \times 10^{-5}\ \text{s}$$

因此，从实验室参考系来看，μ 子在平均寿命 τ 的时间内，相对地球所经历的路程应为

$$L = 0.998 \times 3 \times 10^8 \times 3.40 \times 10^{-5}\ \text{m} = 1.02 \times 10^4\ \text{m}$$

这个值是 643.7 m 的 16 倍. 这与实验测得的结果是相符的.

例 13.4 设想有一光子火箭以 $v = 0.95c$ 的速率相对地球作直线运动. 若火箭上航天员的计时器记录到观察星云用时 10 min，则地球上的观察者测得其观察星云用了多少时间?

解 由题意知固有时间 $\tau_0 = 10$ min.

由时间延缓效应，地球上的观察者测得航天员观察星云用的时间为

$$\tau = \frac{\tau_0}{\sqrt{1-\beta^2}} = \frac{10}{\sqrt{1-0.95^2}}\ \text{min} = 32.01\ \text{min}$$

即地球上的计时器记录航天员观察星云用了 32.01 min.

概念检查 3

考虑时间延缓效应，我们乘坐高速飞行的飞机下机后，岂不需要对手表重新校正?

§13.4 相对论速度变换式

在狭义相对论中，洛伦兹变换取代了伽利略变换，相应地，伽利略速度变换式也应由相

对论速度变换式所取代．下面根据洛伦兹变换导出相对论速度变换式.

设惯性系 S' 相对惯性系 S 以一定的速度 $\boldsymbol{u}$ 沿 x 轴方向运动，S' 系中一质点以速率 v'（v'_x、v'_y、v'_z）运动．该质点相对 S 系的速率为 v（v_x、v_y、v_z），且

$$v_x = \frac{\mathrm{d}x}{\mathrm{d}t},\quad v_y = \frac{\mathrm{d}y}{\mathrm{d}t},\quad v_z = \frac{\mathrm{d}z}{\mathrm{d}t}$$

$$v'_x = \frac{\mathrm{d}x'}{\mathrm{d}t'},\quad v'_y = \frac{\mathrm{d}y'}{\mathrm{d}t'},\quad v'_z = \frac{\mathrm{d}z'}{\mathrm{d}t'}$$

对洛伦兹变换式(13.1)两边取微分，有

$$\mathrm{d}x' = \frac{\mathrm{d}x - u\mathrm{d}t}{\sqrt{1-\beta^2}}$$

$$\mathrm{d}y' = \mathrm{d}y$$

$$\mathrm{d}z' = \mathrm{d}z$$

$$\mathrm{d}t' = \frac{\mathrm{d}t - \dfrac{u}{c^2}\mathrm{d}x}{\sqrt{1-\beta^2}}$$

将上面的前三式分别除以第四式，即可得相对论速度变换式：

$$\begin{cases} v'_x = \dfrac{v_x - u}{1 - \dfrac{u}{c^2}v_x} \\ v'_y = \dfrac{v_y\sqrt{1-\beta^2}}{1 - \dfrac{u}{c^2}v_x} \\ v'_z = \dfrac{v_z\sqrt{1-\beta^2}}{1 - \dfrac{u}{c^2}v_x} \end{cases} \tag{13.5}$$

其逆变换为

$$\begin{cases} v_x = \dfrac{v'_x + u}{1 + \dfrac{u}{c^2}v'_x} \\ v_y = \dfrac{v'_y\sqrt{1-\beta^2}}{1 + \dfrac{u}{c^2}v'_x} \\ v_z = \dfrac{v'_z\sqrt{1-\beta^2}}{1 + \dfrac{u}{c^2}v'_x} \end{cases} \tag{13.6}$$

上述变换中，当 u 和 v 远小于光速 c 时，相对论速度变换式又回到伽利略速度变换式．这表明相对论作为一种新理论，不仅能够说明旧理论不能解决的问题，而且能够说明旧理论中被实践证明是合理的部分.

概念检查4

在相对论中，两个参考系相对运动方向沿 x 轴，在垂直方向（y、z 轴）的长度量度与参考系无关，为什么在这方向上的速度分量却和参考系有关？

例 13.5 在地面上测得两个飞船 A、B 分别以 $+0.9c$ 和 $-0.9c$ 的速率沿相反方向飞行，如图 13.5 所示，求飞船 A 相对飞船 B 的速率.

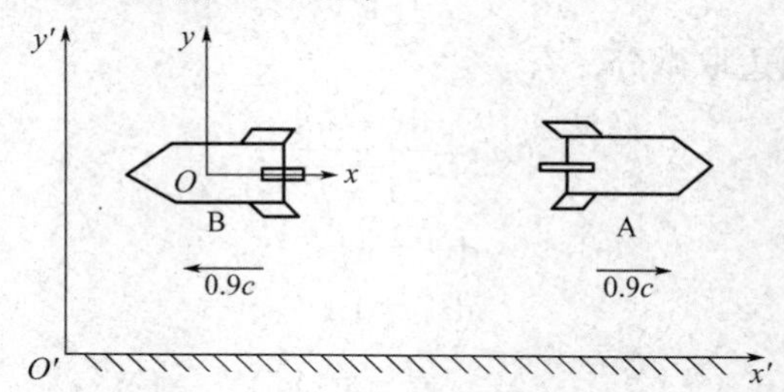

图 13.5 例 13.5 图

解 取飞船 B 为 S 系，地面参考系为 S' 系，则 S' 系相对 S 系以 $u=0.9c$ 的速率沿 x 轴正方向运动. 由题意可知，飞船 A 相对 S' 系的速率为 $v'_x=0.9c$，根据相对论速度变换式，飞船 A 相对 S 系的速率，亦即相对飞船 B 的速率为

$$v_x=\frac{v'_x+u}{1+\frac{u}{c^2}v'_x}=\frac{0.9c+0.9c}{1+\frac{0.9c}{c^2}0.9c}=0.994c$$

如按伽利略速度变换式计算，结果为

$$v_x=v'_x+u=0.9c+0.9c=1.8c$$

两个结果大相径庭，且由伽利略速度变换式得到的结果显然是不正确的. 相对论认为真空中的光速 c 是物体所能达到的速率的上限，按相对论速度变换，在 v' 和 u 都小于 c 的情况下，v 不可能大于 c.

§13.5 相对论力学

根据狭义相对论的相对性原理，一切物理规律在所有惯性系中都具有相同的形式，这就要求基本的物理规律如动量守恒定律、能量守恒定律等不仅依然成立，而且在洛伦兹变换下其形式保持不变，在低速情况下还应还原为经典力学的相应规律. 因此，必须对某些物理量重新定义.

13.5.1 相对论质量

在经典力学中，物体的质量为一恒量，与物体的速率无关，若物体受一恒力作用而加速运动，只要力作用的时间足够长，其速率最终一定会超过光速. 这显然与相对论中物体运动存在极限速率 c 的结论相矛盾. 因此，狭义相对论认为物体的质量不应该是常量，它与惯性系的选取有关，即与物体的运动速率有关.

考虑到动量守恒定律是一条普遍定律，在相对论中亦成立. 亦即，根据相对性原理，如

果在一个惯性系中，系统的动量守恒，则经过洛伦兹变换，在另一个惯性系中，动量仍是守恒的．从动量守恒定律和相对论速度变换关系出发，可以导出运动物体的质量 m 与其速率 v 的关系为

$$m = \frac{m_0}{\sqrt{1 - \left(\frac{v}{c}\right)^2}} \tag{13.7}$$

式中，m_0 是物体静止时的质量，称为静质量．m 是物体以速率 v 相对观察者运动时的质量，称为相对论质量．式(13.7)就是狭义相对论的质量–速度关系式．由上式可知，物体的质量随着它运动速率的增大而增大，而当其速率远小于光速，即 $v \ll c$ 时，其相对论质量近似等于静质量，$m \approx m_0$．可见在低速情况下，经典力学仍然是适用的．

低速物体的质量变化很难观测．例如，地球公转的速率高达 $v = 30\ \text{km}\cdot\text{s}^{-1}$，但与光速 $c = 3\times10^8\ \text{m}\cdot\text{s}^{-1}$ 相比仍然甚小，其质量的变化极其微小，即

$$m = \frac{m_0}{\sqrt{1 - \left(\frac{v}{c}\right)^2}} = \frac{m_0}{\sqrt{1 - \left(\frac{30\times10^3}{3\times10^8}\right)^2}} = \frac{m_0}{\sqrt{1 - \frac{1}{10^8}}}$$
$$= 1.000\ 000\ 005m_0$$

但对于电子等微观粒子，现代加速器可以将它加速到接近光速，其质量的变化就非常显著．不难证明，速率 $v = 2.7\times10^8\ \text{m}\cdot\text{s}^{-1}$ 的电子，其质量是静质量的 2.3 倍．

13.5.2 相对论力学的基本方程

在相对论中，理论分析和实验观测均证明，动量的形式仍然可以表示为 $\boldsymbol{p} = m\boldsymbol{v}$，只不过式中的质量 m 应为相对论质量，即相对论动量可表示为

$$\boldsymbol{p} = m\boldsymbol{v} = \frac{m_0\boldsymbol{v}}{\sqrt{1 - \left(\frac{v}{c}\right)^2}} \tag{13.8}$$

可以证明，上述定义能够保证动量守恒定律在洛伦兹变换下保持不变．

在经典力学中，力定义为动量对时间的变化率．在相对论中，这一关系仍然成立，只是动量为相对论动量，亦即

$$\boldsymbol{F} = \frac{\mathrm{d}\boldsymbol{p}}{\mathrm{d}t} = \frac{\mathrm{d}}{\mathrm{d}t}\left(\frac{m_0\boldsymbol{v}}{\sqrt{1 - \left(\frac{v}{c}\right)^2}}\right) \tag{13.9}$$

这就是相对论力学的基本方程．显然，当 $v \ll c$ 时，所有上述关系都将过渡到经典力学的对应关系，式(13.9)即回到牛顿第二定律的表示．可见，经典力学是物体在低速运动情况下相对论力学的近似．

概念检查 5

在相对论中，经典力学的 $\boldsymbol{F} = m\boldsymbol{a}$ 仍然成立，只需将其中的质量用相对论质量 $m = m_0/\sqrt{1-(v/c)^2}$ 代替，对吗？

13.5.3 质量与能量的关系

由相对论力学的基本方程出发，可以得到狭义相对论中另一重要的关系式——质量与能量关系式.

在相对论力学中，质点动能定理仍适用．为简便起见，设质点在变力作用下，由静止开始沿 x 轴作一维运动，当质点的速率为 v 时，根据动能定理，有

$$E_k = \int F_x \cdot dx = \int \frac{dp}{dt} dx = \int v d(mv) \tag{13.10}$$

其中

$$v d(mv) = mv dv + v^2 dm$$

由质-速关系式(13.7)，有

$$m^2 v^2 = m^2 c^2 - m_0^2 c^2$$

对上式微分，整理得

$$v^2 dm + mv dv = c^2 dm$$

将此结果代入式(13.10)，有

$$E_k = \int v d(mv) = \int_{m_0}^{m} c^2 dm = mc^2 - m_0 c^2$$

即

$$E_k = mc^2 - m_0 c^2 \tag{13.11}$$

上式是相对论中的动能表达式，它与经典力学中的动能表达式毫无相似之处．然而，在 $v \ll c$ 的极限情况下，将上式利用二项式定理展开后，成为

$$\begin{aligned} E_k &= \frac{m_0 c^2}{\sqrt{1 - \left(\frac{v}{c}\right)^2}} - m_0 c^2 \\ &= m_0 c^2 \left\{ \left[1 + \frac{1}{2}\left(\frac{v}{c}\right)^2 + \frac{3}{8}\left(\frac{v}{c}\right)^4 + \cdots \right] - 1 \right\} \end{aligned}$$

略去高次项，近似可得

$$E_k = \frac{1}{2} m_0 v^2$$

这就是经典力学中的动能表达式．可见，经典力学中的动能表达式就是相对论中的动能表达式的低速近似.

此外由式(13.11)可得

$$mc^2 = E_k + m_0 c^2$$

爱因斯坦对此做出了具有深刻意义的说明，他认为 mc^2 是质点运动时具有的总能量，而 $m_0 c^2$ 为质点静止时具有的能量，称为静能．这样，上式表明：质点的总能量等于质点的动能和其静能之和，或者说，质点的动能是其总能量与静能之差．从相对论的观点来看，质点的总能量等于其质量与光速的二次方的乘积，如以符号 E 代表质点的总能量，则有

$$E = mc^2 \tag{13.12}$$

这就是狭义相对论的质能关系．它是狭义相对论的一个重要结论．它表明，质量和能量这两

个重要的物理量之间存在密切的关系，自然界不存在没有质量的能量，也不存在没有能量的质量.

我们知道，质量和能量都是物质重要的属性. 质量可以通过物体的惯性和万有引力现象显示出来，能量则通过物质系统状态变换时对外界做功、传递热量显示出来. 能量与质量虽然在表现方式上有所不同，但两者是不可分割的，任何质量的改变，都伴有相应的能量的改变. 事实上，如果一物体的速率由 v 增大到 $v+\Delta v$，相应地，它的质量就由 m 增大到 $m+\Delta m$，它的总能量由 E 增大到 $E+\Delta E$，由式(13.12)，有

$$E+\Delta E=(m+\Delta m)c^2$$

即质量的变化 Δm 伴随着能量的变化 ΔE：

$$\Delta E=\Delta mc^2 \tag{13.13}$$

同样，任何能量的改变，也伴随着质量的改变. 当物体的能量增加 ΔE 时，它的质量也必增加 Δm

$$\Delta m=\frac{\Delta E}{c^2}$$

反之，当物体质量减少 Δm 时，就意味着它释放出 $\Delta E=\Delta mc^2$ 的巨大能量，这正是原子能(核能)利用的理论依据. 原子弹、氢弹技术都是狭义相对论质能关系的应用，而它们的成功也成为狭义相对论正确性的有力佐证.

例 13.6 一质子以速率 $v=0.8c$ 运动，求其总能量、动能和动量. 已知质子的静质量为 $m_p=1.67\times10^{-27}$ kg.

解 质子的总能量为

$$E=mc^2=\frac{m_p}{\sqrt{1-\frac{v^2}{c^2}}}c^2=2.5\times10^{-10}\ \text{J}$$

质子的动能为

$$E_k=mc^2-m_pc^2=1.0\times10^{-10}\ \text{J}$$

质子的动量为

$$p=mv=\frac{m_p}{\sqrt{1-\frac{v^2}{c^2}}}v=6.7\times10^{-19}\ \text{kg}\cdot\text{m}\cdot\text{s}^{-1}$$

例 13.7 太阳向四周空间辐射能量，每秒相应的质量亏损为 4.5×10^9 kg，求：(1)太阳辐射的功率；(2)一年内太阳相应的静质量的亏损.

解 (1)由质能关系式知，每秒太阳辐射的能量和对应的质量亏损的关系为

$$\begin{aligned}\Delta E&=\Delta mc^2=4.5\times10^9\times(3\times10^8)^2\ \text{J}\\&=4.05\times10^{26}\ \text{J}\end{aligned}$$

即太阳辐射的功率为 4.05×10^{26} W.

(2)一年内太阳相应的静质量的亏损为

$$\Delta m=365\times24\times60\times60\times4.5\times10^9\ \text{kg}=1.4\times10^{17}\ \text{kg}$$

附：广义相对论简介

1905 年，爱因斯坦发表了关于狭义相对论的文章，引起了德国物理学家普朗克的关注，正是因为普朗克的推动，相对论很快成为科学界研究和讨论的课题，爱因斯坦也受到了学术界的注目．正在人们忙于理解狭义相对论之时，爱因斯坦已经在考虑将相对论推广，开始构思广义相对论．

1. 广义相对论基本原理

建立狭义相对论之后，有两个问题一直困扰着爱因斯坦．第一个是非惯性系问题，狭义相对论与以前的物理学规律一样，都只适用于惯性系．但事实上很难找到真正的惯性系，爱因斯坦认为，一切自然规律不应该局限于惯性系，必须考虑非惯性系。第二个是引力问题，狭义相对论对于力学、热力学、电动力学的规律是正确的，但是它不能解释引力问题．正如爱因斯坦所说："关于牛顿的引力理论，我无论怎么考虑也无法将其适用到狭义相对论的范畴中"．

为此，爱因斯坦提出等效原理和广义相对论的相对性原理作为新理论的基本原理．

爱因斯坦把引力和非惯性系的惯性力联系起来，重新认识引力，提出了等效原理，作为他的新引力理论的基础．他以惯性质量和引力质量的等价性作为等效原理的依据，提出均匀的引力场完全可以等效加速运动的参考系。爱因斯坦用封闭仓实验来阐述他的思想：在静止于地面的封闭仓里，实验者让小球自由下落，测得小球因引力作用下落的加速度为 g；若封闭仓处在无引力的自由空间中，封闭仓以加速度 $a=g$ 加速下降，实验者测得小球的加速度仍然为 g. 也就是说，在这个封闭仓中的观察者，不管用什么方法也无法确定他究竟是静止于一个引力场中，还是处在没有引力场却在作加速运动的空间中，两者的动力学效应是无法区分的，这是解释等效原理最常用的方法．

处在均匀引力场中的惯性系，与一个不受引力场作用但以恒定加速度运动的非惯性系的物理规律相同，这就是等效原理．而引力和惯性力不可区分，还意味着惯性系和非惯性系的不可区分，这样，爱因斯坦把相对性原理从惯性系推广到非惯性系，他提出：物理定律对一切参考系都是相同的，这就是广义相对论的相对性原理．

2. 广义相对论的验证

建立在两个基本原理基础上的广义相对论，是考虑了引力场的相对论．在宇宙空间物质聚集的区域，存在较强的引力场，它将直接影响时空的性质．因而广义相对论中，物质、空间、时间之间存在着比经典物理学更为复杂和深刻的联系．爱因斯坦指出，由于有物质的存在，时间和空间会发生弯曲，引力场实际上是一个弯曲的时空。爱因斯坦采用黎曼几何来描述引力场的时空，得出了引力场方程，建立了引力场的理论．

由广义相对论的引力场理论，太阳周围的空间要发生弯曲，行星的轨道在近日点处会进一步弯向太阳．由引力场方程可以计算出水星近日点每一百年进动 43.03″，这一结论很好地解释了牛顿理论一直无法解决的水星近日点进动的"四十三秒"问题，成为广义相对论的第一个经典验证．

由广义相对论的等效原理，在引力场中会出现时间延缓效应．从远端接收星球发出的光，光的周期变长、频率变短，即出现光谱向长波端移动，称为红移现象．爱因斯坦 1911 年预言了太阳光谱线的引力红移，天文学家在天文观测中证实了这一预言．1959 年，实验首次测出了太阳光谱线的红移，且红移的量值与广义相对论的理论结果十分接近，近年的测

量结果值与理论值的相对差达到 10^{-6} 的数量级.

广义相对论的第三大预言是引力场使光线偏折. 例如, 星光经过太阳附近因太阳引力场而发生偏折. 计算可得, 星光如果掠过太阳表面将会发生 1.75″的偏折. 但是, 经过太阳附近再照射到地球的光偏折现象, 只有在日全食时才能观测到. 1919 年, 英国天文学家爱丁顿率领两支远征队分赴两地观察日全食, 最终证实了爱因斯坦的预言. 英国皇家学会宣读了观测报告, 确认广义相对论得出的结论完全正确。

物理学家从广义相对论出发还得出了多个重要的论点. 如密度非常巨大的星体其引力也是非常巨大的, 以致在其半径之内任何物体甚至电磁辐射都不能从它的引力作用下逃逸出来, 这种星体称为黑洞. 20 世纪 60 年代之后, 天文学家陆续发现了黑洞存在的证据, 并于 2019 年拍摄到人类历史上第一张黑洞的照片. 引力波的存在是广义相对论的又一重要推论, 由广义相对论理论, 加速运动的质量会向外辐射能量, 也就是引力波, 近年来科学家相继探测到多个引力波信号, 其中, 2017 年的重要发现被认为是两个中子星合并而产生的引力波.

相对论, 这一关于时间、空间、引力的现代物理学理论, 不仅揭示了时空的本质和它们之间的相互联系, 同时为科学的发展注入了巨大的动力.

概念检查答案

1. 是对不同时空观的描述.
2. 同时的相对性效应更明显.
3. 时间延缓效应是相对的, 不需要对表校正.
4. 因为速度是位置对时间的变化率, 相对论中时间的测量与参考系有关.
5. 不对.

思考题

13.1 同时的相对性是什么意思? 为什么会有这种相对性? 如果光速是无限大, 是否还存在同时的相对性?

13.2 什么是固有时间? 为什么说固有时间最短?

13.3 长度的测量和同时性有什么关系? 长度收缩效应是物体的长度存在实际的压缩吗?

思考题解答

13.4 经典力学中的变质量问题和狭义相对论中的质量变化有何不同?

13.5 什么是质量亏损? 它和原子能的释放有何关系?

习题

13.1 下列几种说法:

(1) 对于所有惯性系, 物理基本规律都是等价的;

(2) 在真空中, 光速与光的频率、光源的运动状态无关;

(3) 在任何惯性系中, 光在真空中沿任何方向的传播速度都相同,

正确的是(　　).

(A) (1) 和 (2)

(B)(1)(2)(3)
(C)(1)和(3)
(D)(2)和(3)

13.2　关于洛伦兹变换与伽利略变换，说法正确的是(　　).
(A)洛伦兹变换只对高速运动物体有效，对低速运动物体是错误的
(B)洛伦兹变换和伽利略变换没有任何关系
(C)在低速情况下，洛伦兹变换可以过渡到伽利略变换
(D)以上说法都不正确

13.3　关于同时性的以下结论中，正确的是(　　).
(A)在一惯性系中同时发生的两个事件，在另一惯性系中一定不同时发生
(B)在一惯性系中不同地点同时发生的两个事件，在另一惯性系中一定同时发生
(C)在一惯性系中同一地点同时发生的两个事件，在另一惯性系中一定同时发生
(D)在一惯性系中不同地点不同时发生的两个事件，在另一惯性系中一定不同时发生

13.4　一航天员要到离地球10光年的星球去旅行，若航天员希望把路程缩短一半，则他乘坐的飞船相对于地球的速率应是(　　).

(A) $\frac{1}{2}c$　　(B) $\frac{\sqrt{3}}{2}c$　　(C) $\frac{\sqrt{3}}{4}c$　　(D) $\frac{\sqrt{2}}{2}c$

13.5　一直尺固定在S'系中，它与x'轴的夹角$\theta'=60°$，若S'以速率u沿x轴方向相对S系运动，S系中的观察者测得该直尺与x轴的夹角为(　　).
(A)大于60°
(B)小于60°
(C)等于60°
(D)u沿x轴正方向则大于60°，u沿x轴负方向则小于60°

13.6　边长为a的正方形泳池静止于S系中，泳池的一边沿x轴，另一惯性系S'以速率$0.6c$沿x轴相对S系运动，则S'系中测得的泳池面积是(　　).
(A)a^2　　(B)$0.6a^2$　　(C)$0.8a^2$　　(D)$1.25a^2$

13.7　按相对论力学，速率为$0.8c$的电子，其动能约为(电子的静能为0.51 MeV)(　　).
(A)0.16 MeV　　(B)0.34 MeV　　(C)0.27 MeV　　(D)0.43 MeV

13.8　质子在加速器中被加速，当其动能为静能的4倍时，其质量为静质量的(　　).
(A)4倍　　(B)5倍　　(C)6倍　　(D)8倍

13.9　一列高速列车以速率u驶过车站，固定在站台上的两只机械手在车厢上同时划出两道痕迹，静止在站台上观察者同时测出两痕迹间的距离为1 m，则车厢上的观察者测出这两个痕迹之间的距离为____________.

13.10　电子的静质量为m_0，将一个电子由静止加速到$0.6c$需做功____________.

13.11　北京和广州的直线距离为1.89×10^6 m，在某一时刻从两地同时各开一列火车．设有一艘飞船在从北京到广州方向的高空中掠过，速率恒为$v=0.5c$. 问航天员观察到哪一列火车先开？两列火车开出时刻的时间间隔是多少？

13.12　μ子固有寿命的实验值为2.197×10^{-6} s，当μ子的速率为$0.9965c$时，测得其

平均寿命为 26.17×10^{-6} s. 试比较相对论的预期结果与实验值的符合程度.

13.13　两飞船 A 和 B 的固有长度均为 100 m，当两飞船平行向前飞行时，飞船 A 中的观察者测得自己通过飞船 B 的全长所用时间为 $\frac{5}{3}\times10^{-7}$ s，求飞船 A 相对飞船 B 的速率.

13.14　某人测得一静止棒的长为 l、质量为 m，于是求得此棒的线密度为 $\rho=m/l$. 假定此棒以速率 v 沿棒长方向运动，此人测得棒的线密度为多少？若棒在垂直长度的方向上运动，它的线密度又为多少？

13.15　地球上的观察者看见一飞船 A 以速率 $2.5\times10^{8}\ \mathrm{m\cdot s^{-1}}$ 从他身边飞过，另一艘飞船 B 以速率 $2.0\times10^{8}\ \mathrm{m\cdot s^{-1}}$ 跟随 A 飞行. 求：

(1) A 上的乘客看到 B 的速率；

(2) B 上的乘客看到 A 的速率.

13.16　在什么速率下粒子的动量等于非相对论动量的两倍？又在什么速率下粒子的动能等于它静能的两倍.

13.17　甲以 $0.8c$ 的速率相对静止的乙运动，甲携带一质量为 1 kg 的物体. 求：

(1) 甲测得此物体的总能量；

(2) 乙测得此物体的总能量.

13.18　质子的静质量为 $m_{\mathrm{p}}=1.67265\times10^{-27}$ kg，中子的静质量为 $m_{\mathrm{n}}=1.67495\times10^{-27}$ kg，一个质子和一个中子结合成的氘核的静质量为 $m_{\mathrm{D}}=3.34365\times10^{-27}$ kg. 求结合过程中放出的能量是多少 MeV？这能量称为氘核的结合能，它是氘核静能的百分之几？

学习与拓展

第 14 章 量子物理基础

量子力学是 20 世纪初建立起来的另一个具有深刻意义的物理理论．量子力学的建立，标志着人类对微观领域基本规律的认识进入了一个新阶段．1900 年，德国物理学家普朗克(Planck)为解决黑体辐射的规律问题，引入了能量子假设，为物理学提出了一个全新的概念．1905 年，爱因斯坦提出了光量子假设，进一步发展了普朗克能量量子化的思想．1913 年，丹麦物理学家玻尔(Bohr)把量子概念应用于原子模型，建立了氢原子理论，解释了氢原子光谱的规律，为量子力学的建立打下了基础.

但是，早期量子论存在着严重的缺陷，为建立严密的理论体系，需要加入新的物理思想．1924 年，德布罗意发表了物质波理论，创造性地提出微观粒子也具有波粒二象性，随后薛定谔进一步推广了德布罗意的思想，引入了描述微观粒子运动状态的波函数，建立了波函数所满足的微分方程——薛定谔方程，到 20 世纪 30 年代，完整的量子力学理论体系已初步建立起来.

本章主要介绍量子力学的基本概念和基本原理，内容包括量子论的提出和建立、量子力学创立的有关实验基础、量子力学的基本原理及解决问题的一般方法.

§14.1 量子概念的诞生 光量子假设

14.1.1 黑体辐射 普朗克能量子假设

实验表明，任何物体在任何温度下都在发射各种波长的电磁波，这种由于物体中的分子、原子受到热激发而发射电磁波的现象称为热辐射．同时，任何物体在任何温度下也要吸收其他物体发射的电磁波，当物体向外辐射的电磁波能量与吸收外界的电磁波能量相等时，物体具有稳定的温度，处于热平衡状态．理论和实验都表明，辐射能力强的物体，吸收能力也强.

当电磁波从外界入射到物体上时，一部分被吸收，另一部分被反射和透射．不同材料的物体，吸收电磁波的波长范围是不一样的，如有的物体对红光吸收较多，而对蓝光吸收较少，物体就呈现蓝色．如果有一种物体在任何温度下都能够吸收各种波长的电磁波而不发生反射和透射，这种物体看起来就是纯黑色的，称为绝对黑体，简称黑体．当然，自然界中绝对黑体是不存在的，如吸收能力最强的煤烟和黑色珐琅质，对阳光的吸收也不超过 99%，所以黑体只是一种理想模型.

为了研究黑体辐射的规律，实验室中常用空腔模型来模拟黑体，用不透明材料制成一个

开有小孔的空腔物体，如图 14.1 所示．当电磁波从小孔射入空腔时，它会在空腔内壁多次反射，每次反射都会被吸收一部分能量．由于小孔的面积远小于空腔内壁的面积，电磁波从小孔逸出的可能性非常微小，这意味着入射的电磁波几乎全部被空腔吸收，因此，不透明空腔上的小孔可以看作一个黑体模型．

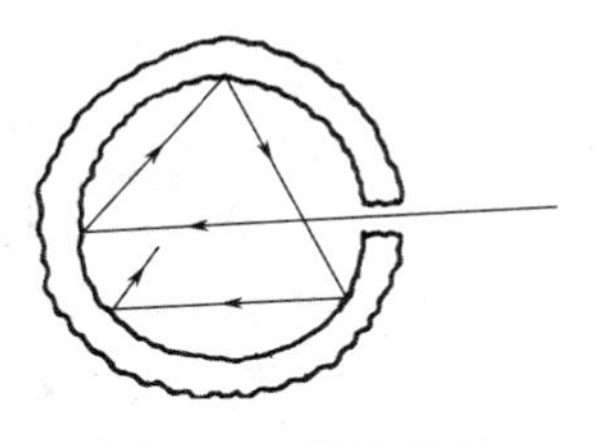

图 14.1　黑体模型

黑体的热辐射相对来说最为简单，是研究热辐射规律的首选，当空腔处于一定的温度时，电磁辐射从小孔发射出来．实验表明，小孔向外发射的电磁波含有各种波长成分，且不同成分的电磁波强度也不同，随黑体的温度而异．将空腔加热到不同的温度，通过分光技术检测小孔所发射的电磁波的波长分布，可以得到不同温度下黑体辐射的电磁波能量随波长分布的实验曲线，如图 14.2 所示，图中横轴是波长，纵轴 $M_\lambda(T)$ 是温度为 T 的黑体单位表面积发出的波长在 λ 附近单位波长区间内的电磁波能量，称为单色辐出度．

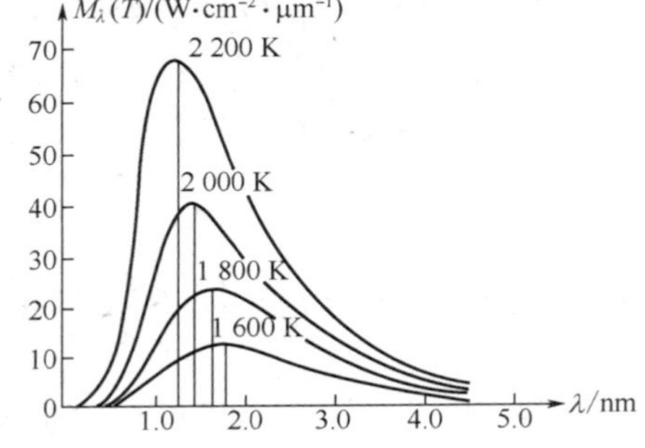

图 14.2　黑体辐射实验曲线

如何从理论上解释黑体辐射的实验规律，导出符合图 14.2 所示实验曲线的数学表达式，是 19 世纪末物理学家面临的一个问题．但是，物理学家从经典电磁场理论和经典统计物理出发得出的结果却与实验不相符．1893 年，德国物理学家维恩(Wien)假设谐振子的能量按频率的分布与麦克斯韦分子速率分布类似，导出了黑体辐射的维恩公式：

$$M_\lambda(T)=C_1\lambda^{-5}\mathrm{e}^{-\frac{C_2}{\lambda T}} \tag{14.1}$$

式中，C_1、C_2 为常数．这个公式在短波处与实验结果吻合得较好，但在长波处与实验结果偏差很大．

1900 年，英国物理学家瑞利(Rayleigh)和金斯(Jeans)根据经典电磁场理论和能量均分定理推出黑体辐射的瑞利-金斯公式：

$$M_\lambda(T)=C_3\lambda^{-4}T \tag{14.2}$$

式中，C_3 为常数．这个公式在长波范围与实验结果吻合得较好，但在短波区却与实验结果相差很大，式中单色辐出度与波长的四次方成反比，按此公式，当波长减小到趋于零时，单色辐出度趋于无穷大，这一不合理结果在当时被一些物理学家称为“紫外灾难”．黑体辐射的理论公式与实验结果的比较如图 14.3 所示．

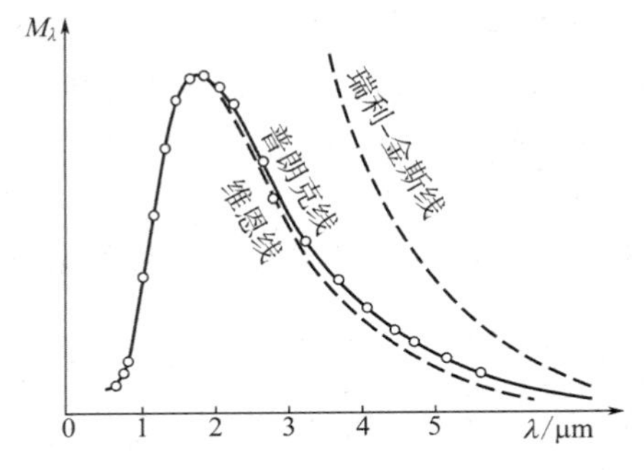

图 14.3　黑体辐射的理论公式与实验结果的比较(○表示实验值)

维恩公式和瑞利-金斯公式都是用经典物理学方法研究热辐射问题所得的结果，都与实验结果不符合，明显地暴露出了经典物理学的缺陷，使经典物理学陷入困境.

1900 年，普朗克为得到与实验曲线相符的公式，不得不放弃一些经典物理学的观点，大胆提出了能量子假设：

(1)黑体辐射是由大量带电的谐振子组成的，这些谐振子可以发射和吸收辐射能；

(2)谐振子发射和吸收辐射能时不是连续的，只能取某一最小能量 $h\nu$ 的整数倍，即

$$\varepsilon = nh\nu \tag{14.3}$$

式中，n 为正整数，称为量子数，$n=1$ 时，$\varepsilon = h\nu$ 称为能量子；h 为普朗克常量，可由实验测定，其值为 $h = 6.626\times10^{-34}$ J·s，计算时一般取 6.63×10^{34} J·s.

普朗克常量是近代物理学中重要的常量之一，体现了微观世界的基本特征，由于其值非常小，因此能量的不连续性在宏观尺度上很难被察觉.

普朗克在能量子假设的基础上，推导出了普朗克黑体辐射公式：

$$M_\lambda(T) = 2\pi hc^2\lambda^{-5}\frac{1}{e^{hc/k\lambda T}-1} \tag{14.4}$$

式中，c 为真空中的光速；k 为玻尔兹曼常量．该式计算结果与实验结果十分吻合(见图 14.3).

普朗克的能量子假设不仅成功地解释了黑体热辐射的规律，更具意义的是在物理学史上第一次提出了量子的概念，引起了物理学的一场革命.1900 年 12 月 14 日，普朗克在德国物理学会上宣读了论文，这一天被认为是量子论诞生之日，普朗克由于对量子论做出的开创性贡献而获得 1918 年诺贝尔物理学奖.

14.1.2 光电效应 爱因斯坦光量子假设

能量量子化概念与物理学家早已习惯的思想方法相差甚远，在量子论提出的初期，人们只承认普朗克所得出的公式，认为是辐射理论的经验公式，而不能接受他的理论．普朗克本人也感到惴惴不安，多次试图将自己的理论纳入经典物理学的框架中，均以失败而告终．直到 1905 年爱因斯坦在能量子假设的基础上提出了光量子假设，成功解释了光电效应，量子思想才开始逐渐被接受.

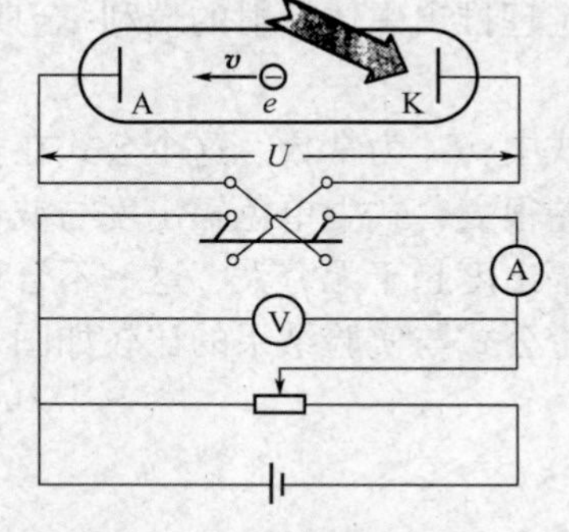

图 14.4 光电效应实验装置

金属被光照射时，有电子从表面逸出的现象称为光电效应，这是德国物理学家赫兹(Hertz)在 1887 年研究电磁波时发现的．图 14.4 为光电效应实验装置，在阴极 K 和阳极 A 之间加以电压 U. 当光照射到阴极 K 时，从表面逸出的电子在电场的加速下向阳极 A 运动，这些电子称为光电子，光电子运动形成的电流称为光电流.

然而，用经典物理学的电磁波理论解释光电效应实验现象时遇到了无法克服的困难，最突出的有以下两点.

(1)无法解释截止频率的存在.

实验发现，对于某一种金属，只有当入射光的频率大于某一频率 ν_0 时，电子才能逸出，电路中才有光电流，ν_0 叫作截止频率(也称红限频率). 如果入射光的频率小于 ν_0，无论光的

强度有多大，照射时间有多长，都不会产生光电效应．而按照经典的光的波动理论，无论何种频率的入射光，只要其强度足够大，就能使电子获得足够的能量逸出金属表面，所以光电效应对任何频率的光都会发生，不应存在截止频率.

(2)无法解释光电效应的瞬时性.

实验发现，当光照射到金属表面时，无论入射光的强度如何，只要其频率大于截止频率，几乎瞬间就有光电子逸出，延迟时间在 10^{-9} s 以下．但是，按照经典理论，电子逸出金属所需的能量是逐渐积累的，光强越小，所需的时间就越长，一般情况下大概需要数分钟之久.

上述事实都表明，经典理论与光电效应的实验规律存在无法解决的矛盾.

为了解释光电效应的实验规律，1905 年，爱因斯坦在普朗克能量子假设的基础上，提出了光子假设．普朗克只指出光在发射和吸收时具有粒子性，那么在空间传播时又怎样呢？爱因斯坦认为，光在空间传播时也具有粒子性，即光束可看成由微粒构成的粒子流，这些粒子称为光量子(简称光子)．在真空中，每个光子都以光速 c 运动，对于频率为 ν 的光束，光子的能量为 $h\nu$.

按照爱因斯坦的光量子假设，当频率为 ν 的单色光照射在金属表面时，金属中的电子全部吸收一个光子的能量 $h\nu$，一部分用于克服逃逸出来所需的逸出功 A，其余部分为逸出时的初动能，即

$$h\nu = A + \frac{1}{2}mv^2 \tag{14.5}$$

上式称为光电效应方程，其中逸出功 A 与金属的种类有关.

爱因斯坦的光量子假设可以圆满解释光电效应的实验规律．由式(14.5)知，若入射光的频率过低，$h\nu < A$，则电子吸收的能量小于逸出功，即使光强再大，也就是光子数量再多，也不会有光电子逸出，所以存在截止频率 $\nu_0\left(\nu_0 = \dfrac{A}{h}\right)$．另外，光子与电子作用时，光子一次性将能量 $h\nu$ 全部传给电子，只要光子的频率大于截止频率，电子逸出不需要能量积累的时间，因此光的照射和光电子的逸出几乎是同时发生的，这就说明了光电效应的瞬时性.

光在传播时，会产生干涉、衍射等现象，这说明光具有波动性，而光电效应又说明光具有粒子性．因此，关于光本质的正确理论是光具有波粒二象性．光的波动性可以用频率 ν、波长 λ、周期 T 这些物理量来描述，而对于光的粒子性，可以和实物粒子一样用能量、质量和动量这些物理量来描述．因为光子是以光速运动的粒子，故讨论它的能量、质量和动量时必须用相对论理论.

光子的能量为 $h\nu$，根据相对论质能关系 $E = mc^2$，可得光子的质量为

$$m = \frac{h\nu}{c^2} \tag{14.6}$$

光子的动量为

$$p = mc = \frac{h\nu}{c} = \frac{h}{\lambda} \tag{14.7}$$

上两式将描述光粒子性的物理量和描述光波动性的物理量通过普朗克常量联系起来.

概念检查 1

光子的能量越大，光强就越大，对吗？

14.1.3 康普顿散射

爱因斯坦的光量子假设提出伊始也受到了学术界的质疑，直至1917年美国物理学家密立根(Millikan)用著名的油滴实验确定了电荷的不连续性，并验证了光电效应方程以后才逐渐得到公认。1923年，美国物理学家康普顿(Compton)及其后不久的我国物理学家吴有训研究了X射线的散射现象，进一步验证了光量子假设的正确性。

在康普顿和吴有训的X射线散射实验中(见图14.5)，由射线源发出的波长为λ_0的单色X射线，投射到散射物质上，向各个方向发射散射线(φ为散射角)，实验发现，散射线中除有原波长为λ_0的射线外，还出现了波长增大了的射线($\lambda > \lambda_0$)，如图14.6所示，这种有波长改变的散射就是康普顿散射，也称为康普顿效应.

按经典电磁场理论，照射到散射物质内部的X射线引起带电粒子作同频率的受迫振动，带电粒子向四周辐射出同频率的波，因此散射波只能与入射波的波长相同，也就是说经典电磁场理论能够解释波长不变的散射而不能解释波长改变的康普顿散射.

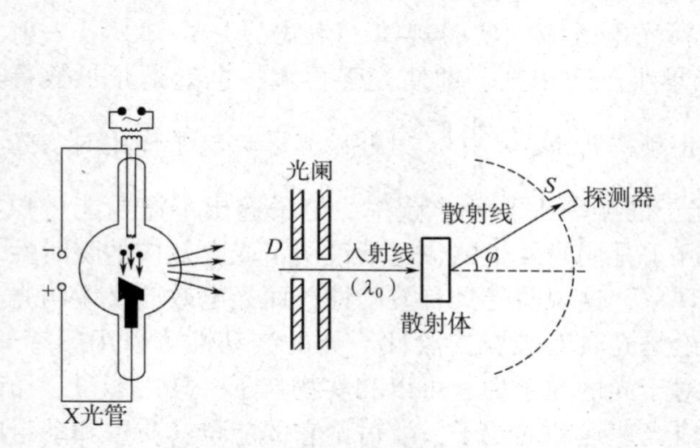

图14.5 康普顿散射实验装置示意

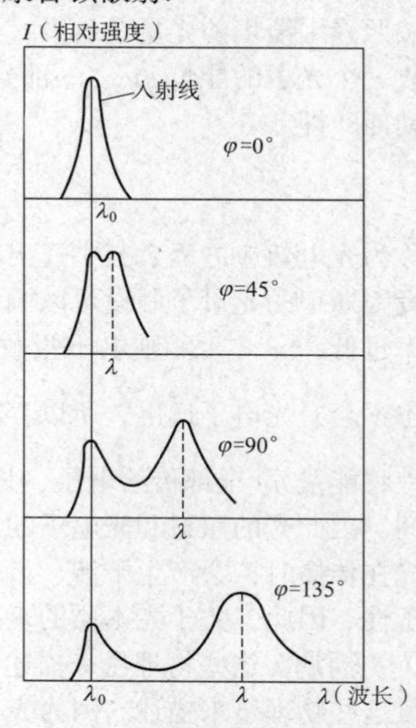

图14.6 康普顿散射实验结果

康普顿根据光量子假设认为，X射线的散射是单个光子与单个电子发生弹性碰撞的结果.设入射X射线的频率为ν_0，它的光子就具有$h\nu_0$的能量，当光子与自由电子或束缚较弱的外层电子发生弹性碰撞时，电子会获得一部分能量，所以碰撞后散射光子的能量($h\nu$)减小，相应的其频率ν变小，也就是波长λ变大，这就是散射线中出现波长增大了的射线的原因.而原子中的内层电子束缚很紧密，当光子与这些电子碰撞时，相当于与质量远比自己大的整个原子碰撞，碰撞后光子改变运动方向，但几乎不会失去能量，此时散射光子的频率或波长就几乎不变，这就是散射线中含有与入射X射线波长相同的射线的原因.

图14.7表示光子与自由电子发生弹性碰撞的情形，由于电子的速率远小于光子的速率，可认为电子在碰撞前是静止的.碰撞后，频率变为ν的散射光子沿φ角散射，电子则获得速率v沿与x轴成θ角的方向运动.按照能量和动量守恒定律，列方程如下：

$$h\nu_0 + m_0c^2 = h\nu + mc^2 \quad (14.8)$$

$$\frac{h\nu_0}{c}\boldsymbol{e}_0 = \frac{h\nu}{c}\boldsymbol{e} + m\boldsymbol{v} \quad (14.9)$$

式中，m_0 是电子的静质量；m 是电子碰撞后的相对论质量；$\boldsymbol{e}_0$ 和 $\boldsymbol{e}$ 是碰撞前后光子运动方向上的单位矢量.

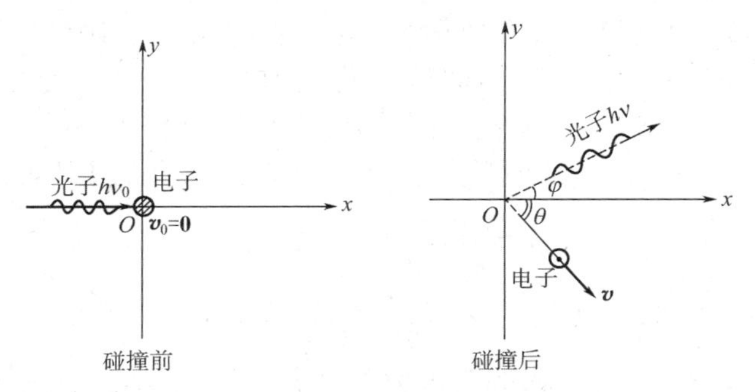

图 14.7　光子与自由电子的碰撞

式(14.9)是矢量式，利用余弦定理化为标量式，且 $m = \dfrac{m_0}{\sqrt{1 - v^2/c^2}}$，可解得碰撞前后散射光子波长的改变量为

$$\Delta\lambda = \lambda - \lambda_0 = \frac{h}{m_0c}(1 - \cos\varphi) \quad (14.10)$$

这就是康普顿散射公式．它给出了散射线波长的改变量 $\Delta\lambda$ 与散射角 φ 之间的关系，上式表明，波长的改变量只由 φ 决定，与散射物质无关，该式与康普顿散射的实验结果完全符合.

上式中 $\dfrac{h}{m_0c}$ 是一个常量，称为康普顿波长，其值为 2.43×10^{-12} m.

康普顿散射曾在量子论的发展中起过重要作用，它不仅有力地证明了光量子假设的正确性，同时证明了在微观粒子相互作用的过程中，同样严格遵守着能量守恒定律和动量守恒定律.

概念检查 2

比较光电效应和康普顿散射，在光的粒子性方面意义有何不同？

§14.2　玻尔的氢原子理论

19 世纪 80 年代，光谱学取得了很大发展，积累了有关光谱的大量实验数据．1885 年，巴尔末(Balmer)把看似毫无规律的氢原子光谱归纳成有规律的公式，这促使人们认识到光谱规律的实质在于原子的内在机理.

1913 年，玻尔在卢瑟福原子核式结构的基础上建立起氢原子结构的半经典量子理论，圆满解释了氢原子光谱的规律性．然而，玻尔的氢原子理论本身却存在一定的缺陷．12 年后，在波粒二象性基础上建立起来的量子理论以更正确的概念和理论圆满解决了玻尔理论遇到的困难．即便如此，玻尔理论对量子力学的发展也有着重要的先导作用，同时，玻尔关于定态的概念和光谱线频率的假设，在原子结构和分子结构的现代理论中，仍然是十分重要的概念．

14.2.1 氢原子光谱的实验规律

固体加热所发出的光谱是连续的，但原子光谱却由分立的线状光谱所组成．不同原子辐射不同的光谱，也就是说，线光谱反映了原子内部结构的重要信息，研究光谱规律成为探索物质结构的重要手段．在所有元素中，氢原子的光谱最为简单，所以研究氢原子光谱的规律成为研究原子光谱的突破口．到 1885 年，从某些星体的光谱中观察到的氢原子光谱线已达 14 条，瑞士的一位中学数学教师巴尔末发现，这些光谱线中在可见光部分的谱线可归纳为如下公式：

$$\lambda = B\frac{n^2}{n^2-4},\ n=3,\ 4,\ 5$$

式中，$B=365.46\ \text{nm}$. 上式称为巴尔末公式，上式所得的值与实验值符合得很好．它所表达的一组谱线称为巴尔末系．如果用波长的倒数来表示，令 $\tilde{\nu}=\frac{1}{\lambda}$，称之为波数，其表示单位长度内所包含的波长数目，则巴尔末公式可以写为

$$\tilde{\nu}=\frac{1}{\lambda}=R\left(\frac{1}{2^2}-\frac{1}{n^2}\right),\ n=3,\ 4,\ 5$$

式中 $R=\frac{4}{B}$，称为里德伯常数，其测量值为 $R=1.097\ 373\ 153\ 4\times10^7\ \text{m}^{-1}$，计算时一般取 $R=1.097\times10^7\ \text{m}^{-1}$.

氢原子光谱的其他谱线系也先后被发现，一个在紫外区，由莱曼(Lyman)发现，还有三个在红外区，分别由帕邢(Paschen)、布拉开(Brackett)、普丰德(Pfund)发现，这些谱线系也像巴尔末系一样，可以用一个简单的公式表示．1889 年，瑞士物理学家里德伯(Rydberg)提出一个普遍公式，写作

$$\tilde{\nu}=R\left(\frac{1}{m^2}-\frac{1}{n^2}\right) \tag{14.11}$$

式中，$m=1,\ 2,\ 3,\ \cdots$；$n=m+1,\ m+2,\ m+3,\ \cdots$. 上式称为里德伯方程，其中

$m=1$；$n=2,\ 3,\ 4,\ \cdots$，莱曼系，紫外区
$m=2$；$n=3,\ 4,\ 5,\ \cdots$，巴尔末系，可见光区
$m=3$；$n=4,\ 5,\ 6,\ \cdots$，帕邢系，红外区
$m=4$；$n=5,\ 6,\ 7,\ \cdots$，布拉开系，红外区
$m=5$；$n=6,\ 7,\ 8,\ \cdots$，普丰德系，红外区

除氢以外的其他元素(如碱金属)的光谱也陆续被发现，也呈线系分布，里德伯发现了描述这些线系的近似经验公式，这些发现为原子结构理论的建立提供了重要信息.

14.2.2 玻尔的氢原子理论

1911 年，英国物理学家卢瑟福(Rutherford)根据 α 粒子散射实验提出原子的核式结构，即原子是由带正电的原子核和核外作轨道运动的电子组成．按照经典电磁场理论，电子绕核转动必然具有加速度，加速运动的电子将发射电磁波，其频率应等于电子绕核转动的频率．由于辐射，能量不断减少，频率也会逐步改变，辐射的光谱应该是连续的．同时，由于能量

的不断减少，电子运动半径会逐渐减小，最后落入原子核，这样原子的结构是不稳定的．而事实上，原子是一个稳定的系统，而且所辐射的光谱是线光谱，可见，经典电磁场理论无法解释原子核式结构模型和实验规律之间的联系.

1913 年，玻尔在原子核式结构的基础上，把普朗克、爱因斯坦关于光的量子理论推广到原子系统，提出了三条基本假设作为他的氢原子理论的出发点，使氢原子光谱规律得到了很好的解释.

玻尔的三条基本假设如下.

(1)定态假设：电子在原子中绕核运动时，只能在一些特定的轨道上且不辐射电磁波，这时原子处于稳定状态，简称定态.

(2)频率假设：只有当原子从能量为 E_n 的定态跃迁到另一能量为 E_m 的定态时，才会发射或吸收一个频率为 ν 的光子，其频率满足

$$\nu=\frac{|E_n-E_m|}{h} \tag{14.12}$$

(3)量子化条件：电子处于定态时，其角动量 L 是量子化的，它等于 $\frac{h}{2\pi}$ 的整数倍，即

$$L=n\frac{h}{2\pi}=n\hbar \tag{14.13}$$

式中，$n=1, 2, 3, \cdots$，称为量子数；$\hbar=\frac{h}{2\pi}=1.0545887\times10^{-34}\ \text{J}\cdot\text{s}$，称为约化普朗克常量，计算时一般取 $1.05\times10^{-34}\ \text{J}\cdot\text{s}$.

在这三条基本假设中，第一条虽是经验性的，但它是玻尔对原子结构理论的重大贡献，他对经典理论做出了巨大的修改，从而解决了原子稳定性的问题．第二条是从普朗克能量子假设中引申来的，可以解释线光谱的形成．第三条所表述的角动量量子化，则是人为设定的，后来知道，它可以由德布罗意假设自然得出.

下面从玻尔的三条基本假设出发，推导氢原子能级公式，并解释氢原子光谱的规律．设在氢原子中，质量为 m、电荷为 e 的电子在半径为 r_n 的稳定轨道上以速率 v_n 作圆周运动，电子绕核作圆周运动所需的向心力就是库仑力，由牛顿运动定律和库仑定律可得

$$m\frac{v_n^2}{r_n}=\frac{e^2}{4\pi\varepsilon_0 r_n^2}$$

由角动量的量子化条件，得

$$L=mv_nr_n=n\frac{h}{2\pi},\quad n=1, 2, 3, \cdots$$

消去两式中的 v_n，可得

$$r_n=n^2\left(\frac{\varepsilon_0 h^2}{\pi me^2}\right),\quad n=1, 2, 3, \cdots \tag{14.14}$$

即电子轨道只能取一系列分立值，当 $n=1$ 时，轨道半径为

$$r_1=\frac{\varepsilon_0 h^2}{\pi me^2}=0.529\times10^{-10}\ \text{m}$$

这是氢原子核外电子的最小轨道半径，称为玻尔半径．可见，电子的轨道半径是量子化的，而不是连续的，电子的轨道半径以 n^2 的比例增加.

将 r_n 代入角动量的量子化条件，可得电子的速率为

$$v_n = \frac{e^2}{2\varepsilon_0 h}\frac{1}{n},\ n = 1,\ 2,\ 3,\ \cdots$$

电子的能量 E_n 等于它的动能 E_k 和静电势能 E_p 之和，其中

$$E_k = \frac{1}{2}mv_n^2 = \frac{1}{2}m\left(\frac{e^2}{2\varepsilon_0 h}\frac{1}{n}\right)^2 = \frac{me^4}{8\varepsilon_0^2 n^2 h^2}$$

$$E_p = -\frac{e^2}{4\pi\varepsilon_0 r_n} = -\frac{me^4}{4\varepsilon_0^2 n^2 h^2}$$

于是

$$E_n = E_k + E_p = -\frac{me^4}{8\varepsilon_0^2 h^2}\frac{1}{n^2} \tag{14.15}$$

这就是由玻尔氢原子理论导出的电子能级公式，n 为主量子数．显然，原子系统的能量是不连续的，这一系列不连续的能量值，就构成通常所说的能级．当 $n = 1$ 时，有

$$E_1 = -\frac{me^4}{8\varepsilon_0^2 h^2} = -13.6\ \text{eV}$$

这是氢原子的最低能量，它是把电子从第一轨道移到无限远处时所需要的能量值，E_1 是电离能．与最低能量对应的定态称为基态，而 $n > 1$ 的定态称为激发态．

按照玻尔的频率假设，原子中的电子从较高能级 E_n 向较低能级 E_m 跃迁时，所发射的光子的频率为

$$\nu = \frac{E_n - E_m}{h}$$

波数为

$$\tilde{\nu} = \frac{E_n - E_m}{hc} = \frac{me^4}{8\varepsilon_0^2 h^3 c}\left(\frac{1}{m^2} - \frac{1}{n^2}\right) \tag{14.16}$$

这样，玻尔由他的氢原子理论导出了氢原子光谱的波数公式，显然它与里德伯的氢原子光谱经验公式(14.11)是一致的，两式相比较可得里德伯常数为

$$R = \frac{me^4}{8\varepsilon_0^2 h^3 c} = 1.097\ 373\ 1 \times 10^7\ \text{m}^{-1}$$

可以看出，R 的理论值与实验值符合得很好，玻尔的氢原子理论也为里德伯常数提供了理论说明．氢原子能级和能级跃迁产生的各谱线系如图 14.8 所示．

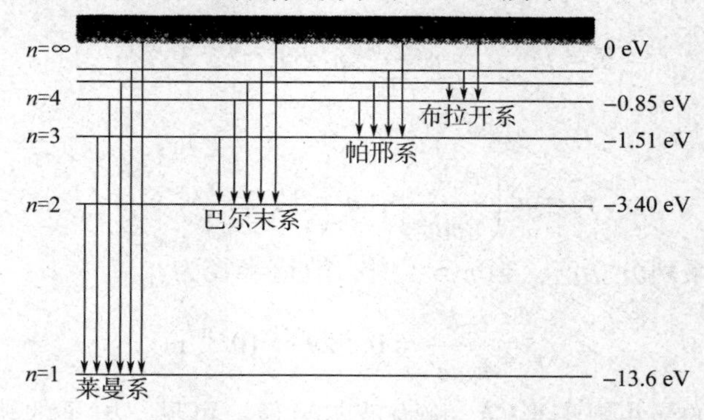

图 14.8　氢原子能级和能级跃迁产生的各谱线系

玻尔的氢原子理论成功解释了氢原子和类氢原子光谱的规律性，并从理论上算出了里德伯常数．玻尔首先提出了原子系统能量量子化和角动量量子化的概念，他的创造性工作对现代量子力学的建立有着深远的影响．玻尔由于对研究原子结构和原子辐射的贡献，获得了1922年诺贝尔物理学奖．

但是，玻尔的氢原子理论也存在很大的局限性，如它不能解释更复杂原子的光谱规律，即便对氢原子也只能给出谱线的频率，对谱线的强度、宽度、偏振等一系列问题都无法处理．这是因为玻尔的氢原子理论本身并没有完全摆脱经典物理学观念的束缚，他一方面把量子条件引入了原子系统，另一方面又保留了质点运动轨道的经典概念，这种把经典理论和量子理论勉强结合在一起的做法显然是不完备的．量子力学的发展表明，在波粒二象性基础上发展起来的量子力学，能用更正确的理论圆满解决玻尔氢原子理论的困难．

例 14.1 求巴尔末光谱系的最大和最小波长．

解 由 $\nu=\dfrac{E_n-E_m}{h}$ 和 $\lambda\nu=c$，可得最大波长为

$$\lambda_{\max}=\frac{hc}{E_3-E_2}$$

$$E_3-E_2=E_1\left(\frac{1}{3^2}-\frac{1}{2^2}\right)=-13.6\left(\frac{1}{9}-\frac{1}{4}\right)\text{ eV}=1.89\text{ eV}$$

$$\lambda_{\max}=658\text{ nm}$$

这一波长的波为红光．最小波长为

$$\lambda_{\min}=\frac{hc}{E_\infty-E_2}$$

$$E_\infty-E_2=E_1\left(0-\frac{1}{2^2}\right)=-13.6\left(0-\frac{1}{4}\right)\text{ eV}=3.40\text{ eV}$$

$$\lambda_{\min}=366\text{ nm}$$

该波长的波在近紫外区，此波长是巴尔末系的极限波长．

14.2.3 弗兰克–赫兹实验

1914年，在玻尔建立氢原子理论的第二年，弗兰克（Franck）和赫兹（G. Hertz）在电子和汞原子碰撞的实验中，证实了原子中存在分立的能级，对玻尔的氢原子理论给予了支持．图14.9是实验装置示意，在充有汞蒸气的真空容器中，电子从阴极K发出，在加速电压 U_G 作用下向栅极G运动，栅极G和阳极A之间有一很小的反向电压 U_r．电子通过栅极G后，具有足够动能的电子到达阳极A，于是在电路中观察到电流 I．实验时改变加速电压 U_G，极板电流 I 随之发生变化，图14.10为 I 随 U_G 变化的实验曲线．可以看出，极板电流并非总是随加速电压的增大而增大，而是呈周期性变化，电流峰值的间隔约为4.9 V．

上述实验结果可以证明原子能量的量子化．

当电子从阴极向栅极运动的过程中，有一定概率和汞原子碰撞，一般情况下，绝大多数汞原子是处于基态，能量为 E_1，汞原子的第一激发态能量为 E_2，若电子的动能 $E_k<E_2-E_1$，不足以使汞原子激发，此时电子与质量远大于它的汞原子发生弹性碰撞，几乎没有动能的损失，只是运动方向改变，这个阶段极板电流 I 随加速电压 U_G 的增大而增大（对应图14.10中曲线开始的上升阶段）．当加速电压继续增大，使电子的动能 $E_k\geqslant E_2-E_1$ 时，汞原子可以从

电子那里获得足够的能量从基态跃迁到激发态，此时电子与汞原子之间的碰撞为非弹性碰撞，汞原子获得能量完成能级跃迁，而电子则失去大部分能量，剩余能量因无法克服 G、A 间的反向电压 U_r 而使电子达不到 A 极，致使电流 I 急剧下降，这就是图 14.10 中出现第一个波谷的原因．随着加速电压 U_G 继续增大，电子又得到加速使能量增加，会第二次与汞原子碰撞使其能级跃迁，电子的能量又一次发生损失，电流再次下降，对应图中出现的第二个波谷，后面的波谷以此类推.

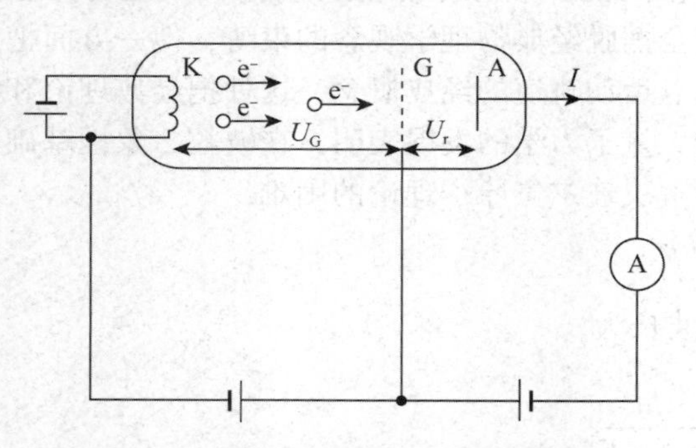

图 14.9　弗兰克–赫兹实验装置示意

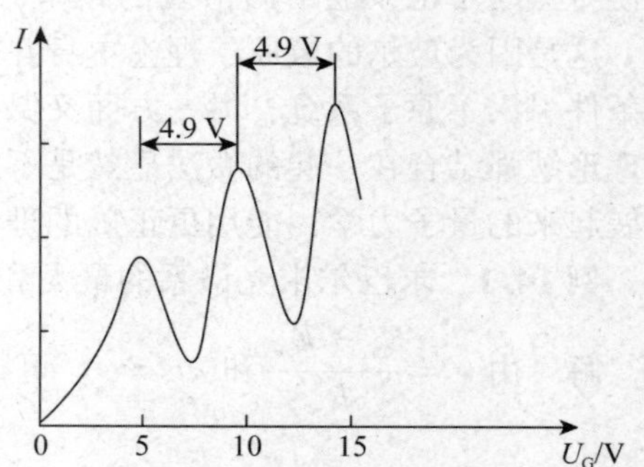

图 14.10　实验测得的电流–电压曲线

实验测得峰值对应的加速电压为 4.9 V，由此可知汞原子基态与第一激发态的能量差为 4.9 eV，这在汞原子光谱中得到了实验证实.

弗兰克–赫兹实验证明，原子能级是确实存在的，把原子激发到激发态需要吸收一定的能量，这些能量不是任意的、连续的，而是量子化的，这就证实了原子存在分立能级，弗兰克、赫兹因此获得 1925 年诺贝尔物理学奖.

§14.3　实物粒子的波粒二象性

光的干涉和衍射说明了光的波动性，而黑体辐射、光电效应和康普顿散射则充分证明了光的粒子性，因此光具有波粒二象性．德布罗意在光的波粒二象性启发下提出了物质波概念，之后很快被实验证实，为量子理论的发展开辟了一条新路.

14.3.1　德布罗意假设

随着物理学的不断发展，到了 20 世纪 20 年代，光的波粒二象性已被人们普遍接受和理解．1924 年，法国青年物理学家德布罗意(de Broglie)在光的波粒二象性的启发下，在他的博士论文中推论，自然界在许多方面都是明显对称的，如果光具有波粒二象性，则实物粒子，如电子、质子等，也应该具有波粒二象性．他认为，过去在对光的研究中，所犯的错误是只重视了光的波动性，而忽略了光的粒子性，那么在对实物粒子的研究中，是否发生了相反的错误，即只重视了实物粒子的粒子性而忽略了它的波动性．据此他提出，在实物粒子的理论中应该如同辐射理论一样，必须同时考虑波动性和粒子性.

德布罗意假设，质量为 m 的粒子，以速率 v 运动时，既具有用它的能量 E 和动量 p 来描述的粒子性，也具有用频率 ν 和波长 λ 所描述的波动性．这些量之间的关系也如同光波的波长、频率与光子的能量、动量之间的关系，即

$$E = mc^2 = h\nu \tag{14.17}$$

$$p = mv = \frac{h}{\lambda} \tag{14.18}$$

上述关系式称为德布罗意公式，它表明，能量为 E 、动量为 p 的粒子，伴随着一个频率为 ν、波长为 λ 的平面单色波，称为德布罗意波，或物质波．对应的波长为

$$\lambda = \frac{h}{p} = \frac{h}{mv} = \frac{h}{m_0 v}\sqrt{1 - \frac{v^2}{c^2}} \tag{14.19a}$$

当 $v \ll c$ 时，德布罗意波长为

$$\lambda = \frac{h}{p} = \frac{h}{m_0 v} \tag{14.19b}$$

以电子为例，初速度为零的电子经电场加速，加速电压为 U，且 $v \ll c$，则有

$$\frac{1}{2} m_0 v^2 = eU$$

$$v = \sqrt{\frac{2eU}{m_0}}$$

将上式代入式(14.19b)中，可得电子的德布罗意波长为

$$\lambda = \frac{h}{\sqrt{2m_0 e}} \frac{1}{\sqrt{U}} \tag{14.20}$$

将 $m_0 = 9.1 \times 10^{-31}$ kg、$e = 1.6 \times 10^{-19}$ C 和 $h = 6.63 \times 10^{-34}$ J·s 代入上式，得

$$\lambda = \sqrt{\frac{150}{U}} \times 10^{-10}\ \text{m} = \frac{1.225}{\sqrt{U}}\ \text{nm}$$

式中，U 的单位为 V．例如，用 150 V 的电压加速电子，其对应的德布罗意波长为 0.1 nm，该波长与 X 射线的波长同数量级；当 $U = 10\,000$ V 时，$\lambda = 0.012\,3$ nm，可见，德布罗意波长是很短的．

概念检查 3

日常生活中为什么察觉不到某物体的波动性和电磁波的粒子性？

14.3.2　物质波的实验验证

德布罗意物质波假设的正确性，必须由实验来验证．1927 年，美国物理学家戴维孙(Davisson)和革末(Germer)的电子衍射实验证实了电子具有波动性．

图 14.11(a)是戴维孙-革末实验装置示意．电子枪发出的电子束经电场加速后投射到镍晶体的特选晶面上，经晶面散射进入电子探测器，即可测出散射电子束的强度．实验时，保持电子束的掠角 θ 不变，改变加速电压 U，观察散射电子束的电流 I，实验发现 I 并不随 U 的增大而单调地增大，而是呈现一系列极大值和极小值，如图 14.11(b)所示．图中显示，实验时若取 $\theta = 50°$，则当加速电压 $U = 54$ V 时，散射电子束有一极大值．对上述结果不能用粒子运动来说明，但可以用 X 射线对晶体的衍射方法来分析．

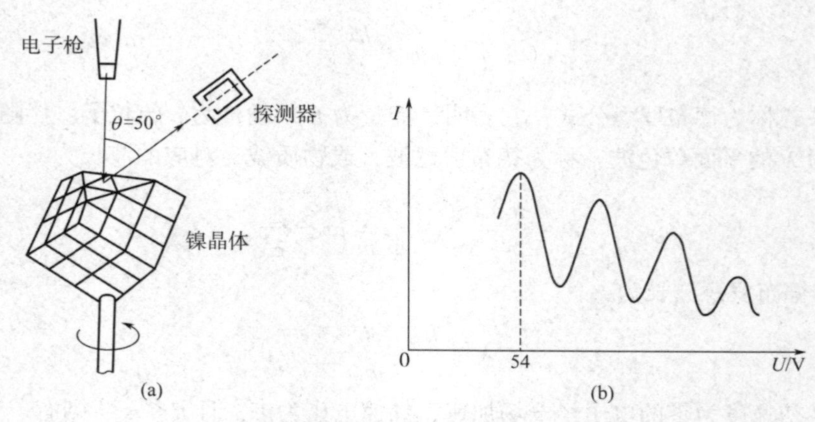

图 14.11　戴维孙-革末实验

(a) 实验装置示意；(b) 散射电子束的电流与加速电压的关系

事实上，当把电子束看成一束波时，这就与 X 射线在晶体上的衍射完全相同．如图 14.12 所示，设晶体的晶格常数为 a，根据 X 射线衍射理论，衍射极大的空间方位与入射电子束的波长满足布拉格方程，即

$$a\sin\theta = k\lambda$$

将电子的德布罗意波长式(14.20)代入布拉格方程中，可得电子束的电流取极大值时与加速电压的关系：

$$a\sin\theta = k\frac{h}{\sqrt{2m_0e}}\cdot\frac{1}{\sqrt{U}}$$

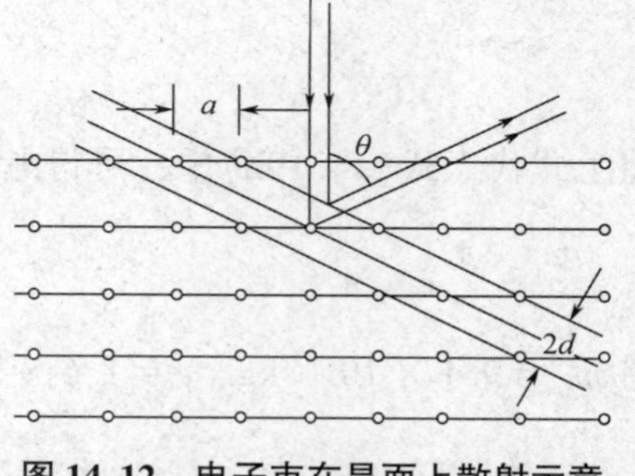

图 14.12　电子束在晶面上散射示意

由上式可以算出各极大值点所对应的 U 值，结果与实验完全符合．这样，不但证明了电子确实具有波动性，同时证明了德布罗意公式的正确性.

同年稍后，英国物理学家汤姆逊(Thomson)做了另一个电子衍射实验，他把经电场加速的电子束打到金箔片上，结果在金箔片后的底片上拍摄到电子衍射的图样，如图 14.13 所示．根据这些衍射环的半径可算出电子波的波长，从而进一步证实了德布罗意公式，证实了电子的波粒二象性．20 世纪 30 年代以后，质子、中子、氦原子、氢分子等微观粒子都被证实同样存在衍射现象，特别是中子衍射技术，已成为研究固体微观结构的有效的方法之一．因此，波动性是粒子自身固有的性质，而德布罗意公式是反映实物粒子波粒二象性的基本公式．德布罗意因提出物质波理论而获得 1929 年诺贝尔物理学奖.

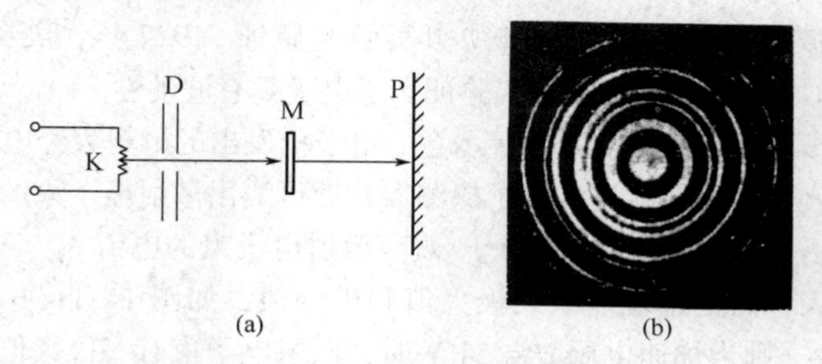

图 14.13　电子穿过金属箔的衍射

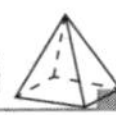

微观粒子的波动性已在现代科学中得到广泛应用，电子显微镜就是一例．我们知道，显微镜的分辨率与光的波长成反比，当加速电场很大时，电子的德布罗意波长可以比可见光的波长短得多，如 U 为 100 000 V 时，电子的波长为 0.004 nm，约为可见光波长的 1/100 000. 因此，利用电子波代替可见光制成的电子显微镜具有极高的分辨率，可以达到 0.1 nm，放大倍数达几十万倍，不仅能直接看到蛋白质一类较大的分子，还能分辨单个原子，对研究物质结构、晶格缺陷、病毒和细胞组织，以及纳米技术、生命科学和微电子学等起着重要的作用.

例 14.2　电子经过 $U_1 = 100$ V 和 $U_2 = 10\ 000$ V 的电压加速后的德布罗意波长分别是多少？

解　根据式(14.20)，电子的德布罗意波长为

$$\lambda = \frac{h}{\sqrt{2em_0U}}$$

由 $U_1 = 100$ V，可得

$$\lambda_1 = \frac{h}{\sqrt{2em_0U_1}} = \frac{6.63\times10^{-34}}{\sqrt{2\times1.6\times10^{-19}\times9.1\times10^{-31}\times100}}\ \text{m} = 0.123\ \text{nm}$$

由 $U_2 = 10\ 000$ V，可得

$$\lambda_2 = \frac{h}{\sqrt{2em_0U_2}} = \frac{6.63\times10^{-34}}{\sqrt{2\times1.6\times10^{-19}\times9.1\times10^{-31}\times10\ 000}}\ \text{m} = 0.012\ 3\ \text{nm}$$

例 14.3　试估算热中子的德布罗意波长.（中子的质量 $m_n = 1.67\times10^{-27}$ kg）

解　热中子是指在室温下（$T = 300$ K）与周围处于热平衡的中子，它的平均动能为

$$\bar{\varepsilon} = \frac{3}{2}kT = \frac{3}{2}\times1.38\times10^{-23}\times300\ \text{J} = 6.21\times10^{-21}\ \text{J} \approx 0.038\ \text{eV}$$

它的方均根速率为

$$v = \sqrt{\frac{2\bar{\varepsilon}}{m_n}} = \sqrt{\frac{2\times6.21\times10^{-21}}{1.67\times10^{-27}}}\ \text{m}\cdot\text{s}^{-1} \approx 2\ 700\ \text{m}\cdot\text{s}^{-1}$$

则热中子的德布罗意波长为

$$\lambda = \frac{h}{m_nv} = \frac{6.63\times10^{-34}}{1.67\times10^{-27}\times2\ 700}\ \text{m} = 1.5\times10^{-10}\ \text{m} = 0.15\ \text{nm}$$

§14.4　不确定关系

在经典力学中，质点的运动状态是用坐标和动量来描述的，而且根据牛顿运动定律，质点在任一时刻的坐标和动量都可以准确地予以确定．但是，对于微观粒子，由于不能忽略它的波动性，而物质波是不可能定域于某一点的，这就给粒子的运动状态带来了不确定性，也就是说，微观粒子的坐标和动量不可能同时具有确定值．描写宏观质点运动的经典方法不再

适用．下面以电子单缝衍射为例来说明这种不确定性．

图 14.14 中一束电子以速率 v 沿 y 轴方向通过宽度为 a 的狭缝，发生衍射现象，在屏上形成衍射条纹．考察一个电子通过狭缝时的位置和动量，虽然无法确切知道电子到底是从缝中哪一点通过狭缝的，但可以知道电子通过狭缝时在 x 轴方向上的位置一定在狭缝范围之内，因此电子在 x 轴方向上的位置坐标的不确定量也就是缝宽 a，即

$$\Delta x = a$$

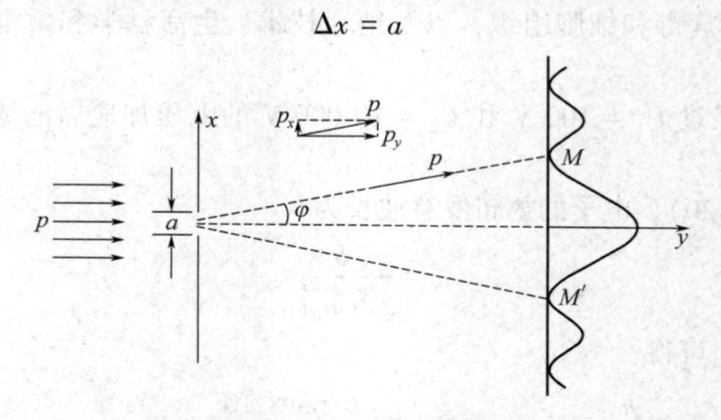

图 14.14　电子的单缝衍射

电子动量的大小在通过狭缝前后保持不变，但由于衍射效应，电子动量的方向发生改变，因此电子通过狭缝时动量在 x 轴方向上的分量 p_x 只由它的衍射角 φ 决定，若只考虑电子出现在中央明纹内，即 $\sin\varphi = \lambda/a$，则电子通过狭缝时在 x 轴方向上的动量 p_x 的不确定量为

$$\Delta p_x = p\sin\varphi = p\,\frac{\lambda}{a}$$

根据德布罗意公式 $\lambda = \dfrac{h}{p}$，则有

$$\Delta p_x = p\sin\varphi = \frac{h}{\lambda}\cdot\frac{\lambda}{a} = \frac{h}{a}$$

考虑到电子还有可能落在中央明纹以外的区域，所以 p_x 的不确定量比 $p\sin\varphi$ 还要大，应有

$$\Delta p_x \geqslant p\sin\varphi$$

于是可得

$$\Delta x\Delta p_x \geqslant h \tag{14.21a}$$

上式表明，电子在 x 轴方向的位置不确定量与该方向的动量不确定量的乘积大于或等于普朗克常量．当然，电子在其他方向的位置不确定量和动量不确定量也有类似的关系，这一关系称为不确定关系．

以上只是通过电子衍射这一特例进行的粗略估算，量子理论的严格推导指出，微观粒子的坐标和动量的不确定关系为

$$\Delta x\Delta p_x \geqslant \frac{\hbar}{2} \tag{14.21b}$$

不确定关系不仅适用于电子，也适用于其他微观粒子．该关系式表明，微观粒子不可能同时具有确定的位置和动量．

不确定关系是德国物理学家海森伯(Heisenberg)于 1927 年提出的，海森伯在讨论粒子的坐标不确定量 Δx 和动量不确定量 Δp_x 时发现，无论采取什么方法，Δx 和 Δp_x 总是此消彼长，

不可能找到同时降低 Δx 和 Δp_x 的手段，粒子的位置测的越准确，其动量就越不准确，反过来，动量测的越准确则位置就越不准确，这正是微观粒子波粒二象性的具体体现.

必须注意，不确定关系并不是实验误差或测量手段不够先进引起的，它是微观粒子的波粒二象性的必然结果，是量子力学的一条重要规律．不确定关系不仅存在于坐标和动量之间，也存在于能量和时间之间．如果用 ΔE 表示能量的不确定量，Δt 表示时间的不确定量，可以得到

$$\Delta E \Delta t \geqslant \frac{\hbar}{2}$$

上式称为能量和时间的不确定关系．上式表明，若粒子在某一能级上停留 Δt 的时间，则粒子在该能级的能量不能完全确定，存在一定的能级宽度 ΔE，即谱线的自然宽度.

在量子力学中，普朗克常量 h 是一个非常重要的物理常数，其数量级为 10^{-34}，在经典物理学范围内，h 很小可视为零，这就意味着物体的位置不确定量和动量不确定量可以同时趋于零，即位置和动量可以同时准确测定.

概念检查 4

由不确定关系能否得出“微观粒子的运动状态无法确定”的结论？

例 14.4　显像管中电子的加速电压为 9 kV，电子枪孔的直径为 0.1 mm，计算出射电子横向速率分量的不确定量 Δv_x.

解　电子横向位置分量的不确定量 $\Delta x = 0.1$ mm，由不确定关系，得

$$\Delta x \Delta p_x \geqslant \frac{\hbar}{2}$$

而 $\Delta p_x = m\Delta v_x$，所以

$$\Delta v_x \geqslant \frac{\hbar}{2m\Delta x} = \frac{1.05 \times 10^{-34}}{2 \times 9.1 \times 10^{-31} \times 0.1 \times 10^{-3}}\ \mathrm{m \cdot s^{-1}} = 0.6\ \mathrm{m \cdot s^{-1}}$$

而电子经过加速后速率变为

$$v = \sqrt{\frac{2E_k}{m}} = \sqrt{\frac{2eU}{m}} = 6 \times 10^7\ \mathrm{m \cdot s^{-1}}$$

即 $v \gg \Delta v_x$，故此时电子的运动速率相对来讲仍是相当确定的，这样可以忽略粒子的波动性，把电子当作经典粒子处理.

例 14.5　氦氖激光器发出的红光光谱线的波长宽度为 $\Delta\lambda = 10^{-9}$ nm，中心波长为 $\lambda = 632.8$ nm. 当这种光子沿 x 轴方向传播时，它的 x 坐标的不确定量为多大？

解　由于 $p_x = h/\lambda$，所以在数值上，有

$$\Delta p_x = \frac{h}{\lambda^2}\Delta\lambda$$

由不确定关系 $\Delta x \Delta p_x \geqslant \frac{\hbar}{2}$，可得

$$\Delta x \geqslant \frac{\hbar}{2\Delta p_x} = \frac{\lambda^2}{4\pi\Delta\lambda} \approx \frac{\lambda^2}{\Delta\lambda}$$

$$= \frac{632.8^2}{10^{-9}}\ \text{nm} = 4 \times 10^5\ \text{m} = 400\ \text{km}$$

式中，Δx 视为激光的波列长度．结果表明，光波长的准确度越高，即单色性越好（$\Delta\lambda$ 越小），则光子位置的准确性就越差，光的波列长度越长.

§14.5　波函数　薛定谔方程

一切物质都具有波粒二象性，对于宏观物体，由于其波动性不显著，可以用经典物理学来描述其运动规律，牛顿运动方程是描述宏观物体运动的普遍方程．但是，对于微观粒子，其波动性不能忽略，其运动不能用经典力学的方法来描述．那么，微观粒子的运动状态如何描述，它的运动方程又是怎样的呢？在德布罗意提出物质波假设后不久，1925 年，奥地利物理学家薛定谔(Schrodinger)便提出用波函数来描述微观粒子的运动状态，并建立了波函数所遵从的方程，即薛定谔方程．本节主要介绍非相对论量子力学的一些基本概念和薛定谔方程.

14.5.1　波函数

薛定谔认为，电子、中子、质子等具有波粒二象性的微观粒子，其运动也可以像机械波或光波那样用波函数来描述，只不过描述波动性的物理量频率、波长应遵从德布罗意公式.

为简单起见，首先考虑一个自由粒子的波函数．所谓自由粒子，指的是不受任何外力作用的粒子，其运动为匀速直线运动，所以有恒定的能量和动量．由式(14.17)和式(14.18)可知，自由粒子对应的频率 ν 和波长 λ 也保持不变，相应的波为平面简谐波．由波动理论，频率为 ν、波长为 λ 沿 x 轴方向传播的平面简谐波的方程为

$$y(x,\ t) = A\cos\left[2\pi\left(\nu t - \frac{x}{\lambda}\right)\right]$$

写成复数形式为

$$y(x,\ t) = A\mathrm{e}^{-\mathrm{i}2\pi\left(\nu t - \frac{x}{\lambda}\right)} \tag{14.22}$$

由德布罗意假设，动量为 p、能量为 E 的自由粒子相当于一个波长为 λ、频率为 ν 的平面波，其波函数用 $\Psi(x,\ t)$ 表示，将德布罗意公式 $E = h\nu$、$p = \dfrac{h}{\lambda}$ 代入上式，则

$$\Psi(x,\ t) = \Psi_0\mathrm{e}^{-\mathrm{i}\frac{2\pi}{h}(Et-px)} = \Psi_0\mathrm{e}^{-\frac{\mathrm{i}}{\hbar}(Et-px)} \tag{14.23}$$

$\Psi(x,\ t)$ 称为自由粒子的波函数，它描述的是动量为 p、能量为 E 的自由粒子的运动状态.

在一般情况下，微观粒子受到外场的作用，不再是自由粒子，其运动状态不能再用式(14.23)给出的 $\Psi(x,\ t)$ 来描述，但这样的粒子仍然具有波粒二象性，作为德布罗意假设的推广，这样的微观粒子可用波函数 $\Psi(x,\ y,\ z,\ t)$ 来描述，这是量子力学的基本假设之一．对于处在不同情况下的微观粒子，描述其运动状态的波函数 $\Psi(x,\ y,\ z,\ t)$ 的具体形式是不一样的．在给定条件下波函数的具体情况如何，这正是量子力学所要研究的重要问题.

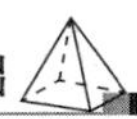

14.5.2　波函数的统计诠释

式(14.23)是描述自由粒子运动状态的波函数，它反映了微观粒子的波粒二象性．但是，这个波函数究竟代表什么呢？微观粒子的波动性与粒子性是怎样统一起来的呢？1926年，德国物理学家玻恩(Born)运用统计思想来解释微观粒子的波动性，他认为物质波并非如经典波那样代表着实在的物理量的波动，波函数描述的是粒子在空间的概率分布.

我们以将光波和物质波进行对比的方法来阐明波函数的物理意义．光通过狭缝后产生衍射现象，在屏上出现明暗相间的衍射条纹．从波动的观点看，明纹处光强大，暗纹处光强小，由于光强与光振动振幅的平方成正比，所以明纹处光振动振幅的平方大，暗纹处光振动振幅的平方小．但是，从粒子的观点来看，光强大的地方表示单位时间内到达该处的光子数量多，光强小的地方则表示单位时间内到达该处的光子数量少．从统计的观点来看，这就相当于光子到达明纹处的概率要远大于到达暗纹处的概率．两种观点是等效的，故光子在某处出现的概率与该处光强成正比，也就是与该处光振动振幅的平方成正比.

用电子束做单缝衍射实验时，也会形成类似的衍射图样，对电子及其他微观粒子来说，其粒子性和波动性之间，也应有类似的结论．从粒子性的角度来看，电子衍射图样实际上是电子在屏上出现概率的分布，电子到达衍射图样极大处的概率必定大，而到达衍射图样极小处的概率必然极小甚至为零．而从波动性的角度来看，电子的疏密程度表示电子波的强度大小，电子越密集表示电子波的强度越大，于是，电子在某处出现的概率就反映了该处电子波的强度.

综上所述，波函数的物理意义可以概述为：粒子在某处出现的概率与物质波的波函数振幅的平方成正比．亦即，某一时刻出现在某点附近体积元 $\mathrm{d}V$ 内的粒子的概率与 $|\boldsymbol{\varPsi}|^2\mathrm{d}V$ 成正比，由式(14.23)知，波函数为一复数，所以有

$$|\boldsymbol{\varPsi}|^2\mathrm{d}V=\boldsymbol{\varPsi}\boldsymbol{\varPsi}^*\mathrm{d}V \tag{14.24}$$

式中，$\boldsymbol{\varPsi}^*$ 是 $\boldsymbol{\varPsi}$ 的共轭函数．显然，$|\boldsymbol{\varPsi}|^2=\boldsymbol{\varPsi}\boldsymbol{\varPsi}^*$ 表示粒子在 t 时刻空间某点 $(x,\ y,\ z)$ 处单位体积内出现的概率，称为概率密度．可见，物质波的波函数本身并没有直接的物理意义，有物理意义的是波函数模的平方 $|\boldsymbol{\varPsi}|^2=\boldsymbol{\varPsi}\boldsymbol{\varPsi}^*$，从这一点看，物质波与机械波、电磁波有着本质的区别.

波函数的概率解释首先是由玻恩提出的，它不仅成功地解释了电子衍射实验，而且在解释其他许多问题时所得的结果与实验也是完全符合的，这种正确解释已被公认．玻恩因为他对波函数做出的统计解释获得1954年诺贝尔物理学奖.

根据对波函数的统计解释，波函数必须满足一定的条件.

首先，任意时刻粒子在整个空间出现的概率必然等于1，应有

$$\int_V|\boldsymbol{\varPsi}|^2\mathrm{d}V=\int_V\boldsymbol{\varPsi}\boldsymbol{\varPsi}^*\mathrm{d}V=1 \tag{14.25}$$

上式称为归一化条件，满足这一条件的波函数称为归一化波函数，其中积分区域 V 遍及粒子可能达到的整个空间.

其次，一定时刻在空间给定的区域内，粒子出现的概率应该是唯一的，故波函数须是单值函数．按照波函数的意义，$|\boldsymbol{\varPsi}|^2$ 应取有限值，所以波函数必须是有限函数.

最后，在空间不同区域内，概率应该是连续分布的，不能逐点跃变，波函数还应是连续函数.

以上是波函数的标准条件.

14.5.3 薛定谔方程

经典力学中，牛顿运动方程是质点运动遵从的基本方程，已知质点运动的初态，应用牛顿运动方程可求出质点在任意时刻的运动状态．在量子力学中，微观粒子的状态是由波函数描述的，必须找到微观粒子所遵循的运动方程，才可以由粒子的初态求出粒子在任意时刻的状态．这个等同于经典物理学的牛顿运动方程的关于微观粒子运动规律的微分方程就是薛定谔方程．同牛顿运动方程一样，薛定谔方程不可能由其他原理推导出来，而只能在一些假设的基础上建立起来，正确与否要靠实践来检验．下面介绍建立薛定谔方程的主要思路.

为简便起见，还是以一维自由粒子为例进行讨论．如前所述，一个沿 x 轴运动的动量为 p 、能量为 E 的自由粒子，其波函数为

$$\Psi(x,\ t) = \Psi_0 \mathrm{e}^{-\frac{\mathrm{i}}{\hbar}(Et-px)}$$

将上式对 t 求一阶偏导，得

$$\frac{\partial \Psi}{\partial t} = -\frac{\mathrm{i}}{\hbar} E \Psi \tag{14.26}$$

再对 x 求二阶偏导，得

$$\frac{\partial^2 \Psi}{\partial x^2} = -\frac{p^2}{\hbar^2} \Psi \tag{14.27}$$

考虑到自由粒子的能量为动能，且当自由粒子的运动速率远小于光速时，在非相对论范围内，自由粒子的动能与动量之间的关系为

$$E = E_{\mathrm{k}} = \frac{p^2}{2m}$$

由式(14.26)、式(14.27)可得

$$-\frac{\hbar^2}{2m}\frac{\partial^2 \Psi}{\partial x^2} = \mathrm{i}\hbar \frac{\partial \Psi}{\partial t} \tag{14.28}$$

这就是作一维运动的自由粒子的波函数所遵循的规律，称为一维自由粒子的含时薛定谔方程.

自由粒子仅是一种特殊情形，一般来说，微观粒子通常受势场的作用. 若粒子在势场中的势能为 E_{p}， 其能量为

$$E = E_{\mathrm{k}} + E_{\mathrm{p}} = \frac{p^2}{2m} + E_{\mathrm{p}}$$

将式(14.26)中的 E 用上式代替，并利用式(14.27)可得

$$-\frac{\hbar^2}{2m}\frac{\partial^2 \Psi}{\partial x^2} + E_{\mathrm{p}} \Psi = \mathrm{i}\hbar \frac{\partial \Psi}{\partial t} \tag{14.29}$$

这就是在势场中作一维运动的粒子的含时薛定谔方程，该方程描述了一个质量为 m 的粒子，在势能为 E_{p} 的势场中，其状态随时间变化的规律.

在许多实际问题中，微观粒子的势能 E_{p} 仅是坐标的函数，与时间无关，即 $E_{\mathrm{p}} = E_{\mathrm{p}}(x)$.

在这种情况下，薛定谔方程可用分离变量法求解．将式(14.23)所表示的波函数分离成坐标函数与时间函数的乘积，即

$$\Psi(x,\ t)=\psi(x)f(t)=\psi(x)\mathrm{e}^{-\frac{\mathrm{i}}{\hbar}Et} \tag{14.30}$$

其中

$$\psi(x)=\psi_0\mathrm{e}^{\frac{\mathrm{i}}{\hbar}px}$$

将式(14.30)代入式(14.29)，整理后可得

$$\frac{\hbar^2}{2m}\frac{\mathrm{d}^2\psi(x)}{\mathrm{d}x^2}+(E-E_\mathrm{p})\psi(x)=0 \tag{14.31}$$

上式中粒子在势场中的势能 E_p 只是空间坐标的函数，与时间无关，系统的能量也是一与时间无关的确定值，这种能量不随时间变化的状态称为定态．因此，上式称为一维运动粒子的定态薛定谔方程，$\psi(x)$ 则是一维定态波函数．由于 $\psi(x)$ 只是坐标的函数，所以其概率密度 $\psi(x)\psi^*(x)$ 也只是坐标的函数，与时间无关，因此，定态粒子在空间的概率分布不会随时间变化.

概念检查 5

薛定谔方程是通过严格的推导过程得出的吗?

§14.6 一维定态问题

一维定态问题是量子力学中一类典型的问题，作为薛定谔方程的初步应用，本节讨论几个简单的一维定态问题．一维问题在数学处理上比较简单，通过对简单例子的求解，可以了解量子力学处理问题的一般方法，加深对能量量子化和薛定谔方程意义的理解.

14.6.1 一维无限深势阱

所谓势阱，其实就是一个势函数，因其相应的势能曲线形同陷阱而得名，它是从实际问题中抽象出来的一种理想模型．例如，金属中的电子，原子中的电子，原子核中的质子和中子等粒子的运动都有一个共同的特点，粒子的运动被限制在一个很小的空间范围内，即粒子处于束缚态．为分析束缚态粒子的共同特点，可以假设微观粒子被关在一个具有理想反射壁的方陷阱内，在陷阱内不受其他外力的作用，粒子将不能穿过阱壁而只能在阱内自由运动．如图 14.15 所示，设想一个粒子在势场中沿 x 轴作一维运动，势能函数具有下列形式：

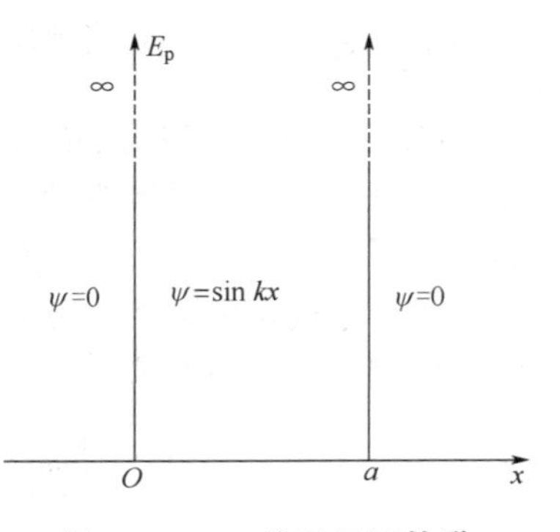

图 14.15 一维无限深势阱

$$E_\mathrm{p}(x)=\begin{cases}0, & 0<x<a\\ \infty, & x\leqslant 0,\ x\geqslant a\end{cases} \tag{14.32}$$

即粒子只能在宽度为 a 的无限深势阱中运动，这一模型称为一维无限深势阱．按照经典理论，处于无限深势阱中的粒子，其能量可取任意值，粒子在宽度为 a 的势阱中各处出现的概率相等．从量子力学来看是否也是这样呢？

由条件可知，粒子在势阱中的势能 $E_p(x)$ 与时间无关，故粒子在势阱中的运动是定态问题．由于 $E_p(x)=0$，一维定态薛定谔方程为

$$\frac{d^2\psi}{dx^2}+\frac{2mE}{\hbar^2}\psi=0 \tag{14.33}$$

式中，m 为粒子的质量；E 为粒子的能量．令

$$k^2=\frac{2mE}{\hbar^2} \tag{14.34}$$

则式(14.33)可写为

$$\frac{d^2\psi}{dx^2}+k^2\psi=0$$

这在数学形式上与简谐振动方程一样，其通解为

$$\psi(x)=A\sin kx+B\cos kx$$

式中，A、B 为两个常数，可根据边界条件求出．由边界条件 $x=0$ 时，$\psi(0)=0$，代入上式得 $B=0$，故

$$\psi(x)=A\sin kx$$

根据边界条件 $x=a$ 时，$\psi(a)=0$，代入上式有

$$\psi(a)=A\sin ka=0$$

显然 A 不能为零，故 $\sin ka=0$，则有

$$ka=n\pi$$

其中 $n=1，2，3，\cdots$，将上式与式(14.34)比较，可得势阱中粒子的能量为

$$E_n=n^2\frac{h^2}{8ma^2}，n=1，2，3，\cdots$$

上式表明一维无限深势阱中粒子的能量不能取任意值，只能取分立的值，即能量是量子化的．能量的每个值对应一个能级，n 称为量子数．当 $n=1$ 时，$E_1=\frac{h^2}{8ma^2}$，当 $n=2，3，4，\cdots$ 时，势阱中粒子的能量为 $4E_1，9E_1，16E_1，\cdots$，如图 14.16 所示．由此可见，能量量子化乃是处于束缚态的微观粒子波粒二象性的自然结果，而不似早期量子论那样，以人为假设的方式引入.

下面再来确定常数 A，由于粒子限制在 $0<x<a$ 的势阱中，由归一化条件，粒子在此区间内出现概率的总和应等于 1，即

$$\int_0^a\psi\psi^*dx=\int_0^a A^2\sin^2\frac{n\pi}{a}xdx=\frac{1}{2}A^2a=1$$

于是

$$A=\sqrt{\frac{2}{a}}$$

所以，波函数为

$$\psi(x) = \sqrt{\frac{2}{a}}\sin\frac{n\pi}{a}x,\ 0 < x < a$$

能量为 E_n 的粒子在势阱中的概率密度为

$$|\psi(x)|^2 = \frac{2}{a}\sin^2\frac{n\pi}{a}x$$

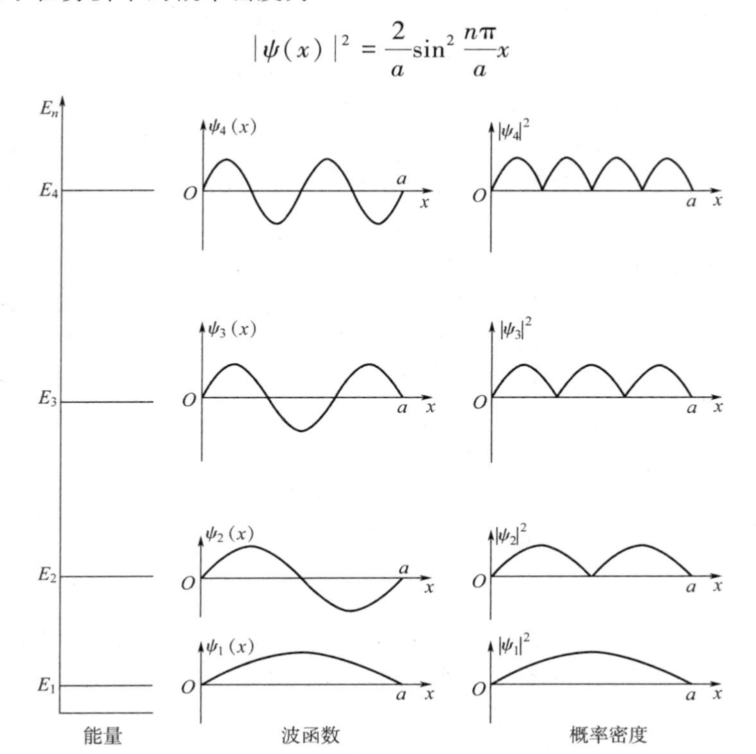

图 14.16　一维无限深势阱中粒子的能量、波函数及概率密度分布

图 14.16 给出一维无限深势阱中，粒子在前四个能级的波函数和概率密度的分布图，由图可以看出，粒子在势阱中各处的概率并不是均匀分布的，随量子数 n 而改变，当 $n = 1$ 时，粒子在势阱中部 $x = \frac{a}{2}$ 处出现的概率最大，而在两端出现的概率为零．这一点与经典理论很不相同．按照经典理论，粒子在势阱中各处的运动不受限制，在各处出现的概率应相等．由图还可以看出，随量子数 n 的增大，概率密度分布曲线的峰值的个数也增加，峰值的个数和量子数相等，且两相邻峰值之间的距离随 n 的增大而减小．当 n 很大时，相邻峰值之间的距离将缩得很小，相互靠得很近，这时就非常接近于经典理论中粒子在势阱中各处出现的概率相同的情形了.

14.6.2　一维方势垒　隧道效应

下面用定态薛定谔方程解一维运动粒子受方势垒散射的问题.

若势能曲线如图 14.17 所示，即势能分布函数为

$$E_p(x) = \begin{cases} E_0, & 0 \leqslant x \leqslant a \\ 0, & x < 0,\ x > a \end{cases} \tag{14.35}$$

这种势能分布称为方势垒．方势垒也是一个理想模型，是计算一维运动粒子被任意势场散射

的基础.

散射问题指的是求一个动量和能量已知的粒子，当受到势场作用后被散射到各个方向的概率．按照经典理论，当具有一定能量 E 的粒子，由势垒的左边($x<0$)沿 x 轴向右运动时，只有能量 $E>E_0$ 的粒子，才能越过势垒运动到 $x>a$ 的区域，而 $E<E_0$ 的粒子，在 $x=0$ 处被反射回来，不能越过势垒．但是，量子力学理论却告诉我们，$E<E_0$ 的粒子也有可能越过势垒运动到 $x>a$ 的区域．这种效应称为隧道效应，大量实验事实表明，量子力学理论的结论是正确的.

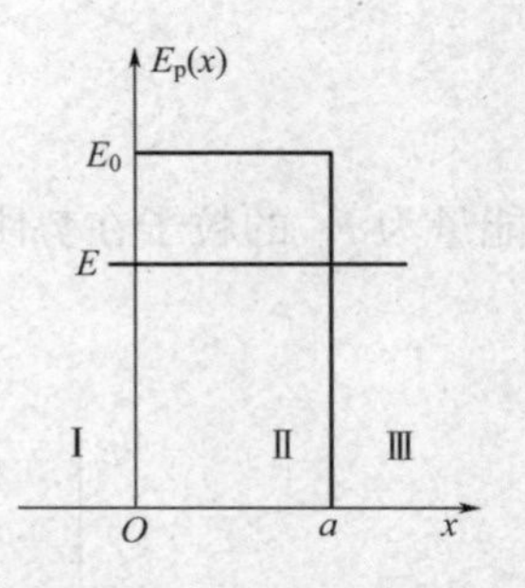

图 14.17　一维方势垒

以下简要介绍量子力学对隧道效应的解释．为方便讨论，将整个空间分成三个区域，如图 14.17 所示，由式(14.35)所给出的势能函数，粒子在三个区域Ⅰ、Ⅱ、Ⅲ中的波函数分别为 ψ_1、ψ_2、ψ_3，由定态薛定谔方程式(14.31)，有

$$-\frac{\hbar^2}{2m}\frac{\mathrm{d}^2\psi_1}{\mathrm{d}x^2}=E\psi_1$$

$$-\frac{\hbar^2}{2m}\frac{\mathrm{d}^2\psi_2}{\mathrm{d}x^2}+E_0\psi_2=E\psi_2$$

$$-\frac{\hbar}{2m}\frac{\mathrm{d}^2\psi_3}{\mathrm{d}x^2}=E\psi_3$$

令 $k^2=2mE/\hbar^2$，根据波函数和它的一阶微商在 $x=0$ 和 $x=a$ 两点连续的条件和归一化条件，对上述方程求解，可得粒子在区域Ⅰ、Ⅲ中的波函数为

$$\psi_1=A_1\sin(kx+\varphi_1)$$
$$\psi_3=A_3\sin(kx+\varphi_3)$$

式中，A_1、A_3 和 φ_1、φ_3 分别为待定系数.

令 $\lambda^2=2m(E_0-E)/\hbar^2$，可得粒子在区域Ⅱ中的波函数为

$$\psi_2=B\mathrm{e}^{\lambda x}+C\mathrm{e}^{-\lambda x}$$

式中，B、C 分别为待定系数，可由边界条件和波函数的连续性条件确定．根据结果，可画出波函数 ψ 与 x 的关系曲线，如图 14.18 所示．由此可看出，按照经典理论，区域Ⅰ的粒子是不可能进入区域Ⅱ的，更不可能穿过区域Ⅱ进入区域Ⅲ．但量子力学得出的结果中，$\psi_2\neq0$，表明区域Ⅰ的粒子有进入区域Ⅱ的概率，而势垒后面的区域Ⅲ也有一定的概率分布，所以只要粒子从区域Ⅰ进入区域Ⅱ，便有可能再进入区域Ⅲ，只是在区域Ⅲ的概率进一步减小而已．可见，能量 $E<E_0$ 的粒子有一定的概率穿透势垒而逸出，这就是微观粒子的隧道效应.

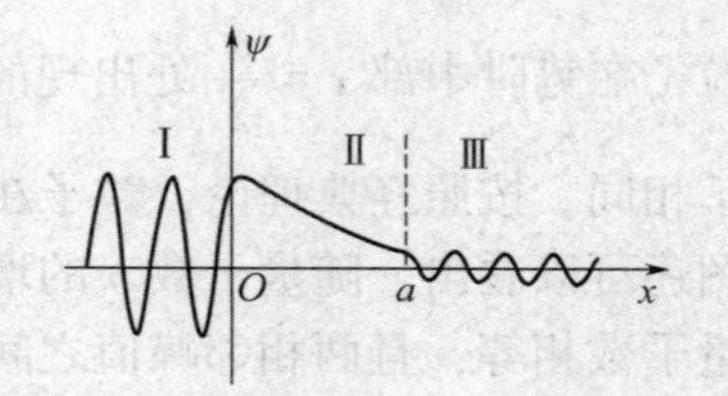

图 14.18　三个区域的波函数曲线

隧道效应是微观粒子的一种量子效应，源于微观粒子的波粒二象性，隧道效应已经被许多实验所证实，如原子核的 α 衰变、电子的场致发射、超导体中的隧道结等．隧道效应不仅在固体物理、放射性衰变等方面有重要应用，而且在高新技术领域有着广泛的应用．例如，隧道二极管就是通过控制势垒高度，利用电子的隧道效应制成的微电子器件，它具有极快(5 ps 以内)的开关速度，被广泛用于需要快速响应的过程．因发现半导体、超导体隧道效

应，从理论上预言穿过隧道势垒的超导电流的性质，日本科学家江崎、美国科学家加埃沃和约瑟夫森共同获得了1973年诺贝尔物理学奖.

金属表面处存在势垒，阻止内部的电子向外逸出，而金属内的自由电子由于隧道效应可以穿过势垒逸出金属表面，从而使金属表面外附近的电子数密度不为零，形成一层电子云.电子数密度的分布与金属表面原子的分布有关，存在原子尺度上的起伏.因此，只要测出表面外附近电子数密度的起伏变化，即可测出金属表面原子尺度上的变化.1981年，德国物理学家宾尼希和瑞士物理学家罗雷尔利用这一原理，研制成功了测量原子尺寸的显微镜，称之为扫描隧道显微镜(Scanning Tunneling Microscope，STM).其工作原理是将原子线度的极细的金属扫描探针靠近待测样品，并在它们之间加上微小的电压，其间就存在隧道电流，隧道电流对针尖与表面的距离极其敏感，如果控制隧道电流保持恒定，通过针尖在垂直于样品方向的变化，就能够反映样品的表面情况，如图14.19所示.STM的横向分辨率已达0.1 nm，纵向分辨率达0.01 nm. 宾尼希和罗雷尔的工作，使人类第一次实现了对单个原子在物质表面的排布及表面电子行为性质的观测，STM成为人类认识和操纵原子的重要工具.由于他们的突出贡献，宾尼希和罗雷尔获得了1986年诺贝尔物理学奖.图14.20是1993年用STM技术操纵48个铁原子围成一个平均半径为7.13 nm的围栏，表面电子在其中形成了同心圆驻波.

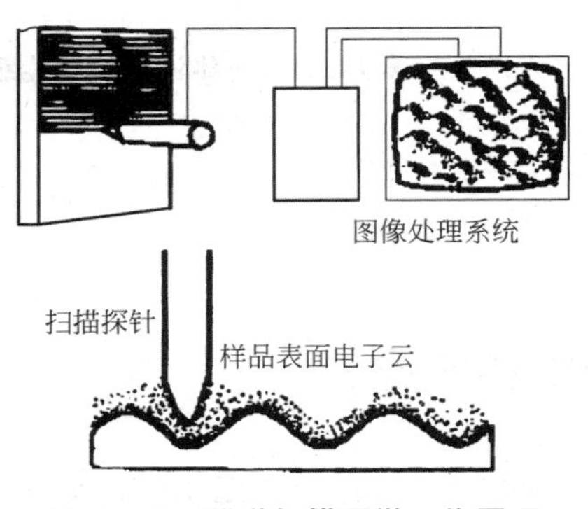

图14.19　隧道扫描显微工作原理

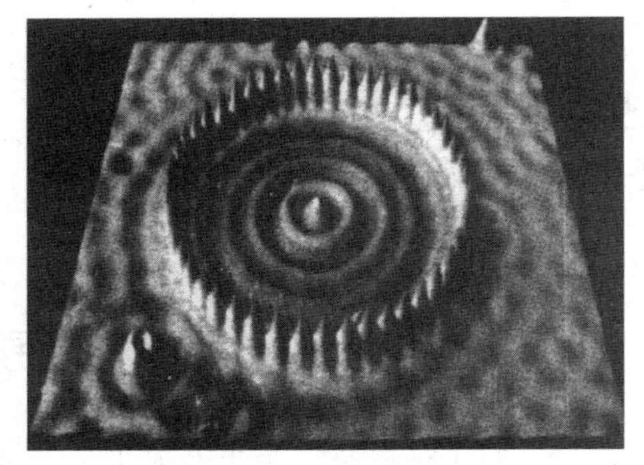

图14.20　量子围栏

14.6.3　一维谐振子

简谐振动是一种最简单、最基本的振动形式，也是一个很有用的模型，微观领域中分子的振动、晶格的振动、固体中原子的振动都可以近似地用谐振子模型来描述.

考虑一维空间运动的粒子，作简谐振动时所受力与位移成正比且反向，即 $F=-kx$，势能函数为

$$E_p=\frac{1}{2}kx^2=\frac{1}{2}m\omega^2x^2$$

式中，$\omega=\sqrt{k/m}$ 是振子的固有角频率；x 是振子相对平衡位置的位移.由式(14.31)，此时定态薛定谔方程可表示为

$$\frac{\mathrm{d}^2\psi}{\mathrm{d}x^2}+\frac{2m}{\hbar^2}\left(E-\frac{1}{2}m\omega^2x^2\right)\psi=0$$

这是一个变系数常微分方程，其解相当复杂，此处从略.在这里仅指出，根据数学推导，只

有当式中的能量 E 满足

$$E_n=\left(n+\frac{1}{2}\right)\hbar\omega=\left(n+\frac{1}{2}\right)h\nu,\ n=0,\ 1,\ 2,\ \cdots \tag{14.36}$$

时，相应的波函数才能满足单值、连续、有限的标准条件，其中 n 是量子数．这说明，从量子力学的观点来看，线性谐振子的能量只能取分立的、不连续的值，其能级是均匀分布的，相邻能级间隔为 $h\nu$，如图 14.21 所示．这与经典理论中谐振子能量是任意的、连续的观点截然不同．

谐振子能量量子化概念是普朗克首先提出的，见式(14.3)，当时这种能量量子化是普朗克的一个大胆的、创造性的假设，而在这里，它就是量子力学理论的一个自然结果．与式(14.3)不同的是，从量值来说，式(14.36)给出谐振子的最小能量并不为零，而是 $\frac{1}{2}h\nu$，这一最小能量就是零点能，这意味着微观粒子不可能完全静止，本质上这是粒子波粒二象性的表现，符合不确定关系．零点能的存在已为光的散射实验所证实．

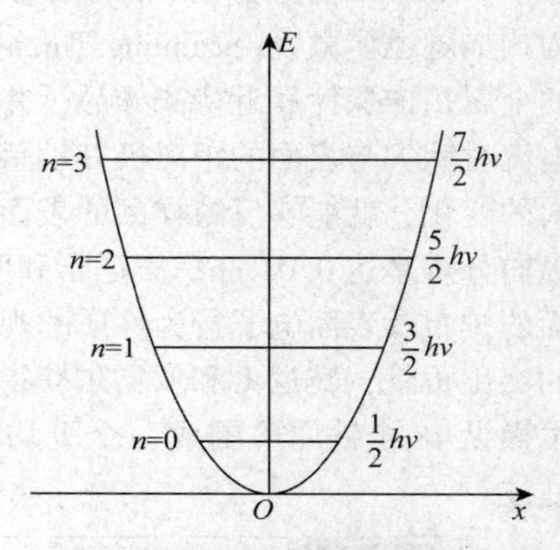

图 14.21　一维谐振子的能级

概念检查 6

本节讨论的“定态问题”指的是什么？

§14.7　氢原子的量子理论

玻尔的氢原子理论是一个半经典半量子理论，它只能解释具有一个电子的氢原子(或一价碱金属原子)的光谱，具有一定局限性．特别是该理论认为电子绕核作轨道运动，这与微观粒子的波粒二象性不符合．本节用量子力学理论来处理氢原子，在波粒二象性基础上建立起来的量子力学，可以完美地解决氢原子问题．需要注意的是，虽然氢原子是量子力学中可以精确求解的体系，但运算过程仍十分繁复，在此只作简要介绍．

14.7.1　氢原子的薛定谔方程

氢原子由一个电荷为 $+e$ 的原子核和一个电荷为 $-e$ 的电子组成，由于原子核的质量远大于电子，可认为质心位于原子核上．取原子核为坐标原点，电子与原子核相互作用的势能为

$$E_{\mathrm{p}}=-\frac{e^2}{4\pi\varepsilon_0 r}$$

式中，ε_0 为真空电容率；r 为电子与原子核的距离．

与处于一维势阱中的粒子不同，氢原子处于三维空间中($r=\sqrt{x^2+y^2+z^2}$)，由于 E_{p} 只是 r 的函数，与时间无关，所以氢原子问题是一个定态问题，由式(14.31)，其薛定谔方程为

$$\frac{\partial^2\psi}{\partial x^2}+\frac{\partial^2\psi}{\partial y^2}+\frac{\partial^2\psi}{\partial z^2}+\frac{2m}{\hbar^2}\left(E+\frac{e^2}{4\pi\varepsilon_0 r}\right)\psi=0 \tag{14.37}$$

考虑到势能 E_p 具有球对称性，采用球坐标 $(r,\ \theta,\ \varphi)$ 处理问题较为方便，将 $x=r\sin\theta\cos\varphi$，$y=r\sin\theta\sin\varphi$，$z=r\cos\theta$ 代入上式，可得

$$\frac{1}{r^2}\frac{\partial}{\partial r}\left(r^2\frac{\partial\psi}{\partial r}\right)+\frac{1}{r^2\sin\theta}\frac{\partial}{\partial\theta}\left(\sin\theta\frac{\partial\psi}{\partial\theta}\right)+\frac{1}{r^2\sin^2\theta}\frac{\partial^2\psi}{\partial\varphi^2}+\frac{2m}{\hbar^2}\left(E+\frac{e^2}{4\pi\varepsilon_0 r}\right)\psi=0$$

这就是球坐标系中氢原子的定态薛定谔方程，一般情况下，ψ 既是 r 的函数也是 θ 和 φ 的函数，可采用分离变量法求解方程．设

$$\psi(r,\ \theta,\ \varphi)=R(r)\Theta(\theta)\Phi(\varphi)$$

可得到3个独立函数 $R(r)$、$\Theta(\theta)$、$\Phi(\varphi)$ 所满足的3个常微分方程：

$$\frac{\mathrm{d}^2\Phi}{\mathrm{d}\varphi^2}+m_l^2\Phi=0 \tag{14.38}$$

$$\frac{1}{\sin\theta}\frac{\mathrm{d}}{\mathrm{d}\theta}\left(\sin\theta\frac{\mathrm{d}\Theta}{\mathrm{d}\theta}\right)+\left(\lambda-\frac{m_l^2}{\sin^2\theta}\right)\Theta=0 \tag{14.39}$$

$$\frac{1}{r^2}\frac{\mathrm{d}}{\mathrm{d}r}\left(r^2\frac{\mathrm{d}R}{\mathrm{d}r}\right)+\left[\frac{2m}{\hbar^2}\left(E+\frac{e^2}{4\pi\varepsilon_0 r}\right)-\frac{\lambda}{r^2}\right]R=0 \tag{14.40}$$

式中，m_l 和 λ 是分离变量时引入的常数．考虑波函数应满足的标准化条件，可求解出波函数，求解过程和波函数的具体形式比较复杂，在此只讨论求解该方程所得出的重要结果．

14.7.2　三个量子数

1. 能量量子化与主量子数

求解式(14.40)时，在氢原子的能量 $E>0$ 时，方程对 E 的值均有解，即 E 可以连续取所有大于零的值．但是，当 $E<0$ 时，电子处于束缚态，方程只对某些分立值有解，此时氢原子能量满足量子化条件，其值为

$$E_n=-\frac{me^4}{8\varepsilon_0^2h^2}\frac{1}{n^2} \tag{14.41}$$

式中，$n=1,\ 2,\ 3,\ \cdots$，称为主量子数．这与玻尔的氢原子能级公式(14.15)是一致的，但玻尔是人为地加入了量子化假设，而在这里是求解薛定谔方程得出的自然结果．

2. 角动量量子化与角量子数

在求解式(14.38)和式(14.39)时，要使方程有确定的解，氢原子中电子绕核运动的角动量必须为

$$L=\sqrt{l(l+1)}\,\frac{h}{2\pi} \tag{14.42}$$

式中，$l=0,\ 1,\ 2,\ \cdots,\ (n-1)$，称为角量子数．可见，与能量量子化一样，角动量的大小也是量子化的，其值由角量子数 l 决定．对应一个主量子数 n，l 可以有 n 个不同的取值，即对应同一能级存在 n 个不同的角动量．对比玻尔氢原子理论的角动量量子化假设，见式(14.13)，两者都指出角动量的大小是量子化的，但玻尔氢原子理论的最小值为 $\frac{h}{2\pi}$，而按

量子力学的结果，角动量的最小值为零，实验证明量子力学得出的结果是正确的.

3. 空间量子化与磁量子数

角量子数决定了角动量的大小，但角动量 $\boldsymbol{L}$ 是矢量，它在空间有一定的取向，求解薛定谔方程时，根据波函数必须满足的条件，可得到角动量的空间取向不能是任意的，只能取一些特定的方向．通常情况下，自由空间是各向同性的，讨论自由空间的角动量空间量子化无实际意义，如果把原子置于外磁场中，角动量 $\boldsymbol{L}$ 在外磁场方向的投影 L_z（见图 14.22）必须满足量子化条件：

$$L_z = m_l \frac{h}{2\pi} \tag{14.43}$$

式中，$m_l = 0, \pm 1, \pm 2, \cdots, \pm l$，称为磁量子数．这就是说，角动量在某特定方向上的分量是量子化的，这就是空间量子化．对于确定的角量子数 l，m_l 可有 $(2l+1)$ 个取值，这表明角动量在空间的取向只有 $(2l+1)$ 种可能．例如，当 $l=1$ 时，电子轨道角动量 $\boldsymbol{L}$ 的大小为

$$L = \sqrt{l(l+1)}\,\frac{h}{2\pi} = \sqrt{2}\,\hbar$$

此时磁量子数 $m_l = 0, \pm 1$，故角动量 $\boldsymbol{L}$ 只有三种可能的空间取向，如图 14.23 所示.

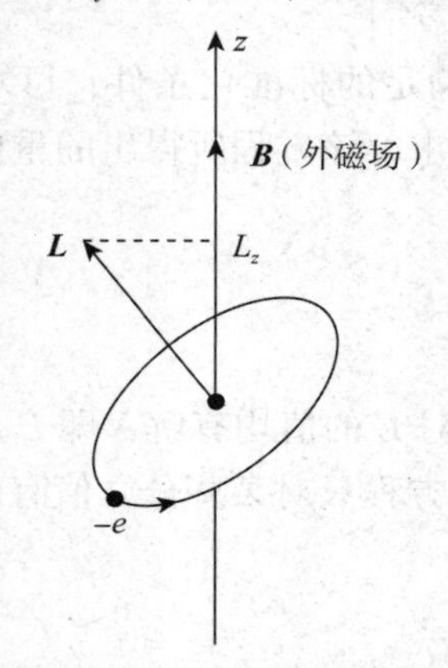

图 14.22　电子的空间运动

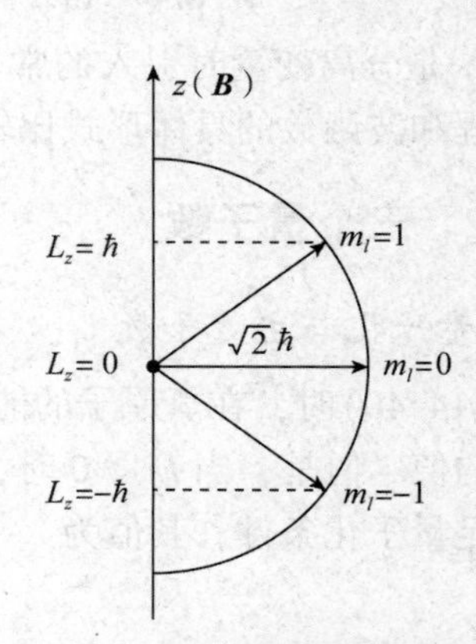

图 14.23　角动量的空间量子化

14.7.3　氢原子中电子的概率分布

在量子力学中，微观粒子没有确定的轨道的概念，而是空间概率分布的概念．由氢原子的薛定谔方程，对于每一组量子数（n，l，m_l），可得出确定的波函数 ψ_{n,l,m_l}，而知道了氢原子的波函数，就可以讨论氢原子中电子在空间的概率分布情况．为简单起见，下面的讨论以氢原子处于基态为例.

处于基态的氢原子，$n=1$，$l=0$，$m_l=0$，可求得其波函数为

$$\psi_{1,0,0} = \frac{1}{\sqrt{\pi}\,a_0^{3/2}} e^{-\frac{r}{a_0}}$$

式中，$a_0 = \dfrac{\varepsilon_0 h^2}{\pi m e^2}$ 为氢原子基态的玻尔半径．因此，电子在半径 $r \sim r + \mathrm{d}r$ 的薄球壳内出现的

概率为

$$|\psi_{1,0,0}|^2 dV = \frac{4}{a_0^3} r^2 e^{-\frac{2r}{a_0}} dr$$

考虑到氢原子的势能是球对称的，所以主要讨论径向概率密度$\rho(r)$，它的定义是：在半径$r \sim r + dr$的薄球壳内电子出现的概率为$\rho(r)dr$. 对于基态氢原子，径向概率密度$\rho(r)$为

$$\rho(r) = \frac{4}{a_0^3} r^2 e^{-\frac{2r}{a_0}}$$

由上式可知，$\rho(r)$与$r^2 e^{-\frac{2r}{a_0}}$成正比．作$\rho(r) - r$曲线，如图 14.24 所示，可见在$r = 0$和$r \to \infty$时，径向概率为零；利用求极值的方法，令

$$\frac{d}{dr}\left(\frac{4}{a_0^3} r^2 e^{-\frac{2r}{a_0}}\right) = 0$$

可求得$r = a_0$，这表明，处于基态的氢原子，电子在$r = a_0$处出现的概率最大，这与玻尔的氢原子理论有一致性．实际上，玻尔的氢原子理论中的电子轨道半径，仅在某些情况下和量子力学给出的径向分布概率的最大区域接近.

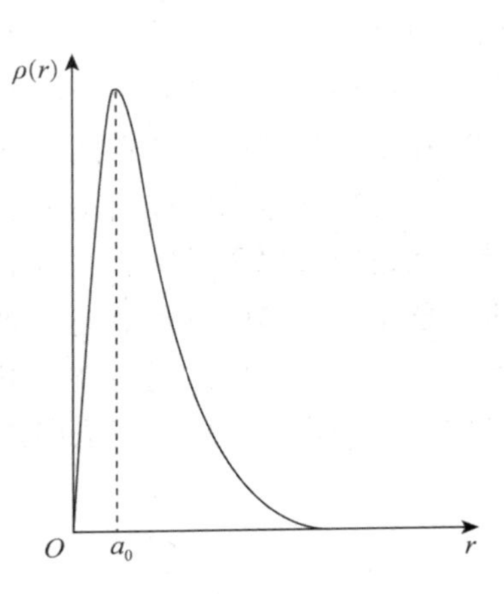

图 14.24 基态氢原子电子的径向概率分布

应该指出，从量子力学的结果来看，电子可以处在$r = 0$到$r \to \infty$之间的任意位置，不能断言电子所处的具体位置，只不过在$r = a_0$处出现的概率最大而已，这与早期量子论的玻尔理论认为，电子在半径为a_0的确定轨道上运动是完全不同的概念.

为了形象地表示电子的空间分布情况，可用点的密度来反映电子出现在原子核周围的概率密度，称为电子云图，当然电子云图并非真的是电子像一团云雾弥漫在原子核周围，它是电子分布概率的一种形象化描述．图 14.25 是氢原子基态时的电子云图.

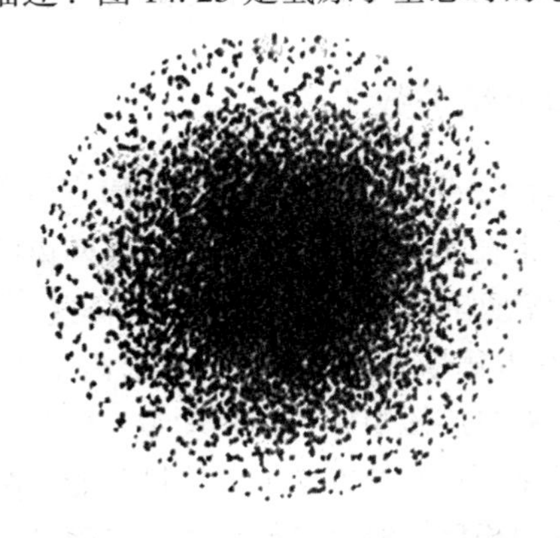

图 14.25 氢原子基态时的电子云图

概念检查 7

为什么说用轨道来描述原子内电子的运动状态是不准确的?

§14.8 电子的自旋 原子的壳层结构

14.8.1 施特恩–格拉赫实验

1921 年，德国物理学家施特恩(Stern)和格拉赫(Gerlack)为验证电子角动量的空间量子化，设计了实验，实验装置如图 14.26 所示，从射线源发出的原子束通过准直屏上的狭缝后形成一束很细的原子射线，进入非均匀磁场区域，将受到磁场的作用而发生偏转，如果原子磁矩在空间的取向是任意的、连续的，则照相底板 P 上得到的是连成一片的原子沉积；如果原子磁矩在空间的取向是量子化的，则底板上将出现分立的条状原子沉积．施特恩–格拉赫起初是用银原子做实验，后来又用基态氢原子做实验，实验发现，不加磁场时，底板上出现一条正对狭缝的沉积痕迹，加上磁场后，底板上呈现出上下两条对称的沉积痕迹，这说明原子束经过非均匀磁场后被分裂成两束，这一实验现象证实了原子具有磁矩，且磁矩在外磁场中有两种取向，即空间取向是量子化的.

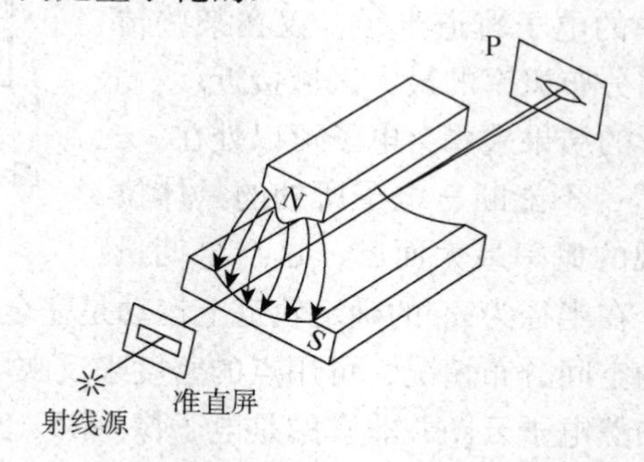

图 14.26 施特恩–格拉赫实验装置示意图

14.8.2 电子自旋 四个量子数

处于基态的氢原子($n=1$，$l=0$，$m_l=0$)，按薛定谔方程所得出的结论，其轨道角动量和轨道磁矩均为零，但其原子束在非均匀磁场中被分裂成两束的实验事实表明，基态氢原子是具有磁矩的，且在外磁场中有两种可能的取向．为解释这一实验结果，1925 年，两位荷兰学者乌伦贝克(Uhlenbeck)和古德斯米克(Goudsmit)提出了电子自旋的假说，即电子除轨道运动外还存在自旋运动，具有自旋磁矩和自旋角动量．施特恩–格拉赫实验表明，自旋磁矩在外磁场中也具有空间量子化，在磁场方向上的分量只能有两个取值；由于电子的自旋磁矩与自旋角动量成正比，且方向相反，所以自旋角动量在磁场方向上的分量也只有两个可能的取值，是空间量子化的.

与电子绕核运动的轨道角动量和角动量在磁场方向上的分量相似，用 $\boldsymbol{S}$ 表示自旋角动量，其大小为

$$S=\sqrt{s(s+1)}\,\frac{h}{2\pi} \tag{14.45}$$

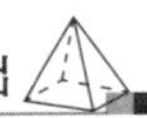

S 在外磁场方向上的分量为

$$S_z = m_s \frac{h}{2\pi} \tag{14.46}$$

式中，s 为自旋角动量量子数(简称自旋量子数)；m_s 为自旋磁量子数．m_s 所能取的值和 m_l 相似，共有 $2s+1$ 个，而施特恩–格拉赫实验指出，S_z 只能有两个取值，即 $2s+1=2$，自旋量子数 $s=\frac{1}{2}$，从而自旋磁量子数为

$$m_s = \pm\frac{1}{2}$$

考虑了电子的自旋后，原子中电子的运动状态应由四个量子数 n、l、m_l、m_s 来决定，这四个量子数的取值及作用如表 14.1 所示．

表 14.1　四个量子数的取值及作用

名称	取值	作用
主量子数 n	1，2，3，…	决定原子中电子能量的主要部分
角量子数 l	0，1，2，…，$(n-1)$	决定电子轨道角动量的大小，对电子能量略有影响
磁量子数 m_l	0，±1，±2，…，$\pm l$	决定电子轨道角动量在外磁场方向的分量
自旋磁量子数 m_s	$\pm\frac{1}{2}$	决定电子自旋角动量在外磁场方向的分量

14.8.3　原子的电子壳层结构

除氢原子外，其他原子都有两个以上的电子，电子之间的相互作用会影响电子的运动状态．在多电子原子中，电子的分布是分层次的，1916 年，德国物理学家柯塞尔(Kossel)提出了多电子原子核外电子壳层分布模型，并给出不同壳层的标记符号．

主量子数 n 不同的电子分布在不同壳层上，每一个壳层用一个符号表示，即

n：1，2，3，4，5，…

符号：K，L，M，N，O，…

主量子数相同而角量子数不同的电子，分布在不同支壳层上，标记支壳层的符号为

l：0，1，2，3，4，5，…

符号：s，p，d，f，g，h，…

一般来说，主量子数 n 越大，壳层的能级越高，同一壳层中，角量子数 l 越大对应的支壳层能级越高．讨论特定的某个支壳层时，通常用数字表示．例如，对应 $n=3$ 的壳层，$l=1$ 的支壳层表示为 3p，处在这一状态的电子是 3p 态电子．

在各壳层上，电子又是如何分布的呢？即每一壳层中能容纳多少电子？电子填充不同壳层的次序要遵从什么规律？以下两条基本原理，回答了上述问题，说明了原子中电子的分布规律．

1. 泡利不相容原理

1925 年，奥地利物理学家泡利(Pauli)提出：在一个原子系统内，不可能有两个或两个

以上的电子具有相同的状态，也就是说，任何两个电子不可能有完全相同的四个量子数，这一结论称为泡利不相容原理.

根据泡利不相容原理，可算出原子各壳层和支壳层上最多可容纳的电子数．由四个量子数的取值范围可知：

给定一个主量子数 n，角量子数 $l=0, 1, 2, \cdots, (n-1)$；

给定一个角量子数 l，电子就有 $2(2l+1)$ 个量子态；

对于 l 从 0 到 $(n-1)$ 的所有可能取值，全部可能的量子态数为

$$\sum_{l=0}^{n-1} 2(2l+1) = 2[1+3+5+\cdots+(2n-1)]$$

$$= 2 \times \frac{[1+(2n-1)]}{2} n = 2n^2$$

这就是说，主量子数为 n 的壳层上最多可容纳 $2n^2$ 个电子.

泡利不相容原理是在量子力学建立之前提出的，后来海森伯、费米、狄拉克等发展了量子力学，由波函数的交换对称性进一步说明了该原理．由量子力学理论，泡利不相容原理对多电子系统波函数的交换对称性提出了明确的限制，如果两个粒子具有完全相同的量子态，则波函数恒等于零，即系统处于这种状态的概率为零.

微观世界有各种不同类型的粒子，如电子、质子、中子、光子等，同一类型的粒子具有完全相同的内禀属性，如相同的静质量、电荷、自旋、磁矩等，量子力学把不可区分的相同属性的粒子称为全同粒子，如所有的电子都是全同粒子．全同粒子的波函数必定是交换对称或交换反对称的．所谓交换对称或交换反对称是指，对于两个全同粒子 q_1、q_2 组成的系统，用波函数 $\Psi(q_1, q_2)$ 来描述系统的状态，如果将两个粒子互相交换，即 1 换成 2，2 换成 1，交换后的波函数为 $\Psi(q_2, q_1)$．由于全同粒子的不可分辨性，交换前后是两种完全相同的状态，这两个波函数的量子状态也应该是相同的，交换前后的概率密度也相同，即

$$|\Psi(q_1, q_2)|^2 = |\Psi(q_2, q_1)|^2$$

所以交换前后的波函数满足

$$\Psi(q_1, q_2) = \Psi(q_2, q_1) \tag{14.47a}$$

或

$$\Psi(q_1, q_2) = -\Psi(q_2, q_1) \tag{14.47b}$$

满足式(14.47a)的为交换对称波函数，满足式(14.47b)的为交换反对称波函数.

如果系统的波函数是交换反对称的，那么一定不可能有两个粒子处于相同的量子态．泡利不相容原理也可以表述为：多电子系统的波函数一定是交换反对称的．显然，全同粒子的交换对称性和粒子自旋有确定的关系，凡是自旋量子数为半整数$\left(\frac{1}{2}, \frac{3}{2}, \cdots\right)$的粒子组成的全同粒子系统，如电子或质子组成的系统，它的波函数一定是交换反对称的，它们遵守费米-狄拉克统计，这种粒子称为费米子．而自旋量子数为整数(0，1，2，…)的粒子组成的全同粒子系统，如光子、α 粒子，它们的波函数一定是交换对称的，它们服从玻色-爱因斯坦统计，这类粒子称为玻色子．因此，泡利不相容原理是费米子系统遵从的一条普遍规则.

2. 能量最小原理

能量最小原理的内容是：原子处于正常状态时，每个电子趋向占有最低的能级.

能量最小原理给出了正常状态下电子填充不同壳层的先后次序，电子总是优先填充能级较低的壳层，一般按主量子数 n 由小到大的次序填入各能级，但由于能级还与角量子数 l 有关，因而在某些情况下，n 较小的壳层尚未填满，n 较大的壳层上已开始有电子填入，这一情况在元素周期表的第四个周期中的钾(K)原子上就开始表现出来(见表 14.2). 关于电子能量的高低与 n、l 之间的关系，我国科学家徐光宪总结出这样的一条规律：原子核外电子能级的高低由 $(n+0.7l)$ 的大小来确定，其值越大能级越高，这一规律称为徐光宪定则.

例如，4s 和 3d 两个状态，4s 的 $(n+0.7l)=4$，3d 的 $(n+0.7l)=4.4$，3d 的能级就比 4s 高，这就是 K 的第 19 个电子填入 4s 态而不是填入 3d 态的原因，所以 K 原子基态的电子排布是 $1s^2 2s^2 2p^6 3s^2 3p^6 4s^1$.

表 14.2 列出了元素周期表从氢到镍的电子排布情况.

表 14.2　部分原子的电子排布情况

周期	原子序数和元素名称	化学符号	各电子壳层上的电子数											
			K	L		M			N				O	
			1s	2s	2p	3s	3p	3d	4s	4p	4d	4f	5s	5p
I	1 氢	H	1											
	2 氦	He	2											
II	3 锂	Li	2	1										
	4 铍	Be	2	2										
	5 硼	B	2	2	1									
	6 碳	C	2	2	2									
	7 氮	N	2	2	3									
	8 氧	O	2	2	4									
	9 氟	F	2	2	5									
	10 氖	Ne	2	2	6									
III	11 钠	Na	2	2	6	1								
	12 镁	Mg	2	2	6	2								
	13 铝	Al	2	2	6	2	1							
	14 硅	Si	2	2	6	2	2							
	15 磷	P	2	2	6	2	3							
	16 硫	S	2	2	6	2	4							
	17 氯	Cl	2	2	6	2	5							
	18 氩	Ar	2	2	6	2	6							

续表

周期	原子序数和元素名称	化学符号	各电子壳层上的电子数											
			K	L		M			N				O	
			1s	2s	2p	3s	3p	3d	4s	4p	4d	4f	5s	5p
Ⅳ	19 钾	K	2	2	6	2	6		1					
	20 钙	Ca	2	2	6	2	6		2					
	21 钪	Sc	2	2	6	2	6	1	2					
	22 钛	Ti	2	2	6	2	6	2	2					
	23 钒	V	2	2	6	2	6	3	2					
	24 铬	Cr	2	2	6	2	6	5	1					
	25 锰	Mn	2	2	6	2	6	5	2					
	26 铁	Fe	2	2	6	2	6	6	2					
	27 钴	Co	2	2	6	2	6	7	2					
	28 镍	Ni	2	2	6	2	6	8	2					

概念检查答案

1. 不对，决定光强的有两个因素，光子的能量和光子的数量.

2. 光电效应阐述光子的能量可被粒子整个吸收，未涉及光子的动量；康普顿散射中光子与电子碰撞时不仅遵守能量守恒定律而且遵守动量守恒定律，光的粒子性表现得更为显著.

3. 一般物体的质量较大，对应的德布罗意波长非常短，显示不出波动性；一般电磁波的波长数量级远大于 h，对应的动量 p 很小，显示不出粒子性.

4. 不能，不确定关系表述的是两个共轭量不能同时确定.

5. 不是，它实际是量子力学的一个基本假设.

6. “定态”指粒子势能只是空间的函数，与时间无关，系统的能量也不随时间变化.

7. 由量子力学理论，电子的运动没有确定的轨道，只有在空间分布的概率.

思考题

14.1　用相同的两束紫外线，分别照射在同样表面积的两种不同的金属(如钠和锌)上，问在单位时间内，从它们表面逸出的电子数是否相等？光电子的初动能是否相等？

思考题解答

14.2　X 射线通过某物质时会发生康普顿散射，而可见光则观测不到，这是什么原因？

14.3　为什么说不确定关系与实验技术或仪器的改进无关？

14.4　德布罗意波是什么波？什么是概率密度？概率密度和波函数有什么关系？

14.5　对于一维谐振子的能量，经典理论和量子力学理论的观点存在哪些区别？

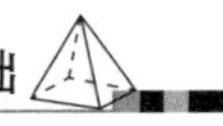

14.6　1995年欧洲的科学家“制成”了反氢原子，它由一个反质子和围绕它运动的正电子组成，请问反氢原子和氢原子的光谱相同吗？

习题

14.1　所谓“黑体”是指这样的一种物体：(　　).

(A)不能反射任何可见光的物体

(B)不能发射任何电磁辐射的物体

(C)能够全部吸收外来所有电磁辐射的物体

(D)完全不透明的物体

14.2　用一定频率的单色光照射在某种金属上，测出其光电流曲线，在图中用实线表示，保持光频率不变，增大照射光的强度，测出其光电流曲线，在图中用虚线表示，习题14.2图中满足题意的是(　　).

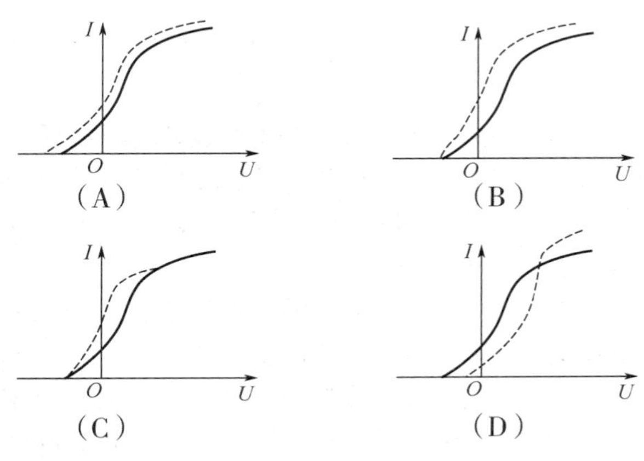

习题14.2图

14.3　光电效应和康普顿散射都包含电子和光子的相互作用过程，以下几种解释正确的是(　　).

(A)两种情况中电子与光子组成的系统都服从动量守恒定律和能量守恒定律

(B)两种情况都相当于电子与光子的完全弹性碰撞过程

(C)两种情况都属于电子吸收光子的过程

(D)光电效应是电子吸收光子的过程，康普顿散射相当于光子与电子的完全弹性碰撞过程

14.4　根据玻尔的氢原子理论，巴尔末系中最长波长和其次波长之比为(　　).

(A)20/27　　(B)9/8　　(C)27/20　　(D)16/9

14.5　关于不确定关系 $\Delta p_x \cdot \Delta x \geqslant \hbar/2$，有以下几种理解：

(1)粒子的动量不可能确定；

(2)粒子的坐标不可能确定；

(3)粒子的坐标和动量不可能同时准确地确定；

(4)不确定关系不仅适用于电子和光子，也适用于其他粒子，

其中正确的是(　　)

(A)(1)，(2)　　(B)(2)，(4)　　(C)(3)，(4)　　(D)(4)，(1)

14.6　波函数在空间各点的振幅同时增大为原来的 D 倍，则粒子在空间的概率分布将(　　).

(A)增大为原来的 D^2 倍　　(B)增大为原来的 $2D$ 倍

(C)增大为原来的 D 倍　　(D)不变

14.7　原子中电子的状态要用四个量子数来描述，且受泡利不相容原理的限制，下列四组量子数中，不能描述原子中电子状态的是(　　).

(A) $n=3$，$l=2$，$m_l=0$，$m_s=\frac{1}{2}$

(B) $n=3$，$l=3$，$m_l=1$，$m_s=\frac{1}{2}$

(C) $n=3$，$l=1$，$m_l=-1$，$m_s=-\frac{1}{2}$

(D) $n=3$，$l=0$，$m_l=0$，$m_s=-\frac{1}{2}$

14.8　光子的波长为 λ，则其能量为__________；动量的大小为__________；质量为__________.

14.9　波长为 0.1 nm 的 X 射线的光子的质量为__________ kg.

14.10　康普顿散射中，当散射光子与入射光子的方向成 $\varphi=$ __________时，散射光子的频率减小得最多；当散射光子与入射光子的方向成 $\varphi=$ __________时，散射光子的频率与入射光子的频率相同.

14.11　欲使处于基态的氢原子受激跃迁后能发射莱曼系（由激发态跃迁到基态发射的各谱线组成的谱线系）的最长波长谱线，最少要给基态氢原子提供__________ eV 的能量.

14.12　电子的康普顿波长 $\lambda_c=h/(m_e c)$（其中 m_e 为电子的静质量，c 为真空中的光速），当电子的动能等于它的静能时，它的德布罗意波长 $\lambda=$ __________ λ_c.

14.13　设描述微观粒子运动的波函数为 $\Psi(r,t)$，则 $\Psi\Psi^*$ 表示__________，$\Psi(r,t)$ 满足的标准条件为__________，$\Psi(r,t)$ 的归一化条件是__________.

14.14　处于基态的氦(He)原子的两个电子的四个量子数是__________，__________.

14.15　在量子力学的建立过程中，以下几个实验起到了重要的作用.

光电效应和康普顿散射证实了____________________；

戴维孙-革末实验证实了____________________；

弗兰克-赫兹实验证实了____________________；

施特恩-格拉赫实验证实了____________________.

14.16　铝的逸出功为 4.2 eV，今用波长为 200 nm 的紫外光照射到铝表面上，发射的光电子的最大初动能为多少？遏止电压为多大？铝的红限波长是多少？

14.17　如果一个光子的能量等于一个电子的静能，问该光子的频率、波长和动量各是多少？

14.18　求动能为 1 eV 的电子的德布罗意波长.

14.19　一质量为 40 g 的子弹以 $1.0\times10^3\ \mathrm{m\cdot s^{-1}}$ 的速率飞行，求：

(1)其德布罗意波长；

(2)子弹位置的不确定量为 0.01 mm 时，其速率的不确定量.

14.20　一维无限深势阱中粒子的定态波函数为 $\psi(x)=\sqrt{\frac{2}{a}}\sin\frac{n\pi x}{a}$，试求：

(1)粒子处于基态时；

(2)粒子处于 $n=2$ 状态时，

其在 $x=0$ 到 $x=a/3$ 之间的概率.

14.21　氢原子的电子处在 $n=4$、$l=3$ 的状态，求：

(1)该电子角动量 $\boldsymbol{L}$ 的值;

(2)角动量 $\boldsymbol{L}$ 在 z 轴的分量的可能的值;

(3)角动量与 z 轴夹角的可能值中的最大角.

14.22　在描述原子内电子状态的量子数 n、l、m_l 中:

(1)当 $n=5$ 时, l 的可能取值有哪些?

(2)当 $l=5$ 时, m_l 的可能取值有哪些?

(3)当 $l=4$ 时, n 的最小可能值是多少?

(4)当 $n=3$ 时, 电子可能的状态数是多少?

14.23　写出硼(B, $Z=5$)、氩(Ar, $Z=18$)、铜(Cu, $Z=29$)原子在基态时的电子排布式.

学习与拓展

物理与人文

波粒战争终结了吗?

先让我们重温一下所学到的关于光学的知识。根据托马斯·杨的双缝干涉实验，让来自光源同一部分的光穿过两条狭缝汇聚到观察屏上，一幅明暗相间的干涉图样会呈现在我们面前，这幅光交替地加强和相消的图样明白无误地告诉我们，光是波动。在电磁场理论中，我们学到，电磁场是带电体在周围空间产生的效应，麦克斯韦理论证明光是电磁波，毫无疑问，光是以波动形式按电磁规律在空间传播的一种电磁振动。

1888 年，德国物理学家赫兹进行了意义非凡的证明电磁波的实验，实验中，赫兹采用两套放电电极：一套产生电磁振荡，发出电磁波；另一套充当接收器，接收器上的电火花的爆跃证实了电磁波的存在。实验中赫兹还发现，如果有光特别是紫外光照射到接收器电极上，电火花就更为明显。物理学家的深入研究发现，当光照射到金属上时，原本束缚在金属原子里的电子，不知什么原因，如惊弓之鸟般纷纷向外“逃窜”，这就是光电效应。物理学家发现，麦克斯韦的电磁场理论在光电效应问题上左右为难，它无法解释光电效应的实验规律，这些实验规律与经典电磁场理论的矛盾令当时的物理学家感到极为困惑。

1905 年，还在瑞士伯尔尼专利局的爱因斯坦发表了一篇关于辐射的论文，题目是《关于光的产生和转化的一个启发性观点》。这篇论文开创了属于量子论的一个全新时代，成为量子论的奠基石之一。在文中，爱因斯坦大胆假设：光和原子、电子一样也具有粒子性，光就是以光速 c 运动着的粒子流。他把这种粒子叫光量子，简称光子。同普朗克的能量子一样，每个光子的能量是 $\varepsilon=h\nu$，根据相对论的质能关系式，每个光子的动量为 $p=mc=E/c=h/\lambda$。爱因斯坦认为在光电效应中，光子与电子相遇时，一次性地把能量全部传给电子。这样，在光量子假设的基础上，爱因斯坦提出了光电效应方程，从而圆满地解决了光电效应的实验规律。

但是，不仅是敏锐的科学家，就是我们马上也会提出异议，光子是一个什么概念，光不是已经被纳入麦克斯韦理论之中作为电磁波被清楚地描述了吗？而光子显然和经典电磁场理论格格不入。爱因斯坦在文中写道：“在我看来，从点光源发出的光束的能量不是连续分布在空间中的，而是由数目有限的局限于空间各点的能量子所组成……。”这不是昔日微粒说的一种翻版吗？虽然和牛顿的弹性微粒完全不同，但基本的观点是认为光是离散的，是由一个个的基本单元所组成的。难道历史在转了一个大圈之后，又回到了起点？关于光的本性问题，就此再度重提，而波动论和粒子论间干戈又起，战火重燃。

爱因斯坦的光量子假设因为与电磁场理论相抵触而遭到很多物理学家的反对，就连量子论的缔造者普朗克也抱怨说“太过分了”。1913 年，对爱因斯坦有知遇之恩的普朗克在提名爱因斯坦为普鲁士科学院会员时，一方面高度评价了爱因斯坦的成就，同时又指出：“有时，他也可能在探索中失去目标，如他的光量子假设……”

在物理学家迷茫与争论时，康普顿的工作对光的量子论给予了有力支持。1922 年，康普顿研究了 X 射线经石墨等物质散射后的光谱，发现除了有波长不变的散射存在，还有大于入射线波长的散射存在。用光的波动说无法解释这种波长变长的散射效应，而按照光量子假设，入射 X 射线是光子束，光子同散射物中的自由电子发生完全弹性碰撞，一部分能量传给了电子，这样散射后的光子能量就减少了，从而光子的频率减小，即波长变长。康普顿散射证实了光量子假设，当爱因斯坦获知康普顿实验的结果后，他热忱地赞扬了康普顿的工作，肯定了该实验的重大意义。

全新的波粒战争爆发了，新的光量子论装备了最先进的武器：光电效应和康普顿散射，这一点令波动论毫无反击之力。但是，经典波动理论的坚实基础令它们的阵地同样牢不可破，在每一个实验室里，通过两道狭缝的光依然坚定地显示出明暗相间的干涉条纹，不容置疑地向世人展示着光的波动性。麦克斯韦方程组仍然在每天给出预言，而电磁波也仍然按照那个优美的预言以每秒 30 万千米的速率行进，既没有快一点，也没有慢一点。

战局就此陷入僵持，谁也无力占领对方的地盘。粒子还是波？在人类文明达到高峰的 20 世纪，却对宇宙中最古老的问题迷茫无解。到底是波和粒子，还是波或粒子，这在经典物理学的框架里无法统一，一个不得不接受的新观念也出台了，那就是光具有波粒二象性。在爱因斯坦等人的努力下，光的波粒二象性开始逐渐得到物理学家的认可。

1923 年，法国物理学家德布罗意由光的波动和粒子双重性得到启发，大胆地把这种双重性推广到物质实体上去。他认为既然被视为波的客体(如光)都具有粒子性，那么那些视为粒子的客体(如电子)为什么不会具有波动性呢？德布罗意在并无实验证据支持的情况下提出静质量不为零的微观粒子也具有波动性，这在科学界引起了轩然大波。

从物理学的观点来看，一个理论如果没有检验程序，无论它的论证多么巧妙，表述多么优美，也毫无意义。德布罗意波如何检验呢？根据波的特征，如果能证明物质系统表现出干涉、衍射等现象，则可以证明该系统具有波动性。果不其然，仅仅两年，美国贝尔实验室的戴维森、革末及英国的汤姆逊通过电子衍射实验，都证实了电子确实具有波动性。以后，人们通过实验又观察到原子、分子等微观粒子都具有波动性。所有的这些结果告诉我们，物质也具有波粒二象性。

德布罗意的物质波理论将新波粒战争推向了一个高潮，这场战争已经远远超出了光的范围，现在的问题已不再仅仅是光到底是粒子还是波，还有电子到底是粒子还是波，原子、分子是粒子还是波，整个物质世界到底是粒子还是波……。整个物理学都陷入这个争论中——一场名副其实的“世界大战”。

1925 年，德国物理学家海森伯与玻尔等人合作，建立了量子力学理论的第一个数学描述——矩阵力学。1927 年，海森伯阐述了著名的不确定关系，即粒子的位置和动量不可能同时准确测量，这成为量子力学的一个基本原理。不确定性是建立在波和粒子的双重基础上

的，它其实是在波和粒子间的一种摇摆，对波的属性了解得越多，对粒子的属性就了解得越少。1926 年，奥地利理论物理学家薛定谔提出了描述物质波的薛定谔方程，给出了量子力学的另一个数学描述——波动力学。量子力学的基本理论建立起来了。

1925 年玻恩把波动性和粒子性联系起来，提出波粒二象性的统计解释，这种观点统一了粒子概念和波动概念。一方面它具有集中的能量、质量和动量，也就是粒子性；同时在另一方面，粒子在空间某处出现又有一定的概率，由概率可以算出它们在空间的分布，而这种空间分布又和波动的概念一致。必须注意的是：光子既不是经典意义的波，也不是经典意义的粒子，更不是两者的混合。当光子和物质相互作用时，它是粒子；当它在运动时，从观察到衍射现象来说，它是波动。但是，它究竟是什么，很难用经典物理学的概念来完全描述。真正把光的波粒二象性统一反映出来的理论是量子电动力学，它是在量子力学的基础上建立起来的。

玻尔提出了“互补原理”，波粒二象性最终确立下来。物质可以展现出波的一面，也可以展现出粒子的一面，这完全取决于我们如何去观察它。至于“光”的“真身”是什么，或者换个概念：电子的终极理念是什么，这都是无意义的，对我们来说，唯一知道的只是每次我们看到的它是什么——它或者是呈现出粒子性，或者是呈现出波动性。每次我们观察它，它只展现出其中的一面，这里的关键是我们“如何”观察它，而不是它“究竟”是什么。我们想看到一个粒子，让它打到荧光屏上就变成一个粒子；我们想看到一个波，让它通过双缝就呈现一组干涉图样。

原来电子如何表现，完全取决于我们如何观察它。我们的结论和观察行为本身大有联系。在经典理论中，物体存在于一个绝对的、客观的外部世界中，如它的客观质量是多少就是多少，而我们作为观察者对之没有影响。但是，在量子世界中就不同了，我们测量的对象是如此微小，以至于我们的介入会对其产生干预，我们本身的扰动使得测量中充满了不确定性，采取不同的手段，往往会得到不同的答案，它们随着不确定关系摇摆不定。在量子世界里，观察者和外部世界结合在一起，没有明确的分界线，形成一个整体。换言之，不存在一个客观的、绝对的世界，唯一存在的，就是我们能够观察到的世界。

光的波动说与微粒说之争从 17 世纪初开始，至 20 世纪以光的波粒二象性告终，前后经历了三百多年的时间。牛顿、惠更斯、托马斯·杨、菲涅耳、爱因斯坦、玻尔、薛定谔、海森伯等多位科学家成为这一论战双方的主辩手。有关光本性的探索引发了量子力学的诞生，这是 20 世纪人类文明发展的一个重大飞跃。玻尔的“互补原理”连同玻恩的概率解释及海森伯的“不确定关系”，三者共同构成了量子力学“哥本哈根解释”的核心，至今仍然深刻地影响着我们对于整个宇宙的终极认识。但是，这一切也许还没有终结。

参考文献

[1]王济民，罗荣春，陈长乐. 新编大学物理[M]. 2版. 北京：科学出版社，2016.
[2]张三慧. 大学基础物理学[M]. 3版. 北京：清华大学出版社，2017.
[3]叶伟国. 大学物理[M]. 北京：清华大学出版社，2012.
[4]马文蔚，解希顺，周雨青. 物理学[M]. 7版. 北京：高等教育出版社，2020.
[5]陈宏芳. 原子物理学[M]. 北京：科学出版社，2006.